普通高等教育"十一五"国家级规划教材
国家级精品课程教材

微 生 物 学

主　编　闵　航

副主编　吴雪昌　吕镇梅　贾小明

参　编　闵　航（浙江大学）

贾小明（浙江大学）

吴雪昌（浙江大学）

吕镇梅（浙江大学）

高海春（浙江大学）

林福呈（浙江大学）

吴根福（浙江大学）

吴　坤（河南农业大学）

赵宇华（浙江大学）

朱旭芬（浙江大学）

ZHEJIANG UNIVERSITY PRESS
浙江大学出版社

图书在版编目（CIP）数据

微生物学 / 闵航主编. —杭州：浙江大学出版社，
2011.6（2025.1重印）
ISBN 978-7-308-08673-8

Ⅰ.①微…　Ⅱ.①闵…　Ⅲ.①微生物学　Ⅳ.①Q93

中国版本图书馆 CIP 数据核字（2011）第 081846 号

微生物学

闵　航　主编

责任编辑	秦　瑕	
封面设计	刘依群	
出版发行	浙江大学出版社	
	（杭州市天目山路 148 号　邮政编码 310007）	
	（网址：http://www.zjupress.com）	
排　版	杭州青翊图文设计有限公司	
印　刷	广东虎彩云印刷有限公司绍兴分公司	
开　本	787mm×1092mm　1/16	
印　张	23.25	
字　数	595 千	
版 印 次	2011 年 6 月第 1 版　2025 年 1 月第 9 次印刷	
书　号	ISBN 978-7-308-08673-8	
定　价	59.00 元	

序　言

　　无疑,生命科学在 21 世纪将得到令人瞩目的发展。微生物学作为生命科学的重要学科之一,因其本身的特点,更将成为最活跃的研究领域,并将在生态种群水平、个体细胞水平、显微亚细胞水平、分子水平、基因水平、基因组水平等不同层次上有空前的理论创新和技术突破。

　　微生物具有丰富而广阔的资源、活跃而多样的生理功能,与人类生存和可持续发展有关的食物及其安全、疾病及其治疗、健康及其保健、生态环境及其保护,等等,都有着十分密切的关系,对人类文明的进步作出了巨大贡献;同样,由于许多微生物具有致病性而给人类和动植物带来巨大灾难。当今社会应当利用微生物造福人类和控制病原微生物以减少灾难。由此可见微生物学教育有着十分重要的意义。微生物学知识应该成为提高国民基本素养的重要组成部分,

　　微生物学作为生物科学、生物技术、生物信息、农学、动物学等生命科学学科专业的主干课程,对于这些有关专业的学生甚至非生命科学专业的学生在校期间和今后从事相关专业的工作乃至生活的影响将是十分巨大而深远的。而对于这一课程的教学来说,有一部合适的教材至关重要。由闵航教授等编写的本教材,在阐述微生物学基础理论、基本知识、基本技术的同时,强调了微生物各个方面的多样性、生命三域微生物的差异、系统发育分子鉴定,等等,还注意编入了近年在微生物学领域发展成熟的新成果、新发展,专门设章介绍了微生物与环境保护、微生物与食品、微生物与人类生存和可持续发展的关系,并从分子生物学、基因组水平到微生物生态、物质地球化学循环等不同层次上阐述了微生物学在人类社会和环境可持续发展中应用的理论与技术,为学生今后在微生物学领域的探索、研究和应用提供了有益的启示。本书不失为一部别于其他同类教材、具有特色的微生物学教材。

　　同时,衷心希望本教材在使用过程中不断充实、调整,使本教材得到完善与提高,为我国微生物学教育与微生物学教材建设作出更大贡献。

中国科学院院士
中国农业大学教授　陈文新

前　言

　　微生物学是当今生命科学领域中研究最活跃、发展最快、取得成果最辉煌、应用前景最广阔、对其他学科影响最大最重要的学科之一,因而也是最受瞩目的学科之一。它的许多理论和实践方法正被广泛应用于其他生命学科的研究中。它不仅正以前所未有的速度全方位地从分子生物学、基因组学水平到生态种群结构水平各个层次上丰富着其理论和技术,而且正在为促进人类社会和生存环境的可持续发展显示出日益辉煌的理论创新和应用实践前景。21世纪,无疑将为微生物学理论和技术的发展提供无限宽广的平台。

　　微生物学作为生物科学、生物技术、生物信息、农学、动物学等生命科学学科专业的主干课程,对于这些有关专业的学生甚至非生命科学专业的学生在校期间和今后从事相关专业的工作乃至生活的影响将是十分巨大而深远的。因此,在编写中,力求使学生既具有较强的微生物学基础知识,又能比较全面地掌握实际应用的能力。编者真诚地希望能为学习微生物学课程的学生和对微生物学感兴趣的有关人员提供学习和了解微生物学的合适教材。

　　本书在阐述微生物学基础理论、基本知识的同时,强调生命三域微生物的比较,并从分子生物学、基因组水平到微生物生态与物质地球生物化学循环等不同层次上阐述微生物在人类社会和环境可持续发展中应用的理论与技术,并包含"微生物与人类和动物"、"关于放线菌的系统分类地位"、"常见和常用细菌"等部分内容,引用了最新的某些数据,以期为学生今后在微生物学领域的探索、研究和应用提供有益的启示。

　　本书作者都是长期从事微生物学教学工作、对于微生物学的教学和研究积累有丰富经验的老师。本教材由闵航、吕镇梅编写绪论、第六、九、十、十一、十二、十三和十四章,贾小明、赵宇华、朱旭芬编写第一、二、三章,吴雪昌编写第四、五章,林福呈、吴根福编写第七章,吴坤编写第八章。高海春阅看了部分章节,提出了十分有益的建议。

　　限于编者的学识水平,本书难免存有不当之处,由衷地希望各位读者赐教指正,提出宝贵意见。

编　者

2011年1月

目　录

绪　论

第一节　微生物与微生物学

一、微生物及其种类

人们常说的微生物（microorganism，microbe）一词，是对所有形体微小、单细胞或个体结构较为简单的多细胞，甚至无细胞结构的低等生物的总称，或简单地说是对人们肉眼看不见的细小生物的总称，是指显微镜下才可见的生物，它不是一个分类学上的名词。但其中也有少数成员是肉眼可见的，例如近年来发现有的细菌是肉眼可见的。1993 年正式确定为细菌的 *Epulopiscium fishelsoni* 以及 1998 年报道的 *Thiomargarita namibiensis*，均为肉眼可见的细菌。所以上述微生物学的定义是指一般的概念，是历史的沿革，但仍为今天所用。

微生物的种类见表 0-1。

表 0-1　微生物的种类

细胞结构	核结构	微生物类群	
无细胞结构	无核	病毒	
		亚病毒	拟病毒
			类病毒
			朊病毒
有细胞结构	原核	古细菌	
		真细菌	
		放线菌	
		蓝细菌	
	真核	酵母菌	
		霉菌	
		藻类	
		原生动物	

由上表可见，微生物所包括的类群十分庞杂。实际上，在分子生物学技术和方法飞速发展的今天，新的形式、新的种属的微生物正在以不断加速的趋势出现。

二、微生物学及其研究内容

微生物学（microbiology）是研究微生物及其生命活动规律的科学。它研究微生物在一定条件下的形态结构、生理生化、遗传变异以及微生物的进化、分类、生态等生命活动规律；微生物与微生物之间、微生物与动植物之间、微生物与外界环境理化因素之间的相互关系；微生物在自然界各种元素的生物地球化学循环中的作用;微生物在工业、农业、医疗卫生、环境保护、食品生产等各个领域中的应用;等等。实际上,微生物学除了相应的理论体系外,还包括了有别于动植物研究的微生物学研究技术。因此说,微生物学是一门既有独特的理论体系,又有很强实践性的学科。

三、微生物学的分支学科

随着微生物学的不断发展,已形成了基础微生物学和应用微生物学,两者根据研究的侧重面和层次不同又可分为许多不同的分支学科,并还在不断地形成新的学科和研究领域。按研究对象,微生物学可分为细菌学、放线菌学、真菌学、病毒学、原生动物学、藻类学等;按过程与功能,可分为微生物生理学、微生物分类学、微生物遗传学、微生物生态学、微生物分子生物学、微生物基因组学、细胞微生物学等;按生态环境,可分为土壤微生物学、环境微生物学、水域微生物学、海洋微生物学、宇宙微生物学等;按技术与工艺,可分为发酵微生物学、分析微生物学、遗传工程学、微生物技术学等;按应用范围,可分为工业微生物学、农业微生物学、医学微生物学、兽医微生物学、食品微生物学、预防微生物学等;按与人类疾病关系,可分为流行病学、医学微生物学、免疫学等。随着现代理论和技术的发展,新的微生物学分支学科正在不断形成和建立。

细胞微生物学、微生物分子生物学和微生物基因组学等在分子水平、基因水平和后基因组水平上研究微生物生命活动规律及其生命本质的分支学科和新型研究领域的出现,表明微生物学的发展进入了一个崭新的阶段。

四、微生物学发展简史

1.史前时期人类对微生物的认识与利用

在 17 世纪下半叶,荷兰学者吕文虎克(Antony van Leeuwenhoek)用自制的简易显微镜观察到细菌个体之前,对于一门学科来说尚未形成。这个时期称为微生物学史前时期。

在这个时期,人们在生产与日常生活中已经积累了不少关于微生物对人类有用的经验,并且应用这些经验创造财富,减少和消灭病害。如中国民间早已广泛应用的微生物技术酿酒、制醋、发面、腌制酸菜泡菜、盐渍蜜饯,等等。古埃及人也早已掌握制作面包和配制果酒技术。这些都说明人类已经自发地学会在食品工艺中控制和利用微生物活动的规律。积肥、沤粪、翻土压青、豆类作物与其他作物的间作轮作,是人类在农业生产实践中控制和利用微生物生命活动规律的生产技术。种痘预防天花是人类控制和应用微生物生命活动规律在预防疾病保护健康方面的宝贵实践。尽管当时这些还没有上升为微生物学理论,但都是控制和利用微生物生命活动规律的实践活动。

2.微生物形态学发展阶段

17 世纪 80 年代,吕文虎克用他自己制造的可放大 160 倍的显微镜观察牙垢、雨水、井水以及各种有机质的浸出液时,发现了许多可以活动的"活的小动物",并发表了这一"自然界的秘密"。这是首次对微生物形态和个体的观察和记载。随后,其他研究者凭借显微镜对其他许多微生物类群进行了观察和记载,扩大了人类对微生物类群形态的视野。但是在此后相当长的时间内,人们对于微生物作用的规律仍一无所知。这个时期也称为微生物学的创始时期。

3.微生物生理学发展阶段

在 19 世纪 60 年代初,法国的巴斯德(Louis Pasteur)和德国的柯赫(Robert Koch)等一批杰出的科学家建立了一套独特的微生物研究方法,对微生物的生命活动及其对人类实践和自然界的作用做了初步研究,同时还建立起许多微生物学分支学科,尤其是建立了解决当时实际问题的几门重要应用微生物学科,如医用细菌学、植物病理学、酿造学、土壤微生物学等。

在这个时期,巴斯德研究了酒变酸的微生物原理,探索了蚕病、牛羊炭疽病、鸡霍乱和人狂犬病等传染病的病因以及有机质腐败和酿酒失败的起因,否定了生命起源的"自然发生说",建立了巴氏消毒法等一系列微生物学实验技术。柯赫在继巴斯德之后,改进了固体培养基的配方,发明了倾皿法进行纯种分离,建立了细菌细胞的染色技术、显微摄影技术和悬滴培养法,寻找并确证了炭疽病、结核病和霍乱病等一系列严重传染疾病的病原体,提出了 Koch 法则。这些成就奠定了微生物学成为一门科学的基础。他们是微生物学的奠基人。

在这一时期,英国学者布赫纳(E. Buchner)在 1897 年研究了磨碎酵母菌的发酵作用,把酵母菌的生命活动和酶化学相联系起来,推动了微生物生理学的发展。同时,其他学者例如俄国学者伊万诺夫斯基(Ivanovski)首先发现了烟草花叶病毒(tobacco mosaic virus,TMV),扩大了微生物的类群范围。

4.微生物分子生物学发展阶段

20 世纪的世纪初至 40 年代末微生物学开始进入酶学和生物化学研究时期,许多酶、辅酶、抗生素以及生物化学和生物遗传学都是在这一时期发现和创立的,并在 40 年代末形成了一门研究微生物基本生命活动规律的综合学科——普通微生物学。

50 年代初,随着电镜技术和其他现代技术的出现,对微生物的研究进入到分子生物学的水平。1953 年沃森(J. D. Watson)和克里克(F. H. Crick)发现了细菌染色体脱氧核糖核酸长链的双螺旋构造。1961 年加古勃(F. Jacab)和莫诺德(J. Monod)提出了操纵子学说,指出了基因表达的调节机制和其局部变化与基因突变之间的关系,即阐明了遗传信息的传递与表达的关系。1977 年,C. Woese 等在分析原核生物 16S rRNA 和真核生物 18S rRNA 序列的基础上,提出了可将自然界的生命分为细菌、古菌和真核生物三域(domain),揭示了各生物之间的系统发育关系,使微生物学进入到成熟时期。就基础研究来讲,在这个成熟时期,从三大方面深入到了分子水平来研究微生物的生命活动规律:① 研究微生物大分子的结构和功能,即研究核酸、蛋白质、生物合成、信息传递、膜结构与功能等。② 在基因和分子水平上研究不同生理类型微生物的各种代谢途径和调控、能量产生和转换,以及严格厌氧和其他极端条件下的代谢活动等。③ 分子水平上研究微生物的形态构建和分化,病毒的装配以及微生物的进化、分类和鉴定等,在基因和分子水平上揭示微生物的系统发育关系。尤其是近年来,应用现代分子生物技术手段,将具有某种特殊功能的基因作出了组成序列图谱,以大肠杆菌等细菌细胞为工具和对象进行了各种各样的基因转移、克隆等开拓性研究。在应用方面,开发菌种资源、发酵原料和代谢产物,利用代谢调控机制和固定化细胞、固定化酶发展发酵生产和提高发酵经济的效益,应用遗传工程组建具有特殊功能的"工程菌",把研究微生物的各种方法和手段应用于动植物和人类研究的某些领域。这些进步使微生物学研究进入一个崭新的时期。

五、当代微生物学的发展趋势

综观当代微生物学的发展趋势,一方面是由于分子生物学新技术不断出现,使得微生物学研究得以迅速向纵深发展,从细胞水平、酶学水平逐渐进入基因水平、分子水平和后基因组水平;另一方面是大大拓宽了微生物学的宏观研究领域,与其他生命科学和技术、其他学科交叉,综合形成了许多新的学科发展点甚至孕育了新的分支学科。近二三十年来,微生物学研究中分子生物技术与方法的运用,已使微生物学迅速丰富了新理论、新发现、新技术和新成果。C. Woese于1977年提出并建立了细菌(bacteria)、古菌(archaea)和真核生物(eucarya)并列的生命三域的理论,揭示了古菌在生物系统发育中的地位,创立了利用分子生物学原理在分子和基因水平上进行分类鉴定的理论与技术。而到如今,微生物细胞结构与功能、生理生化与遗传学研究的结合,已经进入到基因和分子水平,即在基因和分子水平上研究微生物分化的基因调控,分子信号物质及其作用机制,生物大分子物质装配成细胞器过程的基因调控,催化各种生理生化反应的酶的基因及其组成、表达和调控,等等。阐明了蛋白质的生物合成机制,建立了酶生物合成和活性调节模式,探查了许多核酸序列,构建了400多种微生物的基因核酸序列图谱。DNA重组技术的出现为构建具有特殊功能的基因工程菌提供了令人兴奋的成果和良好的前景,已实现了利用微生物基因工程大量生产人工胰岛素、干扰素、生长素及其他贵重和急需的药物,正在形成一个崭新的生物技术产业。目前正有许多研究者利用DNA重组技术来改良和创建微生物新品种。

微生物生态学的研究,不仅拓宽了原有的土壤、污水、水域、地矿等环境,并进入了宇宙空间和深入到微生物赖以生存的微环境,而且让人们进一步地关注极端环境下的微生物生命活动,阐明了这些极端环境微生物具备而其他生物所没有的性状,形成了一个生命科学中的崭新领域,为生命的起源、进化和系统发育的探索和阐明提供了大量有价值的证据,也极大地丰富了自然界微生物种的多样性。微生物作为环境污染物的“清道夫”和污染受损环境的生物修复者,它们对于部分污染物尤其是含芳香环的难降解物的分解和降解,也已从质粒、降解酶基因水平上被阐明。

微生物学的研究将日益重视微生物特有的生命现象。如极端环境中的生存能力、特异的代谢途径和功能,化能营养、厌氧生活、生物固氮、不放氧光合作用等,对于这些生命过程中物质和能量运动基本规律的阐明将会给人们展示一个诱人的应用前景。微生物具有独特和高效的生物转化能力,并能产生多种多样的有用的代谢产物,这将为人类的生存和社会的发展进步创造难以估量的理论与物质的财富。因此发展和促进微生物生物技术的应用即微生物产业化,如微生物疫苗、微生物药品制剂、微生物食品、微生物保健品、可降解性微生物制品等等,将是世界性的生物科学热点,正得到极大的发展。

根据21世纪生命科学的发展趋势和研究热点,在目前已对少数微生物构建遗传物理图谱的基础上,将会全面展开微生物基因组学和后基因组学的研究。微生物基因组的研究必将明显地促进生物信息学的发展和包括比较生物学、分子进化学和分子生态学在内的生物学研究新时代的到来。对具有某种意义的微生物种、菌株进行全基因组的序列分析、功能分析和比较分析,明确其结构、表型、功能和进化等之间的相互关系,阐明微生物与微生物之间、微生物与其他生物之间、微生物与环境因素之间相互作用的分子机理及其控制的基因机制,将会极大地发展微生物分子生态学、环境微生物学、细胞微生物学、微生物资源学、微生物系统发育学等各个新兴学科。

微生物学的研究技术和方法也将会在吸收其他学科先进技术的基础上,向自动化、计算机化、定向化和定量化发展。微生物信息学正在迅速孕育发展中,技术上的重大突破使微生物学获得前所未有的高速发展,并开辟崭新的研究领域,进入新的研究深度,为改造微生物提供强有力的手段,从而使得在分子水平上设计、改造和创建新的微生物物种成为可能。微生物基因工程的应用范围可以扩大到食品、化工、环保、采矿、冶炼、材料、能源等众多领域,因而具有诱人的开发前景,每一项都是前无古人的崭新工作。

21 世纪是生命科学的世纪,生命科学中最活跃的微生物学无疑将有极大的突破性发展,对于推动人类文明的发展进步和人类的可持续生存与发展具有重要影响。

第二节　微生物多样性

微生物作为生物,具有一切生物的共同点:① 绝大部分微生物的遗传信息是由 DNA 链上的基因所携带,除少数特例外,其复制、表达与调控遵循中心法则;② 微生物的初级代谢途径如蛋白质、核酸、多糖、脂肪酸等大分子物质的合成途径基本相同;③ 微生物的能量代谢都以 ATP 作为能量载体。

微生物作为生物的一大类,除了与其他生物共有的特点外,还具有其本身的特点及其独特的生物多样性。

一、微生物的形态与结构多样性

微生物的个体极其微小,必须借助于光学显微镜或电子显微镜才能观察到它们。测量和表示它们的大小时,细菌等须用 μm 作单位,病毒等必须用 nm 作单位。杆形细菌的宽度只有 $0.5\sim2\mu m$,长度也只有 1 到几个 μm,每克细菌的个数可达 10^{10} 个。微生物本身具有极为巨大的比表面积,如大肠杆菌(Escherichia coli)比表面积可达 30 万。这对于微生物与环境的物质、能量和信息的交换极为有利。但也有人们肉眼可见的微生物,如许多可食用的担子菌。

尽管微生物的形态结构十分简单,大多由单细胞或简单的多细胞构成,甚至无细胞结构,但形态上不仅有球状、杆状、螺旋状或分枝丝状等,细菌和古菌还有许多如方形、阿拉伯数字形、英文字母形、扁平形、立方形等特殊形状,放线菌和霉菌的形态有多种多样的分枝丝状。微生物细胞的显微结构更具有明显的多样性,如细菌经革兰氏染色后可分为革兰氏阳性细菌和阴性细菌,其原因在于细胞壁的化学组成和结构不同。古菌的细胞壁组成更是与细菌有着明显的区别,没有肽聚糖而由蛋白质等组成;真核微生物细胞壁结构又与古菌、细菌有很大的差异。菌体表面的鞭毛、纤毛、荚膜等结构和化学组成都有很大的不同,因而呈现出不同的免疫特性。

二、微生物的代谢多样性

微生物的代谢多样性是其他生物所不可比拟的。① 微生物能利用的基质十分广泛,是任何其他生物所望尘莫及的,从无机的 CO_2 到有机的酸、醇、糖类、蛋白质、脂类等,从短链、长链到芳香烃类,以及各种多糖大分子聚合物(果胶质、纤维素等)和许多动、植物不能利用、甚至对其他生物有毒的物质,都可以成为微生物的良好碳源和能源。② 微生物的代谢方式多样,既可以 CO_2 为碳源进行自养型生长,也可以有机物为碳源进行异养型生长;既可以光能为能源,也可以化学能为能源。既可在有 O_2 条件下生长,又可在无 O_2 条件下生长。③ 微生物的代谢途径多种多样,不仅在利用不同基质时的途径不一样,就是在利用同一基质时也可有不同的代谢途径。④ 代谢中间体和最终产物更是多种多样,有各种各样的酸、醇、氨基酸、蛋白质、单糖、多糖、核苷酸、核酸、脂肪、脂肪酸、抗生素、维生素、毒素、色素、生物碱、CO_2、H_2O、H_2S、NO_2^-、NO_3^-、SO_4^{2-} 等,都可以是微生物的代谢产物。⑤ 各种微生物的代谢速率差异极大,大多数微生物具有任何其他生物所不能比拟的代谢速率,如在适宜环境下,大肠杆菌每小时可消耗的糖类相当于其自身重量的 2000 倍,但在高压环境、低温环境、营养缺乏和干燥环境下的微生物代谢速率很低。

三、微生物的遗传与变异多样性

在微生物中携带遗传信息的物质及其方式显然要比动植物更具有多样性。在原核微生物中，除了染色体携带遗传信息外，存在于原生质中的质粒也携带遗传信息；真核微生物中，染色体和细胞器都有能独立自主复制的DNA；病毒携带的核酸可以是DNA，也可以是RNA，朊病毒甚至用蛋白质作增殖模板。RNA病毒和朊病毒都不遵守"DNA→RNA→蛋白质"这一遗传中心法则。

微生物的繁殖方式相对于动植物的繁殖也具有多样性。细菌繁殖以二裂法为主，个别可以性接合的方式繁殖；放线菌可以菌丝和分生孢子繁殖；霉菌可以菌丝、无性孢子和有性孢子繁殖，无性孢子和有性孢子又各有不同的方式和形态；酵母菌可以出芽方式和形成子囊孢子方式繁殖，等等。

微生物，尤其是以二裂法繁殖的细菌具有惊人的繁殖速率。如在适宜条件下，大肠杆菌37℃时的世代时间为18min，每24h可分裂80次，每24h的增殖数为$1.2×10^{24}$个。枯草芽孢杆菌（*Bacillus subtilis*）30℃时的世代时间为31分钟，每24h可分裂46次，增殖数为$7.0×10^{13}$个。诚然，许多深海或嗜压微生物的生长代时远较大肠杆菌长，几天、几月者都有。

微生物由于个体小、结构简单、繁殖快、与外界环境直接接触等原因，很容易发生变异，一般自然变异的频率可达10^{-5}～10^{-10}，而且在很短时间内就出现大量的变异后代。变异具有多样性，其表现可涉及所有性状，如形态构造、代谢途径、抗性、抗原性的形成与消失、代谢产物的种类和数量，等等。如常见的人体病原菌抗药性的提高使得在治疗上需要增加用药剂量，就是病原菌变异的结果。再如在抗生素生产和其他发酵性生产中利用微生物变异提高发酵产物产量。最典型的例子是青霉素的发酵生产，最初发酵产物每毫升只含20单位左右，后来通过研究人员的努力，现在已有极大的增加，目前已接近10万单位。

四、微生物的抗性多样性

微生物具有极强的抗热性、抗寒性、抗盐性、抗干燥性、抗酸性、抗碱性、抗压性、抗缺氧、抗辐射和抗毒物等能力，显示出其抗性的多样性。

科学家已从深海热液口分离到能在121℃生长的古细菌株121，该菌在130℃还能存活2h。含芽孢细菌一般更能抵抗高温等逆境环境，一般细菌的营养细胞在70～80℃时10min就死亡，而芽孢在120～140℃甚至150℃还能生存几小时，营养细胞在5％苯酚溶液中很快就死亡，芽孢却能存活15d。芽孢的大多数酶处于不活动状态，代谢活力极低，芽孢是抵抗外界不良环境的休眠体。细菌芽孢具有高度抗热性，常给科研和发酵工业生产带来危害。也有许多细菌耐冷或嗜冷，有些在—12℃下仍可生活，造成贮藏于冰箱中的肉类、鱼类和蔬菜水果的腐败。人们常用冰箱（+4℃）、低温冰箱（—20℃）、干冰（—70℃）、液氮（—196℃）来保藏菌种，都具有良好的效果。

嗜酸菌可以在pH为0.5的强酸环境中生存，而硝化细菌可在pH 9.4，脱氮硫杆菌可在pH 10.7的环境中活动。在含盐高达23％～25％的"死海"中仍有相当多的嗜盐菌生存。在糖渍蜜饯、蜂蜜等高渗物中同样有高渗酵母等微生物活动，从而往往引起这些物品的变质。

微生物在不良条件下很容易进入休眠状态，某些种类甚至会形成特殊的休眠构造，如芽孢、分生孢子、孢囊等。有些芽孢在休眠了几百年甚至上千年之后仍有活力。

五、微生物的种类多样性

目前已确定的微生物种数在 10 万种左右,但仍以每年发现几百至上千个新种的趋势在增加。苏联微生物学家伊姆舍涅茨基说,"目前我们所了解的微生物种类,至多也不超过生活在自然界中的微生物总数的 10％"。微生物生态学家较一致地认为,目前已知的已分离培养的微生物种类可能还不足自然界存在的微生物总数的 1％。情形可能确实如此,在自然界中存在着极为丰富的微生物资源。分子生物学技术和方法的发展已经揭示了运用传统的微生物学研究技术和方法获得的微生物种类和种群数量仅仅占自然界存在总数的不到 1％。已有报道,运用最新的分子生物学技术和方法获得了与目前所知微生物的基因完全不同的基因组。

自然界中微生物存在的数量往往超出人们的一般预料。每克土壤中的细菌可达几亿个,放线菌孢子可达几千万个。人体肠道中菌体总数可达 100 万亿左右。每克新鲜叶子表面可附生 100 多万个微生物。全世界海洋中微生物的总重量估计达 280 亿吨。从这些数据资料可见微生物在自然界中的数量之巨。实际上我们生活在一个充满着微生物的环境中。

微生物横跨了生物六界系统中无细胞结构生物病毒界和细胞结构生物中的原核生物界、原生生物界、菌物界。生物六界中除了动物界、植物界外,其余各界都是为微生物而设立的,范围极为宽广。根据 C. Woese 1977 年提出的生命三域的理论,微生物也占据了古菌、细菌和真核生物三域。

六、微生物的生态分布多样性

微生物在自然界中,除了"明火"、火山喷发中心区和人为的无菌环境外,到处都有分布,上至几十千米外的高空,下至地表下几百米的深处,海洋上万米深的水底层,在土壤、水域、空气及动植物和人体内外,都分布有各种不同的微生物,可以说它们无处不在。即使是同一地点、同一环境,在不同的季节,如夏季和冬季,微生物的数量、种类、活性、生物链成员的组成等也会有明显的不同,这些都显示了微生物生态分布的多样性。

第三节　微生物与生命三域

20 世纪 60—70 年代,国际上在研究利用有机废物生物甲烷化过程中对产甲烷细菌的形态结构、生理生化、遗传变异、营养互营、分子生态等方面作了全面深入的研究,发现了许多不同于其他细菌的特点。1977 年,沃斯(Carl Woese)及其同事对代表性细菌类群的 16S rRNA 碱基序列进行广泛比较后提出古菌(archaea)、细菌(bacteria)和真核生物(eucarya)三域(urkingdoms,domain)的概念,认为生物界的系统发育并不是一个由简单的原核生物发育到较完全、较复杂的真核生物的过程,而是明显存在着三个发育不同的基因系统,即古菌、细菌和真核生物,并认为这三个基因系统几乎是同时从某一起点各自发育而来的,这一起点就是至今仍不明确的一个原始祖先。生物界三域概念现已被广泛接受(图 0-1)。

微生物包括了古菌、细菌和真核生物中的相当部分。

古菌染色体中 DNA 的结构组成和存在方式表明,古菌和细菌在细胞形态结构、生长繁殖、生理代谢、遗传物质存在方式等方面相类似。但在分子生物学水平上,古菌和细菌之间有明显差别,是一群具有独特基因结构或系统发育生物大分子序列的单细胞生物。其主要表现见表 0-2。

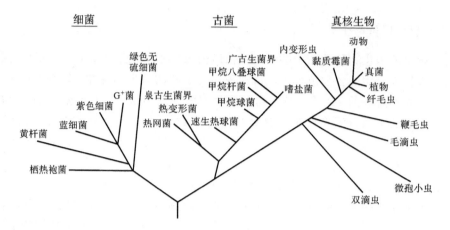

图 0-1 　细胞生物的系统发育树(引自 *Biology of Microorganisms*, 10th edition, Madigan *et al*., 2006)

表 0-2 　古细菌、细菌和真核生物三域特性差异

比较项目	古 菌	细 菌	真核生物
细胞大小	通常 $1\mu m$	通常 $1\mu m$	通常 $10\mu m$
核膜	—	—	＋
遗传物质染色体	1 条,环形染色体＋质粒	1 条,环形染色体＋质粒	通常 1 条以上线形染色体＋细胞器 DNA
有丝分裂	—	—	＋
组蛋白	—	？	＋
细胞壁	无或蛋白质亚单位,假胞壁质,无胞壁酸	G^+ 或 G^-,总是含有胞壁酸,支原体属中无细胞壁	动物无,或有纤维素、几丁质等,无胞壁酸
细胞膜	含异戊二烯醚,甾醇,有分支直链	含脂肪酸酯,甾醇稀少,无分支直链	含脂肪酸酯,甾醇普遍,无分支直链
含 DNA 的细胞器	—	—	线粒体和叶绿体
内质网和高尔基体	—	—	＋
胞饮和阿米巴运动	—	—	＋
核糖体大小	70S	70S	80S(细胞器中 70S)
核糖体亚基	30S,50S	30S,50S	40S,60S
RNA 聚合酶亚基数	9～12	4	12～15
tRNA 共同臂上的胸腺嘧啶	无	一般有	一般有
内含子	仅发现于 tRNA 和 rRNA 基因	—	＋
延长因子	能与白喉毒素反应	不能与白喉毒素反应	能与白喉毒素反应
蛋白质或启动氨基酸	甲硫氨酸	N-甲酰甲硫氨酸	甲硫氨酸
16(18) SrRNA 的 3 位是否结合有 AUCACCUCC 片段	有	有	无
对氯霉素的敏感性	不敏感	敏感	敏感
对环己胺的敏感性	敏感	不敏感	敏感
对青霉素的敏感性	不敏感	敏感(除支原体外)	不敏感
对茴香霉素的敏感性	敏感	不敏感	敏感
对 diptheria 毒素的敏感性	敏感	不敏感	敏感
对利福平的敏感性	不敏感	敏感	不敏感

古菌是一大类形态各异、特殊生理功能截然不同的微生物群。古菌可营自养或异养型生活。其主要特点如下：

① 古菌具有独特的细胞或亚细胞结构，如无细胞壁古菌没有细胞壁，仅有细胞膜，而导致细胞形态多样。即使有细胞壁的其他古菌，其细胞壁组分也独特，有具蛋白质性质的，也有具杂多糖性质的，也有类似于肽聚糖的假肽聚糖，但都无胞壁酸、D-型氨基酸和二氨基庚二酸。

② 古菌细胞膜的化学组成上，含有异戊烯醚而不含脂肪酸酯，脂肪酸也为有分支的直链而不是无分支的直链。细胞膜中的类脂不可皂化，中性类脂为类异戊二烯（isoprenoid），极性脂为植烷甘油醚（phytanyl glycerol ethers）。

③ 细胞内 16S rRNA 的核苷酸序列独特，不同于真细菌，也不同于真核生物。16S rRNA 的碱基序列、tRNA 的特殊碱基的修饰、5S rRNA 的二级结构等均不同于细菌和真核微生物。

④ 古菌具有类似于真核生物的基因转录和翻译系统。

⑤ 对各种抗生素的敏感性上也与细菌有很大差异，如古菌对于氯霉素、青霉素、利福平等抗生素不敏感，但细菌对此敏感；相反，古菌对于环己胺、茴香霉素等敏感而细菌却不敏感。

⑥ 古菌大多生活在地球上如超高温、高酸碱度、高盐浓度、严格无氧状态等极端环境或生命出现初期的自然环境。如产甲烷细菌，可在严格厌氧环境下利用简单二碳和一碳化合物或 CO_2 生存和产甲烷；还原硫酸盐古菌可在极端高温、酸性条件下还原硫酸盐；极端嗜盐古菌可在极高盐浓度下生存，等等。

从这些差异可见，古菌确是不仅在细胞化学组成上更是在分子生物学水平和系统发育上不同于同属于原核生物的细菌和真核生物的另一类特殊生物类群。

目前根据不同的生理特性，可将古菌分为产甲烷古菌群、还原硫酸盐古菌群、极端嗜盐古菌群、无细胞壁古菌群和极端嗜热和超嗜热代谢元素硫古菌群等 5 大类群。

第四节　微生物与人类社会文明进步

一、微生物与人类社会文明的进步

微生物与人类社会文明的发展有着极为密切的关系。微生物与人类关系的重要性和对于人类已有文明所作出的贡献都有着光辉的记录并将继续创造新的功绩。当今的人类社会生活已难以离开微生物所作的直接或间接贡献。各种由微生物参与或直接发酵生产的食品、饮料、调味品，各种抗生素、维生素和其他微生物药品，各种微生物性保健品，环境的微生物污染和污染环境的微生物治理与修复，动植物生产过程中使用微生物促进剂，微生物病原菌引起的人类各种疾病和利用微生物生产的各种药物对人类疾病的控制与治疗，等等，都与微生物的作用或其代谢产物有关。

我国早期的农业生产中使用豆科植物与其他作物轮作以提高土地肥力的实践，促进农业生产的持续发展。微生物是人类生存环境的"清道夫"和物质转化必不可少的重要成员，推动着物质的地球生物化学循环，使得地球上的物质循环得以正常进行。很难想象，如果没有微生物的作用，地球将是什么样？无疑，所有的生命都将无法生存与繁衍，更不用说当今的现代文明了。

微生物病原菌也曾给人类带来巨大灾难。14 世纪中叶，鼠疫耶森氏菌（*Yersinia pestis*）引起的瘟疫导致了欧洲总人数约 1/3 的死亡。20 世纪前半叶的中国也经历了类似的灾难。

即使是现在,人类社会仍然遭受着微生物病原菌引起的疾病灾难威胁。艾滋病、肺结核、疟疾、霍乱正在卷土重来和大规模传播,还有正在不断出现的新的疾病如疯牛病、军团病、埃博拉病毒病、大肠杆菌 0157、霍乱弧菌(0139)引起的霍乱,2003 年春的 SARS 病毒、西尼罗河病毒,2004 年的禽流感病毒,2009 年的甲型 H1N1 流感等,给人类不断带来新的灾难。然而人类以自己的智慧坚持不懈地与各种病毒和致病菌进行着斗争。正是 Louis Pasteur 研究成功狂犬疫苗、Fleming 发现了青霉素、von Behring 成功制备抗毒素治疗白喉和破伤风等,挽救了无数的生命,同时也拯救了人类文明。

在微生物学发展史上有众多的科学家为微生物学的建立与发展研究、探索,奉献了自己的智慧与一生。有关统计表明,至今有 33 位诺贝尔奖获得者是微生物学领域的发现或发明人,在 20 世纪诺贝尔生理学和医学奖获得者中,从事微生物学领域研究的就占了 1/3。微生物学发展史上的重大事件,都表明微生物学的发展对世界文明进步作出的巨大贡献。

由于微生物本身的生物学特性和独特的研究方法,微生物已经成为现代生命科学在分子水平、基因水平、基因组水平和后基因组水平研究的基本对象和良好工具。例如,微生物为以转基因工程为核心的分子生物技术提供了低成本而理想的工具酶、载体和检测手段。微生物和微生物学的理论与研究技术正在被广泛应用于其他生命科学的研究中,即微生物学技术化,推动着生命科学的日新月异,直接和间接地推动着人类文明的快速发展。现代生命科学的许多前沿成果大多来自于对微生物的研究。

二、微生物与人类可持续发展

人类的生存繁衍和可持续发展依赖于良好的生活环境、安全的食品和清洁的水源。然而,由于各种各样的原因,人类生存的环境(包括土壤、水域、大气)已受到污染,甚至是严重污染,进而通过植物、动物各级生物链污染人类食物和饮用水。许多环境污染物是人类体内激素的替代物和干扰物,具有类似人类体内激素的生理特性,能干扰内分泌系统的正常生理活动,称之为环境激素。这些环境激素可以严重损伤和破坏男性的生殖能力,明显引发女性乳腺癌等女性疾病,诱发少年儿童的性早熟,引发人类不正常心理情绪与行为。在 21 世纪之初,人类不得不痛苦地面对自身造成的污染的环境,因为环境污染危机已经直接威胁到人类本身的生存繁衍和可持续发展。

可喜的是,微生物对于人类可持续发展所具有的贡献潜力正日益为人们所认识。

1. 微生物与生态环境的保护和修复

保护环境、维护生态平衡以提高土壤、水域和大气的环境质量,创造一个适宜人类生存繁衍、并能生产安全食品的良好环境,是人类生存所面临的重大任务。随着工农业生产的发展和人民对生活环境质量要求的提高,对于进入环境的日益增多的有机废水污物和人工合成有毒化合物等所引起的污染问题,人们也越来越关注。而微生物是这些有机废水污物和合成有毒化合物的强有力的分解者和转化者,起着环境"清道夫"的作用。而且由于微生物本身具有繁衍迅速、代谢基质范围宽、分布广泛等特点,它们在清除环境(土壤、水体)污染物中的作用和优势是任何其他理化方法所不能比拟的,因此正被广泛应用于有机废水和污染物的处理,进行污染土壤的微生物修复。但不可否认,某些微生物也以其本身作为病原或其代谢毒物污染各类环境或食品,危害着人类健康。

2. 微生物学与农业

农业是人类赖以生存的最重要的客观基础。微生物学不仅与农业生产密切相关,而且与食品安全和品质改善密切相关。

土壤的形成及其肥力的提高有赖于微生物的作用。土壤中含氮物质的最初来源是微生物的固氮作用。土壤中含氮物质的积累、转化和损失，土壤中有机质尤其是腐殖质的形成和转化，土壤团聚结构的形成，土壤中岩石矿物变为可溶性的植物可吸收态无机化合物等过程也与微生物的生命活动相关。由于微生物的活动，土壤具有生物活性，推动着自然界中最重要的物质循环，并改善土壤的持水、透气、供肥、保肥和冷热的调节能力，有助于农作物生产。

随着人类对环境和食品安全质量的要求愈来愈高，易造成环境和食品污染的化学农药、化学化肥愈来愈不受欢迎，而对绿色农业或有机农业、绿色食品的需求呼声愈来愈高。而绿色农业或有机农业都离不开微生物的作用。在农业生产过程中，农作物的防病、防虫害都与微生物密切相关。植物的许多病害，其病原就是各类微生物，而反过来也可以利用某些微生物来防治农作物的某些病虫危害。有机肥的积制过程实际上就是通过微生物的生命活动，把有机物质改造为腐殖质肥料的过程。有机和无机肥料施入土壤后，只有一部分可被植物直接吸收，其余部分都要经过微生物的分解、转化、吸收、固化，然后才能逐渐并较长时间地供给植物吸收利用。一些微生物还能固定大气中的氮素，为植物提供氮素营养。

农产品的加工、贮藏，实际上很多是利用有益的微生物作用或是抑制有害微生物的危害的技术。

微生物学是农业科学的重要基础理论的一部分。随着科学技术的发展，微生物学与农业科学之间的关系必将越来越密切，微生物学对现代农业科学的影响也必将越来越大。

3. 利用微生物生产可持续的清洁能源

化学燃料不仅是一次性能源，而且其燃烧产物对于环境的污染也是一个严重问题。由于微生物可以将农业和某些工业有机废弃物转化为氢气、乙醇和甲烷等，不仅消除了环境中的有机污染物，还可生产如氢气、乙醇、甲烷等无污染的清洁能源。这些清洁能源在燃烧过程中极少产生污染物，而且可以持续地利用微生物进行生产，真可谓"用之不竭"，对于人类的可持续发展具有重要意义。

4. 以微生物为主体的生物产业将是国民经济的重要组成部分

利用微生物基因工程、酶工程、蛋白质工程、发酵工程等生物工程技术提高现有的微生物发酵水平，增加产量，改善品质或风味，提高生产经济效益。另一方面，寻找、研究、开发能够形成对人类或动植物生存与健康具有有益价值的新的活性物质，将是今后的持续热点领域。这两个方面组成的以微生物为主体的生物产业在今后的国民经济发展中占有的比重将会越来越大，成为重要的组成部分。

5. 丰富的微生物资源及其产物是人类药物的巨大宝库

由于微生物本身的特点和代谢产物的多样性，利用微生物生产人类战胜疾病所需的医药制品正受到广泛重视，生物医药正在迅速崛起，成为一个具有广阔前景的新兴产业。当今人类面临着空前的健康安全威胁，不仅许多给人类造成巨大灾难的疾病卷土重来，如肺结核、霍乱等，而且很多不明原因、尚无有效控制办法的疾病也在不断出现，如艾滋病、疯牛病、埃博拉病毒病、非典型肺炎等，加上许多化学合成药物副作用问题的困扰，人们期待从无穷无尽的微生物资源宝库中寻找和获得理想的药物，或利用微生物对已有的药物进行改造，使其具有新的功能或减少原有的副作用。上述各种疾病的传染控制与治疗，将在很大程度上需要应用已有的和正在发展的微生物学理论与技术，依赖于新的微生物医药资源的开发与利用。利用微生物控制病原微生物的传染，利用微生物生产人类保健品，利用微生物增加人体免疫力，利用微生物生产人类和动植物新药,等等,都将成为人们关注的热点。开发和利用微生物必将为人类的生存、健康和可持续发展做出巨大贡献。

复习思考题

1.微生物有哪些主要类群? 具有哪些与其他生物不同的共同特点?

2.简述微生物学的定义及其分支学科。

3.简述微生物与人类文明进步的关系。

4.简述微生物与人类可持续发展的关系。

5.列举身边的微生物及其特性与作用。

第一章 原核微生物

【内容提要】

本章介绍了细菌、放线菌、蓝细菌等原核微生物的形态、大小,细胞的结构、成分与功能以及它们的繁殖方式和菌落特征。

按生物的系统发育和 16S rRNA 分析,细胞生物可分为细菌、古菌和真核生物。细菌和古菌同属于原核微生物。

细菌有基本形态和特殊形态,细菌细胞的大小以 μm 度量。G^- 菌与 G^+ 菌的细胞壁在结构和成分上的差异决定了革兰氏染色的结果;细菌中还存在缺壁菌。细菌细胞膜是细胞代谢活动的中心,此外有些细菌还存在细胞内膜系统。细胞质中核蛋白体是多肽和蛋白质合成的场所,某些细菌细胞质内含有各具不同功能的内含物。原核中的遗传物质为 DNA,质粒也具有储存和传递遗传信息的功能。一些细菌有特殊结构,包括荚膜、鞭毛、菌毛、芽孢、伴孢晶体、孢囊。细菌以裂殖方式繁殖,不同的细菌具有不同的菌落特征和液体培养特征。

放线菌是分枝丝状的 G^+ 原核微生物,根据形态与功能可分为基内菌丝、气生菌丝与孢子丝,可形成分生孢子。放线菌有其独特的菌落特征。

古菌的细胞壁、细胞膜、16S rRNA 中核苷酸排列顺序等都与细菌中的不同,也与真核生物不同。目前古菌分为 5 个类群,生长在独特的生态环境。

蓝细菌细胞内含有独特的内膜结构(内囊体)和特有的色素蛋白(藻胆蛋白),是能进行光合作用的原核微生物。支原体为无细胞壁的最小的原核微生物。立克次氏体和衣原体都是专性细胞内寄生物,但它们的形态、大小、寄主各不相同。

近代生物学把生物区分为细胞生物和非细胞生物两大类。细胞生物包括一切具有细胞形态的生物,按系统发育和 16S rRNA 分析,它们分属于细菌(广义的,bacteria,曾用 eubacteria)、古菌(archaea,曾用 archaebacteria)和真核生物(eukarya)。非细胞生物包括病毒和亚病毒。

虽然从系统发育来看,细菌和古菌是两种不同的生物类群,但它们的细胞形态和结构却基本一致,同属原核生物(procaryotes)。原核生物是指一大类细胞不具核膜,也无核仁,只有核区的单细胞生物。

第一节 细 菌

一、细菌的形态和大小

细菌的个体形态要借助于光学显微镜才能观察到。细菌的基本形态可分为球状、杆状和螺旋状三种,各形态的细菌相应地分别被称为球菌、杆菌和螺旋菌(图 1-1)。

球菌呈球形或近球形。球菌分裂后产生的新细胞常保持一定的排列方式,在分类鉴定上有重要意义。根据球菌细胞分裂面和分裂后的排列方式,又可分为单球菌、双球菌、链球菌、四联球菌、八叠球菌和葡萄球菌。

杆菌细胞呈杆状或圆柱形。各种杆菌在长宽比例上差异很大,有的粗短,有的细长。短杆菌近似球状,长的杆菌近似丝状。有的菌体两端平齐,如炭疽芽孢杆菌(*Bacillus anthracis*),有的两端钝圆,如维氏固氮菌(*Azotobacter vinelandii*)。杆菌细胞常沿一个平面分裂,大多数菌体分散存在,但有的杆菌呈长短不同的链状,有的则呈栅状或"八"字形排列。

有的细菌细胞弯曲呈弧状或螺旋状。弯曲不足一圈的称弧菌,如霍乱弧菌(*Vibrio cholerae*)。弯曲度大于一周的称为螺旋菌。螺旋菌的旋转圈数和螺距大小因种而异。有些螺旋状菌的菌体僵硬,借鞭毛运动,如迂回螺菌(*Spirillum volutans*)。有些螺旋状菌的菌体柔软,借轴丝收缩运动,并称为螺旋体,如梅毒螺旋体(*Treponema pallidium*)。

细菌的形态除上述三种基本形态外,还有其他形态的细菌,如柄细菌属(*Caulobacter*),细胞呈弧状或肾状并具有一根特征性的细柄,可附着于基质上。又如球衣菌属(*Sphaerotilus*),能形成衣鞘(sheath),杆状的细胞呈链状排列在衣鞘内而成为丝状体,此外还有呈星状的星状菌属(*Stella*)、正方形的细菌等(图 1-2)。

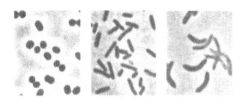

图 1-1　细菌的基本形态(Madigan *et al.*,2003)　　　　图 1-2　某些特殊形态的细菌

细菌的大小可以用测微尺在显微镜下进行测量,也可通过投影法或照相制成图片,再按放大倍数加以测算。表示细菌大小的常用单位是 μm。球菌大小以其直径表示,多为 0.5～1.0 μm。杆菌和螺旋菌以其宽度与长度表示,杆的宽度一般为 0.4～1.0 μm,长度为宽度的一倍或几倍。但螺旋菌的长度是菌体两端点间的距离,而不是真正的长度,它的真正长度应按其螺旋的直径和圈数来计算。细菌的大小因菌种而异,见表 1-1。

表 1-1　细菌的大小

菌　名	直径或宽×长度(μm)
乳链球菌(*Streptococcus lactis*)	0.5～1.0
金黄色葡萄球菌(*Staphylococcus aureus*)	0.8～1.0
最大八叠球菌(*Sarcina maxima*)	4.0～4.5
大肠杆菌(*Escherichia coli*)	0.5×(1.0～3.0)
伤寒沙门氏菌(*Salmonella typhi*)	(0.6～0.7)×(2.0～3.0)
枯草芽孢杆菌(*Bacillus subtilis*)	(0.8～1.2)×(1.2～3.0)
炭疽芽孢杆菌(*Bacillus anthracis*)	(1.0～1.5)×(4.0～8.0)
霍乱弧菌(*Vibrio cholerae*)	(0.3～0.6)×(1.0～3.0)
迂回螺菌(*Spirillum volutans*)	(1.5～2.0)×(10.0～20.0)

细菌的形态、大小受多种因素的影响。一般在幼龄阶段和生长条件适宜时,细菌形态正常、整齐,表现出特定的形态大小。在较老的培养物中或不正常的条件下,细胞常出现异常形态大小。

二、细菌细胞的构造与功能

典型的细菌细胞构造可分为两部分:一是不变部分或称基本构造,包括细胞壁、细胞膜、细胞质和原核,为所有细菌细胞所共有;二是可变部分或称特殊构造,如荚膜、鞭毛、菌毛、芽孢和孢囊等,这些结构只在某些细菌种类中存在,具有某些特定功能。

(一)细胞壁

细胞壁(cell wall)是包围在细胞表面,内侧紧贴细胞膜的一层较为坚韧、略具弹性的结构,占细胞干重的 10%~25%。

细胞壁具有固定细胞外形和保护细胞的功能。失去细胞壁后,各种形态的细菌都变成球形。细菌在一定范围的高渗溶液中,原生质收缩,出现质壁分离现象。在低渗溶液中,细胞膨大,但不会改变形状或破裂,这些都与细胞壁具有一定坚韧性和弹性有关。细胞壁的化学组成也使细菌具有一定的抗原性、致病性以及对噬菌体的敏感性。有鞭毛的细菌失去细胞壁后,仍可保持有鞭毛,但不能运动,可见细胞壁的存在为鞭毛运动提供力学支点,是鞭毛运动所必需的。细胞壁是多孔性的,可允许水及一些化学物质通过,但对大分子物质有阻拦作用。

1884 年丹麦人革兰(Christian Gram)发明了一种染色法,这种染色方法的基本步骤为:在已固定的细菌涂片上用结晶紫染色,再加媒染剂碘液媒染,然后用乙醇或丙酮脱色,最后用复染液(沙黄或番红)复染。显微镜下菌体呈红色者为革兰氏染色反应阴性细菌(常以 G⁻ 表示),呈深紫色者为革兰氏染色反应阳性细菌(常以 G⁺ 表示)。这一程序后称为革兰氏染色法(Gram staining)。通过这一染色程序可将所有细菌分为革兰氏阳性菌和革兰氏阴性菌两大类。这两大类细菌在细胞结构、成分、形态、生理、生化、遗传、免疫、生态和药物敏感性等方面都呈现出明显差异,因此革兰氏染色有着十分重要的理论与实践意义。

电镜观察以及细胞壁化学结构的分析表明,革兰氏阳性细菌与阴性细菌的细胞壁在结构和化学组分上有显著的差异,见表 1-2 与图 1-3。

1. 革兰氏阳性细菌细胞壁

革兰氏阳性细菌有一层厚约 20~80nm 的细胞壁。细胞壁的化学组成以肽聚糖(peptidoglycan)为主,占细胞壁物质总量的 40%~90%。另外还结合有磷壁酸(teichoic acid),磷壁酸又称垣酸,是 G⁺ 细菌细胞壁特有的成分。

表 1-2 革兰氏阳性细菌与革兰氏阴性细菌细胞壁的主要区别

比较项目	G⁺ 细菌	G⁻ 细菌	
		内壁层	外壁层
细胞壁厚度(nm)	20~80	2~3	8
肽聚糖结构	多层,75%亚单位交联,网格紧密坚固	单层,30%亚单位交联,网格较疏松	
鞭毛结构	基体上着生两个环	基体上着生四个环	
肽聚糖成分	占细胞壁干重的 40%~90%	5%~10%	无
磷壁酸	多数含有	无	
脂多糖	无	无	11%~22%
脂蛋白	无	有或无	有
对青霉素、溶菌酶反应	敏感	不敏感	

肽聚糖是除古菌外凡有细胞壁的原核生物细胞壁中的共有组分。肽聚糖是由若干肽聚糖单体(图 1-4)聚合而成的多层网状结构大分子化合物。肽聚糖的单体含有三种组分:*N*-乙酰

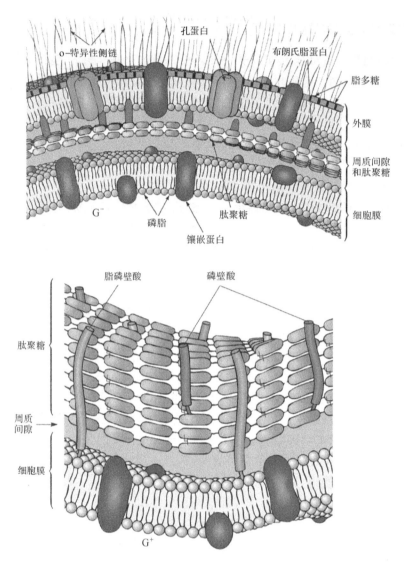

图 1-3　革兰氏阴性细菌 G^-（上）与革兰氏阳性细菌 G^+（下）细胞壁比较图

（引自 Prescott *et al.*，2002）

葡萄糖胺（*N*-acetylglucosamine，简写 G）、*N*-乙酰胞壁酸（*N*-acetylmuramic acid，简写 M）和四肽链。*N*-乙酰葡萄糖胺与 *N*-乙酰胞壁酸交替排列，通过 β-1，4 糖苷键连接成聚糖链骨架。四肽链则是通过一个酰胺键与 *N*-乙酰胞壁酸相连，肽聚糖单体聚合成肽聚糖大分子，主要是两条不同聚糖链骨架上与 *N*-乙酰胞壁酸相连的两条相邻四肽链间的相互交联（图 1-5）。不同种类细菌的肽聚糖聚糖链骨架是基本相同的，不同的是四肽链氨基酸的组成以及两条相邻四肽链间的交联方式。四肽链一般可以用 R_1-D-谷氨酸-R_3-D-丙氨酸的通式表示。R_1 大多是 L-丙氨酸，少数是甘氨酸或 L-丝氨酸。而 R_3 的变化较大，可以是内消旋的二氨基庚二酸（meso-DAP）、L-赖氨酸、L-DAP、L-鸟氨酸、L-二氨基丁酸，有时也可以是同型丝氨酸或 L-丙氨酸。四肽链第二位的 D-谷氨酸也可羟基化，游离的 α-羟基可酰胺化或被甘氨酸等所取代。革兰氏阳性菌（以金黄色葡萄球菌为例）的四肽链是 L-丙氨酸-D-谷氨酸-L-赖氨酸-D-丙氨酸，两条四肽链间通过五聚甘氨酸桥肽链而间接交联；桥肽的一头连接 L-赖氨酸的 ε-氨基，另一头连接着另一条四肽链的 D-丙氨酸的羟基，交联度高，从而形成了紧密编织、质地坚硬和机械性强度很大的多层三维空间网格结构。

磷壁质酸是大多数革兰氏阳性菌细胞壁的组分，占细胞壁干重的 50％左右，以磷酸二酯键同肽聚糖的 N-乙酰胞壁酸相结合。此酸有甘油型磷壁质酸（图 1-6）和核醇型磷壁质酸两种类型。甘油型磷壁质酸是由许多分子的甘油借磷酸二酯键联结起来的分子；核醇型磷壁质酸是由若干分子的核醇借磷酸二酯键联结而成的分子。一般认为磷

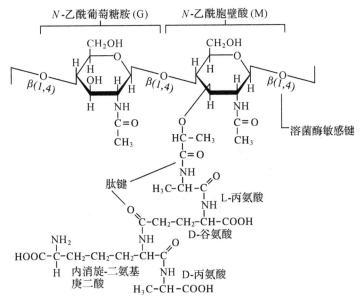

图 1-4　肽聚糖单体的化学组成和一级结构

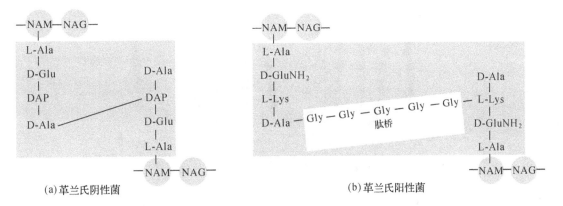

(a) 革兰氏阴性菌　　　　　　　　　(b) 革兰氏阳性菌

图 1-5　肽聚糖单层结构模式图（引自 Prescott *et al.*，2002）

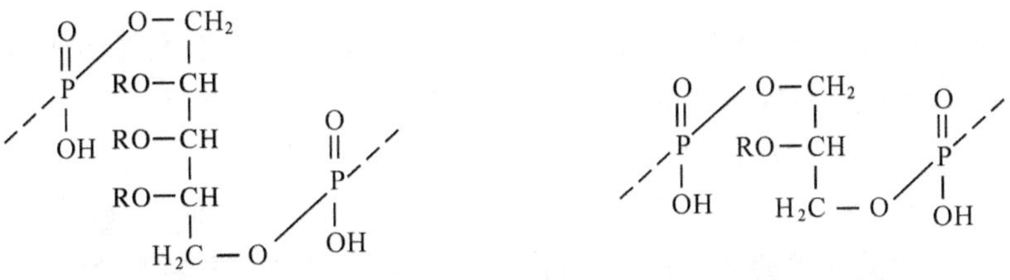

壁质酸因含有大量的带负电性的磷酸，故大大加强了细胞膜对二价离子尤其是镁离子的吸附。而高浓度的镁离子有利于维持细胞膜的完整性和提高细胞壁合成酶的活性。磷壁质酸是革兰氏阳性菌表面抗原（C 抗原）的主要成分，也是噬菌体吸附的受体位点。

(a) 核醇磷壁质酸　　　　　　　　　(b) 甘油型磷壁质酸

图 1-6　磷壁酸类型及基本结构

2. 革兰氏阴性菌细胞壁

G⁻菌的细胞壁比 G⁺菌的薄,可分为内壁层和外壁层。内壁层紧贴细胞膜,厚约 2～3nm,由肽聚糖组成,占细胞壁干重的 5%～10%。外壁层又称外膜(outer membrane),厚约 8～10nm,主要由脂多糖(lipopolysaccharide,LPS)和外膜蛋白(outer membrane proteins)组成。

G⁻菌与 G⁺菌肽聚糖的不同之处就在于它们短肽上的氨基酸以及两条短肽上氨基酸相联结的方式不同。革兰氏阴性菌(以大肠杆菌为例)肽聚糖肽链中的四个氨基酸是 L-丙氨酸、D-谷氨酸、内消旋二氨基庚二酸及 D-丙氨酸。一股肽链第三位上的二氨基庚二酸的游离氨基与相邻的另一股肽链末端的 D-丙氨酸的羧基形成肽键,将两条肽链联结起来。

脂多糖是 G⁻菌细胞壁的特有成分,在 G⁺菌中不存在。脂多糖由三部分组成,即 O-侧链、核心多糖和类脂 A(图 1-7)。O-侧链向外,由若干个低聚糖的重复单位组成,由于具有抗原性,故又称 O-抗原或菌体抗原。不同种或型的细菌,O-侧链的组成和结构(如多糖的种类和序列)均有变化,构成了各自的特异性抗原。像沙门氏菌(Salmonella),根据 O-抗原可再细分为1000 多个血清型,这些血清型的沙门氏菌,核心多糖部分相同,而 O-抗原的差异使之在免疫学和临床诊断中具有重要意义。非致病性革兰氏阴性细菌细胞壁组成中不具 O-侧链。核心多糖由庚糖、半乳糖、2-酮基-3-脱氧辛酸组成,所有革兰氏阴性细菌都有此结构。类脂 A 是以酯化的葡萄糖胺二糖为单位,通过焦磷酸键组成的一种独特的糖脂化合物。类脂 A 的结构在不同细菌中有所不同,它是革兰氏阴性细菌内毒素的毒性中心。

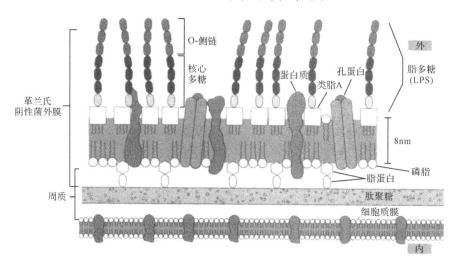

图 1-7　G⁻细菌脂多糖、类脂 A、磷脂、孔蛋白的排列方式

外膜蛋白是指嵌合在脂多糖和磷脂层外膜上的 20 多种蛋白,多数功能还不清楚。其中脂蛋白(lipoprotein)的蛋白质部分末端游离的氨基酸残基与肽聚糖层的某些二氨基庚二酸残基形成肽键,呈共价结合,其脂质部分同外壁层磷脂相结合。因此,脂蛋白是从肽聚糖层到外壁层之间的桥梁。另有一类称微孔蛋白(porin)的蛋白存在于 G⁻菌的外壁层中,这些蛋白的功能是作为一个通道使低分子的亲水性物质得以进出,有特异性与非特异性两类。特异性微孔蛋白形成"充水"的通道,任何类型的小物质都可以通过。而另一些微孔蛋白具有高度特异性,因为它们含有一种或多种物质的特异性结合位点。最大的微孔蛋白可以允许相对分子质量高达 5000 的物质进入。

3.细胞壁结构与革兰氏染色的关系

革兰氏染色的结果同细胞壁的结构与组分有关。现在一般认为,在染色过程中,细胞内形成了一种不溶性的结晶紫-碘的复合物,这种复合物可被乙醇(或丙酮)从 G^- 细菌细胞内抽提出来,但不能从 G^+ 菌中抽提出来。这是由于 G^+ 菌细胞壁较厚,肽聚糖含量高,交联程度高,脂质含量低甚至没有,经乙醇处理后引起脱水,结果肽聚糖孔径变小,渗透性降低,结晶紫-碘复合物不能外流,于是保留初染的紫色。而革兰氏阴性细菌细胞壁肽聚糖层较薄,含量较少,交联程度低,而且脂质含量高,经乙醇处理后,脂质被溶解,渗透性增高,结果结晶紫-碘复合物外渗,细胞经番红复染时呈现红色。

4.细胞壁缺陷型细菌

用溶菌酶处理细胞或在培养基中加入青霉素、甘氨酸或丝裂霉素 C 等因子,便可破坏或抑制细胞壁的形成,成为细胞壁缺陷细菌,通常包括原生质体、原生质球和细菌 L-型。用溶菌酶除去革兰氏阴性细菌细胞壁时,若先用乙二胺四乙酸(EDTA)处理外壁,则效果更好。

1)原生质体(protoplast) 在革兰氏阳性细菌培养物中加入溶菌酶或通过青霉素阻止其细胞壁的正常合成而获得的完全缺壁的细胞称原生质体。由于没有坚韧的细胞壁,故任何形态的原生质体均呈球形。原生质体对环境条件很敏感,而且特别脆弱,渗透压、振荡、离心以至通气等因素都易引起其破裂。有的原生质体还保留着鞭毛,但不能运动,也不能被相应的噬菌体感染。原生质体在适宜条件下同样可生长繁殖,形成菌落,其他生物活性基本不变。如用即将形成芽孢的营养体获得的原生质体仍可形成芽孢。原生质体的获得,给微生物学工作者提供了另一种类型的生物学实体,用原生质体融合新技术,可培育新的优良菌种。

2)原生质球(spheroplast) 指细胞壁未被全部去掉的细菌细胞,它呈圆球状,可以人为地通过溶菌酶或青霉素处理革兰氏阴性细菌而获得。该类细菌细胞壁肽聚糖虽被除去,但外壁层中的脂多糖、脂蛋白仍然保留,外壁的结构尚存。所以,原生质球较之原生质体对外界环境具一定抗性,并能在普通培养基上生长。

3)细菌 L-型(bacterial L-form) 是细菌在某些环境条件下因基因突变而产生的无壁类型。细胞呈多形态,有的能通过细菌滤器,故又称"滤过型菌"。L-型菌落生长缓慢,一般需经2～7天方见到针尖样小菌落,中心部分深埋于培养基内,呈典型的"油煎蛋"状。这些变异型,有些是能回复至亲代的"不稳定"变异株,有些是不能回复的"稳定"变异株。由于它最先被英国 Lister 医学研究院发现,故名细菌 L-型。

4)周质间隙(periplasmic space) 又称壁膜空间,指位于细胞壁与细胞质膜之间的狭小空间,内含质外酶。质外酶对细菌的营养吸收、核酸代谢、趋化性和抗药性等常有重要作用。质外酶的种类和数量随菌种而异,目前已在细菌(尤其是 G^- 细菌)中发现的质外酶主要有 RNA酶Ⅰ、DNA 内切酶Ⅰ、青霉素酶及许多磷酸化酶等。

(二)细胞质膜

细胞质膜(cytoplasmic membrane)又称细胞膜(cell membrane),是围绕在细胞质外面的一层柔软而富有弹性的薄膜,厚约 8nm。细菌细胞膜占细胞干重的 10% 左右,其化学成分主要为脂类(20%～30%)与蛋白质(60%～70%)。原核生物中除支原体外,细胞膜上一般不含胆固醇,这与真核生物不同(图 1-8)。

细菌细胞膜的脂类主要为甘油磷脂。磷脂分子在水溶液中很容易形成具有高度定向性的双分子层,相互平行排列,亲水的极性基指向双分子层的外表面,疏水的非极性基朝内(即排列在组成膜的内侧面),这样就形成了膜的基本骨架。磷脂中的脂肪酸有饱和与不饱和两种,膜

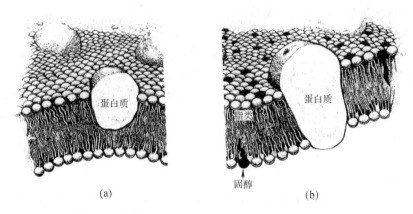

图 1-8　原核生物(a)与真核生物(b)的细胞质膜比较

的流动性高低主要取决于它们的相对含量和类型,如低温型微生物的膜中含有较多的不饱和脂肪酸,而高温型微生物的膜则富含饱和脂肪酸,从而保持了膜在不同温度下的正常生理功能。细胞膜中的蛋白质依其存在位置可分为外周蛋白和内嵌蛋白两大类。外周蛋白存在于膜的内或外表面,系水溶性蛋白,占膜蛋白总量的 20%～30%。内嵌蛋白又称固有蛋白或结构蛋白,镶嵌于磷脂双层中,多为非水溶性蛋白,占总量的 70%～80%(图 1-9)。膜蛋白除作为膜的结构成分之外,许多蛋白质本身就是运输养料的透酶或具催化活性的酶蛋白,在细胞代谢过程中起着重要作用。

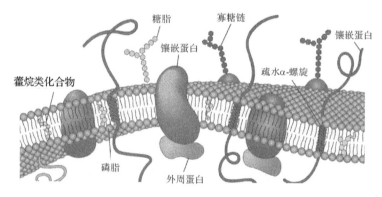

图 1-9　细菌细胞质膜的基本结构(引自 Prescott *et al*.,2002)

　　细胞膜的主要功能有:① 控制细胞内、外的物质(营养物质和代谢废物)的运送、交换;② 维持细胞内正常渗透压的屏障作用;③ 是合成细胞壁各种组分(脂多糖、肽聚糖、磷壁酸)和荚膜等大分子的场所;④ 是进行氧化磷酸化或光合磷酸化的产能基地;⑤ 传递信息。细胞膜上的某些特殊蛋白质能接受光、电及化学物质等产生的刺激信号并发生构象变化,从而引起细胞内的一系列代谢变化和产生相应的反应。

　　除细胞质膜外,很多细菌还具有内膜系统。① 中间体(mesosome),是由细胞膜局部内陷折叠而成,它与细胞壁的合成、核质分裂、细胞呼吸以及芽孢形成有关。由于中间体具有类似真核细胞线粒体的作用,又称拟线粒体。② 类囊体(thylakoid),是蓝细菌细胞中存在的囊状体,由单位膜组成,上面分布有叶绿素、藻胆色素等光合色素和有关酶类,是光合作用的场所。③ 载色体(chromatophore),是一些不放氧的光合细菌的细胞质膜多次凹陷折叠而形成的片层状、微管状或囊状结构。载色体含有菌绿素和类胡萝卜素等光合色素及进行光合磷酸化所需要的酶类和电子传递体,是进行光合作用的部位。④ 羧酶体(carboxysome),是自养细菌所特有的内膜结构。羧酶体由以蛋白质为主的单层膜包围,厚约 35nm,内含固定 CO_2 所需的 1,5-二磷酸核酮糖羧化酶和 5-磷酸核酮糖激酶,是自养细菌固定 CO_2 的场所。

（三）细胞质

细胞质(cytoplasm)是指细胞膜内除细胞核外的物质。它无色透明,呈黏胶状,主要成分为水、蛋白质、核酸、脂类,含有少量的糖和盐类。由于富含核酸,因而嗜碱性强,幼龄菌着色均匀。此外,细胞质内还含有核糖体、颗粒状内含物和气泡等物质。

1.核糖体

核糖体(ribosome)也称核蛋白体,为多肽和蛋白质合成的场所。在电子显微镜下可见到细菌的核糖体游离于细胞质中,系 70S 的颗粒,由 50S 和 30S 两个亚单元组成,化学成分为蛋白质与核糖核酸(RNA)。细菌细胞中绝大部分(约 90%)的 RNA 存在于核糖体内。原核生物的核糖体常以游离状态或多聚核糖体状态分布于细胞质中。而真核细胞的核糖体既可以游离状态存在于细胞质中,也可结合于内质网上。

2.内含物

很多细菌在营养物质丰富的时候,其细胞内会聚合各种不同的贮藏颗粒,当营养缺乏时,它们又能被分解利用。这种贮藏颗粒可在光学显微镜下观察到,通称为内含物(cytoplasmic inclusions)。贮藏颗粒的多少可随菌龄及培养条件不同而改变。

1)异染颗粒(metachromatic granules)　又称捩转菌素(volutin),最早发现于迂回螺菌(*Spirillum volutans*)中。异染颗粒是以无机偏磷酸盐聚合物为主要成分的一种无机磷的贮备物。异染颗粒嗜碱性或嗜中性较强,用蓝色染料(如甲苯胺蓝或甲烯蓝)染色后不呈蓝色而呈紫红色,故称异染颗粒。

2)聚 β-羟基丁酸(poly-β-hydroxybutyric acid,PHB)颗粒　它是一种碳源和能源性贮藏物。它是 β-3-羟基丁酸的直链聚合物。用革兰氏染色时,这类物质不着色,但易被脂溶性染料如苏丹黑着色,在光学显微镜下可见(图 1-10)。根瘤菌属(*Rhizobium*)、固氮菌属(*Azotobacter*)等细菌常积累 PHB。

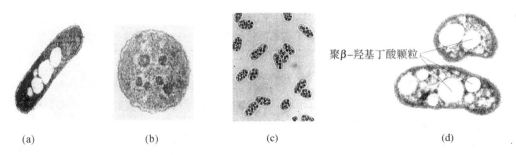

聚β-羟基丁酸颗粒

(a)　　　　　　　(b)　　　　　　　(c)　　　　　　　(d)

图 1-10　细胞内含物(a 与 b 引自 Prescott *et al.*,2003;c 与 d 引自 Madigan *et al.*,2006)

(a)异染颗粒　(b)肝糖粒　(c)细胞中的硫滴　(d)聚 β-羟基丁酸颗粒

3)肝糖粒(glycogen)和淀粉粒　肝糖粒较小,只能在电镜下观察到,如用稀碘液染色成红褐色,可在光学显微镜下看到。有的细菌积累淀粉粒,用碘液可染成深蓝色。肝糖粒、淀粉粒都是碳源贮藏物。

4)硫滴(sulfur globules)　某些氧化硫的细菌细胞内可积累硫滴。如贝氏硫菌属(*Beggiatoa*)、发硫菌属(*Thiothrix*)在细胞内常含有强折光性的硫滴,此为贮存的硫,系通过氧化硫化氢而形成,作为能量储备,需要时可被细菌再利用。

5)磁小体(megnetosome) 存在于水生细菌和趋磁细菌中,是细胞内磁铁矿 Fe_3O_4 的晶体颗粒,数目不等。不同种类的细菌磁小体形态不同,有正方形、长方形,还有刺状之分。含有磁小体的细菌表现出趋磁性,即沿着地磁场转向和迁移。磁小体由一层含有磷脂、蛋白质和糖蛋白的膜包围。

3.气泡

某些水生细菌,如蓝细菌、不放氧的光合细菌和盐细菌细胞内贮存气体的特殊结构称气泡。气泡由许多小的气囊(gas vesicle)组成,气囊膜只含蛋白质而无磷脂。气泡的大小、形状和数量随细菌种类而异。气泡能使细胞保持浮力,从而有助于调节并使细菌生活在它们需要的最佳水层位置,以利获得氧、光和营养。

(四)细胞核

细菌细胞的核位于细胞质内,无核膜与核仁,仅为一核区,因此称为原始形态的核(primitive form nucleus)或拟核(nucleoid)。细菌细胞的原核只有一个染色体,主要含有具有遗传信息的脱氧核糖核酸(DNA)。拟核中尚有少量 RNA 和蛋白质。但没有真核生物细胞核所含的组蛋白(结构蛋白)。染色体由双螺旋的大分子链构成,一般呈环形结构,总长度为 $0.25 \sim 3\text{mm}$(例如 *E. coli* K12 的 DNA 长约 1mm,分子质量为 3×10^9 Da,约有 4.6×10^6 个 bp,至少含 5×10^3 个基因)。拟核在静止期常呈球形或不规则的棒状或哑铃形。一个细菌在正常情况下只有一个核区,而细菌处于活跃生长时,由于 DNA 的复制先于细胞分裂,一个菌体内往往有 2~4 个核区;低速率生长时,则可见 1~2 个核区。原核携带了细菌绝大多数的遗传信息,是细菌生长发育、新陈代谢和遗传变异的控制中心。

在细菌中,除染色体 DNA 外,还存在一种能自我复制的小环状 DNA 分子,称质粒(plasmid)。质粒相对分子质量较细菌染色体小,约 $(2 \sim 100) \times 10^6$ Da。每个菌体内可有 1 至数个质粒。不同质粒的基因之间可发生重组,质粒基因与染色体基因也可重组。质粒对细菌的生存并不是必需的,它可在菌体内自行消失,也可经一定处理后从细菌中除去,但不影响细菌的生存。不同的质粒分别含有使细菌具有某些特殊性状的基因,如致育性、抗药性、产生抗生素、降解某些化学物质等(见表 1-3)。

表 1-3 细菌质粒所能控制的性状

细菌质粒	性 状
(1)大肠杆菌中的 F 因子	使宿主产生性纤毛,决定细菌的"性别"
(2)大肠杆菌中的 Col 因子	产生一种蛋白质类杀菌素——大肠杆菌素
(3)大肠杆菌中的 Ent 因子	产生肠毒素
(4)大肠杆菌中的 Hty 因子	决定溶血素的产生
(5)大肠杆菌中的 RYB 质粒	可使宿主产生限制性内切酶与甲基化酶
(6)许多 G^- 细菌中的 R 因子	抗磺胺药与多种抗生素
(7)金黄色葡萄球菌中的 P^{1258} 因子	抗 Cd^{2+}、Hg^{2+} 等重金属离子
(8)金黄色葡萄球菌中的 PZA10	产生内毒素 B
(9)假单胞菌中的质粒	能降解某些复杂的有机物
(10)根癌病农杆菌中的 Ti 质粒	能使感染植株产生根癌病

质粒可以独立于染色体而转移,通过接合、转化或转导等方式可从一个菌体转入另一菌

体。因此在遗传工程中可以将细菌质粒作为基因的运载工具,构建新菌株。

（五）荚膜

有些细菌生活在一定营养条件下,尤其是在碳源丰富的条件下,向细胞壁外分泌出一层黏性物质,根据这层黏性物质的厚度、可溶性及在细胞表面存在的状况可把它们分为荚膜、微荚膜或黏液层。如果这层物质黏滞性较大,相对稳定地附着在细胞壁外,具一定外形,厚约200nm,称为荚膜（capsule）或大荚膜（macrocapsule）。它与细胞结合力较差。通过液体振荡培养或离心可将其从细胞表面除去。荚膜很难着色,但用负染色法可在光学显微镜下观察到,此时背景和细胞着色,荚膜不着色（图1-11）。

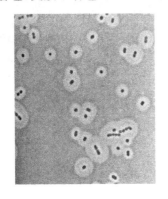 

图 1-11　荚膜（Madigan *et al.*，2000）

微荚膜（microcapsule）的厚度在200nm以下,它与细胞表面结合较紧密,用光学显微镜不易观察到,但可采用血清学方法证明其存在。微荚膜易被胰蛋白酶消化。

黏液层（slime layer）比荚膜疏松,无明显形状,悬浮在基质中,更易溶解,并能增加培养基黏度。

通常情况下,每个菌体外面包围一层荚膜。但有的细菌,它们的荚膜物质互相融合。在一起成为一团胶状物,称菌胶团（zoogloea）,其内常包含有多个菌体。荚膜产生受遗传特性控制,但并非是细胞绝对必要的结构,失去荚膜的变异株同样可正常生长。而且,即使用特异性水解荚膜物质的酶处理,也不会杀死细菌。

荚膜的主要成分因菌种而异,大多为多糖、多肽或蛋白质,也含有一些其他成分。产荚膜的细菌菌落通常光滑透明,称光滑型（S型）菌落;不产荚膜的细菌菌落表面粗糙,称粗糙型（R型）菌落。

荚膜的主要作用是作为细胞外碳源和能源性贮藏物质,并能保护细胞免受干燥的影响,同时能增强某些病原菌的致病能力,使之抵抗宿主吞噬细胞的吞噬。例如能引起肺炎的肺炎双球菌Ⅲ型,如果失去了荚膜,则成为非致病菌。

有些产荚膜细菌,如肠膜明串珠菌（*Leuconostoc mesenteroides*）则可用于葡聚糖的工业生产,葡聚糖已被用来治疗失血性休克的血浆代用品。野油菜黄单胞菌（*Xanthomonas campestris*）的黏液层的胞外多糖——黄原胶已被用于石油开采中的钻井液添加剂以及印染和食品等工业中。而菌胶团则在污水生物处理中对活性污泥的形成、作用与沉降性能等均具重要影响。产荚膜细菌,常常给生产带来麻烦。牛奶、蜜糖、面包及其他含糖液变得"黏胶状"就是由于受了某些产荚膜细菌的污染。有些细菌能藉荚膜牢固地黏附在牙齿表面引起龋齿。

（六）鞭毛

某些细菌的细胞表面伸出细长、波曲、毛发状的附属物,这种附属物称为鞭毛（flagellum

单数；flagella 复数)。鞭毛细而长，其长度常为细胞的若干倍，最长可达 70μm，但直径只有
10～20nm。因此，用光学显微镜看不见。如果采用特殊的鞭毛染色法，使染料沉积在鞭毛上，
加粗其直径，就可在光学显微镜下观察到细菌鞭毛，但真实形态只有在电镜下可见（见图
1-12)。另外，采用悬滴法及暗视野映光法观察细菌运动状态及用半固体琼脂穿刺培养，从细
菌生长的扩散情况，可初步判断细菌是否有鞭毛。

　　细菌鞭毛的数目和着生位置是细菌种的特征。据此，可将有鞭毛的细菌分为四类（图
1-13)：① 一端单毛菌（monotrichaete)。在菌体的一端只生一根鞭毛，如霍乱弧菌（*Vibrio
cholerae*)。② 两端单鞭毛菌（amphitrichaete)。菌体两端各具一根鞭毛，如鼠咬热螺旋体
（*Spirochaeta morsusmuris*)。③ 丛生鞭毛菌（lophotrichaete)。菌体一端生一束鞭毛，如铜绿
假单胞菌（*Pseudomonas aeruginosa*)；菌体两端各具一束鞭毛，如红色螺菌（*Spirillum
rubrum*)。④ 周生鞭毛菌（peritrichaete)。周身都有鞭毛，如大肠杆菌、枯草杆菌等。

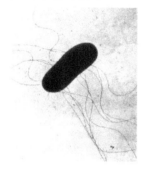

图 1-12　细菌鞭毛的电镜照片
（贾小明等，2004)

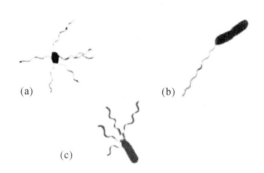

图 1-13　鞭毛的光学显微镜照片（赖夫松鞭毛染色法)
（Madigan *et al.*，2003)
(a)周生鞭毛　　(b)极生鞭毛　　(c)丛生鞭毛

　　在电镜下观察，鞭毛起始于细胞内侧的基体（basal body)上，穿过细胞壁后成为钩状体
（hook)，由此伸出丝状鞭毛。革兰氏阴性菌鞭毛的基体上有两对环，一对为 L 环和 P 环，扣着
细胞壁的外壁层，一对为 S 环和 M 环，扣着细胞膜（图 1-14)；而革兰氏阳性菌鞭毛的基体上只
有 S 环和 M 环。鞭毛的运动可能是由于鞭毛丝与基部环状体的收缩，或鞭毛钩相对于细胞壁
的转动，推动菌体前进。

　　鞭毛的化学组分主要是蛋白质，只含有少量的多糖或脂类。鞭毛蛋白占细胞蛋白质的
2%，相对分子质量为 15～40 kDa。它是一种很好的抗原物质，这种鞭毛抗原又叫 H（Hauch)
抗原，各种细菌的鞭毛蛋白由于氨基酸组成不同导致 H 抗原特性上的差别，因此可通过血清
学反应进行细菌分类鉴定。

　　鞭毛是细菌的运动器官，但并非生命活动所必需，如除去鞭毛，并不影响细菌生存。它极
易脱落，有鞭毛的细菌一般在幼龄时具鞭毛，老龄时脱落。螺旋菌和弧菌一般都具鞭毛；杆菌
中有的生鞭毛，有的不具鞭毛；球菌中仅尿素八叠球菌有鞭毛。有鞭毛的细菌并不一定总是运
动的，有时也会丧失运动性。运动性的丧失可由于环境变化或突变引起。某些无鞭毛的细菌
也能运动，如黏细菌、蓝细菌，主要为在物体表面滑行运动，这些微生物如悬浮在液体中就丧失
运动性。螺旋体则通过轴丝（axial filament)的收缩运动。细菌运动还表现出趋光性（photo-
taxis)和趋化性（chemotaxis)，即向着光或某种化学吸引物运动。此外，有的细菌还可以从某
些物质或环境因子中游开，以避免伤害。因此，细菌运动可看成是一种适应作用，即增加微生

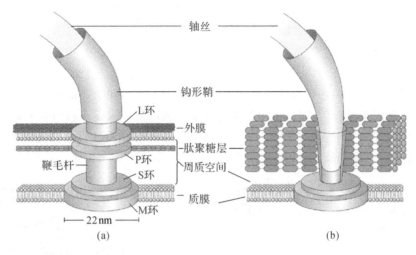

图 1-14 细菌鞭毛的超微结构示意图（引自 Prescott et al., 2002）

(a)G⁻细菌 (b)G⁺细菌

物与食物或其他有利环境相遇的机会,或者避免有害因子以利于生存。

（七）菌毛

很多革兰氏阴性菌及少数阳性菌的细胞表面有一些比鞭毛更细、较短而直硬的丝状体结构,称为菌毛(pili 或 fimbria)或称伞毛、纤毛(见图 1-15)。菌毛直径大约 3~7nm,长度约 0.5~6μm,有些菌毛可长达 20μm。菌毛由菌毛蛋白(pilin)组成,与鞭毛相似,也起源于细胞质膜内侧基粒上。菌毛不具运动功能,也见于非运动的细菌中。因机械因素而失去菌毛的细菌很快又能形成新的菌毛,因此认为菌毛可能经常脱落并不断更新。

菌毛类型很多,根据菌毛功能可将其分成两大类:普通菌毛(common pili)和性菌毛(sex pili 或 conjugal pili)。普通菌毛可增加细菌吸附于其他细胞或物体的能力。例如肠道菌的Ⅰ型菌毛,它能牢固地吸附在动植

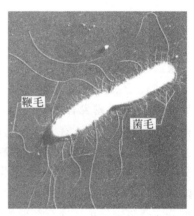

图 1-15 细菌的鞭毛与菌毛

(Madigan et al., 2003)

物、真菌以及多种其他细胞上,包括人的呼吸道、消化道和泌尿道的上皮细胞上;有的能吸附于红细胞上,引起红细胞凝集;有的是噬菌体的吸附位点。菌毛的这种吸附性可能对细菌在自然环境中的生活有某种意义。性菌毛是在性质粒(F 因子)控制下形成的,故又称 F-菌毛(F-pili)。它比普通菌毛粗而长,数量少,一个细胞仅具 1~4 根。性菌毛是细菌传递游离基因的器官,作为细菌接合时遗传物质的通道。现在很多学者趋向于用纤毛(fimbria)表示普通菌毛,而菌毛则多指性菌毛。

（八）芽孢

某些细菌在其生活史的一定阶段,于营养细胞内形成一个圆形、椭圆形或圆柱形的结构,称为芽孢(spore)。因为细菌芽孢都形成在菌体内,故亦称内生孢子(endopsore)。含有芽孢的菌体细菌称为孢子囊(sporangium)。芽孢成熟后可脱落出来。生成芽孢的细菌多为杆菌,球菌和螺旋菌仅少数种能生成芽孢。

芽孢形成的位置、形状、大小因菌种而异,在分类鉴定上有一定意义,有些细菌的芽孢位于

细胞的中央，其直径大于细胞直径，孢子囊呈梭状，如某些梭状芽孢杆菌属的种；若芽孢在细胞顶端，其直径大于细胞的直径时，则孢子囊呈鼓槌状，如破伤风梭菌(*Clostridium tetani*)；有些细菌芽孢直径小于细胞直径，则细胞不变形，如常见的枯草芽孢杆菌(*Bacillus subtilis*)(图1-16)。

芽孢有比较厚的壁和高度的折光性，在光学显微镜下观察到的芽孢为一透明小体，由于普通碱性染料不易使芽孢着色，通常采用特殊的芽孢染色以便于观察。利用电子显微镜，不仅可观察到芽孢的表面特征，还可观察到，一个成熟的芽孢具有核心、内膜、初生细胞壁、皮层、外膜、外壳层及外孢子囊等多层结构(图1-17)。

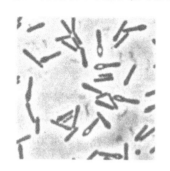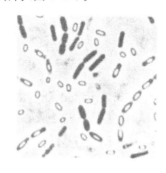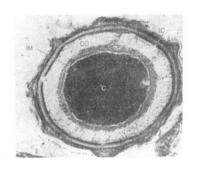

图1-16　细菌芽孢的相差显微照片　　　　　　图1-17　成熟芽孢的结构示意图
(Madigan *et al*.，2003)

根据电子显微镜的观察，芽孢的形成包含着一系列的复杂过程(图1-18)。

(1)轴丝形成。在营养细胞内，分开存在的两个染色体首先发生构型变化，即两个染色体聚集在一起，以致密发育的形式，逐渐成为一个连续的、位于细胞中央的轴丝状结构，并通过中间体与细胞膜相连接。有人认为这是芽孢早期所具有的特异结构，是抗辐射的物质基础。

(2)隔膜形成。在接近细胞一端处，细胞膜内陷，向心延伸，产生隔膜，将细胞分成大小两部分。与此同时，轴丝状结构也分为两部分。

(3)前孢子形成。在细胞中，较大部分的细胞膜围绕较小部分迅速地继续延伸，直至将小的部分完全包围为止。这个新形成的细胞(结构)称为前孢子(forespore)。此时前孢子由两层极性相反的细胞膜组成，其中内膜将发育成为营养细胞的细胞膜。

(4)皮层形成。由于前孢子迅速进行合成作用，新形成的物质沉积于前孢子的两层极性相反的细胞膜之间，逐渐发育形成皮层(corter)。与此同时，随着2,6-吡啶二羧酸(dipicolinic acid，简称DPA)的合成，Ca^{2+}的吸收，出现DPA-Ca复合物；而且在前孢子的外面也开始形成外壳层。此时的皮层，似乎变成了一种呈现出条纹的多层结构。

(5)孢子外壳层的形成。在皮层形成过程中，前孢子外膜表面合成外壳物质，并沉积于皮层外表，逐渐形成一个连续的致密层。在外壳中含有非常多的半胱氨酸和疏水性氨基酸，并且继续积累DPA和Ca^{2+}。

(6)芽孢成熟。芽孢合成过程全部完成，此时芽孢具有了很强的抗热性和特殊结构。

(7)芽孢的释放。孢子囊壁破裂(溶解)，释放出成熟的芽孢。

在光学显微镜下观察芽孢形成过程，可见到以下变化：首先，在细胞一端出现一个折光性较强的区域，即前孢子阶段；然后，折光性逐渐增强，形成成熟的孢子；几小时后，成熟的芽孢部分或全部脱离孢子囊壁而释放，呈游离状。

芽孢没有繁殖意义，因为一个细胞内一般只形成一个芽孢，而且一个芽孢也只萌发成一个

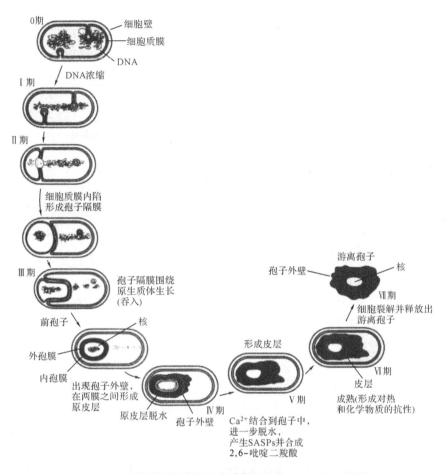

图 1-18　细菌芽孢形成的几个阶段(Madigan *et al.*，2003)

营养细胞。芽孢仅仅是芽孢细菌生活史中的一环，是细菌的休眠体。

　　形成芽孢需要一定的外界条件，这些条件因菌种而异。然而，芽孢一旦形成，则对恶劣环境条件均具有很强的抵抗能力。有的芽孢，在一定条件下可保存几十年而不丧失其生活力。芽孢尤其能耐高温，如枯草杆菌的芽孢在沸水中可存活 1h，破伤风杆菌的芽孢可存活 3h，而肉毒梭菌的芽孢则可忍受 6h 左右，即使在 180℃ 的干热中仍可存活 10min。除耐热外，芽孢也能抵抗低温，它在液氮温度(−190℃)中 6 个月仍能存活。芽孢对辐射、干燥和大多数化学杀菌剂也具有极大的抗性。芽孢之所以具有如此高的抗逆性，与其结构和化学特性有关(见表 1-4)。

表 1-4　细菌的芽孢和营养细胞的区别

项　目	营养细胞	芽　孢
结构	典型革兰氏阳性	有髓、孢子衣、外壁
光学显微镜下	无折光性	有折光性
钙	低	高
吡啶二羧酸	无	有
聚 β-羟基丁酸(PHB)	有	无
多糖	高	低
蛋白质	较低	较高

续表

项　　目	营养细胞	芽　　孢
含硫氨基酸	低	高
酶活性	高	低
代谢作用(O_2 利用)	高	低或无
大分子合成	有	无
mRNA	有	低或无
抗热性	低	高
抗辐射	低	高
抗药和酸	低	高
染色	可染	需用特殊方法染色
溶菌酶作用	敏感	有抗性

芽孢的一个显著特点是游离水含量远低于营养细胞,使核酸和蛋白质不易变性。芽孢的酶组成型与营养细胞也有差别,芽孢只含有少量酶,并处于不活跃状态。芽孢的抗热性也与芽孢内具抗热性的酶有关。例如,营养细胞中的过氧化氢酶是可溶的和热敏感性的,而芽孢中的过氧化氢酶则是附着在颗粒上和热抗性的,而且两种酶的动力学和血清学特性均不同。

芽孢的另一独特之处是含有 2,6-吡啶二羧酸(dipicolinic acid,DPA)。吡啶二羧酸在芽孢中以钙盐形式存在,占细菌芽孢干重的 5%～15%。在细菌营养细胞及其他生物细胞中均未发现吡啶二羧酸的存在。芽孢形成过程中,随着 DPA 的形成而具抗热性,芽孢萌发时吡啶二羧酸又释放至培养基中,同时也丧失其抗热性。显然 DPA 与芽孢的抗热性有关。催化 DPA 合成中最后阶段的酶也是芽孢形成过程所特有的,DPA 钙盐的存在可改变酶的构型,使酶对热相当稳定。

芽孢在适合的条件下可萌发。适合芽孢萌发的条件包括水和营养物质,适合的温度,氧浓度以及某些必需的条件。加热到 80～85℃ 处理几分钟可促进芽孢萌发,芽孢萌发时首先丧失抗性、折光性,增加可染性。芽孢萌发时开始吸收水分、盐类和营养物质而体积膨大,与此同时,耐热力和折光性逐渐降低;在细胞质内部发生了一系列生理变化,着色力增强,酶活力提高,呼吸作用加强,可看到核分裂,DPA 和钙复合物外流,对外界各种不良因素的抵抗力降低;随之肽聚糖分解,孢子囊壁破裂,皮层迅速破坏,长出芽管,逐渐发育成新的营养细胞。芽孢萌发过程中还伴随有大分子细胞物质如 RNA、蛋白质、DNA 等的合成,因此,使细胞不断长大。

(九)伴孢晶体

芽孢杆菌属有些种如苏云金芽孢杆菌(*Bacillus thuringiensis*),在形成芽孢的同时,在细胞内产生一颗颗菱形或双锥形的碱性蛋白晶体,称为伴孢晶体(spore companioned crystal)(图 1-19)。它主要对鳞翅目的昆虫有毒性,由于这种晶体毒素对人畜毒性很低,故国内外均以工业化方式大量生产菌剂,以杀死某些农业害虫。

(十)孢囊

细菌除产生芽孢作为休眠体以抵抗不良生活环境外,某些细菌还能形成其他休眠构造,如固氮菌的孢囊(cyst),黏球菌的黏液孢子(myxospore),蛭弧菌的蛭孢囊(bdellocyst)等。固氮菌的孢囊(图 1-20)为球形或卵圆形,中心为一稠密的中心体(central body),中心体中往往含有数个折射颗粒,为聚 β-羟基丁酸颗粒(PHB)。围绕中心体的为两层厚薄不一的壁,内层称孢子内壁(intine,简写 in),密度小、宽而均匀。外层称孢子外壁(exine,简写 ex),密度大且坚

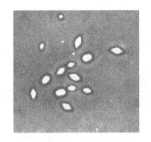 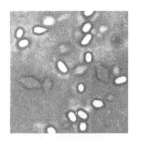

图 1-19　苏云金芽孢杆菌的芽孢和菱形的伴孢晶体

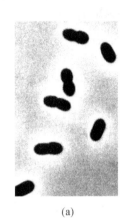 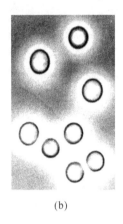 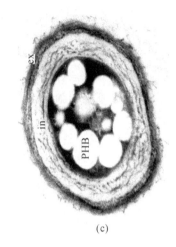

(a)　　　　　　　　　　(b)　　　　　　　　　　(c)

图 1-20　固氮菌的营养细胞、孢囊、孢囊结构

(a)营养细胞　(b)孢囊(Madigan *et al.*，2003)

(c)圆褐固氮菌(*Azotobacter chroococcum*)孢囊的超薄切片电镜照片(贾小明等，2001)

硬,为紧密多层膜片状结构。维氏固氮菌(*Azotobacter vinelandii*)孢囊超薄切片的电子显微照相表明孢子外壁由三层膜状物叠合而成,厚约 70～75nm。孢子外壁的化学组分为 32％碳水化合物、28％蛋白质、30％脂类和 3.2％灰分。孢子内壁的化学组分为 44％碳水化合物、9.1％蛋白质、37％脂类和 4.1％灰分。

固氮菌的孢囊具有抗干燥、抗机械破坏、抗电离辐射的作用,但并不特别抗热,也不完全休眠,能迅速氧化外源性的能源。孢囊的形成受某些化合物的诱导,如正丁醇、β-羟基丁酸盐和巴豆酸等能促使孢囊形成。孢囊的形成与芽孢不同,它是由整个营养细胞转变而来,而不是由部分细胞物质转变而成。孢囊形成过程中,最先的形态学变化是运动的杆状细胞转变成不运动的球状细胞,数小时后壁增厚,并逐步发育成有折光性的孢囊。随着孢囊的成熟,固氮菌丧失其固氮能力。在适宜条件下孢囊可萌发。萌发时中心体膨大,孢囊内壁消失,孢囊外壁出现断裂,最后从崩溃的孢囊结构中,生出幼龄的营养细胞。

三、细菌的繁殖及其群体特征

(一)细菌的个体细胞繁殖

细菌一般进行无性繁殖,表现为细胞的横分裂,称为裂殖。绝大多数类群在分裂时产生大小相等和形态相似的两个子细胞,称作同形裂殖。电镜研究表明,细菌分裂大致经过细胞核和细胞质的分裂、横隔壁的形成、子细胞分离等过程,见图 1-21。

首先是核的分裂和隔膜的形成。细菌染色体 DNA 的复制往往先于细胞分裂，并随着细菌生长而分开。与此同时，细胞赤道附近的细胞膜从外向中心作环状推进，然后闭合形成一个垂直于细胞长轴的细胞质隔膜，使细胞质和细胞核均分为二。第二步形成横隔壁，如蕈状芽孢杆菌（*Bacillus mycoides*），随着细胞膜的向内陷入，母细胞细胞壁也跟着由四周向中心逐渐延伸，把细胞质隔膜分为两层，每层分别成为

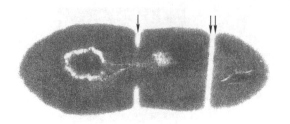

图 1-21　细菌细胞的裂殖

↓示正在分裂，↓↓示已经分裂

（引自谢念铭主编《医学细菌电镜图谱》，

人民卫生出版社，1994）

子细胞的细胞膜，横隔壁也逐渐分为两层，这样每个细胞便各自具备了一个完整的细胞壁。有的细菌如链球菌、双球菌等在分裂过程中，横隔壁尚未完全形成，细胞就停止了生长，留下了一个小孔，此时两个细胞的细胞膜仍然相连，即形成"胞间连丝"。第三步是子细胞分离。有些种类的细菌细胞，在横隔壁形成后不久便相互分开，呈单个游离状态；而有的却数个细胞相连呈短链状或多个排列成长链状。尤其是球菌，因分裂面的不同，使分裂后排列成单球菌、双球菌、链球菌、四联球菌、八叠球菌和葡萄球菌等。

少数种类如柄细菌分裂后产生一个有柄不运动和一个无柄有鞭毛的子细胞，称为异形分裂。此外还有通过出芽方式进行繁殖，如芽生杆菌（*Blastobacter*）、生丝微菌（*Hyphomicrobium*）的芽殖，蛭弧菌侵入宿主细菌细胞的壁与膜间隙生长、分裂、产生多个子细胞的多次分裂以及节杆菌（*Arthrobacter*）的劈裂（snapping division）等特殊的繁殖方式。

除无性繁殖外，电镜观察和遗传学研究已证明少数细菌存在有性接合。

（二）细菌的群体特征

1.细菌菌落特征

细菌在固体培养基上生长繁殖，几天内即可由一个或几个细菌分裂繁殖产生成千上万个细胞，聚集在一起形成肉眼可见的群体，称为菌落（colony）。如果一个菌落是由一个细菌菌体生长、繁殖而成，则称为纯培养。因此，可以通过单菌落计数的方法来计数细菌的数量。在微生物的纯种分离中也可以挑起单个菌落进行移植的方法来获得纯培养物。

各种细菌在一定培养条件下形成的菌落具有一定的特征（图1-22），包括菌落的大小、形状、光泽、颜色、

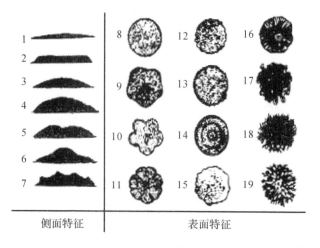

侧面特征　　　　表面特征

图 1-22　细菌菌落特征

侧面观：1.扁平　2.隆起　3.低凸起　4.高凸起　5.脐状

6.草帽状　7.乳头状

表面观：8.圆形、边缘完整　9.不规则、边缘波浪

10.不规则、颗粒状、边缘叶状　11.规则、放射状、边缘呈叶状

12.规则、边缘呈扇边状　13.规则、边缘呈齿状

14.规则、有同心环、边缘完整　15.不规则、似毛毯状

16.规则、似菌丝状　17.不规则、卷发状、边缘波状

18.不规则、呈丝状　19.不规则、根状

硬度、透明度等等。菌落的特征对菌种识别、鉴定有一定意义。

　　不同细菌种类的菌落各不相同,同一种细菌因培养基的成分和表面湿度的不同,菌落形态也有变化。同一种细菌在同一培养基上形成的菌落一般表现为相同的菌落形态特征,是鉴定菌种的形态标志之一。例如圆褐固氮菌(*Azotobacter chroococcum*)在阿须贝氏无氮培养基上表面菌落呈黏稠糊状,凸起,边缘整齐,表面起初为光滑无色,以后逐渐产生皱褶和产生黑色素。又例如蜡质芽孢杆菌霉状变种(*Bacillus cereus* var. *mycoides*)在牛肉膏蛋白胨培养基表面形成类似菌丝体的菌落,从中央向四周弯曲伸延,铺展在培养基表面上。有些细菌产生色素。有些色素是水不溶性的,存在于菌体内,如光合细菌的光合色素,赛氏杆菌(*Serratia marcescens*)的灵杆菌素;有些色素是水溶性的,扩散到培养基中,例如绿色假单胞菌(*Pseudomonas chlororaphis*)分泌绿色素到培养基中,荧光假单胞菌(*P. fluorescens*)分泌荧光色素到培养基中。

　　2.细菌的液体培养特征

　　细菌在液体培养基中生长,因菌种及需氧性

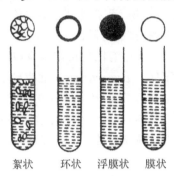

絮状　　环状　　浮膜状　　膜状

图 1-23　不同细菌在肉汤培养基中的生长

等表现出不同的特征。当菌体大量增殖时,有的形成均匀一致的混浊液;有的形成沉淀;有的形成菌膜漂浮在液体表面(图1-23)。有些细菌在生长时还可同时产生气泡、酸、碱和色素等。

四、常见与常用的细菌

　　细菌种类很多,特性各异。现将与人类生活密切相关或在工、农、医、环境中常见与常用的细菌种属介绍如下。

　　1. 醋酸杆菌属(*Acetobacter*)

　　醋酸杆菌属幼龄菌为革兰氏阴性杆状。细胞运动或不运动,如运动则以周生鞭毛或侧生鞭毛运动。不产芽孢(少数可变)。严格好氧。菌落灰色,多数无色素,少数菌株产水溶性色素或由于形成卟啉而使菌落呈粉红色。接触酶阳性,氧化酶阴性。不液化明胶,产吲哚和 H_2S。氧化乙醇到乙酸。乙酸和乳酸氧化到 CO_2 和 H_2O。乙醇、甘油和乳酸是最好的碳源。不水解乳糖和淀粉。化能异养。最适生长温度 25～30℃,最适 pH 5.4～6.3。

　　醋酸杆菌出现在花、果、蜂蜜、酒、醋、甜果汁、“红茶菌”、茶汁、“纳豆”、园土和井水等环境中。有的菌株是制醋工业菌种,一般氧化法制醋所用的醋酸菌主要有纹膜醋酸杆菌(*A. aceti*)、巴氏醋酸杆菌(*A. pasteurianus*)、许氏醋酸杆菌(*A. schutzenbachii*)。有的菌株能在甘蔗根和茎上固定微量的氮。有的醋杆菌能引起菠萝果实的粉红病和苹果及梨的腐烂。

　　2. 双歧杆菌属(*Bifidobacterium*)

　　形态很不规则的杆菌,(0.5～1.3)μm×(1.5～8)μm,常呈弯、棒状和分支状。单生、成对、V 字排列,有时成链,细胞平行呈栅栏状,或玫瑰花结状,偶尔呈膨大的球杆状。革兰氏阳性,通常染色不规则。厌氧生长,少数几个种可在含 10%CO_2 的空气中生长。pH 低于 4.5 和高于 8.5 时不生长。化能有机营养。发酵糖类活跃,发酵产物主要是乙酸和乳酸。接触酶阴性。通常要求多种维生素。最适生长温度是 37～41℃。

　　分离于温血脊椎动物的肠道、昆虫和垃圾。有些种可用来生产对人类健康有益的微生态制剂,如两歧双歧杆菌(*B. bifidum*)(图 1-24)等。

3. 棒杆菌属（*Corynebacterium*）

直或稍弯的细杆，具有渐尖或棒端的杆菌，(0.3～0.8) μm×(1.5～8.0) μm；细胞通常以单个、成对、V字形或几个平行细胞的栅状排列，革兰氏阳性。胞内常有异染粒。不运动，不产生芽孢，不抗酸。兼性厌氧，通常需要营养丰富的培养基，如血清或血清培养基，菌落呈凸起、半透明、毛玻璃状表面。化能异养，发酵代谢。过氧化氢酶、接触酶阳性。

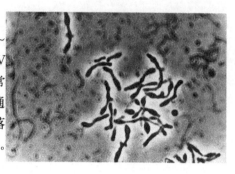

图 1-24　两歧双歧杆菌相差显微照片
（引自 Prescott *et al.*，2002）

棒杆菌属中有的种可用来发酵生产谷氨酸，如谷氨酸棒杆菌（*C. glutamicum*），北京棒状杆菌 AS 1.299 菌株是我国自行分离、筛选使用的高产菌株。棒杆菌广泛存在于自然界，有些是哺乳动物黏膜或皮肤专性寄生菌，有的种能使哺乳动物致病，如引起白喉病的白喉棒状杆菌（*C. diphtheriae*）。

4. 芽孢杆菌属（*Bacillus*）

细胞呈直杆状，(0.5～2.5)μm ×(1.2～10) μm，常以成对或链状排列，具圆端或方端。幼龄时细胞革兰氏染色大多呈阳性，以周生鞭毛运动。芽孢椭圆、卵圆、柱状或圆形。每个细胞产一个芽孢。好氧或兼性厌氧。化能异养菌，具发酵或呼吸代谢类型。通常接触酶阳性。

该属在自然界中分布很广，在土壤和空气中尤为常见。有些种是发酵工业的生产菌种，如枯草杆菌（*B. subtilis*）是生产淀粉酶和蛋白酶的主要菌种；有些种是毒性很大的病原菌，如炭疽杆菌（*B. anthracis*）能引起人类和牲畜患炭疽病；有些种是食品中常见的腐败菌，如蕈状芽孢杆菌（*B. mycoides*）能引起食品腐败变质。

5. 梭状芽孢杆菌属（*Clostridium*）

细胞杆状，(0.3～2.0) μm×(1.5～2.0) μm，常排列成对或短链，圆或渐尖的末端。通常多形态，幼龄时革兰氏染色常呈阳性，以周生鞭毛运动。芽孢椭圆或球形，孢囊膨大。多数种为化能异养菌。可以水解糖、蛋白质，或两者都无或两者皆有。不还原硫酸盐。接触酶通常阴性，专性厌氧。

广泛分布在环境中。有些种可用于发酵工业，如丙酮丁醇梭菌（*C. acetobutylicum*）可发酵生产丙酮、丁醇；有些种可产生外毒素，如肉毒梭菌（*C. botulinum*）能产生毒性极大的肉毒毒素。

6. 乳杆菌属（*Lactobacillus*）

细胞杆状，(0.5～1.2)μm×(1.0～10.0) μm，G$^+$，不产生芽孢。细胞罕见以周生鞭毛运动。兼性厌氧，有时微好氧，在有氧时生长差，降低氧压时生长较好；有的菌在刚分离时为厌氧菌。通常 5%CO$_2$ 可促进生长。在营养琼脂上的菌落凸起。化能异养菌，需要营养丰富的培养基；发酵分解糖代谢，终产物中 50% 以上是乳酸。不还原硝酸盐，不液化明胶，接触酶和氧化酶皆阴性。最适生长温度 30～40℃。DNA 的(G+C)mol% 为 32～53(T_m)。

乳杆菌广泛分布于环境，特别是动物、蔬菜和食品；它们通常栖息于鸟和脊椎动物的消化管、哺乳动物的尿道，罕见致病。有些菌种常用来作为乳酸、干酪、酸奶等乳制品的生产发酵菌剂，如保加利亚乳杆菌（*L. bulgaricus*）是生产酸奶的优良菌种（图 1-25）。

7. 明串珠菌属（*Leuconostoc*）

细胞球形或卵圆形，成对或链状，(0.5～0.7)μm×(0.7～1.2)μm；长链时，具圆端的短杆状。G⁺,不运动,不产生芽孢。生长缓慢,在蔗糖培养基上,可形成黏的小菌落。兼性厌氧,化能异养,需要营养丰富的培养基。最适温度 20～30℃。葡萄糖发酵产气。发酵主要局限于单糖和双糖类。接触酶阴性,不水解精氨酸。吲哚试验阴性,不溶血,不还原硝酸盐,葡萄糖液体培养基中的培养物最终 pH 为 4.4～5.0。

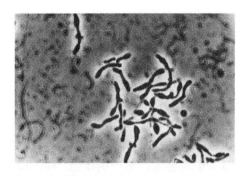

图 1-25　乳杆菌(引自 Prescott *et al.*, 2002)
　(a)嗜酸乳杆菌(*Lactobacillus acidopholus*)
　(b)乳乳杆菌(*L. lactentis*)
　(c)保加利亚乳杆菌(*L. bulgaricus*)

广泛分布于植物、乳制品和其他食品。对动物、植物都不致病。在工业上,常用肠膜状明串珠菌(*L. mesenteroides*)(图 1-26)制造代血浆。

8. 埃希氏菌属(*Escherichia*)

直杆状,$(1.1～1.5)\mu m \times (2.0～6.0)\mu m$,单个或成对。许多菌株有荚膜和微荚膜。革兰氏阴性。以周生鞭毛运动或不运动。兼性厌氧,具有呼吸和发酵两种代谢类型。最适生长温度 37℃。在营养琼脂上的菌落可能是光滑(S)、低凸、湿润、灰色,表面有光泽。化能有机营养。氧化酶阴性,乙酸盐可作为唯一碳源利用,但不能利用柠檬酸盐。发酵葡萄糖和其他糖类产生丙酮酸,再进一步转化为乳酸、乙酸和甲酸,甲酸部分被甲酸脱氢酶分解为等量的 CO_2 和 H_2。有的菌

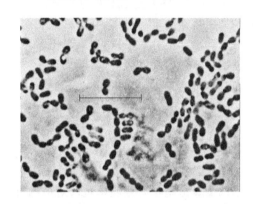

图 1-26　肠膜明串珠菌(*Leuconostoc mesenteroides*)
(引自 Prescott *et al.*, 2002)

株厌氧,绝大多数菌株发酵乳糖。在伊红美蓝(EMB)固体培养基平板上,形成带有金属光泽的紫黑色菌落。DNA 的$(G+C)mol\%$是 48～52(T_m)。

该属主要存在于人和其他动物的肠道中,水和土壤也是它们分布的重要场所。它们是食品中重要的腐生菌。如在食物和水源中发现一定数目的大肠杆菌,即表明该食物和水源可能被粪便所污染。有的菌株强烈致病,如大肠埃氏菌(*E. coli*)O157：H7 产生毒素,严重危及人类生命。

9. 变形杆菌属(*Proteus*)

细胞呈直杆菌,有明显的多形态性,有时成球形或丝状,G⁻,以周生鞭毛运动。大部分菌株在含琼脂或明胶的营养培养基的潮湿表面上能做环形运动,形成同心环,或扩展成均匀的薄层。它们氧化苯丙氨酸脱氨和色氨酸,水解尿素。产生硫化氢。DNA 的$(G+C)mol\%$为 38～41(Tm)。

能致病,引起尿道感染。也能引起继发性感染和身体其他部位脓毒性损伤,见于人和其他许多动物的肠道,同时也见于厩肥、土壤和污水。

10. 沙门氏菌属(*Salmonella*)

直杆菌,$(0.7～1.5)\mu m \times (2.0～5.0)\mu m$。G⁻,周生鞭毛运动。兼性厌氧。菌落直径一般 2～4 mm。硝酸盐还原到亚硝酸盐。常在三糖铁琼脂上产生硫化氢,吲哚试验阴性,常利

用柠檬酸盐作为唯一碳源。通常赖氨酸和鸟氨酸脱羧酶反应阳性。脲酶阴性。苯丙氨酸和色氨酸不氧化脱氨。通常不发酵蔗糖、乳糖、水杨苷、肌醇和扁桃苷。不产生酯酶和脱氧核糖核酸酶。DNA 的 $(G+C)mol\%$ 是 $50\sim53(Tm)$。

该属菌是最常见的食物中毒病原菌,可引起肠伤寒、肠胃炎和败血症,也可能传染人类以外的其他多种动物。

11. 假单胞菌属(*Pseudomonas*)

直或微弯的杆菌,不呈螺旋状,$(0.5\sim1.0)\mu m\times(1.5\sim5.0)\mu m$。许多种能积累聚 β-羟基丁酸盐为贮藏物质。不产生芽孢。G^-,以单极毛或数根极毛运动。好氧,进行严格的呼吸代谢,以氧为最终电子受体。在某些情况下,以硝酸盐为替代的电子受体进行厌氧呼吸。几乎所有的种都不能在酸性条件下生长。化能异养,有的种兼性化能自养,利用 H_2 为能源和 CO_2 为碳源。氧化酶阳性或阴性,接触酶阳性。常见的假单胞菌在大多数情况下只需要很简单的营养,生长在中性 pH 和适宜温度条件下。其突出的特点之一是能广泛地利用有机化合物作为碳源和产生能量的电子供体,有些种能利用 100 多种不同的化合物。

假单胞菌广泛分布于自然界,是土壤和水体中重要的细菌,能在有氧条件下降解由动植物材料裂解后所产生的许多可溶性化合物。一些菌种还能分解杀虫剂、除莠剂和石油废水等,所以在消除环境污染方面起重要作用。少数几个种是致病菌,例如荧光菌亚群的铜绿假单胞菌(*P. aerugtnosa*)通常与人的泌尿道和呼吸道感染有关,也能引起全身性感染,常见于严重烧伤或皮肤外伤的患者。但该菌不是专性寄生菌,很容易从土壤中分离到,而且作为反硝化细菌在自然界的氮素循环中起重要作用。在假单胞菌中,严重的动物致病菌有鼻疽假单胞菌(*P. mallei*)和类鼻疽假单胞菌(*P. pseudomallei*),前者能引起马和驴的鼻疽病,后者引起人和动物的类鼻疽病。有些假单胞菌对植物有致病性,例如青枯病单胞菌(*P. solanacearum*)是重要的植物病原菌,它有极其广泛的寄主范围,能引起许多属植物的枯萎病。荧光假单胞菌(*P. fluoyescens*)能在低温下生长,使肉类食品腐败;生黑色腐败假单胞菌(*P. nigrifdciens*)能在动物性食品上产生黑色素;菠萝软腐病假单胞菌(*P. ananas*)可使菠萝果实腐烂。

12. 葡萄球菌属(*Staphylococcus*)

细胞球形,直径 $0.5\sim1.5\mu m$(图 1-27)。单个、成对和不规则链状。G^+。不运动,不产生芽孢。兼性厌氧,化能异养。菌落不透明,白色到奶酪色,有时黄到橙色。接触酶通常阳性;有细胞色素,但氧化酶阴性。可还原硝酸盐成亚硝酸盐。对溶葡萄球菌素敏感,但对溶菌酶不敏感。$10\%NaCl$ 生长。最适生长温度 $30\sim37℃$。

主要与温血动物皮肤和黏膜有关,常常分离自食品、尘埃和水。有的种是人和其他动物的条件致病菌,或产胞外毒素,如金黄色葡萄球菌(*S. auerus*)能引起人类生疖、伤口化脓和食物中毒。

13. 链球菌属(*Streptococcus*)

细胞呈球形或卵圆形,直径 $0.5\sim2.0\mu m$。在液体培养基中,以成对或链状出现。不运动,不产生芽孢,G^+。有的种有荚膜。兼性厌氧。化能异养,生长需要丰富的培养基,有时需要 CO_2。发酵代谢,主要产乳酸但不产气。接触酶阴性,通常溶血。生长温度范围为 $25\sim45℃$(最适温度 $37℃$)。DNA 的 $(G+C)mol\%$ 为 $36\sim46$。

寄生于脊椎动物,主要栖居口腔和上呼吸道。有些则是制造发酵食品的菌种,如可作为乳制品发酵用的乳链球菌(*S. lactis*)、乳酪链球菌(*S. cremoris*)等。有的种对人和其他动物致病,如引起人类咽喉炎等疾病的溶血链球菌(*S. hemolyticus*),引起肾小球肾炎、风湿热等的酿脓链球菌(*S. pyogenes*);有些能引起食品变质,如粪链球菌(*S. faecalis*)、液化链球菌

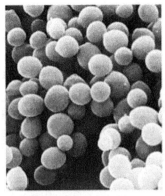
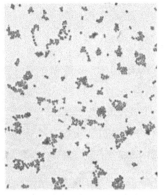

葡萄球菌的扫描电镜照片　　　　　　　金黄色葡萄球菌的光学照片

图 1-27　葡萄球菌（引自 Prescott *et al.*，2002）

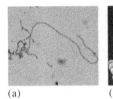

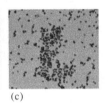

(a)　　　　　　　(b)　　　　　　　(c)

图 1-28　链球菌属（引自 Prescott *et al.*，2002）

(a)酿脓链球菌(*S. pyogenes*)　(b)链球菌扫描电镜照片　(c)肺炎链球菌(*S. pneumoniae*)

(*S. liguefaciens*)等（图 1-28）。

14. 弧菌属(*Vibrio*)

直或弯杆菌,(0.5～0.8)μm×(1.4～2.6) μm。G$^-$。以一根或几根极生鞭毛运动,兼性厌氧,具有呼吸和发酵两种代谢类型。生长温度范围宽,在 16～44℃均可生长,最适生长温度37℃。还原硝酸盐。大多数种发酵麦芽糖、甘露糖和海藻糖。钠离子刺激所有种的生长,并且是大多数种所必需的。

发现于各种盐度的水生生境,最常见于海、海岸、海面和海生动物的消化管,有的种也发现于淡水。有的种可使海洋脊椎和无脊椎动物致病,有的种可使人致病。霍乱的病原菌是霍乱弧菌(*V. cholerae*),引起食物中毒的病原菌是副溶血弧菌(*V. parahaemolyticus*)。这些菌与伤口感染、腹泻和各种消化管感染有关。

第二节　放线菌

放线菌(actinomycete)菌体形态为分枝丝状体,属于原核微生物。放线菌革兰氏染色都呈阳性反应,大部分是腐生菌,少数为寄生菌。放线菌对国民经济的重要性,在于它们是抗生素的主要产生菌,许多在医疗和农业生产上有使用价值的抗生素都是由放线菌产生的。放线菌还可用于生产各种酶和维生素,在甾体转化、石油脱蜡、烃类发酵、污水处理等方面也有所应用。有的放线菌还能与植物共生,固定大气氮。由于放线菌有很强的分解纤维素、石蜡、琼脂、角蛋白和橡胶等复杂有机物的能力,故它们在自然界物质循环和提高土壤肥力等方面有着重要的作用。此外,少数放线菌也能引起人、畜和植物疾病,如马铃薯疮痂病和人畜共患的诺卡氏菌病等。

一、放线菌的形态构造

放线菌的菌体为单细胞,最简单的为杆状或有原始菌丝,大部分放线菌由分枝发达的菌丝组成。菌丝无隔膜,菌丝直径与杆状细菌差不多,大约为 $1\mu m$。细胞壁中含有 N-乙酰胞壁酸与二氨基庚二酸,而不含几丁质与纤维素。链霉菌属(*Streptomyces*)是放线菌中发育较为高等的代表性放线菌,下面以链霉菌为例来阐明放线菌的一般形态构造。放线菌的菌丝根据形态与功能可分为基内菌丝、气生菌丝与孢子丝。

(一)基内菌丝

基内菌丝(substrate mycelium)又称营养菌丝(vegetative mycelium)或初级菌丝(primary mycelium),生长于培养基内,主要功能为吸收营养物。链霉菌基内菌丝一般无隔膜,多分枝,直径常在 $0.2\sim1.0\mu m$。有的无色,有的能产生色素,呈红、橙、黄、绿、蓝、紫、褐、黑等不同颜色。色素有水溶性的,也有脂溶性的。若是水溶性的色素,则可渗入培养基内,将培养基染上相应的颜色;若是非水溶性的(或脂溶性)色素,则使菌落呈现相应的颜色。不同类型的放线菌基内菌丝的形态特征有所区别,例如诺卡氏菌(*Nocardia*)基内菌丝强烈弯曲如树根状,生长到一定菌龄后,产生横隔膜,并断裂成不同形状的杆菌体。又如束丝放线菌(*Actinosynnema*)基丝可与气丝一起扭成菌丝束,屹立在基质表面,恰似刚出土的"竹笋"状,等等。

(二)气生菌丝

气生菌丝(aerial mycelium)又称二级菌丝(secondary mycelium)。由基内菌丝长出培养基外伸向空间的菌丝为气生菌丝。在显微镜下观察时,气生菌丝体颜色较深,直径较基内菌丝粗,约 $1.0\sim1.4\mu m$,直或弯曲,有的产生色素。各类放线菌能否产生菌丝体,取决于种的特征、营养条件以及环境因子。

(三)孢子丝

放线菌生长至一定阶段,在其气生菌丝上分化出可以形成孢子的菌丝,为孢子丝。孢子丝的形状以及在气生菌丝上的排列方式,随不同菌种而不同。孢子丝的形状有直形、波浪形、螺旋形之分(图 1-29)。螺旋状孢子丝的螺旋结构与长度均很稳定,螺旋数目、疏密程度、旋转方向等都是种的特征。孢子丝的排列方式,有的交替着生,有的丛生或轮生。孢子丝从一点分出3 个以上的孢子枝者,称轮生枝。它有一级轮生和二级轮生之分。轮生类群的孢子丝多为二级轮生。这些特征,均为放线菌菌种鉴定的依据。

孢子丝生长到一定阶段断裂为孢子,或称分生孢子(conidium)。孢子有球形、椭圆形、杆形、瓜子形等不同形状。在电子显微镜下可见孢子表面结构,有的光滑、有的带小疣、有的生刺或呈毛发状。孢子常具有不同色素。孢子形状、表面结构、颜色等均为鉴定放线菌菌种的依据。

二、放线菌的繁殖与菌落特征

放线菌主要通过无性孢子及菌丝片段进行繁殖。电子显微技术和超薄切片研究表明,放线菌通过产生横隔膜的方式使孢子丝分裂成为一串分生孢子。孢子在适宜环境中吸收水分,膨胀萌发,长出 $1\sim4$ 根芽管,形成新的菌丝体(图 1-30)。少数放线菌首先在菌丝上形成孢子囊,在孢子囊内形成孢囊孢子。孢子囊可在气生菌丝上形成,也可在营养菌丝上形成,或二者均可生成。孢子囊成熟后,释放出大量孢囊孢子。孢囊孢子可萌发形成菌丝体。

较低等的放线菌如放线菌属(*Actinomyces*)、分枝杆菌属(*Mycobacterium*)只形成短小分

直的 丛生、弯曲的 成束

单轮生、无螺旋 开环、原始螺 松螺旋 紧螺旋呈团
旋形、钩形

带螺旋单轮生态平衡 无螺旋的二级轮生 带螺旋的二级轮生

图 1-29 放线菌孢子丝的类型

枝或基内菌丝并通过细胞分裂或菌丝断裂来繁殖。放线菌
的菌丝片段可形成新的菌丝体。在液体振荡培养或工业发
酵时很少形成分生孢子,液体发酵就是利用这一方式进行
增殖的。

放线菌菌落周围具放射状菌丝,背面呈放射状同心圆。
放线菌菌落因种类不同可分为两类。一类是由产生大量分
枝的气生菌丝的菌种所形成的菌落,以链霉菌的菌落为代
表。链霉菌菌丝较细,生长缓慢,菌丝分枝互相交错缠绕,
因而形成的菌落质地致密,表面呈紧密的绒状或坚实、干
燥、多皱,菌落较小而不致广泛延伸;营养菌丝长在培养基
内,所以菌落与培养基结合较紧,不易挑起或整个菌落被挑
起而不致破碎。幼龄菌落因气生菌丝尚未分化成孢子丝,
故菌落表面与细菌菌落相似而不易区分。当形成大量孢子
布满菌落表面时,就形成外观为绒状、粉末状或颗粒状典型

图 1-30 链霉菌的生活史简图
1.孢子萌发 2.基内菌丝体
3.气生菌丝体 4.孢子丝
5.孢子丝分化为孢子

的放线菌菌落;有些种类的孢子含有色素,如与基内菌丝的颜色不同,则使菌落表面与背面呈
现不同颜色。另一类菌落由不产生大量菌丝体的种类形成,如诺卡氏菌的菌落,因其一般只有
基内菌丝,结构松散,黏着力差,结构呈粉质状,用针挑起则易粉碎。放线菌菌落常具土腥味。

三、放线菌的主要类群

(一)链霉菌属(Streptomyces)

链霉菌属有发育良好的分枝状菌丝体,菌丝无隔膜,直径约 $0.4 \sim 1.0 \mu m$,长短不一,多

核。菌丝体有营养菌丝、气生菌丝和孢子丝之分。孢子丝再形成分生孢子。链霉菌主要借分生孢子繁殖,其生活史见图1-30。

已知的链霉菌属的菌有千余种,大多生长在含水量较低、通气良好的土壤中。链霉菌能分解纤维素、石蜡、蜡与各种碳氢化合物。链霉菌是产生抗生素菌株的主要来源。许多著名的常用的抗生素如链霉素、土霉素,抗肿瘤的博来霉素、丝裂霉素,抗真菌的制霉菌素,抗结核的卡那霉素,能有效防治水稻纹枯病的井冈霉素等,都是链霉菌属的种的次生代谢产物。

(二)小单孢菌属(*Micromonospora*)

该属菌基内菌丝发育良好,多分枝,无横隔,不断裂,直径为 $0.3\sim0.6\mu m$,一般不形成气生菌丝体。孢子单生,无柄,直接从基内菌丝上产生,或在基内菌丝上长出短孢子梗,顶端着生一个孢子(图1-31)。

小单孢菌属与链霉菌属相比,菌丝体较细、无气生菌丝;菌落小,一般为 $2\sim3mm$,呈橙黄色或红色,也有深褐、黑色、蓝色者;菌丝生长力较弱,一般在 $15\sim20d$ 便停止发育,生长温度略高,一般为 $32\sim37℃$,所以两者很容易区别。

此属多分布于土壤或堆肥中。庆大霉素即由棘孢小单孢菌(*Micromonospora echinospora*)产生。

(三)诺卡氏菌属(*Nocardia*)

诺卡氏菌在培养基上形成典型的菌丝体,菌丝纤细,多数弯曲如树根状,生长到十几小时开始形成横隔膜,并断裂成多形态的杆状、球状或带叉的杆状体。诺卡氏菌属中大多数种无气生菌丝,只有基内菌丝,菌落秃裸;有的则在基内菌丝体上覆盖着极薄的一层气生菌丝,有横隔,断裂成杆状(图1-32)。菌落比链霉菌的小,表面多皱,致密干燥,或平滑凸起不等,有黄、黄绿、红橙等颜色。

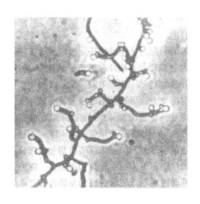
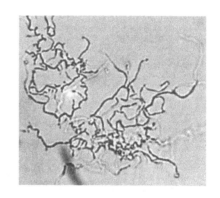

图1-31　小单孢菌的形态　　　　　　　图1-32　诺卡氏菌的形态(Madigan *et al.*,2003)

利福霉素由地中海诺卡氏菌(*N. mediterranei*)产生。有些诺卡氏菌可用于石油脱蜡、烃类发酵以及污水处理中分解腈类化合物。

(四)放线菌属(*Actinomyces*)

放线菌属仅有基内菌丝,有横隔,易断裂成"V"形或"Y"形体。菌落污白色。一般为厌氧或兼性厌氧菌,因此,在 CO_2 气体存在下容易生长。放线菌属多为致病菌。典型种为牛型放线菌(*Actinomyces bovis*),原始发现于牛的腭肿病,通常见于动物口腔内。另一个是以色列放线菌(*Act. israeli*),寄生在人体内,可引起后腭骨肿瘤病和肺脏及胸部的放线菌病。

（五）游动放线菌属（*Actinoplanes*）

游动放线菌属以基内菌丝为主，有的有气生菌丝，有的气生菌丝少，菌丝有隔或无隔。在基内菌丝上生孢囊梗，梗顶端生孢囊，孢囊成熟，释放出有鞭毛、在水中能运动的游动孢子，见图 1-33。

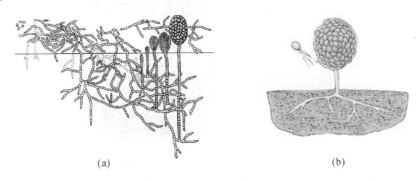

(a)   (b)

图 1-33 游动放线菌属的形态（引自 Prescott *et al.*，2002）
(a)游动放线菌孢囊的发育 (b)游动放线菌孢囊孢子成熟并释放出来

第三节 古 菌

"古菌"（archaea，曾用古细菌 archaebacteria）这一概念是沃斯（C. Woese）及他的同事们对代表性细菌类群的 16S rRNA 碱基序列进行研究比较后于 1977 年提出来的。Woese 等人认为，生物界的发育不是一个简单的由原核生物发育到更完全更复杂的真核生物的过程，而是明显地存在三个发育不同的基因系统：细菌、古菌和真核生物。从发育的观点看，这三个类型中任何一类都不比其他两类出现得更古老。古菌的菌体虽然具有原核生物的细胞结构，但在分子生物学水平上，与细菌有很大差异。

一、古菌的一般特性

（一）古菌的细胞壁

古菌中除热原体类群无细胞壁外，其细胞壁的结构和化学组分与细菌不同。许多 G^+ 古菌的细胞壁结构类似于 G^+，有一层单独的匀质厚壁。而 G^- 古菌细胞壁则与 G^- 细菌细胞壁不同，无复杂的肽聚糖网状结构，取而代之的是蛋白质或糖蛋白的表层（图 1-34）。这一蛋白层可厚达 20～40nm，有时有两层，一个鞘围绕着一电子密度层。

所有古菌细胞壁中都不含胞壁酸、D 型氨基酸和二氨基庚二酸，而含假肽聚糖。假肽聚糖（pseudopeptidoglycan）的结构虽与肽聚糖相似，但其多糖骨架则是由 *N*-乙酰葡糖胺和 *N*-乙酰塔罗糖醛酸（*N*-acetyltalosaminouronic acid）以 β-1,3-糖苷键交替连接而成，连在后一氨基糖上的肽尾由 L-Glu、L-Ala、L-Lys 3 个 L 型氨基酸组成，肽桥则由 L-Glu 1 个氨基酸组成（图 1-35），显然所有古细菌都不受溶菌酶水解和青霉素作用。

（二）古菌的细胞膜

古菌细胞膜中磷脂的亲水头仍由甘油组成，但疏水尾却由长链烃组成，一般都是异戊二烯（isoprenoid）的重复单位，亲水头与疏水尾间通过特殊的醚键连接成植烷甘油醚（phytanyl glycerol ethers）。而其他原核生物或真核生物中则是通过酯键把甘油与脂肪酸连在一起。此外在甘油分子 C_3 位上，可连接多种与细菌和真核生物细胞膜上不同的基团，如磷酸酯基、硫酸

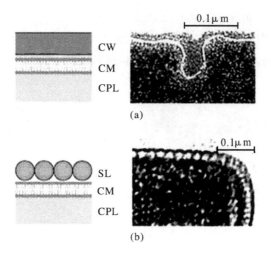

图 1-34　古菌的细胞外膜示意图和电子显微照片（引自 Prescott *et al*.，2003）
(a)甲酸甲烷杆菌，一种典型的 G⁺古菌
(b)顽固热变形菌为 G⁻古菌。CW，细胞壁；SL，表层；CM，细胞膜；CPL，细胞质。

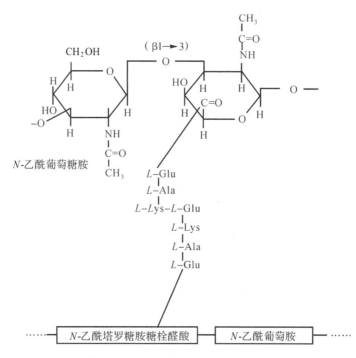

图 1-35　甲烷杆菌属（*Methanobacterium*）细胞壁中假肽聚糖的单体结构

酯基和糖脂。膜脂的 7％～30％是非极性脂，通常是鲨烯的衍生物（图 1-36）。这些脂类通过不同方式结合产生不同刚性和厚度的膜。例如，C_{20}二乙醚能够用来做常规双层膜（图1-36a）。一个更高硬度的单层膜可以由 C_{40}四乙醚脂构成（图 1-36b），如极端嗜热菌的膜（热原体属和硫化叶菌属）几乎全都是四乙醚单层膜。也有古菌的膜可能含有二乙醚、四乙醚和其他脂类的混合物（图 1-37）。

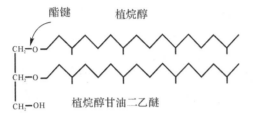

图 1-36 古菌的膜脂
（a）古菌的脂类是异戊烯甘油醚，而不是甘油脂肪酸酯
（b）图中给出古菌甘油脂醚键的 3 个例子。

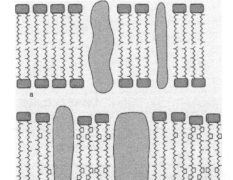

图 1-37 古菌的膜
（a）由膜内在蛋白质和双层 C_{20} 二乙醚组成的膜
（b）由膜内在蛋白质和 C_{40} 四乙醚组成的一种坚硬的单层膜

二、古菌的主要类群

古菌是一群具有独特基因结构或系统发育生物大分子序列的单细胞生物，并具有特殊生理功能和独特的生态特征。根据它们之间系统发育关系和生理特性，可将古菌分为 5 大类群，如图 1-38 所示。

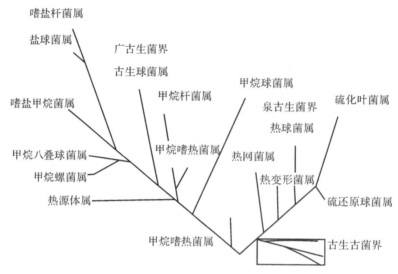

图 1-38　古菌的系统发育树(Madigan *et al.*，2006)

（一）产甲烷古菌群

这是一群严格厌氧、能产生甲烷的生理类群，其形态各异，包括球形、杆形、螺旋形、长丝状等，见表 1-5 和图 1-39。

表 1-5　一些产甲烷细菌属的特征

属 名	形态与 Gram 反应	细胞壁主要成分	产生甲烷的底物和特性
甲烷杆菌属（Methanobacterium）	长杆状、G^+	假胞壁质	$H_2 + CO_2 +$ 甲酸
甲烷短杆菌（Mthanobrevibacter）	短杆状、G^+	假胞壁质	$H_2 + CO_2 +$ 甲酸
甲烷球菌属（Methanococcus）	不规则球状、G^-	蛋白质单位，少量葡萄糖胺	$H_2 + CO_2$，丙酮酸 + CO_2，甲酸
甲烷微菌属（Methanomicrobium）	短杆状、G^-	蛋白质亚单位	$H_2 + CO_2$，甲酸
产甲烷菌属（Methanogenium）	不规则球状、G^-	蛋白质亚单位	$H_2 + CO_2$，甲酸
甲烷螺菌属（Methanospirillum）	螺旋状、G^-	蛋白质亚单位，蛋白质鞘	$H_2 + CO_2$，甲酸
甲烷八叠球菌属（Methanosarcina）	大的不规则球状、聚集成团。G^+	异多糖	$H_2 + CO_2$，乙酸，甲醇，甲胺

引自赵一章等《产甲烷细菌及研究方法》，成都科技大学出版社，1997。

产甲烷细菌细胞内常含有辅酶 M、甲烷呋喃、亚甲基蝶呤、F_{420} 和 F_{430}，在 CO_2 还原成甲烷时，前三个辅因子携带一个碳，而 F_{420} 携带电子和 H_2。F_{420} 在荧光显微镜下检查时，能自发荧光，是识别产甲烷细菌的一个重要方法。F_{430} 是一个镍-四吡咯，作为甲基-CoM 甲基还原酶的辅因子。有些产甲烷菌能同化 CO_2，进行自养生活，但该过程不经过卡尔文循环，而是从两个 CO_2 分子形成乙酰辅酶 A，然后将乙酰辅酶 A 转化成丙酮酸和其他产物。

产甲烷细菌不能利用复杂的碳水化合物、蛋白质等，基质谱很窄，大多数种可利用 $H_2/$

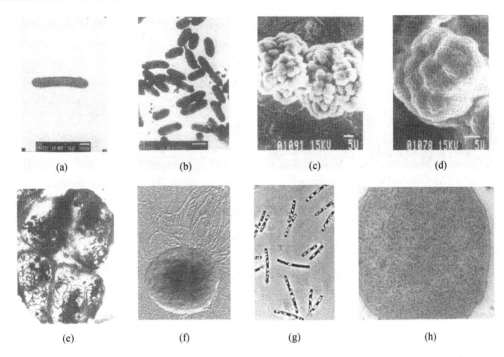

图 1-39 几种产甲烷细菌的形态

(a)*Methanobacterium* sp.；(b)*Methanobrivebacter* sp.；(c) A strain of *Methanosarcina mazaii*；(d) a strain of *Methanosarcina barkeri*；(e)a strain of *Methanosarcina vacuolata*；(f)*Methanococcus jannaschii*；(g) *Methanothrix* sp.；(h)*Methanococcus igneus*. (a～e，引自闵航等，1997；f～h，转引自 Madigan *et al.*，2006)。

CO_2，很多种可利用 HCOOH，有两个属可利用乙酸，甲烷八叠球菌属种还可利用 H_2/CO_2、甲醇、乙酸、甲胺类物质。极个别种可利用异丙醇。

产甲烷细菌主要分布在有机质丰富的厌氧的环境中，如沼泽、湖泥、污水和垃圾处理场、动物的瘤胃及消化道和沼气发酵池中。产甲烷细菌在沼气发酵、污水处理和解决我国农村能源方面有广泛的应用。

(二)极端嗜盐古菌群

这是一类生活在很高浓度甚至接近饱和浓度盐环境中的古菌。

细胞形态为杆形、球形和三角形、多角形、方形、盘形等多形态。所有极端嗜盐古菌为 G⁻ 菌，细胞壁由糖蛋白组成，而 Na^+ 结合在细胞壁的外表面，以保持细胞的完整性和稳定性。若表面没有足够的 Na^+ 存在，其细胞壁就会破裂而使细胞溶解。该菌细胞壁的糖蛋白也含有许多酸性的氨基酸，如天门冬氨酸和谷氨酸，其羧基形成的负电荷区被 Na^+ 束缚。若 Na^+ 减少，蛋白的负电荷部分将彼此排斥，而导致细胞溶解。

极端嗜盐古菌的另一个主要特点是细胞膜上存在菌紫膜质(bacteriorhodopsin)，是一种可以作为光受体的蛋白色素，由于其结构和功能类似于眼睛的视觉色素(紫膜质)而得名。在菌紫膜质中，含有一种类似于胡萝卜素的视黄醛分子，它能吸收光并催化质子(H^+)转移和通过细胞质膜。由于含有视黄醛，菌紫膜质呈紫色。在光线照射下，色素会脱色，在此过程中，质子被转运至膜外，形成质子梯度，从而产生能量并合成 ATP。菌紫膜质可强烈地吸收约 570nm 绿色光谱区的光线，而且 ATP 的合成是靠与膜结合的 ATP 酶进行的。因此，极端嗜盐古菌能不靠光合细菌所特有的菌绿素而进行光合磷酸化作用。此外，它们也含有与细菌类

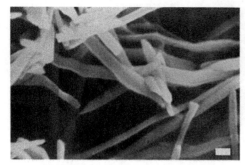 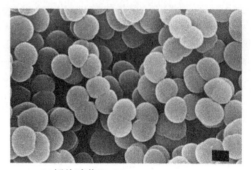

(a)盐沼盐杆菌(*Halobacterium salinarium*)　　　(b)鳕盐球菌(*Halobacterium morrhuae*)

图 1-40　极端嗜盐古生菌的形态

似的细胞色素和铁氧还蛋白。

极端嗜盐古菌的细胞质蛋白也呈高度酸性,但保持其活性的离子是 K^+,而不是 Na^+。此外,盐杆菌的细胞质蛋白含有微量的亲水性氨基酸,使其在含有高离子浓度的细胞质内,高度极性的细胞质蛋白质仍处于溶解状态,使非极性的疏水性氨基酸趋向于成簇,并可能失去活性。极端嗜盐古菌以二分裂方式繁殖。菌落由于细胞内含有 C_{50} 类胡萝卜素(菌红素),产红色、粉红色、橙色或紫色等不同色素。大多数菌种不运动,仅有少数菌株靠丛生极生鞭毛缓慢运动。大多数菌种专性好氧。

极端嗜盐古菌的生长需要至少 1.5mol/L 浓度的 NaCl,许多种需 3.5～4.0mol/L NaCl 才生长良好。在高盐条件下能从体外向细胞质内泵入大量的 K^+,以致细胞内的 K^+ 浓度显著高于体外的 Na^+ 浓度,以维持细胞内外的渗透压平衡。化能有机营养型,能利用氨基酸或有机酸作为能量来源,良好的生长需要补充主要是维生素类物质的生长因子。

极端嗜盐古菌主要分布于盐湖、晒盐场、高盐腌制品等环境,可引起腌制品等腐败和脱色。嗜盐古菌的紫膜也可用来做太阳能电池。

(三)还原硫酸盐古菌群

这一类主要是指利用硫代硫酸盐和硫酸盐形成 H_2S 的 G^- 古菌。

细胞一般为不规则球形、三角形(图 1-41),直径在 0.4～2.0μm,单个或成对。菌落可略呈绿黑色,在 420nm 处可产蓝绿色荧光,严格厌氧。

营养类型可为化能异养、化能自养或化能混合营养等。自养生长时可利用硫代硫酸盐和 H_2 作电子供体,但难以利用硫酸盐。异养生长时可利用葡萄糖、乳酸盐、甲酸盐和蛋白质等作电子供体,或以硫酸盐、亚硫酸盐、硫代硫酸盐等作电子供体并生成 H_2S,有的还可生成少量甲烷。也可还原元

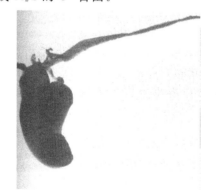

图 1-41　自养古生球菌(*Archaeoglobus lithotrophicus*)

素硫,但有硫酸盐、亚硫酸盐和硫代硫酸盐存在时,元素硫可抑制这类古菌的生长。生长温度范围为 60～95℃,最适范围为 80～83℃,pH 范围为 4.5～7.5,最适范围为 6.0。生长需要浓度为 0.9%～3.6% 的 NaCl。DNA 中(G+C)mol% 为 41～46(T_m)。

这类古菌主要分布于深海海底、热泉和地层深部储油层。

（四）极端嗜热硫代谢的古菌群

这是一群极端嗜热能代谢元素硫的古菌。细胞形态呈多样性，除杆状、球状外，还有裂片球状、圆盘状、不规则球状、圆盘带有附属丝和杆状外覆包被物等。

这类群古生菌专性嗜热，最适生长温度在70～110℃，大多数种嗜酸性和嗜中性。有化能自养、化能异养和兼性营养三种不同的营养类型。好氧、兼性厌氧或严格厌氧。在好氧条件下可将硫或 H_2S 氧化为 H_2SO_4，在厌氧条件下可还原元素硫为 H_2S。

绝大多数极端嗜热古菌是专性厌氧菌，进行化能有机营养或化能无机营养的产能代谢。元素硫在代谢过程中可作为电子受体，也可在化能无机营养代谢过程中作为电子供体。有些菌则能利用不同的有机物作为电子供体，以 O_2 为电子受体。此外，许多化能无机营养的极端嗜热古菌能以 H_2 作为能源，在好氧条件下以 H_2 作为电子供体。其他化能无机营养的类群在生长时还需要 S^0 和 Fe^{2+}，并在氧化 H_2 或 Fe^{2+} 的过程中还原 NO_3^- 为 NO_2^-，并最后产生 N_2 或 NH_4^+。这些现象说明，这类古菌能进行多种呼吸作用，产生能量。许多情况下，元素硫起着关键作用，由于它在能量代谢过程中可作为电子供体或电子受体，所以这类古菌在自然界硫素循环中起重要作用。

主要分布于含硫温泉、火山口、燃烧后的煤矿等环境。其中，硫化叶菌属是最早发现的极端嗜热古菌，生长在富含硫磺的酸热温泉中，温度达到90℃，pH 为 1～5。其形态呈裂片球状（图 1-42）。

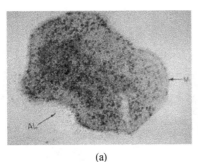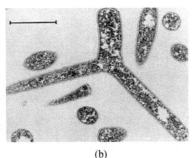

(a)　　　　　　　　(b)

图 1-42　硫化叶菌和热变形菌

（a）布氏硫化叶菌（*Sulfolobus brierleyi*）的薄切片。该细菌直径约 1μm，由一不定形层包围（AL）代替细胞壁；质膜（M）清晰可见　（b）顽固热变形菌（*Thermoproteus tenax*）的电镜照片。

（五）无细胞壁古生菌群

无细胞壁的多形态细胞（图 1-43），从球形到丝状，直径为 0.1～5.0μm。细胞仅由一个厚为 5～10nm 的三层膜包围，膜含有带二甘油四醚侧链的 40 碳类异戊二烯醚酯，细胞质膜还含有糖蛋白。无细胞壁的热原体之所以能在渗透压条件下存活，而且能耐得住低 pH 和高温的双重极端条件，与其细胞质膜具有独特的化学成分、结构有关。

革兰氏染色阴性。细胞在 pH2.0 的琼脂培养基上菌落呈现小的棕色"煎蛋"状（0.3mm 左右）。

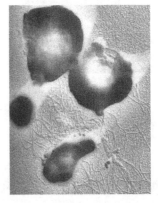

图 1-43　嗜酸热原体（*Thermoplasma acidophilum*）
（引自 Madigan *et al.*，2006）

兼性厌氧,专性嗜热嗜酸。在 55～59℃ 和 pH 1～2 条件下生长最好。营化能有机营养型,可还原元素硫生成 H_2S。生长需酵母提取物作生长因子和 2% NaCl,兼性厌氧。对氨苄青霉素、链霉素、万古霉素、利福平等抑制细胞壁合成的抗生素不敏感。

分布于自然发热的废煤堆和酸性硫质喷气环境。

第四节　其他类型的原核微生物

一、蓝细菌

蓝细菌(cyanobacteria)也称蓝藻或蓝绿藻(blue-green algae),是一类能进行产氧光合作用的原核微生物。

蓝细菌的形态差异很大,可分为 5 类(图 1-44,表 1-6):① 由二分裂形成的单细胞,如黏杆菌属(*Gloebacter*);② 由复分裂形成的单细胞,如皮果蓝细菌属 (*Dermocarpa*);③ 由二分裂形成丝状细胞,如颤蓝细菌属(*Oscillatoria*);④ 产生异形胞的丝状细胞,如鱼腥蓝细菌属(*Anabaena*);⑤ 分枝的菌丝,如飞氏蓝细菌属 (*Fischerella*)。蓝细菌个体细胞比细菌大,一般直径为 3～10μm,最小的为 0.5～1.0μm (如细小聚球蓝细菌 *Synechococcus parvus*);最大的可达 60μm,如巨颤蓝细菌(*Oscillatoria princeps*),是迄今已知的最大的原核生物细胞。

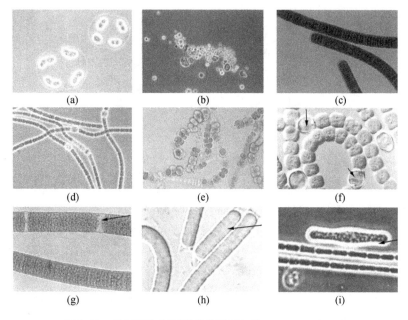

图 1-44　蓝细菌的主要形态类型(Madigan *et al*., 2003)

(a)单细胞的黏杆蓝细菌属(*Gloeothece*) (b)皮果蓝细菌属(*Dermocarpa*) (c)丝状的颤蓝细菌属(*Oscillatoria*) (d)形成异形胞的丝状鱼腥蓝细菌属(*Anabaena*) (e)分枝丝状飞氏蓝细菌属(*Fischerella*) (f)箭头表示鱼腥蓝细菌的异形胞 (g)颤蓝细菌链丝段形成初期,箭头表示丝状体中的分隔 (h)颤蓝细菌的链丝段 (i)鱼腥蓝细菌的静息孢子

表 1-6　蓝细菌的种群

类　群	种　别	DNA（G＋C mol％）
类群Ⅰ单细胞:单细胞或细胞聚集体	粘杆蓝细菌属（Gloeothece）	35－71
	粘杆菌属（Gloeobacter）	
	聚球蓝细菌属（Synechococcus）	
	蓝丝菌属（Cyanothece）	
类群Ⅱ—宽球蓝细菌目:通过多分裂产生小球形细胞的小孢子进行繁殖。	皮果蓝细菌属（Dermocarpa）	40－46
	异球蓝细菌属（Xenococcus）	
	小皮果蓝细菌（Dermocarpella）等	
类群Ⅲ—颤蓝细菌目:在一个单一细胞水平上通过二分裂形成丝状细胞	颤蓝细菌属（Oscillatoria）	40－67
	螺旋蓝细菌属（Spirulina）	
	节螺蓝细菌属（Arthrospira）等	
类群Ⅳ—念珠蓝细菌目:产生异形胞的丝状细胞。	鱼腥蓝细菌属（Anabaena）	38－46
	念珠蓝细菌属（Nostoc）	
	眉蓝细菌属（Calothrix）	
	节球蓝细菌属（Nodularia）等	
类群Ⅴ—分枝:细胞分裂形成分枝	飞氏蓝细菌属（Fischerella）	42－46
	真枝蓝细菌属（Stigonema）	
	拟绿胶蓝细菌属（Chlorogloeopsis）	
	软管蓝细菌属（Hapalosiphon）等	

　　蓝细菌细胞壁与革兰氏阴性菌的化学成分相似,由多黏复合物(肽聚糖)构成,含有二氨基庚二酸(DAP)。与其他原核生物相比,在化学组成上,蓝细菌最独特之处是含有由两个或多个双键组成的不饱和脂肪酸,而细菌差不多都含有饱和脂肪酸和单一饱和的脂肪酸(一个双键)。

　　蓝细菌是光合微生物,其光合内膜有两种不同的结构。某些单细胞的蓝细菌,其光合反应中心和电子传递系统位于细胞质膜上,而藻胆色素则位于细胞质膜下面的内褶层中。但大多数蓝细菌的光合色素位于一种称为类囊体(thylakoid)的片层膜中。在类囊体中含有叶绿素a、类胡萝卜素和光合电子传递链的有关组分,这些细菌的光合过程包含光合反应系统Ⅰ和Ⅱ,而且是产氧的。在类囊体的外表面整齐地排列着藻胆蛋白体(phycobilisome)颗粒,其中含有藻胆蛋白(phycobiliproteins)。藻胆素(phycobilin)是一类水溶性的色蛋白,在光合作用中起辅助色素的作用,是蓝细菌所特有的。藻胆素又包括藻蓝素(phycocanobilin)和藻红素(phycoerythrin)两种,这些色素量的比例会因生长环境条件,尤其是光照条件的变化而改变,蓝细菌的颜色也因而有所改变。在大多数蓝细菌细胞中,以藻蓝素占优势,使细胞呈特殊的蓝色,故称蓝细菌。藻胆素的功能是吸收光能,并把它转移到光合系统Ⅱ中,而叶绿素a则在光合系统Ⅰ中发挥其作用。

　　许多蓝细菌的细胞质中有气泡(gas vesicle)存在,其作用可能是使菌体漂浮,并使菌体能保持在光线最多的地方,以利光合作用。

　　在蓝细菌丝状体中,还可以看到比一般营养细胞稍大一些、比较透亮的细胞,称异形胞(heterocyst)。异形胞呈圆形,处于丝状体中间或顶端。所有含有异形胞的菌种都能固氮。由于异形胞仅含少量藻胆素,缺乏光合系统Ⅱ,所以它们不产生氧气或固定 CO_2。这样,它们从结构和代谢上就提供了一个厌氧环境,使固氮酶得以避免氧损伤而保持活性。但是,有些不形成异形胞的单细胞蓝细菌也能固氮。异形胞与相邻的营养细胞不仅有细胞间的连接,而且有物质的相互交换,即光合作用产物从营养细胞移向异形胞,而固氮作用的产物从异形胞转入营养细胞(图1-45)。

蓝细菌没有鞭毛,但能借助于黏液在固体基质表面滑行。有些蓝细菌的滑行运动并不是简单的转移,而是丝状体旋转、逆转和屈曲的结果。蓝细菌的运动还表现出趋光性和趋化性。

蓝细菌主要行分裂繁殖。此外,有些种类可以通过分裂,在母细胞内形成许多球形的小细胞,称为小孢子(baeocyte)。母细胞壁破裂后,释放出小孢子,再膨大成营养细胞。少数种类可以类似于芽生方式繁殖,在母细胞顶端以不对称的缢缩分裂形

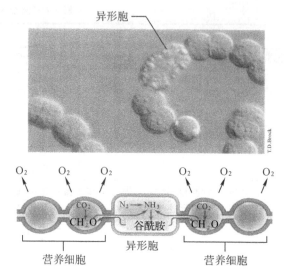

图 1-45 蓝细菌中异形胞与普通细胞间的代谢关系
(引自 Madigan *et al.*,2003)

成小的单细胞,称为"外生孢子"。丝状蓝细菌的繁殖靠无规则的丝状体断裂或释放出链丝段(hormogonium),这些细胞短链(丝状体的片段)两端常呈圆锥形,可以丝状体断裂、滑行而离开。有些丝状蓝细菌的营养细胞能分化形成大而有厚壁的休眠细胞,称为静息孢子(aki-nete)。这些细胞较一般营养细胞大得多,常含有色素,并含有贮藏性物质,能抗干燥和低温,可度过不良环境。在适宜的生长条件下,静息孢子可以萌发而形成新的丝状体(图 1-44)。

蓝细菌是光能自养型生物,能像绿色植物一样进行产氧光合作用,同化 CO_2 成为有机物,加之许多种还具有固氮作用,因此,它们的生活条件、营养要求都不高,只要有空气、阳光、水分和少量无机盐类,便能大量成片生长。蓝细菌在岩石风化、土壤形成及保持土壤氮素营养水平上有重要作用,有地球"先锋生物"之美称。

蓝细菌一般喜中温,但在高达 80℃ 的温泉中及多年不融的冰山上亦可见其踪迹。多种蓝细菌生存于淡水中,是水生态系统食物链中的重要一环。当其恶性增殖时,可形成"水华"(water bloom),造成水质恶化与污染。有的蓝细菌生于海水甚至深海中,海洋中的"赤潮"(red tide)系因某类蓝细菌大量繁殖所致。

二、支原体

支原体(*Mycoplasma*)又名菌原体,是一类无细胞壁、能在体外营独立生活的最小单细胞微生物。最早(1898 年)从患胸膜肺炎的牛体中分离得到,命名为胸膜肺炎微生物(pleuro-pneumonia organisms,简称 PPO)。以后从其他动物及人体中也分离到这类菌,统称为类胸膜肺炎微生物(pleuropneumonia-like organism,简称 PPLO),现一般称为支原体。

支原体突出的结构特征是不具细胞壁,只在细胞质表面有一种包含有三层的细胞质膜。质膜的内外层为蛋白质及糖类,中层为类脂和胆固醇,质膜中含有甾醇,这在其他原核微生物中是罕见的。由于没有细胞壁,故细胞柔软,而形态多变,具高度多形性。即使在同一培养基中,细胞也常出现不同大小的球状、长短不一的丝状及各种分枝状(图1-46)。球状体最小直径只有 $0.1~\mu m$,一般为 $0.2 \sim 0.25~\mu m$。而丝状体细胞长度可由几 μm 到 $150~\mu m$。大多数支

原体以二分分裂方式繁殖，有些可以出芽方式繁殖或从球状体长出丝状体，丝状体内原生质凝集成团，出现繁殖小体转变为链球状而后解体再释出单个球状体，以此循环。

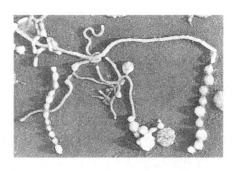

图1-46 支原体电子显微照片
(引自 Madigan et al.，2006)

支原体可在人工培养基上生长，其菌落小，直径一般仅为 0.1～1.0 mm，并呈典型的"煎鸡蛋"模样，中央较厚，边缘较薄，埋在琼脂中。支原体是能在人工培养基上生长的最小细胞生物。它们虽然可以在人工培养基上生长，但需要较丰富的营养物，通常需加入牛心浸出汁、动物血清，有的还要加入胆甾醇。很多支原体可在鸡胚绒毛尿囊膜与组织培养基上生长。支原体的生长不受青霉素、环丝氨酸等阻碍细胞壁合成的抗生素所抑制，但对其他抗生素如土霉素、四环素等均较敏感。对溶菌酶也无反应。在少量空气下生长良好。寄生型的支原体最适生长温度为 37℃，低于 30℃ 不能生长。

支原体与无细胞壁的 L-型细菌极其相似，菌落也极为相像，只是 L-型细菌有恢复形成细胞壁的能力、生长不绝对需要甾醇，而支原体从不形成细胞壁，生长需要甾醇。因此在鉴定支原体之前，应在无抗生素的培养基上连续转接五次，以排除误将 L-型细菌当作支原体的可能性。

1967 年日本土居养二(Doi)等报道了一种类似支原体的植物新病原，称类支原体(mycoplasma-like organisms，简称 MLO 或 mycoplasma-like body，简称 MLB)。植物上发现的 MLO 的形态、大小、菌落特征都与支原体相似，两者的差异主要在于寄生性支原体在动物体内是细胞间寄生，而植物中的类支原体是细胞内寄生。植物上发现的类支原体并不像支原体那样容易人工培养。

三、立克次氏体

立克次氏体(Rickettsia)是由美国医生 Howard Taylor Rickettsia 在斑疹伤寒患者中首先发现的病原体。他后因研究斑疹伤寒受到感染而牺牲，故把这类病原体命名为立克次氏体以志纪念。

立克次氏体大小约(0.3～0.7)μm×(1～2)μm，形态呈球状、杆状。细胞壁由脂多糖及蛋白质组成，与革兰氏阴性菌相似。细胞中含 RNA 和 DNA 两种核酸。此外还有蛋白质、中性脂肪、磷脂、多糖以及某些酶类。已证实有的种有核糖核蛋白体(核糖体)颗粒。立克次氏体不易被碱性染料染色，但能被 Giemsa 染色法染成紫色或蓝色。

立克次氏体为专性细胞内寄生物，除战壕热(五日热)立克次氏体(R. quintana)外，均不能在人工培养基上生长，而必须在活细胞内才能生长繁殖。其宿主一般为虱、蚤、蜱、螨等节肢动物，并可传至人或其他脊椎动物(如啮齿动物)。立克次氏体在细胞内行二分裂法繁殖，在代谢活动较低的宿主细胞中生长较好。一般可用鸡胚、敏感动物或合适的组织培养物(如 Hela 细胞株等)来培养立克次氏体。研究表明立克次氏体不能独立生活的原因可能有三：一是能量代谢系统不完全，如不能利用葡萄糖产能而只能氧化谷氨酸产能；二是酶系统不完全，缺少代谢活动必需的脱氢酶(如 NAD)和辅酶 A(CoA)等；三是细胞膜的渗透性过大，虽然有利于从宿主细胞内吸收养料，但在环境中生活时体内物质也易于渗漏失去。

立克次氏体对理化因素的抵抗力弱,56℃ 30min 即被灭活,但对低温及干燥的抵抗力强。立克次氏体对化学消毒剂及常用的抗生素敏感,但对磺胺类药物不敏感。人类的流行性斑疹伤寒、恙虫热、Q 热等均由立克次氏体所致。

1972 年,Windsor 和 Black 在感病的植物组织中观察到类似立克次氏体的病原,称其类立克次氏体(Rickettsia like-organisms,简称 RLO)或类立克次氏体细菌(Rickettsia like-bacteria,简称 RLB)。类立克次氏体是植物的一种新病原,至今已报道过的类立克次氏体有 30 多种。仅几种类立克次氏体在体外培养获得成功。立克次氏体、支原体、衣原体与细菌、病毒的比较见表 1-7。

表 1-7　立克次氏体、支原体、衣原体与细菌、病毒的比较

特征	细菌	支原体	立克次氏体	衣原体	病毒
直径(μm)	0.5~20	0.2~0.25	0.3~0.7	0.2~0.3	<0.25
可见性	光学显微镜可见	光学显微镜可见	光学显微镜下勉强可见	光学显微镜下勉强可见	电子显微镜下可见
过滤性	不能过滤	能过滤	不能过滤	能过滤	能过滤
革兰氏染色	阳性或阴性	阴性	阴性	阴性	无
细胞壁	有坚韧的细胞壁	缺	与 G⁻ 菌相似	与 G⁻ 菌相似	无细胞结构
繁殖方式	二等分裂	二等分裂	二等分裂	二等分裂	复制
培养方法	人工培养基	人工培养基	宿主细胞	宿主细胞	宿主细胞
核酸种类	DNA 和 RNA	DNA 和 RNA	DNA 和 RNA	DNA 和 RNA	DNA 和 RNA
核糖体	有	有	有	有	无
大分子合成	有	有	进行	进行	只利用宿主机体
产生 ATP 系统	有	有	有	无	无
入侵方式	多样	直接	昆虫媒介	直接	取决于宿主细胞性质
对抗生素	敏感	敏感(青霉素例外)	敏感	敏感	不敏感
对干扰素	某些菌敏感	不敏感	有的敏感	有的敏感	敏感

四、衣原体

衣原体(*Chlamydia*)是一类在真核细胞内专性寄生的 G⁻ 的原核微生物。衣原体细胞比立克次氏体稍小,但形态相似,球形或椭圆形,直径 0.2~0.3μm。分析提纯的衣原体主要由蛋白质、核酸、脂类、多糖组成。其中核酸有 RNA 和 DNA 两大类。

衣原体有独特的生活周期,在一个典型的生命周期中有两种细胞类型:一种小的(0.3μm)、致密的细胞,称原体(elementary body),具有感染性。另一种是较大(0.5~1.0μm)、较疏松的细胞,称始体(initial body)或网状体(reticulate body)。原体吸附在易感细胞表面,经细胞吞饮而进入细胞,使细胞内形成空泡。空泡中的原体体积逐渐长大,并演化为始体。始体在电子显微镜下观察,已无拟核结构,其染色质分散呈纤细的网状结构。始体无感染性,但能在空泡中以二分裂方式反复繁殖,直至形成大量新的原体,积聚于细胞质内,形成各种形状的包涵体(inclusion body),Giemsa 染色呈深紫色。当宿主细胞破裂时释放,重新感染新的宿主细胞(图 1-47)。衣原体每完成一次生活周期约需 48h。

衣原体虽有一定的代谢能力但缺乏独立的产能系统,因而必须从宿主细胞得到能量、酶类和一些低分子化合物,既不能独立生活也难于人工培养。衣原体对热敏感,在 56~60℃仅能

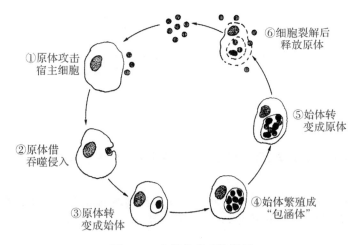

①原体攻击
宿主细胞

②原体借
吞噬侵入

③原体转
变成始体

④始体繁殖成
"包涵体"

⑤始体转
变成原体

⑥细胞裂解后
释放原体

图 1-47　衣原体的感染循环

存活 5～10min。常用消毒剂能迅速灭活衣原体。四环素、红霉素、氯霉素可抑制其生长。

衣原体无需媒介可直接侵入鸟类、哺乳动物和人类。沙眼衣原体(*Chlamydia trachomatis*)是人类沙眼的病原体,甚至引起结膜炎、角膜炎、角膜血管翳等临床症状,成为致盲的重要原因。绝大多数衣原体能在 6～8 日龄的鸡胚卵黄囊中繁殖,我国学者汤飞凡等于 1956 年正是用这种方法首先分离培养成功沙眼衣原体的。

复习思考题

1. 细菌有哪些形态?如何表示细菌细胞大小?

2. 何谓革兰氏染色?它与细菌细胞壁的结构、成分有何关系?

3. 细菌细胞有哪些基本结构和特殊结构?各有何功能?

4. 细菌细胞中有哪些成分具抗原性?有何意义?

5. 细菌细胞有哪些内膜系统?有何生理意义?

6. 细菌芽孢的抗逆性为什么比一般营养细胞的抗逆性强?

7. 链霉菌属的形态特征和繁殖方式是怎样的?

8. 蓝细菌的形态和细胞结构是怎样的?

9. 古菌与细菌、真核生物有何异同?

10. 古菌包括哪些类群?为什么它们能在极端环境中生存?

11. 试比较衣原体、立克次氏体、支原体的大小及其特点。

12. 试举例说明原核微生物细胞结构、成分与功能的关系。

13. 如何识别细菌、放线菌的菌落?

第二章 真核微生物

【内容提要】

本章概述了真菌的营养体、繁殖体形态和菌落特征,介绍了真菌的分类系统和各类群的代表属。

真菌包括丝状的霉菌和单细胞的酵母菌。它们的细胞具有与原核微生物不同成分和结构的细胞壁、原生质膜、细胞质和细胞核,细胞内还含有各种不同功能的细胞器。水生真菌具有9+2结构的鞭毛。

霉菌的营养体为菌丝组成的菌丝体。菌丝有无隔菌丝和有隔菌丝之分。有些真菌产生菌丝变态如吸器、附着枝和附着胞、菌环和菌丝网等和菌丝组织体如菌索、菌核和子座等以适应其生长需要。酵母菌为圆形或卵圆形单细胞真核微生物。真菌有无性繁殖和有性繁殖。无性繁殖能产生游动孢子、孢囊孢子、分生孢子、厚垣孢子、节孢子等无性孢子。有性繁殖能产生卵孢子、接合孢子、子囊孢子、担孢子4种有性孢子。霉菌和酵母菌菌落具有明显不同的特征。

不同分类学家提出了不同的真菌分类系统,本章主要以腐霉属,毛霉属和根霉属,脉孢菌属、酵母菌属和赤霉菌属,伞菌属和黑粉菌属,曲霉属和青霉属为例分别介绍真菌的主要类群。

真核微生物的特点是细胞中有明显的核。核的最外层有核膜,将细胞核和细胞质明显分开。真菌、藻类和原生动物都属于真核微生物。真菌与藻类的主要区别在于真菌没有光合色素,不能进行光合作用。所有真菌都是有机营养型的,而藻类则是无机营养型的光合生物。真菌与原生动物的主要区别在于真菌的细胞有细胞壁,而原生动物的细胞则没有细胞壁。本章只介绍真菌。真菌,英文单数为fungus,复数为fungi,现国内译为"菌物"一词,原真菌学报也已改名为菌物学报。这里仍沿用真菌一词。

真菌大多为分枝丝状体,少数为单细胞个体。通常所说的真菌包括霉菌、酵母和蕈子。外形疏松、绒毛状菌丝体的真菌称霉菌,如毛霉、根霉、青霉、曲霉等。酵母是单细胞真菌。由大量菌丝紧密结合形成真菌的大型子实体叫蕈子,如蘑菇、木耳等。

第一节 真菌的形态与细胞结构

真菌在生长和发育的过程中,表现出多种多样的形态特征。不仅有多种多样的营养体,还有多种多样由营养体转变而成(或产生)的繁殖体。

一、真菌的营养体

(一)真菌细胞的结构和功能

真菌的细胞结构一般包括细胞壁、原生质膜、细胞质及细胞器、细胞核(图 2-1)。

1.细胞壁

真菌细胞壁厚约 100～250nm,它占细胞干物质的 30%。细胞壁的主要成分为多糖,其次

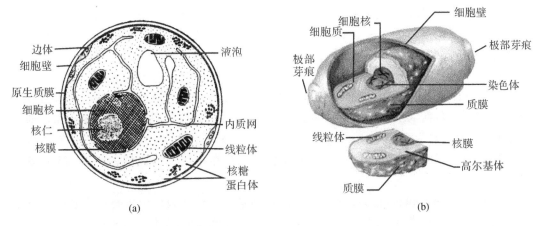

图 2-1　典型丝状真菌细胞横切面(a)和酵母菌细胞结构(b)示意图

(引自 Prescott *et al.*,2002)

为蛋白质、类脂。在不同类群的真菌中,细胞壁多糖的类型不同。真菌细胞壁多糖主要有几丁质(甲壳质)、纤维素、葡聚糖、甘露聚糖等,这些多糖都是单糖的聚合物,如几丁质就是由 *N*-乙酰葡萄糖胺分子,以 β-1,4 葡萄糖苷键连接而成的多聚糖。低等真菌的细胞壁成分以纤维素为主,酵母菌以葡聚糖为主,而高等真菌则以几丁质为主。一种真菌的细胞壁组分并不是固定的,在其不同生长阶段,细胞壁的成分有明显不同(表 2-1)。

表 2-1　真菌细胞壁多糖的主要成分

真菌类群	纤维结构部分	基质部分
卵菌(Oomycota)	纤维素,β-1,3-β-1,6-葡聚糖	葡聚糖
壶菌(Chytridiomycota)	几丁质,葡聚糖	葡聚糖
接合菌(Zygomycota)	几丁质,壳聚糖	多聚葡萄糖醛酸,葡萄糖醛酸甘露糖蛋白
子囊菌(Ascomycota)	几丁质,β-1,3-β-1,6-葡聚糖	α-1,3-葡聚糖,半乳糖甘露糖蛋白
担子菌(Basidiomycota)	几丁质,β-1,3-β-1,6-葡聚糖	β-1,3-葡聚糖,木糖甘露糖蛋白

　　真菌细胞壁结构分为有形微纤维部分和无定形基质部分。微纤维部分都以几丁质(卵菌以纤维素)为主构成细胞壁骨架,而基质部分则犹如骨架上的填充物,包括葡聚糖、甘露聚糖和一些糖蛋白质。细胞壁中的各种组分之间紧密地结合在一起以加强细胞壁强度,一些葡聚糖和几丁质之间有共价结合,葡聚糖之间也通过侧链结合在一起。

　　细胞壁决定着细胞和菌体的形状,具有抗原性、保护细胞免受外界不良因子损伤以及某些酶结合位点等作用。

　　2.原生质膜

　　真菌细胞的原生质膜与原核生物十分相似,主要由蛋白质和脂类组成。它们在功能上的差异可能仅是由于构成膜的磷脂和蛋白质种类不同而形成的。此外,在化学组成中,真菌细胞的质膜中具有甾醇,而在原核生物的质膜中很少或没有甾醇。真菌细胞的内膜系统除原生质膜外,还有细胞核膜、线粒体膜和液泡膜等。

　　3.细胞质和细胞器

　　位于细胞质膜内的透明、黏稠、不断流动并充满各种细胞器的溶胶,称为细胞质(cytoplasm)。在真菌的细胞中,由微管(microtubules)和微丝(microfilaments)构成细胞质的骨架。微管是中空管状纤维,直径约为 25nm,主要成分为微管蛋白(tubulin),具有支持、运输功能。微丝是由肌动蛋白(actin)组成的实心纤维,若对它提供 ATP 形式的能量,就能发生收缩。细胞骨架为细胞质提供了一些机械力,维持了细胞器在细胞质中的位置。细胞质内含有丰富的酶蛋白、各种内含物以及中间代谢物等,是细胞代谢活动的重要基地。

(1)核蛋白体 核蛋白体是细胞质和线粒体中无膜包裹的颗粒状细胞器,具蛋白质合成功能。核蛋白体包括 RNA 和蛋白质,直径为 20～25nm。真核细胞的核蛋白体比原核细胞的大,其沉降系数一般为 80S,它由 60S 和 40S 的两个小亚基组成。细胞质核蛋白体有的呈游离状态,有的与内质网及核膜结合。线粒体核蛋白体存在于线粒体内膜的嵴间,但沉降系数为 70S。

(2)内质网(endoplasmic reticulum) 内质网是存在于细胞质中折叠的膜系统。典型的内质网是成对的平行膜,由狭窄的腔分隔形成封闭的管道系统,有时是分枝的管道。内质网的主要成分是脂蛋白,但游离蛋白和其他物质有时也合并到内质网上,且时常被核蛋白体附着形成粗糙型内质网,这在菌丝的顶端细胞中常可见到。没有被核蛋白体附着在上面的内质网称为光滑型内质网。内质网沟通着细胞的各个部分,它与细胞质膜、细胞核、线粒体等都有联系。内质网是细胞中各种物质运转的一种循环系统,同时内质网还供给细胞质中所有细胞器的膜。

(3)线粒体(mitochondria) 线粒体是含有 DNA 的细胞器。它具双层膜。内层膜较厚,常向内延伸形成不同数量和形状的嵴。线粒体的形态、数量和分布常因真菌的种类和发育阶段而异。线粒体是氧化磷酸化作用和 ATP 形成的场所。其内膜上有细胞色素、NADH 脱氢酶、琥珀酸脱氢酶和 ATP 磷酸化酶,此外三羧酸循环的酶类、核糖核蛋白体、蛋白质合成酶和 DNA,以及脂肪酸氧化作用的酶也都在内膜上。外膜上也有多种酶,如脂类代谢的酶类等。总之,线粒体是酶的载体,细胞的"动力房"。

(4)高尔基体(dictyosome,或 Golgi body) 真菌的高尔基体在细胞中大多呈网状,少数为鳞片状、颗粒状或杆状,均匀分布于核的周围,往往与内质网相连。高尔基体与细胞的分泌机能有关,是凝集某些酶原颗粒(如消化酶原)的场所,且与细胞膜的形成以及碳水化合物的合成有关。目前高尔基体仅在少数几种真菌中发现。

(5)边体(lomasome) 边体是某些真菌菌丝细胞中由单层膜包裹的细胞器,位于细胞壁和细胞膜之间。形态呈管状、囊状、球状、卵圆形或作多层折叠的膜,内含泡状物或颗粒状物。有些边体与细胞膜连接在一起。边体分泌水解酶,并可能与细胞壁的形成有关。

(6)溶酶体(lysosome) 溶酶体是一种由单层膜包裹、内含多种酸性水解酶的小球形、囊膜状的细胞器。其含有多种酸性水解酶,主要功能是细胞内的消化、维持细胞营养及防止外来微生物或异体物质侵袭等。

(7)微体(microbody) 微体是一种由单层膜包裹、与溶酶体相似的小球形细胞器,主要含氧化酶和过氧化氢酶,其功能有使细胞免受 H_2O_2 毒害,并能氧化分解脂肪酸等。

(8)液泡(vacuole) 液泡由单位膜分隔而成,其形态、大小受细胞年龄和生理状态影响而变化,一般在老龄细胞中液泡大而明显。真菌的液泡中主要含有糖原、脂肪和多磷酸盐等贮藏物,精氨酸、鸟氨酸和谷氨酰胺等碱性氨基酸,以及蛋白酶、酸性和碱性磷酸酯酶、纤维素酶和核酸酶等各种酶类。液泡不仅有维持细胞渗透压、贮存营养物质等功能,而且还有溶酶体的功能,因为它可以把蛋白酶等水解酶与细胞隔离,防止细胞损伤。

4.细胞核

真菌细胞核通常为椭圆形,直径一般为 $2\sim3\mu m$,能通过菌丝隔膜上的小孔在菌丝中很快地移动。用相差显微镜可观察到真菌活细胞中有被一层均匀的核质包围的中心稠密区,即核仁。核仁除 DNA 外还含有 RNA,但 RNA 在细胞核分裂时消失。核膜一般为两层,厚 8～20nm。膜上有小孔,以利核内外物质的交流。核膜孔径大小差异很大,孔的数量随菌龄而增大。核膜的外膜常有核蛋白附着。真菌核膜在核的分裂过程中一直存在,这与其他高等生物不同。

5. 鞭毛

在低等水生真菌游动孢子和配子表面有能产生运动的细胞附属器即鞭毛,单极生或双极生,长度为 150～200μm。真菌的鞭毛与细菌的鞭毛在运动功能上虽相同,但在构造、运动机理和所耗能源形式等方面都有显著差别。

真菌鞭毛由鞭杆(shaft)和基体(basel body)组成(图 2-2)。鞭杆的横切面呈"9＋2"型,即中心有一对包在中央鞘内的相互平行的中央微管,其外围绕一圈(9 个)微管二联体,整个鞭杆由细胞质膜包裹。每一个二联体是由亚丝 A 和 B 组成的,亚丝 A 由 13 根原纤维形成。亚丝 B 仅 10 根原纤维,其中有 3 根是与亚丝 A 合用的。从二联体的 A 管伸出二条侧臂,对着相邻二联体的亚丝 B,臂长约 30nm,宽 9nm,两臂之间的间隔为 16～22nm。在二联体之间有连丝连接。此外,还从亚丝 A 向中央一对微管发出辐射状的连丝,称为放射辐。放射辐的辐头是自由的,不与中央鞘相连。

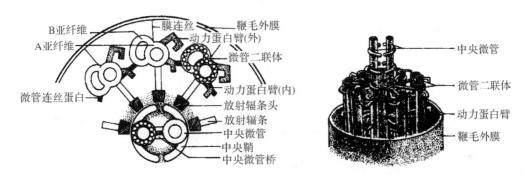

图 2-2　真菌鞭毛横切面示意图

基体又称生毛体或动体,呈短杆状,直径约 120～170nm,长为 200～500nm,横切面观察,外围有 9 个三联体,中央没有微管和鞘,为"9＋0"型(图 2-2)。

真核微生物鞭毛微管主要由微管蛋白和微管相关蛋白(microtuble-associated protein)共同组成,它们与运动的产生、微管聚合和解聚的调节或微管和其他细胞组成之间的连接等相关。

在二联体的侧臂上存在的 ATP 酶,称为动力蛋白(dynein),它可以水解 ATP,放出能量,供鞭毛运动所需。在二联体之间的横桥中,有连接蛋白(nexin),这是一种溶于酸,相对分子质量为 165 kDa 的蛋白质,因其连接相邻的二联体,故称连接蛋白。其作用可能是在鞭毛运动时限制两相邻二联体间的滑行量。在鞭毛的间质中还含有间质蛋白,约占鞭毛总蛋白的 40％。真菌鞭毛运动为均匀的波动。

(二)菌丝和菌丝体

大多数真菌的营养体是由分枝的菌丝(hypha)所构成的菌丝体(mycelium)。菌丝的宽度约 5～10μm,比一般细菌和放线菌的宽度大几倍到几十倍。菌丝一般是由孢子萌发后延长的,或是由一段菌丝细胞增长出来的。菌丝在条件适合时总以顶端伸长方式向前生长,并产生

很多分枝,相互交错成一团菌丝称为菌
丝体。

真菌的菌丝结构有两种类型(图2-3):
① 无隔膜菌丝,整个菌丝多为长管状单细
胞,细胞质内含多个核。其生长过程只表
现为菌丝的延长和细胞核的裂殖增多以及
细胞质的增加。② 有隔膜菌丝,菌丝由横
隔膜分隔成多细胞,每个细胞内含有一个
或多个核。横隔膜上具有小孔,细胞质和
细胞核都能自由流通,因此每个细胞的功
能相同。绝大多数的卵菌和接合菌的菌丝
为无隔膜菌丝,子囊菌和担子菌的菌丝为
有隔膜菌丝。

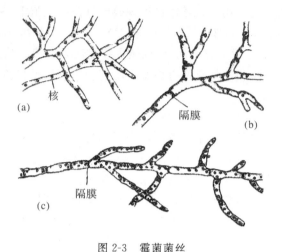

图 2-3　霉菌菌丝
(a)无隔多核菌丝;(b)有隔单核菌丝;(c)有隔多核菌丝

(三)菌丝的变态

在长期的自然选择下,真菌的营养菌
丝发生多种变态,可更有效地摄取养料,以满足其生长发育的需要。

1. 吸器

寄生真菌在寄主细胞间的菌丝常发生旁枝,侵入寄主细胞吸取养料,这种伸入寄主细胞内
的特殊菌丝分枝,称为吸器(或吸胞 haustoria)。吸器有各种形状,如球状、指状、根状和丝状
等(图2-4)。一般专性寄生真菌如锈菌、霜霉菌、白粉菌等都有吸器。

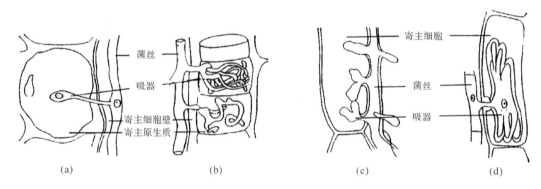

图 2-4　真菌吸器的类型
(a)球状　(b)根状　(c)指状　(d)佛手状

2. 菌环和菌丝网

有些捕食性真菌,在菌丝分枝上形成环状菌丝,借以捕捉线虫,这叫菌环。菌网由菌丝形
成的许多网眼所组成。每一网眼都极富于黏性,当线虫与之接触,它就像捕蝇纸粘苍蝇一样,
立刻把线虫黏住。然后从菌网的黏虫处生出一小枝,穿透虫体而进入体内,吸收虫体内的营养
物质(图2-5)。

3. 附着枝和附着胞

由菌丝生长的短枝或膨大细胞,其功能是使寄生真菌牢固地附着在寄主表面。如小煤炱
目(Mo1iolales)真菌的外生菌丝细胞上能生出1～2个细胞的短枝,能将菌丝附着在寄主体
上,这种短枝称附着枝(hyphopodium)。另有许多引起植物病害的真菌,在它的孢子芽管和老

菌丝顶端形成膨大部分(图 2-6),常分泌黏液,借以将自己牢固地粘在寄主表面,同时产生细的穿透菌丝侵入植物细胞壁,这个膨大部分称为附着胞(appressorium)。

此外,还有些真菌产生的匍匐丝和假根也是菌丝的适应性变态。

（四）菌丝的组织体

许多真菌在发育循环(生活史)的某个阶段,菌丝常相互交织起来,组成一定的组织体。常见的组织体有菌索、菌核和子座等。

1.菌索

有些高等真菌的菌丝体平行排列组成长条状似绳索,称为菌索。菌索周围有外皮,尖端是生长点,多生在树皮下或地下,根状,白色或其他各种颜色。它有帮助真菌迅速运送物质和蔓延侵染的功能。菌索在不适宜的环境条件下呈休眠状态。

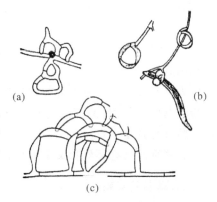

图 2-5　真菌的菌套和菌网
(a)菌套　(b)简单菌网　(c)复杂菌网

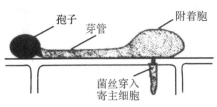

图 2-6　真菌的附着胞

2.菌核

菌核(sclerotium)是由菌丝体交织成团状的一种坚硬休眠体。它的外层由深色厚壁菌丝组成,内层由淡色菌丝构成。不同真菌所产生的菌核,其形状和大小也各不相同,药用的茯苓、猪苓、茯神、雷丸和麦角等都是真菌的菌核。引起水稻纹枯病的离心丝核菌(*Rhizoctonia centrifuga*)所形成的菌核小如油菜子,大的如茯苓可重达 60kg。在条件适合时,菌核可萌发产生子实体、菌丝和分生孢子等(图 2-7)。

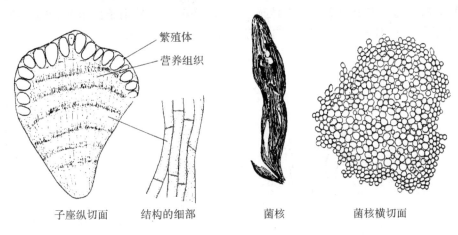

子座纵切面　　结构的细部　　　　菌核　　　　菌核横切面

图 2-7　子座和菌核

3.子座

子座(stroma)是由菌丝体组成的一种垫座组织,有时是由真菌菌丝和寄主组织混合构成。子座有垫状、壳状及其他各种形状。在子座上面或里面可产生各种子实体。子座和子实体是连续形成的,故子座可称作繁殖体的一部分(图 2-7)。

（五）单细胞真菌——酵母菌

有一小部分真菌营养体外形不同于一般霉菌,不形成菌丝,而是呈圆形或卵圆形的单细

胞,例如酵母菌。酵母菌无性繁殖以出芽繁殖或分裂繁殖为
主。出芽繁殖是酵母菌最普遍的方式,先在细胞一端生一小
突起,叫生"芽",当"芽"长到正常大小时,或脱离母细胞;或
与母细胞相连接,在子细胞上又长出新芽,如此反复进行,最
后成为具有发达或不发达分枝状的假菌丝(见图 2-8)。假菌
丝与真菌丝不同,其两细胞间有一细腰,而不像真正菌丝横
隔处两细胞宽度一致。

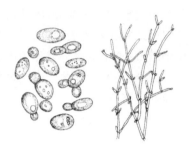

图 2-8　酵母菌的芽殖及假菌丝

有些真菌既有菌丝状又有酵母状细胞形态。

二、真菌的繁殖

真菌通过营养阶段之后,便进入繁殖阶段,经过繁殖产生许多新个体。真菌的繁殖方式通
常分为有性繁殖和无性繁殖两类。有性繁殖以细胞核的结合为特征,无性繁殖是指不经过两
性细胞的配合便能产生新的个体,即以营养繁殖为特征。大部分真菌都能进行无性与有性繁
殖,并且以无性繁殖为主。有的菌种缺少无性繁殖阶段,而另一些菌种缺少有性繁殖阶段。

（一）真菌的无性繁殖

1.无性繁殖的类型

真菌的无性繁殖方式可概括为 4 种:① 菌丝体的断裂片段可以产生新个体,大多数真菌
都能进行这种无性繁殖,实验室"转管"接种便是利用这一特点来繁殖菌种。② 营养细胞分裂
产生子细胞,如裂殖酵母菌无性繁殖就像细菌一样,母细胞一分为二进行繁殖。③ 出芽繁殖,
母细胞出"芽",每个"芽"成为一个新个体,酵母菌属的无性繁殖就是这种类型。④ 产生无性
孢子,每个孢子可萌发为新个体。

2.无性孢子的类型

无性繁殖过程所产生的孢子称无性孢子(见图 2-9)。无性孢子的形状、颜色、细胞数目、
排列方式、产生方法都有种的特征性,因而可作为鉴定菌种的依据。

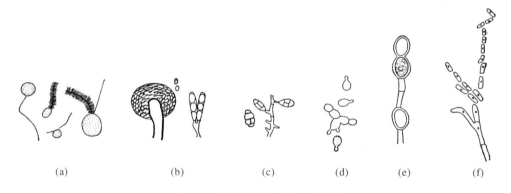

(a)　　　　　(b)　　　　　(c)　　　　　(d)　　　　　(e)　　　　　(f)

图 2-9　真菌无性孢子的主要类群

(a)游动孢子　(b)孢囊孢子　(c)分生孢子　(d)芽孢子　(e)厚垣孢子　(f)节孢子

（1）游动孢子(zoospore)　鞭毛菌的菌丝可直接形成或发育成各种形状的游动孢子囊,游
动孢子囊内的原生质体分割成许多小块,小块逐渐变圆,围以薄膜而形成游动孢子。游动孢子
呈肾形、梨形或球形,具一或两根鞭毛,在水中游动一段时间后,鞭毛收缩,产生细胞壁进行休
眠,然后萌发形成新个体。

（2）孢囊孢子（sporangiospore）　接合菌无性繁殖所产生的孢子生在孢子囊内,孢子囊一般生于营养菌丝或孢囊梗的顶端。孢子囊内的原生质体割裂成许多小块,每一块发育成一个孢囊孢子,数量一般都相当大。

（3）分生孢子（conidiospore 或 conidium）　子囊菌和半知菌类的无性孢子是分生孢子。简单的分生孢子是由特化菌丝先端通过一定方式发生的,其下方的特化菌丝叫分生孢子梗（conidiophore）。梗有单生的、散生的、成丛的,还有成束的。有的分生孢子梗自垫状菌丝生出,使产孢总体结构呈盘状,叫分生孢子盘。有的菌种是在菌丝堆上生出分生孢子梗和分生孢子。还有些真菌的分生孢子生在覆碗状或球形的分生孢子器中。

（4）厚垣孢子（chlamydospore）　有些真菌在菌丝顶端或中间产生一个孢子,它的外围被厚壁包围着,叫厚垣孢子,也叫厚壁孢子。

（5）节孢子（arthrospore）　有些真菌菌丝发生断裂形成节孢子。

（二）真菌的有性繁殖

1.有性繁殖的过程

有性繁殖以细胞核的结合为特征,这种核的结合是通过能动或不能动的配子、配偶囊、菌体之间的结合来实现的。有性繁殖过程一般包括下列三个阶段：

（1）质配：首先是两个细胞的原生质进行配合。

（2）核配：两个细胞里的核进行配合。真菌从质配到核配之间时间有长有短,这段时间称双核期,即每个细胞里有两个尚未结合的核。这是真菌特有的现象。

（3）减数分裂：核配后或迟或早将继之以减数分裂,减数分裂使染色体数目减为单倍。真菌的有性生殖一般是通过性细胞的结合,产生一定形态的有性孢子来实现的。真菌形成有性孢子有两种不同方式：第一种方式是真菌经过核配以后,含有双倍体细胞核的细胞直接发育而形成有性孢子,这种孢子的细胞核处于双倍体阶段,它萌发时才进行减数分裂,卵菌和接合菌的有性孢子就是这种情况,处于双倍体阶段。第二种方式是在核配以后,双倍体的细胞核进行减数分裂,然后再形成有性孢子,所以这种有性孢子的细胞核处于单倍体阶段。子囊菌和担子菌的有性孢子属于这种情况。

2.有性孢子类型

（1）卵孢子（oospore）　卵菌中的有性孢子为卵孢子。当繁殖时在菌丝上先生出藏卵器和雄器,雄器的核移入藏卵器与卵球结合后形成双倍体的卵孢子。在不同的菌种中卵球可能是一个,也可能是多个（图 2-10）。

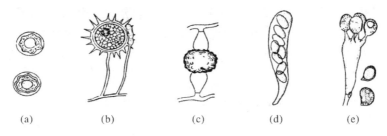

图 2-10　真菌的有性孢子
（a）休眠孢子囊　（b）卵孢子　（c）接合孢子　（d）子囊孢子　（e）担孢子

（2）接合孢子（zygospore）　接合菌的有性孢子为接合孢子。来自两个不同菌株的同形配偶囊,互相接触后,接触处的胞壁溶解,来自双方的细胞质和细胞核融合起来形成一个双倍体的接合孢子。

(3) 子囊孢子(ascospore) 子囊菌的有性孢子为子囊孢子。双核菌丝产生幼小子囊,其中的双核进行核配后减数分裂产生 4 个新核,再分裂一次形成 8 个核,然后以核为中心逐步形成单倍体的子囊孢子,一个子囊内往往有 8 个子囊孢子。

(4) 担孢子(basidiospore) 担子菌的有性孢子为担孢子。担孢子的形成过程与子囊孢子相似,不同的是:① 核配后减数分裂所形成的 4 个核不再进行分裂;② 以核为中心所形成的担孢子最终在担子外部形成;③ 担子有纵隔的,也有横隔的,多数是单室无隔。

三、真菌的菌落特征

在自然基质或人工培养基上由一段(或一丛)菌丝或一个(或一堆)孢子发展而成的菌丝体的整体称菌落。霉菌的菌落和放线菌的一样也是由分枝状菌丝组成。因菌丝较粗而长,形成的菌落较疏松,呈绒毛状、絮状或蜘蛛网状,一般比细菌菌落大几倍到几十倍。有些霉菌,如根霉、毛霉、链孢霉生长很快,菌丝在固体培养基表面蔓延,以至菌落没有固定大小。有的霉菌菌落生长则有一定的局限性,直径 1～2cm 或更小。菌落表面常呈现出肉眼可见的不同结构和色泽特征,这是因为霉菌形成的孢子有不同形状、构造和颜色,有的水溶性色素可分泌到培养基中,使菌落背面呈现不同颜色;一般处于菌落中心的菌丝菌龄较大,位于边缘的则较年幼。霉菌菌落具有"霉味"。同一种霉菌,在不同成分培养基上的菌落特征可能有变化。但各种霉菌,在同一培养基上的菌落形状、颜色等相对稳定。故菌落特征也是鉴定霉菌的重要依据之一。

酵母菌的菌落与细菌的有些相似,但较细菌菌落大而厚,一般呈油脂或蜡脂状,表面光滑、湿润、呈乳白色或红色。有些种的菌落可因培养时间过长而表面皱缩。酵母菌菌落往往有"酒香味"。

第二节 真菌的主要类群

一、真菌的分类系统

真菌的分类系统很多,各派分类论点各不相同,下面仅介绍其中的两种较有代表性的真菌分类系统。

1. 安斯沃思(G. C. Ainsworth 1971,1973)的分类系统

该系统在 Whittake 将真菌独立成界的基础上,将真菌界分为两个门(真菌门和黏菌门),在真菌门内根据有性孢子的类型、菌丝是否有隔膜等性状分为 5 个亚门,即鞭毛菌亚门、接合菌亚门、子囊菌亚门、担子菌亚门和半知菌亚门(表 2-2)。这一分类系统在 20 世纪较有影响,但显然这一系统仍属"人为分类"而非真正按亲缘关系和客观反应系统发育关系对真菌进行的"自然分类"。

表 2-2 安斯沃思的真菌分类依据表

真菌门	菌丝	有性孢子	主要无性孢子
鞭毛菌亚门	无隔膜	卵孢子	游动孢子
接合菌亚门	无隔膜	接合孢子	孢囊孢子
子囊菌亚门	有隔膜	子囊孢子	分生孢子
担子菌亚门	有隔膜	担孢子	无或不发达
半知菌亚门	有隔膜	无	分生孢子

2.《真菌字典》的分类系统

1995 年，根据 18S rRNA 序列的研究、生物化学和细胞壁组分以及 DNA 序列分析的结果，国际真菌学研究的权威机构——英国国际真菌研究所(International Mycological Institute)出版的第 8 版《真菌词典》(Dictionary of Fungi)中，将原来的真菌界划分为原生动物界、藻界和真菌界。真菌界仅包括了 4 个门，即壶菌门、接合菌门、子囊菌门和担子菌门。卵菌、丝壶菌和网黏菌被发现与硅藻类和褐藻类具有近缘关系，这一类群被称为藻界，而其他黏菌被认为属于原生动物界。《真菌词典》的分类系统较之安斯沃思的分类系统有了进步，但是否是代表真正的"自然分类"则仍需探讨。2008 年出版了《真菌词典》第 10 版，说明该系统代表了现代真菌分类的方向。

二、真菌的代表属

(一)卵　菌

腐霉属(*Pythium*)，腐霉菌丝体在培养基上或瓜果上集生，呈白绒毛状，很像棉花。在显微镜下无色透明、无隔多核、有分枝。孢子囊有管状或膨大的管状及球状两类，没有孢囊梗的分化，孢子囊成熟后产生游动孢子或芽管。在条件适合时，孢子囊上很快生出一个球形的泡囊，孢子囊里的内含物迅速流入泡囊，然后在泡囊内分化成游动孢子。游动孢子常为肾形，侧面凹处生两根鞭毛，成熟时泡囊破裂，孢子四散(图 2-11)。

腐霉有性生殖产生藏卵器和雄器。藏卵器分化为卵球和卵周质，藏卵器原来是多核的，在分化时除留一核于卵球内，其余的均转移到卵周质层逐渐分解。雄器最初也是多核的，除一核外其余的逐渐解体。配合时雄器的细胞核和细胞质经由授精管转入藏卵器内，两核结合形成卵孢子，外表光滑或有刺。卵孢子萌发通常生芽管，在芽管顶端生孢子囊。

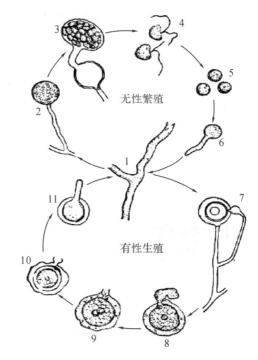

无性繁殖

有性生殖

图 2-11　德巴利腐霉(*Pythium debaryanum*)
的形态特征和发育循环

1.营养菌丝　2.孢子囊　3.泡囊　4.游动孢子
5.游动孢子休止　　6.萌发　7.藏卵器和雄器
8.质配　9.核配　10.卵孢子　11.萌发

腐霉有水生的、两栖的、陆生的、腐生和兼寄生的各种类型。腐霉能合成生物素、叶酸、泛酸、核黄素、抗坏血酸等维生素。腐霉能分泌果胶酶、纤维素酶等多种酶类。有的腐霉还能转换甾族化合物。一些腐霉种类引起幼苗猝倒病、瓜果绵腐病等。

(二)接合菌

1.毛霉属(*Mucor*)

毛霉的菌丝体呈棉絮状，在基物上或基物内能广泛蔓延。菌丝无隔多核，幼嫩时原生质浓稠、均匀一致,老龄时则出现液泡并含有各种内含物。

毛霉的无性繁殖:在毛霉的培养中,可见到气生菌丝加长,先端膨大,成为具有一个头部的长丝,头部下生一隔膜,将头部与长丝分开。头部发育为孢子囊(sporangium),囊内充满很多细胞核,每个细胞核周围细胞质浓缩,外面形成孢壁,就成为孢囊孢子。孢子囊下面的菌丝叫孢囊梗(sporangiophore);孢囊梗突入孢子囊内的部分,称为囊轴(columella)。孢囊梗和囊轴间还有囊托(apophysis)(见图2-12)。孢子囊成熟,囊壁破裂,孢囊孢子分散出来。孢囊孢子在空气中被吹散,遇到适宜环境,萌发而形成新的菌丝体。

毛霉的有性繁殖:相邻近的两菌丝各自向对方生出极短侧枝,称为原配子囊,原配子囊接触后,顶端各自膨大并形成横隔,隔成一细胞,此细胞叫配子囊(gametangium)。相接触的两配子囊之间的横隔消失,经过质配、核配,同时外部形成厚壁,即形成接合孢子。接合孢子孢壁很厚,褐色,表面粗糙有突出物。接合孢子经一段休眠期后才能萌发。萌发前减数分裂,萌发时孢壁破裂,长出芽管,芽管顶端形成一孢子囊,在孢子囊内产生大量单倍体的孢囊孢子(图2-13)。

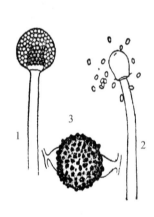

图 2-12 高大毛霉
1.孢囊梗和幼年孢子囊;2.孢子囊破裂后露出囊轴和孢囊孢子;3.接合孢子

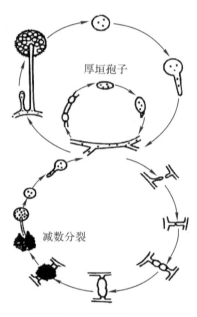

图 2-13 毛霉属的生活史

毛霉的有性结合可分为异宗配合和同宗配合。凡是由不同性菌丝体上形成的性器官结合而形成有性孢子,称为异宗配合;由同一个菌丝体上形成的配子囊结合而产生有性孢子则称为同宗配合。一般用"＋"和"－"分别代表两个性别不同的菌丝体。

毛霉的生活史如下:

无性繁殖:菌丝→孢子囊→孢囊孢子→菌丝

有性繁殖:(＋)菌丝→(＋)配子囊
         (－)菌丝→(－)配子囊 }接合孢子→发芽→孢子囊→孢囊孢子→菌丝

毛霉在自然界分布广泛,土壤、空气中都有很多毛霉孢子。多种毛霉能产生蛋白酶,我国多利用毛霉来做豆腐乳。四川的豆豉就是用总状毛霉(*M. racemosus*)制作的。许多毛霉产生有机酸,如鲁氏毛霉(*M. rouxianus*)产生乳酸、琥珀酸及甘油等。毛霉还能对甾族化合物起转化作用。有些毛霉能引起谷物、果品、蔬菜和其他食品的腐败。

2.根霉属(*Rhizopus*)

根霉与毛霉有很多相似特征。主要区别在于根霉有假根(rhizoid)和匍匐菌丝(stolon)。根霉在培养基或自然基物上生长时,由营养菌丝体产生弧形的匍匐菌丝向四周蔓延,并由匍匐菌丝生出假根与基物接触。与假根相对处向上生长出孢囊梗,顶端形成孢子囊,内生孢囊孢子。孢囊梗不分枝,直立,2、3个丛生于假根上(图 2-14)。孢子囊成熟时呈黑色。孢囊孢子球形、卵形或不规则,或有棱角或有线纹,无色或浅褐色、蓝灰色等。接合孢子由菌丝体或匍匐菌丝生出配子囊,由两个同形对生的配子囊结合而成。根霉属的菌除有性根霉(*R. sexualis*)为同宗配合外,已知的其他种都是异宗配合(图 2-15)。

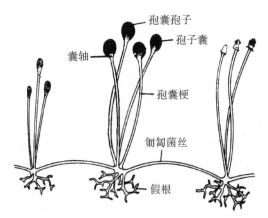

图 2-14　根霉(*R. sexualis*)

根霉在自然界分布很广,空气、土壤以及各种器皿表面都有存在,并常出现于淀粉食品上,引起馒头、面包、甘薯等发霉变质,或造成水果、蔬菜腐烂。根霉的用途很广,在我国用它们制曲酿酒已有悠久历史。有的根霉的淀粉酶活力相当强,多用作糖化菌,同时也是家用甜酒曲的主要菌种。近年来根霉在甾体激素转化、有机酸(延胡索酸 、乳酸)的生产中被广泛利用。

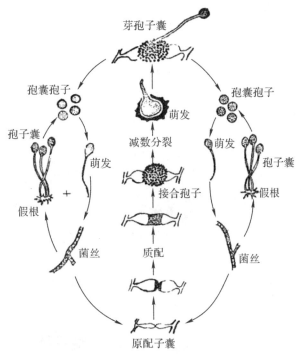

图 2-15　匍枝根霉(*R. stolonifer*)的生活史

(三)子囊菌

子囊菌的大多数种类形成菌丝,菌丝有横隔膜。子囊菌的无性繁殖主要是产生分生孢子,而酵母菌及其他少数子囊菌则以芽殖、裂殖形式繁殖。有性繁殖产生子囊孢子,子囊孢子生于子囊(ascus)内。子囊是一种囊状结构,球形、棒形或圆筒形,因种而异。典型的子囊内有 8 个子囊孢子。子囊有 4 种着生方式(图 2-16):①有性酵母菌的子囊往往为裸露的。②着生在闭囊壳(peritheciuon)内,闭囊壳为完全封闭式,呈球形。③着生在子囊壳(perithecium)内,子囊壳似烧瓶形,有孔口。④着生在子囊盘(apothecium)中,子囊盘为开口的盘状。闭囊壳、子囊壳、子囊盘统称为子囊果(ascocarp)。丝状真菌的子囊一般被包被于子囊果内。

1.脉孢菌属(*Neurospora*)

脉孢菌因子囊孢子表面有纵形花纹,犹如叶脉而得名,又称链孢霉。脉孢菌属的菌落最初为白色粉粒状,很快变为橘黄色,绒毛状。分生孢子着生于直立、双叉分枝的分生孢子梗上,成链。分生孢子卵圆形,粉红色或橘黄色。分生孢子成熟后飞散出去,遇到适合的基质,萌发产生新的营养菌丝体。

脉孢霉的有性过程产生子囊和子囊孢子。它是一种异宗配合的子囊菌,有性过程如图 2-17 所示。一株菌丝体形成子囊壳原,另一株菌的分生孢子与子囊壳原的菌丝结合;两株菌的核在共同的细胞质中混杂存在,反复分裂,产生很多核;两个异宗的核配对结合,形成很多二倍体核,每一个结合的核

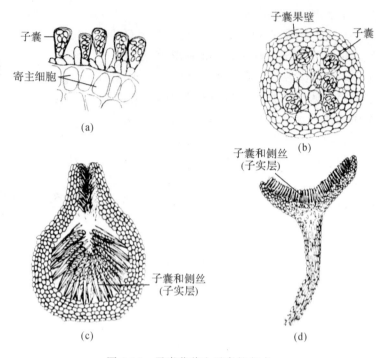

图 2-16　子囊菌着生子囊的方式

(a)裸露的子囊(无子囊果)　(b)闭囊壳　(c)子囊壳　(d)子囊盘

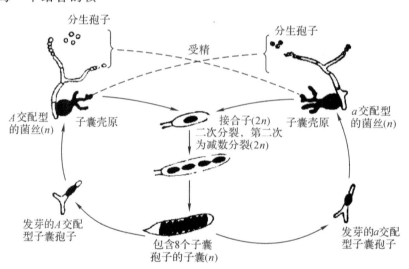

图 2-17　脉孢菌的有性过程

被包围在一个子囊内;子囊里的二倍体核经两次分裂(一次为减数分裂)形成 4 个单倍体核;再经一次分裂,则成为 8 个单倍体核,围绕每个核发育成一个子囊孢子。每个子囊中有 8 个子囊孢子。此时,子囊壳原发育成子囊壳。子囊壳圆形,具有一个短颈,光滑或具松散的菌丝,褐色或褐黑色。

脉孢菌是腐生菌,在长霉的玉米轴上常常看到它们。在一般的情况下,它们多靠分生孢子繁殖,很少产生有性繁殖。用稻草培养脉孢菌可制成稻草曲,它含有丰富的维生素 B_{12},是猪的一种良好饲料。脉孢菌也是研究遗传学的好材料,因其子囊孢子在子囊内呈单向排列,表现出

有规律的遗传组合。如果用两种菌株杂交形成的子囊孢子分别培养,可研究遗传性状的分离及组合情况,因而在生化途径的研究中也被广泛应用。

2. 赤霉属(*Gibberella*)

赤霉属包括许多寄生于植物的病原菌。赤霉菌的菌丝蔓延于寄主体内,并在寄主表面产生大量白色或粉红色的分生孢子。在固体培养基上形成白色、较紧密的绒毛状菌落。赤霉菌的无性过程能产生分生孢子。首先在一些菌丝尖端形成多级双叉分枝的分生孢子梗,梗上产生大、小两种分生孢子(图 2-18)。大型分生孢子为镰刀形,中间有 3～5 个隔膜,单生或丛生在分生孢子梗顶端。小型分生孢子卵圆形,当中无隔膜或只有一个隔膜。大小分生孢子都可以萌发形成新的菌丝体。

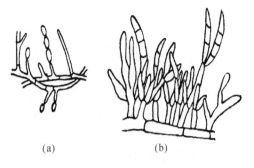

图 2-18 赤霉属(*Gibberella*)

(a)分生孢子梗及小分生孢子

(b)分生孢子梗及大分生孢子

赤霉菌的有性生殖是形成子囊和子囊孢子。子囊长棒状,内含 8 个子囊孢子。子囊着生于子囊壳内。

此属中的水稻恶苗病菌(*Gibberella fujikuroi*,又名藤仓赤霉)能促使稻苗疯长,它的代谢产物叫赤霉素(gibberellin,曾俗称"九二〇"),是一种植物生长刺激素,能促进各种作物和蔬菜等的生长。

3. 酵母菌属(*Saccharomyces*)

细胞圆形、椭圆形或腊肠形;多边出芽;少数种可形成假菌丝,但不发达。有性生殖以同形接合或异形接合后形成子囊,或由二倍体细胞直接形成子囊。子囊成熟时不破裂,子囊孢子 1～4 个。酵母菌的子囊都是裸露的,不形成子囊果(图 2-19)。发酵产物主要为乙醇和二氧化碳,不同化乳糖和硝酸盐。

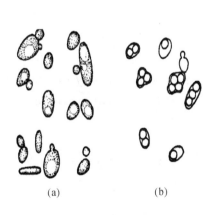

图 2-19 啤酒酵母

(a)细胞 (b)子囊孢子

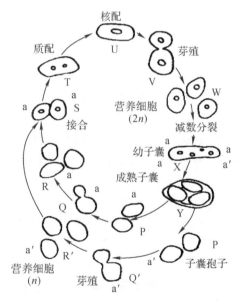

图 2-20 啤酒酵母生活史

本属中最著名的代表种为酿酒酵母（S. cerevisiae，又名啤酒酵母）。其生活史中单倍体阶段与双倍体阶段各占一半，形成世代交替，故营养细胞有单倍体、双倍体之分（图2-20）。双倍体营养细胞较大，且生活力强。因此，在发酵工业上多采用双倍体营养细胞进行生产。酿酒酵母分布在各种水果的表皮、发酵的果汁、土壤和酒曲中。酿酒酵母除了酿造啤酒、酒精及其他饮料酒以外，又可发酵制作面包。菌体内维生素、蛋白质含量高，可食用、药用和作饲料酵母。因此，利用各种有机废水培养酵母，生产单细胞蛋白(SCP)已有许多成功的例子。利用酵母细胞又可提取核酸、麦角醇、谷胱甘肽、细胞色素 C、凝血质、CoA、ATP 等。在维生素的微生物测定中常用酿酒酵母测定生物素、泛酸、硫胺素、吡哆醇、肌醇等。

（四）担子菌

担子菌的特征为产生担孢子，菌丝分枝有隔膜。大多数担子菌的无性过程不发达甚至不发生。

1.担子菌的营养体　绝大多数担子菌有发达的菌丝体，并具桶状隔膜。在其生活史中可出现三种不同类型的菌丝。

（1）初生菌丝，由担孢子萌发产生，初期是无隔多核，不久产生横隔将细胞核分开而成为单核菌丝。

（2）次生菌丝，由性别不同的两个初生菌丝只进行质配而不进行核配所形成的双核菌丝。具有双核的次生菌丝细胞常以锁状联合的方式来增加细胞的个体。锁状联合的过程如图2-21所示。双核细胞开始分裂之前，在二核之间生出一个钩状分枝。细胞中的一个核进入钩中。两个核同时分裂成四个核。分裂后，钩状突起中的两个核的一个仍留在钩中，另一核进入菌丝细胞前端。而原来留在菌丝细胞中的核分裂后，一核向前移，另一核留在后面。钩向下弯曲与原来的细胞壁接触，接触的地方壁溶化而沟通，同时在钩的基部产生一个隔膜。最后钩中的核向下移，在钩的垂直方向产生一个隔膜，一个细胞分成两个细胞。每一个细胞具有双核，锁状联合完成。次生菌丝占据生活史的大部分时期。它常可形成菌索、菌核等结构。

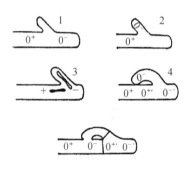

图2-21　担子菌锁状联合过程示意图

（3）三生菌丝，是次生菌丝特化形成的。特化后的三生菌丝形成各种子实体。

2.担孢子的形成过程　双核菌丝发展到一定时期，顶端细胞膨大。在膨大的顶细胞内，两核结合，形成一个二倍体核。此核经过二次分裂，其中一次为减数分裂，产生四个单倍体的子核，这时顶细胞膨大变成担子。然后担子生出四个小梗，小梗顶端稍微膨大，四个小核分别进入四个小梗内，此后每核发育成一个孢子，即担孢子（图2-22）。

3.担子菌的代表属

（1）伞菌属（Agaricus）。担子果(子实体)开裂如伞状，菌盖肉质，腹面有辐射状的菌褶，其内形成担子和担孢子，菌柄肉质，易与菌盖分离，有菌环，担孢子卵圆或椭圆形（图2-23）。

本属有几十种，生于田野和森林土壤上，大多可食，少数有毒。最普通的栽培种是洋蘑菇（A. bisporus），也叫双孢蘑菇。除食用外，此菌可分解核糖核酸得到 5'-胞苷酸、5'-腺苷酸、5'-尿苷酸和5'-鸟苷酸。另外此菌还可产生抗细菌的抗生素和草酸。

蘑菇的生活史一般包括三个阶段：

① 孢子萌发。一个健壮的蘑菇，能产生亿万颗孢子，成熟时就从腹部菌褶的两面弹散开

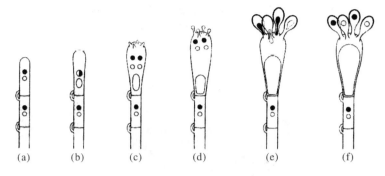

图 2-22　担子形成的连续阶段和担孢子

(a)双核的菌丝顶端;(b)核配后的单核双倍体担子;(c)减数分裂后含四个子核的担子,担孢子梗开始长出;(d)担孢子梗上产生担孢子原基,细胞核准备移入其中;(e)细胞核移入担孢子原基中;(f)高度成熟的担子,其上着生四个单核的担孢子。

来。担孢子在适宜的环境下很快萌发。萌发时先在一端伸出芽管,芽管不断发生分枝和延长,最后形成初生菌丝。

②　菌丝繁育。初生菌丝在蘑菇的生活史中存在的时期很短,主要依靠贮藏在孢子中的养料生长。之后,各条初生菌丝间就会很快地互相交接,使两个单核的细胞原生质聚合在一起,形成次生菌丝。次生菌丝体发育到一定阶段,在一定的环境条件下,又会相互交接聚合起来,形成三生菌丝体。三生菌丝体已高度分化,而且它们已不是稀疏的细丝,而是成为特殊的十分致密的菌丝组织。

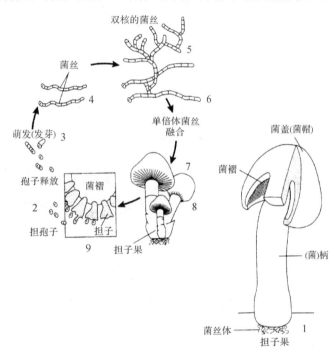

图 2-23　蘑菇的生活史和成熟子实体

1.成熟子实体　2.担孢子　3.孢子萌发　4.一次菌丝体
5.二次菌丝体　6.菌丝体及原基　7.菌蕾　8.菌蕾纵剖
9.担子和担孢子的形成

③　形成子实体。蘑菇是由分化了的次生菌丝体——原基发育而来的。开始形成时,只是在各类菌丝体上,尤其是它们的交接点上产生许多小瘤状突起,随后依靠菌丝体供给的养料,迅速膨大成菌蕾,并进一步开伞成熟(图 2-23)。

蘑菇在生长发育期间对营养、温度、湿度、空气、酸碱度和光线等生活条件的要求,在不同的生育阶段有所不同。

(2)木耳[*Auricularia auricular*(L. ex Hook.)]

担子果薄,有弹性,胶质,半透明,中凹,往往呈耳状、杯状或叶状。担子果是由具有锁状联合的双核菌丝组成,子实层长在子实体的底面,很多菌丝的顶端发展成担子。最初担子双核,经过核配变成单核,随即进行减数分裂,同时担子亦产生3个横隔而变成4个细胞,然后从每个细胞长出一小支,由此产生担孢子(图2-24)。

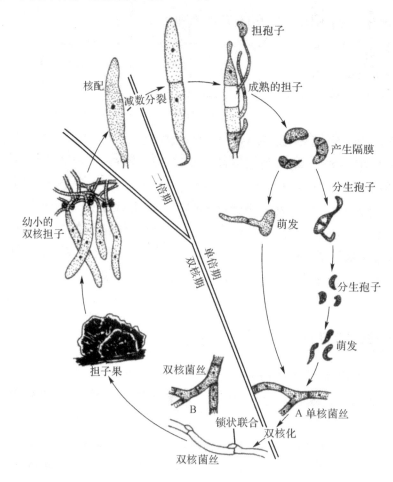

图 2-24　木耳的生活史

木耳是我国重要的食用菌。主要产地是四川和贵州。除食用外木耳还有药用价值。现在木耳已大量进行人工栽培。

（五）半知菌

半知菌在自然界中分布很广,种类多。菌丝有隔膜,大多只发现无性阶段,尚未发现有性阶段,所以称为半知菌,或称不完全菌。

1.曲霉属(*Aspergillus*)

本属菌丝体发达,具隔膜,多分枝,多核,无色或有明亮的颜色。分生孢子梗是从特化了的厚壁而膨大的菌丝细胞即足细胞(foot cell)垂直生出,它无横隔,顶部膨大为顶囊(vesicle)。顶囊一般呈球形、洋梨形或棍棒形。顶囊表面长满一层或两层辐射状小梗(sterigma),分别称为初生小梗与次生小梗(见图2-25)。最上层小梗瓶状,顶端着生成串的球形分生孢子。顶囊、小梗以及分生孢子链合称分生孢子头。分生孢子头具有各种不同颜色和形状。曲霉中少数种有有性阶段,产生闭囊壳、子囊孢子,属子囊菌中的散囊菌科(Eurotiaceae),但多数种的有性阶段尚未发现。

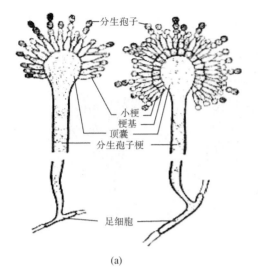

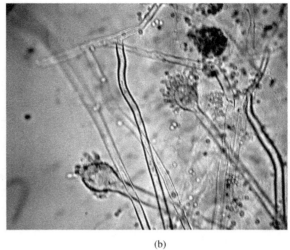

(a)   （b）

图 2-25　曲霉

（a）各部示意图：1. 足细胞　2. 分生孢子梗　3. 顶囊　4. 初生小梗　5. 次生小梗　6. 小梗

7. 分生孢子

（b）曲霉显微照片（引自 Prescott *et al.*，2002）

曲霉与人类的生活有着密切的联系。2000 多年前，我国就将曲霉用于制酱，以及酿酒、制醋等。现代工业中利用曲霉生产各种酶制剂（淀粉酶、蛋白酶、果胶酶等）、有机酸（柠檬酸、葡萄糖酸、五倍子酸等），农业上用作糖化饲料菌种。

曲霉广泛分布在谷物、空气、土壤和各种有机物上。在湿热条件下，常能在皮革、布匹及其他工业品上生长，引起食物和饲料霉坏变质。有些种和菌株还能产生毒素，例如由黄曲霉（A. *flavus*）产生的黄曲霉毒素（aflatoxin）。这种毒素最早发现于英国，当时有 10 万只火鸡死于所谓"火鸡 X 病"，就是由于发霉饲料中的黄曲霉毒素引起的。现已发现黄曲霉毒素可能与人和动物的肝癌发生有关。还有一些种能使人与动物致病，称为曲霉病。此外，曲霉在实验室中也常引起污染，给科研工作造成麻烦。

2. 青霉属（*Penicillium*）

青霉的菌落密毡状或松絮状，大多为灰绿色；菌丝与曲霉相似，但无足细胞。分生孢子梗具横隔，顶端不膨大，有扫帚状分枝，称为帚状枝。帚状枝是由单轮或两轮到多轮分枝系统构成，对称或不对称，最后一级分枝称为小梗，着生小梗的细胞称梗基，支持梗基的细胞称为副枝。小梗上产生成串的分生孢子，分生孢子青绿色（图 2-26）。

青霉与曲霉十分类似，分布也极为广泛，常生长在腐烂的柑橘皮上，呈青绿色。青霉属中有工业上经济价值很高的菌种。有些青霉能产生有机酸，如柠檬酸、延胡索酸、草酸、葡萄糖酸等。最著名的是产生抗生素，如利用产黄青霉（P. *chrysogenum*）系选育出来的某些菌株可生产青霉素。此外，有的青霉菌还用于生产灰黄霉素及磷酸二酯酶、纤维素酶等酶制剂。另一方面，青霉中有许多是常见的有害菌，危害水果，如白色青霉（P. *albicans*）危害柑橘，扩展青霉（P. *expansum*）危害苹果。青霉菌亦经常侵染工业产品、食品和饲料。有些青霉菌则与动物及人类的疾病有关。该菌也是实验室常见的污染菌。

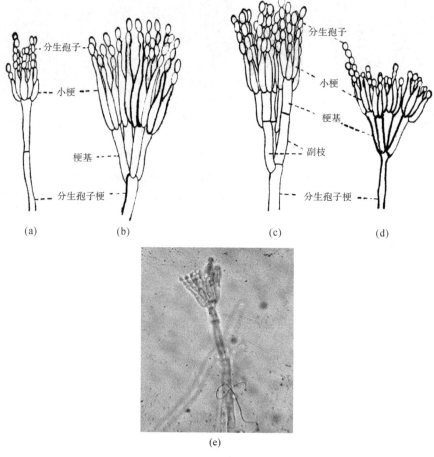

图 2-26　青霉的帚状枝

(a)单轮型　(b)对称二轮型　(c)、(d)非对称型　(e)青霉的显微照片

复习思考题

1.比较细菌与酵母菌、放线菌与霉菌个体形态的差异。

2.比较真菌细胞壁与细菌、放线菌细胞壁成分的差异。

3.真菌细胞有哪些结构？各有何功能？

4.真菌细胞内有哪些细胞器？各有何功能？

5.真菌菌丝有几种类型？菌丝变态和菌丝组织体各有何生理意义？

6.真菌无性孢子有哪几种？真菌有性孢子有哪几种,各有何特点？

7.担子菌菌丝体的形成与其他真菌菌丝体形成有何不同？

8.试比较细菌与酵母菌、放线菌与霉菌的菌落有何不同。

9.熟悉真菌各类群代表属的形态特征及其应用。

第三章　病毒和亚病毒

【内容提要】

病毒是专性寄生的大分子生物。病毒个体称病毒粒子，一般只有在电镜下才能看见，以纳米(nm)度量。病毒粒子有各种形态，其典型代表分别为植物中的烟草花叶病毒(杆形)、动物中的腺病毒(20面体方形)和微生物中的 *E.coli* T偶数噬菌体(蝌蚪形)。病毒粒子的主要成分为 DNA 或 RNA 和蛋白质壳体。有些病毒还有包膜包围。

各类病毒的增殖过程大同小异。以 T 偶数噬菌体为例，可分为吸附、侵入、增殖、装配和裂解 5 个阶段。凡能侵入宿主细胞，在细胞内增殖引起细胞裂解的噬菌体称烈性噬菌体，反之则称温和性噬菌体。在染色体组上整合有温和噬菌体并能进行正常生长繁殖的宿主，称溶原菌，这种现象即为溶原性。定量描述烈性噬菌体增殖规律的曲线称为一步生长曲线，其特征参数有潜伏期、裂解期和裂解量 3 个。

动植物病毒与人类关系密切，对人类重要传染病的防治、工农业生产和环境保护等具有重大影响。

亚病毒(类病毒、朊病毒、拟病毒)的发现刷新了生命体的最低极限，并对遗传信息流的中心法则提出了挑战，对阐明某些疑难病症的病因具有重要影响，是 20 世纪生命科学发展中的一件大事。

病毒和亚病毒都是非细胞生物，它们的发现比细胞生物要迟得多。人类认识病毒和亚病毒是从它们的致病性开始的。1892 年俄国学者伊万诺夫斯基(Ivanovski)首次发现烟草花叶病的感染因子能够通过细菌滤器，病叶汁液的滤过液能感染健康烟草使其发病。1898 年荷兰生物学家贝依林克(M. W. Beijerinck)进一步证实了这个结果，并发现可用酒精将烟草花叶病致病因子从悬液中沉淀而不失去其感染力，而且能在琼脂凝胶中扩散，但用培养细菌的方法却培养不出来。贝依林克给这种致病因子起名为"病毒(Virus)"，拉丁语的原意是"毒"。几乎在贝杰林克工作的同时，德国细菌学家莱夫勒(Leffler)和弗罗施(Frosh)发现，引起牛口蹄疫的病原也可通过细菌滤器，认为这是一种过滤性病原体，实验中受感染的动物也能再把此病传给其他动物，这是当时人们所知的第一个由病毒引起的动物感染病例。随后其他一些可通过细菌滤器的致病因子(包括植物的、动物的)被陆续分离出来，人们便称之为"滤过性病毒(filterable virus)"。1915—1917 年，Twort 与 d'Herelle 又分别发现了细菌被裂解现象，裂解因子能通过细菌滤器，证明了裂解因子在传递中还能增殖，命名这种裂解因子为细菌噬菌体。

尽管到 1931 年，已知约有 40 种病是由病毒引起的，如麻疹、腮腺炎、天花、流感、水痘、脊髓灰质炎和狂犬病等，可关于病毒的性质仍然是个谜。1935 年美国斯坦莱(W. M. Stanley)从烟草花叶病病叶中提取到了病毒结晶，并证实该结晶具有致病力。这一事件成为分子生物学发展中的一个里程碑。斯坦莱也因此荣获诺贝尔奖。随后鲍顿(Frederick Charles Bawden)和皮里(Norman W. Pirie)这两位英国生物化学家证明了病毒结晶含有核酸和蛋白质两种成分，其中只有核酸具有感染和复制能力。

20 世纪 30 年代以后,电子显微镜和超速离心机的发展与应用,使人们看到了病毒的形象,而且对病毒的结构及化学组成也都有了更清楚的了解。人们将病毒定义为:超显微的、无细胞结构的、由一种核酸(DNA 或 RNA)和蛋白质外壳构成的活细胞内的专性寄生物。它们在活细胞外以侵染性病毒粒子的形式存在,不能进行代谢和繁殖,一旦进入宿主细胞又具有生命特征。

然而,1971 年 Diener 发现了一种只含小相对分子质量 RNA 而不含蛋白质的类病毒(viriods),说明自然界中存在着比病毒更简单的致病因子,这一发现对病毒的定义提出了挑战。1981 年至 1983 年,又发现在四种多面体 RNA 病毒颗粒中伴随存在一种与类病毒相似的 RNA 分子,其复制和衣壳化都需要依赖于辅助病毒,被称为卫星病毒或拟病毒(virusiods)。1982 年 Prusiner 发现引起羊瘙痒病的病原体是一种相对分子质量约 27kDa 的蛋白质而无核酸,称为朊病毒(prions)。类病毒、拟病毒、朊病毒的发现,极大地丰富了病毒学的内容,使人们对病毒的本质又有了新的认识。病毒的定义随着分子病毒学的发展而不断更新。现在认为病毒是一种比较原始的、有生命特征的、能自我复制和专性寄生细胞内的非细胞生物。

第一节　病毒的形态结构

一、病毒的形态与大小

病毒的形态大小是病毒分类鉴定的标准之一。病毒一般呈球形或杆状,也有呈卵圆形、砖形、丝状和蝌蚪状等各种形态的。如腺病毒为球状,烟草花叶病毒为杆状。细菌病毒又称噬菌体,多为蝌蚪形,也有微球形和丝状。大肠杆菌 T 偶数噬菌体为蝌蚪形,而大肠杆菌噬菌体 fd 为丝状,X174 为球形。

病毒个体微小,单位常以 nm 表示,其大小相差悬殊。较大的痘病毒直径约 300nm,近似于最小的原核微生物(支原体),如用姬姆萨、维多利亚蓝、荧光染料或镀银等方法染色处理后,在光学显微镜下可以观察到。而较小的口蹄疫病毒颗粒很小,直径约 10～22nm。病毒能通过细菌过滤器,其大小多在 20～300nm 内,超过了普通光学显微镜的分辨能力,必须用电子显微镜才能观察到。图 3-1 较形象地表示出病毒的形态和大小。

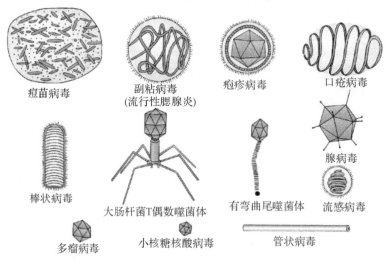

图 3-1　几种病毒的形态和相对大小(引自 Prescott *et al.*，2002)

二、病毒的结构和化学组成及其功能

病毒粒了(virion)是指一个结构和功能完整的病毒颗粒。病毒粒子主要由核酸和蛋白质组成。核酸位于病毒粒子的中心,构成了它的核心或基因组(genome),蛋白质包围在核心周围,构成了病毒粒子的壳体(capsid)。核酸和壳体合称为核壳体(nucleocapsid)(见图3-2)。最简单的病毒就是裸露的核壳体。病毒形

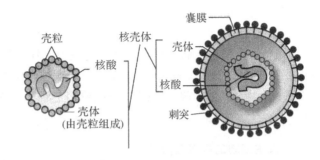

图 3-2　病毒结构示意图(Madigan *et al.*, 2000)

状往往是由于组成外壳蛋白的亚单位种类不同而致。此外,某些病毒的核壳体外,还有一层囊膜(envelope)结构。

1. 核酸

核酸组成各种病毒的核心。一种病毒只含有一种类型的核酸,DNA 或 RNA。核酸可以是单股的,也可以是双股的;可以是线状的,也可以是环状的。大多数病毒粒子中只含有一个核酸分子。少数 RNA 病毒含 2 个或 2 个以上核酸分子,而且各个分子担负着不同的遗传功能,它们一起构成病毒的基因组,所以这些 DNA 病毒为双组分基因组、三组分基因组或多组分基因组。

病毒核酸(基因组)储存病毒的遗传信息,控制其遗传变异、增殖和对宿主的感染性等。病毒核酸可借助理化方法加以分离,这种分离的核酸因缺乏壳体的保护而较为脆弱,但仍具有感染性,称为感染性核酸,其感染范围比完整的病毒粒子更广,但感染力较低。

2. 壳体

壳体是指围绕病毒核酸并与之紧密相连的蛋白质外壳,它由许多壳粒(capsomere)组成。壳粒是指在电子显微镜下可以辨认的组成壳体的亚单位,由一个或多个多肽分子组成。组成壳体的壳粒基本上有两种对称排列。一种是廿面体,壳粒沿着三根互相

图 3-3　病毒外壳结构的对称性

垂直的轴形成对称体,壳体一般为廿面体。腺病毒的衣壳就是一个典型的廿面体(图3-3)。另一种呈螺旋状,壳粒和核酸呈螺旋对称形排列成直杆状(如烟草花叶病毒)、伸长的纤维状(如噬菌体 fd)、弯曲杆状(如马铃薯 X 病毒)。烟草花叶病毒是螺旋对称病毒中研究得最为详尽的一个例子,其病毒粒子呈杆状或线状,蛋白质壳体由壳粒一个紧挨一个地螺旋排列而成,病毒 RNA 位于壳体内侧螺旋沟中。病毒粒子全长 300nm,直径 15nm,由 2130 个壳粒组成 130 个螺旋。另外有些噬菌体同时具有两种对称性,称为复合性对称。有些病毒不具有任何对称性。

病毒蛋白质的作用主要是:构成病毒粒子外壳,保护病毒核酸;决定病毒感染的特异性,与

易感染细胞表面存在的受体有特异亲和力；具有抗原性，能刺激机体产生相应抗体。

3. 包膜(envelope)

包膜也称封套或囊膜。包膜包被在病毒核壳体外，主要成分为磷脂，此外还有糖脂、中性脂肪、脂肪酸、脂肪醛、胆固醇。囊膜一般为脂质双层膜，与这些膜相连的是病毒特异性蛋白。这些病毒特异性蛋白在病毒感染和复制过程中发挥作用。囊膜表面往往具有突起物，称刺突(spike)或包膜子粒(peplomer)。囊膜对一些脂溶剂如乙醚、氯仿和胆盐等敏感。有囊膜的病毒有利于其吸附寄主细胞，破坏宿主细胞表面受体，使病毒易于侵入细胞，即具有更强的致病性。

三、宿主细胞的病毒包涵体

宿主细胞被病毒感染后，常在细胞内形成一种光学显微镜下可见的小体，称为包涵体(图3-4)。包涵体多为圆形、卵圆形或不定形，性质上属于蛋白质。不同病毒在细胞中呈现的包涵体的大小、数目并不一样。大多数病毒在宿主细胞中形成的包涵体是由完整的病毒颗粒或尚未装配的亚单位聚集而成的小体，少数包涵体是宿主细胞对病毒感染的反应产物。一般包涵体中含有一个或多个病毒粒子，亦有不含病毒粒子的。病毒包涵体在细胞中的部位不一，有的见于细胞质中，有的位于细胞核中，也有的则在细胞核、细胞质内均有。不同病毒其包涵体的大小、形态、组成以及在宿主细胞中的部位不同，故可用于病毒的快速鉴别，有的可作为某些病毒病的辅助诊断依据。有的包涵体还有特殊名称，如天花病毒包涵体叫顾氏(Guarnier)小体，狂犬病毒包涵体叫内基氏(Negri)小体，烟草花叶病毒包涵体被称为X体。包涵体可以从细胞中移出，再接种到其他细胞时仍可引起感染。

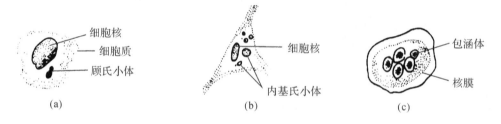

图3-4 病毒在一些宿主细胞中产生的包涵体
(a)天花病毒在家兔角膜细胞质中产生的顾氏小体
(b)狂犬病毒在犬脑神经细胞质中的内基氏小体
(c)家兔角膜接种疱疹病毒后，上皮细胞核内的包涵体

第二节 病毒的分类

最初根据病毒的寄主特性将病毒分为动物病毒、植物病毒和细菌病毒(噬菌体)三大类。这种分类方法因其实用性而沿用至今，但并没有反映出病毒的本质特征。随着电镜技术的发展以及分离、提纯病毒新方法的应用，现已逐渐转向病毒本身的结构特征、化学组成的研究，使病毒的分类朝着自然系统的方向发展。

病毒分类的依据有：① 基因组性质与结构；② 衣壳对称性；③ 有无包膜；④ 病毒粒子的大小、形状；⑤ 对理化因素的敏感性；⑥ 病毒脂类、碳水化合物、结构蛋白和非结构蛋白的特征；⑦ 抗原性；⑧ 生物学特性(繁殖方式、宿主范围、传播途径和致病性)。

国际病毒分类系统采用目、科、属、种的分类单元,但是亚病毒感染因子采用任意分类。目的后缀为"virales"、科的后缀为"viridae"、亚科的后缀为"virrinae"、属以下的后缀为"virus"。国际病毒分类委员会(International Committee on Taxonomy of Viruses,简称 ICTV)于 2005年 7 月发表了最新的病毒分类第八次报告,将目前 ICTV 所承认的 5450 多个病毒归属为 3 个目、73 个科、11 个亚科、289 个属、1950 多个种。在亚病毒感染因子下设类病毒、卫星病毒和朊病毒,其中类病毒有 2 个科、7 个属;卫星病毒有 2 个组,卫星核酸有 3 个组;朊病毒分为脊椎动物朊病毒和真菌朊病毒。

第三节　噬菌体

1915 年英国人陶尔德(Twort)在培养葡萄球菌时,发现菌苔上出现透明斑。用接种针接触透明斑后,再向另一菌苔上接触,不久接触的部分又出现透明斑。这种被噬菌体侵染后,在细菌菌苔上形成肉眼可见的、具有一定形态、大小、边缘和透明度的斑点,被称为噬菌斑(图 3-5)。1917 年在法国巴黎巴斯德研究所工作的加拿大籍微生物学家第赫兰尔(d'Herelle)也观察到痢疾杆菌的新鲜液体培养物能被加入的某种污水的无细菌滤液所溶解,混浊的培养物变清。若将此澄清液再行过滤,并加到另一敏感菌

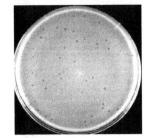

图 3-5　噬菌斑(引自 Prescott *et al.*, 2002)

株的新鲜培养物中,结果同样变清。以上现象被称为陶尔德-第赫兰尔(Twort-d'Herelle)现象。第赫兰尔将该溶菌因子命名为噬菌体(bacteriophage,phage)。

噬菌体具有病毒的一般特性,是原核微生物的病毒,包括噬细菌体(bacteriophage)、噬放线菌体(actinophage)和噬蓝细菌体(cyanophage)。

一、噬菌体的形态结构

在电子显微镜下观察到的噬菌体有 3 种基本形态:蝌蚪形、微球形和丝状。从结构来看又可分为 6 种不同的类型,见图 3-6。

图 3-6 中所列的 T-系噬菌体是目前研究得最广泛而又较深入的细菌噬菌体,并对它们进行了 $T_1 \sim T_7$ 的编号,这类噬菌体呈蝌蚪形。

大肠杆菌 T_4 噬菌体为典型的蝌蚪形噬菌体,由头部和尾部组成。头部为由蛋白质壳体组成的廿面体,内含 DNA。尾部则由不同于头部的蛋白质组成,其外包围有可收缩的尾鞘,中间为一空髓,即尾髓。有的噬菌体的尾部还有颈环、尾丝、基板和尾刺(图 3-7,图 3-8)。

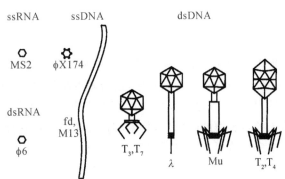

图 3-6　噬菌体的基本形态和大小

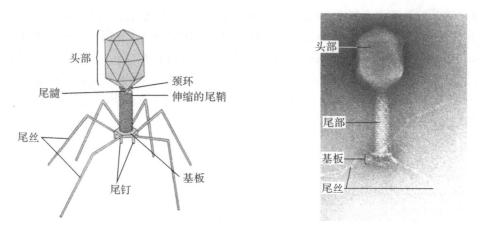

图 3-7　大肠杆菌($E. coli$)的 T_4 噬菌体结构(引自 Prescott $et\ al.$,2002)和电镜照片

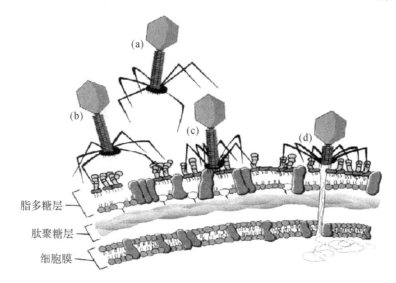

图 3-8　噬菌体 T_4 吸附在大肠杆菌细胞壁上并注入 DNA(Madigan $et\ al.$,1997)
(a)未吸附　(b)、(c)尾部附着　(d)尾鞘收缩,注入 DNA

二、烈性噬菌体的增殖周期

根据噬菌体与宿主细胞的关系可分为烈性噬菌体(virulent phage)和温和性噬菌体(temperate phage)。凡侵入细胞后,进行复制增殖,导致细胞裂解的噬菌体称烈性噬菌体。而侵入细胞后,与宿主细胞 DNA 同步复制,并随着宿主细胞的生长繁殖而传下去,一般情况下不引起宿主细胞裂解的噬菌体,称温和性噬菌体。但在偶尔的情况下,如遇到环境诱变物甚至在无外源诱变物情况下可自发地具有产生成熟噬菌体的能力。

对大肠杆菌 T-系偶数噬菌体的生活和增殖周期的研究表明,其整个周期可分为 5 个阶段。

1. 吸附(adsorption)

噬菌体侵染宿主细胞的第一步为吸附。吸附过程不仅决定于细胞表面受点的结构,也取决于噬菌体吸附器官——尾部吸附点的结构。当噬菌体和敏感细胞混合发生碰撞接触,敏感细菌细胞表面具有的噬菌体吸附特异性受点，与噬菌体的吸附点进行互补结合，这是一种不可逆的特异性反应。由于宿主细胞表面对各种噬菌体有不同的吸附受点，因而一种细菌可以被多种噬菌体感染。现已证实，大肠杆菌细胞壁的脂蛋白层为 T_2 和 T_6 噬菌体的吸附受点，脂多糖层为 T_3、T_4、T_7 的吸附受点，而 T_5 噬菌体的吸附受点则为脂多糖-脂蛋白的复合物。吸附时，噬菌体尾部末端尾丝散开，固着于特异性受点，随之尾刺和基板固定于受点上。不同的噬菌体粒子吸附于宿主细胞的部位也不一样，如大肠杆菌 T-系噬菌体大多吸附于宿主细胞壁上(图 3-8)；大肠杆菌丝状噬菌体 M_{13} 只吸附在大肠杆菌性伞毛的末端；而枯草杆菌噬菌体 PBS2 则吸附于细菌鞭毛。那么每个宿主究竟能被多少噬菌体吸附呢？据测定一般在 250～360 个即达到饱和状态，这称作最大吸附量。

吸附过程也受环境因子的影响，如 pH、温度、阳离子浓度等都会影响吸附速度和吸附量。

2. 侵入(penetration)

侵入即注入核酸。大肠杆菌($E. coli$)T_4 噬菌体以其尾部吸附到敏感菌表面后，将尾丝展开并固着于细胞上。尾部的酶水解细胞壁的肽聚糖，使细胞壁产生一小孔，然后尾鞘收缩，将头部的核酸通过中空的尾髓压入细胞内，而蛋白质外壳则留在细胞外。大肠杆菌 T-系噬菌体只需几十秒钟就可以完成这一过程，但受环境条件的影响，通常一种细菌可以受到几种噬菌体的吸附，但细菌只允许一种噬菌体侵入，如有 2 种噬菌体吸附时，首先进入细菌细胞的噬菌体可以排斥或抑制第二者入内。即使侵入了，也不能增殖而逐渐消解。

尾鞘并非噬菌体侵入所必不可少的。有些噬菌体没有尾鞘，也不收缩，仍能将核酸注入细胞。但尾鞘的收缩可明显提高噬菌体核酸注入的速率。如 T_2 噬菌体的核酸注入速率就比 M_{13} 的快 100 倍左右。

3. 复制(replication)

复制包括噬菌体 DNA 复制和蛋白质外壳的合成。噬菌体 DNA 进入宿主细胞后，立即以噬菌体 DNA 为模板，利用细菌原有的 RNA 合成酶来合成早期 mRNA，由早期 mRNA 翻译成早期蛋白质。这些早期蛋白质主要是病毒复制所需要的酶及抑制细胞代谢的调节蛋白质。在这些酶的催化下，以亲代 DNA 为模板，半保留复制方式复制出子代 DNA。在 DNA 开始复制以后转录的 mRNA 称为晚期 mRNA，再由晚期 mRNA 翻译成晚期蛋白质。这些晚期蛋白质主要组成噬菌体外壳的结构蛋白质，如头部蛋白质、尾部蛋白质等。在这时期，细胞内看不到噬菌体粒子，称为潜伏期(latent period)。潜伏期是指噬菌体吸附在宿主细胞至宿主细胞裂解、释放噬菌体之间的最短时间。

4. 装配(assembly)

当噬菌体的核酸、蛋白质分别合成后即装配成成熟的、有侵染力的噬菌体粒子。例如大肠杆菌 T_4 噬菌体的 DNA、头部蛋白质亚单位、尾鞘、尾髓、基板、尾丝等部件合成后，DNA 收缩聚集，被头部外壳蛋白质包围，形成廿面体的噬菌体头部。尾部部件也装配起来，再与头部连接，最后装配完毕，成为新的子代噬菌体(图 3-9)。

5. 裂解(lysis)

成熟的噬菌体粒子，除 M_{13} 等少数噬菌体外，均借宿主细胞裂解而释放。细菌裂解导致一种肉眼可见的液体培养物由混浊变清或固体培养物出现噬菌斑。丝状噬菌体 fd 成熟后并不破坏细胞壁，而是从宿主细胞中钻出来，细菌细胞仍可继续生长。大肠杆菌 T 系偶数噬菌体从吸附到粒子成熟释放大约需 15～30min。释放出的子代噬菌体粒子在适宜条件下便能重复上述过程(图 3-10)。

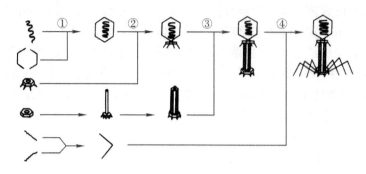

图 3-9　T 偶数噬菌体装配过程模式图

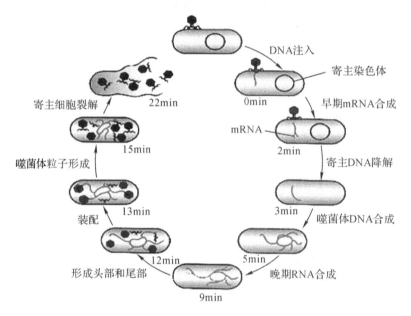

图 3-10　噬菌体 T₄ 感染各时段的情况(引自 Prescott *et al.*，2002)

三、噬菌体的一步生长曲线

利用烈性噬菌体的生活周期,可在实验室条件下获得噬菌体的生长曲线。这种用来测定噬菌体侵染和成熟病毒体释放的时间间隔,并用以估计每个被侵染的细胞释放出来的新的噬菌体粒子数量的生长曲线,称为一步生长曲线(one-step growth curve)。它可反映每种噬菌体的三个最重要的特性参数——潜伏期、裂解期和裂解量(burst size),这一曲线对于了解和研究噬菌体的特性具有十分重要的意义。

培养时将高浓度的敏感菌培养物与相应的噬菌体悬液以(10～100)∶1 相混。这种比例可降低几个噬菌体同时侵染一个细菌细胞的几率。经过短时间培养使噬菌体吸附在细菌上,再用抗病毒血清或离心或稀释除去未吸附的噬菌体。接着,用新鲜培养液把经过上述处理的细菌悬液高倍稀释,以免发生第二次吸附和感染。培养后,定时取样,将含有噬菌体的样品与敏感细菌培养物混合培养,计算每个样品在培养基平板表面产生的噬菌斑数目。以培养时间为横坐标,噬菌斑数为纵坐标,可以绘出一步生长曲线。

如图 3-11 所示,噬菌体在吸附和侵入寄主后,细胞内只出现噬菌体的核酸和蛋白质,还没有释放出噬菌体,这段时间称为潜隐期(eclipse phase)。潜隐期间如人为地用氯仿裂解细胞,

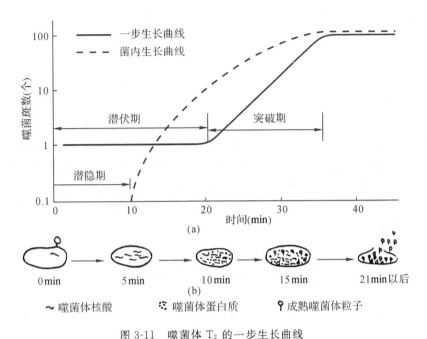

图 3-11　噬菌体 T_2 的一步生长曲线

(a)一群噬菌体作用于一群细菌细胞的结果　(b)单个噬菌体在一个细菌细胞内的增殖情况

裂解液无侵染性。人们将噬菌体吸附寄主细胞开始到细胞释放新的噬菌体为止的这段时间称为潜伏期(latent period)。潜伏期过后,噬菌斑数突然迅速上升,表明被感染的细胞已被越来越多地裂解,直至所有感染细胞都被裂解为止,这个时期称为上升期(rise period)。接着,噬菌斑数达到大致恒定,曲线平稳。这个时期即使存在一些未感染的细菌,由于细菌悬液的稀释倍数很高,使得新释放的噬菌体不能吸附未感染的细菌。每个感染细菌所释放的新噬菌体的平均数称为裂解量。裂解量＝裂解期平均噬菌斑数/潜伏期平均噬菌斑数。

四、温和性噬菌体的溶原性

温和性噬菌体侵染宿主细胞后,其 DNA 可以整合到宿主细胞的 DNA 上,并与宿主细胞的染色体 DNA 同步复制,但不合成自己的蛋白质壳体,因此宿主细胞不裂解而能继续生长繁殖。大肠杆菌 λ 噬菌体就是属于温和性噬菌体。整合在宿主细胞染色体 DNA 上的温和性噬菌体的基因称为原噬菌体(prophage)。个别噬菌体如大肠杆菌噬菌体 P_1,其温和性噬菌体的核酸并不整合在细菌的 DNA 上,而附着于细胞质膜的某一位点上,呈质粒状态存在。含有原噬菌体的细菌细胞称为溶原性细胞(lysogenic cell)。在温和性噬菌体侵入宿主细胞后所产生的某些特性称为溶原性。

温和性噬菌体与烈性噬菌体在遗传上不同。温和性噬菌体的基因组能整合到细菌染色体中,有一个与细菌染色体相附着的位点,并在其某种基因产物如整合酶的作用下,两者在此位点发生一次特异性重组。另外,温和性噬菌体有能编码合成一种称为阻遏体蛋白的基因 C_1,这种阻遏体能阻止噬菌体所有有关增殖基因的表达,从而使其不能进入增殖状态。此外还另有一些基因调节、控制阻遏体的合成,以维持稳定的溶原状态。如果阻遏体的活性水平降低,不足以维持溶原状态,原噬菌体就可离开染色体进入增殖周期,并引起宿主细胞裂解,这种现象称为溶原性细菌的自发裂解。也就是说,极少数溶原性细菌中的温和性噬菌体变成了烈性噬菌体。这种自发裂解的频率很低,例如大肠杆菌溶原性品系的自发裂解频率为 10^{-2} ~ 10^{-5}。

溶原细胞具有以下不同于一般细胞的特性。

(1)溶原细胞的诱发裂解　用某些适量理化因子,如紫外线或各种射线、化学药物诱变剂、致畸剂、致癌物或抗癌物、丝裂霉素 C 等处理溶原性细菌,都能诱发溶原细胞大量裂解,释放出噬菌体的粒子。

(2)溶原细胞的免疫性　阻遏体蛋白除阻遏原噬菌体的基因组外,也同样能阻遏进入溶原性细菌细胞的其他同型噬菌体的基因组,使其不能在该细胞内复制,因此溶原性细菌对同型噬菌体呈现一种特异的免疫现象。例如,含有 λ 原噬菌体的溶原性细胞,对于 λ 噬菌体的毒性突变株有免疫性。即毒性突变株对非溶原性宿主细胞有毒性,对溶原性宿主细胞(含 λ 噬菌体 DNA)却没有毒性。

(3)溶原性细菌的复愈　溶原性细菌有时消失了其中的原噬菌体,恢复成非溶原细胞,这称为溶原细胞的复愈或非溶原化,这种菌株称为复愈菌株(curing strain)。复愈菌株既不发生自发裂解,也不发生诱发裂解。

(4)溶原性转换(lysogenic conversion)　溶原性细菌除具有产生噬菌体的潜力和对相关噬菌体的免疫性外,有时还伴有某些其他性状的改变,这种其他性状的改变称为溶原性转换。例如白喉棒状杆菌产生白喉毒素是由于原噬菌体带有毒素蛋白的结构基因;肉毒梭菌的毒素、金黄色葡萄球菌某些溶血素、激酶的产生都与溶原性有关;沙门氏菌、痢疾杆菌等抗原结构和血清型别也与溶原性有关。现已知越来越多菌类的各种性状受到溶原性的影响。这种现象很像肿瘤病毒能使正常细胞转化为肿瘤细胞的现象。噬菌体与宿主菌细胞之间的关系如图3-12所示。

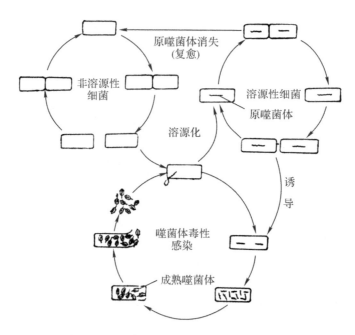

图 3-12　噬菌体毒性感染和溶原性过程示意图

第四节 动物病毒

动物病毒包括脊椎动物病毒和无脊椎动物（即昆虫）病毒。

一、脊椎动物病毒

脊椎动物病毒可引起许多人类疾病，如流行性感冒、肝炎、疱疹、流行性乙型脑炎、狂犬病、艾滋病、非典型急性肺炎（由 SARS 病毒引起）等。在已发现的动物病毒中约有 1/4 的病毒具有致肿瘤作用，至少有 5 类病毒（乳头瘤病毒、反转录病毒、疱疹病毒、肝 DNA 病毒和黄病毒）与癌症发病有关。动物病毒侵入寄主细胞后可引起 4 种结果，见图 3-13。畜、禽等动物的病毒病也极其普遍，如猪瘟、牛瘟、口蹄疫、鸡瘟、鸡新城疫和劳氏肉瘤等。许多还是人兽共患的病，且危害严重。

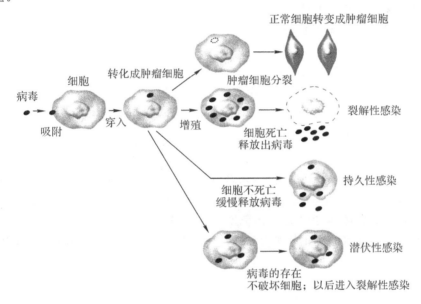

图 3-13 动物病毒感染的结果（引自 Prescott *et al.*，2002）

动物病毒大多呈球状，含有单链或双链的 DNA 或 RNA。有些是有包膜的，有些无包膜（裸露的），大小差异很大。

动物病毒的增殖过程与噬菌体相似，但在某些细节上有所不同。大多数动物病毒无吸附结构，少数病毒如流感病毒在其包膜表面长有刺突，可吸附在宿主细胞表面的黏蛋白受体上。

动物病毒感染时，首先是病毒表面的吸附蛋白与敏感宿主细胞表面特异的受体结合，病毒的核壳体或整个病毒粒子侵入细胞。此过程不像噬菌体感染原核生物细胞时那样，壳体蛋白留在细胞外面。动物病毒基因组和壳体的分离发生在细胞内，称脱壳（uncoating）。然后病毒基因组在细胞核或在细胞质中进行病毒大分子的生物合成，包括病毒核酸的复制和转录，以及病毒结构蛋白和非结构蛋白的合成，最后装配成子代病毒。若是无包膜的病毒，装配成熟的核壳体就是子代病毒体。若是有包膜的病毒，核壳体还要在细胞内，或通过与细胞膜的相互作用获得包膜才能成熟为子代病毒体（见图 3-14）。

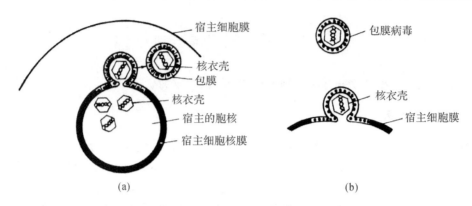

图 3-14 动物细胞吸收有包膜的病毒粒子的过程
(a)病毒核壳体与包膜分离的过程　(b)从宿主细胞质膜芽出时获得包膜

1. 人类免疫缺陷病毒(HIV)

在人类的病毒病中,最严重的是 1981 年 1 月发现的引起艾滋病即获得性免疫缺陷综合征(acquired immune deficiency syndrome,AIDS)的病毒,即人类免疫缺陷病毒(human immuno-deficency virus, HIV),其结构见图 3-15。HIV 病毒呈球形,直径 100～120nm。病毒核心内含有 RNA 和酶(逆转录酶、整合酶、蛋白酶)。病毒壳体由两种蛋白组成,核心蛋白(P24)和核壳蛋白(P17)。病毒壳体外包围着包膜,包膜系双层脂质蛋白膜,其中嵌有 GP41 和 GP120 两种糖蛋白分别组成刺突和跨膜蛋白。

当 HIV 病毒进入寄主细胞后,其逆转录酶利用病毒的 RNA 作为模板,逆转录相应的 DNA 分子。然后 DNA 转移到细胞核,并整合到染色体上,以此作为病毒复制的基地。HIV 病毒的寄主细胞通常是 T 淋巴细胞,这种白细胞在调节免疫系统上起主要作用,一旦受到 HIV 病毒的侵染和破坏,就会引起人体免疫功能的丧失。

HIV 病毒主要通过血液和分泌物(精液、乳汁等),并经黏膜表面和皮肤的破损处进入体内。传播方式包括性生活、输血和使用血制品。患艾滋病的母亲也可通过胎盘或乳汁传给胎儿。

2. 非典型肺炎病毒(SARS)

2003 年,引起传染性非典型肺炎(atypical pneumonia)的病原体,是冠状病毒的一个变种,为 SARS 病毒。SARS 即为严重急性呼吸综合征(severe acute respiratory syndrome,SARS)。SARS 病毒在分类学上属于冠状病毒科中的冠状病毒属。

冠状病毒粒的直径为 60～200nm,平均直径为 100nm,呈球形或椭圆形,具有多形性。病毒粒子外有包膜,包膜上存在刺突,整个病毒形状像日冕(图 3-16)。冠状病毒结构蛋白主要有核蛋白、膜蛋白、刺突糖蛋白、血凝素—酯酶糖蛋白。核蛋白为磷酸化蛋白,可以和 RNA 结合成核衣壳,诱导细胞免疫,可能和 RNA 合成的调节有关。膜蛋白是病毒包膜的重要成分,和病毒出芽部位有关,可能和核衣壳相互作用,诱导产生干扰素。刺突糖蛋白结合病毒特异性受体,诱导细胞融合,产生细胞免疫应答。

冠状病毒是正链 RNA 病毒(碱基排列顺序与 mRNA 相同,定为正链)。所有冠状病毒的基因排列顺序均相同,为聚合酶—S 蛋白—M 蛋白—N 蛋白。我国科学家和加拿大科学家相继完成了 SARS 病毒全基因组测序,分别为 29 727 个碱基和 29 736 个碱基,差别很小。

SARS 病毒主要通过患者口鼻中喷出的飞沫进行传播。冠状病毒科的病毒只感染脊椎动物,可引起人和其他动物的呼吸道、消化管和神经系统的疾病。SARS 病毒引起的"非典",给人类生命和经济造成重大损失。目前,由 SARS 病毒引起的传染性非典型肺炎尚无特异的预防和治疗药物,主要防治措施是注意个人卫生,加强生活和工作场所通风。

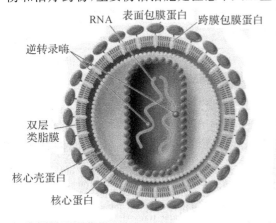

图 3-15 艾滋病病毒结构示意图

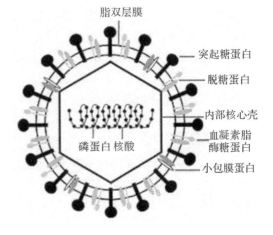

图 3-16 SARS 病毒结构示意图

引起 2003 年人类非典型肺炎的冠状病毒结构如图 3-16 所示。

3. 甲型流感病毒 H1N1

目前正在引起人类甲型流行性感冒的病毒 H1N1 电镜照片见图 3-17。这次甲型流感实际上是由猪流感病毒(Swine influenza virus,SIV),一种可引起猪群地方性流行性感冒的正黏液病毒(Orthomyxovirus)引起的。实验室中所分离出来的病毒,多被辨识为 C 型流感病毒,或是 A 型流感病毒的亚种之一。A 型(国内称为甲型)流感病毒有很多个不同的品种,H1N1、H1N2、H3N1、H3N2 和 H2N3 亚型病毒都能导致猪流感的感染。人类甲型流行性感冒是由 H1N1 亚型引起的。

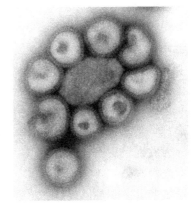

图 3-17 甲流病毒 H1N1 的电镜照片

H1N1 亚型猪流感病毒毒株,包含有禽流感、猪流感和人流感三种流感病毒的脱氧核糖核酸基因片断,同时拥有亚洲猪流感和非洲猪流感病毒特征。这种新型流感病毒具有病毒杂交特性。世界卫生组织称,这次引发猪流感的病毒是禽流感和人类流感经过"洗牌效应"产生的新病毒。不同的病毒相遇后交换基因,变异为新型的混种病毒,因此人类对其缺乏免疫力。但该病毒的攻击性取决于人体免疫力的个体差异和人类从对抗各种流行性感冒中所获取的综合抵抗力。人类感染 H1N1 猪流感病毒疫情曾在 1976 年和 1988 年出现。

二、无脊椎动物病毒

昆虫病毒属于无脊椎动物病毒,主要以鳞翅目的昆虫病毒为主,其次为双翅目、膜翅目和鞘翅目。由于有些昆虫具有经济上的重要性,例如蜜蜂和家蚕,一旦染上病毒病,就会造成重大经济损失。但自然界中有些病毒却能侵染杀死农作物和森林的重要害虫。由于目前许多害虫能抵抗化学农药,且化学农药的残留已成为环境的重要污染源,所以这些昆虫病毒已被用作生物农药,成为害虫综合防治中的重要手段。

昆虫病毒可感染昆虫的各种组织细胞,如真皮、肠上皮、脂肪体、血液和淋巴等,症状一般表现为停止取食、肠道发生麻痹或引起败血症而死亡。

昆虫病毒病的一个相当普遍的特点是在被感染的动物细胞中形成多角形包涵体。包涵体的成分是蛋白质。根据包涵体的有无及包涵体在细胞中的位置、形状,可将昆虫病毒分为4种:

1. 核型多角体病毒(nuclear polyhedrosis virus,简称 NPV)

这类病毒粒子呈杆状,被包在呈多面体的包涵体内,位于宿主细胞核内。蚕多角体病毒就是一个典型。幼虫经注射或饲喂被侵染后几天,在大部分组织的细胞核中就出现小的包涵体,这些包涵体的大小和数量都在增长,最终每个可达 $10\sim15\mu m$;每个核内可多达 100 个。核内染色质消失,细胞最终死亡,游离的多角体便出现在血、淋巴中。有些核型多角体病毒则是黏虫、水稻色蛾、斜纹夜蛾等农业害虫的天敌,有些已用于生物防治。

2. 质型多角体病毒(cytoplasmic polyhedrosis virus,简称 CPV)

质型多角体病毒包涵体位于宿主细胞质内。质型多角体病毒有的感染枯叶蛾、松针黄毒蛾、黄地老虎等,主要在昆虫肠道中增殖。昆虫感染后不取食,饥饿而萎缩。用质型多角体病毒防治松毛虫有很好的效果。

3. 颗粒体病毒(granulosis virus,简称 GV)

包涵体呈圆形、椭圆形颗粒状。如云杉卷叶蛾颗粒体病毒、菜粉蝶颗粒体病毒等。包涵体内一般只含一个病毒颗粒,偶有两个。主要感染鳞翅目昆虫的真皮、脂肪组织及血细胞等。昆虫吞食后停止进食,血液变成乳白色而死亡。我国已制成菜粉蝶颗粒体病毒剂用于生物防治。

4. 无包涵体病毒

病毒粒子球状,不形成包涵体。宿主范围广泛,除昆虫纲外,还存在于蜘蛛纲、甲壳纲等,如沼泽大蚊虹色病毒、家蚕软化病病毒、柑橘红蜘蛛病毒、蟹瘫痪病病毒。用无包涵体病毒防治柑橘红蜘蛛较有效。

昆虫病毒主要是通过口器感染。昆虫吞入病毒进到中肠后,包涵体被中肠液溶解释放出病毒粒子,进一步侵染细胞。但也有通过伤口和气孔等感染的可能性。

第五节 植物病毒

植物病毒病种类繁多,绝大多数种子植物均能发生病毒病。禾本科、豆科、十字花科、葫芦科和蔷薇科的植物受害较重,感染病毒的种类也较多,致使很多重要经济作物遭受严重损失。例如水稻黄矮病、烟草花叶病、蕃茄丛矮病、马铃薯退化病、柑橘衰退病等。

植物病毒大多是单链 RNA 病毒。从病毒粒子的形态来看基本上有三种类型:杆状、线状或近球形的多面体。有些植物病毒也具囊膜。

植物病毒也是严格寄生生物,但专一性不强,一种病毒往往能寄生在不同的科、属、种的植物上。例如烟草花叶病毒能侵染十几个科、百余种草本和木本植物。病毒侵染植物后可使植物表现出三类症状:一是引起花叶、黄化和红化,因病毒破坏了叶绿体或使之不能形成叶绿素;二是使植物矮化、丛簇、畸形;三是形成枯斑、坏死等。一种病毒引起的症状,可以随着植物的种或品种而不同。一株植物可同时感染两种以上的病毒。两种以上病毒混合感染,有时可以产生与单独感染完全不同的症状。如马铃薯 X 病毒单独感染发生轻微花叶，Y 病毒单独感染在有些品种上引起枯斑；而 X 病毒和 Y 病毒同时感染时，则使马铃薯发生显著的皱缩花叶症状。

病毒侵染植物后，还出现内部细胞的或组织的不正常表现。最突出的是感染病毒植株的细胞内形成包涵体，这是确诊病毒存在的证据。细胞包涵体有两类：一类是一般为不规则形、六角形、纺锤形、针形和线形的结晶形包涵体，另一类是一般呈圆球形或椭圆形的非结晶形包涵体（又称 X-小体）。前者通常由病毒粒子堆叠而成，而后者往往由病毒粒子和寄主细胞成分混合而成。包涵体在细胞内的分布因病毒而异，在原生质体、细胞核、叶绿体，甚至在空胞内都可以见到有包涵体的存在。

植物病毒没有专门的侵入机制，主要通过昆虫作为媒介进行传播。其中半翅目刺吸式口器的昆虫如蚜虫、叶蝉和飞虱等是重要传播者。有的病毒则是通过带病植株的汁液接触无病植株伤口而感染；有的则是通过嫁接传染。与噬菌体不同的是，植物病毒必须在侵入宿主细胞后才脱去蛋白质衣壳，这一过程称为脱壳（encoating 或 uncoating）。

第六节　亚病毒

亚病毒（subviruses）是一类比病毒更为简单，仅具有某种核酸不具有蛋白质，或仅具有蛋白质而不具有核酸，能够侵染动植物的微小病原体。目前亚病毒包括类病毒（viroid）、拟病毒（virusoid）和朊病毒（virion）三类，它们的主要异同见表 3-5。

表 3-5　亚病毒类群的主要异同

名称	组成成分	相对分子质量	独立感染性
类病毒	RNA	约 10^5 Da	＋
拟病毒（卫星病毒）	RNA	约 10^5 Da	－
朊病毒	蛋白质	约 10^4 Da	＋

一、类病毒

20 世纪 70 年代初期，美国学者 Diener 及其同事在研究马铃薯纺锤块茎病病原时，观察到病原无病毒颗粒和抗原性、对酚等有机溶剂不敏感、耐热（$70\sim75$℃）、对高速离心稳定（说明其相对分子质量低）、对 RNA 酶敏感等特点。所有这些特点表明该病原并不是病毒，而是一种游离的小分子 RNA，从而提出了类病毒（Viroid）这一新的概念。在这个概念提出之前，人们一直认为，由蛋白质和核酸两种生物多聚体构成的体系是最原始的生命体系，从未怀疑病毒是复杂生命体系的最低极限。

类病毒是一类能感染某些植物致病的单链闭合环状的 RNA 分子。类病毒基因组小，相对分子质量为 1×10^5 Da。目前已测序的类病毒变异株有 100 多个，其 RNA 分子呈棒状结构，由一些碱基配对的双链区和不配对的单链环状区相间排列而成。它们的共同特点是在二级结构分子中央处有一段保守区。类病毒通常含 246～399 个核苷酸。如马铃薯纺锤块茎类病毒（Potato spindle tuber viroid，PSTVd，Vd 是用来与病毒加以区别）是由 359 个核苷酸单位组成的一个共价闭合环状 RNA 分子，长约 50～70nm（见图 3-18）。

所有的类病毒 RNA 没有 mRNA 活性，不编码任何多肽，它的复制是借助寄主的 RNA 聚

合酶Ⅱ的催化,在细胞核中进行的
RNA 到 RNA 的直接转录。

　　类病毒能独立感染宿主植物,自
然界中同一类病毒存在着具不同毒
力的株系。PSTVd 的弱毒株系使宿
主植物仅减产 10% 左右,而强毒株
可减产 70%～80%。

图 3-18　类病毒的结构图

　　所有类病毒均能通过机械损伤的途径来传播,经耕作工具接触的机械传播是在自然界中
传播这种病害的主要途径。有的类病毒,如 PSTVd 还可经种子和花粉直接传播。类病毒病
与病毒病在症状上没有明显的区别,病毒病大多数的典型症状也可以由类病毒引起。类病毒
感染后有较长的潜伏期,并呈持续性感染。

　　不同的类病毒具有不同的宿主范围。如对 PSTVd 敏感的寄主植物就数以百计,除茄科
外,还有紫草科、桔梗科、石竹科、菊科等。柑橘裂皮类病毒(Citrus exocortis viroid, CEVd)的
寄主范围比 PSTVd 要窄些,但也可侵染蜜柑科、菊科、茄科、葫芦科等 50 种植物。

　　类病毒的发现,是 20 世纪下半叶生物学上的重要事件,它开阔了病毒学领域,为人类研究
植物中可能存在的类病毒病开辟了一个新的视野。

二、朊病毒

　　美国学者 S. B. Prusiner 因在 1982 年发现了羊瘙痒病致病因子——朊病毒而获得了
1997 年的诺贝尔生理和医学奖。朊病毒(virion)亦称蛋白侵染因子(Prion, proteinaceous
infectious agents),是一种比病毒小、仅含有疏水的具有侵染性的蛋白质分子。

　　纯化的感染因子称为朊病毒蛋白(Prion protein, PrP)。致病性朊病毒用 PrP^{SC} 表示,它具
有抗蛋白酶 K 水解的能力,可特异性地出现在被感染的脑组织中,呈淀粉样形式存在。

　　许多致命的哺乳动物中枢神经系统机能退化症均与朊病毒有关,如人的库鲁病(Kuru,一
种震颤病)、克雅氏症(Creutzfeldt-Jakob disease, CJD,一种早老年痴呆病)、致死性家族失眠
症(fatal familiar insomnia, FFI)和动物的羊瘙痒病(Scrapie)、牛海绵状脑病(bovine spongi-
form encephalopathy, BSE 或称疯牛病 mad cow disease)、猫海绵状脑病(feline spongifoem
encephalopathy, FSE)等。

　　正常的人和动物细胞 DNA 中有编码 PrP 的基因,其表达产物用 PrP^{C} 表示,相对相对分
子质量为 33～35kDa。正常细胞表达的 PrP^{C} 与羊瘙痒病的 PrP^{SC} 为同分异构体,PrP^{C} 与
PrP^{SC} 有相同的氨基酸序列,PrP^{C} 有 43% 的 α 螺旋和 3% 的 β 折叠,而 PrP^{SC} 约有 34% 的 α 螺
旋和 43% 的 β 折叠。多个折叠使 PrP^{SC} 溶解度降低,对蛋白酶的抗性增加。

　　PrP^{SC} 是一种蛋白质而且不含任何核酸,它在人或动物体内如何进行复制和传播至今仍有
许多不清楚之处。Prusiner 等提出了杂二聚机制假说,即 PrP^{SC} 单分子为感染物,从 PrP^{C} 单体
分子慢慢改变构象,形成 PrP^{SC} 单体分子,中间经过 PrP^{C}-PrP^{SC} 杂二聚物,然后再转变为 PrP^{SC}-
PrP^{C}。在这个过程中,有未知蛋白 X(protein X)可能起着调整 PrP^{C} 转化或维持 PrP^{SC} 形态的
作用。这个二聚物解离又释放新的 PrP^{SC},由此不断“复制”下去(图 3-19,图 3-20)。

　　朊病毒的发现震惊了生物学界,因它与目前公认的生物遗传信息流方向“DNA↔RNA→
蛋白质”的“中心法则”不相一致。Pursiner 等人阐明羊瘙痒病的发病机制是由于朊病毒分子
构象的改变而致病。这一发现开辟了病因学的一个崭新领域,对其他传染性海绵状脑病的发

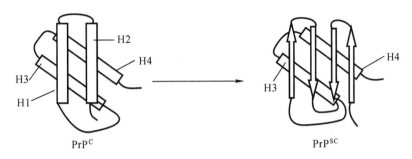

图 3-19 PrP^C 与 PrP^{SC} 的分子结构模式图

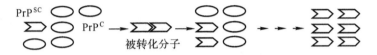

图 3-20 朊蛋白的构型转换

PrP^C:正常型蛋白 PrP^{SC}:致病型蛋白

病原理和病因性质的探究提供了一条新的思路,对生物科学的发展具有重大意义。

三、拟病毒和卫星 RNA

20 世纪 80 年代以来,在澳大利亚陆续从绒毛烟、苜蓿、莨菪和地下三叶草上发现了四种新的植物病毒。这些病毒的蛋白质衣壳内都含有两种 RNA 分子,一种是相对分子质量为 1.5×10^6 Da 的线状 RNA_1,另一种是相对分子质量约为 10^5 Da 的类似于类病毒的环状 RNA_2,这种 RNA_2 分子被称为拟病毒(Virusoid)。拟病毒有两种分子结构,一是环状 RNA_2,二是线状 RNA_3。RNA_2 和 RNA_3 是由同一种 RNA 分子所呈现的两种不同构型,其中 RNA_3 可能是 RNA_2 的前体,即 RNA_2 是通过 RNA_3 环化而形成的。拟病毒在核苷酸组成、大小和二级结构上均与类病毒相似,而在生物学特性上却与卫星 RNA(satellite RNA)相同,如:① 单独没有侵染性,必须依赖于辅助病毒才能进行侵染和复制,其复制需要辅助病毒编码的 RNA 依赖性 RNA 聚合酶。② 其 RNA 不具有编码能力,需要利用辅助病毒的外壳蛋白,并与辅助病毒基因组 RNA 一起包裹在同一病毒粒子内。③ 卫星 RNA 和拟病毒均可干扰辅助病毒的复制。④ 卫星 RNA 和拟病毒同辅助病毒基因组 RNA 比较,它们之间没有序列同源性。根据卫星 RNA 和拟病毒的这些共同特性,现在也有许多学者将它们统称为卫星 RNA 或卫星病毒。

复习思考题

1. 病毒与细胞生物的主要区别是什么?
2. 病毒的大小范围是怎样的?试述病毒的主要化学组成、构造及其功能。
3. 你认为病毒应该怎样分类更科学?
4. 简述烈性噬菌体的裂解性生活史。
5. 什么是一步生长曲线?它可分几期?各期的含义是什么?各期有何特点?
6. 如何用实验证明溶原性细菌?描述溶原性转变和其重要意义。
7. 动物病毒、植物病毒与噬菌体侵入宿主细胞的机制有何不同?

8. 如何诊断植物病毒病?

9. 亚病毒各有何特点? 你如何理解亚病毒发现的重大意义?

10. 试解释:烈性噬菌体、温和噬菌体、原噬菌体、早期蛋白、溶原性、溶原细胞的免疫性、病毒的包涵体、裂解量。

第四章　微生物营养与代谢多样性

【内容提要】

本章介绍微生物的营养与代谢的多样性。微生物细胞的化学组成元素与其他生物细胞相似，但微生物种类的多样性决定了其营养需求和营养类型的多样性。微生物吸收营养物质有简单扩散、促进扩散、主动吸收和基团转位等方式；微生物的营养类型可分为化能异养型、化能自养型、光能异养型和光能自养型。依据研究目标的不同，可配制不同的培养基。微生物通过厌氧发酵与底物水平磷酸化、呼吸（有氧呼吸和无氧呼吸）与氧化磷酸化和光合作用与光合磷酸化实现产能与能量转换。微生物细胞物质包括多糖（尤其是细胞壁肽聚糖）、核苷酸和核酸、多肽和蛋白质、脂肪酸和脂，其生物合成与其他生物相应物质的生物合成相似。许多微生物除了存在对生命活动至关重要的初级代谢外，还有对自身生存十分重要的次级代谢，可产生对人类具有重要作用的次级代谢产物。在初级代谢和次级代谢过程中，微生物具有许多不同的调控方式来免除自身代谢产物的反馈抑制和其他环境因素的影响。

第一节　微生物的营养、营养类型与培养基

营养或营养作用（nutrition）是指生物体从外部环境中吸收生命活动所必需的物质和能量，以满足其生长和繁殖需要的一种生理功能。营养是一个过程。参与营养过程并具有营养功能的物质称为营养物质（nutrient）。营养物质是一切微生物新陈代谢的物质基础。它可为微生物的生命活动提供结构物质、能量、代谢调节物质和生理与生存环境。微生物通过多种方式从环境中吸收营养物质，不同类型的营养物质往往通过不同的运输途径进入细胞。对微生物细胞组成的系统分析，了解微生物的营养需求，针对不同的微生物，根据不同的培养目标，配制适合微生物"胃口"的培养基，是培养和研究微生物的基础。

一、微生物的营养及其吸收方式

（一）微生物的化学组成

微生物的化学组成与各成分含量基本反映了微生物生长繁殖所需求的营养物的种类与数量。因此，分析微生物细胞的化学组成与各成分含量，是了解微生物营养需求的基础，也是培养微生物时，设计与配制培养基乃至对生长繁殖过程进行调控的重要理论依据之一。

研究结果表明，微生物的化学组成与动植物细胞高度相似，反映了自然界生物细胞组成的共性。微生物由碳、氢、氧、氮、磷、硫、钾、钠、钙、镁、铁、锰、铜、钴、锌、钼等化学元素组成。其中碳、氢、氧、氮、磷、硫等 6 种元素占了细胞干重的 97%（见表 4-1）。微生物细胞中的这些元素主要以水、有机物和无机盐的形式存在。水分约占菌体湿重的 70%～90%，含量最高。有机物主要由糖、蛋白质、核酸、脂、维生素以及它们的降解产物与代谢产物组成。无机物参与有机物组成，或单独存在于细胞原生质内，一般以无机盐的形式存在。

表 4-1　微生物细胞中几种主要元素的相对含量(％干重)

元素	细菌	酵母菌	霉菌
碳	50	49.8	47.9
氮	15	7.5	5.2
氢	8	6.7	6.7
氧	20	31.1	40.2
磷	3	1.5	1.2
硫	1	0.3	0.2

(二)微生物的营养要素及其功能

微生物的营养要素(也称营养因子)来自微生物生长所处的环境,按照它们在机体中的生理作用不同,可分为碳源、氮源、能源、生长因子、无机盐和水等 6 类。

1. 碳源

凡可被微生物用来构成细胞物质或代谢产物中碳架来源的营养物质通称为碳源(carbon source)。

纵观整个微生物界,微生物所能利用的碳源种类远远超过动植物。至今人类已发现的能被微生物利用的含碳有机物有 700 多万种。可见,微生物的碳源谱极其宽广。

对于利用有机碳源的异养型微生物来说,其碳源往往同时又是能源。此时,可认为碳源是一种具有双功能的营养物质。种类较少的自养型微生物,则以 CO_2 为主要碳源。

微生物能利用的碳源的种类及形式极其多样,既有简单的无机含碳化合物如 CO_2 和碳酸盐等,也有复杂的天然有机化合物,如糖与糖的衍生物、醇类、有机酸、脂类、烃类、芳香族化合物以及各种含氮的有机化合物。其中糖类通常是许多微生物较易利用的碳源与能源物质;其次是醇类、有机酸类和脂类等。微生物对糖类的利用,单糖优于双糖和多糖,己糖胜于戊糖,葡萄糖、果糖胜于甘露糖、半乳糖;在多糖中,淀粉明显地优于纤维素或几丁质等多糖,同型多糖则优于琼脂等杂多糖和其他聚合物(如木质素)等。

微生物对碳源的利用因种不同而异,可利用的种类差异极为悬殊。有的微生物能广泛利用各种不同类型的含碳物质,如假单胞菌属(*Pseudomonas*)的某些种可利用 90 种以上不同的碳源。有的微生物却只能利用少数几种碳源,如某些甲基营养型细菌只能利用甲醇或甲烷等一碳化合物。又如某些产甲烷古菌、自养型细菌仅可利用 CO_2 为主要碳源或唯一碳源。

工业发酵生产中所供给的碳源,大多数来自植物体,如山芋粉、玉米粉、面粉、麸皮、米糠、糖蜜等,其成分以碳源为主,但也包含其他营养成分。

实验室中,常用于微生物培养基的碳源主要有葡萄糖、果糖、蔗糖、淀粉、甘露醇、甘油和有机酸等。

2. 氮源

能被微生物用来构成微生物细胞组成成分或代谢产物中氮素来源的营养物质通称为氮源(nitrogen source)。有机与无机含氮化合物及分子态氮,它们都可被相应的微生物用作氮源。

有机含氮化合物包括尿素、胺、酰胺、嘌呤、嘧啶、蛋白质及其降解产物——多肽与氨基酸等,它们均可被不同微生物所利用。其中蛋白质水解产物是许多微生物的良好氮源。仅有某些微生物可以利用嘌呤与嘧啶,如尿酸发酵梭菌(*Clostridium acidiurici*)和柱孢梭菌(*C. cylindrosporum*)只能利用嘌呤与嘧啶为氮源、碳源和能源,而不利用葡萄糖、蛋白胨或氨基酸。

工业发酵中利用的有机含氮化合物,主要来源于动物、植物及微生物体,例如鱼粉、黄豆饼粉、花生饼粉、麸皮、玉米浆、酵母膏、酵母粉、发酵废液及废物中的菌体等。

大多数微生物能利用无机含氮化合物,如铵盐、硝酸盐和亚硝酸盐等,但仅有固氮微生物可利用分子态氮作氮源。

蛋白胨和肉汤中含有的肽、多种氨基酸和少量的铵盐及硝酸盐,一般能满足各类细菌生长的需要。因此,铵盐、硝酸盐、蛋白胨和肉汤等是实验室培养微生物常用的氮源。

3. 能源

能为微生物的生命活动提供最初能量来源的物质称为能源(energy source)。微生物能利用的能源种类因种不同而异,主要是一些无机物、有机物或光。

能作为化能自养微生物能源的物质是一些还原态的无机物质,例如 NH_4^+、NO_2^-、S、H_2S、H_2 和 Fe^{2+} 等,这些化能自养型的细菌包括硝化细菌、硫化细菌、氢细菌和铁细菌等。

许多营养物质具有一种以上的营养功能。例如,还原态无机营养物常是双功能的(如NH_4^+ 既是硝化细菌的能源,又是其氮源)。有机物常起着双功能或三功能的营养作用,例如以 N、C、H、O 类元素组成的营养物质常是异养型微生物的能源、碳源兼氮源。而光是光合微生物所利用的单功能能源。

微生物的能源谱可简单归纳如下:

$$\text{能源谱}\begin{cases}\text{化学物质}\begin{cases}\text{化能异养微生物的能源:有机物(同碳源)}\\\text{化能自养微生物的能源:无机物(不同于碳源)}\end{cases}\\\text{光能:光能自养和光能异养微生物的能源}\end{cases}$$

4. 生长因子

为某些微生物生长所必需,其自身又不能合成,需要外源提供但需要量又很小的有机物质通称为生长因子(growth factor)。狭义的生长因子一般仅指维生素。广义的生长因子除了维生素外,还包括氨基酸类、嘌呤和嘧啶类以及脂肪酸和其他膜成分等。

生长因子虽是一种重要的营养要素,但它与碳源、氮源和能源不同,并非任何一种微生物都必须从外界吸收的。依各种微生物与生长因子的关系可分以下几类:

(1)生长因子自养型微生物(auxoautotrophs)　多数真菌、放线菌和不少细菌,如大肠杆菌(E. coli)等,都是不需要外界提供生长因子的自养型微生物。

(2)生长因子异养型微生物(auxoheterotrophs)　它们需要多种生长因子,例如一般的乳酸菌都需要多种维生素。根瘤菌生长需要生物素,每 mL 培养液中只需要 $0.006\mu g$,就有显著的促进生长作用。

(3)生长因子过量合成型微生物　有些微生物在其代谢活动中,会分泌出大量的维生素等生长因子,因而可以作为维生素等的生产菌。例如生产维生素 B_2 的阿舒假囊酵母(*Eremothecium ashbya*)或棉阿舒囊霉(*Ashbya gossypii*),产维生素 B_{12} 的谢氏丙酸杆菌(*Propionibacterium shermanii*)及某些链霉菌(*Streptomyces* spp.)等。

(4)营养缺陷型微生物(nutritional deficiency)　某些微生物的正常生长需要适量的一种或几种氨基酸、维生素、碱基(嘌呤或嘧啶)。凡是不能合成上述各类物质中的任何一种,而需外源供给才能正常生长的,称为营养缺陷型微生物,如前面提及的乳酸菌、根瘤菌也同属于营养缺陷型微生物。反之则称为野生营养型微生物,即凡是以葡萄糖或其他有机化合物为唯一碳源和能源、以无机氮为唯一氮源就能满足碳、氮营养需要的化能有机营养型微生物,称为野生营养型微生物。

通常由于对某些微生物生长所需的生长因子要求不了解,因此常在培养这些微生物的培养基里加入酵母膏、牛肉膏、玉米浆、肝浸液、麦芽汁或其他新鲜的动植物组织浸出液等物质以满足它们对生长因子的需要。

5. 无机盐

根据微生物生长繁殖对无机盐(mineral salts)需要量的大小,可分为大量元素和微量元素两大类。凡是生长所需浓度在 $10^{-3} \sim 10^{-4}$ mol/L 范围内的元素,可称为大量元素,例如 S、P、K、Na、Ca、Mg、Fe 等。凡所需浓度在 $10^{-6} \sim 10^{-8}$ mol/L 范围内的元素,则称为微量元素,如 Cu、Zn、Mn、Mo、Co、Ni、Sn、Se 等。Fe 实际上是介于大量元素与微量元素之间,故置于两处均可。

无机盐的生理功能表解如下:

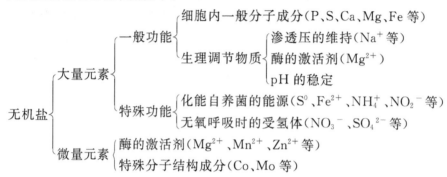

在配制微生物培养基时,对于大量元素,可以加入有关化学试剂,常用 K_2HPO_4 及 $MgSO_4$。因为它们可提供 4 种需要量最大的元素。对于微量元素,由于水、化学试剂、玻璃器皿或其他天然成分的杂质中已含有可满足微生物生长需要的各种微量元素,因此在配制普通培养基时一般不再另行添加。但如果要配制研究营养代谢等的精细培养基,所用的玻璃器皿应是硬质的,试剂是高纯度的,此时就须根据需要加入必要的微量元素。

6. 水

水在微生物机体中具有重要的功能,是维持微生物生命活动不可缺少的物质:① 水是微生物细胞的重要组成成分,它占微生物体湿重的 70%~90%,水还供给微生物氧和氢两种元素。② 水使原生质保持溶胶状态,保证了代谢活动的正常进行;当含水量减少时,原生质由溶胶变为凝胶,生命活动大大减缓,如同细菌芽孢。如原生质失水过多,引起原生质胶体破坏,可导致菌体死亡。③ 水是物质代谢的原料,如一些加水反应过程,没有水将不能进行。④ 水作为一种溶剂,能起到胞内物质运输介质的作用,营养物质只有呈溶解状态才能被微生物吸收、利用,代谢产物的分泌也需要水的参与。⑤ 水又是热的良好导体,因为水的比热高,故能有效地吸收代谢过程中放出的热并将其迅速散发,以免胞内温度骤然升高,故而水能有效地控制胞内温度的变化。

微生物对水分的吸收或排出决定于水的活度。水活度用 a_w(activity of water)表示,它是指在一定的温度和压力下溶液的蒸汽压(p)和纯水蒸汽压(p_o)之比,用下式表示:

$$a_w = \frac{p}{p_o}$$

在常温常压下,纯水的 a_w 为 1.00。当溶质溶解在水中以后,使分子之间的引力增加,冰点下降,沸点上升,蒸汽压下降,a_w 变小。所以说,溶液浓度与水活度成反比:溶质越多,a_w 越小,反之,a_w 越大。表 4-2 是几种溶液的水活度值。

表 4-2　几种溶液的水活度值

溶　　液	a_w
30％葡萄糖溶液	0.964
1％葡萄糖＋20％甘油	0.955
1％葡萄糖＋40％蔗糖	0.964
饱和氯化钠溶液	0.78
饱和氯化钙溶液	0.30
饱和氯化镁溶液	0.30
饱和氯化锂溶液	0.11

微生物生长所要求的 a_w 值，一般在 0.66～0.99 之间，每一种微生物的生长都有一适应范围及最适的 a_w 值，并且这个 a_w 值是相对恒定的。细菌最适生长的 a_w 值比酵母菌、霉菌的最适 a_w 值高，一般在 0.93～0.99；酵母菌生长的最适 a_w 值大多数在 0.88～0.91，少数高渗酵母如鲁氏酵母（Saccharomyces rouxii）可以在 a_w 值低于 0.73 的培养基中生长；霉菌一般比其他微生物更耐干燥，生长的 a_w 值通常在 0.80 左右。能在 a_w 值为 0.65 中生长的称为干性（耐旱）霉菌。表 4-3 列出了几个种类微生物生长的最适 a_w 值。

表 4-3　几种微生物生长的最适 a_w 值

微生物	a_w
一般细菌	0.91
酵　母　菌	0.88
霉　　菌	0.80
嗜盐细菌	0.76
嗜盐真菌	0.65
嗜高渗酵母	0.60

一般微生物只有在水活度适宜的环境中，才能进行正常的生命活动。但是菌体生长时期不同及环境条件发生改变，对 a_w 的要求会有所不同。细菌芽孢形成时比生长繁殖时所需要的 a_w 值高。例如魏氏梭状芽胞杆菌（Clostridium welchi）在芽孢发芽和生长时，要求 a_w 值为 0.96；而在芽孢形成时，要求 a_w 值为 0.993，若 a_w 值降为 0.97，几乎无芽孢形成。而霉菌生长时要求的 a_w 值比孢子萌发时高。例如灰绿曲霉（Aspergillus glaucus）生长所需的 a_w 值在 0.85 以上，而孢子萌发时要求的 a_w 最低值为 0.73～0.75。

同一微生物在不同溶质 pH 值、温度条件下生长所需的最低 a_w 有所不同，如肉毒杆菌（Clostridium botulinum）在培养基中加入食盐或甘油、pH 至 6 或 7 及 20℃ 或 30℃ 的不同条件下的生长最低 a_w 值见表 4-4。

表 4-4　肉毒杆菌在不同条件下生长的最低 a_w 值

肉毒杆菌型　别	pH7.0			pH6.0		
	甘油	食盐		甘油	食盐	
	30℃	20℃	30℃	30℃	20℃	30℃
A	0.93	0.97	0.96	0.94	0.98	0.97
B	0.93	0.97	0.96	6.94	0.97	0.96
C	0.95	0.98	0.98	0.95	0.98	0.98

如果微生物生长环境的 a_w 值大于菌体生长的最适 a_w 值，细胞就会吸水膨胀，甚至引起细胞破裂。反之，如果环境 a_w 值小于菌体生长的最适 a_w 值，则细胞内的水分就会外渗，造成质壁分离，使细胞代谢活动受到抑制甚至引起死亡。人们为了抑制有害微生物生长，往往加入高

浓度食盐或蔗糖,降低环境中的 a_w 值,使菌体不能正常生长,而达到长久保存食品的目的。

还应指出,有些微生物除需要上述物质外,还会有特殊的营养需要。例如,好氧性微生物生长时需要氧气,此时氧参与某些物质代谢中的加氧反应,也作为物质有氧分解的最终电子受体;有些厌氧微生物(如产甲烷古菌)生长时则需要 CO_2 等。

(三)微生物营养物质的吸收方式

微生物没有专门的摄食器官,各种营养物质通过细胞膜的渗透和选择性吸收进入细胞。营养物质从微生物所处的周围环境通过细胞膜进入细胞的方式可分为四种类型,即简单扩散、促进扩散、主动运输和基团转位。

1. 简单扩散

简单扩散(simple diffusion)是一种最为简单的营养物质吸收进入细胞的方式。在简单扩散中,营养物质在扩散通过细胞膜的过程中不消耗能量,也不发生化学变化。物质扩散的动力是物质在膜内外的浓度差,通过细胞膜中的含水小孔由高浓度的胞外环境向低浓度的胞内扩散,这种扩散是非特异性的,但膜上小孔的大小和形状对被渗透扩散的营养物质的分子大小有一定的选择性。简单扩散不是微生物吸收营养物质的主要方式,以这种方式运输的物质主要是一些相对分子质量小与脂溶性的物质,如水、一些气体(如氧)、甘油和某些离子等。大肠杆菌就是以简单扩散方式吸收钠离子等。

2. 促进扩散

它与简单扩散不同,营养物质经促进扩散(facilitated diffusion)进入细胞的运输过程中,需要借助位于膜上的一种载体蛋白的参与,并且每种载体蛋白只运输相应的物质。因此,促进扩散对被运输的物质具有高度的立体专一性,被传送的物质先在细胞膜外面与载体蛋白结合,然后在细胞内表面释放。载体蛋白能促进物质运输加快进行,但营养物质仍不能逆浓度梯度吸收。促进扩散的运输方式多见于真核微生物,例如酵母菌吸收某些物质和分泌代谢产物就是通过这种方式完成的。

3. 主动运输

营养物质的主动运输(active transport)过程需要消耗能量,并且可以逆浓度梯度运输。显然,它与上述促进扩散方式不同,重要的区别是:在促进扩散中载体蛋白分子构型改变不需要能量,它在被运输物质与载体分子之间通过相互作用使其构型变化,从而完成营养物质转运;但在主动运输中,载体分子构型变化以消耗能量为前提,因此主动运输是一个耗能过程。主动运输是一种广泛存在于微生物中的主要物质运输方式。微生物在生长与繁殖过程中所需要的多数营养物质如氨基酸等主要是通过主动运输的方式运输的。

4. 基团转位

基团转位(group translocation)是一种既需要载体蛋白又需要消耗能量的物质运输方式。其与主动运输方式不同的是它有一个复杂的运输酶系统来完成物质的运输,同时底物在运输过程中发生化学结构变化。这种运输方式主要存在于厌氧细菌和兼性厌氧细菌中,主要用于糖的运输以及脂肪酸、核苷、碱基等物质的运输。下面以大肠杆菌吸收葡萄糖为例,说明底物的基团转位传送过程。在这个运输系统中通常是由三种不同的蛋白质组成,即酶Ⅰ,酶Ⅱ和一种低相对分子质量的热稳定性蛋白质(heat-stable carrier protein,HPr)。在这三种成分中酶Ⅰ和HPr是非特异性的,都是可溶性的,HPr能像高能磷酸载体一样起作用,而酶Ⅱ对糖有专一性,能被某种糖诱导产生。除酶Ⅱ位于细胞膜上外,其他都可游离存在于细胞质中。磷酸烯醇式丙酮酸(PEP)是磷酸的供体。该酶系统催化的反应分两步进行:

（1）少量的 HPr 被磷酸烯醇式丙酮酸（PEP）磷酸化。

$$PEP＋HPr \xrightarrow{酶 I} 磷酸 HPr＋丙酮酸$$

（2）磷酸 HPr 将它的磷酰基传递给葡萄糖,同时将生成的 6-磷酸葡萄糖释放到细胞质内。这步反应由酶Ⅱ催化。

$$磷酸 HPr＋葡萄糖 \xrightarrow{酶Ⅱ} 6-磷酸葡萄糖＋HPr$$

在细胞内不存在游离的葡萄糖,葡萄糖被位于膜上的酶Ⅱ磷酸化后,以 6-磷酸葡萄糖形式释放到细胞质内。可见葡萄糖作为营养物质进入细胞的过程中,它的化学结构发生了改变。

二、微生物的营养类型

根据微生物生长所需要的碳源物质的性质,可将微生物分成自养型（autotroph）与异养型（heterotroph）两大类。又可以微生物生长所需能量来源的不同进行分类,可分成化能营养型（chemotroph）与光能营养型（phototroph）。还可根据其生长时能量代谢过程中供氢体性质的不同来分,将微生物分成有机营养型（organotroph）与无机营养型（lithotroph）。综合起来,可将微生物营养类型划分为四种基本类型,即化能有机营养型、化能无机营养型、光能无机营养型与光能有机营养型等。

1.化能有机营养型（chemoheterotroph）

以适宜的有机碳化合物为基本碳源,以有机物氧化过程中释放的化学能为能源,以有机物为供氢体进行生长的微生物通称为化能有机营养型。化能有机营养型又称为化能异养型。它们的特点是不能以 CO_2 这样的无机碳源作为其生长的主要碳源或唯一碳源,它们所能利用的基本碳源、能源物质、能量代谢中的供氢体均为有机物。这类微生物生长所需要的碳源如淀粉、糖类、纤维素、有机酸等,主要是一些有机含碳化合物。对于化能有机营养型微生物来说,有机物通常既是它们生长的碳源物质又是能源物质和供氢体。绝大多数细菌与全部真核微生物都属于化能有机营养型。

在化能有机营养型微生物中,根据它们利用有机物的特性,又可以分为腐生型与寄生型两种类型。自然界中以已经死亡的生物有机物质为营养物质,进行生长、繁殖的微生物即为腐生性微生物。以活的生物体物质为营养源的微生物称为寄生性微生物。寄生性微生物又可分为专性寄生和兼性寄生两种。专性寄生性微生物只能寄生在特定的寄主生物体内营寄生生活,兼性寄生性微生物既能营腐生生活,也能在一定寄主中营寄生生活,例如一些肠道杆菌既寄生在人和动物体内,也能腐生生活于土壤中。很多种植物病原菌既能寄生在一定的活的寄主体内生活,产生病害,又能在土壤中营腐生生活。

2.化能无机营养型（chemolithotroph）

化能无机营养型又称化能自养型。这是一类能氧化某种还原态的无机物质,利用所释放的化学能还原 CO_2,合成有机物质,进行生长、繁殖的微生物。该类微生物的特点是能以 CO_2 作为生长的主要碳源或唯一碳源,不需要有机养料;其所能利用的能源物质与供氢体均是无机性质的。例如硝酸细菌、氢细菌、硫化细菌、铁细菌等均属于化能无机营养型微生物。

3.光能无机营养型（photolithotroph）

光能无机营养型又称为光能自养型。这是一类含有光合色素、能以 CO_2 作为唯一或主要碳源并利用光能进行生长的微生物。它们能以无机物如硫化氢、硫代硫酸钠或其他无机硫化物,以及水作为供氢体,使 CO_2 还原成细胞物质。藻类、蓝细菌、绿硫细菌和紫硫细菌就属于这类微生物。例如藻类和蓝细菌具有与高等植物相同的光合作用,它们从日光捕获光能,从水中获得所需的氢,还原二氧化碳,放出氧。绿硫细菌和紫硫细菌也能行光合作用,它们以 H_2S 为供氢体,还原 CO_2,但不产氧气。

4. 光能有机营养型(photoheterotroph)

光能有机营养型又可称为光能异养型。有少数含有光合色素的微生物种类,能利用光能为能源,还原 CO_2 合成细胞物质,同时又必须以某种有机物质作为光合作用中的供氢体,因而被称为光能有机营养型。例如红螺菌属(*Rhodospirillum*)中的一些细菌,它们能利用异丙醇作为供氢体,使 CO_2 还原成细胞物质,同时积累丙酮。光能异养型细菌在生长时大多数需要外源的生长因子。

$$CO_2 + 2CH_3CHOHCH_3 \xrightarrow{\text{光能}} (CH_2O) + 2CH_3COCH_3 + H_2O$$

三、微生物培养基

培养基(medium,复数为 media,或 culture media)是人工配制的用于微生物生长繁殖或积累代谢产物的营养基质。培养基的配制应遵循若干原则。由于各种微生物所需的营养物质常有所不同,故培养基的种类很多,据估计目前约有数千种。这些培养基可以根据不同的使用目的、营养物质的不同来源以及培养基的物理状态等分成若干类型以适应科研、生产的需要。

(一)培养基配制应遵循的原则

培养基的配制应遵循以下几个原则:① 根据不同微生物的营养需要配制不同的培养基。② 注意各种营养物质的浓度,保持合适的渗透压或 a_w;同时控制不同营养物质的合适配比。③ 将培养基的 pH 值控制在适宜的范围之内,以利于不同类型微生物的生长繁殖或代谢产物的积累。在实践中,针对某些微生物在生长过程中产酸性或碱性代谢产物较多的情况,在配制培养基时常添加一些缓冲剂或不溶性的碳酸盐,以维持培养基 pH 的相对稳定;常用的缓冲剂是 K_2HPO_4 与 KH_2PO_4 组成的混合物或 $CaCO_3$。④ 培养基应无菌。故在培养基配制后应彻底杀死培养基中的杂菌。⑤ 遵循经济节约、用之不竭的原则。在所选培养基成分能满足微生物培养要求的前提下,尽可能选用价格低廉、资源丰富的材料作培养基成分。

(二)培养基的类型

培养基种类很多,可根据构成培养基的成分、物理状态、用途将培养基分成若干类型。

1. 合成、半合成与天然培养基

根据构成培养基的化学成分的了解程度,可将培养基分成合成培养基、半合成培养基和天然培养基三大类。

(1)合成培养基(synthetic media) 合成培养基又称组合培养基(chemical defined media)。它是由化学成分完全了解的物质配制而成的培养基。例如用于分离培养放线菌的高氏 1 号培养基,其组成成分均为明确已知的化学成分。

(2)半合成培养基(semi-synthetic media) 半合成培养基又称为半组合培养基(semi-defined media)。它是指一类主要用已知化学成分的试剂配制,同时又添加某些未知成分的天然物质制备而成的培养基。如一般用于培养霉菌的马铃薯蔗糖培养基就属于半合成培养基。

(3)天然培养基(complex media, undefined media) 天然培养基是指用化学成分并不十分清楚或化学成分不恒定的天然有机物质配制而成的培养基。常用的有机物有牛肉膏、酵母膏、蛋白胨、麦芽汁、豆芽汁、玉米粉、麸皮、牛奶、血清等。如实验室常用于培养细菌的牛肉膏蛋白胨培养基、培养酵母菌的麦芽汁培养基等就属于此类培养基。

2.液体、固体与半固体培养基

培养基还可根据其物理状态分成液体培养基、固体培养基与半固体培养基等类型。

(1)液体培养基(liquid medium) 液体培养基指呈液体状态的培养基。无论在实验室还是生产实践中,液体培养基被广泛应用。尤其是工业生产上,液体培养基被用于培养微生物细胞或获得代谢产物等。

(2)固体培养基(solid medium) 固体培养基即指呈固化状态的培养基。根据固态性状,又可分为以下几种类型:

① 可逆固化培养基(solidified medium) 是指一般实验室最常用的固体培养基。是由液体培养基中加入在一定的高温条件下融化、而在较低的特定温度下凝固的热可逆凝固剂(gelling agent)配制而成。琼脂是最为优良与应用最为广泛的凝固剂,通常加入 1%～2%的琼脂(agar)配制固体培养基。明胶曾被广泛使用,但由于明胶的理化特性远逊于琼脂,现已很少用作培养基凝固剂,除非在检验某些微生物分解蛋白质的生理生化特性等特殊实验时加入 5%～12%明胶(gelatin)作凝固剂。琼脂与明胶的融化与凝固温度等理化特性比较见表 4-5。近年也有用微生物多糖结冷胶作为固体培养基凝固剂的报道。

表 4-5 琼脂与明胶的生物、理化性能比较

比较项目	化学组成	营养价值	分解性	融化温度	凝固温度	常用浓度	耐高温灭菌
琼脂	聚半乳糖的硫酸酯	无	罕见	～96℃	～40℃	1.5%～2.5%	强
明胶	蛋白质	可作氮源	较易	～25℃	～20℃	5%～12%	弱

② 不可逆固体培养基 这类培养基一旦凝固就不能再被融化,故称之为不可逆固体培养基。如医药微生物分离培养中常用的血清培养基及用于化能自养细菌的分离、纯化与培养的硅胶(silica gel)培养基等。

③ 天然固体培养基 天然固体培养基指由天然固态营养基质制备而成的固体培养基。常用的天然固态营养基质有麦麸、米糠、木屑、植物秸秆纤维粉、马铃薯片、胡萝卜条、大豆、大米、麦粒等。如固体发酵生产纤维素酶常用麦麸为主要原料的天然固体培养基,又如食用菌生产常用植物秸秆纤维粉为主要原料的天然固体培养基。

(3)半固体培养基(semi-solid medium) 半固体培养基是指在液体培养基中加入少量凝固剂而制成的坚硬度较低的固体培养基。一般常用的琼脂浓度为 0.2%～0.7%。这种培养基常分装于试管中灭菌后用于穿刺接种观察被培养微生物的运动性、趋化性研究、厌氧菌培养、菌种保藏等。

3.完全、加富、选择、鉴别与基本培养基

根据培养基的用途,又可将培养基分成以下 5 种类型。

(1)完全培养基(complete medium) 含有微生物生长繁殖所需基本营养成分的培养基称为完全培养基,也称基础培养基。牛肉膏蛋白胨培养基就是基础与应用研究中常用的基础培养基。在基础培养基中加入某些特殊需要的营养成分,还可构成不同用途的其他培养基,以达到更有利于某些微生物生长繁殖的目的。

(2)加富培养基(enrichment medium) 加富培养基指在基础培养基中加入某些特殊需要

的营养成分配制而成的营养更为丰富的培养基。加富培养基一般用于培养对营养要求比较苛刻的微生物。在研究致病微生物时常采用加富培养基。如培养某些致病菌常需要在基础培养基中加入血液、血清或动物与植物的组织液等。在含有多种微生物的样品中分离某种微生物时，常需要根据欲分离的微生物的营养嗜好，在基础培养基中添加特定的营养成分，使更加有利于欲分离的目标微生物的生长繁殖。如用液体培养基培养，可使微生物群体中欲要分离的目标微生物随培养时间的延长在数量上逐步占据优势，以利于下一步分离；如用固体平板加富培养基培养，可使微生物群体中欲要分离的微生物较早形成菌落。

（3）选择性培养基（selective medium）　用于从混杂的微生物群落中选择性地分离某种或某类微生物而配制的培养基称为选择性培养基。选择性培养基配制时可根据不同的用途选择特殊的营养成分或添加特定的抑制剂，以达到分离特定微生物的目的。

在实践中有两种方式，一种是正选择，另一种是反选择。所谓正选择是添加某种特定成分为培养基主要或唯一的营养物，以分离能利用该种营养物的微生物。如从混杂的微生物群落中选择性地分离能利用纤维素的微生物时，则把纤维素作为选择培养基的唯一碳源，把含多种微生物的待分离样品涂布于此种培养基上，凡能在该培养基上生长繁殖的微生物即为能利用纤维素的微生物。

反选择是在培养基中加入某种或某些微生物生长抑制剂，以抑制所不希望出现的微生物，从而从混杂的微生物群体中分离不被抑制和所需要的目标微生物。如在选择培养基中加入青霉素、链霉素以抑制细菌，从而分离霉菌与酵母菌；在选择培养基中加入一定量 10% 的酚试剂以抑制细菌与霉菌，分离放线菌；在基因工程中，也常用加入抗生素的选择培养基来筛选带有抗生素标记基因的基因工程菌株或转化子。

（4）鉴别培养基（differential medium）　用于鉴别不同微生物类型微生物的培养基称为鉴别培养基。鉴别培养基主要用于微生物的分类鉴定和分离或筛选产生某种或某些代谢产物的微生物菌株。如要了解某种微生物利用葡萄糖时是否产酸，就在葡萄糖为唯一碳源的培养基中加入一定量的 1% 溴麝香草酚蓝酒精溶液。溴麝香草酚蓝是一种在 pH 6.8 左右时呈浅草青色，pH 低于 6.6 时变黄，pH 高于 7.0 时变蓝的指示剂。当培养的细菌能利用葡萄糖产酸，则使培养基呈酸性而变黄色，从而使利用葡萄糖产酸这一生理生化特性得以被鉴定。

（5）基本培养基（minimum media）　相对于完全或基础培养基而言，它是指野生型（wild type）微生物在其上能生长，而营养缺陷型（auxotroph）微生物不能生长的培养基。这类培养基一般是合成培养基，主要用于营养缺陷型突变体的筛选。

实际上，在微生物学研究与应用实践中，还常配制一些结合两种甚至多种功能与类型的综合性培养基。可见，上述各种分类是相对的。

第二节　微生物的产能代谢

在微生物的物质代谢中，与分解代谢相伴随的蕴含在营养物质中的能量逐步释放与转化的变化被称为产能代谢。可见产能代谢与分解代谢密不可分。任何生物体的生命活动都必须有能量驱动，产能代谢是生命活动的能量保障。微生物细胞内的产能与能量储存、转换和利用主要依赖于氧化还原反应。化学上，物质加氧、脱氢、失去电子被定义为氧化，而反之则称为还原。发生在生物细胞内的氧化还原反应通常被称为生物氧化。微生物的产能代谢即是细胞内化学物质经过一系列的氧化还原反应而逐步分解，同时释放能量的生物氧化过程。营养物质分解代谢释放的能量,一部分通过合成 ATP 等高能化合物而被捕获,另一部分能量以电子与质子的形式转移给一些递能分子如 NAD、NADP、FMN、FAD 等形成还原力 NADH、NAD-PH、FMNH 和 FADH,参与生物合成中需要还原力的反应,还有一部分以热的方式释放。另有一部分微生物能捕获光能并将其转化为化学能以提供生命活动所需的能量。种类繁多的微生物所能利用的能量有两类:一是蕴含在化学物质(营养物)中的化学能,二是光能。

微生物产能代谢具有丰富的多样性,但可归纳为两类途径和三种方式,即发酵、呼吸(含有氧呼吸和无氧呼吸)两类通过营养物分解代谢产生和获得能量的途径,以及通过底物水平磷酸化(substrate level phosphorylation)、氧化磷酸化(oxidation phosphorylation)(也称电子转移磷酸化,electron transfer phosphorylation)和光合磷酸化(photo-phosphorylation)三种化能与光能转换为生物通用能源物质(ATP)的转换方式。

研究微生物的产能代谢就是追踪了解蕴含能量的物质降解途径和参与产能代谢的储能、递能分子捕获与释放能量的反应过程和机制。

一、能量代谢中的贮能与递能分子

(一)ATP

在与分解代谢相伴随的产能代谢中,起捕获、贮存和运载能量作用的重要分子是腺嘌呤核苷三磷酸,简称腺苷三磷酸(adenosine triphosphate, 即 ATP)。ATP 是由 ADP(腺苷二磷酸)和无机磷酸合成的。ATP、ADP 和无机磷酸广泛存在于细胞内,起着储存和传递能量的作用。ATP 的分子结构式见图 4-1。

以 ATP 形式贮存的自由能,用于提供以下各方面对能量的需要:① 提供生物合成所需的能量。在生物合成过程中,ATP 将其所携带的能量提供给大分子的结构元件,例如氨基酸,使这些元件活化,处于较高能态,为进一步装配成生物大分子蛋白质等做好准备。② 为细胞各种运动(如鞭毛运动等)提供能量来源。③ 为细胞提供逆浓度梯度跨膜运输营养物质所需的自由能。④ 在DNA、RNA、蛋白质等生物合成中,

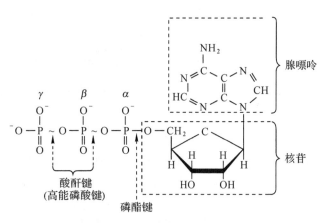

图 4-1　腺嘌呤核苷三磷酸(ATP)的分子结构式

保证基因信息的正确传递,ATP 也以特殊方式起着递能作用等。⑤ 在细胞进行某些特异性生物过程(如固定氮素)时提供能量。

当 ATP 提供能量时,ATP 分子远端的 γ-磷酸基团水解成为无机磷酸分子,ATP 分子失掉一个磷酰基而变为 ADP。ADP 在捕获能量的前提下,再与无机磷酸结合形成 ATP。ATP 和 ADP 的往复循环是细胞储存和利用能量的基本方式。ATP 作为自由能的贮存物质,处于动态平衡的不断周转之中。一般情况下,在一个快速生长的微生物细胞内,ATP 一旦形成,很快就被利用,起着捕获与传递能量的作用。在一种微生物细胞中 ATP 和 ADP 总是以一定的浓度比例范围存在,以保证生命活动中用能与储能的正常进行。

能直接提供自由能的高能核苷酸类分子除 ATP 外,还有 GTP(鸟苷三磷酸)、UTP(尿苷

三磷酸)以及 CTP(胞苷三磷酸)等。GTP 为一些功能蛋白的活化、蛋白质的生物合成和转运等提供自由能。UTP 在糖元合成中可以活化葡萄糖分子。CTP 为合成磷脂酰胆碱等提供自由能等等。

(二)烟酰胺辅酶 NAD 与 NADP

烟酰胺腺嘌呤二核苷酸(nicotinamideadenine dinucleotide,NAD$^+$,辅酶 I)和烟酰胺腺嘌呤二核苷酸磷酸(nicotinamide adenine dinucleotidephosphate,NADP$^+$,辅酶 II)为物质与能量代谢中起重要作用的脱氢酶的辅酶。作为电子载体,在能量代谢的各种酶促氧化-还原反应中发挥着能量的暂储、运载与释放等重要功能。其氧化形式分别为 NAD$^+$ 和 NADP$^+$,在能量代谢氧化途径中作电子受体。还原形式为 NADH 和 NADPH,在能量代谢还原途径中作电子供体(图 4-2)。

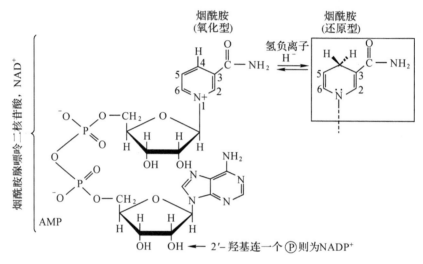

图 4-2　烟酰胺辅酶的结构和氧化-还原状态
氢负离子(H$^-$:一个质子和两个电子)转移给 NAD$^+$ 生成 NADH

依赖于 NAD$^+$ 和 NADP$^+$ 的脱氢酶至少催化 6 种不同类型的反应:简单的氢转移、氨基酸脱氨生成 α-酮酸、β-羟酸氧化与随后 β-酮酸中间物脱羧、醛的氧化、双键的还原和碳-氮键的氧化(如二氢叶酸还原酶)等。NAD 也是参与呼吸链电子传递过程的重要分子,在多数情况下代谢物上脱下的氢先交给 NAD$^+$,使之成为 NADH 和 H$^+$,然后把氢交给黄素蛋白中的黄素腺嘌呤二核苷酸(FAD)或黄素单核苷酸(FMN),再通过呼吸链的传递,最后交给氧等最终受氢体。但也存在另一种情况,即代谢物上的氢先交给 NAD$^+$ 或 NADP$^+$,生成还原型的 NADH 或 NADPH,后者再去还原另一个代谢物。因此通过 NAD$^+$ 或 NADP$^+$ 的作用,可以使某些反应偶联起来。此外,NAD$^+$ 也是 DNA 连接酶的辅酶,对 DNA 的复制有重要作用,为形成 3′,5′-磷酸二酯键提供所需要的能量。可见辅酶 I 与辅酶 II 在细胞物质与能量代谢中起着不可替代的重要作用。

(三)黄素辅酶 FMN 与 FAD

黄素单核苷酸(flavin mononucleotide,FMN)和黄素腺嘌呤二核苷酸(flavin adenine dinucleotide,FAD)是核黄素(riboflavin,即维生素 B$_2$)在生物体内的存在形式,是细胞内一类称为黄素蛋白的氧化还原酶的辅基,因此也称为黄素辅酶,其分子结构见图 4-3。核黄素是核醇与 7,8-二甲基异咯嗪的缩合物。由于在异咯嗪的 1 位和 5 位 N 原子上具有两个活泼的双键,故易发生氧化还原反应。因此,它有氧化型和还原型两种形式,其分子结构与氧化还原机制见图 4-4。

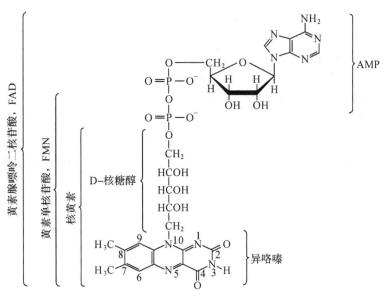

图 4-3　FMN 和 FAD 的分子结构

黄素辅酶是比 NAD$^+$ 和 NADP$^+$ 更强的氧化剂,能被 1 个电子和 2 个电子途径还原,并且很容易被分子氧重新氧化。黄素辅酶可以 3 种不同氧化还原状态的任一种形式存在。完全氧化型的黄素辅酶为黄色,λ_{max} 为 450nm,通过 1 个电子转移,可将完全氧化型的黄素辅酶转变成半醌(semiquinone),半醌是一个中性基,λ_{max} 为 570nm,呈蓝色;第二个电子转移将半醌变成完全还原型无色二氢黄素辅酶(见图4-4)。

黄素辅酶与许多不同的电子受体和供体一起,通过 3 种不同的氧化还原状态参与电子转移反应,在细胞的物质与能量代谢的氧化还原过程中发挥传递电子与氢的功能,促进糖、脂肪和蛋白质的代谢。

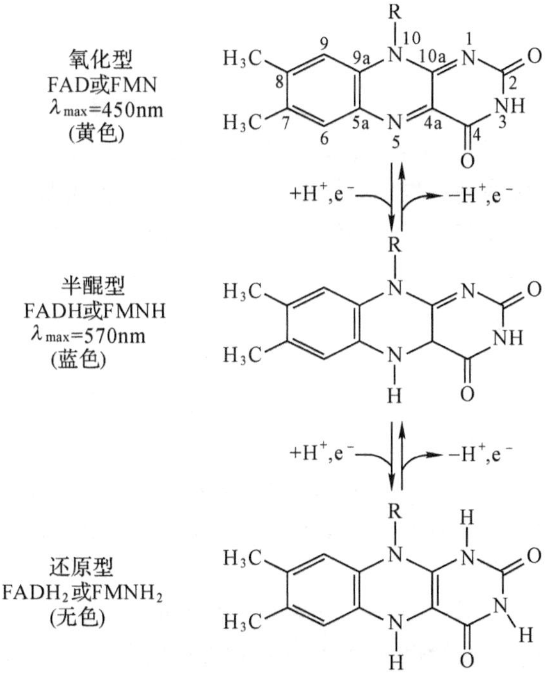

二、微生物的主要产能代谢途径与能量转换方式

氧化型
FAD 或 FMN
$\lambda_{max}=450nm$
(黄色)

半醌型
FADH 或 FMNH
$\lambda_{max}=570nm$
(蓝色)

还原型
FADH$_2$ 或 FMNH$_2$
(无色)

注:FAD 或 FMN 仅 R 不同,见分子结构图

图 4-4　FAD 和 FMN 的氧化还原型

微生物产能代谢可分为发酵、呼吸(含有氧呼吸与无氧呼吸)两类代谢途径,以及底物水平磷酸化、氧化磷酸化和光合磷酸化三种化能与光能转换为生物通用能源的能量转换方式。

（一）发酵与底物水平磷酸化

发酵（fermentation）有广义与狭义两种概念。广义的发酵是指微生物在有氧或无氧条件下利用营养物生长繁殖并生产人类有用产品的过程。例如在发酵工业上用苏云金芽孢杆菌等生产生物杀虫剂，利用酵母菌生产面包酵母或酒精，利用链霉菌生产抗生素等通称为发酵。而狭义的发酵仅仅是指微生物生理学意义上的，它一般是指微生物在无氧条件下利用底物代谢时，将有机物生物氧化过程中释放的电子直接转移给底物本身未彻底氧化的中间产物，生成代谢产物并释放能量的过程。这里讨论的是狭义的发酵。

微生物进行能量代谢的途径具有丰富的多样性。微生物中已揭示的利用底物（葡萄糖等）发酵产能代谢的主要有 EMP、HMP、ED、WD（含 PK 和 HK 两条途径）和 Stickland 等六条途径。这些途径中释放的可被利用的能量，部分是通过底物水平磷酸化生成 ATP 等，部分被转移至递能分子中形成还原力[H]。

1. 主要发酵产能代谢途径

（1）EMP 途径及其终产物和发酵产能

EMP 途径（Embden-Meyerhof pathway）以葡萄糖为起始底物，丙酮酸为其终产物，整个代谢途径历经 10 步反应，分为两个阶段：

EMP 途径的第一阶段为耗能阶段。在这一阶段中，不仅没有能量释放，还在以下两步反应中消耗 2 分子 ATP：①在葡萄糖被细胞吸收运输进入胞内的过程中，葡萄糖被磷酸化，消耗了 1 分子 ATP，形成 6-磷酸葡萄糖；②6-磷酸葡萄糖进一步转化为 6-磷酸果糖后，再一次被磷酸化，形成 1，6-二磷酸果糖，此步反应又消耗了 1 分子 ATP。而后，在醛缩酶催化下，1，6-二磷酸果糖裂解形成 2 个三碳中间产物——3-磷酸甘油醛和磷酸二羟丙酮。在细胞中，磷酸二羟丙酮为不稳定的中间代谢产物，通常很快转变为 3-磷酸甘油醛而进入下步反应。

因此，在第一阶段实际是消耗了 2 分子 ATP，生成 2 分子 3-磷酸甘油醛；这一阶段为第二阶段的进一步反应做准备，故一般称为准备阶段。

EMP 途径的第二阶段为产能阶段。在这第二阶段中，3-磷酸甘油醛接受无机磷酸被进一步磷酸化，此步以 NAD^+ 为受氢体发生氧化还原反应，3-磷酸甘油醛转化为 1，3-二磷酸甘油酸；同时，NAD^+ 接受氢（$2e+2H^+$）被还原生成 $NADH_2$。与磷酸己糖中的有机磷酸键不同，二磷酸甘油酸中的 2 个磷酸键为高能磷酸键。在 1，3-二磷酸甘油酸转变成 3-磷酸甘油酸及随后发生的磷酸烯醇式丙酮酸转变成丙酮酸的 2 个反应中，发生能量释放与转化，各生成 1 分子 ATP。EMP 途径的各个反应步骤见图 4-5。

综上所述，EMP 途径以 1 分子葡萄糖为起始底物，历经 10 步反应，产生 4 分子 ATP。由于在反应的第一阶段消耗 2 分子 ATP，故净得 2 分子 ATP；同时生成 2 分子 $NADH_2$ 和 2 分子丙酮酸。

EMP 途径是微生物基础代谢的重要途径之一。必须指出，从现象看，似乎只要有源源不断的葡萄糖提供给细胞，它就可产生大量的 ATP、丙酮酸、$NADH_2$。其实不然，因为只要是氧化还原反应，其氧化反应与还原反应两者是相偶联与平衡的。在细胞内，EMP 途径的第二阶段开始有底物释放电子的氧化反应发生，消耗 2 分子氧化态的 NAD^+，产生 2 分子还原态的 $NADH_2$。但若要保持 EMP 途径持续运行，必须有底物吸纳电子与氢而还原，并使 $NADH_2$ 氧化再生成氧化态 NAD^+，以有足够的氧化型 NAD^+ 作为受氢体再循环参与 3-磷酸甘油醛转化为 1，3-二磷酸油甘酸的脱氢氧化反应，从而保持氧化还原反应的持续平衡进行，同时不断生成 ATP，以供细胞生命活动中能量之所需。因此，在保证葡萄糖供给的条件下，胞内

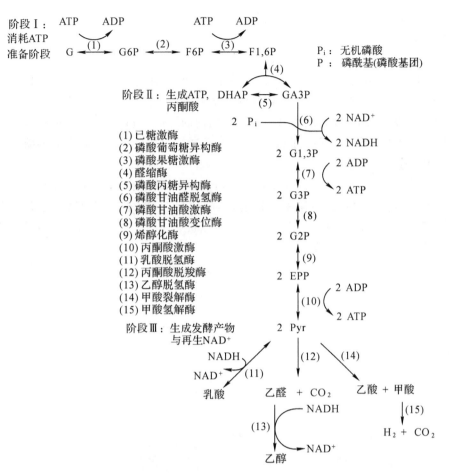

(1) 已糖激酶
(2) 磷酸葡萄糖异构酶
(3) 磷酸果糖激酶
(4) 醛缩酶
(5) 磷酸丙糖异构酶
(6) 磷酸甘油醛脱氢酶
(7) 磷酸甘油酸激酶
(8) 磷酸甘油酸变位酶
(9) 烯醇化酶
(10) 丙酮酸激酶
(11) 乳酸脱氢酶
(12) 丙酮酸脱羧酶
(13) 乙醇脱氢酶
(14) 甲酸裂解酶
(15) 甲酸氢解酶

G：葡萄糖；G6P：葡萄糖-6-磷酸；F6P：果糖-6-磷酸；F1,6P：果糖-1,6-二磷酸；DHAP：二羟丙酮磷酸；GA3P：甘油醛-3-磷酸；G1,3P：1,3-二磷酸甘油酸；G3P：3-磷酸甘油酸；G2P：2-磷酸甘油酸；EPP：磷酸烯醇式丙酮酸；Pyr：丙酮酸

图 4-5　EMP 途径及某些微生物以丙酮酸为底物的发酵产能

$NADH_2$ 氧化脱氢（$2e^- + 2H^+$）后，受氢体的来源与数量成为 EMP 途径能否持续运行的决定性条件，否则，EMP 途径的运行将受阻。

在微生物中，使 EMP 途径顺畅运行的受氢体主要有两类：

一是在有氧条件下，以氧作为受氢体。$NADH_2$ 途经呼吸链脱氢氧化，最终生成 H_2O 和氧化态 NAD^+，而在 $NADH_2$ 途经呼吸链过程中生成 ATP（将在"呼吸作用"一节中详述）。

二是在无氧条件下发酵时，以胞内中间代谢物为受氢体。还原态的 $NADH_2$ 被氧化，生成氧化态 NAD^+ 和分解不彻底的还原态中间代谢产物。如在无氧条件下的乳酸细菌中，丙酮酸作为受氢体被还原成乳酸（见图 4-5 第 11 步反应）。又如在酵母细胞中，丙酮酸经脱羧生成乙醛与 CO_2 后，在 $NADH_2$ 参与下，乙醛作为受氢体被还原生成乙醇和氧化态 NAD^+（见图 4-5 第 12、13 步反应）。在一些肠细菌中还生成多种副产物（见图 4-5 第 14、15 步反应）。也可由 $NADH_2$ 直接形成 H_2 和 NAD^+，反应式如下：

$$NADH + H^+ \longrightarrow NAD^+ + H_2 \uparrow \quad \Delta G^0 = +18.0 \text{kJ/反应}.$$

但这一反应必须在 NAD^+ 被不断地应用掉或 H_2 不断地离开生成处才能持续进行。

　　由上可知,微生物在无氧条件下的能量代谢,ATP 的生成以 EMP 途径的第二阶段为主,但极为重要的是图 4-5 中的第三阶段,即丙酮酸后的发酵。没有丙酮酸后的发酵,细胞在无氧条件下的代谢受阻,难于持续获得生长与代谢需要的能量。

　　绝大多数微生物有 EMP 途径,包括大部分厌氧细菌如梭菌(*Clostridium*)、螺旋菌(*Spirillum*)等,兼性好氧细菌如大肠杆菌(*E. coli*),以及专性好氧细菌等。

　　EMP 途径及随后的发酵,能为微生物的代谢活动提供 ATP 和 NADH₂ 外,其中间产物又可为微生物细胞的一系列合成代谢提供碳骨架,并在一定条件下可逆转合成多糖。

　　(2)HMP 途径

　　HMP 途径(hexose monophosphate pathway)是从 6-磷酸葡萄糖为起始底物,即在单磷酸己糖基础上开始降解,故称为单磷酸己糖途径,简称为 HMP 途径。HMP 途径与 EMP 途径密切相关,因为 HMP 途径中的 3-磷酸甘油醛可以进入 EMP,因此该途径又可称为磷酸戊糖支路。HMP 途径的反应过程见图 4-6。

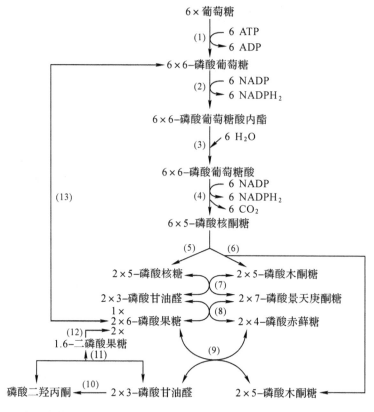

(1)己糖激酶;(2)6-磷酸葡萄糖脱氢酶;(3)内酯酶;(4)6-磷酸葡萄糖酸脱氢酶;(5)5-磷酸核糖异构酶;
(6)5-磷酸核酮糖差向异构酶;(7)转酮酶;(8)转醛酶;(9)同(7);(10)磷酸丙糖差向异构酶;(11)醛缩酶;
(12)磷酸果糖激酶;(13)磷酸葡萄糖异构酶

图 4-6　HMP 途径

　　HMP 途径也可分为两个阶段。

　　第一阶段即氧化阶段:从 6-磷酸葡萄糖开始,经过脱氢、水解、氧化脱羧生成 5-磷酸核酮糖和二氧化碳。即图 4-6 中(1)~(4)的阶段。

　　第二阶段即非氧化阶段:为磷酸戊糖之间的基团转移,缩合(分子重排)使 6-磷酸己糖再生。即图 4-6 中(5)～(13)的阶段。

HMP 途径的特点是：

① HMP 途径是从 6-磷酸葡萄糖酸脱羧开始降解的,这与 EMP 途径不同,EMP 途径是在二磷酸己糖基础上开始降解的。

② HMP 途径中的特征酶是转酮酶和转醛酶。

转酮酶催化下面二步反应：

5-磷酸木酮糖＋5-磷酸核糖──→3-磷酸甘油＋7-磷酸景天庚酮糖

5-磷酸木酮糖＋4-磷酸赤藓糖──→3-磷酸甘油醛＋6-磷酸果糖

转醛酶催化下面一步反应：

7-磷酸景天庚酮糖＋3-磷酸甘油醛──→4-磷酸赤藓糖＋6-磷酸果糖

③ HMP 途径一般只产生 $NADPH_2$,不产生 $NADH_2$。

④ HMP 途径中的酶系定位于细胞质中。

HMP 途径的生理功能主要有：

① 为生物合成提供多种碳骨架。5-磷酸核糖可以合成嘌呤、嘧啶核苷酸,进一步合成核酸,5-磷酸核糖也是合成辅酶[NAD(P),FAD(FMN)和 CoA]的原料,4-磷酸赤藓糖是合成芳香族氨基酸的前体。

② HMP 途径中的 5-磷酸核酮糖可以转化为 1,5-二磷酸核酮糖,在羧化酶催化下固定二氧化碳,这对于光能自养菌和化能自养菌具有重要意义。

③ 为生物合成提供还原力(NADPH)。

大多数好氧和兼性厌氧微生物中都具有 HMP 途径,而且在同一种微生物中,EMP 和 HMP 途径常同时存在,单独具有 EMP 或 HMP 途径的微生物较少见。EMP 和 HMP 途径的一些中间产物也能交叉转化和利用,以满足微生物代谢的多种需要。

微生物代谢中高能磷酸化合物如 ATP 等的生成是能量代谢的重要反应,而并非能量代谢的全部。HMP 途径在糖被氧化降解的反应中,部分能量转移,形成大量的 $NADPH_2$,为生物合成提供还原力,同时输送中间代谢产物。虽然 6 个 6-磷酸葡萄糖分子经 HMP 途径,再生 5 个 6-磷酸葡萄糖分子,产生 6 分子 CO_2 和 Pi,并产生 12 个 $NADPH_2$,这 12 个 $NADPH_2$ 如经呼吸链氧化产能,最终可得到 36 个 ATP。但是 HMP 途径的主要功能是为生物合成提供还原力和中间代谢产物,同时与 EMP 一起,构成细胞糖分解代谢与有关合成代谢的调控网络。

(3)ED 途径

ED 途径(Entner-Doudoroff pathway)是恩纳(Entner)和道特洛夫(Doudoroff,1952 年)在研究嗜糖假单胞菌(*Pseudomonas saccharophila*)时发现的。

在这一途径中,6-磷酸葡萄糖先脱氢产生 6-磷酸葡萄糖酸,后在脱水酶和醛缩酶的作用下,生成 1 分子 3-磷酸甘油醛和 1 分子丙酮酸。3-磷酸甘油醛随后进入 EMP 途径转变成丙酮酸。1 分子葡萄糖经 ED 途径最后产生 2 分子丙酮酸,以及净得各 1 分子的 ATP、$NADPH_2$ 和 $NADH_2$。ED 途径见图 4-7。

ED 途径的特点是：

① 2-酮-3-脱氧-6-磷酸葡萄糖酸(KDPG)裂解为丙酮酸和 3-磷酸甘油醛是有别于其他途径的特征性反应。

② 2-酮-3-脱氧-6-磷酸葡萄糖酸醛缩酶是 ED 途径特有的酶。

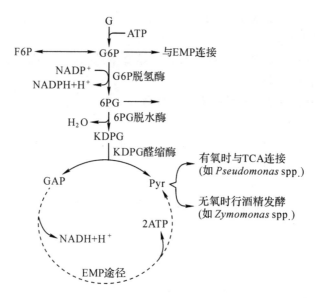

G:葡萄糖　G6P:6-磷酸葡萄糖　F6P:6-磷酸果糖　KDPG:2-酮-3-脱氧-6-磷酸葡萄糖酸　GAP:3-磷酸
甘油醛　Pyr:丙酮酸　6PG:6-磷酸葡糖酸

图 4-7　ED 途径及其与 EMP、HMP、TCA 关系

③ ED 途径中最终产物，即 2 分子丙酮酸，其来历不同。1 分子是由 2-酮-3-脱氧-6-磷酸葡萄糖酸直接裂解产生，另 1 分子是由磷酸甘油醛经 EMP 途径获得。这 2 个丙酮酸的羧基分别来自葡萄糖分子的第 1 与第 4 位碳原子。

④ 1mol 葡萄糖经 ED 途径只产生 1mol ATP，从产能效率言，ED 途径不如 EMP 途径。

表 4-6 为 EMP、HMP、ED 途径的特点比较。

表 4-6　EMP、HMP、ED 途径特点比较

途径	EMP	HMP	ED
特征酶	FDA (1,6-二磷酸果糖醛缩酶)	TK(转酮酶) TA(转醛酶)	KDPGA (KDPG 醛缩酶)
首先脱羧部位	C_3,C_4	C_1	C_1,C_4
产生 ATP 数目 (G ⟶ Pyr)	2	1	1
还原辅酶	NADH	NADPH	NADPH(NADH)

在革兰氏阴性的假单胞菌属的一些细菌中，ED 途径分布较广，如嗜糖假单胞菌(*Pseudomonas saccharophila*)、铜绿假单细胞(*Ps. aeruginosa*)、荧光假单胞菌(*Ps. fluorescens*)、林氏假单胞菌(*Ps. lindneri*)等。固氮菌的某些菌株中也存在 ED 途径。

表 4-7 表明了 EMP、HMP 和 ED 途径在某些微生物中存在的百分比。由表可见，HMP 途径一般是与 EMP 途径并存，但 ED 途径可不依赖于 EMP 和 HMP 途径而独立存在。

表 4-7　EMP、HMP、ED 等糖代谢途径在微生物中的分布

微生物	不同途径的分布（%）		
	EMP	HMP	ED
啤酒酵母	88	12	—
产脱假丝酵母	66～81	19～34	—
灰色链霉菌	97	3	—
产黄青霉	77	33	—
大肠杆菌	72	28	—
藤黄八叠球菌	70	30	—
枯草杆菌	74	26	—
铜绿假单胞菌	—	29	71
氧化醋单胞菌	—	100	—
运动发酵单胞菌	—	—	100
嗜糖假单胞菌	—	—	100

（4）WD 途径（含 PK 和 HK 两条途径）

WD 途径是由沃勃（Warburg）、狄更斯（Dickens）、霍克（Horecker）等人发现的,故称 WD 途径。由于 WD 途径中的特征性酶是磷酸解酮酶（phosphoketolase）,所以又称磷酸解酮酶途径。根据磷酸解酮酶的不同,把具有磷酸戊糖解酮酶的叫 PK 途径,把具有磷酸己糖解酮酶的叫 HK 途径。

肠膜状明串珠菌（*Leuconostoc mesenteroides*）,就是经 PK 途径利用葡萄糖进行异型乳酸发酵生成乳酸、乙醇和 CO_2（图 4-8）。

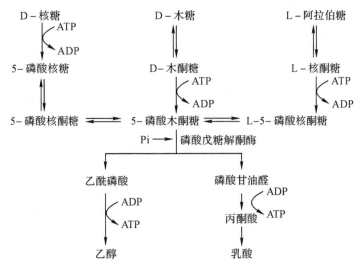

图 4-8　磷酸戊糖解酮酶（PK）途径

而两歧双歧杆菌（*Bifidobacterium bifidum*）则是利用磷酸己糖解酮酶途径分解葡萄糖产生乙酸和乳酸的（见图 4-9）。

（5）Stickland 反应

上述 4 条途径均是以糖类为起始底物的代谢途径。而早在 1934 年,L. H. Stickland 发现,某些厌氧梭菌如生孢梭菌（*Clostridium sporogenes*）等,可把一些氨基酸当做碳源、氮源

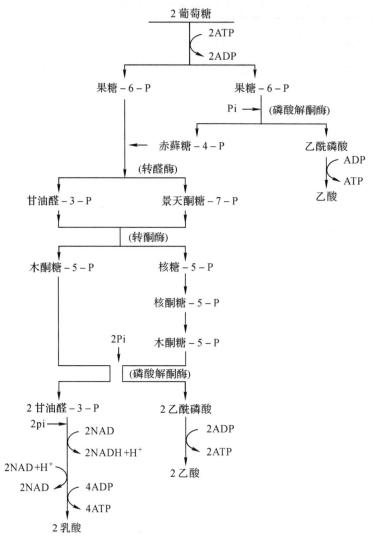

图 4-9　磷酸己糖解酮酶 HK 途径

和能源。这是以一种氨基酸作氢供体，另一种氨基酸作为氢受体进行生物氧化并获得能量的发酵产能方式。后将这种独特的发酵类型称为 Stickland 反应。Stickland 反应是经底物水平磷酸化生成 ATP，其产能效率相对较低。在 Stickland 反应中，作为供氢体的有多种氨基酸，如丙氨酸、亮氨酸、异亮氨酸、缬氨酸、组氨酸、苯丙氨酸、丝氨酸和色氨酸等，作为受氢体的主要有甘氨酸、脯氨酸、羟脯氨酸、色氨酸和精氨酸等。*Clostridium sporogenes* 中以丙氨酸为供氢体和以甘氨酸为受氢体的 Stickland 反应途径见图 4-10。

　　2.发酵途径中的底物水平磷酸化

　　在发酵途径中，通过底物水平磷酸化(substrate level phosphorylation，SLP)合成 ATP，是营养物质中释放的化学能转换成细胞可利用的自由能的主要方式。底物水平磷酸化是指 ATP 的形成直接由一个代谢中间产物上的高能磷酸基团转移到 ADP 分子上的作用，见图4-11。

　　在上述发酵过程中，形成的富能中间产物如磷酸烯醇式丙酮酸、乙酰 CoA 等酰基类物，通

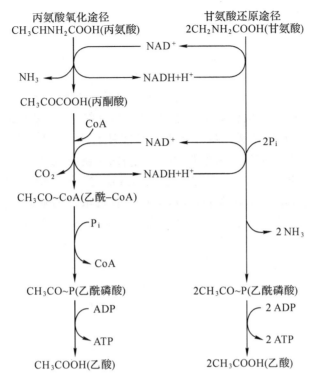

总反应：丙氨酸 + 2甘氨酸 + 2H$_2$O + 3ADP + 3Pi $\longrightarrow$ 3乙酸 + CO$_2$ +3NH$_3$ +3ATP

图 4-10　*Clostridium sporogenes* 中以丙氨酸为供氢体和以甘氨酸为受氢体的 Stickland 反应

图 4-11　底物水平磷酸化生成 ATP 的反应

过底物水平磷酸化形成 ATP。底物水平磷酸化既存在于发酵过程中,也存在于呼吸作用过程的某些步骤中。如在 EMP 途径中,1,3-二磷酸甘油酸转变为 3-磷酸甘油酸以及磷酸烯醇式丙酮酸转变为丙酮酸的过程中,均通过底物水平磷酸化分别产生 1 分子 ATP。在三羧酸循环中,琥珀酰辅酶 A 转变为琥珀酸时通过底物水平磷酸化生成 1 分子高能磷酸化合物 GTP。

3.微生物发酵代谢的多样性

在无氧条件下发酵时,不同微生物在以糖类为底物的重要代谢途径中,其终端产物或中间产物进一步发酵产能代谢的途径呈现出丰富的多样性,即使同一微生物利用同一底物发酵时也可能形成不同的末端产物。

如酵母菌利用葡萄糖进行的发酵,可根据不同条件下代谢产物的不同分为三种类型:

Ⅰ型发酵:酵母菌将葡萄糖经 EMP 途径降解生成 2 分子终端产物丙酮酸,后丙酮酸脱羧生成乙醛,乙醛作为氢受体使 NADH$_2$ 氧化生成 NAD$^+$,同时乙醛被还原生成乙醇,这种发酵类型称为酵母的Ⅰ型发酵。

在酒精工业上,就是利用酿酒酵母(*S. cerevisiae*)的Ⅰ型发酵,主要以淀粉等碳水化合物降解后的葡萄糖等可发酵性糖为底物生产酒精的。酿酒酵母细胞从细胞外每输入 1 分子葡萄糖,在无氧条件下,经 EMP 途径及随后的反应,最终生成 2 分子乙醇与 2 分子的 CO$_2$,并将乙醇与 CO$_2$ 从胞内排出至胞外发酵液中。在酿酒酵母细胞内,这一反应每运行一次生成 4 分子

ATP,其中2分子在下一轮分别用于第一阶段的第一和第三步的耗能反应,其余2分子ATP用于细胞生命活动的其他能量需要。而NAD$^+$作为受氢体和氢载体,在3-磷酸甘油醛氧化生成1,3-二磷酸甘油酸和乙醛还原生成乙醇这两步反应之间往返循环,推动反应持续进行。同时还有大量的热能释放,使发酵液的温度上升。

Ⅱ型发酵:当环境中存在亚硫酸氢钠时,亚硫酸氢钠可与乙醛反应,生成难溶的磺化羟基乙醛,该化合物失去了作为受氢体使NADH$_2$脱氢氧化的性能,而不能形成乙醇,转而使磷酸二羟丙酮替代乙醛作为受氢体,生成3-磷酸甘油,3-磷酸甘油进一步水解脱磷酸生成甘油。此称为酵母的Ⅱ型发酵。这是利用酵母菌工业化生产甘油的"经典"途径。但实际上,酵母所处环境中的高浓度亚硫酸氢钠可抑制酵母细胞的生长与代谢,致使甘油发酵效率低。在要求酵母生长代谢活力与甘油发酵效率两者兼顾时,应控制较低浓度的亚硫酸氢钠,这样就不使100%的乙醛与亚硫酸氢钠反应,生成磺化羟基乙醛,而尚有部分乙醛被还原生成乙醇。

Ⅲ型发酵:葡萄糖经EMP途径生成丙酮酸,后脱羧生成乙醛,如处于弱碱性环境条件下(pH7.6),乙醛因得不到足够的氢而积累,2个乙醛分子间发生歧化反应,1分子乙醛作为氧化剂被还原成乙醇,另1个则作为还原剂被氧化为乙酸。而磷酸二羟丙酮作为NADH$_2$的氢受体,使NAD$^+$再生,同时生成甘油。故Ⅲ型发酵的产物为乙醇、乙酸和甘油。

Ⅱ型发酵与Ⅲ型发酵产能较少,一般在非生长情况下才能进行。

许多细菌能利用葡萄糖产生乳酸,这类细菌称为乳酸细菌。根据产物的不同,乳酸发酵也有两种类型,即发酵产物只有乳酸的同型乳酸发酵和发酵产物除乳酸外还有乙酸、乙醇和CO$_2$等的异型乳酸发酵。

(二)呼吸产能代谢

在物质与能量代谢中底物降解释放出的高位能电子,通过呼吸链(也称电子传递链)最终传递给外源电子受体O$_2$或氧化型化合物,从而生成H$_2$O或还原型产物并释放能量的过程,称为呼吸或呼吸作用(respiration)。在呼吸过程中通过氧化磷酸化合成ATP。呼吸与氧化磷酸化是微生物特别是好氧性微生物产能代谢中形成ATP的主要途径。在呼吸作用中,NAD、NADP、FAD和FMN等电子载体是呼吸链电子传递的参与者。因此,它们在呼吸产能代谢中发挥着重要的作用。

呼吸又可根据在呼吸链末端接受电子的是氧还是氧以外的氧化型物质,分为有氧呼吸与无氧呼吸两种类型。以分子氧作为最终电子受体的称为有氧呼吸(aerobic respiration),而以氧以外的外源氧化型化合物作为最终电子受体的称为无氧呼吸(anaerobic respiration)。

呼吸作用与发酵作用的根本区别在于:呼吸作用中,电子载体不是将电子直接传递给被部分降解的中间产物,而是与呼吸链的电子传递系统相偶联,使电子沿呼吸链传递,并达到电子传递系统末端交给最终电子受体,在电子传递的过程中逐步释放出能量并合成ATP。微生物通过呼吸作用能分解的有机物种类繁多,包括碳水化合物、脂肪酸、氨基酸和许多醇类等。

1.呼吸链与氧化磷酸化

呼吸链与氧化磷酸化紧密偶联,在产能代谢中起着不可替代的重要作用。

(1)呼吸链及其组分与分布

电子从NADH或FADH$_2$到分子氧的传递所经过的途径称为呼吸链(respiratory chain),也称电子传递链(electron transport chain)。呼吸链主要由蛋白质复合体组成,大致分为4个部分,分别称为NADH-Q还原酶(NADH-Q reductase)、琥珀酸-Q还原酶(succinate-Q reductase)、细胞色素还原酶(cytochrome reductase)和细胞色素氧化酶(cytochrome oxidase)。典型的呼吸链组分及其在链中的排列顺序、电子传递方向见下列流程图 4-12。此外，还有一些非蛋白的电子载体，如脂溶性醌类等。

NAD(P)-FP(黄素蛋白)- Fe-S(铁硫蛋白)- CoQ(辅酶 Q)-Cyt b-Cyt c -Cyt a-Cyt a3

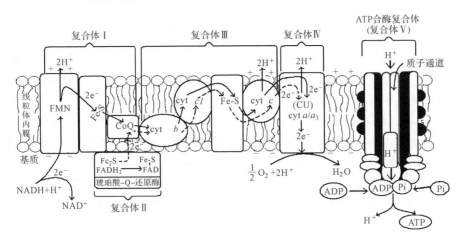

图 4-12　典型的呼吸链与 ATP 合成酶复合体

图 4-12 中复合体Ⅰ(complex Ⅰ)为 NADH-Q 还原酶，又称为 NADH 脱氢酶(NADH dehydrogenase)，简称为复合体Ⅰ，是一个相对分子质量为 88 kDa 的大蛋白质分子。FMN、CoQ、NAD 均为 NADH-Q 还原酶的辅酶。NAD 是不与内膜紧密结合而自由扩散的电子传递链组分。此酶的作用是先与 NADH 结合并将 NADH 上的两个高势能电子转移到 FMN 辅基上，使 NADH 氧化，并使 FMN 还原。

复合体Ⅱ(complex Ⅱ)是琥珀酸-Q 还原酶，是位于线粒体内膜的酶蛋白。完整的酶还包括柠檬酸循环中使琥珀酸氧化为延胡索酸的琥珀酸脱氢酶。$FADH_2$ 为该酶的辅基，在传递电子时，$FADH_2$ 将电子传递给琥珀酸脱氢酶分子的铁-硫蛋白。电子经过铁-硫蛋白又传递给 CoQ 从而进入了电子传递链。

复合体Ⅲ(complex Ⅲ)为细胞色素还原酶，又称辅酶-Q 细胞色素 c 还原酶(coenzyme Q-cytochrome reductase)、细胞色素 bc_1 复合体(cytochrome bc1 complex)或简称 bc_1 等。除了极少数的专性厌氧微生物(obligate anaerobes)外，细胞色素几乎存在于所有的生物体内。细胞色素还原酶通过接受和送走电子的方式传递高势能的电子。

复合体Ⅳ(complex Ⅳ)为细胞色素氧化酶。细胞色素氧化酶又称为细胞色素 c 氧化酶(cytochrome c oxidase)。其功能是接受细胞色素 c 传过来的电子并最终交给氧，经过一系列反应生成 H_2O。

在真核微生物中，呼吸链的成分大多位于线粒体内膜上，在原核生物中位于细胞质膜上。

(2)电子传递与 ATP 合成部位

电子传递和形成 ATP 的偶联机制称为氧化磷酸化(oxidative phosphorylation)或称电子转移磷酸化(electron transfer phosphorylation，ETP)。氧化磷酸化是电子在沿着电子传递链传递过程中所伴随的，将 ADP 磷酸化而形成 ATP 的过程。

以 NADH 为起端的电子传递链上，释放自由能的部位有 3 处：由复合体Ⅰ将 NADH 放出的电子经 FMN 传递给 CoQ 的过程是第 1 个 ATP 合成部位；第 2 个部位是复合体Ⅲ，它将电子由 CoQ 传递给细胞色素 c 的过程中合成 ATP；第 3 个 ATP 合成部位是复合体Ⅳ，它将电子从细胞色素 c 传递给氧的过程中合成 ATP。

从图 4-12 可见，$FADH_2$ 氧化释放的电子未经 FMN 而直接交给 CoQ，因为，琥珀酸-Q 还原酶将电子从 $FADH_2$ 转移到 CoQ 上的标准氧还电势变化(电势差)所蕴含的自由能不足以合成一个 ATP。故该电子依次继续向细胞色素系统传递至 Cyt c 的过程中才合成 1 个 ATP。因此，凡以 $FADH_2$ 所携带的高势能电子传经呼吸链仅生成 2 个 ATP(见图 4-12 用虚线表示的电子传递路径)。而 NADH 所携带的高势能电子传经呼吸链生成 3 个 ATP(见图 4-12 用实线表示的电子传递路径)。故 NADH 提供的电子，其 P/O=3，而 $FADH_2$ 提供的电子，其 P/O=2。

(3)ATP 合成与 ATP 合成酶

ATP 合成是一个复杂的过程。ATP 的合成是由一个位于线粒体、细菌内膜上的 ATP 酶来完成的。这个复合体最初被称为线粒体 ATP 酶(mitochondrial ATPase)或称为 H-ATP 酶(H^+-ATPase)，现被称为 ATP 合成酶(ATP synthase，ATPase)。ATP 合成酶和电子传递酶类不同。电子传递所释放出的自由能必须通过 ATP 合成酶转换成可保存的 ATP 形式，这种能量的保存和 ATP 合成酶对它的转换过程称为能量偶联(energy coupling)或能量转换(energy conversion)。ATPase 及其能量的转换见图 4-13 所示。

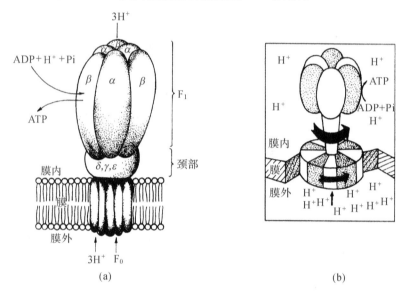

图 4-13　ATPase 结构(a)及其能量的转换(b)
(转引自沈萍主编《微生物学》，高等教育出版社，2000)

ATPase 由位于膜内的 F_0 部分和位于膜外的 F_1 部分及其两者之间的连接部分(也称颈部)组成。膜外部分由 3 个 α 亚基和 3 个 β 亚基相隔依次围绕 γ 亚基排列组成，ATP 合成的活性位点在 β 亚基上。β 亚基有 3 个不同的构象，即空结合位点的构象、与 ADP 和 Pi 结合的构象和与 ATP 结合的构象。γ 也是连接 F_1 和 F_0 的颈部的主要亚基，δ 和 ε 亚基也参与了这一组成。F_0 是位于膜内的一个质子通道。当膜内外形成质子梯度后，质子通过 F_0 质子通道进入 F_1 并驱动 α 亚基和 β 亚基围绕 γ 亚基做旋转运动，γ 亚基与 3 种构象不同的 β 亚基依次接触，β 亚基的构象在与 γ 亚基的旋转接触过程中不断依次发生变化，即与底物 ADP 和 Pi 与空位点结合，催化合成并释放 ATP，如此循环往复。

电子传递与氧化磷酸化作用相偶联是一个不争的事实，但其中的机理问题仍未完全阐明。对此曾有三种假说，即化学偶联假说(chemical coupling hypothesis)、结构偶联假说(conformational coupling hypothesis)和由 Michaell 提出的化学渗透假说(chemiosmotic hypothesis)。其中化学渗透假说已获得相对较多的实验证据支持并为较多学者所认同。

就目前所知,电子传递链上氧化磷酸化合成 ATP 的大致机制是:电子在呼吸链传递产生的自由能,使在特定部位的质子泵(proton pump)驱动 H^+ 从基质跨过内膜到达膜间隙的一边,从而形成内膜两边电化学电势差,使基质的 H^+ 浓度低于膜间隙,因而基质形成负电势,而膜间隙形成正电势。这样就形成了电化学梯度即电动势(electromotive force,EMF),此可称为质子动势或质子动力(proton motive force,PMF),将这种质子动势蕴含的自由能作为动力,驱动位于内膜中的 ATP 合成酶(复合体 V)将 H^+ 从膜间隙一边经质子通道泵回至基质一边,在这一过程中将能量转移给 ADP 与 Pi 合成 ATP。同时降低内膜两边的电化学电势差,并实现 H^+ 的跨膜循环(见图 4-12 和 4-13)。

(4)微生物中呼吸链的多样性

微生物作为生物三大类群之一,它是一个种类极其繁多的生物世界,某些种类的进化程度差异比较大。这种根本的差异在呼吸链组成与结构等方面有所显现。尤其是异养与自养这两大类微生物的呼吸链组成与结构在某些种属间有较明显的不同,如真核微生物酵母菌具有组成与结构完整的呼吸链(如图 4-12 所示),而一些营有氧或无氧呼吸获得能量的自养微生物中的某些代谢类型,其呼吸链较短,有的甚至只有 1~2 类氧化还原酶系组成,它们把简单的无机物作为电子供体,这些电子供体直接与位于细胞质膜中的呼吸链组分偶联传递电子,进行氧化磷酸化生成 ATP。其呼吸链组分不全,长度较短,结果是氧化磷酸化生成 ATP 的偶联位少,因此,电子流经呼吸链时产能少,根本原因是它们所能利用的无机电子供体所载有的能量大多数较少,这是导致自养型微生物生长比较缓慢的重要原因,见图 4-15。

2.有氧呼吸产能途径

有氧呼吸也称好氧呼吸,它是最为普遍的生物氧化产能方式。微生物能量代谢中的有氧呼吸可根据呼吸基质即能源物质的性质分为两种类型,一是主要以有机能源物质为呼吸基质的化能异养型微生物中存在的有氧呼吸,二是以无机能源物质为呼吸基质的化能自养型微生物的有氧呼吸。这两种类型的呼吸作用的共同特点是它们的最终电子受体均为氧。

(1)以有机物为呼吸基质的有氧呼吸

常见的异养微生物最易利用的能源和碳源有葡萄糖等。葡萄糖经 EMP 途径酵解形成的丙酮酸,在无氧的条件下经发酵转变成不同的发酵产物,如乳酸、乙醇和 CO_2 等,并产生少量能量。但在环境有氧的条件下,细胞行有氧呼吸,丙酮酸先转变为乙酰 CoA(acetyl-coenzyme A,acetyl-CoA),随即进入三羧酸循环(tricarboxylic acid cycle,简称 TCA 循环),被彻底氧化生成 CO_2 和水,同时释放大量能量,见图 4-14 TCA 循环图。

从 TCA 循环图与电子传递链产能反应(见图 4-12 和 4-14)可见,1 分子丙酮酸经 TCA 循环而被彻底氧化,共释放出 3 分子 CO_2,生成 4 分子的 $NADH_2$ 和 1 分子的 $FADH_2$,通过底物水平磷酸化产生 1 分子的 GTP。而每分子 $NADH_2$ 经电子传递链,通过氧化磷酸化产生 3 分子 ATP,每分子 $FADH_2$ 经电子传递链通过氧化磷酸化产生 2 分子 ATP。因此,1 分子的丙酮酸经有氧呼吸彻底氧化,生成 ATP 分子的数量为:$4×3+1×2+1=15$。

微生物行有氧呼吸时,葡萄糖的利用首先经 EMP 途径生成 2 分子丙酮酸,并经底物水平磷酸化产生 4 分子 ATP 和 2 分子 $NADH_2$。在有氧条件下,EMP 途径中生成 2 分子 $NADH_2$ 可进入电子传递链,经氧化磷酸化产生 6 分子 ATP。因此,在有氧条件下,微生物经 EMP 途径与 TCA 循环,通过底物水平磷酸化与氧化磷酸化,彻底氧化分解 1mol 葡萄糖,共产生

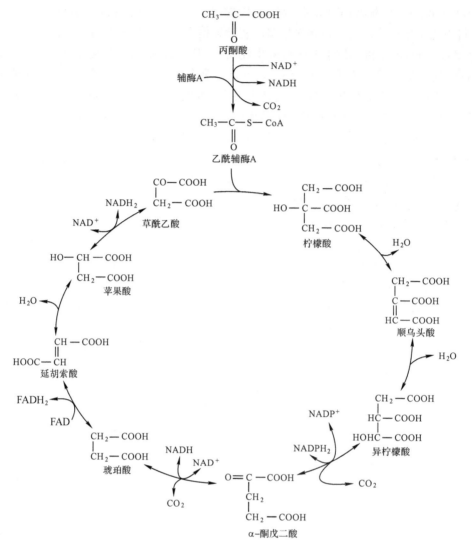

图 4-14　三羧酸(TCA)循环

40mol ATP。但在 EMP 途径中，葡萄糖经 2 次磷酸化生成 1，6-二磷酸果糖的过程中有 2 步为耗能反应，共消耗了 2 分子 ATP，故净得 38mol ATP。

　　已知 ATP 水解为 ADP 释放的能量约为 31.8kJ/mol，故 1mol 葡萄糖被彻底氧化时约有 1 208kJ(31.8kJ×38)的能量被转储于 ATP 的高能磷酸键中。1mol 葡萄糖被彻底氧化为 CO_2 和 H_2O 可释放的总能量约为 2 822kJ。因此好氧微生物通过有氧呼吸利用葡萄糖，其能量利用效率约为 43%，其余的能量以热等形式散失。可见，生物机体在有氧条件下的能量利用效率极高。

　　(2)以无机物为呼吸基质的有氧呼吸

　　好氧或兼性的化能无机自养型微生物能从无机化合物的氧化中获得能量。它们能以无机物如 NH_4^+、NO_2^-、H_2S、S^0、H_2 和 Fe^{2+} 等为呼吸基质，把它们作为电子供体，氧为最终电子受体，电子供体被氧化后释放的电子，经过呼吸链和氧化磷酸化合成 ATP，为还原同化 CO_2 提供能量。因此，化能自养菌一般是好氧菌。这类好氧型的化能无机自养型微生物分别属于氢细菌、硫化细菌、硝化细菌和铁细菌等。它们广泛分布在土壤和水域中，并对自然界的物质转化起着重要的作用。这些微生物的产能途径见下列化学反应式：

氢细菌：$H_2 + \frac{1}{2}O_2 \longrightarrow H_2O + 56.7kcal$

铁细菌：$2Fe^{2+} + \frac{1}{4}O_2 + 2H^+ \longrightarrow 2Fe^{3+} + \frac{1}{2}H_2O + 10.6kcal$

硫化细菌：$S^{2-} + 2O_2 \longrightarrow SO_4^{2-} + 189.9kcal$

$S + \frac{3}{2}O_2 + H_2O \longrightarrow SO_4^{2-} + 2H^+ + 139.8kcal$

硝化细菌：$NH_4^+ + \frac{3}{2}O_2 \longrightarrow NO_2^- + H_2O + 2H^+ + 64.7kcal$

$NO_2^- + \frac{1}{2}O_2 \longrightarrow NO_3^- + 18.5kcal$

化能自养微生物对底物的要求具有严格的专一性，即用作能源的无机物及其代谢途径缺乏统一性。如硝化细菌不能氧化无机硫化物，同样，硫化细菌也不能氧化氨或亚硝酸。

上述各种无机化合物不仅可作为最初的能源供体，而且其中有些底物（如 NH_4^+、H_2S、H_2 等）还可作为质子供体，通过逆呼吸链传递方式形成用于还原 CO_2 的还原力（$NADH_2$），但这个过程需要提供能量，是一个消耗 ATP 的反应。

与异养微生物比较，化能自养微生物的能量代谢有以下 3 个主要特点：① 无机底物的氧化直接与呼吸链相偶联。即无机底物由脱氢酶或氧化还原酶催化脱氢或脱电子后，随即进入呼吸链传递，这与异养微生物对葡萄糖等有机底物的氧化要经过多条途径逐级脱氢有明显差异。② 呼吸链更具多样性，不同的化能自养微生物呼吸链组成分与长短往往不一。③ 产能效率（即 P/O）一般低于化能异养微生物。

各种无机底物的氧化与呼吸链相偶联的具体位点，决定于被氧化无机底物的氧化还原电位。不同的无机底物，其氧化后释放的电子进入呼吸链的位置也往往不同。上述这些还原态无机物中，除了 H_2 的氧化还原电位比 $NAD^+/NADH$ 对稍低外，其余都明显高于它。因此，化能自养微生物呼吸链氧化磷酸化效率（P/O 比）比较低。图 4-15 所示为不同氧化还原电位的无机底物进入呼吸链的可能位点。

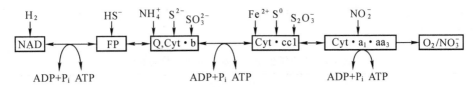

正向传递产生 ATP，逆向传递则消耗 ATP 并产生还原力[H]

图 4-15　无机底物氧化时氢或电子进入呼吸链的部位

3. 无氧呼吸产能途径

无氧呼吸亦称厌氧呼吸。某些厌氧和兼性厌氧微生物在无氧条件下能进行无氧呼吸。在无氧呼吸中，作为最终电子受体的物质不是分子氧，而是 NO_3^-、NO_2^-、SO_4^{2-}、$S_2O_3^{2-}$、CO_2 等这类外源含氧无机化合物。与发酵不同，无氧呼吸也需要细胞色素等电子传递体，并在能量分级释放过程中伴随有氧化磷酸化作用而生成 ATP，也能产生较多的能量。但由于部分能量在没有充分释放之前就随电子传递给了最终电子受体，故产生的能量比有氧呼吸少。

在无氧呼吸中，作为能源物质的呼吸基质一般是有机物，如葡萄糖、乙酸等，通过无氧呼吸

也可被彻底氧化成 CO_2，并伴随有 ATP 的生成。例如：

(1)硝酸盐还原细菌在厌氧条件下，可把 NO_3^- 作为电子的最终受体，即：

$$C_6H_{12}O_6 + 6H_2O \xrightarrow{\text{脱氢酶}} 6CO_2 + 24[H]$$

$$24[H] + 4NO_3 \xrightarrow{\text{硝酸还原酶}} 2N_2\uparrow + 12H_2O$$

$$\left.\right\} + 能量$$

绝大多数硝酸盐还原细菌以有机物作为电子供体，也有少数硝酸盐还原细菌能利用元素硫或分子氢或硫代硫酸作为电子供体还原硝酸盐。如兼性厌氧的脱氮硫杆菌(*Thiobacillus denitrificans*)在 NO_3^- 存在时，可经无氧呼吸，利用元素硫作为电子供体和 NO_3^- 为最终电子受体而还原硝酸盐获得能量：

$$5S + 6NO_3^- + 8H_2O \longrightarrow 5H_2SO_4 + 6OH^- + 3N_2 + 能量$$

又如兼性厌氧的脱氮副球菌(*Paracoccus denitrificans*)在无氧条件下行无氧呼吸，以氢为电子供体，硝酸盐为最终电子受体，还原硝酸盐，进行彻底地反硝化作用：

$$5H_2 + 2NO_3^- \longrightarrow N_2 + 2OH^- + 4H_2O + 能量$$

(2)在厌氧条件下，硫酸盐还原细菌可以 SO_4^{2-} 作为最终电子受体，即：

$$2CH_3CHOHCOOH + H_2SO_4 \longrightarrow 2CH_3COOH + 2CO_2 + 2H_2O + H_2S + 能量$$

脱硫弧菌属(*Desulfavibrio*)等少数几种菌能以有机物(乳酸、丙酮酸等)或分子氢作为硫酸盐还原的供氢体。

(3)严格厌氧的大多数产甲烷细菌可以 CO_2 作为最终电子受体进行无氧呼吸，即：

$$4H_2 + CO_2 \longrightarrow CH_4 + 2H_2O + 能量$$

(4)以延胡索酸作为电子受体的无氧呼吸，如雷氏变形菌(*Proteus rettgeri*)和甲酸乙酸梭菌(*Clostridium formicoacetium*)能以延胡索酸作为受氢体还原生成琥珀酸：

$$HOOCCH=CHCOOH + H_2 \longrightarrow HOOCCH_2CH_2COOH + 能量$$

(三)光合作用与光合磷酸化

光合作用是自然界一个极其重要的生物学过程，其实质是通过光合磷酸化将光能转变成化学能，用于还原 CO_2 合成细胞物质。光能营养微生物(phototrophs)除藻类外，还包括蓝细菌、紫细菌、绿细菌和嗜盐菌等光合细菌(photosynthetic bacteria)。它们利用光能维持生命，同时也为其他生物(如动物和异养微生物)提供了赖以生存的有机物。

光能营养微生物的光合作用有两种类型，一种与高等植物类同，而另一种具有细菌特点。一些有关的特性比较见表 4-9 与表 4-10。

表 4-9　原核微生物与高等植物光合作用比较

比较项目	原 核 生 物			绿藻及高等植物的叶绿体
	紫细菌	绿细菌	蓝细菌	
含有光合器的细胞结构	细胞膜	色素囊	类囊片和藻胆蛋白	类囊片
光合系统 I	+	+	+	+
光合系统 II	—	—	+	+
同化 CO_2 的还原剂	H_2S, H_2 或有机质	H_2S, H_2	H_2O	H_2O
光合作用的主要碳源	CO_2 或有机质	CO_2 或有机质	CO_2	CO_2

在植物、藻类和蓝细菌的光合作用中,还原 CO_2 的电子来自水的光解,并伴有氧的释放,这类光合作用称为放氧型光合作用。在光合细菌中,光合作用还原 CO_2 的电子来自还原型无机硫、氢或有机物,无氧的释放,把这种类型的光合作用称为非放氧型光合作用。其特点比较见表 4-10。

表 4-10　两种光合作用类型的比较

	放氧型光合作用	非放氧型光合作用
有机体	植物、藻、蓝细菌	绿硫细菌、紫硫细菌、红螺菌等
叶绿素类型	叶绿素 a 等	细菌叶绿素 a(Bchl a)等
反应中心 I	有	有
反应中心 II	有	无
氧的产生	有	无
还原力来源	水的光解	硫化氢、氢、有机物等

光合磷酸化是叶绿素(chlorophyll,Chl)或菌绿素(bacteriochlorophyll,Bchl)的光反应中心接受光能被激发而放出电子,在循环或非循环的电子传递系统中,一部分能量被用于合成 ATP 的过程。

三类光合微生物在光合作用中的光合磷酸化获得能量的过程与机制不一样。

1. 紫硫细菌的光能转化

紫硫细菌是以环式电子传递方式进行光能转化,其过程可分为 5 步:① 紫硫细菌通过光捕获复合体(Bchl ＋ 类胡萝卜素 ＋ P_{870},也简称 LH,见图 4-17),吸收光能。② 光被吸收后使反应中心叶绿素 P_{870} 处于激发态成为 P_{870}^*。③ 电荷分离,P_{870}^* 失去一个电子为 P_{870}^+,高能电子跃升到电子受体细菌脱镁叶绿素(bacterio-pheophytin,Bph)形成 Bph^-。④ 电子沿醌铁蛋白(QFe)、Q、细胞色素 bc_1 到 C_2 顺序移动,电子在细胞色素 bc_1 至 C_2 时偶联磷酸化产生 ATP。⑤ 低能电子返回到 P_{870}^+ 而形成 P_{870},然后整个系统又接受光量子重复上述过程,见图 4-16 与图 4-17。

紫硫细菌生物合成需要 NAD(P)H。当其在氢中生长时,可以利用分子氢直接还原 $NAD(P)^+$ 为 NAD(P)H。在异养生长时,各种氧化还原电位较高的基质对 NAD^+ 的还原一般是由光能推动的。

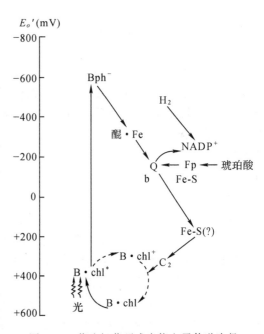

图 4-16　紫硫细菌环式光能电子传递途径

紫硫细菌光能转化的特点是:① 紫硫细菌能利用长波光,Bchl 吸收光的峰值为 870nm 波长处。② 紫硫细菌以环式方式传递电子。③ 在异养生长时一般不能直接还原 NAD^+ 为 NADH。

光能营养微生物的光合磷酸化是在位于细胞质膜中的类似于呼吸链的光合电子传递链上

进行的。其 ATP 的合成也有赖质子运动力。紫色光营养细菌的光合电子传递途径及光合磷酸化合成 ATP 的过程与机制见图 4-17。

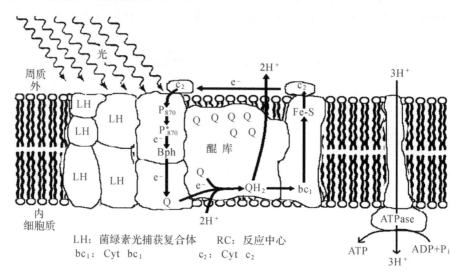

图 4-17　紫色光能营养细菌的光合磷酸化途径与机制

（引自 Madigan *et al*.，2006）

2. 绿硫细菌的光能转化

绿硫细菌也是以环式电子传递方式进行的,其过程也可分为五步:

① 绿硫细菌通过光合色素(主要是细菌叶绿素 c 和类胡萝卜素,有的还伴有细菌叶绿素 d 和 e)吸收光能。② 使反应中心的叶绿素 P_{840} 处于激发态成为 P_{840}^*。③ 电荷分离使 P_{840}^* 形成 P_{840}^+ 和一个电子,这个高能电子跃升到电子受体 Fe-S 蛋白上,使 Fe-S 蛋白($E_0 = -540mV$)被还原。④ 电子由 Fe-S 蛋白经醌类(MK,CQ),细胞色素 b 传到 C_{555}。电子在细胞色素 b 至 C_{555} 时偶联磷酸化产生 ATP。⑤ 低能电子返回到 P_{840}^+ 形成 P_{840}。整个系统又接受光子重复上述过程,见图 4-18。

绿硫细菌光能转化的特点是:① 绿硫细菌的 Bchl 吸收光的峰值在 840nm 处。② 绿硫细菌是环式电子传递方式进行的。③ 绿硫细菌通过 Fe-S 蛋白能直接还原 $NAD(P)^+$ 为 $NAD(P)H$。

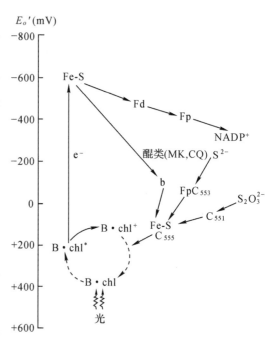

图 4-18　绿硫细菌环式光能电子传递途径

3. 蓝细菌的光能转化

蓝细菌的光能电子传递是非环式的。从水到 $NADP^+$ 的非环式电子传递是一个短波光合系统 Ⅱ(PSⅡ)。它含有作为主要光捕获色素的新藻胆蛋白,并在氧化水的同时放出氧和还原质体醌;还原 $NADP^+$ 的电子传递是通过细胞色素链和长波光合系统(PSⅠ)进行的。蓝细菌的光能电子传递见图 4-19。

从图 4-19 可见,在光合系统 Ⅱ(PSⅡ)中藻蓝素(Phc)和藻红素(Phe)吸收光子并把能量传递给异藻蓝素(aphc),再把能量传递给反应中心叶绿素(P₆₈₀),由水提供电子还原质体醌(PQ),再经电子传递链,从 b_{559} 到 f 至 PC,电子经 b_{559} 到 f 时偶联产生 ATP。低能电子通过 PSⅠ中的叶绿素 a 吸收光能使电子在 P_{700} 处受到激发去还原 Fe-S,再通过可溶性铁氧还蛋白和铁氧还蛋白-NADP⁺ 还原酶最后传至 NADP⁺。

蓝细菌光能转化的特点是:① 电子传递一般不成闭合途径。② 电子由外源电子供体提供。③ PSⅡ具有光解水

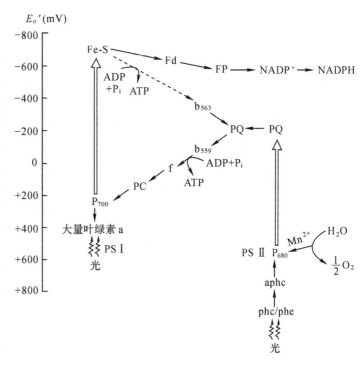

图 4-19　蓝细菌的非环式光能电子传递途径

放氧的作用,并经电子传递偶联产生 ATP,PSⅠ把电子还原 Fe-S 经 Fd 和 FP 使 NADP⁺ 还原为 NADPH。

可以看到,蓝细菌中的非环式电子传递,不但能产生 ATP,而且还能提供 NADPH,在这类光合细菌中,具有对 ATP 和 NADPH 合成的调节功能。当体内需要还原型 NADPH 时,在外源供氢体帮助下进行非环式电子传递作用。当细菌不需要还原性 NADPH 时,或者由PSⅠ产生的电子能量不足以还原 NADP⁺ 时,则按环式电子传递方式为细胞提供 ATP。

第三节　微生物细胞物质的合成

营养物质的分解与细胞物质的合成是微生物生命活动的两个主要方面。微生物或从物质氧化或从光能转换过程中获得能量,主要用于营养物质的吸收、细胞物质的合成与代谢产物的合成和分泌、机体的运动、生命的维持,还有一部分能量用于发光与产生热。

能量、还原力与小分子前体碳架物质是细胞物质合成的三要素。微生物细胞物质合成中的还原力主要是指 NADH₂ 和 NADPH₂。微生物在发酵与呼吸过程中都可产生这两种物质。小分子前体碳架物质通常指糖代谢过程中产生的中间体碳架物质,指不同个数碳原子的磷酸糖(如磷酸丙糖、磷酸四碳糖、磷酸五碳糖、磷酸六碳糖等)、有机酸(如 α-酮戊二酸、草酰乙酸、琥珀酸等)和乙酰 CoA 等。这些小分子前体碳架物质主要是通过 EMP、HMP 和 TCA 循环等途径产生,然后又在酶的作用下通过一系列反应合成氨基酸、核苷酸、蛋白质、核酸、多糖等细胞物质,使细胞得以生长与繁殖。

一、多糖的生物合成

微生物细胞多糖由许多单糖构成,而这些所需的单糖通常是直接从生活环境中吸收。例如微生物细胞中的半乳糖、甘露糖、戊糖、葡萄糖胺或葡萄糖醛酸等都可以由葡萄糖衍生而成。对于自养型微生物和甲基营养型细菌来说,所需单糖可以通过 CO_2 和甲醛吸收途径再进一步转化而来。许多微生物能从葡萄糖合成淀粉、肝糖元或其他多糖。在此过程中首先形成磷酸葡萄糖,然后脱去磷酸基团多聚化形成多糖。

多糖的合成通常是以核苷二磷酸糖(如尿苷二磷酸葡萄糖)作为起始物,逐步加到多糖链的末端,使糖链延长,反应过程见图 4-20。

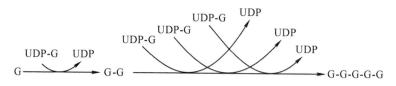

图 4-20　多糖合成中糖链的延长

原核微生物细胞壁的重要组分是肽聚糖,它是一种异型多糖。肽聚糖的单体是在细胞内合成的,然后通过膜,在膜外合成肽聚糖,聚合作用所需的酶位于细胞膜上。肽聚糖的合成,比同型多糖的合成要复杂得多。各类细菌合成肽聚糖的过程基本相同,一般可以分为下面几个步骤:

（1）UDP-N-乙酰葡萄糖胺和 UDP-N-乙酰胞壁酸肽的合成

UDP-N-乙酰葡萄糖胺的合成过程如图 4-21 所示。

UDP-N-乙酰胞壁酸则是经过 UDP-N-乙酰葡萄糖胺与磷酸烯醇式丙酮酸(PEP)之间的缩合反应和还原反应两步生成的,其反应见下:

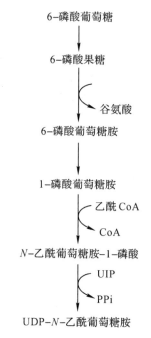

图 4-21　UDP-N-乙酰葡萄糖胺
的合成过程

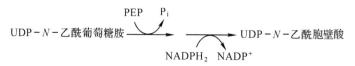

UDP-N-乙酰胞壁酸合成后,组成短肽的五个氨基酸按 L-丙氨酸、D-谷氨酸、L-赖氨酸、D-丙氨酸的顺序逐步加到 UDP-N-乙酰胞壁酸上,形成 UDP-N-乙酰胞壁酸肽。

（2）肽聚糖亚单位二肽的合成

UDP-N-乙酰胞壁酸肽合成后,肽聚糖的合成反应由细胞质转到细胞膜上的载体脂磷酸上,生成 UDP-N-乙酰胞壁酸肽载体脂焦磷酸,同时放出 UMP。然后 UDP-N-乙酰葡萄糖胺转到胞壁酸上,生成双糖肽载体脂焦磷酸。

（3）肽聚糖亚单位转接到细胞壁的生长点上

通过载体脂帮助,双糖肽由细胞膜内表面转到膜的外表面,进一步输送到细胞壁生长点上,放出载体脂焦磷酸。载体脂焦磷酸脱去一个磷酸,变成一个有生物活性的载体脂磷酸参与下一步合成双糖肽的反应。这步反应可被抗生素杆菌肽所抑制。

（4）通过转肽反应形成完整的肽聚糖分子

多个肽聚糖亚单位连到细胞壁上之后，通过转肽反应，使短肽链之间相互连接起来形成一个完整的网状结构，并放出一个 D-丙氨酸，这步反应可被青霉素所抑制。由于青霉素对转肽作用能产生抑制作用，因而对正处于生长阶段的细菌来说会导致细胞壁的渗透性裂解，使细胞死亡。但青霉素对处于静息的细胞无抑制和杀灭作用。在肽聚糖合成中，载体脂是一种重要的载体，它是一种十一异戊烯醇经磷酸化后生成的有活性的载体脂，现发现它主要存在于细胞壁合成的生长点上，表明它在细胞壁合成中起着重要作用（图 4-22）。

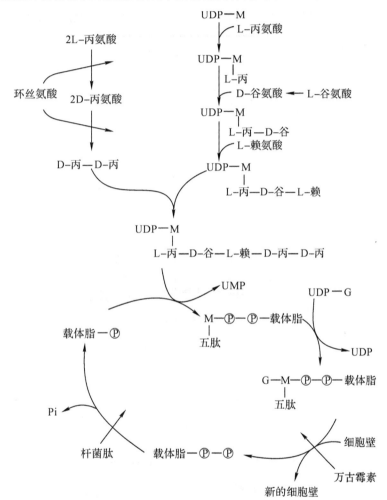

M：N-乙酰胞壁酸　　G：N-乙酰葡萄糖胺

图 4-22　大肠杆菌肽聚糖的合成

二、细胞类脂成分的合成

1.脂肪酸的合成

已发现在细菌中有几十种脂肪酸，但每一种细菌一般只含有几种脂肪酸。大多数细菌的脂肪酸含有偶数碳原子，脂肪酸链长度在 $C_{14} \sim C_{18}$ 之间。在脂肪酸合成过程中，一种对热与酸都稳定的酰基载体蛋白（ACP-SH）参与了脂肪酸合成的全过程。丙酮酸代谢进入三羧酸循环

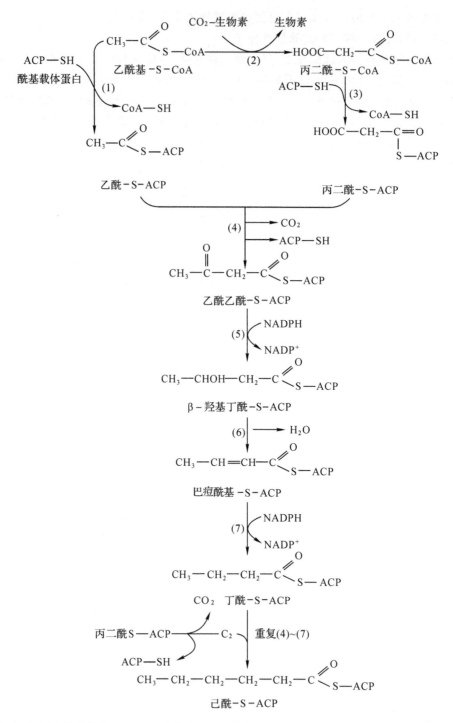

(1)乙酰-CoA-ACP 转酰基酶 (2)CO₂-生物素——生物素 (3)丙二酰-CoA-ACP 转酰基酶 (4)丙二酰基与乙酰基缩合,生成乙酰乙酰-S-ACP (5)乙酰乙酰-S-ACP 在 β-酮脂酰 ACP 还原酶作用下,形成 β-羟基丁酰-S-ACP (6)在脂烯酰-ACP 水化酶作用下脱水形成丁烯酰-S-ACP(即巴豆酰基-S-ACP) (7)在脂烯酰-ACP 还原酶作用下再还原为丁酰-S-ACP,重复(4)~(7)就形成己酰-S-ACP

图 4-23　大肠杆菌由乙酰-S-CoA 合成饱和脂肪酸的机制

的第一个产物是乙酰 CoA,乙酰 CoA 和其他酰基 CoA 和酰基载体蛋白反应产生 CoA 和酰基-S-ACP,进入图 4-23 的脂肪酸合成途径。

2.磷脂的合成

磷脂是细胞膜的主要成分。它由脂肪酸和糖酵解的中间产物磷酸二羟基丙酮合成,其合成过程见图 4-24。

3.聚-β-羟基丁酸的合成

在许多原核微生物中,以聚-β-羟基丁酸作为能量和碳源贮藏库。它是脂肪代谢过程中形成的 β-羟基丁酸聚合生成的,反应如下式:

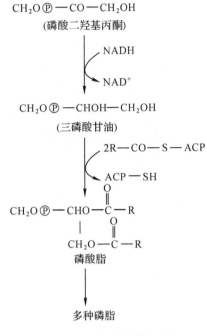

图 4-24　磷脂合成的机制

三、氨基酸和其他含氮有机物的合成

蛋白质、核酸是分别由氨基酸、核苷酸组成的一大类含氮大分子有机物。这些含氮有机物中的氮原子,可来自有机与无机含氮化合物,也可来自大气中的分子氮。

1.氨的同化和氨基酸的合成

氨同化途径是先合成谷氨酸(或谷氨酰胺)、丙氨酸和天冬氨酸,然后由这几种氨基酸作为氨基供体,合成其他氨基酸。例如氨与 α-酮戊二酸结合,形成谷氨酸。反应式如下:

$$\alpha\text{-酮戊二酸}+NH_4^++NADH+H^+\underset{}{\overset{GDH}{\rightleftharpoons}}L\text{-谷氨酸}+NAD^+$$

$$\alpha\text{-酮戊二酸}+NH_4^++NADPH+H^+\underset{}{\overset{GDH}{\rightleftharpoons}}L\text{-谷氨酸}+NADP^+$$

谷氨酸脱氢酶(GDH)有两种:NAD-GDH 和 NADP-GDH。谷氨酸和其他不含氮有机酸交换氨基可以形成多种氨基酸,称为转氨基作用,例如:

L-谷氨酸＋丙酮酸──→α-酮戊二酸＋丙氨酸

L-谷氨酸＋草酰乙酸──→α-酮戊二酸＋L-天冬氨酸

L-谷氨酸＋苯丙酮酸──→α-酮戊二酸＋L-苯丙氨酸

多种微生物可经上述类似反应从氨合成所需的各种氨基酸,有些种类或突变株则因缺乏某种或某几种必需的酶,而不能合成一种或几种氨基酸,培养基中有无相应的氨基酸就成为它们能否生长的关键。

2.硝酸和 N_2 的同化

NO_3^- 是多种植物和微生物的良好氮素养料,NO_3^- 首先通过同化型硝酸还原作用还原成 NH_3,再进入含氮有机化合物的合成作用:

$$NO_3^-\xrightarrow{\text{硝酸盐还原酶}}NO_2^-\xrightarrow{\text{亚硝酸盐还原酶}}NH_3$$

N_2 通过生物固氮作用还原为氨,这是原核固氮微生物特有的生理功能,生物固氮在自然界氮素物质转化和农业生产中具有重要意义。

3. 核苷酸的合成

核苷酸在生物体内主要用来合成核酸和参与某些酶的组成,它由碱基、核糖和磷酸三部分组成。核糖部分是从 1-焦磷酸-5-磷酸核糖(PRPP)产生,后者又从糖代谢的 HMP 途径产生:

HMP 途径 $\longrightarrow$ 5-磷酸核糖

5-磷酸核糖 $+$ ATP $\xrightarrow{\text{PRPP 合成酶}}$ PRPP $+$ AMP

PRPP 经过一系列酶的催化合成作用产生次黄嘌呤核苷酸(IMP),再产生腺嘌呤核苷酸和鸟嘌呤核苷酸:

$$
\begin{array}{ccc}
\text{ATP} & & \text{GTP} \\
\uparrow & & \uparrow \\
\text{ADP} & & \text{GDP} \\
\uparrow & & \uparrow \\
\text{AMP} & & \text{GMP} \\
\nwarrow & & \nearrow \\
& \text{IMP} &
\end{array}
$$

嘧啶核苷酸也是从 PRPP 产生的,首先是:

天冬氨酸 $+$ 氨甲基磷酸 $\longrightarrow$ 嘧啶碱

嘧啶碱 $+$ PRPP $\longrightarrow$ 磷酸乳清核苷酸(OMP)

再从 OMP 产生尿嘧啶和胞嘧啶:

OMP $\longrightarrow$ UMP $\longrightarrow$ UDP $\longrightarrow$ UTP $\longrightarrow$ CTP

以上是构成四种主要核糖核苷酸(ATP,GTP,UTP,CTP)的简要途径。

三种脱氧核糖核苷酸是从核糖核苷酸还原产生的:

ADP $\longrightarrow$ dADP $\longrightarrow$ dATP

GDP $\longrightarrow$ dGDP $\longrightarrow$ dGTP

CDP $\longrightarrow$ dCDP $\longrightarrow$ dCTP

另外一种胸腺嘧啶脱氧核糖核苷酸(dTTP)则是从尿嘧啶核糖核苷酸(UTP)经过一系列复杂的过程产生的:

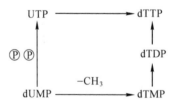

四、核酸的合成

核酸是一类与生物遗传信息贮存与传递密切相关的大分子化合物。核酸有两类,一类是脱氧核糖核酸(DNA),另一类是核糖核酸(RNA)。DNA 以四种脱氧核糖核苷酸(A,G,T,C)为基本单位,RNA 以四种核糖核苷酸(A,G,U,C)为基本单位,两者都是通过 3,5-磷酸二酯键连接起来的大分子化合物。

五、多肽和蛋白质的合成

1. mRNA 和"三联体"遗传密码

多个氨基酸连接形成多肽。特定多肽的生物合成除需要肽酶的酶促作用外,还需要三种核糖核酸(RNA)起作用。一种是信使核糖核酸(mRNA),一种是转移核糖核酸(tRNA),一种是核蛋白体(或称核糖体)核糖核酸(rRNA)。特定的多肽是由多种氨基酸以一定的顺序排列连接而成的。连接顺序是以特定的 mRNA 片段为模板的,特定的 mRNA 片断含有四种核糖核苷酸,简称 A、G、U、C。实验证明这四种中任何三种都能够连接起来构成"三联体"。一条 mRNA 有许多个"三联体"连接而成,每个"三联体"代表一种氨基酸的遗传密码。因此, mRNA(和相应的 DNA)链上"三联体"的排列顺序是多肽合成的遗传密码(见表 4-11)。"三联体"中存在起始密码与终止密码,它们分别是一个多肽合成的起始与终止信息。mRNA 不与氨基酸直接连接,它们通过 tRNA 介导,使 mRNA 上的特定遗传信息与相应氨基酸对接,完成遗传信息的逐步转译。

表 4-11　20 种氨基酸的遗传密码

第一位碱基	第二位碱基				第三位碱基
	U	C	A	G	
U	苯丙氨酸(Phe)	丝氨酸(Ser)	酪氨酸(Tyr)	半胱氨酸(Cys)	U
	苯丙氨酸(Phe)	丝氨酸(Ser)	酪氨酸(Tyr)	半胱氨酸(Cys)	C
	亮氨酸(Leu)	丝氨酸(Ser)	终止密码	终止密码	A
	亮氨酸(Leu)	丝氨酸(Ser)	终止密码	色氨酸(Try)	G
C	亮氨酸(Leu)	脯氨酸(Pro)	组氨酸(His)	精氨酸(Arg)	U
	亮氨酸(Leu)	脯氨酸(Pro)	组氨酸(His)	精氨酸(Arg)	C
	亮氨酸(Leu)	脯氨酸(Pro)	谷氨酰胺(Glun)	精氨酸(Arg)	A
	亮氨酸(Leu)	脯氨酸(Pro)	谷氨酰胺(Glun)	精氨酸(Arg)	G
A	异亮氨酸(ILeu)	苏氨酸(Thr)	天门冬酰胺(Aspn)	丝氨酸(Ser)	U
	异亮氨酸(ILeu)	苏氨酸(Thr)	天门冬酰胺(Aspn)	丝氨酸(Ser)	C
	异亮氨酸(ILeu)	苏氨酸(Thr)	赖氨酸(Lys)	精氨酸 (Arg)	A
	甲硫氨酸或甲酰硫氨酸(Met) (起始密码)	苏氨酸(Thr)	赖氨酸(Lys)	精氨酸 (Arg)	G
G	缬氨酸(Val)	丙氨酸(Ala)	天门冬氨酸(Asp)	甘氨酸(Gly)	U
	缬氨酸(Val)	丙氨酸(Ala)	天门冬氨酸(Asp)	甘氨酸(Gly)	C
	缬氨酸(Val)	丙氨酸(Ala)	谷氨酸(Glu)	甘氨酸(Gly)	A
	缬氨酸(Val)	丙氨酸(Ala)	谷氨酸(Glu)	甘氨酸(Gly)	G

＊ 第一位、第二位、第三位碱基符号,依次组成一个密码,如 UUU 与该栏的苯丙氨酸相对应。

2.tRNA 的作用

tRNA 是 75～85 个核苷酸连接形成的核糖核酸,它的两端构造和功能是不同的。一端能和氨基酸连接,形成氨酰-tRNA,另一端带有由三个核苷酸组成的反密码子,它决定能否与特定的 mRNA 的相应"三联体"连接。

$$\begin{array}{ccc} & NH_2 & O \\ & | & \| \\ R & —CH & —C—tRNA \end{array}$$

tRNA 上组成反密码子的核苷酸和 mRNA 的"三联体"以 A・U 和 G・C 对应的方式配对连接。这样,使本来在细胞质中游离的氨基酸通过特定的 tRNA 的介导,与 mRNA 的相应密码子连接。

根据 mRNA 上特定密码子依次排列的氨基酸在肽聚酶的催化下，以肽键相连逐步延长成肽链，翻译在遇特定的密码子时终止，肽链最终脱离 tRNA 与核糖体，形成游离多肽，多肽进一步形成特定蛋白质。遗传信息的传递与特定蛋白质的合成的总过程见图4-25。

3.rRNA 的作用

合成多肽除 mRNA 和 tRNA 外，还需要 rRNA。rRNA 中的 16S rRNA 在识别 mRNA 上的多肽合成起始位点方面起重要作用。一种形象的表述是，rRNA 粒子在 mRNA 链上移动，将带 tRNA 的反密码子的一端与相应的 mRNA 上的"三联体"连接，并将特定的氨基酸带入相应位置，在肽聚酶的催化下形成多肽链，然后 tRNA 脱离多肽链，再与游离氨基酸连接，行使下一轮的功能。

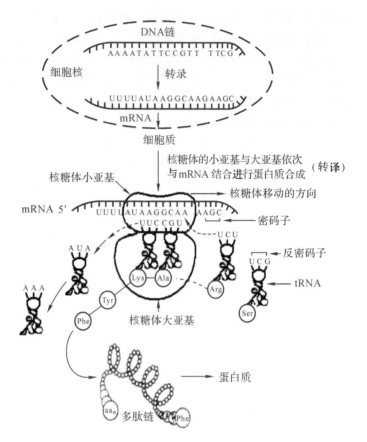

图 4-25　遗传信息的传递与特定蛋白质合成的总过程

以 mRNA 为模板合成特定多肽链的过程称为遗传密码的翻译，也称转译。

第四节　微生物的次级代谢

次级代谢（secondary metabolism）也称次生代谢，是存在于某些生物（如植物和某些微生物等）中的一类特殊类型代谢。这些生物通过次级代谢可以合成各种各样的次级代谢产物。次级代谢产物（secondary metabolites）同人类的生活有着密切的关系。

一、初级代谢与次级代谢

初级代谢（primary metabolism）是一类主要发生在生长繁殖期的普遍存在于一切生物中的代谢类型。次级代谢是某些生物为了避免在初级代谢过程中某种中间产物积累所造成的不利作用或外环境因素胁迫下而产生的一类有利于生存的代谢类型。因此也可以认为次级代谢是某些生物在一定条件下通过突变获得的一种适应生存的方式。通过次级代谢合成的产物通常称为次级代谢产物。

次级代谢与初级代谢是一个相对的概念，两种代谢既有区别又有联系，它们的区别主要表现为：

（1）次级代谢只存在于某些生物当中，而且代谢途径和代谢产物因生物不同而异，就是同种生物也会因营养和环境条件不同而产生不同的次级代谢产物。而初级代谢是一类普遍存在于各类生物中的基本代谢类型，代谢途径与产物的类同性强。

（2）次级代谢产物对于产生者本身不是机体生存所必需的物质，即使在次级代谢过程的某个环节上发生障碍，也不会导致机体生长的停止和死亡，一般只是影响机体合成某种次级代谢产物的能力。而初级代谢产物如单糖或单糖衍生物、核苷酸、脂肪酸等单体以及由它们组成的各种大分子聚合物如核酸、蛋白质、多糖、脂类等通常都是机体生存必不可少的物质，只要这些物质合成过程的某个环节上发生障碍，轻则表现为生长缓慢，重则导致生长停止、机体发生突变甚至死亡等。

（3）次级代谢通常在微生物的指数生长期末期或稳定期才出现，它与机体的生长往往不呈现平行关系，而是明显地分为机体的生长期和次级代谢产物形成期两个不同时期。初级代谢则自始至终存在于一切生活的机体之中，它同机体的生长过程基本呈平行关系。

（4）次级代谢产物虽然也是从少数几种初级代谢过程中产生的中间体或代谢产物衍生而来，但它的骨架碳原子的数量与排列上的微小变化，或氧、氮、氯、硫等元素的加入，或在产物氧化水平上的微小变化都可以导致产生的次级代谢产物各种各样，并且每种类型的次级代谢产物往往是一群化学结构非常相似而成分不同的混合物。例如目前已知新霉素有 4 种，杆菌肽有 10 种，多黏菌素有 10 种，放线菌素有 20 多种等。这些次级代谢产物通常被机体分泌到胞外，它们虽然不是机体生长与繁殖所必需的物质，但它们与机体的分化有一定的关系，并在同其他生物的生存竞争中起着重要作用，而且它们中有许多对人类健康和国民经济的发展具有重大影响。而初级代谢产物的性质与类型在各类生物里相同或基本相同。如 20 种氨基酸、8 种核苷酸以及由它们聚合而成的蛋白质、核酸等在不同生物中其本质基本相同，在机体的生长与繁殖上起着重要而相似的作用。

（5）机体内两种代谢类型在对环境条件变化的敏感性或遗传稳定性上明显不同。次级代谢对环境条件变化很敏感，其产物的合成往往会因环境条件变化而受到明显影响。而初级代谢对环境条件变化的敏感性相对较小，较为稳定。

（6）催化次级代谢产物合成的某些酶专一性较弱。因此在某种次级代谢产物合成的培养基里加进不同的前体物时，往往可以导致机体合成不同种类的次级代谢产物，这或许是某些次级代谢产物为什么是由许多混合物组成的原因之一。例如在青霉素发酵中可以通过加入不同前体物的方式合成不同类型的青霉素。另外催化次级代谢产物合成的酶往往都是一些诱导酶，它们是在产生菌指数生长期末期或稳定生长期中，由于某种中间产物积累而诱导机体合成一种能催化次级代谢产物合成的酶。这些酶通常因环境条件变化而不能合成。相对而言，催化初级代谢产物合成的酶专一性和稳定性较强。

次级代谢与初级代谢之间的联系非常密切，具体表现为次级代谢以初级代谢为基础。因为初级代谢可以为次级代谢产物合成提供前体物和为次级代谢产物合成提供所需要的能量，而次级代谢则是初级代谢在特定条件下的继续和发展，避免初级代谢过程中某种（或某些）中间体或产物过量积累对机体产生的毒害作用。另一方面初级代谢产物合成中的关键性中间体也是次级代谢产物合成中的重要中间体物质，如乙酰 CoA、莽草酸、丙二酸等都是许多初级代谢产物和次级代谢产物合成的中间体物质。初级代谢产物如半胱氨酸、缬氨酸、色氨酸、戊糖等通常是一些次级代谢产物合成的前体物质。

二、次级代谢产物的类型

目前就整体来说,对次级代谢产物的研究远远不及对初级代谢产物研究那样深入。与初级代谢产物相比,次级代谢产物无论在数量上还是在产物的类型上都要比初级代谢产物多且较复杂。迄今对次级代谢产物分类还无统一的标准。根据次级代谢产物的结构特征与生理作用,次级代谢产物可大致分为抗生素、生长刺激素、色素、生物碱与毒素等不同类型。

1. 抗生素

抗生素是对其他种类微生物或细胞能产生抑制或致死作用的一大类有机化合物。它是由生物合成或半合成的次级代谢产物。虽然对产生菌本身有无生理作用还不十分了解,但它们能在细胞内积累或分泌到胞外,并能抑制其他种微生物的生长甚至杀死它们,因而这类物质在产生菌与其他种生物的生存竞争中,在防治人类、动物的疾病与植物的病虫害上起着重要作用。目前发现的抗生素已有 10 000 多种,其中有一部分在医学临床与农、林、畜牧业生产上已得到广泛应用。由点青霉产生的青霉素是 20 世纪 30 年代发现的第一种抗生素。放线菌中能产生抗生素的种类最多,目前医疗上广泛应用的链霉素、红霉素、庆大霉素、金霉素、土霉素、制霉菌素等都是由放线菌类群的一些种,主要是链霉菌属成员产生的。

2. 生长刺激素

生长刺激素主要是由植物和某些细菌、放线菌、真菌等微生物合成并能刺激植物生长的一类生理活性物质。赤霉素就是由引起水稻恶苗病的藤仓赤霉(*Gibberella fujikuroi*)产生的一种不同类型赤霉素的混合物,是农业上广泛应用的植物生长刺激素,尤其在促进晚稻在寒露来临之前抽穗方面具有明显的作用。青霉属、丝核菌属和轮枝霉属的一些种也能产生类似赤霉素的生长刺激性物质。此外,在许多霉菌、放线菌和细菌(包括假单胞菌、芽孢杆菌和固氮菌等)的培养液中积累有吲哚乙酸和萘乙酸等生长素类物质。

3. 维生素

在这里,维生素是指某些微生物在特定条件下合成远远超过产生菌本身正常需要的那部分维生素。维生素是生理学上的概念,不是化学上的同类物质。丙酸细菌、芽孢杆菌和某些链霉菌与耐高温放线菌在培养过程中可以积累维生素 B_{12};某些分枝杆菌能利用碳氢化合物合成吡哆醛与尼克酰胺;某些假单胞菌能过量合成生物素;某些醋酸细菌能过量合成维生素 C;各种霉菌不同程度地积累核黄素等;酵母菌类细胞中除含有大量硫胺素、核黄素、尼克酰胺、泛酸、吡哆素以及维生素 B_{12} 外,还含有各种固醇,其中麦角固醇是维生素 D 的前体,经紫外光照射,即能转变成维生素 D。目前医药上应用的各种维生素主要是用各种微生物生物合成后提取的。

4. 色素

色素是指由微生物在代谢中合成的积累在胞内或分泌于胞外的各种呈色次生代谢产物。例如灵杆菌和红色小球菌细胞中含有花青素类物质,使菌落出现红色。放线菌和真菌产生的色素分泌于体外时,使菌落底面的培养基呈现紫、黄、绿、褐、黑色等。积累于体内的色素多在孢子、孢子梗或孢子器中,使菌落表面呈现各种颜色。红曲霉产生的红曲素,使菌体呈现紫红色,并分泌于体外。

5. 毒素

对人和动植物细胞有毒杀作用的一些微生物次生代谢产物称为毒素。毒素大多是蛋白质类物质,例如毒性白喉棒状杆菌产生的白喉毒素、破伤风梭菌产生的破伤风毒素、肉毒梭菌产生的肉毒毒素等。其他许多病原细菌如葡萄球菌、链球菌、沙门氏杆菌、痢疾杆菌等也都产生各种外毒素和内毒素。杀虫细菌如苏云金杆菌能产生包含在细胞内的伴孢晶体,它是一种分子结构复杂的蛋白质毒素。真菌中产生毒素的种类也很多,很多种蕈子是有毒的,曲霉属中也有一些产毒素的种,如黄曲霉产生黄曲霉毒素等。

6. 生物碱

虽然生物碱大部分由植物合成,但某些霉菌合成的生物碱如麦角生物碱,即属于次生代谢产物。麦角生物碱在临床上主要用来作为防止产后出血、治疗交感神经过敏、周期性偏头痛和降低血压等疾病的药物。

第五节　微生物代谢的调控

正常机体或细胞所进行的分解代谢与合成代谢是相互协调统一的,并具有相对的稳定性,无论是分解代谢还是合成代谢,均能做到既不过量,也不缺少。这是因为正常机体或细胞具有一整套极为灵敏、可塑性强和精确性高的自我代谢调节或调控(regulation of metabolism)系统,从而保证细胞内数以千计的极其复杂的生化反应能准确无误、有条不紊地进行。

研究了解微生物细胞的代谢调控机制,可为更好地改变或控制微生物细胞的代谢向着人为设定的方向和要求进行提供理论基础与实践指导。现代微生物发酵工程技术能在食品、化工、医药、环保等领域能发挥重大作用,一定程度上就是得益于对微生物的基本代谢规律的了解和代谢的人为改变与控制。

目前已知,微生物的代谢调控发生在 DNA 的复制,基因的转录、翻译与表达,酶的激活或活性抑制等多个水平上。也有在细胞(细胞壁与细胞膜)水平上的调节。调控的进行还常表现为多水平的协同作用,如 E. coli 利用乳糖是多层次协同代谢调控的代表之一。关于代谢调控在生物化学、分子生物学、遗传学等多门课程中均有所讨论。作为一门应用性较强的学科,微生物学对代谢调控的研究侧重在发酵工程应用领域,如初级代谢中的酶合成与酶活性的调节,通过改变细胞壁与细胞膜的通透性的调节,以及次级代谢产物的诱导与碳、氮、磷等营养物质的调节等等。

一、初级代谢的调控机制和调控解除

产生初级代谢产物的代谢称为初级代谢。微生物在生长期产生的对自身生长和繁殖必需的产物称为初级代谢物(primary metabolites)。初级代谢是细胞维持生命活动最基本的必需代谢,包括糖、脂、蛋白质等物质的降解与产能的分解代谢,及以分解代谢为基础的细胞生长发育所必需的合成与耗能代谢。

细胞代谢中生化反应的进行都是以酶的催化为基础的。酶量的有无与多少、酶活性的高低是一个反应能否进行与反应速率高低的决定因素。因此,对催化某个具体反应的酶的合成与活性的调节,即可调控该步生化反应。在这里,酶量的有无与多少的调节主要是指发生在基因表达水平上的以反馈阻遏与阻遏解除为主的调节。酶活性的调节主要是指发生在酶分子结构水平上的调节,包括酶的激活和抑制两个方面。在代谢调节中,酶活性的激活是指在分解代谢途径中,后步的反应可被较前面的中间产物所促进,称为前体激活。酶活性的抑制主要是反馈抑制(feedback inhibition),主要表现在某代谢途径的末端产物(即终产物)过量时,这个产物可反过来直接抑制该途径中关键酶的活性,促使整个反应减慢或停止,从而避免末端产物的过多累积。反馈抑制具有作用直接、快速以及当末端产物浓度降低时又可自行解除等特点。反馈阻遏与反馈抑制的特点比较见表 4-12。

表 4-12　反馈阻遏与反馈抑制的特点比较

调控项目 ＼ 反馈类型	反馈阻遏	反馈抑制
调控的水平	DNA mRNA 酶,转录水平	酶分子的变构
反馈调控信号	终产物浓度	终产物浓度
调控方式	终产物与阻遏蛋白亲和力	终产物与变构部位亲和力
调控作用机制	阻遏蛋白与操纵基因结合,阻止转录	通过变构效应,调节酶活性
控制的方式	开、关控制	酶活性有无与高低控制
调控反应速度	缓慢、滞后、较粗放的控制	迅速与较精确的控制

（一）氨基酸生物合成的反馈抑制调节

1. 单一终端产物途径的反馈抑制

E.coli 在由苏氨酸合成异亮氨酸时,终产物（E）异亮氨酸过多可抑制途径中第一个酶——苏氨酸脱氨酶的活性,导致异亮氨酸合成停止,这是一种较为简单的终端产物反馈抑制方式,见图 4-26（⊖:表示抑制）。

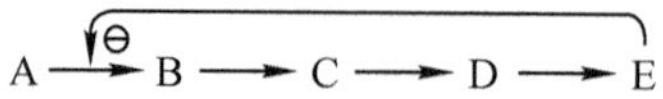

$$A \xrightarrow{\ominus} B \longrightarrow C \longrightarrow D \longrightarrow E$$

图 4-26　单一终端产物途径的反馈抑制

2. 多个终端产物对共同途径同一步反应的协同反馈抑制

合成途径的终端产物 E 和 H 既抑制在合成过程中共同经历途径的第一步反应的第一个酶,也抑制在分支后第一个产物的合成酶。如谷氨酸形成谷氨酰胺的第 1 步反应中起催化作用的酶,即谷氨酰胺合成酶受到 8 种产物的反馈抑制。谷氨酰胺合成酶是催化氨转变为有机含氮物的主要酶。该酶活性受到机体对含氮物需求状况的灵活控制。大肠杆菌的谷氨酰胺合成酶结构及其调控机制已得到阐明。该酶由相对分子质量为 51 600 的 12 个相同的亚基对称排列成 2 个六面体环棱柱状结构。其活性受到复杂的反馈控制系统以及共价修饰调控。已知有 8 种含氮物以不同程度对该酶发生反馈别构抑制效应。每一种都有自己与酶的结合部位。这 8 种含氮物是葡萄糖胺-6-磷酸、色氨酸、丙氨酸、甘氨酸、组氨酸、胞苷三磷酸、AMP 及氨甲酰磷酸。谷氨酰胺合成酶的调节机制,是氨基酸生物合成调控机制复杂性的典型例子,见图 4-27 与图 4-30。

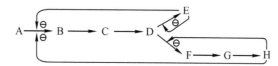

图 4-27　多个终端产物对共经途径同一步反应的协同反馈抑制

3. 不同分支产物对多个同工酶的特殊抑制

不同分支产物对多个同工酶的特殊抑制,也称酶的多重性抑制（enzyme multiplicity feed-back inhibition）。如 A 形成 B 由两个酶分别合成,两个酶分别受不同分支产物的特殊控制。两个分支产物又分别抑制其分道后第一个产物 E 和 F 的形成。由赤藓糖-4-磷酸和磷酸烯醇式丙酮酸形成 3 种芳香族氨基酸的途径中可见这种多重性抑制（见图 4-28、4-31 和 4-32）。

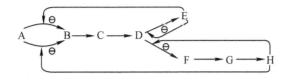

图 4-28　不同分支产物对多个同工酶的特殊抑制

4. 连续反馈控制

连续反馈控制（sequential feedback control）又称连续产物抑制（sequential end product inhibition）或逐步反馈抑制（step feedback inhibition）。反应途径的终端产物 E 和 H 只分别抑制分道后分支途径中第一个酶 e 和 f 的活性。共经途径的终端产物 D 抑制全合成过程第一个酶的作用。这种抑制的特点是由于 E 对 e 酶的抑制致使 D 产物增加，D 的增加促使反应向 D→F→G→H 方向进行，而使产物 H 增加，而 H 又对酶 f 产生抑制，结果也造成 D 物质的积累，D 物质反馈抑制 a 酶的作用，而使 A→B 的速度减慢（见图 4-29）。

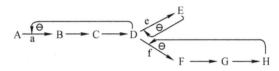

图 4-29　连续反馈控制

枯草芽孢杆菌（*Baciluus subtilis*）的芳香族氨基酸生物合成的反馈抑制就属于这种类型。

色氨酸、酪氨酸、苯丙氨酸分支途径的第一步都分别受各自终产物的抑制。这 3 种终端产物都过量，则分支酸积累。分支点中间产物积累使共经途径催化第一步反应的酶受到反馈抑制，从而抑制赤藓糖-4-磷酸和磷酸烯醇式丙酮酸的缩合反应（见图 4-31）。

以天冬氨酸为底物合成赖氨酸、甲硫氨酸、异亮氨酸的过程出现有各种类型的抑制现象（图 4-32）。

但是，并非所有氨基酸的生物合成都受最终产物的反馈抑制，丙氨酸、天冬氨酸、谷氨酸这 3 种在中心代谢环节中的关键中间产物就是例外。这 3 种氨基酸是靠与其相对应的酮酸的可逆反应来维持平衡的。另有甘氨酸的合成酶也不受最终产物抑制，它可能受到一碳单位和四氢叶酸的调节。

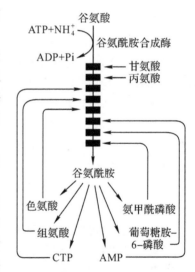

图 4-30　八种含氮化合物
生物合成的反馈控制

上述氨基酸生物合成的反馈抑制调节方式的分类是相对的，事实上，如图 4-31、4-32 所示，某些情况下存在多种方式的协同调节。

（二）酶生成量的改变对氨基酸生物合成的调节

在某些氨基酸的生物合成中，如某一氨基酸合成的量超过需要量时，则该氨基酸合成的关键酶的编码基因转录受阻遏，从而酶的合成也被抑制。而当合成的氨基酸产物浓度下降时，则这一氨基酸合成有关酶的基因转录阻遏被解除，关键酶的合成又开始，随后氨基酸的生物合成

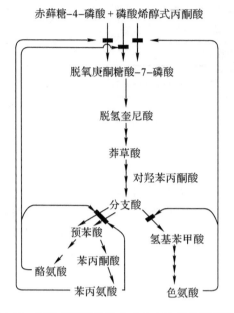

图 4-31 三种氨基酸生物合成分支途径的反馈控制

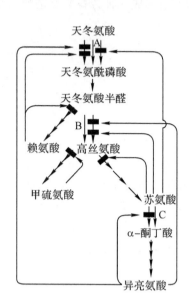

图 4-32 五种氨基酸生物合成的反馈控制

也随之重新开始。可见这种调控主要是通过对有关酶的编码基因的活性调节来实现的。它是发生在基因表达水平上的调节,而不是通过酶分子的变构来调节。

氨基酸的生物合成途径中,有些酶能够受到细胞内相应氨基酸合成量的间接调控,这种酶称为阻遏酶(repressible enzyme)。例如,大肠杆菌由天冬氨酸衍生的几种氨基酸的合成过程中(图 4-32)A、B、C 的 3 种酶属于阻遏酶,而不属于变构酶,它们的调控靠细胞对该酶的合成速度的改变来实现。当甲硫氨酸的量足够时,控制同工酶 A 和 B 合成的相关基因的表达受到阻遏。同样当异亮氨酸的合成足够时同工酶 C 的合成速度就受到阻遏。通过阻遏与去阻遏(derepression)调控氨基酸的生物合成,一般比酶的别构调控缓慢。

在生物细胞内,20 种氨基酸在蛋白质生物合成中的需要量都以准确的比例提供,故生物机体不仅有个别氨基酸合成的调控机制,还有各种氨基酸在合成中合成量比例的相互协调(coordination)的调控机制。

(三)核苷酸生物合成的反馈调节机制

1.嘌呤核苷酸生物合成的调节

在微生物中,嘌呤核苷酸生物合成受两个终产物的反馈控制,这两个终产物分别为腺苷酸和鸟苷酸。主要有 3 个控制点:第一个控制点在合成途径的第一步反应,即氨基被转移到 5-磷酸核糖焦磷酸上,以形成 5-磷酸核糖胺。此反应是由一种变构酶,即磷酸核糖焦磷酸转酰胺酶所催化,它可被终产物 IMP(inosine monophosphate,次黄苷酸,也称肌苷酸)、AMP 和 GMP 所抑制。因此,无论是 IMP、AMP 或是 GMP 的过量积累均会导致由 PRPP(phosphoribosyl pyrophosphate,磷酸核糖焦磷酸)开始的合成途径中的第一步反应受到抑制。另两个控制点分别位于次黄苷酸后分支途径中的第一步反应,当 GMP 过量时,GMP 可使催化该步的酶,即次黄嘌呤核苷酸脱氢酶发生变构效应,但仅抑制 GMP 的形成,而不影响 AMP 的形成。反之,AMP 的积累抑制腺苷酸琥珀酸合成酶,从而抑制其自身的形成,而不影响 GMP 的生物合成。不同生物的调节方式略有不同。大肠杆菌中嘌呤核苷酸生物合成的反馈控制机制见图 4-33。

2.嘧啶核苷酸生物合成的调节

以大肠杆菌为例,嘧啶核苷酸生物合成的调节机制见图 4-34。从图可见,嘧啶核苷酸的生物合成,受到终产物反馈控制的点有三个:合成途径的第一个调节酶是氨甲酰磷酸合成酶,它受 UMP 的反馈抑制;另两个调节酶是天冬氨酸转氨甲酰酶和 CTP 合成酶,它们都受 CTP 的反馈抑制。前者被抑制将影响尿苷酸和胞苷酸的合成,后者被抑制只涉及胞苷酸的合成。

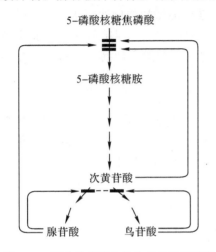
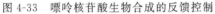
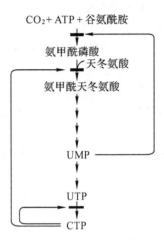

图 4-33　嘌呤核苷酸生物合成的反馈控制　　　图 4-34　嘧啶核苷酸生物合成的反馈控制

(四)初级代谢的调控解除及其在生产中的应用

以 1956 年谷氨酸发酵技术的产业化为标志,发酵工业进入第 3 个转折期——代谢控制发酵时期,其核心内容为代谢控制技术,并在其后的年代里该技术得到了飞速的发展和广泛的应用,取得了引人注目的成就。

1.用营养缺陷型解除调控的发酵生产应用

如赖氨酸的发酵生产即是运用营养缺陷型解除调控的一个实例。赖氨酸是人体必需的八种外源性氨基酸之一,但在植物蛋白中含量较少,是谷类蛋白质的第一限制氨基酸。因此,在食品、医药、畜牧业上有很大的需求量。在正常微生物细胞内,以天冬氨酸为底物的分支途径,其终产物主要有赖氨酸、苏氨酸、甲硫氨酸与异亮氨酸。赖氨酸的生物合成途径与调控见图 4-32。对赖氨酸生物合成的反馈控制点主要有两步:一是从天冬氨酸合成天冬氨酰磷酸这一步,其由天冬氨酸激酶(aspartokinase,简称 AK)催化,AK 受赖氨酸、苏氨酸、异亮氨酸和甲硫氨酸的反馈抑制与阻遏作用。二是中间产物天冬氨酸半醛合成赖氨酸的反应。从这一代谢途径可见,以天冬氨酸为底物同时要合成赖氨酸、苏氨酸、异亮氨酸和甲硫氨酸等产物。由于这四种产物存在对关键酶 AK 的连续反馈抑制与阻遏作用,因此赖氨酸在正常细胞内的浓度是非常低的。

以谷氨酸棒杆菌(*Corynebacterium glutamicum*)为出发菌株,通过遗传育种手段,使该菌株催化天冬氨酸半醛合成高丝氨酸的酶高丝氨酸脱氢酶的合成受阻,从而中断了此步合成反应,筛选获得了高丝氨酸缺陷型菌株,解除了大部分正常的反馈抑制,获得赖氨酸的高产菌株(见图 4-32)。但由于该菌株不能合成高丝氨酸脱氢酶,故不能合成高丝氨酸,也就不能产生苏氨酸和甲硫氨酸,细胞的正常生长繁殖不能进行,因此需要在培养基中补给适量(不构成反馈抑制的浓度)的高丝氨酸或苏氨酸和甲硫氨酸,以保证有足够的新增细胞量,从而生产大量的赖氨酸。

2.反馈调节抗性突变株的发酵生产应用

苏氨酸的发酵生产是通过获得抗反馈调节的突变株解除反馈调节。抗反馈调节突变株是指一种对反馈抑制不敏感或对阻遏有抗性的组成型菌株,或兼而有之的菌株。因其反馈抑制或阻遏已解除,或两者同时解除,所以能累积大量末端代谢物。黄色短杆菌(*Brevibacterium flavum*)的抗 α-氨基-β- 羟基戊酸(AHV)突变株能累积苏氨酸。由于该抗性突变株的高丝氨酸脱氢酶已不再受苏氨酸的反馈抑制,从而可使发酵液中苏氨酸浓度达到 13g/L。通过对此突变株的进一步诱变而获得的甲硫氨酸缺陷菌株,由于它已解除了甲硫氨酸对合成途径中的两个反馈阻遏点(见图 4-32,其中 A、B 是甲硫氨酸过量时受到阻遏的同工酶),因此其苏氨酸浓度可达 18g/L。

3.细胞膜通透性的调节及其在生产中的应用

细胞膜对于细胞内外物质的运输具有高度选择性。如细胞内累积的某一代谢产物浓度超过一定限度时,细胞会自然地通过反馈抑制或阻遏限制其进一步合成。在实际研究和生产过程中,可采取生理或遗传学手段,改变细胞膜的通透性,使胞内的代谢产物快速渗漏到胞外,从而降低细胞内代谢物浓度,解除代谢物的反馈抑制和阻遏,便可提高发酵产物的产量。

一般可通过限制与细胞膜成分合成有关的营养因子浓度或筛选细胞膜组分合成缺陷型突变株等,使细胞膜的通透性改变。如在谷氨酸发酵生产中,控制培养基中生物素在亚适量浓度,可促使细胞分泌出大量的谷氨酸。研究发现,用 *C. glutamicum* 进行谷氨酸发酵,控制培养基中生物素浓度为 0、2.5 和 10.0μg/mL 时,发酵液中谷氨酸量分别为 1.0、30.8 和 6.7 mg/mL。因为生物素是乙酰-CoA 羧化酶的辅基,乙酰-CoA 羧化酶是细胞脂肪酸生物合成的关键酶,它可催化乙酰-CoA 的羧化并生成丙二酸单酰-CoA,进而合成细胞膜磷脂的主要成分脂肪酸。人为控制细胞环境中的生物素浓度可改变细胞膜组分,从而使细胞膜通透性改变,增强细胞对谷氨酸的分泌,克服细胞因胞内谷氨酸浓度较高而造成的反馈调节与合成抑制。而当培养液内生物素含量过高时,细胞膜的结构比较致密,对谷氨酸的分泌有一定阻碍,易引起胞内谷氨酸合成的反馈抑制。又可在培养基中加入适量青霉素,抑制细菌细胞壁肽聚糖合成中的转肽酶活性,引起肽聚糖结构中肽桥交联受阻,使细胞壁的结构适度缺损,有利于代谢产物外渗,也能降低谷氨酸的反馈抑制。采取上述生理生化手段,可达到有效提高谷氨酸产率的目的。另外,如诱变选育获得的青霉素高产菌株中,有些突变株就是由于改变了细胞膜的通透性,使硫酸盐更易透过细胞膜,提高了胞内硫酸盐浓度,进而促进了青霉素前体物半胱氨酸的合成,增加了合成青霉素的前体物,最终使青霉素的产量有所提高。

二、次生代谢调节

次级代谢(secondary metabolism)的起始物主要来源于初级代谢途径,因此与抗生素合成有关的初级代谢受到控制时,抗生素的生物合成必然受阻。但次级代谢产物的代谢途径又独立于初级代谢途径,如抗生素作为典型的次生代谢产物。研究已知,至少有 72 步独立的酶反应参与四环素(teracycline)的生物合成,有 25 步酶反应涉及生物合成红霉素(erythromycin),但这些反应中没有一个发生在初级代谢中。

次级代谢一般是在细胞完成生长繁殖后或生长期末期开始运行,对于次生代谢的调控,受影响的因素更多,故次生代谢调控机制研究的难度比较大。由于抗生素在临床与农、林、牧业上的广泛用途所显示的巨大经济与社会效益,使抗生素的代谢调控研究成为次生代谢的重点领域。至今,许多重要抗生素的合成相关基因及其代谢途径已有所揭示。抗生素产生菌为了正常的生命活动和适应环境变化的需要,也行使严密的代谢调节。这些机制涉及初级代谢产物和次级代谢产物的反馈抑制和反馈阻遏等,包括两个方面:一是抗生素本身积累就能起反馈调节作用,二是作为抗生素合成前体的初级代谢产物,当其受到反馈调节时,也影响抗生素的合成。碳、氮源的分解调节和磷酸盐的调节均影响到相应抗生素的合成等。

(一)次级代谢产物的反馈调节

1972 年 Gordee 发现,产黄青霉中加入 $10\mu g/mL$ 外源青霉素时对其生长无影响,而青霉素合成几乎完全被抑制,其他多种青霉素及其钠盐亦有类似现象。对链霉素、卡那霉素等氨基糖苷类抗生素的系统研究也证实了这一点。早在 1935 年 Lagstor 就发现,产氯霉素的委内瑞拉链霉菌可被 $50\mu g/mL$ 外源氯霉素所抑制。这些结果均表明,在次生代谢中也存在其自身产物的反馈抑制作用。如氯霉素对其合成途径中的关键酶芳基胺合成酶具有反馈调节作用(图 4-35)。氯霉素是通过莽草酸的分支代谢途径产生,芳基胺合成酶是分支点后第一个酶,这种酶只存在于产氯霉素的菌体内,当培养基内的氯霉素浓度达 $100mg/L$ 时,则该酶的合成被完全阻遏,但不影响菌体生长与芳香族氨基酸途径的其他酶类。进一步研究还表明,氯霉素本身不一定是阻遏物,氯霉素通过顺序阻遏,使 L-对氨基苯丙氨酸及 L-苏-对氨基苯丝氨酸对芳基胺合成酶实行反馈抑制。氯霉素的甲硫基类似物

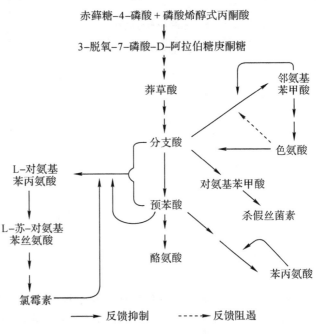

图 4-35 氯霉素的反馈调节作用

比氯霉素更易透入细胞,其抑制作用比氯霉素更大。由此可见,次生代谢产物反馈调节机制是比较复杂的。

产抗生素微生物对自身产物的反馈抑制有一定的规律:抑制特定抗生素产生菌合成所需的浓度与其产生水平有相关性,一般产生菌产量高,对自身抗生素的耐受力就强,反之则敏感。如 Dolezilova 等对制霉菌素产生菌诺尔斯氏链霉菌(Streptomyces noursei)突变体的研究发现,亲株 52/152 合成抗生素能力为 $6000\mu g/mL$,它受 $2000\mu g/mL$ 外源制霉菌素所抑制,而突变株产量为 $15000\mu g/mL$,却能耐 $20000\mu g/mL$ 的外源制霉菌素。而 Gordee 和 Dag 的研究结果表明,青霉素高产株 E15 的合成能力被完全抑制的外源青霉素浓度是 $15\mu g/mL$,而抑制中产株 Q-176 的外源青霉素浓度只要 $2\mu g/mL$,抑制低产株 NRRL-1951 的青霉素浓度只需 $0.2\mu g/mL$。

(二)初级代谢分支产物对次级代谢的反馈抑制

由于初级代谢和次级代谢途径是紧密相连的,初级代谢中发生的反馈调节,也会影响次级代谢产物的合成,形成次级代谢中的反馈调节。如初级代谢产物缬氨酸自身反馈抑制乙酰羟酸合成酶的活性,从而减少了缬氨酸与青霉素合成的共同中间体降低了青霉素的产量(见图 4-36)。初级代谢和次级代谢两种代谢途径中还存在分叉中间体,初级代谢终产物对分叉中间

体合成的酶存在反馈调节,则会影响到次级代谢产物的合成。如赖氨酸反馈抑制同型柠檬酸合成酶的活性,可抑制青霉素合成的起始单位 α-氨基己二酸的合成,进而影响青霉素的生物合成(见图 4-36)。

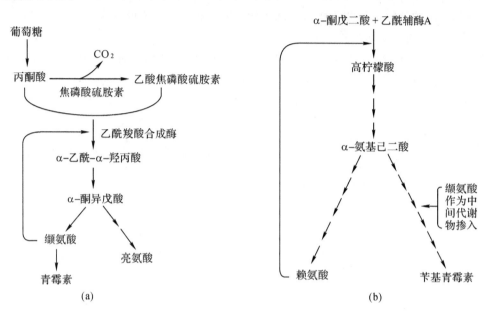

图 4-36　缬氨酸与赖氨酸反馈抑制调节青霉素(a)与苄基青霉素(b)合成

复习思考题

1. 采取什么方法能分离到可以分解并利用苯作为碳源和能源物质的细菌纯培养物?

2. 与促进扩散相比,微生物通过主动运输和基团转位吸收营养物质方式的特点是什么?

3. 试以能源为主、碳源为辅对微生物的营养类型进行分类并举例阐述。

4. 什么是选择性培养基?什么是鉴别性培养基?阐述各自的原理。

5. 什么是微生物的新陈代谢?分解代谢和合成代谢有何差别与联系?

6. 在化能异养微生物的生物氧化中,其基质脱氢和产能途径主要有哪几类?

7. 试述 EMP 途径、HMP 途径在微生物生命活动中的重要性。

8. 什么叫次生代谢?次生代谢途径与初生代谢途径之间有何联系?

9. 什么叫循环光合磷酸化?什么叫非循环光合磷酸化?

10. 简述细菌细胞壁上肽聚糖的合成途径。哪些化学因子可抑制其合成?

11. 青霉素为何只能抑制代谢旺盛的细菌?其抑制机理如何?

12. 微生物代谢调节有何特点?它们调节代谢流的主要方式有哪些?

13. 微生物代谢调节在发酵工业中有何重要性?

第五章　微生物生长繁殖与环境

【内容提要】

本章将就微生物的生长、繁殖的基本规律和其与环境的关系，一般研究方法，以及人类如何运用当代科学技术有效利用和控制微生物等问题进行多层次、多角度的叙述与探讨。各种不同的微生物的个体生长和群体生长都表现出不同的方式。单细胞微生物的群体生长对时间的生长曲线可以分成生长延迟期、指数生长期、稳定期和衰亡期等4个时期。可以应用多种方法获得微生物的纯培养物。微生物培养过程中可用测定微生物细胞数量或代谢产物的形成或营养物质的消耗等推测微生物的生长与代谢规律。微生物的生长受环境条件如温度、pH、环境化学物质等影响。极端环境微生物对环境的适应具有各自不同的生物学机制。

生长与繁殖是生物体生命活动的两大重要特征，微生物也不例外。在适宜的环境中，微生物吸收利用营养物质，进行新陈代谢活动。如果同化或合成作用的速率高于异化或分解作用的速率，其原生质总量增长，表现为细胞重量增加、体积变大，此现象称之为生长。随着生长的延续，微生物细胞内各种细胞结构及其组分按比例递增，最终通过细胞分裂，导致微生物细胞数目的增加。单细胞微生物则表现为个体数目的增加。在生物学上一般把个体数目的增加定义为繁殖。

在营养条件适宜的环境中，微生物的生长是一个量变过程，是繁殖的基础，而繁殖又为新个体的生长创造了条件。微生物没有生长，就难以繁殖，而没有繁殖，细胞也不可能有新的生长。因此，生长与繁殖是互为因果的矛盾统一体，是在适宜的营养条件下，微生物个体生命延续中交替进行和紧密联系的两个重要阶段。

微生物的生长和繁殖与其所处环境之间存在着密切关系。无论是自然环境中，还是人为环境中，都可观察到由于微生物的生长繁殖而改变其生存的周围环境。同时，变化了的环境反过来又影响微生物的生长与繁殖。人类应用近代科学技术经过长期的观察、探索、总结，已经基本掌握了微生物生长繁殖与其环境之间相互作用和互为影响的基本规律。这不仅为深入了解整个生物界与其所处环境间的复杂的生态关系提供了具有重要科学价值的信息，同时也大大增强了人类对有益微生物的利用和对有害微生物的控制能力。

第一节　微生物的个体与群体生长和繁殖

就一般意义而言，一个微生物个体应具备生长和繁殖的全能性。单细胞微生物如细菌、酵母菌等，一个细胞就是一个个体。在适宜的环境中，一种微生物如大肠杆菌（*E. coli*），从一个个体（细胞）出发，通过生长与繁殖，形成细胞总生物量（biomass）与数目相应增加的群体，这种现象与过程称为群体生长。群体生长是微生物个体生长与个体繁殖持续交替进行所导致的结果。因此，群体生长是以微生物的个体生长与繁殖为基础的。

由于微生物个体微小的特殊性，难以针对单个微生物细胞或个体进行生长繁殖的研究，故除特定的研究目的外,一般所言的微生物生长是指群体生长。某一微生物的生长所表现的形态、发育、生理与代谢性能之特点,是该微生物的遗传特性与所处理化环境相互作用的结果。对微生物的生长特性与规律的研究,有助于人类揭示微生物世界的奥妙,有效控制有害微生物与充分利用有益微生物,提高人类自身的生存质量。

一、微生物的个体生长与繁殖

微生物的个体生长与繁殖因微生物种类的不同而异。现以单细胞微生物细菌为例讨论如下。

1.细菌的个体生长与繁殖

就大多数原核生物而言,其单个细胞持续生长直至分裂成两个新的细胞,这个过程称为二等分裂。杆状细菌如大肠杆菌在培养过程中,能观察到细胞延长至大约为细胞原最小长度的2倍时,处于细胞中间部位的细胞膜和细胞壁从两个相反的方向向内延伸,逐渐形成一个隔膜,直至2个子细胞被分割开,最终分裂形成2个子细胞。细菌完成一个完整生长周期所需的时间随种的不同而变化较大。这种变化除了主要由遗传特性决定外,还受诸多因子的影响,包括营养和环境条件等。在适宜的营养条件下,大肠杆菌完成一个周期仅需约20min,有些细菌甚至比这更快,但更多的比其更慢。在生长周期中,每个子细胞能获得1份完整的染色体和作为一个独立细胞存在所需的其他所有大分子、单体和无机离子的拷贝。由于DNA在细胞生命活动中的中心地位,因此,在细胞生长与繁殖中,遗传物质DNA的复制与分离是备受关注的重要事件。

2.细菌拟核DNA的复制与分离

细菌的拟核(nucleoid)也即细菌染色体(bacterial chromosome),是一个环形的双链DNA分子。细菌细胞在生长过程中,其双链环形DNA分子在一个特定的位置上起始复制,该位置称为复制原点,也称复制起点。复制原点是一约由300个碱基组成的特异序列,它能被特异的起始蛋白所识别;DNA复制从原点开始,向两个相反的方向延伸,最终形成两个子染色体DNA分子。在细胞分裂形成的两个子代细胞中,分别含有一个遗传信息完整的拟核(见图5-1A)。

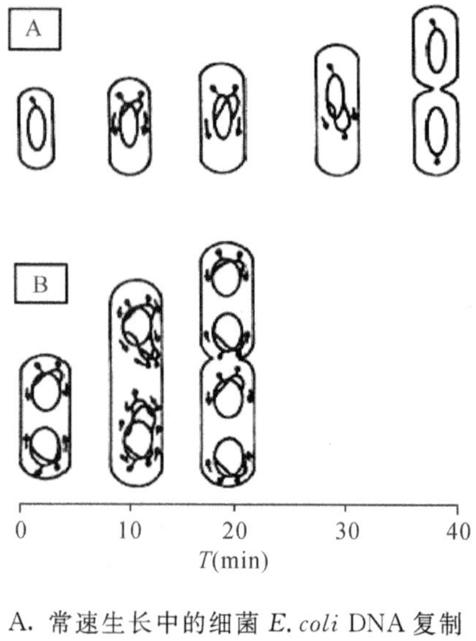

A. 常速生长中的细菌 *E. coli* DNA 复制

B. 快速生长中细菌 *E. coli* DNA 复制

注:DNA环上圆点示复制起点,箭头示复制叉与复制方向

图 5-1　细菌染色体 DNA 的复制

据研究推测,细菌染色体DNA的复制原点附着在细胞质膜的特定部位,在细胞生长中,随着细胞膜的增长延伸,将两个子DNA分子拉向细胞两极,最终完成细胞分裂。大肠杆菌在适宜的生长环境中进行快速生长时,在DNA分子上往往前一次的复制还未完成,而子DNA链上的复制原点已开始新的复制,因而在DNA分子上可出现多个复制叉现象(见图5-1B),导致一个细胞中常含有多个DNA分子,以适应细胞快速生长与繁殖的需要。一般在生长终止的细胞中含有一个拟核DNA分子。

3. 细菌细胞壁的合成与扩增

实验表明，并非所有种的细菌用同一方式合成与扩增细胞壁。酿脓链球菌（*Streptococcus pyogenes*）细胞壁的扩增位置与方式至今已研究得较为清楚。用酿脓链球菌的细胞壁成分作抗原，获得相应的能与细胞壁起结合反应的抗体，并用荧光色素标记该抗体。然后，将酿脓链球菌细胞置于含有此种已标记抗体的培养基中培养，酿脓链球菌细胞壁一旦被带有荧光色素的抗体所结合，就能在荧光显微镜下显示荧光而被分辨；再把带有荧光的酿脓链球菌细胞转移至不含上述荧光抗体的培养基中培养，随着酿脓链球菌细胞的生长，细胞上无荧光部分即为新合成与扩增的细胞壁区域（图 5-2）。从图 5-2 中培养 30min 的细胞可见，新合成的细胞壁成分被运送和添加在

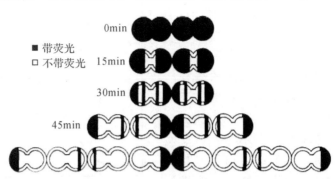

图 5-2　*Streptococcus pyogenes* 细胞壁的合成与延伸
（引自 Boyd，1988）

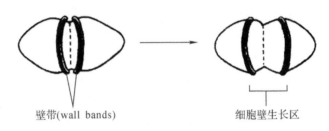

壁带(wall bands)　　　　　细胞壁生长区

图 5-3　细胞壁生长区与扩增方向
（引自 Madigan *et al.*，2003）

球菌壁中部称为壁带（wall bands）的赤道位置上，新合成的细胞壁向两边延伸，并随生长的继续，在球菌壁中部出现内陷，逐渐形成横隔（septum），最后子细胞分离（图 5-3）。粪链球菌（*Streptococcus faecalis*）细胞壁扩增方式与酿脓链球菌类似。

在杆状细菌中，其新合成的细胞壁前体物添加到新细胞壁增长起始点时，由壁水解酶对起始点原有肽聚糖先行水解，这与球菌类同。如抑制有关的这类壁水解酶，就能阻止细胞延长与分裂；但在杆状细菌中，细胞壁的扩增方式的研究，尚未获得可被广泛接受的一致模式。

二、微生物的群体生长规律

对微生物群体生长的研究表明，微生物的群体生长规律因其种类不同而异，单细胞微生物与多细胞微生物的群体生长表现出不同的生长动力学特性。但就单细胞微生物来说，在特定的环境中，不同种的微生物表现出趋势相近的生长动力学规律。

（一）单细胞微生物的生长曲线

如将少量单细胞微生物的纯培养物接种入新鲜的液体培养基，在适宜的条件下培养，定期取样测定单位体积培养基中的菌体（细胞）数，可发现开始时群体生长缓慢，后逐渐加快，进入一个生长速率相对稳定的高速生长阶段，随着培养时间的延长，生长达到一定阶段后，生长速率又表现为逐渐降低的趋势，随后出现一个细胞数目相对稳定的阶段，最后转入细胞衰老死亡期。如用坐标法作图，以培养时间为横坐标，以计数获得的细胞数的对数为纵坐标，可得到一条定量描述液体培养基中微生物生长规律的实验曲线，该曲线则称为生长曲线（growth curve，见图 5-4）。

从图 5-4 可见，细菌生长曲线可划分为四个时期，即：延迟期、指数生长期、稳定期、衰亡期。生长曲线表现了细菌细胞及其群体在新的适宜的理化环境中生长繁殖直至衰老死亡的动力学变化过程。生长曲线各个时期的特点，反映了所培养的细菌细胞与其所处环境间进行物质与能量交流，以及细胞与环境间相互作用与制约的动态变化。深入研究各种单细胞微生物生

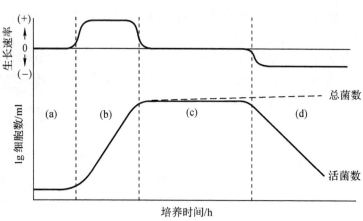

（a）延滞期　（b）指数期　（c）稳定期　（d）衰亡期

图 5-4　单细胞微生物的生长曲线

长曲线各个时期的特点与内在机制，在微生物学理论与应用实践上都有着十分重大的意义。

1. 延迟期（lag phase）

当菌体被接入新鲜液体培养基后，在起初的一个培养阶段内，菌体体积增长较快，如巨大芽孢杆菌（*Bacillus megaterium*）的长度可以从 3.4μm 增长到 9.1～19.8μm，胞内贮藏物质逐渐消耗，DNA 与 RNA 含量也相应提高，各类诱导酶的合成量增加，此时细胞内的原生质比较均匀一致，但单位体积培养基中的菌体数量并未出现较大变化，曲线平缓。这一时期的细胞，正处于对新的理化环境的适应期，正在为下一阶段的快速生长与繁殖作生理与物质上的准备。在这一时期的后阶段，菌体细胞逐步进入生理活跃期，少数菌体开始分裂，曲线出现上升趋势。

延滞期所维持时间的长短，因微生物种或菌株和培养条件的不同而异，实践已知延滞期可从几分钟到几小时、几天甚至几个月不等。如大肠杆菌的延滞期就比分枝杆菌短得多。同一种菌株，接种用的纯培养物所处的生长发育时期不同，延滞期的长短也不一样。如接种用的菌种都处于生理活跃时期，接种量适当加大，营养和环境条件适宜，延滞期将显著缩短，甚至直接进入指数生长期。

在微生物发酵工业中，如果延迟期较长，则会导致污染机会增加、发酵设备的利用率降低、能耗水耗增加、产品生产成本上升，最终造成劳动生产力低下与经济效益下降。缩短延滞期可缩短发酵周期，提高经济效益。因此深入了解延滞期的形成机制，可为缩短延滞期提供指导实践的理论基础，这对于工业、农业、医学、环境微生物学及其应用等均有极为重要的意义。

在微生物应用实践中，通常可采取用处于快速生长繁殖中的健壮菌种细胞接种、适当增加接种量、采用营养丰富的培养基、培养种子与下一步培养用的两种培养基的营养成分以及培养的其他理化条件尽可能保持一致等措施，可以有效地缩短延滞期。

2. 指数生长期（exponential phase）

单细胞微生物的纯培养物在被接种到新鲜培养基后，经过一段时间的适应，即进入生长速度相对恒定的快速生长与繁殖期，处于这一时期的单细胞微生物，其细胞按 $2^0 \rightarrow 2^1 \rightarrow 2^2 \rightarrow 2^3 \rightarrow 2^4 \cdots\cdots 2^n$ 的方式呈几何级数增长，这里的指数"n"为细胞分裂的次数或增殖的代数，也即一个细菌繁殖 n 代产生 2^n 个子代菌体。这一细胞增长以指数式进行的快速生长繁殖期称为指数期，也称指数期（logarithmic phase）（见图 5-4b）。

由此可见,培养基中细胞的最初个数和指数式生长一段时间后的细胞个数之间存在如下关系:

$$N = N_0 \cdot 2^n$$

式中:

N＝细胞最终数目;

N_0＝细胞初始数目;

n＝指数生长期细胞繁殖代数。

细胞每分裂一次所需要的时间称为代时(generation time),以符号 G 表示,$G = t/n$。t 是指数生长期时间,可从细胞最终数目(N)时的培养时间 t_2,减去细胞初始数目(N_0)时的培养时间 t_1 而求得(见下式与图 5-5):

$$t = t_2 - t_1$$

因此,如果已知指数生长期的初始细胞数和指数生长期的最终细胞数,就可以计算出 n,为从 $N = N_0 2^n$ 中解出 n,可对上式作如下变换:

$$N = N_0 2^n$$
$$\lg N = \lg N_0 + n\lg 2$$
$$\lg N - \lg N_0 = n\lg 2$$
$$n = \frac{\lg N - \lg N_0}{\lg 2} = \frac{\lg N - \lg N_0}{0.301} = 3.322(\lg N - \lg N_0)$$

从上式可见,n 作为一个度量单位,可用来计算 N、N_0 和代时 G。

有关 n 和 t 的概念,可用于计算在不同培养条件下不同微生物的 G,是研究微生物生长动力学的重要参数。

根据 n、t,可以算出代时 G。

$$G = \frac{t_2 - t_1}{3.322(\lg N - \lg N_0)}$$

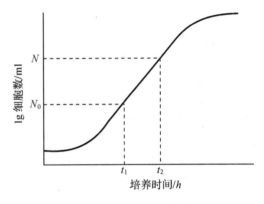

图 5-5　生长曲线的指数期

在指数生长期中,细胞代谢活性最强,生长最为旺盛。从上式可以看出,在一定时间内菌体细胞分裂次数(n)愈多,代时(G)愈短,则分裂速度愈快。另外还可用生长速率常数(growth rate constant),即每小时分裂次数(R)来描述细胞生长繁殖速率。

$$R = \frac{n}{t_2 - t_1} = \frac{3.322(\lg N - \lg N_0)}{t_2 - t_1}$$

从上式可知,R 的倒数($1/R$)即为代时(G)。

处于指数生长期的细胞,由于代谢旺盛,生长迅速,代时稳定,个体形态、化学组成和生理特性等均较一致,因此,在微生物发酵生产中,常用指数期的菌体作种子,它可以缩短延迟期,从而缩短发酵周期,提高劳动生产率与经济效益。指数生长期的细胞也是研究微生物生长代谢与遗传调控等生物学基本特性的极好材料。

指数生长期的生长速率受到环境条件(培养基的组分、培养温度、pH 值与渗透压等)的影响,也是在特定条件下微生物菌株遗传特性的反映。总的来说,原核微生物细胞的生长速率要快于真核微生物细胞,形态较小的真核微生物要快于形态较大的真核微生物。不同种类的细菌,在同一生长条件下,代时不同;同一种细菌,在不同生长条件下,代时也有差异。但是,在一定条件下,各种细菌的代时是相对稳定的,有的 $20\sim30$ min,有的几小时甚至几十小时。表 5-1 列出了有代表性的微生物的相对代时(G)。

表 5-1　某些微生物的生长代时

菌　　　名	培　养　基	温度(℃)	时间(min)
大肠杆菌(*Escherichia coli*)	肉　　汤	37	17
荧光假单胞菌(*Pseudomonas fluorescens*)	肉　　汤	37	$34\sim34.5$
菜豆火疫病假单胞菌(*P. viciae*)	肉　　汤	25	150
白菜软腐病欧氏杆菌(*Erwinia*)	肉　　汤	37	$71\sim94$
甘蓝黑腐病黄杆菌(*Flavobacterium*)	肉　　汤	25	98
大豆根瘤菌(*Bradyrhizobium japonicum*)	葡　萄　糖	25	$343.8\sim460.8$
枯草杆菌(*Bacillus subtilis*)	葡萄糖肉汤	25	$26\sim32$
巨大芽孢杆菌(*B. megaterium*)	肉　　汤	30	31
霉状芽孢杆菌(*B. mycoides*)	肉　　汤	37	28
蜡状芽孢杆菌(*B. cereus*)	肉　　汤	30	18.8
丁酸梭菌(*Clostridium butyricum*)	玉　米　醪	30	51
保加利亚乳酸杆菌(*Lactobacterium bulagricum*)	牛　　乳	37	$39\sim74$
肉毒梭菌(*C. botulinum*)	葡萄糖肉汤	37	35
乳酸链球菌(*Streptococcus lactis acidi*)	牛　　乳	37	$23.5\sim26$
圆褐固氮菌(*Azotobacter chroococcum*)	葡　萄　糖	25	240
霍乱弧菌(*Vibrio cholerae*)	肉　　汤	37	$21\sim38$

3.稳定生长期(stationary phase)

根据单细胞微生物指数生长规律,一个细菌如 *E. coli* 细胞的重量大约只有 10^{-12} g,但不难计算,如果其代时为 20min,在指数生长 48h 后,所产生的细胞总量将会比地球还要重 4000倍! 这是不可思议的,事实上难以得到这样的结果。因为在这一时段内,一定存在某些因素抑制菌体的生长与繁殖。一般而言,制约对数生长的主要因素有:① 培养基中必要营养成分的耗尽或其浓度不能满足维持指数生长的需要而成为生长限制因子(growth-limited factor);② 细胞的排出物在培养基中的大量积累,以致抑制菌体生长;③ 由上述两方面主要因素所造成的细胞内外理化环境的改变,如营养物质比例的失调、pH、氧化还原电位的变化等。虽然这些因素不一定同时出现,但只要其中一个因素存在,细胞生长速率就会降低,这些影响生长因子的综合作用,致使群体生长逐渐进入新增细胞与逐步衰老死亡细胞在数量上趋于相对平衡状态,这就是群体生长的稳定期(见图 5-4c)。

在稳定期,细胞的净数量不会发生较大波动,生长速率常数(R)基本上等于零。此时细胞生长缓慢或停止,有的甚至衰亡,但细胞包括能量代谢和一系列其他生化反应的许多功能仍在继续。

处于稳定期的细胞,其胞内开始积累贮藏物质,如肝糖原、异染颗粒、脂肪粒等,大多数芽孢细菌也在此阶段形成芽孢。稳定生长期时活菌数达到最高水平,如果为了获得大量活菌体,就应在此阶段收获。在稳定期,代谢产物的积累开始增多,逐渐趋向高峰。某些产抗生素的微生物,在稳定期后期时大量形成抗生素。稳定期的长短与菌种和外界环境条件有关。生产上常常通过补料、调节 pH、调整温度等措施来延长稳定生长期,以积累更多的代谢产物。

4. 衰亡期(decline phase 或 death phase)

一个达到稳定生长期的微生物群体,随着培养时间的延长,由于生长环境的继续恶化和营养物质的短缺,群体中细胞死亡率逐渐上升,以致死亡菌数逐渐超过新生菌数,群体中活菌数下降,曲线下滑(见图 5-4d)。在衰亡期的菌体细胞形状和大小出现异常,呈多形态,或畸形,有的胞内多液泡,有的革兰氏染色结果发生改变等。许多胞内的代谢产物和胞内酶向外释放等。

微生物的生长曲线,反映一种微生物在一定的生活环境中(如培养基、试管、摇瓶、发酵罐)生长繁殖和死亡的规律。它既可作为营养物质和环境因素对生长繁殖影响的理论研究指标,也可用作调控微生物生长代谢的依据,以指导微生物生产实践。

通过对微生物生长曲线的分析可见:① 微生物在指数生长期的生长速率最快。② 营养物的消耗,代谢产物的积累,以及因此引起的培养条件的变化,是限制培养液中微生物继续快速增殖的主要原因。③ 用活力旺盛的指数生长期细胞接种,可以缩短延迟期,提早进入指数生长期。④ 补充营养物,调节因生长而改变了环境 pH、氧化还原电位,排除培养环境中的有害代谢产物,可延长指数生长期,提高培养液菌体浓度与有用代谢产物的产量。⑤ 指数生长期以菌体生长为主,稳定生长期以代谢产物合成与积累为主。根据发酵目的的不同,确定在微生物发酵的不同时期进行收获。微生物生长曲线可以用于指导微生物发酵工程中的工艺条件优化以获得最大的经济效益。

第二节　微生物培养与生长量测定

微生物的培养与生长量的测定是微生物研究的基本技术。根据研究目的的不同,可采用不同的微生物培养与生长量测定方法。常用的微生物培养方法主要有纯培养技术,如为了获得纯培养的平板分离法,为了获得在自然界数量少或难培养微生物的富集培养法,为了获得寄生微生物而与其寄主微生物共同培养的二元培养法,为了获得在特定环境中相互依赖共同生存的微生物的共培养法等;以及培养系统相对密闭的分批培养法、培养系统相对开放的连续培养法和特殊基础研究采用的同步培养法等。微生物生长量的测定是微生物量化研究的必要技术,根据研究目的不同适当选用各种不同方法。

一、微生物纯培养技术

微生物在自然界中不仅分布广,而且种类多,并多是混杂地生活在一起。要想研究或利用某一微生物,必须把混杂的微生物类群分离开来,以得到只含一种微生物的纯培养。微生物学中将在实验室条件下由一个细胞或一种细胞群繁殖得到的后代称为微生物的纯培养。

纯培养技术包括两个基本步骤:① 从自然环境中分离培养对象。② 在以培养对象为唯一生物种类的隔离环境中培养、增殖,获得这一生物种类的细胞群体。针对不同微生物的特点,有许多分离方法,应用最广的是平板法分离纯培养。

(一)平板分离法获得纯培养

平板法采用 Petri 培养皿(简称培养皿),它是一副互扣的平面盘。互扣的培养皿经过灭菌,内部保持无菌。将经过灭菌的固体培养基注入无菌的培养皿中,制成固体培养基平板。

例如葡萄汁发酵为葡萄酒主要是酵母菌的作用,但葡萄汁中实际存在着以酵母菌占绝对优势的多种微生物。用无菌水系列稀释葡萄汁,将少量不同稀释度的稀释液分别接入适合酵母菌生长的平板培养基中,在适宜温度(25～30℃)中培养,结果在适宜稀释度的培养皿中就会长出许多孤立的单菌落,其中大多为酵母菌菌落。将由单一种酵母菌形成的菌落作为接种物,接种到适宜的斜面培养基上,反复多次可获得酵母菌纯培养物。大多数情况下,这种分离纯化需要进行多次,才能获得纯培养。具有不同特性的微生物在不同环境中生存,往往需要特殊的分离、培养方法。

(二)富集培养

有些微生物在自然界中生存着,但分离和获得纯培养却十分困难,有些甚至至今没有成功过。对于这些微生物,常采取富集培养的方法,作为纯培养的前处理,或者直接以富集培养物作为研究材料。例如,亚硝酸细菌和硝酸细菌,它们中的有些种类是经过很艰难的操作过程才得到纯培养的,有些种类迄今还没有得到纯培养物。但得到它们的富集培养物却比较容易,对于它们的特性和在自然界中作用的知识,主要是从研究它们的富集培养物获得的。

富集培养作为取得纯培养的前处理,使特定的微生物种类在数量上占绝对优势,然后稀释培养在适宜的平板培养基上,长出的单菌落多数是预期要分离的特定目标种类。

(三)二元培养

二元培养是纯培养的一种特殊形式。有些寄生微生物只能在寄主微生物体内寄生,必须将寄生微生物和寄主微生物培养在一起,同时排除其他杂菌。例如噬菌体只能在特定的寄主微生物体内繁殖。首先在平板培养基中繁殖寄主微生物的纯培养(称为细菌坪),再将含噬菌体的稀释液接种在细菌坪上,经过培养,在细菌坪上出现许多独立的噬菌斑,反复纯化,得到纯的二元培养体即只有一种寄主细菌和一种噬菌体的"纯培养"。

(四)共培养物

如在沼气发酵过程中,对分解丙酸、丁酸和长链脂肪酸的产氢产乙酸细菌的分离,必须在厌氧条件下和利用 H_2 的细菌如脱硫弧菌($Desulfovibrio$)或产甲烷古菌共同培养下才能获得二元培养物。采用严格的厌氧培养技术,沼气发酵液以 10 倍系列稀释,接种到无氧的、已融化的含丁酸(或丙酸,或某一长链脂肪酸)的适宜固体培养基的培养管中(培养管用丁基橡胶塞密封),立即摇匀,在冰水浴中均匀地旋转培养管,使琼脂培养基在试管内壁凝固成一均匀透明的琼脂薄层(此法称滚管法)。然后在 30~35℃培养,经过 15 天后可见单个菌落,挑取单个菌落并稀释,再行滚管培养,直至培养管中只有一种形态的单菌落出现,该单菌落中就是由一种分解丁酸(或丙酸,或某一长链脂肪酸)的产氢产乙酸细菌和一种利用 H_2 的细菌组成,最终获得共培养物。在互营共培养物中,有些不仅仅含有 2 种不同种类的微生物,可能有 3 种或 4 种,甚至更多种类的微生物,它们之间实际上组成了一个以利用某种基质为起点的生物链。

二、分批培养与连续培养

(一)分批培养

在一个相对独立密闭的系统中,一次性投入培养基对微生物进行接种培养的方式一般称为分批培养(batch culture)。由于它的培养系统的相对密闭性,故分批培养也叫密闭培养(closed culture)。如在微生物研究中用烧瓶作为培养容器进行的微生物培养一般是分批培养。采用这种分批培养方式,随培养时间的延长,由于系统相对密闭性,被微生物消耗的营养物得不到及时地补充,代谢产物未能及时排出培养系统,其他对微生物生长有抑制作用的环境条件得不到及时改善,使微生物细胞生长繁殖所需的营养条件与外部环境逐步恶化,从而使微生物群体生长表现出从细胞对新环境的适应到逐步进入快速生长,而后较快转入稳定期,最后走向衰亡的阶段分明的群体生长过程。前面关于生长曲线的研究所用的方法就是分批培养法。分批培养因生长的重要阶段难能延长,故有批次明显、周期短的特点。由于分批培养相对简单与操作方便,在微生物学研究与发酵工业生产实践中仍被较为广泛采用。

（二）连续培养

微生物的连续培养（continuous culture）是相对于分批培养而言的。连续培养是指在深入研究分批培养中生长曲线形成的内在机制的基础上,开放培养系统,不断补充营养液、解除抑制因子、优化生长代谢环境的培养方式。由于培养系统的相对开放性,故连续培养也称为开放培养（openning culture）。连续培

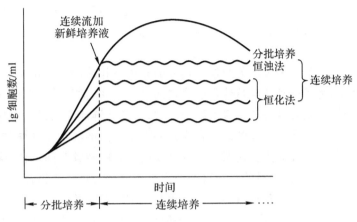

图 5-6　分批培养与连续培养的比较

养的显著特点与优势是,它可以根据研究者的目的,在一定程度上,人为控制典型生长曲线中的某个时期,使之缩短或延长时间,使某个时期的细胞加速或降低代谢速率,从而大大提高培养过程的人为可控性和效率（见图 5-6）。连续培养模式应用于发酵工业则称之为连续发酵（continuous fermentation）。

在连续培养过程中,它可以根据研究目的与研究对象不同,分别采用不同的连续培养方法。常用的连续培养方法有恒浊法与恒化法两类。

所谓恒浊法是以培养器中微生物细胞的密度为监控对象,用光电控制系统来控制流入培养器的新鲜培养液的流速,同时使培养器中的含有细胞与代谢产物的培养液也以基本恒定的流速流出,从而使培养器中的微生物在保持细胞密度基本恒定的条件下进行培养的一种连续培养方式。用于恒浊培养的培养装置称为恒浊器（turbidostat）。连续培养装置（发酵罐,fermenter）见图 5-7。用恒浊法连续培养微生物,可控制微生物在最高生长速率与最高细胞密度的水平上生长繁殖,

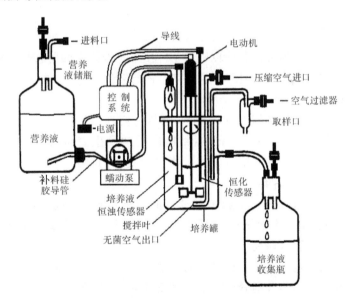

图 5-7　恒浊与恒化培养装置示意图

达到高效率培养的目的。目前在发酵工业上有多种微生物菌体的生产就是用大型恒浊发酵器进行恒浊法连续发酵生产的。与菌体生长相平行的微生物代谢产物的生产也可采用恒浊法连续发酵生产。

恒化法是监控对象不同于恒浊法的另一种连续培养方式。恒化法是通过控制培养基中营

养物(主要是生长限制因子的浓度)来调控微生物生长繁殖与代谢速度的连续培养方式。用于恒化培养的装置称为恒化器(chemostat 或 bactogen)。恒化连续培养往往控制微生物在低于最高生长速率的条件下生长繁殖。恒化连续培养在研究微生物利用某种底物进行代谢的规律方面被广泛采用。因此,它是微生物营养、生长、繁殖、代谢和基因表达与调控等基础与应用基础研究的重要技术手段。

实际上,分批培养与连续培养的分类是相对的。无论是基础研究还是在发酵工业生产实践中,为了达到某种特殊目的或提高培养效率,常常采取两种方法加以综合的培养方式。如在金霉素、四环素等抗生素发酵生产中,在细胞群体生长进入稳定期,抗生素开始大量合成时进行补料,适当增加发酵液中合成四环类抗生素的底物量和维持细胞生存所需要的低浓度营养物,使细胞在非生长繁殖状态下合成抗生素的持续时间延长,从而达到提高单位发酵液中抗生素总量(效价)之目的。在这种细胞生长繁殖与目的产物合成处于阶段分明的不同时期工艺技术,要大幅度地延长目的产物合成期是难以做到的。因为,随着对细胞自身具有一定毒害作用的抗生素在细胞内外环境中浓度的提高,其他对细胞生存不利的代谢产物在环境中的量也在同时增加,会制约细胞长时间维持抗生素合成的高效率。通过补料,适当增加营养,可以延缓细胞衰老与自溶崩溃,但是,应该指出细胞走向终止代谢与死亡的方向并没有改变,进程并没有阻断,也即通过调控营养物配方与补料方式,不可能达到细胞不衰老而无限延长抗生素高效率合成的时间。基于上述原因,金霉素与四环素发酵生产周期不长,一般在 110~150h,批次明显。这种类型的发酵方式,既不是严格意义的分批培养方式,也不是严格意义的连续培养方式,一般称之为补料分批培养或半连续培养,在发酵工业上可称为半连续发酵。这种方式在当代发酵工业上应用较为广泛。

三、同步培养

通过机械方法和调控培养条件使某一群体中的所有微生物个体细胞尽可能处于同一生长和分裂周期中,从而使细胞群体中各个体处于分裂步调一致的生长状态,这种生长状态称为同步生长(synchronous growth)。

尽管微生物细胞极其微小,但与一切其他生物细胞一样,在整个生长过程中,细胞内同样发生着阶段性的极其复杂的时空有序的生物化学变化,其结果是再造了一个与母细胞结构、组成、功能完全一致的子细胞。要研究单个细胞重建过程的具体步骤与一系列变化,在技术上是极为困难的。因此,往往用同步生长的细胞来研究。

用于进行同步生长研究的方法,一是把处于不同生长期的细胞分别做成一系列超薄切片,然后用电子显微镜观察并进行综合分析,从中寻找规律。二是用

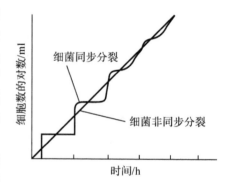

图 5-8 细胞同步与非同步生长规律

同步培养(synchronous culture)技术,分析群体在各阶段的生物化学特性变化,来间接了解单个细胞的相应变化规律(图 5-8)。

目前获得微生物同步生长细胞的方法主要有以下两类:

① 机械筛选法。这一方法是利用处于同一生长阶段细胞的体积与大小的同一性,用过滤、密度梯度离心或膜洗脱等方法收集同步生长的细胞。其中以 Helmstetter-Cummigs 的膜

洗脱法较为有效和常用,这一方法是基于所用滤膜可吸附具有与该滤膜(如硝酸纤维素)相反电荷的细胞之原理,让含有非同步细胞的悬液流经此膜,大量的细胞便被吸附于滤膜上,然后将滤膜翻转并置于滤器中,让吸附于滤膜上的细胞处于悬挂状态,再流加新鲜营养液于滤膜上层,使新鲜营养液慢速渗漏通过滤膜,最初从膜上脱落的是未吸附的细胞,随时间的延续,吸附于滤膜上未下落的细胞开始分裂,在分裂后的两个子细胞中,一个仍吸附于滤膜上,另一个则被营养液洗脱,若滤膜面积足够大,就可获得较大量的在短时间内下落的同步生长子细胞,便可用于同步生长研究(见图5-9)。

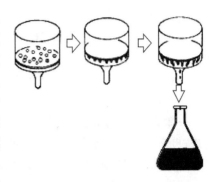

图 5-9　同步生长细胞的培养及其收集

　　② 诱导法。这一方法是用理化条件(药物、营养物、温度、光照等)人为诱导控制微生物细胞群体处于某同一生长发育阶段,以获得同步生长细胞。如用能抑制蛋白质合成的氯霉素等,以抑制细菌蛋白质合成;用控制营养条件与温度诱导细菌芽孢萌发等;又如将鼠伤寒沙门氏杆菌置 25℃ 28min,37℃ 8min,多次重复等,均能获得同步生长的细胞群体。

　　但应注意,人为诱导的同步生长只是相对意义上的同步,且维持同步的时间难以长久。因为,无论哪一类生物,即使是同一种内,个体之间的差异是客观存在的。始终处于人工控制的同步生长条件下,所得研究结果将与自然真实状态下不相一致。一旦解除人为控制生长条件,同步生长群体很快趋于非同步生长状态。不同的微生物种维持同步生长的世代数有差异,一般经 2～3 代即丧失生长的同步性。

四、微生物生长量的测定

　　微生物学研究中常常要进行微生物生长量的测定。有多种方法可用于微生物生长量的测定,概括起来常用的有以下几种:

　　(一)直接计数法(又称全数法)

　　1.计数器直接测数法

　　取定量稀释的单细胞培养物悬液放置在血球计数板(细胞个体形态较大的单细胞微生物,如酵母菌等)或细菌计数板(适用于细胞个体形态较小的细菌)上,在显微镜下计数一定体积中的平均细胞数,换算出供测样品的细胞数。

　　(1)血球计数板及细胞计数

　　血球计数板是一种在特定平面上划有格子的特殊载片。在划有格子的区域中,有分别用双线和单线分隔而成的方格。其中有以双线为界划成的方格 25(或 16)格,

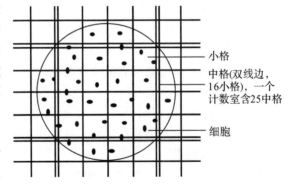

小格

中格(双线边,16小格),一个计数室含25中格

细胞

图 5-10　血球计数板方格示意图

这种以双线为界的格子称为中格(见图5-10),其内有以单线为界的 16(或 25)小格。因此,用于细胞计数的区域的总小格数为:$25 \times 16 = 400$。

　　该 400 个小格排成一正方形的大方格,此大方格的每条边的边长为 1mm,故 400 个小格

的总面积为 1mm²。

在进行细胞计数前,先取盖玻片盖于计数方格之上,盖玻片的下平面与刻有方格的血球计数板平面之间留有 0.1mm 高度的空隙。含有细胞的供测样品液被加注在此空隙中。加注在400 个小格(1mm²)之上与盖玻片之间的空隙中的液体总体积应为:

$$1.0mm×1.0mm×0.1mm=0.1mm³$$

一般表示样品细胞浓度的单位为亿个/mL。因此,在计数后,获得在 400 个小格中的细胞总数,再乘以 10^4,以换算成每 mL 所含细胞数。其计算公式如下:

菌液的含菌数/mL ＝ 每小格平均菌数×400×10 000×稀释倍数

在进行具体操作时,一般取 5 个中格进行计数,取格的方法一般有两种:① 取计数板斜角线相连的 5 个中格;② 取计数板 4 个角上的 4 个中格和计数板正中央的 1 个中格。对横跨位于方格边线上的细胞,在计数时,只计一个方格 4 条边中的 2 条边线上的细胞,而另两条边线上的细胞则不计。取边的原则是每个方格均取上边线与右边线或下边线与左边线。

(2)细菌计数板及细胞计数

细菌计数板与血球计数板结构大同小异,只是刻有格子的计数板平面与盖玻片之间的空隙高度仅 0.02mm。因此,计算方法稍有差异(见以下计算公式),余与血球计数板法同。

菌液样本的含菌数/mL＝每小格平均菌数×400×50 000×稀释倍数

2.涂片染色计数

用计数板附带的 0.01mL 吸管,吸取定量稀释的细菌悬液,放置于刻有 1cm² 面积的玻片上,使菌液均匀地涂布在 1cm² 面积上,固定后染色,在显微镜下任意选择几个乃至十几个视野进行细胞计数。根据计算出的视野面积核算出每 1cm² 中的菌数,然后按 1cm² 面积上的菌液量和稀释度,计算每 mL 原液中的含菌数。

原菌液的含菌数/mL＝视野中的平均菌数×1cm²/视野面积×100×稀释倍数

3.比浊法

这是测定菌悬液中细胞数量的快速方法。其原理是菌悬液中的单细胞微生物,其细胞浓度与混浊度成正比,与透光度成反比。细胞越多,浊度越大,透光量越少。因此,测定菌悬液的光密度(或透光度)或浊度可以反映细胞的浓度。将未知细胞数的悬液与已知细胞数的菌悬液相比,求出未知菌悬液所含的细胞数。浊度计、分光光度仪是测定菌悬液细胞浓度的常用仪器。此法比较简便,但使用有局限性。菌悬液颜色不宜太深,不能混杂其他物质,否则不能获得正确结果。一般在用此法测定细胞浓度时,应先用计数法作对应计数,取得经验数据,并制作菌数对 OD 值的标准曲线方便查获菌数值。

(二)活菌计数法(又叫间接计数法)

活菌计数法又称间接计数法。直接计数法测定到的是死、活细胞总数,而间接计数法测得的仅是活菌。因此后者所得的数值往往比前者测得的数值小。

1.平板菌落计数

此法是基于每一个分散的活细胞在适宜的培养基中具有生长繁殖并形成一个菌落的能力,因此,菌落数就是待测样品所含的活菌数。

将单细胞微生物待测液经 10 倍系列稀释后,将一定浓度的稀释液定量地接种到琼脂平板培养基上培养,长出的菌落数就是稀释液中含有的活细胞数,可以计算出供测样品中的活细胞数。但应注意,由于各种原因,平板上的单个菌落可能并不是由一个菌体细胞形成的,因此在表达单位样品含菌数时,可用单位样品中形成的菌落单位来表示,即 CFU/mL 或 CFU/g

(CFU 即 colony-forming unit)。

2.液体稀释最大或然数法测数

取定量(1mL)的单细胞微生物悬液,用培养液作定量 10 倍系列稀释,重复 3～5 次,将不同稀释度的系列稀释管置于适宜温度下培养。在稀释度合适的前提下,在菌浓度相对较高的稀释管内均出现菌生长,而自某个稀释度较高的稀释管开始至稀释度更高的稀释管中均不出现菌生长,按稀释度自低到高的顺序,把最后三个出现菌生长的稀释管之稀释度称为临界级数。由 3～5 次重复的连续三级临界级数获得指数,查相应重复的最大或然数(即 most probable number,MPN)表求得最大可能数,再乘以出现生长的临界级数的最低稀释度,即可测得比较可靠的样品活菌浓度。

3.薄膜过滤计数法

测定水与空气中的活菌数量时,由于含菌浓度低,则可先将待测样品(一定体积的水或空气)通过微孔薄膜(如硝化纤维薄膜)过滤浓缩,然后把滤膜放在适当的固体培养基上培养,长出菌落后即可计数。

(三)细胞物质量测定法

1.干重法

定量培养物用离心或过滤的方法将菌体从培养基中分离出来,洗净、烘干至恒重后称重,求得培养物中的细胞干重。一般细菌干重约为湿重的 20%～25%。此法直接而又可靠,但要求测定时菌体浓度较高,样品中不含非菌体的干物质。

2.含氮量测定法

细胞的蛋白质含量是比较稳定的,可以从蛋白质含量的测定求出细胞物质量。一般细菌的含氮量约为原生质干重的 14%。而总氮量与细胞蛋白质总含量的关系可用下式计算:

蛋白质总量＝含氮量百分比×6.25

3.DNA 测定法

这种方法是基于 DNA 与 DABA-2HCl(20% 3,5-二氨基苯甲酸-盐酸溶液,W/W)结合能显示特殊荧光反应的原理,定量测定培养物的菌悬液的荧光反应强度,求得 DNA 的含量,可以直接反映所含细胞物质的量。同时还可根据 DNA 含量计算出细菌的数量,每个细菌平均含 $8.4×10^{-5}$ ng DNA。

4.其他生理指标测定法

微生物新陈代谢的结果,必然要消耗或产生一定量的物质。因此也可以用某物质的消耗量或某产物的形成量来表示微生物的生长量。例如通过测定微生物对氧的吸收、发酵糖产酸量或 CO_2 的释放量,均可用来作为生长指标。使用这一方法时,必须注意作为生长指标的那些生理活动应不受外界其他因素的影响或干扰,以便获得准确的结果。

第三节　微生物生长与环境

微生物的生长是微生物与外界环境相互作用的结果。环境条件的改变,在一定的限度内,可使微生物的形态、生理、生长、繁殖等特征发生变化。微生物能抵抗或者适应环境条件的某些改变,但当环境条件的变化超过一定极限,则还会导致微生物的死亡。因此,微生物生长与环境之间的关系极为密切。本节将讨论微生物对环境因子的反应、互作与抗性,以及人类凭借环境因子利用和制约微生物的重要措施及其机理。

　　微生物的生活环境条件是各种因素的综合,各种因素及其综合效应处于合适的程度时,微生物才能旺盛地生长、发育和繁殖。人们常凭借控制和调节各环境因素,促使某些微生物的生长,发挥它们的有益作用,或抑制和杀死另一些微生物以消除它们的危害作用。这里先介绍防腐、消毒、灭菌等几个重要术语。

　　(1)防腐。它是一种抑菌作用。利用某些理化因子,使物体内外的微生物暂时处于不生长、不繁殖但又未死亡的状态。这是一种防止食品腐败和其他物质霉变的技术措施。如低温、干燥、盐渍、糖渍、化学物抑制等。

　　(2)消毒。它是指杀死或消除所有病原微生物的措施,可达到防止传染病传播的目的。例如将物体煮沸(100℃)10min 或 60~70℃加热处理 30min,就可杀死病原菌的营养体,但不能杀死所有的芽孢。常用于牛奶、食品及某些物体的表面消毒。利用具有消毒作用的化学药剂(又称消毒剂),也可进行器皿、用具、皮肤、体膜或体腔内的消毒处理。

　　(3)灭菌。它是指用物理或化学因子,使存在于物体的所有活的微生物永久性地丧失其生活力,包括最耐热的细菌芽孢。这是一种彻底的杀菌措施。

　　必须指出,不同的微生物对各种理化因子的敏感性不同,同一因素不同剂量对微生物的效应也不一样,或者起灭菌作用,或者可能只起消毒或防腐作用。有些化学因子,在低浓度下还可能是微生物的营养物质或具有刺激生长的作用。

一、温度

　　微生物在一定的温度下生长,温度低于最低或高于最高限度时,即停止生长或死亡。就微生物总体而言,其生长温度范围很宽,但各种微生物都有其生长繁殖的最低温度、最适温度、最高温度,称为生长温度三基点。各种微生物也有它们各自的致死温度。

　　最低生长温度,是指微生物能进行生长繁殖的最低温度界限。处于这种温度条件下的微生物生长速率很低,如果低于此温度则生长可完全停止。

　　最适生长温度,是指微生物以最大速率生长繁殖的温度。这里要指出的是,微生物的最适生长温度不一定是一切代谢活动的最佳温度。

　　最高生长温度,是指微生物生长繁殖的最高温度界限。在此温度下,微生物细胞易于衰老和死亡。

　　致死温度,若环境温度超过最高温度,便可杀死微生物。这种在一定条件下和一定时间内(例如 10min)杀死微生物的最低温度称为致死温度。在致死温度时杀死该种微生物所需的时间称为致死时间。在致死温度以上,温度愈高,致死时间愈短。用加压蒸汽灭菌法进行培养基灭菌,足以杀死全部微生物,包括耐热性最强的芽孢。

　　表 5-2 列举了几种芽孢杆菌的芽孢在不同温度条件下的致死时间。

表 5-2　各种细菌的芽孢在湿热中的致死温度和致死时间

时间 (min) 　温度 (℃) 菌　　种	100	105	110	115	121
炭疽芽孢杆菌(Bacillus anthracis)	5~10	—	—	—	—
枯草芽孢杆菌(B. subtilis)	6~17	—	—	—	—
嗜热脂肪芽孢杆菌(B. stearothermophilus)	—	—	—	—	12
肉毒梭状芽孢杆菌(Clostridium botulinum)	330	100	32	10	4
破伤风梭状芽孢杆菌(C. tetani)	5~15	5~10	—	—	—

　　根据微生物生长温度范围,通常把微生物分为嗜热型（thermophiles）、嗜温型（meso-philes)和嗜冷型(psychrophiles)三大类,它们的最低、最适、最高生长温度及其范围见表5-3。

表 5-3　三大类微生物最低、最适、最高生长温度及其范围(℃)

温度范围 微生物类型	最低温度		最适温度			最高温度	
	一般	极限	一般	室温菌	体温菌	一般	极限
嗜热型	30	—	45～58	—	—	60～95	105～150
嗜温型	5	—	25～43	～25	～37	45～50	—
嗜冷型	−10～−5	−30	10～18	—	—	20～30	—

　　嗜热型微生物的最适生长温度在45～58℃。温泉、堆肥、厩肥、秸秆堆和土壤都有高温菌存在,它们参与堆肥、厩肥和秸秆堆高温阶段的有机质分解过程。芽孢杆菌和放线菌中多高温性种类,霉菌通常不能在高温中生长发育。

　　嗜热型微生物能在如此高的温度下生存和生长,可能是由于菌体内的酶和蛋白质较为抗热,同时高温性微生物的蛋白质合成机构核糖体和其他成分对高温也具有较大的抗性。而且细胞膜中饱和脂肪酸含量较高,从而使膜在高温下能保持较好的稳定性。

　　嗜温型微生物的最适生长温度在25～43℃,其中腐生性微生物的最适温度为25～30℃,哺乳动物寄生性微生物的最适温度为37℃左右。

　　嗜冷型微生物又称嗜冷微生物,其最适生长温度在10～18℃,包括水体中的发光细菌、铁细菌及一些常见于寒带冻土、海洋、冷泉、冷水河流、湖泊以及冷藏仓库中的微生物。它们对上述水域中有机质的分解起着重要作用,冷藏食物的腐败往往是这类微生物作用的结果。冷藏食品腐败的原因至少可以认为,嗜冷性微生物细胞内的酶在低温下仍能缓慢而有效地发挥作用,同时细胞膜中不饱和脂肪酸含量较高,可推测为它们在低温下仍保持半流动液晶状态,从而能进行较活跃的物质代谢。

　　微生物在适应温度范围内,随温度逐渐提高,代谢活动加强,生长、增殖加快;超过最适温度后,生长速率逐渐降低,生长周期也延长。微生物生长速率在适宜温度范围内随温度而变化的规律见图5-11。

　　在适应温度界限以外,过高和过低的温度对微生物的影响不同。高于最高温度界限时,引起微生物原生质胶体的变性、蛋白质和酶的变性损伤、失去生活机能的协调,从

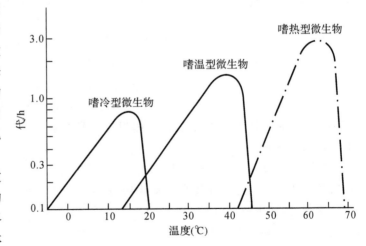

图 5-11　温度对微生物生长速率影响的规律

而停止生长或出现异常形态,最终导致死亡。因此,高温对微生物具有致死作用。各种微生物对高温的抵抗力不同,同一种微生物又因发育形态和群体数量、环境条件不同而有不同的抗热

性。细菌芽孢和真菌的一些孢子和休眠体,比其营养细胞的抗热性强得多。大部分不生芽孢的细菌、真菌菌丝体和酵母菌营养细胞在液体中加热至60℃时经数分钟即死亡。但是各种芽孢细菌的芽孢在沸水中数分钟甚至数小时仍能存活。

高温对微生物的致死作用,现已广泛用于消毒灭菌。高温灭菌的方法分为干热与湿热两大类。在同一温度下,湿热灭菌法比干热灭菌法的效果好。这是因为蛋白质的含水量与其凝固温度成反比(表5-4)。

表5-4   蛋白质含水量与其凝固温度的关系

蛋白质含水量(%)	蛋白质凝固温度(℃)	灭菌时间(min)
50	56	30
25	74~80	30
18	80~90	30
6	145	30
0	160~170	30

1.干热灭菌

(1)灼热灭菌法   灼热灭菌法即在火焰上灼烧进行灭菌,灭菌彻底,迅速简便,但使用范围有限。常用于金属工具、污染物品及实验材料等废弃物的处理。

(2)干热灭菌法   干热灭菌法主要在干燥箱中利用热空气进行灭菌。通常160~170℃处理1~2h便可达到灭菌的目的。如果被处理物品传热性差、体积较大或堆积过挤时,需适当延长时间。此法只适用于玻璃器皿、金属用具等耐热物品的灭菌。其优点是可保持物品干燥。

2.湿热灭菌

(1)煮沸消毒法   煮沸消毒法是将物品在水中煮沸(100℃)15min以上,可杀死细菌的所有营养细胞和部分芽孢的灭菌方法。如延长煮沸时间,并在水中加入1%碳酸钠或2%~5%石炭酸,则效果更好。这种方法适用于注射器、解剖用具等的消毒。

(2)高压蒸汽灭菌法   此法为实验室及生产中常用的灭菌方法。常压下水的沸点为100℃,如加压则可提供高于100℃的蒸汽。加之热蒸汽穿透力强,可迅速引起蛋白质凝固变性。所以高压蒸汽灭菌在湿热灭菌法中效果最佳,应用较广。它适用于各种耐热物品的灭菌,如一般培养基、生理盐水、各种缓冲液、玻璃器皿、金属用具、工作服等。常采用1.05kg/cm^2(15磅/英寸^2)的蒸汽压,121℃的温度下处理15~30min,即可达到灭菌的目的。灭菌所需的时间和温度取决于被灭菌物品的性质、体积与容器类型等。对体积大、热传导性差的物品,加热时间应适当延长。

(3)间歇灭菌法   间歇灭菌法是用蒸汽反复多次处理的灭菌方法。将待灭菌物品置于阿诺氏灭菌器或蒸锅(蒸笼)及其他灭菌器中,常压下100℃处理15~30min,以杀死其中的营养细胞。冷却后,置于一定温度(28~37℃)保温过夜,使其中可能残存的芽孢萌发成营养细胞,再以同样方法加热处理。如此反复3次,可杀灭所有芽孢和营养细胞,以达到灭菌的目的。此法的缺点是灭菌比较费时费力,一般只用于不耐热的药品、营养物、特殊培养基等的灭菌,且易破坏培养基的营养成分。在缺乏高压蒸汽灭菌设备时亦可用于一般物品的灭菌。

(4)巴斯德消毒法   此法是用较低的温度(如用62~63℃处理30min,若以71℃则处理15min)处理牛奶、酒类等饮料,以杀死其中的病原菌如结核杆菌、伤寒杆菌等,但又不损害营养与风味的灭菌方法。处理后的物品应迅速冷却至10℃左右即可饮用。这种方法只能杀死大多数腐生菌的营养体而对芽孢无损害。此法是基于结核杆菌的致死温度为 62℃ 15min 而规定的。这种消毒法系巴斯德发明,故称巴斯德消毒法。

当环境温度低于微生物生长最低温度时,微生物代谢速率降低,进入休眠状态,但原生质结构通常并不破坏,不致很快死亡,能在一个较长时间内保存其生活力,提高温度后,仍可恢复其正常生命活动。在微生物学研究中,常用低温保藏菌种。但有的微生物在冰点以下就会死亡,即使能在低温下生长的微生物,低温处理时,开始也有一部分死亡。主要原因可能是细胞内水分变成冰晶,造成细胞明显脱水,冰晶往往还可造成细胞尤其是细胞膜的物理性损伤。因此,低温具有抑制或杀死微生物生长的作用,故低温保藏食品是最常用的方法。

二、氢离子浓度(pH)

微生物的生命活动受环境酸碱度的影响较大。每种微生物都有最适宜的 pH 值和一定的 pH 适应范围。大多数细菌、藻类和原生动物的最适宜 pH 为 6.5～7.5,在 pH4.0～10.0 之间也能生长。放线菌一般在微碱性,pH7.5～8.0 最适宜。酵母菌和霉菌在 pH5～6 的酸性环境中较适宜,但可生长的范围在 pH1.5～10.0 之间。有些细菌可在很强的酸性或碱性环境中生活,例如有些硝化细菌则能在 pH11.0 的环境中生活,氧化硫硫杆菌能在 pH1.0～2.0 的环境中生活(见表 5-5)。

表 5-5　多种微生物生长的最低、最适与最高 pH 值范围

微生物	pH 值		
	最低	最适	最高
圆褐固氮菌(Azotobacter chroococcum)	4.5	7.4～7.6	9.0
大豆根瘤菌(Bradyrhizobium japonicum)	4.2	6.8～7.0	11.0
亚硝酸细菌	7.0	7.8～8.6	9.4
氧化硫硫杆菌(Thiobacillus thiooxidans)	1.0	2.0～2.8	4.0～6.0
嗜酸乳酸杆菌(Lactobacillus acidophilus)	4.0～4.6	5.8～6.6	6.8
放线菌	5.0	7.0～8.0	10.0
酵母菌	3.0	5.0～6.0	8.0
黑曲霉(Aspergillus niger)	1.5	5.0～6.0	9.0

各种微生物处于最适 pH 范围时酶活性最高,如果其他条件适合,微生物的生长速率也最高。当低于最低 pH 值或超过最高 pH 值时,将抑制微生物生长甚至导致死亡。pH 值影响微生物生长的机制主要有以下几点:

(1)氢离子可与细胞质膜上及细胞壁中的酶相互作用,从而影响酶的活性,甚至导致酶的失活。

(2)pH 值对培养基中有机化合物的离子化有影响,因而也间接地影响微生物。酸性物质在酸性环境下不解离,而呈非离子化状态。非离子化状态的物质比离子化状态的物质更易渗入细胞(见图 5-12)。碱性环境下的情况正好相反,在碱性 pH 值下,它们能离子化,离子化的有机化合物相对不易进入细胞。当这些物质过多地进入细胞,会对生长产生不良影响。

(3)pH 值还影响营养物质的溶解度。pH 值低时,CO_2 的溶解度降低,Mg^{2+}、Ca^{2+}、Mo^{2+}等溶解度增加,当达到一定的浓度后,对微生物产生毒害;当 pH 值高时,Fe^{2+}、Ca^{2+}、Mg^{2+} 及 Mn^{2+} 等的溶解度降低,以碳酸盐、磷酸盐或氢氧化物形式生成沉淀,对微生物生长不利。

微生物在基质中生长,由于代谢作用而引起物质转化,也能改变基质的氢离子浓度。例如

乳酸细菌分解葡萄糖产生乳酸，因而增加了基质的氢离子浓度，酸化了基质。尿素细菌水解尿素产生氨，碱化了基质。为了维持微生物生长过程中 pH 值的稳定，在配制培养基时，要注意调节培养基的 pH 值，以适合微生物生长的需要。

某些微生物在不同 pH 值的培养液中培养，可以启动不

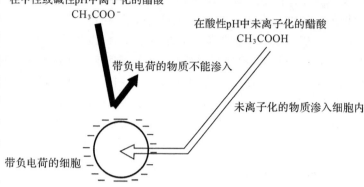

图 5-12　pH 对有机酸渗入细胞的影响

同的代谢途径，积累不同的代谢产物。因此，环境 pH 还可调控微生物的代谢。例如酿酒酵母（*Saccharomyce cerevisiae*）生长的最适 pH 值为 4.5～5.0，并进行乙醇发酵，几乎不产生甘油和醋酸。当 pH 值高于 8.0 时，发酵产物除乙醇外，还有甘油和醋酸。因此，在发酵过程中，根据不同的目的，采用改变其环境 pH 的方法，可提高目的产物的生产效率。

某些微生物生长繁殖的最适生长 pH 与其合成某种代谢产物的 pH 值不一致。例如丙酮丁醇梭菌（*Clostridium acetobutylicum*），生长繁殖的最适 pH 值是 5.5～7.0，而大量合成丙酮丁醇的最适 pH 却为 4.3～5.30。

还可利用微生物对 pH 要求的不同，促进有益微生物的生长或控制杂菌污染。

三、湿度、渗透压与水活度

湿度一般是指环境空气中含水量的多少，有时也泛指物质中所含水分的量。一般的生物细胞含水量在 70%～90%。湿润的物体表面易长微生物，这是由于湿润的物体表面常有一层薄薄的水膜，微生物细胞实际上就生长在这一水膜中。放线菌和霉菌基内菌丝生长在水溶液或含水量较高的固体基质中，气生菌丝则暴露于空气中，因此，空气湿度对放线菌和霉菌等微生物的代谢活动有明显的影响。如基质含水量不高，空气干燥，胞壁较薄的气生菌丝易失水萎蔫，不利于甚至可终止代谢活动；空气湿度较大则有利于生长。酿造工业中，制曲的曲房要接近饱和湿度，促使霉菌旺盛生长。长江流域梅雨季节，物品容易发霉变质，主要原因是空气湿度大（相对湿度在 70% 以上）和温度较高。细菌在空气中的生存和传播也以湿度较大为合适。因此，环境干燥，可使细胞失水而造成代谢停止乃至死亡。人们广泛应用干燥方法保存谷物、纺织品与食品等，其实质就是夺细胞之水，从而防止微生物生长引起的霉腐。

必须强调，微生物生长所需要的水分是指微生物可利用之水，如微生物虽处于水环境中，但如其渗透压很高，即便有水，微生物也难于利用。这就是渗透压对微生物生长的重要性之根本原因所在，因此，水活度是明显影响微生物生长的极为重要的因子。

四、氧和氧化还原电位

氧和氧化还原电位与微生物的关系十分密切，对微生物生长的影响极为明显。研究表明，不同类群的微生物对氧要求不同，可根据微生物对氧的不同需求与影响，把微生物分成如下几种类型：

1. 专性好氧菌（obligate aerobes）　这类微生物具有完整的呼吸链，以分子氧作为最终电

子受体,只能在较高浓度分子氧的条件下才能生长,大多数细菌、放线菌和真菌是专性好氧菌。如醋杆菌属(*Acetobacter*)、固氮菌属(*Azotobacter*)、铜绿假单胞菌(*Pseudomonas aeruginosa*)等属种为专性好氧菌。

2. 兼性厌氧菌(facultative anaerobes)　兼性厌氧菌也称兼性好氧菌(facultative aerobes)。这类微生物的适应范围广,在有氧或无氧的环境中均能生长。一般以有氧生长为主,有氧时靠呼吸产能,兼具厌氧生长能力;无氧时通过发酵或无氧呼吸产能。如大肠杆菌(*E. coli*)、产气肠杆菌(*Enterobacter aerogenes*)等肠杆菌科(Enterobacteriaceae)的成员,以及地衣芽孢杆菌(*Bacillus lichenifornus*)、酿酒酵母(*Saccharomyces cerevisiae*)等。

3. 微好氧菌(microaerophilic bacteria)　这类微生物只在非常低的氧分压下才能生长。它们通过呼吸链,以氧为最终电子受体产能。如发酵单胞菌属(*Zymontonas*)、弯曲菌属(*Gampylobacter*)、氢单胞菌属(*Hydrogenomonas*)、霍乱弧菌(*Vibrio cholerae*)等属种成员。

4. 耐氧菌(aerotolerant anaerobes)　它们的生长不需要氧,但可在分子氧存在的条件下行发酵性厌氧生活,分子氧对它们无用,但也无害,故可称为耐氧性厌氧菌。氧对其无用的原因是它们不具有呼吸链,只通过发酵经底物水平磷酸化获得能量。一般的乳酸菌大多是耐氧菌,如乳酸乳杆菌(*Lactobacillus lactis*)、乳链球菌(*Streptococcus lactis*)、肠膜明串珠菌(*Leuconostoc mesenteroides*)和粪肠球菌(*Enterobacter faecalis*)等。

5. 厌氧菌(anaerobes)　分子氧对这类微生物有毒,氧可抑制其生长(一般厌氧菌)甚至导致死亡(严格厌氧菌)。因此,它们只能在无氧或氧化还原电位很低的环境中生长。常见的厌氧菌有梭菌属(*Clostridium*)成员,如丙酮丁醇梭菌(*Clostridium acetobutylicum*),双歧杆菌属(*Bifidobacterium*)、拟杆菌属(*Bacteroides*)的成员,着色菌属(*Chromatium*)、硫螺旋菌属(*Thiospirillum*)等属的光合细菌与严格厌氧的产甲烷菌类群等。

氧对厌氧性微生物产生毒害作用的机理主要是厌氧微生物在有氧条件下生长时,会产生有害的超氧基化合物和过氧化氢等代谢产物,这些有毒代谢产物在胞内积累而导致机体死亡。例如微生物在有氧条件下生长时,通过化学反应可以产生超氧基(O_2^-)化合物和过氧化氢。这些代谢产物相互作用可以产生毒性很强的自由基,即:

$$O_2 + e^- \xrightarrow{\text{氧化酶}} O_2^-$$

$$O_2^- + H_2O_2 \longrightarrow O_2 + OH^- + OH'$$

超氧基化合物与 H_2O_2 可以分别在超氧化物歧化酶(superoxide dismutase, SOD)与过氧化氢酶(catalase)作用下转变成无毒的化合物,即:

$$2O_2^- + 2H^+ \xrightarrow{\text{超氧化物歧化酶}} H_2O_2 + O_2$$

$$2H_2O_2 \xrightarrow{\text{过氧化氢酶}} 2H_2O + O_2$$

好氧微生物与兼性厌氧细菌细胞内普遍存在着超氧化物歧化酶和过氧化氢酶。而严格厌氧细菌不具备这两种酶,因此严格厌氧微生物在有氧条件下生长时,有毒的代谢产物在胞内积累,引起机体中毒死亡。耐氧性微生物只具有超氧化物歧化酶,而不具有过氧化氢酶,因此在生长过程中产生的超氧基化合物被分解去毒,过氧化氢则通过细胞内某些代谢产物进一步氧化而解毒,这是决定耐氧性微生物在有氧条件下仍可生存的内在机制。

不同的微生物对生长环境的氧化还原电位有不同的要求。环境的氧化还原位(Eh)与氧分压有关,也受 pH 的影响。pH 值低时,氧化还原电位高;pH 值高时,氧化还原电位低。通常以 pH 中性时的值表示。微生物生活的自然环境或培养环境(培养基及其接触的气态环境)

的 Eh 值是整个环境中各种氧化还原因素的综合表现。一般说，Eh 值在 +0.1V 以上好氧性微生物均可生长，以 +0.3～+0.4V 时为宜。-0.1V 以下适宜厌氧性微生物生长。不同微生物种类的临界 Eh 值不等。产甲烷古菌生长所要求的 Eh 值一般在 -330mV 以下，是目前所知的对 Eh 值要求最低的一类微生物。

培养基的氧化还原电位受诸多因子的影响，首先是分子态氧的影响，其次是培养基中氧化还原物质的影响。例如平板培养是在接触空气的条件下，厌氧性微生物不能生长，但如果培养基中加入足量的强还原性物质（如半胱氨酸、硫代乙醇等），同样接触空气，有些厌氧性微生物还是能生长。这是因为在所加的强还原性物质的影响下，即使环境中有些氧气，培养基的 Eh 值也能下降到这些厌氧性微生物生长的临界 Eh 值以下。另一方面，微生物本身的代谢作用也是影响 Eh 值的重要因素，在培养环境中，微生物代谢消耗氧气并积累一些还原物质，如抗坏血酸、H_2S 或有机硫氢化合物（半胱氨酸、谷胱甘肽、二硫苏糖醇等），导致环境中 Eh 值降低。例如，好氧性化脓链球菌在密闭的液体培养基中生长时，能使培养液的最初氧化还原电位值由 +0.4V 左右逐渐降至 -0.1V 以下，因此，当好氧性微生物与厌氧性微生物生活在一起时，前者能为后者创造有利的氧化还原电位（图 5-13）。在土壤中，多种好氧、厌氧性微生物同时存在，空气进入土壤，好氧性微生物生长繁殖，由于好氧性微生物的代谢，消耗了氧气，降低了周围环境的 Eh 值，创造了厌氧环境，为厌氧性微生物的生长繁殖提供了必要条件。

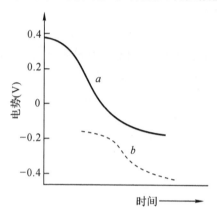

a. 好氧　b. 厌氧

图 5-13　培养基在微生物生长过程中的氧化还原电位变化

五、氧以外的其他气体

氮气对绝大多数微生物种类是没有直接作用的，在空气中，氮气只起着稀释氧气的作用，而对于固氮微生物，氮气却是它们的氮素营养源。空气中的 CO_2 是自养微生物利用光能或化能合成细胞自身有机物不可缺少的碳素养料。有些微生物有氢化酶，能吸收利用空气中的 H_2 作为电子供体。虽然空气中的氢含量很低，并不是影响微生物生长的重要环境因子。但在特殊环境中，如沼气池、沼泽、河底、湖底、瘤胃等厌氧环境中，其中大部分严格厌氧的产甲烷古菌能吸收利用氢气（由沼气池内其他的产 H_2 细菌产生）作为电子供体，将 CO_2 转化为 CH_4，利用 CO_2 合成有机物。

六、辐射

辐射是电磁波，包括无线电波、可见光、X-射线、γ-射线和宇宙线等。大多数微生物不能利用辐射能源，辐射往往对微生物有害。只有光能营养型微生物需要光照，波长在 800～1000nm 的红外辐射可被光合细菌利用作为能源，而波长在 380～760nm 之间的可见光部分被蓝细菌和藻类用作光合作用的主要能源。

虽然有些微生物不是光合生物，但表现出一定的趋光性。例如一种闪光须霉（*Phycomyces nitens*）的菌丝生长有明显的趋光性，向光部位比背光部位生长得快而旺盛。一些真菌在形成子实体、担子果、孢子囊和分生孢子时,也需要一定散射光的刺激,例如灵芝菌在散射光照下才长有具有长柄的盾状或耳状子实体。

太阳光除可见光外,还有长光波的红外线和短光波的紫外线。微生物直接曝晒在阳光中,由于红外线产生热量,通过提高环境中的温度和引起水分蒸发而致干燥作用,间接地影响微生物的生长。短光波的紫外线则具有直接杀菌作用(见图 5-14)。

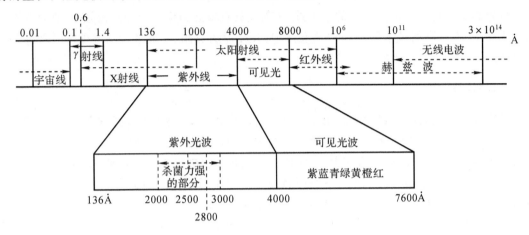

图 5-14　光线波长图

紫外线是非电离辐射,其波长范围为 $13.6\sim390$nm($136\sim3900$Å)。它们使被照射物的分子或原子中的内层电子提高能级,但不引起电离。不同波长的紫外线具有不同程度的杀菌力,一般以 $250\sim280$nm 波长的紫外线杀菌力最强,可作为强烈杀菌剂,如在医疗卫生和无菌操作中广泛应用紫外灯杀菌。紫外线对细胞的杀伤作用主要是由于细胞中 DNA 能吸收紫外线,形成嘧啶二聚体,导致 DNA 复制异常而产生致死作用。微生物细胞经照射后,在有氧情况下,能产生光化学氧化反应,生成的过氧化氢(H_2O_2)能发生氧化作用,从而影响细胞的正常代谢。紫外线的杀菌效果,因菌种及生理状态不同、照射时间的长短和剂量的大小而有差异,干细胞比湿细胞对紫外线辐射抗性强,孢子比营养细胞更具抗性,有色的细胞能更好地抵抗紫外线辐射。经紫外线辐射处理后,受损伤的微生物细胞若再暴露于可见光中,一部分可恢复正常,此称为光复活现象。

高能电磁波如 X-射线、γ-射线、α-射线和 β-射线的波长更短,有足够的能量使受照射分子逐出电子而使之电离,故称为电离辐射。电离辐射的杀菌作用除作用于细胞内大分子,如 X-射线、γ-射线能导致染色体畸变等外,还间接地通过射线引起环境中水分子和细胞中水分子在吸收能量后产生自由基,这些游离基团能与细胞中的敏感大分子反应并使之失活。水分解为游离基的变化如下:

$$H_2O \xrightarrow{\text{辐射}} H_2O^+ + e^-$$
$$e^- + H_2O \longrightarrow H_2O^-$$
$$H_2O^+ \longrightarrow H\cdot + OH^+$$
$$H_2O^- \longrightarrow H\cdot + OH^-$$

电离辐射后所产生的上述离子常与液体内存在的氧分子作用,产生一些具强氧化性的过氧化物如 H_2O_2 与 HO_2 等,而使细胞内某些重要蛋白质和酶发生变化,如果这些强氧化性基团使酶蛋白质的－SH 氧化,可使细胞受到损伤或死亡。氧与上述离子作用产生一些具强氧化性基团的过程如下：

$$O_2 + e^- \longrightarrow O_2{}^-$$

$$O_2{}^- + H^+ \longrightarrow HO_2$$

$$O_2 + 2e^- \longrightarrow O_2{}^{2-}$$

$$O_2{}^{2-} + 2H^+ \longrightarrow H_2O_2$$

放射源 Co^{60} 可发出高能量的 γ-射线，γ-射线具有很强的穿透力和杀菌效果，在食品与制药等工业上，常将高剂量 γ-射线（300 万伦琴）应用于罐头食品、不能进行高温处理的药品的放射灭菌。

七、超声波

超声波是超过人能听到的最高频（20 000 赫兹）的声波，在多种领域具有广泛的应用。适度的超声波处理微生物细胞，可促进微生物细胞代谢。强烈的超声波处理可致细胞破碎，因此，在获取细胞内含物的有关研究中，方法之一是用超声波破碎细胞。这种破碎细胞作用的机理是超声波的高频振动与细胞振动不协调而造成细胞周围环境的局部真空，引起细胞周围压力的极大变化，这种压力变化足以使细胞破裂，而导致机体死亡。另外超声波处理会导致热的产生，热作用也是造成机体死亡的原因之一。故在超声波处理过程中，通常采用间断处理和用冰盐溶液降温的方式避免产生热失活作用。

几乎所有的微生物细胞都可被超声波破坏，只是敏感程度有所不同。超声波的杀菌效果及对细胞的其他影响与频率、处理时间、微生物种类、细胞大小、形状及数量等均有关系。杆菌比球菌、丝状菌比非丝状菌、体积大的菌比体积小的菌更易受超声波破坏，而病毒和噬菌体则较难被破坏，细菌芽孢具更强的抗性，大多数情况下不受超声波影响。一般来说，高频率比低频率杀菌效果好。

八、消毒剂、杀菌剂与化学疗剂

某些化学消毒剂、杀菌剂与化学疗剂对微生物生长有抑制或致死作用。如饮用水的消毒，能杀伤水中的微生物；化学疗剂如各类抗生素对微生物具有强烈的抑菌或杀菌作用。农作物病虫害的防治所施用的化学农药，部分残留在土壤中，对于土壤中的许多微生物有毒害作用等。各种化学消毒剂、杀菌剂与化学疗剂对微生物的抑制与毒杀作用，因其胞外毒性、进入细胞的透性、作用的靶位和微生物的种类不同而异，同时也受其他环境因素的影响。有些消毒与杀菌剂在高浓度时是杀菌剂，在低浓度时可能被微生物利用作为养料或生长刺激因子。对微生物的杀伤或致死具有广谱性和在实践中常用的化学消毒剂、杀菌剂和与微生物关系密切的化学疗剂及其抑菌或杀菌机制如下：

1. 氧化剂

高锰酸钾、过氧化氢、漂白粉和氟、氯、溴、碘及其化合物都是氧化剂。通过它们的强烈氧化作用杀死微生物。

高锰酸钾是常见的氧化消毒剂。一般以 0.1％ 溶液用于皮肤、水果、饮具、器皿等消毒。该消毒剂需在应用时临时配制。

碘具有强穿透力，能杀伤细菌、芽孢和真菌，是强杀菌剂。通常用 3％～7％ 的碘溶于 70％～83％ 的乙醇中配制成碘酊。

氯气可作为饮用水或游泳池水的消毒剂。常用 $0.2 \sim 0.5 \mu g/L$ 的氯气消毒。氯气在水中生成次氯酸,次氯酸分解成盐酸和初生氧。初生氧具有强氧化力,对微生物起破坏作用。

$$Cl_2 + H_2O \rightarrow HCl + HClO(次氯酸)$$

$$HClO \rightarrow HCl + [O](初生氧)$$

漂白粉也是常用的杀菌剂。它含次氯酸钙,在水中生成次氯酸并分解成盐酸和初生氧和氯。

$$Ca(OCl)_2 + 2H_2O \rightarrow Ca(OH)_2 + 2HClO(次氯酸)$$

$$2HClO \rightarrow H_2O + OCl_2$$

$$OCl_2 \rightarrow [O] + Cl_2$$

初生氧和氯都能强烈氧化菌体细胞物质,致其死亡。5%～20%次氯酸钙的粉剂或溶液常用作食品及餐具、乳酪厂的消毒。

2. 还原剂

甲醛是常用的还原性消毒剂,它能与蛋白质的酰基和巯基起反应,引起蛋白质变性。商用福尔马林为含37%～40%的甲醛水溶液,5%的福尔马林常用作动植物标本的防腐剂。福尔马林也用作熏蒸剂,每 m³ 空间用 6～10mL 福尔马林加热熏蒸就可达到消毒目的,也可在福尔马林中加 1/5～1/10 高锰酸钾使其气化,进行空气消毒。

3. 表面活性物质

具有降低表面张力效应的物质称为表面活性物质。乙醇、酚、煤酚皂(来苏儿)以及各种强表面活性的洁净消毒剂,如新洁尔灭等都是常用的消毒剂。乙醇只能杀死营养细胞,不能杀死芽孢。70%的乙醇杀菌效果最好,超过 70%以至无水乙醇效果较差。无水乙醇可能与菌体接触后迅速脱水,表面蛋白质凝固形成了保护膜,阻止了乙醇分子进一步渗入胞内。浓度低于70%时,其渗透压低于菌体内渗透压,也影响乙醇进入胞内,因此这两种情况都会降低杀菌效果。酚(石炭酸)及其衍生物有强杀菌力,它们对细菌的有害作用可能主要是使蛋白质变性,同时又有表面活性剂的作用,破坏细胞膜的透性,使细胞内含物外泄。5%的石炭酸溶液可用作喷雾以消毒空气。微生物学中常以酚作为比较各种消毒剂杀菌力的标准。各种消毒剂和酚的杀菌作用的比较强度,称为消毒剂的"酚价"。甲酚是酚的衍生物,市售消毒剂煤酚皂液就是甲酚与肥皂的混合液,常用 3%～5%的溶液来消毒皮肤、桌面及用具等。新洁尔灭是一种季胺盐,能破坏微生物细胞的渗透性。0.25%的新洁尔灭溶液可以用作皮肤及种子表面消毒。

4. 重金属盐类

大多数重金属盐类都是有效的杀菌剂或防腐剂。其中作用最强的是 Hg、Ag 和 Cu。它们易与细胞蛋白质结合使其变性沉淀,或能与酶的巯基结合而使酶失去活性。

汞的化合物如二氯化汞($HgCl_2$),又名升汞,是强杀菌剂和消毒剂。0.1%的 $HgCl_2$ 溶液对大多数细菌有杀灭作用,用于非金属器皿的消毒。红汞(汞溴红)配成的红药水则用作创伤消毒剂。汞盐对金属有腐蚀作用,对人和动物亦有剧毒。

银盐为较温和的消毒剂。医药上常有用 0.1%～1.0%的硝酸银消毒皮肤。1%硝酸银滴液用以预防新生婴儿传染性眼炎。

铜的化合物如硫酸铜对真菌和藻类的杀伤力较强。常用硫酸铜与石灰配制的溶液来抑制农业真菌、螨以及防治某些植物病害。

5. 其他消毒与杀菌剂

无机酸、碱能引起微生物细胞物质的水解或凝固,因而也有很强的杀菌作用。微生物在1%氢氧化钾或 1%硫酸溶液中 5～10min 大部分死亡。毒性物质如二氧化硫、硫化氢、一氧化碳和氰化物等可与细胞原生质中的一些活性基团或辅酶成分特异性结合,使代谢作用中断,从而杀死细胞。染料特别是碱性染料,在低浓度下可抑制细菌生长。结晶紫、碱性复红、亚甲蓝、孔雀绿等都可用作消毒剂,1:100 000 的结晶紫能抑制枯草杆菌、金黄色葡萄球菌及其他革兰氏阳性细菌的生长。浓度 1:5000 时可抑制大肠杆菌等革兰氏阴性菌生长。一些常用的表面消毒剂及其使用浓度和应用范围见表 5-6。

表 5-6　一些常用的表面消毒剂

类　别	实　例	常用浓度	应用范围
醇	乙　醇	70%	皮肤消毒
酸	食　醋	$3\sim5\text{mL/m}^3$	熏蒸消毒空气、预防流感
碱	石灰水	1%～3%	粪便消毒
酚	石炭酸	5%	空气消毒(喷雾)
	来苏儿	3%～5%	皮肤消毒
醛	福尔马林(原液)	$6\sim10\text{mL/m}^3$	接种箱、厂房熏蒸
重金属盐	升　汞	0.1%	植物组织等外表消毒
	硝酸银	0.1%～1%	新生婴儿眼药水等
	红溴汞	2%	皮肤小创伤消毒
氯化剂	$KMnO_4$	0.1%～3%	皮肤、水果、茶杯消毒
	H_2O_2	3%	清洗伤口
	氯　气	$0.2\sim1\mu\text{g/L}$	自来水消毒
	漂白粉	1%～5%	洗刷培养室、饮水消毒
表面活性剂	新洁尔灭(季胺盐表面活性剂)	0.25%	皮肤消毒
染料	龙胆紫(紫药水)	2%～4%	外用药水

6.化学疗剂

化学疗剂的种类较多,与微生物关系最为密切的是抗生素(antibiotics)与磺胺类抗代谢药物(antimetabolities)等。

(1)抗生素

抗生素是一类在低浓度时能选择性地抑制或杀灭其他微生物的低相对分子质量微生物次生代谢产物。通常以天然来源的抗生素为基础,再对其化学结构进行修饰或改造的新抗生素称为半合成抗生素(semisynthetic antibiotics)。近年来,随着医药学科发展,抗生素已不仅仅限于"微生物代谢产物",还常可见"植物抗生素产物"之类的术语;抗生素的功能范围也不局限于抑制其他微生物生长,而将能抑制肿瘤细胞生长的生物来源次生代谢产物也称为抗生素,一般把这类抗生素冠以定词,称抗肿瘤抗生素。

自 1929 年 A. Fleming 发现第一种抗生素青霉素以来,被新发现的抗生素已有约 1 万种,大部分化学结构已被确定,相对分子质量一般在 150～5000Da 之间。但目前临床上常用于治疗疾病的抗生素尚不足 100 种。主要原因是大部分抗生素选择性差,对人与动物的毒性大。

每种抗生素均有抑制特定种类微生物的特性,这一抑菌范围称为该抗生素的抗菌谱(antibiogram),抗微生物抗生素可分为抗真菌抗生素与抗细菌抗生素,而抗细菌抗生素又可分为抗革兰氏阳性菌、抗革兰氏阴性菌或抗分枝杆菌等抗生素。有的抗生素仅抗某一类微生物,如仅对革兰氏阳性细菌有作用,这些抗生素被称为窄谱抗生素。而有的抗生素对阳性细菌及阴性细菌等均有效,则被称为广谱抗生素(broad-spectrum antibiotics)。

一般抗生素有极性基团与微生物细胞的大分子相互作用,使微生物生长受到抑制甚至致死。抗生素抑制微生物生长的机制,因抗生素的品种与其所作用的微生物的种类的不同而异,一般是通过抑制或阻断细胞生长中重要大分子的生物合成或功能而发挥其功能。抗生素在抑制敏感微生物生长繁殖过程中的作用部位被称为靶位。

根据抗生素的结构不同被分为多种类型,一般把具有相同基本化学结构的天然或化学半合成的抗生素分为一个组,根据这一组中第一个被发现的或其基本化学性质来定名。同一组的不同抗生素常常具有类似的生物学特性,因此,在实践中显其方便与实用。

(2)抗代谢物

抗代谢药物又称代谢类似物或代谢拮抗物,它是指其化学结构与细胞内必要代谢物的结构很相似,可干扰正常代谢活动的一类化学物质。抗代谢物具有良好的选择毒力,故是一类重要的化学治疗剂。抗代谢物的种类很多,一般是有机合成药物,如磺胺类、5-氟代尿嘧啶、氨基叶酸、异烟肼等。常用的抗代谢物是磺胺类药物(sulphonamides,sulfa drugs),可谓"价廉物美"。

研究揭示,磺胺类药物的磺胺(sulfanilamide),其结构与细菌的一种生长因子,即对氨基苯甲酸(para-amino benzoic acid,PABA)高度相似(见图 5-15)。

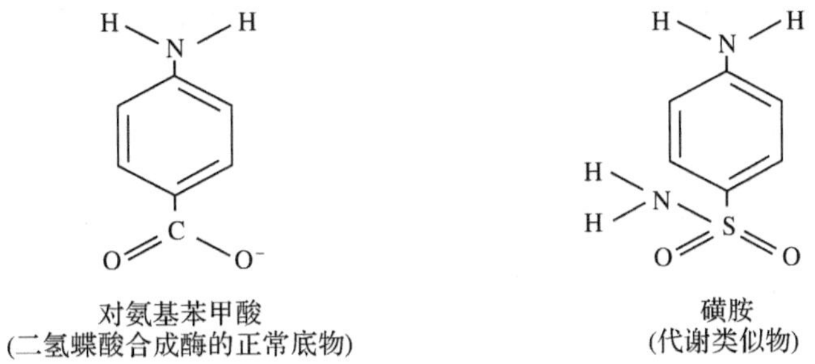

许多致病菌具有二氢蝶酸合成酶,该酶以对氨基苯甲酸(PABA)为底物之一,经一

图 5-15 对氨基苯甲酸与磺胺分子结构比较

系列反应,自行合成四氢叶酸(tetrahydrofolic acid,THFA)。THFA 是一种辅酶,其功能是负责合成代谢中的一碳基转移,而 PABA 则为该辅酶的一个组分。一碳基转移是细菌中嘌呤、嘧啶、核苷酸与某些氨基酸生物合成中不可缺的反应。当环境中存在磺胺时,某些致病菌的二氢蝶酸合成酶在以二氢蝶啶和 PABA 为底物缩合生成二氢蝶酸的反应中,可错把磺胺当作对氨基苯甲酸为底物之一,合成不具功能的"假"二氢蝶酸,即二氢蝶酸的类似物。二氢蝶酸是二氢蝶啶和 PABA 为底物最终合成四氢叶酸的中间代谢物,而"假"二氢蝶酸导致最终不能合成四氢叶酸,从而抑制细菌生长。即磺胺药物作为竞争性代谢拮抗物或代谢类似物(metabolite analogue)使微生物生长受到抑制,从而对这类致病菌引起的病患具有良好的治疗功效。

临床应用的磺胺药物种类很多,至今常用的有磺胺(sulfanilamide)、磺胺嘧啶(sulfadiazine,SD)、磺胺甲噁唑(sulfamethoxazole,SMZ)和磺胺脒(sulfaguanidine,SG)等。

第四节 微生物对环境的适应与抗性

微生物在适宜环境条件中可正常生长与繁殖,而在不利的环境中,其生长与繁殖受到抑制,甚至死亡,这是环境对微生物作用的一个方面。而另一方面,微生物在与其所处环境的复杂的相互作用过程中,通过基因突变与环境对突变的选择,以及在其他各种水平上的适应,表现出与原先难于甚至不能生存的环境"和谐相处"或避害趋利的生物性能。这里将讨论微生物对环境的适应与抗性的若干现象及其内在机制。

一、微生物的趋向性

微生物对环境变化可作出多种适应性反应,如趋向运动(tactic movement)就是其中一种。当环境中存在某种有利于微生物生长的因子时,它们可以向着这种因子源的方向运动,称为正趋向性。当环境中存在某种不利于微生物生长的因子时,微生物可以背向运动避开这种因子源,称为负趋向性。这就是微生物在特定环境中为求得生存而作出的一种适应性反应。最简单的例子是从显微镜下观察微生物对氧的反应。将一滴细菌悬液置于盖玻片下培养,可以看到好氧性微生物向靠近盖玻片边缘聚集,因为此处氧浓度大。微好氧性微生物则在离边缘一定距离的盖玻片下聚集。而厌氧微生物则常聚集在盖玻片的中央位置。又如生长在液体培养基试管中的微生物,它们可根据自身的生理特性,在适合于自己的区域中生长,好氧性微生物生长在液体培养基试管的顶层,因为,液柱顶层中溶解氧含量相对较高(图5-16a),而厌氧性微生物生长在液体培养基试管底层,这是由于底层培养基中的溶解氧含量甚微(图5-16b),这是微生物的趋氧与避氧性的表现。

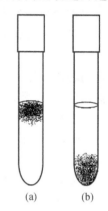

图 5-16　微生物的趋氧
与避氧性生长现象
(a)趋氧　(b)避氧

根据引起微生物趋向性诱发因子的不同,趋向性可以分为趋化性、趋光性、趋磁性与趋电性等多种类型。

不同种类的化学物质或不同浓度的化学物质溶液对微生物所产生的正向性或背向性运动称为趋化性(chemotaxis)。根据细菌趋化性研究结果表明,细菌细胞表面存在着感受不同浓度梯度的化学物刺激作用的受体,当环境中存在着不同浓度的化学物质时,相应的受体产生相应的感受反应,反应能力的大小依赖于细菌表面受体的数量及受体对化学物质的亲和力,受体多、亲和力强,反应能力也强,反之则弱。

已知细菌表面的一些受体是具特定构型的蛋白质分子。鼠伤寒沙门氏菌表面可能有9种受体能感受引起负趋向性化合物的刺激。大肠杆菌表面有15种受体能够感受引起正趋向性化合物的刺激,以及有9种受体能感受引起负趋向性化合物的刺激。细菌表面的趋化性受体通常可以分为氨基酸受体、糖受体和离子受体。它们有一定的专一性,但专一性不强。如鼠伤寒沙门氏菌的半乳糖受体,同时也可以作为葡萄糖、果糖、乳糖与阿拉伯糖的受体。

不同菌体对同一化合物的趋向性不一样,同一菌体对不同化合物的趋向性也不同。大肠杆菌对麦芽糖有趋向性而对乳糖却无趋向性,对丝氨酸有很强的趋向性,而对丝氨酸的分解代谢产物丙酮酸则无趋向性。

光合细菌表现出明显的趋光性(phototaxis)。光合细菌在一个有光照的培养液中培养,当它偶尔离开光照区时,菌体会停住并改变运动方向回到具有光线的区域。光合细菌对光的反应不是光的绝对量,而是光的强度差别,趋光细菌可以区别两个强度仅差5%的光源。光合细菌耶那硫螺菌(*Thiospirillum jenese*)由于趋光而集中生长在细菌叶绿素 a 的吸收波长区域内。

对这种趋向性及其差异的机理研究,是细胞与分子生物学研究的前沿领域。

二、微生物的抗逆性

抗逆性(stress resistance)是指微生物对其生存生长不利的各种环境因素的抵抗和忍耐能

力的总称。当微生物处于对其生存生长不利的逆境(environmental stress)时,由于微生物不像动物那样可通过远距离运动逃离逆境,即使某些微生物有一定的运动能力,其运动距离也十分有限。因而,微生物的抗逆主要通过自身的生理与遗传适应机制来实现。微生物中的抗性,研究较多的主要是与人类实践关系密切的抗性,如抗药性、抗热性、耐高渗透压、耐酸、耐重金属离子等。

(一)抗药性

微生物对以抗生素为主的药物的抗性简称为抗药性。当某种抗生素长期作用于一些敏感(病原)微生物时,微生物通过遗传适应,对特定抗生素表现出抗药性。研究表明,微生物抗药性的获得是由于发生了特定的基因突变,有关基因突变成为抗药性基因这一事件,并非由抗菌药物所诱发,而是在微生物接触特定抗生素之前就已发生,因此,它与药物是否存在并无直接关系。但环境中较高的抗生素浓度对获得抗药性的突变菌株起到了筛选、保留和诱导其表达的作用,并使该突变菌株能在含抗生素的环境中幸存并进而生长繁殖成为优势群体。微生物还可以通过抗药性质粒的输入与遗传重组等途径获得抗药性。

微生物产生抗药性有以下几种具体方式:

1.抗性细胞产生酶,使药物失去活性　例如抗青霉素菌株和抗头孢霉素菌株能产生 β-内酰胺酶,使这两种抗生素结构中的内酰胺键开裂而失去活性。又如革兰氏阳性及革兰氏阴性细菌的抗药品系,产生氯霉素转乙酰酶、卡那霉素磷酸转移酶等,使相应的抗生素失去作用活性。反应如下:

$$卡那霉素 + ATP \xrightarrow{\text{卡那霉素磷酸转移酶}} 3\text{-磷酸卡那霉素} + ADP$$

2.修饰和改变药物作用靶位　例如链霉素是通过结合到菌体核蛋白体的 30S 亚基上,改变其构型,干扰蛋白质合成,而达到抗菌效果。对链霉素产生抗性的菌株,单个染色体突变,导致 30S 核蛋白体亚单位的 P10 蛋白质组分的改变,链霉素不能与改变了的 30S 亚单位结合。这种失去核蛋白体上与链霉素结合的敏感位点的菌株,成为高度抗性菌株。

3.改变细胞对药剂的渗透性与增强外排作用　此种作用有几种情况:① 细胞可以通过代谢作用把药剂转换成一个衍生物,此衍生物外排的速度比原药剂渗入细胞的速度快。② 细胞可分泌酶,将药剂转变成不能进入细胞的形式。例如委内瑞拉链霉菌(S. venezuelae)由于改变膜透性,阻止四环素进入细胞并使四环素排出细胞,从而对四环素产生抗性。

4.形成救护途径　当某一药物封闭了某终产物合成途径中的一个步骤,而影响了该产物的供应量时,可通过形成另一个途径产生该产物,从而获得抗药性。这类途径通常称为救护途径(salvage pathway)。例如,在腺嘌呤核苷酸合成途径中,吖(氮杂)丝氨酸和重氮氧代正亮氨酸,抑制甲酰甘氨酰胺核糖-5-磷酸的酰胺化作用。这样细胞可以通过救护途径来获得腺嘌呤核苷酸,而不再需要甲酰甘氨酰胺核糖-5-磷酸,微生物就不再受上两种药物的抑制。

(二)微生物对高温的抗性

在温泉、堆肥以及锅炉排水处等高温环境中,也生长有微生物。按照它们所生长的最高温度又可以将其分为两种类型:生长的最高温度在 75℃ 以上的嗜高温菌(也称高度好热菌)和生长最高温在 55~75℃ 的嗜亚高温菌(也称中度嗜热菌)。后一类菌中又可分为在 37℃ 以下环境中不能生长的专性嗜亚高温菌及在 37℃ 以下也能生长的兼性嗜亚高温菌。高温菌及其生长最高温度见表 5-7。

表 5-7 高温菌及其生长最高温度

菌　名	生长最高温度(℃)
嗜高温菌	
嗜热栖热菌 HB8(*Thermus thermophilus*)	85
玫瑰红嗜热菌(*Thermomicrobium roseum*)	85
热溶芽孢杆菌 YT-P(*Bacillus caldolyticus*)	82
热自养甲烷杆菌(*Methanobacterium thermoautotrophicum*)	80
酸热硫化叶菌(*Sulfolobus acidocaldarius*)	85
嗜酸破火山口菌(*Calderia acidophila*)	80
嗜亚高温菌	
酸热芽孢杆菌(*Bacillus acidocaldarius*)	70
嗜热脂肪芽孢杆菌(*B. stearothermophilus*)	75
酒石酸梭菌(*Clostridium tartarivorum*)	60
致黑脱硫肠状菌(*Desulfotomaculum nigrificans*)	70
嗜热乳杆菌(*Lactobacillus thermophilus*)	65
普通小单孢菌(*Micromonospora vulgaris*)	62
蓝灰小多孢菌(*Micropolyspora caesia*)	65
嗜热链球菌(*Streptococcus thermophilus*)	55
热紫链霉菌(*Streptomyces thermoviolaces*)	60
糖高温放线菌(*Thermoactinomyces sacchari*)	70
弯曲高温单孢菌(*Thermomonospora curvata*)	65
嗜酸热原体(*Thermoplasma acidophila*)	65
嗜热硫杆菌(*Thiobacillus thermophilica*)	75

　　一般菌体在 60℃ 左右就会因蛋白质变性等引起死亡,而这些嗜高温菌为什么能在一般蛋白质、核酸变性失活的高温下正常生长繁殖呢? 经研究表明嗜高温菌的抗热能力是由菌体内的蛋白质、核酸、核糖体的热稳定性,菌体内所含脂肪酸类型以及存在于胞内的某些保护因子所决定的,这些因子的共同作用大大提高了菌体的抗热能力。

　　与嗜中温菌相比,嗜高温菌的酶对热更具抗性,将这些酶从细胞中提取后,仍能保持热稳定性。比较嗜高温和嗜中温菌的 3-磷酸甘油醛脱氢酶(以下简称 GAPDH)的性质,两者非常相似,但它们的热稳定性明显不同(表 5-8)。

表 5-8 不同菌的 3-磷酸甘油醛脱氢酶特性的比较

比较项目	大肠杆菌 (*E. coli*)	嗜热脂肪芽孢杆菌 (*Bacillus stearotherphilus*)	嗜热栖热菌 (*Thermus thermophilus*)
相对分子质量(Da)	144 000	144 000	130 000
亚单位结构	a_4	a_4	a_4
辅酶	NAD	NAD	NAD
Km(GAP)		10^{-5} mol/L	3×10^{-4} mol/L
Km(NAD)		10^{-5} mol/L	10^{-5} mol/L
活性(单位)	40	93~50(25℃)	10(30℃)
活性中心	胱氨酸	半胱氨酸	半胱氨酸
二级结构	β-结构为主体	β-结构为主体	β-结构为主体
沉淀用(NH₄)₂SO₄ 浓度(%)	65~93	72~90	65~90
80℃ 处理 10min 后酶活性	0	40%	>90%

从表 5-8 可见,嗜高温菌与嗜中温菌的酶在进化上具有同源性,其耐热性的不同则是由于酶分子的内部结构差异决定的。嗜热栖热菌的 GAPDH 相对分子质量低一些,可能是切掉一部分与酶活性无关的部分后,提高了酶的耐热性。因为相对分子质量较小的蛋白质一般比相对分子质量较大的蛋白质具有更大的热稳定性。

嗜高温菌蛋白质(酶)的热稳定性与维持其内部立体结构的化学键,特别是氢键、二硫键的存在及数量有关,一般是这些键的存在与数量增加,酶的热稳定性也增加;这些键断裂,酶的热稳定性降低或丧失。

嗜高温菌核酸中的(G＋C)mol％比嗜中温菌的高,因此使核酸熔点(Tm)较高,DNA 的热稳定性也提高。例如芽孢杆菌属的嗜中温菌 DNA 的(G＋C)mol％为 45,嗜高温菌的为 53,前者 DNA 的 T_m 平均为 87.8℃,而后者的 T_m 为 90.7℃。在嗜高温菌的 tRNA 分子里,一方面(G＋C)mol％较高,另一方面在碱基分子里加入硫原子,从而提高了 tRNA 的热稳定性。例如在嗜热栖热菌的起始 tRNA 里就有这两种方式。碱基中这种硫原子主要是通过提高 tR-NA 几个环之间的结合能力,以此来提高 tRNA 的解链温度。

嗜高温菌的细胞膜中的脂肪酸成分以长链饱和脂肪酸含量高,并且主要是一些分支的长链饱和脂肪酸(即含有 17,18 和 19 个碳原子)。例如嗜热脂肪芽孢杆菌的生长温度从 40℃提高到 60℃时,高温培养的细菌细胞膜中 16 碳分支脂肪酸含量比 40℃低温生长的含量增加了 3～4 倍,而不饱和脂肪酸含量却相应减少;在 50～70℃不同温度下生长的水生栖热菌的细胞膜里,随着生长温度的提高,细胞膜中 16 碳的分支脂肪酸增加的比例最大,而不饱和脂肪酸的含量降低。这表明细胞膜中长链分支饱和脂肪酸含量增加是微生物提高抗热能力的一种方式。另外嗜高温细菌细胞膜中糖脂含量的增加也可能有利于提高它的抗热能力。例如嗜热栖热菌细胞膜中脂类物质的主要成分是糖脂,这种糖脂为一种呋喃半乳糖苷-吡喃半乳糖苷(-N-15-甲基-十六酰)-葡萄糖胺-葡萄糖基甘油二酯。

嗜高温菌对高温的适应与抵抗,除了自身大分子物质酶、核酸及细胞膜脂肪酸的组成等结构变化之外,还与一些保护因子的作用相关。保护因子有一些金属离子(Mg^{2+},Ca^{2+} 等)和一些低分子物质如多胺等。胞内的 Ca^{2+} 可以提高嗜高温菌蛋白酶、淀粉酶的热稳定性,提高 Mg^{2+} 浓度也可以提高嗜高温菌 tRNA 的解链温度(表 5-9)。

表 5-9　tRNA 解链温度与镁离子浓度的关系

tRNA 来源	Mg^{2+} 浓度 (mmol/L)			
	0	10^{-5}	10^{-4}	10^{-2}
嗜热栖热菌 fMet	54	79	87	89
大肠杆菌的 fMet	55	73	81	83
大肠杆菌的 Met	53	63	76	77

注:1. 表中的数字为 tRNA 的解链温度(℃)。

2. 先用 1,2-二氨基环己烷四乙酸处理 tRNA,以去掉与 tRNA 结合的 Mg^{2+},然后再加入不同浓度的 Mg^{2+},并测出各个浓度下的 tRNA 的解链温度。

高温菌与非高温菌细胞内均发现存在有主要是二胺、三胺和四胺等的碱性多胺类物质。其中四胺如热胺、热精胺或精胺等主要存在于嗜高温菌中,而二胺与三胺如腐胺、亚精胺主要存在于嗜中温菌中(表 5-10)。研究表明多胺类物质可以提高菌体合成蛋白质与核酸的能力,提高核酸的稳定性,并对某些酶有激活作用。

表 5-10　各种细菌的多胺组

细菌种类		腐　胺	高温胺	亚精胺	热　胺	热精胺或精胺
嗜高温菌	嗜热栖热菌	微量	＋	＋	主要成分	主要成分
	黄色栖热菌	微量	＋	＋	主要成分	主要成分
	水生栖热菌	微量	＋	＋	主要成分	主要成分
	栖热菌 HB27	微量	＋	＋	主要成分	主要成分
嗜亚高温菌	嗜热脂肪芽孢杆菌	＋	－	＋	－	主要成分
	嗜热菌 v-2	＋	－	＋	－	主要成分
	酸热芽孢杆菌	＋	－	主要成分	－	主要成分
嗜中温菌	大肠杆菌	主要成分	－	主要成分	－	－
	绿脓杆菌	主要成分	－	主要成分	－	－

注:"＋"表示有,但不是主要成分;"－"表示未能检出。

　　综上所述,高温性微生物通过酶蛋白、核酸及细胞膜等结构组成上的变化及一些保护因子的作用等综合抗热机制的组合与调控,使之获得了在高温环境中较稳定地生长繁殖的性能。这种耐热性的获得是微生物自身与外环境因子相互作用、长期选择进化的结果。

　　非高温菌用人工条件如适度热处理等,细胞可通过热激反应(heat shock response,HSR)或称为热休克反应而提高耐热能力。它是生物长期进化中形成的一种复杂的细胞保护机制。细胞受到热激时胞内合成热激蛋白(heat shock protein,Hsp)以帮助有机体度过不良环境。无论原核生物还是高等真核生物,当环境温度升高或是其他环境变化时体内有相对分子质量从 10kDa 到 110kDa 不等的热激蛋白表达。Hsp 还在体内充当分子伴侣(molecular chaperones),帮助新合成多肽或使错误折叠蛋白完成正确折叠后运送至目的地。这也可能是 Hsp帮助细胞度过不良环境,使之具有保护细胞的作用机制之一。有些热激蛋白基因在正常生长条件如细胞分裂周期、发育分化阶段表达。研究发现,尽管热激蛋白表达调控发生在多个水平,但主要是在基因转录水平,热休克因子(heat shock transcription factor,HSF)就是负责 hsp 基因转录的一类蛋白因子,HSF 的种类繁多,但都通过特异结合 hsp 基因启动子上游序列即热激应答元件(heat shock element,HSE)促进 hsp 基因表达,对热激反应起正调节作用。

　　微生物耐热机制的研究不仅有利于人们在分子水平上了解高温性微生物耐热的机理和解析生物细胞的抗热进化历程,同时也为人工控制条件下改善工业微生物菌株及其产物的耐热性,从而提高相关工业生产的经济效益提供了理论依据与实践指导。

　　(三)微生物对极端 pH 值的抗性

　　一般微生物在 pH7 左右的范围内生长时,如环境 pH 稍有变化,微生物可以通过自身代谢调节维持细胞内 pH 的相对稳定。如通过合成一定的氨基酸脱羧酶或氨基酸脱氨酶,催化部分氨基酸分解生成有机胺或有机酸,对环境起到一定的缓冲作用,以免 pH 的剧烈变化。在极端 pH 条件下(<pH4.0 或>pH9.0),一般微生物的生长会受到抑制甚或死亡。而有些耐酸细菌或耐碱细菌仍能继续生长。例如嗜酸热原体(*Thermoplasma acidophilum*)生长要求pH 值为 0.5~3.0,环状芽孢杆菌(*Bacillus circulaus*)能在 pH 11.0 的环境中生长。但这两种细菌细胞内的 pH 值却是中性的。胞内的酶只有在 pH7 左右时才有活性。

　　嗜酸细菌如何维持胞内 pH 在近中性范围之内,其机制还不完全了解,目前一般认为是由于细胞膜对氢离子的不透性所引起,从而能避免质子进入细胞。嗜碱细菌主要是通过主动分泌 OH⁻ 离子的方式来保持胞内 pH 在中性附近。

不论是嗜酸细菌还是嗜碱细菌,细胞壁与细胞膜在维持胞内 pH 的稳定上都起着重要作用。

（四）微生物对重金属离子毒害的抗性

在微生物正常生长中仅需要微量重金属离子,一般在 0.1mg/L 或更少量就可以满足,过量会产生毒害作用。但在一些重金属离子含量甚高的环境中,也有微生物生长。例如,在一些含铜量达到 68000mg/L 的泥炭沼泽地的土壤中和含铜量达 100mg/L 水和泥土里仍有真菌生长;在含有砷、锑的酸性矿泉水中,虽然它们的浓度大大超过对生物产生毒性的水平,也仍然有由藻类、真菌、原生动物和细菌组成的微生物群落存在。微生物免除高浓度重金属离子毒害的机制,据研究有:

（1）通过改变细胞膜透性,阻止金属离子进入细胞

微生物在高浓度重金属溶液中,可以通过改变细胞膜透性,阻止金属离子进入细胞。例如,在酸性矿泉水里生长的真菌,在 pH 为 2～3 时,即使 $CuSO_4$ 的浓度达到 1mol/L,也不能进入细胞。而当 pH 中性时,真菌对 $4×10^{-5}$ mol/L $CuSO_4$ 也敏感。这表明真菌对 Cu^{2+} 的抗性与环境中 pH 变化有密切关系。

（2）产生某种螯合剂,抵抗金属离子的毒害

微生物能产生某种螯合剂,抵抗金属离子的毒害。例如砷、锑等金属,可以在细胞内或细胞外,与微生物产生的螯合剂形成复合物,避免这些金属使酶失活或不被微生物细胞吸收。

（3）通过酶促反应,使有毒物质转变成无毒化合物。

对重金属毒害作用产生抗性的第三种方式是通过酶促反应,使有毒物质转变成无毒化合物。$HgCl_2$ 能与细胞酶蛋白中的巯基结合,使酶失活。一些微生物可以由甲基钴胺素作辅酶及提供甲基,使 $HgCl_2$ 转变成甲基汞或二甲基汞,不再与巯基结合,避免了其毒害作用,甲基汞可被假单胞菌、金黄色葡萄球菌及肠道细菌还原成金属汞。

复习思考题

1. 比较微生物生长和繁殖的异同点。
2. 试分析影响微生物生长的主要因素及它们影响微生物生长繁殖的机理。
3. 测定微生物生长有何意义? 常用微生物生长测定方法有哪些?
4. 比较分批培养、连续培养和同步培养的主要特点。
5. 细菌耐药性机理有哪些? 如何避免抗药性的产生?
6. 试举例说明日常生活中防腐、消毒和灭菌的实例,并说明其原理。
7. 细菌肥料是由相关的不同微生物组成的一个菌群并通过混合培养得到的一种产品。活菌数的多少是质量好坏的一个重要指标之一。但在质量检查中,有时数据相差很大,请分析产生这种现象的原因及如何克服。
8. 何谓纯培养物的典型生长曲线? 它可分为几期? 有何实际的指导作用?
9. 什么叫生长速率常数(R)? 什么叫生长代时(G)? 它们如何计算?
10. 试进行实验设计以获得具有固氮能力的纯培养物。
11. 微生物培养过程中 pH 变化的规律如何? 如何调整?
12. 微生物发酵装置的类型和发展有哪些规律?

第六章 微生物的遗传与变异

【内容提要】

本章介绍微生物的遗传与变异特性。微生物与任何其他生物一样具有遗传与变异特性，其遗传物质也是 DNA 和 RNA，具有一样的分子结构与功能，但微生物的遗传物质较其他生物的遗传物质具有更高的多样性。不仅原核微生物和真核微生物的细胞染色体，染色体外的质粒，而且真核微生物细胞器中的 DNA，病毒的 DNA 脱氧核酸，RNA 病毒的 RNA 核酸，和无核酸的朊蛋白等都携带有遗传信息。本章中比较了三域微生物遗传物质的特性及其差异。微生物 DNA 同样以半保留方式复制，以生物遗传表达的"中心法则"，即以 DNA 作模板转录为 RNA，再由 RNA 翻译为蛋白质，并在酶量和酶活性两个层次上进行遗传表达的调控。微生物可发生变异，这些变异是由于微生物的基因发生变异所引起的，基因发生突变的类型及其诱发因素是多样的。同样，微生物具有对 DNA 损伤进行多种方式修复的能力。人们可以利用这种微生物基因的突变进行定向的筛选育种。细菌可通过结合、转导、转化等方式，真核微生物可通过有性杂交、丝状真菌的准性生殖和酵母的 $2\mu m$ 质粒进行基因重组。

微生物与其他任何生物一样具有遗传性(inheritance)和变异性(variation)。遗传性是指生物的亲代传递给其子代一套遗传信息的特性。生物体所携带的全部基因的总称即遗传型(genotype)。具有一定遗传型的个体，在特定的外界环境中，通过生长和发育所表现出的种种形态和生理特征的总和即为表型(phenotype)。相同遗传型的生物，在不同的外界条件下，会呈现不同的表型，称为饰变(modification)。但这不是真正的变异，因为在这种个体中，其遗传物质结构并未发生变化。只有遗传性的改变，即生物体遗传物质结构上发生的变化，才称为变异。在群体中，自然发生变异的几率极低，但一旦发生后，即是稳定的和可遗传的。

第一节 微生物的遗传

一、微生物遗传的物质基础

遗传必须有物质基础，也即遗传信息必须由某些物质作为携带和传递的载体。现已肯定这个物质基础在绝大多数生物体中就是脱氧核糖核酸(DNA)。

(一)遗传物质 DNA 的分子结构及其多样性

一般认为 DNA 的双螺旋分子结构是一律的(见图 6-1)，是由 4 种脱氧核糖核酸变化排列组成的大分子。但各种生物 DNA 的 4 种碱基(base)含量往往是不均等的，在各种生物中这 4 种碱基的含量之比反映着种的特性。表 6-1 表明了几种微生物的碱基成分，从表可见各种 DNA 分子碱基含量的差异和共同点。各种微生物中的 A＝T，G＝C。A 为腺嘌呤核苷(adenosine)，T 为胸腺嘧啶核苷(thymidine)，G 为鸟嘌呤核苷(guanosine)，C 为胞嘧啶核苷(cytidine)。但(G＋C)/(A＋T)则随着微生物的种类不同而不同，这数值小到 0.45，大到 2.73。

表 6-1　几种微生物的 DNA 碱基含量比较

微 生 物 名 称	碱基含量（moles）				碱基含量比		
	G	A	C	T	Pu/Py	$\dfrac{G+T}{A+C}$	$\dfrac{G+C}{A+T}$
产气荚膜梭菌（Clostridium perfringens）	15.8	34.1	15.1	35.0	1.00	1.03	0.45
金黄色葡萄球菌（Staphylococcus aureus）	17.3	32.3	17.4	33.0	0.98	1.01	0.53
大肠杆菌（Escherichia coli）	26.0	23.9	26.2	23.9	1.00	1.00	1.09
摩氏变形杆菌（Proteus morganii）	26.3	23.7	26.7	23.3	1.00	0.98	1.13
粪产碱杆菌（Alcaligenes faecalis）	33.9	16.5	32.8	16.8	0.98	1.03	2.00
绿脓假单胞菌（Pseudomonas aeruginosa）	33.0	16.8	34.0	16.2	0.99	0.97	2.03
灰色链霉菌（Streptomyces griseus）	36.1	13.4	37.1	13.4	0.98	0.98	2.73

按照沃森-克里克（Watson-Crick）DNA 分子结构模型，碱基含量比值的这些特点说明：①DNA 两个单链的相对位置上的碱基有严格的配对关系，一条单链上嘌呤的相对位置上必定是嘧啶，一条单链上嘧啶的相对位置上必定是嘌呤；②A 的相对位置上必定是 T，G 的相对位置上必定是 C；③DNA 链上的碱基对（base pair，bp）排列则没有一定规律。例如在表 6-1 中的第 1、2 两种细菌的 DNA 分子中，AT 碱基对多于 GC 碱基对约 1 倍；第 3、4 两种细菌中，两者几乎相等；第 5、6 两种细菌中则 GC 碱基对多于 AT 碱基对约 1 倍。可见 DNA 分子中 4 种碱基的排列绝不是单调重复，DNA 结构的变化是无穷无尽的，具有高度多样性。

（二）遗传物质在微生物中存在的多样性

1. 遗传物质在微生物中存在的主要形式——染色体

染色体是所有生物（真核微生物和原核微生物）遗传物质 DNA 的主要存在形式。但是不同生物的 DNA 相对分子质量、碱基对数、长度等很不相同（见表6-2）。总趋势是：越是低等的生物，其 DNA 相对分子质量、碱基对数和长度越小，相反则越长。即染色体 DNA 的含量，真核生物高于原核生物，高等动植物高于真核微生物。而且真核微生物和原核微生物的染色体有着明显的如下区别：①真核生物的遗传物质是 DNA，原核生物的遗传物质是 DNA，病毒的遗传物质是 DNA 或 RNA；②真核生物的染色体由 DNA 及蛋白质（组蛋白）构成，原核生物的染色体是单纯的 DNA；③真核生物的染色体不止一个，呈线形，而原核微生物的染色体往往只有一个，呈环形；④真核生物的多条染色体形成核仁并为核膜所包被，膜上有孔，可允许 DNA 大分子物质进出，而原核微生物的染色体外无膜包围，分散于原生质中。

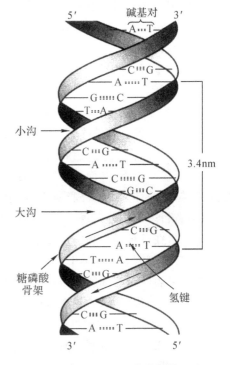

图 6-1　DNA 分子的化学结构组成

表 6-2　一些真核生物和原核生物的染色体 DNA

生　　物	相对分子质量(Da)	碱基对约数	长度(mm)
蛙	—	2.3×10^{10}	6700
人	—	3×10^9	870
果蝇	—	8×10^7	24
脉孢菌	2.8×10^{10}	4.5×10^7	—
大肠杆菌	2.5×10^9	3×10^6	1.0
噬菌体 T2	1.3×10^8	3×10^5	0.056
λ 噬菌体	3.2×10^7	5×10^4	0.016
多瘤病毒	3×10^6	—	—

注:真核生物的染色体 DNA 按单倍体计。

2. 真核微生物中染色体外的遗传物质——细胞器 DNA

细胞器 DNA 是真核微生物中除染色体外遗传物质存在的另一种重要形式。真核微生物具有的细胞器包括叶绿体(chloroplast)、线粒体(mitochondrion)、中心粒(centrosome)、毛基体(kinetosome)等。这些细胞器都有自己的独立于染色体的 DNA。这些 DNA 与其他物质一起构成具有特定形态的细胞器结构,并且携带有编码相应酶的基因,如线粒体 DNA 携带有编码呼吸酶的基因,叶绿体 DNA 携带有编码光合作用酶系的基因。这些细胞器及其 DNA 具有某些共同特征:

(1)结构复杂而多样。各种真核生物的染色体或者同一生物的各个染色体虽然在长短大小上常不相同,但是其结构都基本相同。细胞器则具有复杂而多样化的结构,叶绿体和线粒体具有复杂的膜结构,中心粒和毛基体都具有微管或微纤丝结构。

(2)不仅功能不一,而且对于生命活动常是不可缺少的。叶绿体为依靠光合作用生活的生物所必需,线粒体为细胞呼吸所必需,中心粒为细胞分裂所必需。

(3)数目多少不一。每一细胞中有两个中心粒,光合微生物细胞中叶绿体数目不等,同样,线粒体数目在各种微生物中也很不相同。

(4)自体复制。线粒体 DNA 和叶绿体 DNA 都可进行半保留复制。除此以外,许多实验和观察结果表明这些细胞器通过分裂产生。

(5)一旦消失以后,后代细胞中不再出现。细胞器中的 DNA 常呈环状,数量只占染色体 DNA 的 1% 以下。与细胞器中的 70S rRNA、tRNA 和其他功能蛋白形成必要组分,构成一整套蛋白质合成的完全机制。但是细胞器中的许多蛋白不是由细胞器 DNA 编码的,而是由染色体 DNA 编码的。

3. 微生物中染色体外 DNA 存在的另一形式——质粒

质粒(plasmid)是微生物染色体外或附加于染色体的携带有某种特异性遗传信息的 DNA 分子片段,见图 6-2b。目前仅发现于原核微生物和真核微生物的酵母菌。

微生物质粒 DNA 与染色体 DNA 差别在于:① 宿主细胞染色体 DNA 相对分子质量明显大于细胞所含质粒 DNA 相对分子质量,如大肠杆菌(Escherichia coli)染色体的 DNA 分子碱基数为 4.6×10^3 kb 左右,而通常用于基因工程中的载体一般均小于 10kb,$1 \times 10^6 \sim 100 \times 10^6$ Da。② 大肠杆菌染色体质粒 DNA 较宿主细胞染色体 DNA 更具耐碱性。③ 质粒所携带的遗传信息量较少。由于质粒 DNA 的相对分子质量较小,因此所携带的遗传信息远较宿主细胞染色体所携带的遗传信息为小,而且各携带的遗传信息所控制的细胞生命代谢活动很不

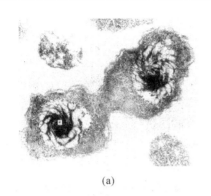 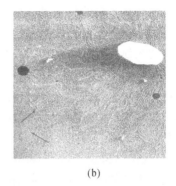

(a) (b)

图 6-2 椰毒假单胞菌（*Pseudomonas cocovenenans*）的拟核染色体（a,b）和质粒（b,箭头所指）

相同。一般来说,细胞染色体所携带的遗传信息控制其关系到生死存亡的初级代谢及某些次级代谢,而质粒所携带的遗传信息,一般只与宿主细胞的某些次要特性有关,而并不关系到细胞的生死存亡。某些细菌中的质粒还具有以下特性:① 可转移性。即某些质粒可以细胞间的接合作用或其他途径从供体细胞向受体细胞转移。如具有抗青霉素质粒的细胞可以水平地将抗青霉素质粒转移到其他种类细胞中,而使后者获得抗青霉素特性。② 可整合性。在某种特定条件下,质粒 DNA 可以可逆性地整合到宿主细胞染色体上,并可以重新脱离。③ 可重组性。不同来源的质粒之间,质粒与宿主细胞染色体之间的基因可以发生重组,形成新的重组质粒,从而使宿主细胞具有新的表现性状。④ 可消除性。经某些理化因素处理如加热或加入丫啶橙或丝裂霉素 C、溴化乙锭等,质粒可以被消除,但并不影响宿主细胞的生存与生命活动,只是宿主细胞失去由质粒携带的遗传信息所控

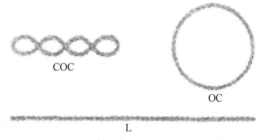

图 6-3 细菌质粒的 3 种不同构型

制的某些表型性状。质粒也可以原因不明的自行消失。细菌质粒有 3 种不同的构型,见图 6-3。

细菌质粒和真核微生物细胞器 DNA 的相同点是:① 都可自体复制;② 一旦消失以后,后代细胞中不再出现;③ 它们的 DNA 只占染色体 DNA 的一小部分。不同之处主要是:① 成分和结构简单,一般都是较小的环状 DNA 分子,并不和其他物质一起构成一些复杂结构;② 它们的功能比自体复制的细胞器更为多样化,但一般并不是必需的,它们的消失并不影响宿主细菌的生存;③ 许多细菌质粒能通过细胞接触而自动地从一个细菌转移到另一个细菌,使两个细菌都成为带有这种质粒的细菌。

表 6-3 大肠杆菌中的染色体 DNA 和三种常见质粒 DNA 的形状比较

特性	染色体	R100-1	ColEl	F
表现型	—	抗某些抗生素	产生肠杆菌素 El	F 性纤毛
相对分子质量（$\times 10^6$）	2.7×10^9	55	4.2	62.5
碱基对（4 对）	4.1×10^3	88	6.4	94.5
基因数	4 288	90	6	100
长度（μm）	1 100	28	6	30
每个细胞中的个数	1~2	1~2	10~15	1~2
自我转移能力	—	有	无	有

根据质粒所携带的遗传信息表达后的表型特征可将质粒分类如下：

(1)抗药性质粒(耐药性质粒 R 因子，resistant plasmid)　携带有分解某种抗生素或药物酶系的基因的质粒，可以赋予宿主细胞耐或抗或分解或失活某种抗生素或药物的性能。某些抗性质粒携带有可以抗重金属如 Te^{6+}，Hg^{2+}，Ni^{2+}，Co^{2+}，Ag^+，Cd^{2+}，As^{3+} 等毒性的基因。有些质粒还具有对紫外线、X 射线具有抗性的基因。多数 R 因子是由相连的 2 个 DNA 片段组成。其一称 RTF 质粒(resistance transfer factor，抗性转移因子)，它含有调节 DNA 复制和拷贝数的基因及转移基因，有时还有四环素抗性基因(*tet*)。RTF 的相对分子质量为 11×10^6Da。其二为抗性决定子(r-determinant)，大小很不固定，从几百万直至 100×10^6Da 以上。并含有其他抗生素的抗性基因，例如抗青霉素(*pen*)、安比西林(*amp*)、氯霉素(*cam*)、链霉素(*str*)、卡那霉素(*kan*)和磺胺(*sul*)等基因。

R 因子在细胞内的拷贝数可从一两个到几十个，分属严紧型和松弛型复制控制。后者经氯霉素处理后，拷贝数甚至可达到两三千个。因为 R 因子对多种抗生素有抗性，因此可作为筛选时的理想标记，也可用作基因载体。

(2)抗生素产生质粒　携带有合成某种抗生素的酶系基因的质粒，赋予宿主细胞合成某种抗生素的性能。

(3)芳香族化合物降解质粒(degradative plasmid)　携带有分解或降解某种芳香族化合物为简单化合物或无机物的酶系基因的质粒，赋予宿主细胞降解某种芳香族化合物的能力。降解性质粒可在假单胞菌属(*Pseudomonas*)和其他芳香族化合物降解菌中普遍发现。这些质粒以其所分解的底物命名，例如有分解 CAM(樟脑)、OCT(辛烷)质粒、XYL(二甲苯)、SAL(水杨酸)质粒、MDL(扁桃酸)、NAP(萘)和 TOL(甲苯)质粒等。

(4)大肠杆菌素质粒(Col plasmid，或称 Col 因子)　携带有产生大肠杆菌素(colicin)酶系基因的质粒，赋予大肠杆菌产生大肠杆菌素的能力。大肠杆菌素(colicin)是一种由 E. coli 的某些菌株所分泌的细菌素，具有通过抑制复制、转录、翻译或能量代谢等而专一地杀死其他肠道细菌的功能，其相对分子质量约 $4 \times 10^4 \sim 8 \times 10^4$Da。假单胞菌属和巨大芽孢杆菌(*Bacillus megaterium*)分别含有能决定产生绿脓杆菌素(pyocin)和巨杆菌素(megacin)等细菌素(bacteriocin)的质粒。Col 因子可分两类，分别以 ColEl 和 ColIb 为代表。前者相对分子质量小，约为 5×10^6Da，无接合作用，是多拷贝的；后者相对分子质量约为 80×10^6Da，它与 F 因子相似，具有通过接合作用转移的功能，属严紧型控制，只有 1～2 个拷贝。凡带 Col 因子的菌株，由于质粒本身编码一种免疫蛋白，从而对大肠杆菌素有免疫作用，不受其伤害。ColEl 已被广泛研究并应用于重组 DNA 和体外复制系统上。

(5)性质粒(fertility plasmid)又称 F 因子　这是第一个从大肠杆菌细胞中被发现的质粒，携带有负责接合转移的基因(*tra* genes)即编码形成性纤毛的基因和 DNA 复制的基因。它是 E. coli 等细菌中决定性别的质粒，是一个相对分子质量为 62×10^6Da、94.5kb、约为 2% 核染色体 DNA 的小型 cccDNA。它足以为 94 个中等大小的多肽进行编码，而其中有 1/3 的基因(*tra* 区)与接合作用(conjugation)有关。F 因子除在 E. coli 等肠道细菌中存在外，还存在于假单胞菌属、嗜血杆菌属(*Haemophilus*)、奈瑟氏球菌属(*Neisseria*)和链球菌属(*Streptococcus*)等细菌中。

(6)限制性核酸内切酶和修饰酶产生的质粒　在这些质粒上携带有编码合成限制性核酸内切酶和修饰酶的基因。

(7)致瘤性质粒(tumor inducing plasmid)

①Ti 质粒　　Ti 质粒是存在于致病菌根癌农杆菌(*Agrobacterium tumefaciens*)中的携带有可以导致许多双子叶植物根系产生冠瘿病(crown gall tumor)根癌基因的质粒。当细菌侵入植物细胞后,在其中溶解,把细菌的 DNA 释放至植物细胞中。这时含有复制基因的 Ti 质粒的小片段与植物细胞中的核染色体发生整合,破坏控制细胞分裂的激素调节系统,从而使它转变成癌细胞。当前 Ti 质粒已成为植物遗传工程研究中的重要载体。一些具有重要性状的外源基因可借 DNA 重组技术设法插入到 Ti 质粒中,并进一步使之整合到植物染色体上,以改变该植物的遗传性。Ti 质粒长 200kb,是一大型质粒。

② Sym 质粒　　Sym 质粒是快生型根瘤菌细胞中存在的携带有某种可以识别、侵染相应豆科植物根系与之形成共生根瘤的基因的质粒。

(8)杀伤性质粒　　杀伤性质粒发现于真菌的酵母菌(yeast)和黑粉菌的致死颗粒(killer particles)中,其性能如大肠杆菌素质粒。但致死颗粒的基因组都为双链 RNA,不是双链 DNA,且有蛋白质外壳包围,犹如双链 RNA 病毒。

(9)已证实和可能与人类疾病有关的质粒　　在较少致病性的霍乱弧菌(*Vibrio cholera*)的菌株中存在有质粒 P(性因子,促进接合作用)和 V(功能未知),而具有强力致病性的菌株中则没有这样的质粒。质粒 P 和 V 被认为其产物可干扰肠毒素的生物合成和膜运输而减少引起霍乱的可能性。致病的产气荚膜梭菌型 C(*Clostridium perfringens* Type C)和引起牙龋的链球菌的突变株都含有质粒,前者的质粒可控制肠毒素的合成,后者的质粒可控制合成不溶性胞外多糖。

(10)酵母菌中的 $2\mu m$ 质粒和其他质粒　　如存在于真核微生物酵母菌细胞核中但独立于染色体内的长度为 $2\mu m$ 并与组蛋白相结合的 DNA 质粒。酵母菌中还存在其他如编码细菌性纤维素酶的质粒。

4．可在染色体上不同部位之间移动的遗传物质——转座因子等

转座因子包括插入序列(insertion sequences,IS)、转座子(transposons,TN)和某些病毒如 Mu 噬菌体。这在真核微生物和原核微生物中都有存在。

(1)插入序列　　IS 能在染色体上和质粒的许多位点上插入并改换位点,因此也称跳跃基因(jumping genes)。

(2)转座子　　TN 是能够插入染色体或质粒不同位点的一般 DNA 序列,大小为几个 kb,具有转座功能,即可移动至不同位点上去,本身也可复制。转座后在原来位置仍保留 1 份拷贝。转座子两末端的 DNA 碱基序列为反向重复序列。转座子上携带有编码某些细菌表型特征的基因,如抗卡那霉素和新霉素的基因,且本身也可自我复制。

另外,侵染微生物的某些 DNA 病毒、RNA 病毒和噬菌体能自我复制,也可整合到染色体或质粒上,且可在微生物细胞之间进行转移而可看作一类微生物染色体外的遗传物质。

5．RNA 作为遗传物质

某些动植物病毒和微生物噬菌体是以 RNA 为遗传物的。如动物骨髓灰质炎病毒为单链 RNA,锡兰豇豆花叶病毒为单链 RNA,动物呼肠 3 型病毒为双链 RNA,噬菌体 MS2 为单链 RNA,φ6 为双链 RNA。这些病毒和噬菌体中没有 DNA。Fraenkel-Conrat(1956)利用含 RNA 的烟草花叶病毒(tobacco mosaic virus,TMV)所进行的分析与重建实验证明了杂种病毒的感染和蛋白质的特征是由它的 RNA 决定的,即遗传物质是 RNA。

单链 RNA 噬菌体 MS2 很小,长仅 26nm,二十面体,每个病毒颗粒由 180 个壳体蛋白组成。其 RNA 有 3 569 个核苷酸长,组成的基因可直接感染大肠杆菌。其 RNA 链可直接作为

mRNA 起作用,编码成熟蛋白(maturation protein)、壳体蛋白(coat protein)、裂解蛋白(lysis protein)和 RNA 复制酶(RNA replicase)。

6. 关于朊病毒的遗传物质问题

朊病毒(virino)也即蛋白侵染因子(prion, proteinaceous infectious agents),是一种比病毒更小、仅含具有侵染性的疏水蛋白质分子,是一类能引起哺乳动物的亚急性海绵样脑病的病原因子。近年引发世界尤其是欧洲国家恐慌的疯牛病即牛海绵状脑病(spongiform encephalopathy)、羊瘙痒症(scrapie)等都是由此朊病毒引起的。纯化的感染因子称为朊病毒蛋白(PrP)。在正常的人和动物细胞的 DNA 中都有编码 PrP 的基因。且无论受感染与否,宿主细胞中 PrP mRNA 水平保持稳定,即 PrP 是细胞组成型基因的表达产物,为一种膜糖蛋白,称为 PrP^c。PrP^c 与引发羊瘙痒病的 PrP^{sc} 是同分异构体,一级结构相同,但折叠程度不同,PrP^{sc} 的 β 折叠程度大为增加而导致溶解度降低,对蛋白酶的抗性增强。

有人认为 PrP^{sc} 进入细胞后与 PrP^c 结合,形成 PrP^c-PrP^{sc} 复合体,使 PrP^c 构型变化为 PrP^{sc},即形成 2 个 PrP^{sc} 分子,2 个 PrP^{sc} 分子再分别与 2 个 PrP^c 分子结合,进入下一轮循环,PrP^{sc} 可呈指数增加。

尽管至今仍有人认为朊病毒含有很少量的核酸物质,但尚无确切证据表明 PrP^{sc} 的增殖是由核酸控制的。

(三)染色体基因组的编码功能分配与遗传图谱

编码各种功能的基因大多位于微生物染色体上,尤其在原核微生物中。而且编码某类功能的基因在整个染色体基因中的比例在同类微生物中较为相似,不同微生物除个别外也大致相似,见表 6-4。

表 6-4　染色体上编码各种功能的基因比例(%)

编码的功能	大肠杆菌 (Escherichia coli)	流感嗜血菌 (Haemophilus influenzae)	生殖道支原体 (Mycoplasma genitalium)
代谢	21.0	19.0	14.6
结构	5.5	4.7	3.6
运输	10.0	7.0	7.3
调节	8.5	6.6	6.0
翻译	4.5	8.0	21.6
转录	1.3	1.5	2.6
复制	2.7	4.9	6.8
已知的其他	8.5	5.2	5.8
未知	38.1	43.0	32.0

注:根据每个种的染色体大小和所含开放阅读框的数量计算。(引自 Madigan *et al.*,2009)

对大肠杆菌基因功能的研究表明,这些基因可以分为不同的功能组。参与翻译、核糖体结构和生物合成的基因 166 个,参与转录的基因 242 个,参与 DNA 复制、重组和修复的基因 213 个,参与细胞分裂和染色体分离的基因 28 个,参与翻译后修饰、蛋白转化及具分子伴侣功能的基因 119 个,参与细胞膜生物合成及编码外膜组成蛋白的基因 199 个,参与细胞运动及分泌功能的基因 115 个,参与无机离子转运及代谢的基因 169 个,参与信号传导的基因 140 个,参与能量产生及转换的基因 267 个,参与糖类转运及代谢的基因 328 个,参与氨基酸转运及代谢的基因 340 个,参与核苷酸转运及代谢的基因 89 个,参与辅酶代谢的基因 116 个,参与脂类代谢的基因 85 个,参与次生代谢物生物合成、转运及代谢的基因 87 个。对于各个功能组中的基因,有些已大部分明确了具体功能,有些仅少部分已明确了具体功能。

目前,已经对 4000 多种微生物的基因组进行了测序,并绘出了它们的染色体基因图谱,如大肠杆菌 K12 菌株(图 6-4)、O-157:H7(EDL933、O509952)菌株,乳酸乳球菌(*Lactococcus lactis*)IL1403 菌株,金黄色葡萄球菌(*Staphylococcus aureus*)N315 菌株等。这些微生物基因图谱的绘制无疑为改造和利用所需的目的基因、构建工程菌提供了极大的方便。

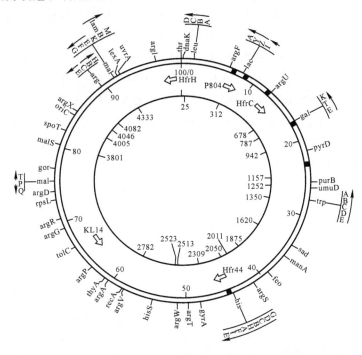

图 6-4 大肠杆菌(*E. coli*)K12 菌株的染色体基因图谱

(四)三域微生物遗传物质及其特性的差异

细菌、古菌和真核微生物的遗传物质及其特性存在明显的差异。尽管古菌和细菌都属于原核微生物,但古菌的染色体特性与真核微生物的更为接近。

细菌代表大肠杆菌和其他原核生物中的基因数基本接近,根据其基因组大小所估计的基因数,即这些微生物基因组 DNA 绝大部分用于编码蛋白质、RNA,用作为复制起点、启动子、终止子和一些由调节蛋白识别和结合的位点等信号序列。绝大部分原核生物不含内含子,遗传信息是连续而不中断的。大肠杆菌总共有 2584 个操纵子。73% 操纵子中只含有 1 个基因,16.6% 含 2 个基因,4.6% 含 3 个基因,6% 含有 4 个或 4 个以上基因。如此多的操纵子与原核基因的表达大多采用转录调控有关,组成操纵子有极为方便的一面。大肠杆菌中功能相关的 RNA 基因也串联在一起。如构成核糖核蛋白体的 3 种 RNA 基因转录在同一个转录产物 16S rRNA-23S rRNA-5S rRNA 中,三者比例为 1:1:1。如它们不在同一转录产物中,则可造成 3 种 RNA 比例失调,影响细胞功能,或需要一个极为复杂、耗费巨大的调节机构来保证正常必须的 1:1:1。大多数情况下,大肠杆菌结构基因在基因组中是单拷贝的,但编码 rRNA 的基因 *rrn* 往往是多拷贝的,反映了基因组经济而有效的结构。大肠杆菌有 7 个 rRNA 操纵子,其特征都与基因组的复制方向有关即按复制方向表达。其中 6 个分布在 DNA 的双向复制起点 oric(83min 处)附近,而不是在复制终点(33min)附近。复制起点处基因表达量几乎是复制终点同样基因的 2 倍,这有利于核糖体的快速组装,便于在急需蛋白质合成时细胞可以在短时间内有大量的核糖体生成。基因组的重复序列少而短。原核生物基因组有一定数量的重复序列，但比真核生物少得多，且重复序列短，一般为 4～40bp。重复程度有的为 10 多次，多者达上1000 次。

古菌詹氏甲烷球菌(*Methanococcus jannaschii*)分离自 2600m 深，$2.63×10^7$Pa(260 大气压)，94℃的海底火山口附近。此菌的基因组全序列分析表明，几乎有一半的基因在现有的细菌和真菌基因数据库中找不到同源序列，只有 40% 左右的基因与其他二域生物具有同源性，其中有的类似于细菌，有的类似于真核生物，有的就是两者的融合，是细菌和真核生物特征的一种奇异结合体。古菌基因组在结构上类似于细菌。詹氏甲烷球菌环形染色体 DNA 大小为 $1.66×10^6$bp，具有 1 682 个编码蛋白质的 ORF。功能相关的基因组成操纵子结构，共转录成一个多顺反子；有 2 个 rRNA 操纵子；有 37 个 tRNA 基因，基本上无内含子；无核膜。但负责信息传递功能的基因(复制、转录和翻译)则类似于真核生物，特别是转录起始系统与真核生物基本相同，而与细菌截然不同。古菌的 RNA 聚合酶在亚基组成和亚基序列上类同于真核生物的 RNA 聚合酶Ⅱ和Ⅲ，而不同于细菌的 RNA 聚合酶。相应的启动子结构也类同于真核生物，TATA-box 序列都位于转录起始位点上游 25～30 核苷酸处，与细菌启动子的典型结构(－10 和－35)不一样。古菌的翻译延长因子是 EF-Ia 和 EF-2，而细菌中分别为 EF-Tu 和EF-G，氨酰 tRNA 合成酶基因，复制起始因子等均与真核生物相似。古菌另有 5 个组蛋白基因，其组蛋白的存在可能表明，虽然甲烷球菌基因图谱看来酷似细菌的基因图谱，但基因组本身在细胞内可能实际上是按典型的真核生物方式组成染色体结构。胞内 16S rRNA 的碱基序列既不同于细菌的 16S rRNA 碱基序列，也不同于真核生物。古菌具有特殊的与细菌不同而与真核生物相类似的基因转录和翻译系统，此系统不受利福平等抗生素抑制，且 RNA 聚合酶由多个亚基组成，核糖体 30S 亚单位的形状、tRNA 结构、蛋白质合成的起始氨基酸，对各种抗生素的敏感性等都不同于细菌而类似于真核生物，见表 6-5。

表 6-5　生命三域的 16S rRNA、18S rRNA 的特征核苷酸序列

特征核苷酸序列	序列位置	在三域的 16S rRNA、18S rRNA 中的出现概率(%)		
		细菌域	古菌域	真核生物域
CACYYG	315	>95	0	0
CYAAYUNYG	510	>95	0	0
AAACUCAAA	910	100	3	0
AAACUUAAAG	910	0	100	100
NUUAAUUCG	960	>95	0	0
YUYAAUUG	960	<1	100	100
CAACCYYCR	1110	>95	0	0
UUCCCG	1380	>95	0	0
UCCCUG	1380	0	>95	100
CUCCUUG	1390	0	>95	0
UACACACCG	1400	>99	0	100
CACACACCG	1400	0	100	0

Y：任一嘧啶，R：任一嘌呤，N：任一嘌呤或嘧啶

(引自 Madigan *et al*., 2009)

酵母是单细胞真核生物，已完成全基因组测序，基因组大小为 $13.5×10^6$bp，分布在 16 个

不连续的染色体中。DNA 与 4 种主要的组蛋白(H2A,H2B,H3 和 H4)结合成染色质(chromatin)的 14bp 核小体核心 DNA,染色体 DNA 上有着丝粒(centromere)和端粒(telomere),没有明显的操纵子结构,有间隔区或内含子序列。最显著的特点是高度重复,如 tRNA 基因在每个染色体上至少 4 个,多则 30 多个,共约有 250 个拷贝。基因组上有许多较高同源性的 DNA 重复序列,这是一种进化。即可在少数基因发生突变而失去功能时不会影响生命过程,也可适应复杂多变的环境,丰余的基因可在不同的环境中起用多个功能相同或相似的基因产物,有备无患。酵母菌确实比细菌和病毒进步而富有,而细菌和病毒似乎更聪明,能更经济、更有效地利用遗传资源。

二、细胞中 DNA 的复制

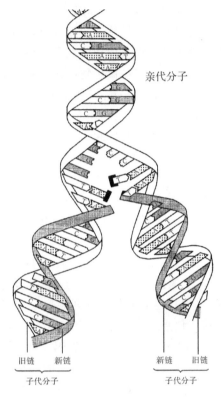

亲代的表型性状要在子代中得以完全表现,必须将亲代的遗传信息既能完整地传递给子代,又能保留在亲代中。现已清楚生物用半保留复制的方式进行复制,即 DNA 的每一次复制所形成的两个分子中,每个分子都保留它的亲代的 DNA 分子的一个单链。即每一个新复制的 DNA 双链中,其中一条链来自于亲代 DNA,另一条链为与亲代 DNA 链相互补的新链,如图 6-5。

复制时,DNA 分子首先从一端或某处的氢键断裂而使双键松开,然后再以每一条 DNA 单链为模板,沿着 5′→3′方向,通过碱基配对各自合成完全与之互补的一条新链,最后新合成的链和原来的一条模板链形成新的双螺旋 DNA 分子。

复制过程中,由于 DNA 分子的双链是反向平行的,其中一条新链的合成是由 DNA 聚合酶 pol Ⅲ 连续进行的,而另一条链则是先由 pol Ⅲ 合成不连续的许多小片段(即冈崎片段),然后由 DNA 聚合酶 pol Ⅰ 将这些冈崎片段连接成另一条新长链。用这两种

图 6-5　DNA 分子结构及其半保留复制

不同的复制方式使 2 个新的 DNA 分子链迅速形成。

在 DNA 复制过程中,有 3 种不同的 DNA 聚合酶参与了复制过程:① 多聚酶 Ⅰ(pol Ⅰ),具有修复作用和连接冈崎片段的功能;② 多聚酶 Ⅱ(pol Ⅱ),具有 DNA 修复作用;③ 多聚酶 Ⅲ(pol Ⅲ),用于 DNA 新链的合成,即加入 1 个核苷酸后,可合成连续的 5′→3′的核苷酸链,并形成不连续的 5′→3′冈崎片段。

微生物细胞中存在有一类对于自身的 DNA 不起作用而对于外来 DNA 起限制作用的酶,称为限制性内切核酸酶(restriction endonuclease),也称限制酶,能识别特定的碱基序列,即具有高度专一性。这类酶可分为两类:一类为可结合在识别位点上,随后又可随机地在其他位点上切割 DNA;另一类酶的识别与切割在同一位点上,在分子遗传学和基因工程研究中是重要的工具酶。

三、RNA 与遗传表达

（一）RNA 结构与功能

RNA 是由 DNA 携带的遗传信息表达为生物遗传表型特性的主要中间环节。RNA 的基本结构与 DNA 相类似，但其所含的是核糖核酸而不是脱氧核糖核酸，碱基为 A、C、G、U，没有胸腺嘧啶（T），而含有尿嘧啶。RNA 由单链构成，较 DNA 短。

根据 RNA 在生物性状遗传表达过程中的功能，可分为核糖体 RNA（即 rRNA）、信使 RNA（即 mRNA）和转移 RNA（即 tRNA）3 种。

1. rRNA（ribosomal RNA）

这是组成核糖体的主要成分，可占细胞 RNA 总量的 80% 以上或核糖体的 65% 左右。核糖体是细胞合成蛋白质的场所。原核微生物和真核微生物细胞内的核糖体大小不一样，其组成也有差异。原核微生物中的核糖体为 70S，由分别为 50S 和 30S 的 2 个亚单位组成。30S 亚单位（0.9×10^6 Da）由 21 种蛋白和由 1542 个核苷酸长的 16S rRNA 组成；50S 亚单位（1.6×10^6 Da）由 32 种蛋白与由 2904 个核苷酸构成的 23S rRNA 和由 120 个核苷酸构成的 5S rRNA 组成。真核微生物细胞中的核糖体为 80S。细胞器中的核糖体大小与原核微生物中一样，是 70S 的。80S 的核糖体由分别为 60S 和 40S 的 2 个亚单位构成。60S 亚单位（3.2×10^6 Da）由分别为 28S（1.6×10^6 Da，4700 个核苷酸）、5.8S（0.05×10^6 Da，160 个核苷酸）、5S（0.03×10^6 Da，120 核苷酸）的 rRNA 和 40 ± 5 种核糖体蛋白质组成。40S 亚单位（1.6×10^6 Da）由 18S（0.9×10^6 Da，1900 个核苷酸）和 30 ± 5 种核糖体蛋白质组成。

2. mRNA（messenger RNA）

mRNA 的碱基是 A、U、C、G，其功能是将 DNA 上遗传信息携带到合成蛋白质的场所核糖体上，即其链上碱基的排列顺序决定了其所携带的遗传信息。mRNA 链上每 3 个核苷酸组成一个三联体密码子（codon），编码一种氨基酸。所有编码构成蛋白质的 20 种氨基酸的全部密码子称为遗传密码（genetic code）。按 4^3 排列组合全套遗传密码，可有 64 个密码子，因此，20 个氨基酸中除少数氨基酸如色氨酸、甲硫氨酸外，一个氨基酸可有多个密码子，如丝氨酸可有 UCU、UCA、UCC 和 UCG 4 个密码子编码。64 个密码子中有 3 个密码子（UAA、UGA 和 UAG）是终止密码子（stop codon），作为终止合成的信号。mRNA 在原核微生物细胞中的寿命仅几分钟，但在真核生物细胞中可有几小时乃至几天。

3. tRNA（transfer RNA）

tRNA 在蛋白质合成过程中起将氨基酸运输转移到核糖体上的作用。tRNA 链通过互补碱基之间的氢键折叠成三叶草形特异结构，那些非互补的碱基片段形成 3 个小环状（见图 6-6），其中相对于叶柄的小环为一个反密码子环（antico-

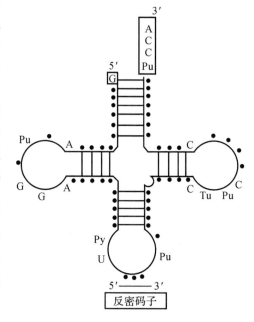

图 6-6　成熟 tRNA 的结构

Ps—假尿嘧啶，Tu—硫尿嘧啶，Py—嘧啶，Pu—嘌呤，CCA 末端为氨基酸结合部位

don loop),上有一个反密码子(anticodon),用于识别 mRNA 上的氨基酸密码子。另外在 tR-NA 的 3′-OH 端都有核苷酸 CCA 序列,是氨基酸结合部位。

（二）"DNA→RNA→蛋白质"的遗传信息流

DNA 双螺旋结构模型的奠基人之一——F. Crick 于 1958 年首次提出了"DNA→RNA→蛋白质(或多肽链)"这一遗传信息单向传递的中心法则。在这个中心法则中,从 DNA 基因到蛋白质有两个过程,前一过程为 DNA→RNA,称为转录(transcription),后一过程为 RNA→蛋白质,称为翻译(translation)。生物中的遗传信息流见图 6-7。

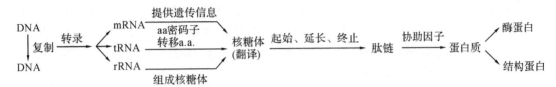

图 6-7 "DNA→RNA→蛋白质"的遗传信息流

1.转录过程

转录(transcription)是将 DNA 链携带的遗传信息(基因)按碱基配对原则转录于 mRNA 上,使 mRNA 链上携带有 DNA 链携带的遗传基因信息。转录的一般过程为:由 RNA 多聚酶和 σ 因子结合的全酶与启动子(promoter)相结合,σ 因子识别 DNA 链上的特定碱基(T 或 C)序列作为转录起始位点,然后启动 RNA 的合成。σ 因子在转录开始后即脱离 RNA 多聚酶,与另一个 RNA 多聚酶结合成全酶进入下一轮,使模板的转录继续进行。转录形成的核苷酸链按 5′→3′连接延长,当转录到 DNA 链上终止子碱基序列时即终止转录,形成了以 DNA 为模板的一条或多条 mRNA 链。转录时 DNA 链上可以是一个基因也可以是多个基因构成的开放阅读框(open reading frame,ORF)被转录。转录产生的 RNA 分子经特定的核酸酶加工成为结构复杂的 rRNA 和 tRNA 分子,而 mRNA 则直接进入翻译过程,见图 6-8。

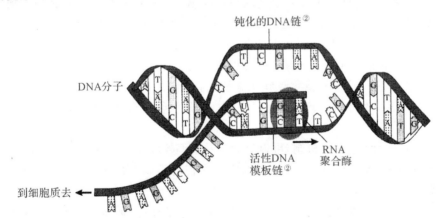

图 6-8 DNA 上的遗传信息转录为 mRNA 分子示意图

在真核微生物中转录后的初生转录物必须经较为复杂的加工过程即切除内含子转录单位(intron transcript)将外显子转录单位(exon transcript)相互连接才能成为成熟的 mRNA。

2.翻译过程

翻译过程(translation)即是按照 mRNA 上的遗传密码将氨基酸合成多肽链、蛋白质的过程,可分为翻译起始、肽链延长和翻译终止 3 个阶段。第一步是 tRNA 的 3′-OH 末端与氨基酸共轭结合,由氨酰-tRNA 合成酶催化形成氨酰-tRNA。处于 mRNA 5′磷酸末端的一个氨基酸密码子(一般为 AUG,也称起始密码子)既可"指示"翻译开始,又是甲酰甲硫氨酸(formyl methionine,fMet)的密码子。30S 亚单位核糖体结合于 mRNA 的起始密码子 AUG 上,与 fMet-tRNA 形成复合物,这个复合物随后结合到核糖体肽 P 位点上,第一个氨基酸甲酰甲硫氨基酸到位后,第二个氨基酸通过肽酰转移酶(peptidyl transferase)的作用,与甲酰甲硫氨基酸形成共轭键,同时 fMet 与 tRNA 之间的键断裂而释放 tRNA,tRNA 可再携带第二个氨基酸进入下一轮循环。如此反复,使肽链不断延长。当核糖体碰到 mRNA 上不编码任何氨基酸的终止密码子如 UAA、UAG 和 UGA 时,终止密码子可占据 50S 亚单位核糖体上的 A 位点,一旦 A 位点被终止密码子占据,即可被释放因子所识别,并活化肽酰转移酶,将肽链从末端 tRNA 上释放下来。核糖体的两个亚单位再次分开,进入新一轮翻译。在同一 mRNA 链上可同时有一个或多个翻译过程进行,也即同时有一条或多条肽链在同时合成。形成的肽链必须在协助因子(chaperone)蛋白的作用下形成大分子蛋白。

四、微生物基因表达的调控

微生物基因的表达是其遗传信息转化为生物学性状与功能的必需过程。微生物生物学性状与功能是基因主要表达产物所有酶类综合作用的结果,其中包括各种酶类。因此酶活性的调节和酶量的调节是基因表达调控的两种主要方式,也是决定生物学性状的关键之一。

酶活性的调节是在酶蛋白合成后进行的,是在酶化学水平上的调节。而酶量的调节即合成多少酶的调节,则是发生在转录水平(即产生多少 mRNA)或翻译水平(即多少 mRNA 翻译为酶蛋白)的调节。这两种调节是相互结合协同作用进行调节的,一般来说,酶量的调节较为粗放,而酶活性的调节较为精细。

1. 酶量的转录水平调控

在微生物细胞中,功能相关的多个基因组成操纵子(operon)结构。操纵子结构是一个在结构上完整、功能上协同的整体,它包含有编码酶蛋白的结构基因、操纵结构基因表达的操纵基因(operator)、编码作用于操纵基因的调节蛋白阻遏物或激活物的调节基因(regulatory gene)、与 RNA 聚合酶和 CAP(分解物激活蛋白)蛋白相结合并控制转录起始的的启动子(promotor) 4 个部分。这种一整套调节机制保证了基因的有序表达,从而进一步保证了微生物生命系统生物学特性与功能的时空有序表达。这是微生物乃至所有生物最为经济有效的调控方式。

根据酶量的转录水平调控机制,可以分为正转录调控(positive transcription control)和负转录调控(negative transcription control)两类。在正转录调控过程中,如果效应物(诱导物)的存在使激活蛋白(activator protein)具有激活作用,称为正控诱导系统;如果效应物(有阻遏作用的代谢产物或抑制物)的存在使激活蛋白不具有激活作用,则称为正控阻遏系统。其激活蛋白的作用位点在离启动区较近的激活结合位点,对于启动区起正调控作用。在负转录调控过程中,诱导效应物和调节基因产物阻遏蛋白(repressor)结合,阻止其与操纵子结合、启动结构基因的转录,称为负控诱导系统;在抑制效应物(有阻遏作用的代谢产物等)存在下,调节基因产物阻遏蛋白和效应物结合后才能和操纵子结合,阻止结构基因的转录,称为负控阻遏系统。

在微生物学研究工作中常见到,在存在多种基质的培养基中生长的微生物常首先利用易分解利用的基质,在易利用的基质利用完后才利用其他相对较难利用的基质,这一现象的实质就是易利用基质的分解产物对分解利用其他基质的酶产生了阻遏作用。

除了上述正负转录调控外，在某些微生物中还有其他一些方式和机制作用于转录水平的调控。例如，枯草芽孢杆菌（*B. subtilis*）芽孢形成过程中通过不同的信号因子（是 RNA 聚合酶和启动子之间的结合物，参与启动子对 RNA 聚合酶的识别和结合）的更替来使 RNA 聚合酶识别不同的启动子，使与芽孢形成不同阶段有关的基因有序地表达。温度、pH、氧浓度、渗透压等环境因子变化也会对基因转录发生影响，这种影响是通过微生物中广泛存在的信号传导单蛋白和二元调控系统来实现的。二元调控系统由传感蛋白（sensor protein）和应答调节蛋白（response regulator protein）两个蛋白组成。环境因子的变化产生信号，通过信号与位于细胞膜的传感蛋白反应，使传感蛋白磷酸化，然后将磷酸酰转移到位于细胞质内的应答调节蛋白上，磷酸化后的应答调节蛋白对目的基因转录的作用不一。根据基因不同，既可以起激活作用也可以起阻遏作用。

2.酶量的翻译及翻译后调控

转录后的翻译及翻译后调控只是转录调控的一种补充，以使微生物的基因表达能更适应环境的变化和本身的需要。翻译及翻译后的调控可有多种方式。

首先可对翻译起始进行调控。如前所述，多肽链在 mRNA 上的核糖体结合位点（RBS）起始翻译。在 RBS 上除有起始密码子 AUG 外，还有一个富含 G 和 A 的、长为 5 个核苷酸的 SD（shine dalgarno）序列，其功能是与核糖体 16S rRNA 的 $3'$ 端互补配对，使核糖体结合到 mRNA 上，为开始翻译作准备。但这种结合的强度受 SD 序列的结构状况及其与起始密码子 AUG 间距离的影响。如 SD 序列为直形线状和与 AUG 间距离为 4～10 个核苷酸，则翻译起始处于最佳状态，否则即可受到影响。mRNA 的二级结构可调控翻译的起始和蛋白质合成的效率，而 mRNA 的稳定性即半衰期影响遗传信息的翻译时间，也即影响翻译量。不同的微生物，即使是同一微生物不同蛋白质的 mRNA 的稳定性也很不相同。在翻译过程中，微生物也可利用稀有密码子（rare codons）的方式来控制同一操纵子中不同基因的表达量。所谓稀有密码子，即在 64 种密码子中，某些在其他基因中利用频率很低的密码子却在某些操纵子中以很高的频率出现，从而调节了这些稀有基因的表达量。近年来在细胞内发现了反义 RNA（antisense RNA），它含有可与另一 RNA 相结合的碱基序列。现已证实，这种反义 RNA 可与 mRNA 专一性结合并阻抑其活性，从而调控 mRNA 的翻译量。据研究，反义 RNA 还有其他涉及多方面的功能。翻译后合成的蛋白质必须被运送到特定的位点，胞外酶或胞外蛋白质即分泌蛋白必须运送到胞外，称为分泌。分泌蛋白的 N 端都含有一个由 15～30 个疏水氨基酸组成的信号肽（signal peptide）。信号肽在分泌蛋白跨越细胞膜的过程中起特殊功能。这种分泌的启动和调控是由一种称为信号识别颗粒（signal recognition particle，SRP）的物质所控制，它可与核糖体相结合，当肽链长为 70 氨基酸时阻止翻译，中止蛋白质合成。分泌蛋白在信号肽和 SRP 的共同作用下被及时转运与分泌，也调节着蛋白质的翻译量。

第二节　微生物的变异

一、微生物的变异与基因突变

微生物变异（variation）即微生物子代的表型特征与其亲代的表型特征发生较大的差异，这种差异是由于子代的基因发生了突变（mutation）所引起的，即遗传物质的核苷酸序列发生了一种稳定的和可遗传的变化。

突变包括基因突变(gene mutation)[或称点突变(point mutation)]和染色体畸变(chromosomal aberration)两大类型。基因突变是由于DNA(RNA病毒和噬菌体的RNA)链上的一对或少数几对碱基被另一个或少数几个碱基对取代发生改变的突变类型。染色体畸变则是DNA链上某些片段发生变化或损伤所引起的突变类型。这里包括染色体DNA链上的插入(insertion)、缺失(deletion)、重复(duplication)、易位(translocation)、倒位(inversion)等。

微生物基因的突变可以是自发发生和人工创造环境促使发生,前者的发生频率极低,后者可大大提高突变发生的频率,可定向筛选加速获得具有符合研究目标的遗传性状。

二、突变类型

根据由突变导致的表型改变,突变型可以分为以下几类:

1. 形态突变型

指细胞形态发生变化或引起菌落形态改变的那些突变型。如细菌鞭毛、芽孢或荚膜的有无,菌落的大小,外形的光滑(S型)、粗糙(R型)和颜色的变异等;放线菌或真菌产孢子的多少、外形或颜色的变异等。

2. 生化性状突变型

指一类代谢途径发生变异但没有明显的形态变化的突变型。

(1)营养缺陷型   营养缺陷型是一类重要的生化突变型。它指由基因突变而引起代谢过程中某种酶的合成能力丧失,而必须在原有培养基中添加相应的营养成分才能正常生长的突变型。营养缺陷型在科研和生产实践中有着重要的应用。

(2)抗性突变型   抗性突变型是一类能抵抗有害理化因素的突变型。根据其抵抗的对象可分抗药性、抗紫外线或抗噬菌体等突变类型。它们十分常见且极易分离,一般只需在含抑制生长浓度的某药物、相应的物理因素或在相应噬菌体平板上涂上大量敏感细胞群体,经一定时间培养后即可获得。

(3)抗原突变型   抗原突变型是指细胞成分尤其是细胞表面成分(细胞壁、荚膜、鞭毛)的细微变异而引起抗原性变化的突变型。

3. 致死突变型

造成个体死亡或生活力下降但不导致死亡的突变型,后者称为半致死突变型。

4. 条件致死突变型

条件突变型是指在某一条件下具有致死效应而在另一条件下没有致死效应的突变型。温度敏感突变型(Ts mutant)是最典型的条件致死突变型。它们的一种重要酶蛋白(例如DNA聚合酶、氨基酸活化酶等)在某种温度下呈现活性,而在另一种温度下却是失活的。其原因是由于这些酶蛋白的肽链中更换了几个氨基酸,从而降低了原有的抗热性。例如,有些大肠杆菌菌株可生长在37℃下,但不能在42℃生长;T₄噬菌体的几个突变株在25℃下有感染力,而在37℃下则失去感染力等。

突变类型之间并不彼此排斥。某些营养缺陷型具有明显的性状改变,例如粗糙脉孢菌和酵母菌的某些腺嘌呤缺陷型可分泌红色色素。营养缺陷型也可以认为是一种条件致死突变型,因为在没有补充给它们所需要物质的培养基上不能生长。所有的突变型都可以认为是生化突变型,因为任何突变,不论是影响形态或者是致死,都必然有它们的生化基础。因此,突变类型的区分不是本质性的。

从遗传物质的结构改变来区分,突变包括碱基置换、移码、DNA片段的缺失和插入。从突变所引起的遗传信息的意义改变来看,基因突变又可以区分同义突变、错义突变和无义突变三种。

三、基因突变

基因突变不论发生在什么微生物中,不论所影响的表型是什么,不论是置换或移码,不论由于突变带来的遗传信息改变的性质是什么,都符合同样的规律。

基因突变可分为自发突变和诱发突变。

1. 自发突变

自发突变的频率很低,一般在 $10^{-6} \sim 10^{-10}$。引发自发突变的分子基础是 DNA 分子某种程度上的改变,如在 DNA 复制过程中 DNA 聚合酶产生错误,DNA 分子物理性质的损伤、重组、转座等。特别是碱基在细胞中可以不同形式的互变异构体(tautomer)存在,因而可与不同的碱基相配对造成碱基对的变异,如腺嘌呤 A 与胸酰嘧啶 T 正确配对形成 A-T,但当腺嘌呤以亚氨基(imino)态出现时,则可与胞嘧啶 C 配对形成 A-C,在下轮 DNA 复制之前,如果 A-C 未能修复为正确的 A-T,则复制时会形成 G-C,即经过这一过程 A-T 变成了 G-C,即碱基的互变异构效应。引发自发突变的实质性原因是背景辐射、环境因素改变、微生物自身有害代谢产物积累的长期综合诱变效应。DNA 复制过程中由于偶然因素而使其中一链上发生一个小环,则可在复制时跨越这一小环碱基而造成遗传缺失。

一般情况下,细胞内大量的修复系统可以将这些发生的错误和损伤加以修复,而不致发生突变,但这种修复只能将突变频率降低到最低限度,并不能完全消除,即仍有极低频率的自发突变发生。

自发突变具有如下特性:

① 不对应性。这是突变的一个重要特点,即突变性状与引起突变的原因间无直接对应关系。

② 自发性。各种性状的突变,可以在没有人为诱变因素下自发发生。

③ 稀有性。自发突变的频率是较低和稳定的,一般在 $10^{-6} \sim 10^{-9}$。

④ 独立性。在一个包括亿万个细菌的群体中,可以得到抗链霉素的突变型,也可以得到抗这一种或那一种药物的突变型。抗某一种药物的突变型细菌往往并不抗另一种药物,某一基因的突变既不提高也不降低其他基因的突变率。两个基因发生突变是各不相关的两个事件,也就是说突变的发生不仅对于细胞而言是随机的,对于基因而言同样也是随机的。

⑤ 诱变性。通过诱变剂的作用,可提高自发突变的频率,一般可提高 $10 \sim 10^5$ 倍。不论是自发突变或诱变突变得到的突变型,它们间并无本质差别,诱变剂仅起到提高突变率的作用。

⑥ 稳定性。由于突变的根源是遗传物质结构上发生了稳定变化,所产生的新性状也是稳定和可遗传的。这与由于生理适应所造成的抗药性有本质区别,由生理适应而造成的抗药性是不稳定的。

⑦ 可逆性。由野生型基因变为突变型基因的过程称为正向突变(forward mutation),相反的过程则称为回复突变(back mutation 或 reverse mutation)。实验证明,任何性状既有正向突变,也可发生回复突变。回复突变率同样是很低的。

各种突变的碱基序列变化简示如图 6-9。

2. 诱发突变

凡能提高突变率的任何理化因子都可称为诱变剂(mutagen)。诱变剂可包括碱基类似物

(base analog)如 5-溴尿嘧啶和 2-氨基嘌呤等,在分子形态上类似于碱基对的具有 3 个苯环结构的扁平染料分子,可与 DNA 碱基直接起化学反应的亚硝酸、羟胺和烷化剂等,紫外线、X 射线、γ 射线、快中子等射线,热处理等,还有一些来自于其他微生物的 DNA 片段、转座子等生物因子等都可诱发突变。诱发突变又可分为点突变(point mutation)和畸变(chromosomal aberration)。

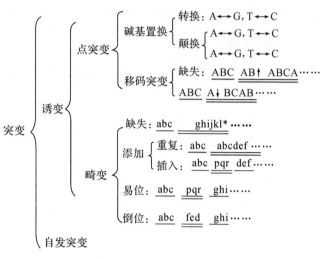

图 6-9　各种基因突变的碱基变化示意图

(1)碱基置换(substitution)　对 DNA 来说,碱基的置换属于一种染色体的微小损伤(microlesion),一般也称点突变(point mutation)。它只涉及一对碱基被另一对碱基所置换。置换又可分为两类:一类叫转换(transition),即 DNA 链中的一个嘌呤被另一个嘌呤或是一个嘧啶被另一个嘧啶所置换;另一类叫颠换(transversion),即一个嘌呤被一个嘧啶或是一个嘧啶被一个嘌呤所置换。对某一具体诱变剂来说,既可同时引起转换与颠换,也可只具有其中的一种功能。

图 6-10 表示由亚硝酸引起的 A:T→G:C 的转换过程。亚硝酸可使碱基发生氧化脱氨作用,故它能使腺嘌呤(A)变成次黄嘌呤(H),以及使胞嘧啶(C)变成尿嘧啶(U),从而发生转换。它也可使尿嘧啶(U)变成黄嘌呤(X),但这时不能引起转换。

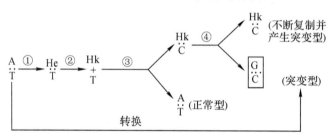

图 6-10　由亚硝酸引起的 A:T→G:C 转换过程。He 和 Hk 分别为烯醇式和酮式次黄嘌呤

(2)移码突变(frame-shift mutation 或 phase-shift mutation)　移码突变是指诱变剂使 DNA 分子中的一个或少数几个核苷酸增添(插入)或缺失,从而使该部位后面的全部遗传密码发生转录和转译错误的一类突变。由移码突变所产生的突变株,称为移码突变株(frame shift mutant)。与染色体畸变相比,移码突变也只是 DNA 分子的微小损伤。移码突变的过程如下:

① 正常 DNA 链上的三联密码子:

|ABC|ABC|ABC|ABC|ABC|ABC|ABC|ABC|ABC|…

② 第三个密码子中增添一个碱基后的三联密码子:

③ 在第二个密码子上缺失一个碱基 A 后引起的变化：

④ 增添一个碱基或缺失一个碱基后，其后的密码子又恢复正常：

⑤增添三个碱基后，只引起一段密码子不正常：

⑥如缺失三个碱基，也只引起一段密码子不正常：

表 6-6 阐明了若干诱变剂的作用机制及诱变功能。

表 6-6 若干诱变剂的作用机制及诱变功能

诱变因素	在 DNA 上的初级效应	遗传效应
碱基类似物	掺入作用	AT ⇌ GC 转换
羟胺	与胞嘧啶起反应	GC→AT 转换
亚硝酸	A、G、C 的氧化脱氨作用 交联	AT ⇌ GC 转换 缺失
烷化剂	烷化碱基（主要是 G） 烷化磷酸基因 丧失烷化的嘌呤 糖-磷酸骨架的断裂	AT ⇌ GC 转换 AT→TA 颠换 GC→CG 颠换 巨大损伤（缺失、重复、倒位、易位）
吖啶类	碱基之间的相互作用（双链变形）	码组移动（＋或－）
紫外线	形成嘧啶的水合物 形成嘧啶的二聚体 交联	GC→AT 转换 码组移动（＋或－）
电离辐射	碱基的羟基化和降解 DNA 降解 糖-磷酸骨架的断裂 丧失嘌呤	AT ⇌ GC 转换 码组移动（＋或－） 巨大损伤（缺失、重复、倒位、易位）
加热	C 脱氨基	CG→TA 转换
Mu 噬菌体	结合到一个基因中间	码组移动

(3)染色体畸变(chromosomal aberration)　　某些因子如 X 射线等的辐射和烷化剂、亚硝酸等,还可引起 DNA 的大损伤(macrolesion),即染色体畸变,不仅可发生染色体拷贝数的变化,而且更重要的是导致染色体结构上的缺失(deletion)、重复(duplication)、插入(insertion)、易位(translocation)、倒位(inversion)等事件。

染色体结构上的变化,又可分为染色体内畸变和染色体间畸变两类。染色体内畸变只涉及一条染色体上的变化,例如发生染色体的部分缺失或重复时,其结果可造成基因减少或增加。发生倒位或易位时,则可造成基因排列顺序的改变,但数目却不改变。倒位是指断裂下来的一段染色体旋转 180°后,重新插入到原来染色体的位置上,从而使其基因顺序与原基因顺序方向相反。易位则是指断裂下来的一小段染色体在顺向或逆向地插入到同一染色体的其他部位上。至于染色体间畸变,则指非同源染色体间的易位。

近些年发现,有些 DNA 片段不但可在染色体与染色体之间,质粒与质粒之间,质粒与染色体之间移动和跳跃,甚至还可从一个细胞转移到另一个细胞。在这些 DNA 片段的跳跃过程中,往往导致 DNA 链的断裂或重接,从而产生重组交换或使某些基因启动或关闭,结果导致突变发生。这似乎就是自然界所固有的"基因工程"。现已把在染色体组中或染色体组间能改变自身位置的一段 DNA 序列称作转座因子(transposible element),也称做跳跃基因(jumping gene)或可移动基因(moveable gene)。在不同细胞之间的 DNA 片段转移称为基因的水平转移(horizontal gene transfer)。这种基因水平转移对于基因的传播可能较之亲代之间的垂直遗传具有更快的速度,而且可以在不同属种的细胞之间发生。如抗药性基因通过这种方式的转移传播使许多病原菌获得了抗药性,携带有编码降解某种芳香族污染物酶的降解性质粒通过这种方式的转移使得多种细菌获得了降解这种污染物的能力。

四、DNA 损伤的修复

DNA 由于各种原因而受到损伤,这些损伤可由微生物本身存在于细胞内的各种修复系统加以修复。修复可有光复活作用、切除修复、重组修复和 SOS 修复等不同方式。

(一)光复活作用(photoreactivation)

这主要是对由紫外线引起的 DNA 损伤进行修复。紫外线可使同链 DNA 的相邻嘧啶间形成共价结合的胸腺嘧啶二聚体(图 6-11)。二聚体的出现会减弱双链间氢键的作用,并引起双链结构发生扭曲变形,阻碍碱基间的正常配对,从而可能引起突变或死亡。在互补双链结构间形成嘧啶二聚体的机会较少,但一旦形成,就会妨碍双链的解开而影响 DNA 复制的转录,并使细胞死亡。

光解酶(photolyase)和 O^6-甲基鸟嘌呤甲基转移酶(O^6-methylguanine methyltransferase)在有光环境中能直接修复 DNA 而不需要切除部分碱基。嘧啶二聚体是一切光解酶的靶,此酶在黑暗中能专一性地识别并能与二聚

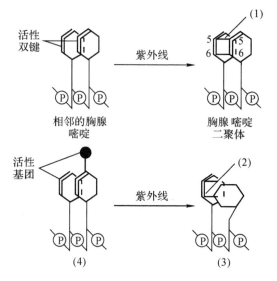

图 6-11　紫外线产生的两种嘧啶二聚体

(1)每个嘧啶环的第 5 和第 6 个碳跨环连接;(2)5′嘧啶的 6 位碳与 3′嘧啶的 4 位碳相连;(3)胸腺嘧啶-胞嘧啶 6 位碳~4 位碳的结合产物;(4)相邻的胸腺嘧啶(左)和胞嘧啶(右)。●为 NH$_2$。

体结合成酶-DNA 复合物,在有光时可催化一个二次光化学反应,此反应利用可见光将环丁烷恢复成两个单独的嘧啶碱。

（二）切除修复(excision repair)

如果 DNA 的损伤较为严重,就必须进行切除修复。这是一种暗修复。切除修复的遗传信息来自 DNA 双螺旋的互补链。切除修复有多种方法将受损伤的碱基或 DNA 片段除去。所有的切除方法都基于在 DNA 受伤部位或是一条单链的断裂,或是产生了一个缺口,两个情况都提供了一个 $3'$-羟基末端,从此开始 DNA 聚合酶可合成新的 DNA 片段,以代替切去的部分,切除修复的酶是 DNA 聚合酶 I,此酶在一般情况下细胞突变体中的量是不足的,但在 DNA 严重损伤之后便大量合成此酶,以填补 DNA 的缺口。DNA 连接酶是修复中的另一个重要的酶,在 DNA 聚合酶作用之后,DNA 连接酶便来封闭所留下的缺口。

（三）重组修复(recombination repair)

以上修复的信息来自模板,但某些损伤不能用模板作为信息来源,如复制叉后面的损伤,互补链双方的碱基都已损伤,或者是被一个像丝裂霉素 C 那样的致癌化学剂交叉连接着,这样就没有哪一方可作为另一方的模板。还有如互补双方的 DNA 片断都丢失了,更无可能互相参照修复。在这种情况下,就只有从另外相同和相似的 DNA 分子上取得相应片断来修复,这种修复 DNA 的双链需要排列组合,称为重组修复。

重组修复的信息可来自复制的子代 DNA,拷贝后的染色体、二倍体、同源染色体的相关片断等,但这些遗传信息的取得都要通过重组。

重组修复的关键酶为重组修复酶(recombinational repair enzyme),在大肠杆菌中为 RecA 蛋白。此酶能使 DNA 上损伤两侧的序列与携带有丢失信息的相应片段退火,从而对损伤链进行修复。

（四）SOS 修复(SOS repair)

SOS(国际通用的紧急呼救信号)修复是指紧急修复。SOS 是一组基因,它是 DNA 修复最重要最广泛的基因集团,通常称为 DNA 紧急修复基因(SOS DNA repair gene),它们为 DNA 的损伤所诱导。这些修复基因包括 *recA*、*lexA*、*uvrA*、*uvrB*、*uvrC* 等。这些基因在 DNA 未受重大损伤时受 LexA 阻遏蛋白的抑制,使 mRNA 和蛋白质合成都保持在低水平状态,只合成少量 Uvr 修复蛋白用于零星损伤修复。一旦 DNA 受到重大损伤,少量存在的 RecA 蛋白立即与 DNA 单链结合,结合后其修复活性被激活,激活的 RecA 蛋白切除 LexA 阻遏蛋白,使基因得以修复表达,产生的修复蛋白对损伤的 DNA 部分(如形成的二聚体)进行切除而修复整个 DNA。因此 SOS 修复是 DNA 分子受到重大损伤时诱导产生的保护 DNA 分子的一种应急反应。

五、突变与育种

（一）自发突变与育种

1. 从生产中选育

在日常生产过程中,微生物也会以一定频率发生自发突变。富于实际经验和善于细致观察的人们就可以及时抓住这类良机来选育优良生产菌种。例如,从污染噬菌体的发酵液中可能分离到抗噬菌体的再生菌。如在酒精工业中,曾有过一株分生孢子为白色的糖化酶“上酒白种”,就是在原有孢子为黑色的宇佐美曲霉(*Aspergillus usamii*)3758 自发突变后,及时从生产过程中挑选出来的。这一菌株不仅产生丰富的白色分生孢子,而且糖化率比原菌株强,培养与发酵条件也比原菌株粗放,具有明显的生产优势。

2.定向培养优良菌种

定向培育一般是指用某一特定环境长期处理某一微生物培养物,同时不断对它们进行移种传代,以达到积累和选择合适的自发突变体的一种古老育种方法。由于自发突变的频率较低,变异程度较轻微,所以培育新种的过程一般十分缓慢。近年来,用梯度培养皿(gradient plate)法筛选抗代谢拮抗物的变异菌株,提高相应代谢产物产量,是定向培育工作的一大进展。

(二)诱变育种

诱变育种就是利用物理和化学诱变剂处理均匀分散的微生物细胞群,大幅度提高突变频率,然后设法采用简便、快速和高效的筛选方法,从中挑选少数符合育种目的的突变株。诱变育种除能提高产量外,还可达到改进产品质量、扩大品种和简化生产工艺等目的,是目前最广泛使用的育种手段。

如以营养缺陷型为诱变筛选目标,一般包括诱变、淘汰野生型、检出和鉴定营养缺陷型等4个环节。针对不同的所研究微生物类群,通过选用适合的抗生素杀死野生型细胞的方法达到浓缩营养缺陷型细胞的目的,再用逐个检出法或影印接种法检出和鉴定营养缺陷型细胞。

以高产为目标的诱导育种大致路线如下:

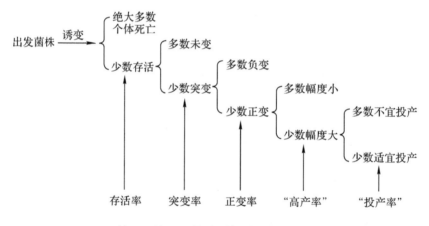

第三节　微生物基因重组

凡把两个不同性状个体内的遗传基因转移在一起重新组合,形成新的遗传个体方式,称之为基因重组(gene recombination)。这种基因重组在自然界的微生物细胞之间、微生物与其他高等动植物细胞之间都有发生,也就是说微生物除了前述的由亲代向子代进行垂直方向的基因传递外,具有多种途径进行水平方向的基因转移(也有称水平漂移)。微生物细胞或作为基因供体向其他微生物细胞提供基因,或作为基因受体接受其他微生物细胞提供的基因。整合到受体细胞的染色体或质粒上并表达,使受体细胞获得新的性状。这种基因的转移、交换、重组是生物得以自然进化的动力。

基因重组可分为自然发生和人为操作两类。在原核微生物中,自然发生的基因重组方式主要有接合、转导、转化和原生质融合等方式。在真核微生物中有有性杂交、准性杂交、酵母菌2μm质粒转移等等。人为操作的基因重组即基因工程详见“第七章——微生物生物工程”。

一、原核微生物的基因重组

(一)细菌结合(bacterial conjugation)

通过供体菌和受体菌完整细胞间性菌毛的直接接触而传递大段 DNA 的过程称为接合(bacterial conjugation)。在细菌中,接合现象研究得最清楚的是大肠杆菌。大肠杆菌有性别分化,决定它们性别的因子称为 F 因子(致育因子),这是一种在染色体外的质粒。它具有自主地与染色体进行同步复制和转移到其他细胞中去的能力,此外还带有一些对其生命活动关系较小的基因。每一个细胞含有 1~4 个 F 因子。F 因子转移和在受体细胞中的复制见图 6-12 所示。

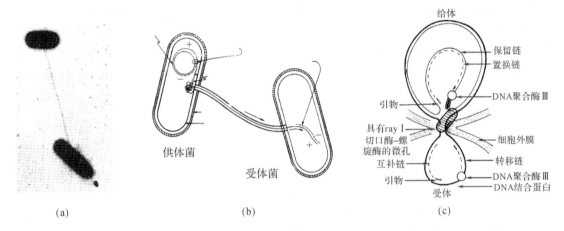

图 6-12　细菌性菌毛接触(a)、供体菌 DNA 向受体菌转移(b)和进入受体菌的方式与复制(c)

(二)转导(transduction)

通过缺陷型噬菌体的媒介,把供体细胞的 DNA 片断携带到受体细胞中,从而使后者获得前者部分遗传性状的现象,称为转导。转导又分为普遍性转导和局限性转导两类。

1.普遍性转导(generalized transduction)

噬菌体可误包供体菌中的任何基因,并使受体菌实现各种性状的转导,称为普遍性转导。普遍性转导又可分为以下两种:

(1)完全转导(complete transduction)　在鼠伤寒沙门氏菌的完全转导实验中,曾以其野生型菌株作供体菌,营养缺陷型为受体菌,P22 噬菌体作为转导媒介。当 P22 噬菌体在供体菌内发育时,宿主的染色体组断裂,待噬菌体成熟之际,极少数($10^{-6}\sim10^{-8}$)噬菌体将与噬菌体头部 DNA 芯子相仿的供体菌 DNA 片段误包入其中,因而形成了完全不含噬菌体本身 DNA 的假噬菌体。当供体菌裂解时,如把少量裂解物与大量的受体菌群相混,这种误包着供体菌基因的特殊噬菌体就将这一外来 DNA 片段导入受体菌内。由于一个细胞只感染一个完全缺陷的噬菌体(转导噬菌体),故受体细胞不会发生溶原化,更不会裂解。又由于导入的供体 DNA 片段可与受体染色体上的同源区段配对,再通过双交换而重组到受体菌染色体上,所以就形成了遗传性稳定的转导子(transductant)。

(2)流产转导(abortive transduction)　但实际上往往由于转导噬菌体所引入的野生型基因并没有整合到受体细菌的染色体上,因而它不能复制,当受体细菌分裂成为两个时,只有一个细菌获得了这一基因,而另一个细菌则并没有获得这一基因,这个仍然是一个营养缺陷型细菌。但由于它仍含有供体细胞的酶,故还能分裂几次,最后产生若干个不能在基本培养基上继续分裂的细菌,可形成微小菌落。在研究通过 P22 噬菌体的沙门氏菌转导中曾发现到这种流产转导现象。即在营养缺陷型菌株的转导中,发现在基本培养基上除了正常大小的菌落以外,还有数目大约 10 倍于正常菌落的微小菌落。

2. 局限转导（restricted transduction）

通过某些部分缺陷的温和噬菌体把供体菌的少数特定基因转移到受体菌中的转导现象,称为局限转导。当温和噬菌体感染受体后,其染色体会整合到细菌染色体的特定位点上,从而使宿主细胞发生溶原化。如果该溶原菌因诱导而发生裂解时,在前噬菌体插入位点两侧的少数宿主基因,如大肠杆菌的 λ 原噬菌体两侧为 *gal* 基因（半乳糖基因）和 *bio* 基因（生物素基因）,会因偶尔发生的不正常切割而连在噬菌体 DNA 上（图 6-13）。这样就产生一种缺陷噬菌体,它们除含大部分自身的 DNA 外,缺失的基因被几个原来位于前噬菌体整合位点附近的宿主基因所取代。

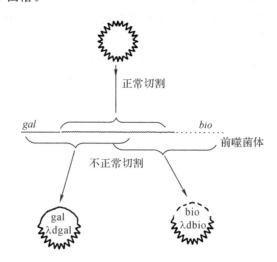

图 6-13　正常 λ 噬菌体和具有局限转导能力的缺陷型 λ 噬菌体的产生机制
gal:半乳糖基因　　　*bio*:生物素基因
λdgal 或 λdg:带有半乳糖基因的缺陷 λ 噬菌体;λdbio:带有生物素基因的缺陷 λ 噬菌体

局限转导根据转导频率的高低又可分为低频转导和高频转导。

（三）转化（transformation）

受体菌接受供体菌的 DNA 片断,经过交换将它组合到自己的基因组中,从而获得了供体菌部分遗传性状的现象,称为转化。转化后的受体菌称为转化子（transformant）。

两个菌种和菌株间能否发生转化,与它们在进化过程中的亲缘关系有密切联系。但即使在转化率极高的那些种中,其不同菌株间也不一定都可发生转化。受体菌最易接受外源 DNA 片断并进行转化的生理状态,称为感受态（competence）。处于感受态的细胞,其吸收 DNA 的能力有时可比一般细胞大 100 倍。感受态的出现受该菌的遗传性、菌龄、生理状态和培养条件等的影响。肺炎双球菌的感受态在指数期后期出现,而芽孢杆菌则出现在指数生长期末及稳定期。感受态可以诱导产生,常用的诱导方法是把培养在营养丰富的细菌转移到营养贫乏的培养液中。在肺炎双球菌和枯草杆菌中都发现感受态的出现伴随着细胞表面新的蛋白质成分的出现,这种蛋白质被称为感受态因子（competence factor）,把感受态因子加到不处在感受态的同种细菌培养物中,可以使细菌转变成处于感受态。

每一个转化因子（即为 DNA 片断）的相对分子质量都小于 1×10^7 Da,平均约含 15 个基因。每个感受态细胞约可掺入 10 个转化因子。转化的频率很低,一般只有 0.1%～1%。据研究,呈质粒形式的转化因子的转化率最高。转化因子一般都是线状双链 DNA,少数为线状单链 DNA。

革兰氏阳性肺炎双球菌的转化过程大体如下：① 双链 DNA 片断与感受态受体菌的细胞表面特定位点结合；② 在结合位点上的 DNA 发生酶促分解，形成平均相对分子质量为 $(4 \sim 5) \times 10^6$ Da 的 DNA 片断；③ DNA 双链中的一条单链逐步降解，同时另一条单链逐步进入细胞；④ 转化 DNA 单链与受体菌染色体组上的同源区段配对，接着受体染色体组的相应单链片断被切除，并被外来的单链 DNA 所交换和取代，于是形成了杂种 DNA 区段；⑤ 受体菌染色体组进行复制，杂合区段分离成两个，其中之一类似于供体菌，另一类似于受体菌。当细胞分裂后，此染色体分离形成了一个转化子。

二、真核微生物的基因重组

在真核微生物中，基因重组主要有有性杂交、准性杂交、原生质体融合和转化等形式。

(一)有性杂交

杂交是在细胞水平上发生的一种遗传重组方式。有性杂交一般指性细胞间的接合和随之发生的染色体重组并产生新遗传型后代的一种育种技术。凡能发生有性孢子的酵母菌或霉菌，原则上都可应用与高等动、植物杂交育种相似的有性杂交方法进行育种。

例如啤酒酵母(*Saccharomyces cerevisiae*)，从自然界中分离到的或在工业生产中应用的酵母，一般都是其双倍体细胞。将生产不同性状的 A、B 两个亲本菌株(双倍体)分别接种到含醋酸钠等产孢子培养基斜面上，使其产生子囊，经过减数分裂后，在每个子囊内会形成 4 个子囊孢子(单倍体)。用蒸馏水洗下子囊，经机械法(加硅藻土和石蜡油，在匀浆管中研磨)或酶法(用蜗牛酶等处理)破坏子囊，再行离心，然后将获得的子囊孢子涂布平板，就可得到由单倍体细胞组成的菌落。把两个不同亲本的不同性别的单倍体细胞通过离心等形式密集接触，就有更多的机会出现双倍体的有性杂交后代。有了各种双倍体的杂交子代后，就可从中筛选出优良性状的个体。

(二)丝状真菌的准性生殖

准性生殖(parasexual reproduction 或 parasexuality)是一种类似于有性生殖但比有性生殖更为原始的一种生殖方式，它可使同种生物两个不同菌株的体细胞发生融合，且不经过减数分裂的方式而导致低频率基因重组并产生重组子。准性生殖常见于某些丝状真菌，尤其是半知菌中。

(1)菌丝联结(amastomosis)　它发生于一些形态上没有区别但在遗传性上却有差别的同一菌种的两个菌株的体细胞(单倍体)间。发生联结的频率极低。

(2)形成异核体(heterocaryon)　两个体细胞经联结后，使原有的两个单倍体核集中到同一个细胞中，于是就形成了双核的异核体。异核体能独立生活。

(3)核融合(nuclear fusion)或核配(caryogamy)　在异核体中的双核，偶尔可以发生核融合，产生双倍体杂合子核。如构巢曲霉(*Aspergillus nidulans*)或米曲霉(*A. oryzae*)核融合的频率为 $10^{-5} \sim 10^{-7}$。某些理化因素如樟脑蒸汽、紫外线或高温等处理，可以提高核融合的频率。

(4)体细胞交换(somatic crossing-over)和单倍体化　体细胞交换即体细胞中染色体间的交换，也称有丝分裂交换(mitotic crossing-over)。上述双倍体杂合子的遗传性状极不稳定，在其进行有丝分裂过程中，其中极少数核的染色体会发生交换和单倍体化，从而形成极个别的具有新性状的单倍体杂合子。如果对双倍体杂合子用紫外线、γ 射线或氮芥等进行处理，就会促进染色体断裂、畸变或导致染色体在两个子细胞中分配不均，因而有可能产生各种不同性状组合的单倍体杂合子。

（三）酵母菌染色体外的 DNA

1.2μm 质粒（2μm plasmid）

酵母菌细胞内有一种长约为 2μm 长的 DNA 片段，现称为 2μm 质粒（2μm plasmid）。在不同酵母菌种细胞中的 2μm DNA 限制性图谱不同，但具有某些共同特性：都为闭合环状 DNA 分子，长度基本一致，但在细胞中的拷贝数量高达 60～100 个，DNA 量可占细胞总 DNA 量的 1/3 左右；都含有约为 600bp 长度的一对反向重复序列，并以 2 种异构体形式存在，仅携带有与复制和重组有关的 4 个蛋白质基因而不携带有编码其他表型性状的基因，即为隐性基因。2μm 质粒是酵母菌中进行分子克隆和基因工程的重要载体。

2.线粒体 DNA

线粒体（mitochodrion）是真核生物的重要细胞器。酵母菌所含的线粒体 DNA（mt DNA）携带有可以编码细胞色素 b、细胞色素 c 氧化酶、ATP 酶和一种核糖体 tRNA 等的基因，且含有多个复制原点，在 DNA 复制起始区域有大量的间插序列和内含子，而在其他区域基因之间无间隔区域或内含子，基因间有相互重叠。这些基因特性对于进行基因重组具有重要的潜在价值。

复习思考题

1. 微生物遗传的物质基础是什么？
2. 简述微生物携带遗传信息的物质的多样性。
3. 简述微生物遗传表达的中心法则。
4. 阐述大肠杆菌基因的功能分配。
5. 阐述古菌、细菌和真核微生物在遗传信息方面的差异。
6. 简述微生物基因突变的方式及其影响因素。
7. 简述微生物 DNA 损伤的修复方式。
8. 阐述细菌基因自然重组的方式。
9. 阐述真菌基因的自然重组方式。
10. 阐述诱变育种的分子机理。

第七章 微生物生物工程

【内容提要】

本章从基因工程、细胞工程、酶学工程、发酵工程(生物反应器工程)等不同的层面上介绍微生物的育种和发酵生产目标产物的一般过程。微生物基因工程包括四大要素及其操作步骤。四大要素即为外源目的基因、克隆载体、工具酶和宿主受体细胞。主要步骤为分离或合成基因,体外重组将基因插入载体,重组DNA导入受体细胞,基因克隆和筛选重组子,克隆的基因进行鉴定或测序和外源基因的表达和基因产物的获得。细胞工程主要是通过细胞融合获得具有新特性的菌株。酶学工程主要是对蛋白酶进行修饰和改造,使蛋白酶具有新的特性,利用固定化技术对酶和细胞进行固定化,延长酶和细胞的作用时间和提高效率。发酵工程讲述了不同形式的发酵以及对基因工程菌发酵时防止工程基因外逸的措施和方法。

生物工程(bioengineering),又称生物技术(biotechnology),是一门正在迅速发展中的交叉学科,它以分子生物学、分子遗传学、微生物学、生物化学和细胞学的理论和技术为基础,结合化学工程、计算技术等现代工程技术,运用生物学的最新成就,定向地改造物种,再通过合适的生物反应器,对这类"工程菌"或"工程细胞株"进行大规模的培养,以生产大量有用的代谢产物或发挥它们独特生理功能的一门新兴技术。生物工程可包括基因工程、细胞工程、发酵工程、酶工程和生物反应器工程等五个不同的层次。其中前两者的目的是获得工程菌或工程细胞株,后三者的目的是为工程菌或工程细胞株创造良好的生长繁殖条件,进行大规模扩增培养,以充分发挥其内在潜力,为人们提供巨大的经济效益和社会效益。因此基因工程是生物工程的主导,而发酵工程是生物工程的基础。

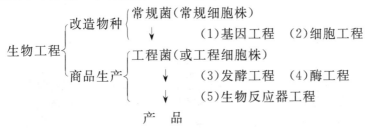

微生物生物工程就是一门以微生物为主要操作对象的生物工程技术。在微生物生物工程的发展历程中,有几个具有发展里程碑式的事件。首先是20世纪40年代抗生素工业的发展推动了生物工程的建立,因为只有抗生素的大罐无菌深层发酵才标志着真正现代意义发酵工业的开始,在此之前的乙醇发酵、乳酸发酵、面包酵母发酵等都不是无菌发酵。其次是20世纪50年代初生物转化的兴起,即利用微生物在某些大分子化合物上加入某种基团,改变其特性,转化生产各种具有新特性的化合物。第三是20世纪50年代末利用微生物发酵生产氨基酸的成功与迅速发展。第四是20世纪50～60年代发酵生产中固定化酶、固定化细胞等固定化技术的发展与运用,极大地提高了发酵效率。第五是20世纪60年代末蛋白酶和其他酶抑制剂的发现与应用,极大地推动了生物活性物质的寻找与开发。第六是20世纪70年代初发展起

来的基因工程即重组 DNA 技术的成功、发展与完善,使得人类可以按照自己的意愿设计、培育菌株并生产所需的药物和生物活性物质。

第一节　微生物基因工程

基因工程(gene engineering 或 genetic engineering)或重组 DNA 技术 (recombinant DNA technology)是指人为地在基因水平上对遗传信息进行分子操作,使生物表现出新的性状,其核心是构建重组体 DNA 的技术。微生物基因工程是指对微生物在基因水平上进行遗传改造。基因工程是一门崭新的生物技术。它的出现标志着人类已经能够按照自己意愿进行各种基因操作,大规模生产基因产物,并可设计和创建新的蛋白质和新的生物物种。这是当今新技术革命的重要组成部分。基因工程是在现代生物学、生物化学和化学工程学以及其他数理学科的基础上产生和发展起来的,并有赖于微生物学的理论和技术的发展和运用,微生物在基因工程的兴起和发展过程中起着不可替代的作用。微生物基因工程是指对微生物在基因水平上进行遗传改造的过程。

DNA 的特异切割、DNA 的分子克隆和 DNA 的快速测序等技术的成熟,为基因工程奠定了基础。基因工程的四大要素为外源目的基因、克隆载体、工具酶和宿主受体细胞。基因工程主要步骤为:① 分离或合成基因;② 体外重组将基因插入载体;③ 重组 DNA 导入受体细胞;④ 基因克隆和筛选重组子;⑤ 对克隆的基因进行鉴定或测序;⑥ 外源基因的表达和基因产物或转基因微生物、转基因动物、转基因植物的获得。基因工程基本操作的主要步骤见图 7-1。

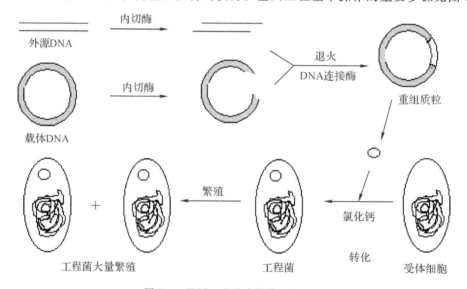

图 7-1　基因工程基本操作示意图

一、微生物基因工程的工具酶

对 DNA 片段进行操作,必须要运用能"切短"DNA 的得心应手的工具。工具酶就是用于对不同来源的 DNA 片段进行切割拼接组装。在分离目的基因或切割载体时,需利用特异的限制性核酸内切酶对 DNA 进行准确切割。在构建重组 DNA 时,需要 DNA 连接酶催化,使目的 DNA 片段与载体 DNA 进行连接。

1.限制性核酸内切酶

限制性核酸内切酶(restriction endonuclease)简称为限制性酶(restriction enzyme),是指能识别双链 DNA 分子的特定序列,并在识别位点或其附近切割 DNA 的一类内切酶。在细菌细胞内限制性酶可以降解外源的 DNA 分子,而细菌 DNA 甲基化,可以避免本身 DNA 分子被酶降解。这是生物的保护机制。

限制性酶可分成三类:Ⅰ类酶,结合于识别位点并随机切割识别位点不远处的 DNA。Ⅲ类酶,在识别位点上切割 DNA 分子,然后从底物上解离。以上二类酶兼有切割和修饰(甲基化)的作用,并依赖于 ATP 的存在。Ⅱ类酶,由二种酶组成,一种为限制性内切核酸酶,它切割某一特异的核苷酸序列;另一种为独立的甲基化酶,它修饰同一识别序列。至今已分离出 600 多种Ⅱ类酶。限制性内切酶在分子克隆中得到广泛应用,是重组 DNA 的基础。一些常见的限制性酶见表 7-1。

表 7-1　一些常用限制性酶的识别序列及其产生菌

限制性酶名称	识别序列	产生菌
*BamH*Ⅰ	G|GATCC	淀粉液化芽孢杆菌(*Bacillus amyloliuifaciens* H)
*EcoR*Ⅰ	G|AATTC	大肠杆菌(*Eschericha coli* Rr13)
*Hind*Ⅲ	A|AGCTT	流感嗜血杆菌(*Haemophilus influenzae* Rd)
*Kpn*Ⅰ	GGTAC|C	肺炎克雷伯氏杆菌(*Klebsiella pneumoniae* OK8)
*Pst*Ⅰ	CTGCA|G	普罗威登斯菌属(*Providencia stuartii* 164)
*Sma*Ⅰ	CCC|GGG	黏质沙雷氏菌(*Serratia marcescens* sb)
*Xba*Ⅰ	T|CTAGA	黄单胞菌属(*Xanthomonas badrii*)
*Sal*Ⅰ	G|TCGAC	白色链霉菌(*Streptomyces albus* G)
*Sph*Ⅰ	GCATG|C	暗色产色链霉菌(*Streptomyces phaeochromogenes*)
*Nco*Ⅰ	C|CATGG	珊瑚诺卡氏菌(*Nocardia corallina*)

Ⅱ型限制酶的识别序列通常由 4～8 个碱基对组成,这些碱基对的序列呈回文结构(palindromic structure),旋转 180°,其序列顺序不变。所有限制酶切割 DNA 后,均产生 5′磷酸基和 3′羟基的末端。限制酶作用所产生的 DNA 片段有以下两种形式:① 具有黏性末端(cohesive end)。有些限制酶在识别序列上交错切割,结果形成的 DNA 限制片段具有黏性末端。例如,*Hind*Ⅲ切割结果形成 5′单链突出的黏性末端,而 *Pst*Ⅰ切割结果却形成 3′单链突出的黏性末端。② 具有平末端(blunt end)。有些限制酶在识别序列的对称轴上切割,形成的 DNA 片段具有平末端。例如 *Sma*Ⅰ切割结果形成平末端。

*Eco*RI 的识别序列是:　　　　　　　　　*Sma*I 的识别序列是:

5′-G \|A A T T C-3′　　　　　　　　　5′-C C C \|G G G-3′

3′-C T T A A\| G-5′　　　　　　　　　3′-G G G\|C C C-5′

同裂酶(isocaudomers):来源不同的限制酶,识别和切割相同的序列,这类限制酶称为同裂酶。同裂酶产生同样切割,形成同样的末端,酶切后所得到的 DNA 片段经连接后所形成的重组序列仍可能被原来的限制酶所切割。同裂酶之间的性质有所不同(如对离子强度、反应温度以及对甲基化碱基的敏感性等)。

同尾酶(isocaudomers):来源不同的限制酶,识别及切割序列各不相同,但却能产生相同的黏性末端,这类限制酶称为同尾酶。两种同尾酶切割形成的 DNA 片段经连接后所形成的重组序列,不能被原来的限制酶所识别和切割。*Eco*RⅠ和 *Mun*Ⅰ均属同尾酶。

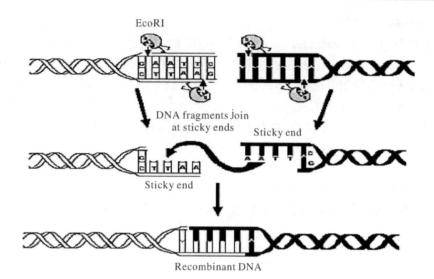

图 7-2　限制性核酸内切酶 *EcoR* Ⅰ 的作用(引自 *The National Health Museum*，1999)

Mun Ⅰ 的识别序列是：　　　　　　　　*EcoR* Ⅰ 的识别序列和切割位点：

5′-G |A A T T G-3′　　　　　　　　5′-G |A A T T C-3′

3′-G T T A A| C-5′　　　　　　　　3′-C T T A A| G-5′

2. DNA 连接酶

将不同的 DNA 片段连接在一起的酶叫 DNA 连接酶。DNA 连接酶主要来自 T_4 噬菌体和大肠杆菌。DNA 连接酶催化两个双链 DNA 片段相邻的 5′端磷酸与 3′端羟基之间形成磷酸二酯键。它既能催化双链 DNA 中单链切口的封闭，也能催化两个双链 DNA 片段进行连接。DNA 连接酶主要有两种：一种是 T_4 DNA 连接酶，另一种是大肠杆菌 DNA 连接酶。T_4 DNA 连接酶由一条多肽链组成，相对相对分子质量为 6800Da，通常催化黏性末端间的连接效率要比催化平末端连接效率为高。催化反应需要 Mg^{2+} 和 ATP，ATP 作为反应的能量来源。T_4 DNA 连接酶在基因工程操作中被广泛应用。大肠杆菌 DNA 连接酶的相对相对分子质量为 7 500Da，连接反应的能量来源是 NAD^+，此酶催化 DNA 连接反应与 T_4 DNA 连接酶大致相同，但不能催化 DNA 分子的平末端连接。

体外 DNA 连接方法目前常用的三种：①用 T_4 或 *E. coli* DNA 连接酶可连接具有互补黏性末端的 DNA 片段；②用 T_4 DNA 连接酶连接具有平末端 DNA 片段；③先在 DNA 片段末端加上人工接头，使其形成黏性末端，然后再进行连接。

二、微生物基因克隆载体

克隆载体(cloning vector)是一类能通过重组 DNA 技术将有用的目的 DNA 片段，送进受体细胞中去进行繁殖和表达的运载工具(vector)。作为克隆载体的基本要求是：① 能进行独立自主复制；② 具有便于外源 DNA 的插入和限制酶作用的单一切割位点；③ 必须具有可供选择的遗传标记，例如具有对抗生素的抗性基因，便于对阳性克隆的鉴别和筛选。基因工程中使用的载体基本上均来自微生物，主要包括六大类：质粒载体，λ 噬菌体载体，柯斯质粒载体，M13 噬菌体载体，真核细胞的克隆载体以及人工染色体等。

1. 质粒克隆载体

(1)质粒载体

质粒是一种染色体外的稳定遗传因子,经人工修饰改造后作为克隆载体具有十分有利的特性:① 具有独立复制起点;② 具有较小的相对分子质量,一般不超过 15kb;③ 具有较高拷贝数,使外源 DNA 得以大量扩增;④ 易于导入细胞;⑤ 具有便于选择的标记和具有安全性。

大肠杆菌质粒 pBR322 是基因工程中最常用的代表性质粒,是环状双链 DNA 分子,由 4361bp 组成,是由博利瓦(Bolivar)等人于 1977 年构建的一个典型人工质粒载体(图 7-3)。可插入大小 5kb 左右的外源 DNA。它具有一个复制起点,是松弛型质粒。当加入氯霉素扩增之后,每个细胞可含有 1 000~3 000 个拷贝。pBR322 质粒具有 2 种抗性基因,一个是四环素抗性基因(*Tet*ʳ),另一个是氨苄青霉素抗性基因(*Amp*ʳ)。已知有 24 种主要限制酶在 pBR322 分子上均有一个限制性酶切位点。外源 DNA 片段插入这些位点之中的任一位点时,将导致相应抗性基因的失活。因外源 DNA 的插入而导致基因失活的现象,称为插入失活(insertional inactivation)(图 7-4)。插入失活常被用于检测含有外源 DNA 的重组体。

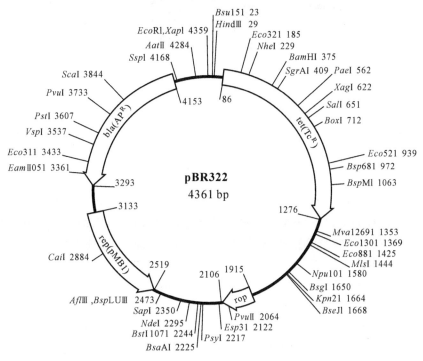

图 7-3　pBR322 物理图谱(引自 *The National Health Museum* , 1999)

(2)其他质粒载体

现已构建了许多新的含有一个人工构建的多克隆位点(multiple cloning sites)的质粒,如 pUC 系列和 pGEM 系列的质粒载体。在这些质粒载体上带有不同限制酶单一识别位点的短 DNA 片段,外源基因可随意插入任何一个位点。同时又由于多克隆位点位于一个基因的编码区内,因此基因的插入、失活极易被检测到。除大肠杆菌质粒外,枯草芽孢杆菌(*Bacillus subtilis*)质粒和酿酒酵母(*Saccharomyces cerevisiae*)的 2μm 质粒常作为酵母细胞外源基因的克隆或表达载体。此外,还先后构建了一系列不同类型的穿梭质粒载体(shuttle plasmid vectors)。这是一类同时含有两种细胞的复制起点(特别是同时含有原核生物与真核生物的复制起点),能在两种生物细胞中进行复制的质粒载体。其中最常见和被广泛应用的是大肠杆菌-酿酒酵母穿梭质粒载体,这种质粒同时含有大肠杆菌和酿酒酵母的复制起点,故既可在大肠杆

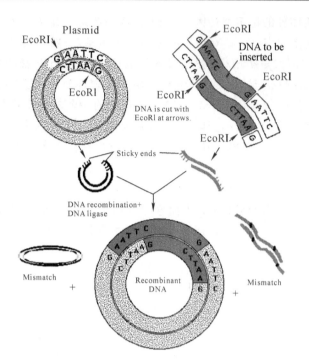

图 7-4　将 DNA 插入质粒载体中(引自 *The National Health Museum*，1999)

菌细胞中复制又可在酵母细胞中进行复制。

(3)质粒 DNA 的制备

从细胞中分离质粒 DNA 的方法包括 3 个基本步骤:培养细菌使质粒扩增;收集和裂解细胞;分离和纯化质粒 DNA。溶菌酶可以破坏菌体细胞壁,SDS 和 Triton X-100 可使细胞膜裂解。经溶菌酶破坏菌体细胞壁和 SDS 或 Triton X-100 处理后,细菌染色体 DNA 可缠绕附着于细胞碎片上,同时由于细菌染色体 DNA 比质粒大得多,易受机械力和核酸酶等作用而被切断成大小不同的线性片段。当用高热或强酸、碱处理时,细菌的线形染色体 DNA 变性,而共价闭合环状 DNA(covalently closed circular DNA,简称 cccDNA)的二条链不会相互分开。当外界条件恢复正常时,线状染色体 DNA 片段难以复性,而与变性的蛋白质和细胞碎片缠绕在一起,而质粒 DNA 双链又恢复原状,重新形成天然的超螺旋分子,并以溶解状态存在于液相中。

2.λ 噬菌体克隆载体

λ 噬菌体克隆载体是基因工程中一类很有价值的克隆载体,具有很多优点:① 其分子遗传学背景十分清楚;② 载体容量较大,一般质粒载体只能容纳 10 多个 kb,而 λ 噬菌体载体却能容纳大约 23kb 的外源 DNA 片段;③ 具有较高的感染效率,其感染宿主细胞的效率几乎可达 100%,而质粒 DNA 的转化率却只有 0.1%。

但由于野生型 λ 噬菌体 DNA 的分子很大,基因结构复杂,限制酶有很多切点,且这些切点多数位于必需基因之中,因而不适于作为克隆载体,必须经一系列改造才能用作克隆载体。

构建 λ 噬菌体克隆载体的基本原则是:① 删除基因组中非必需区,使基因组变小,有利于克隆较大的 DNA 片段;② 除去多余的限制位点。现已构建了各种各样的 λ 载体。这些载体可分为两类:一类称为插入型载体(insert vector),其限制酶位点可用于外源 DNA 的插入;另一类称为取代型载体(replacement vector),具有成对限制酶位点,外源 DNA 可取代两个限制位点上的 DNA 区段。重组 DNA 与包装蛋白混合,可在体外包装成有感染力的重组噬菌体颗粒。

虽然 λ 噬菌体载体是一类极为有用的克隆载体,但是由于 λ 噬菌体头部组装时容纳 DNA 的量是固定的,因此插入外源 DNA 长度必须控制在使重组 DNA 为野生型 λDNA 长度的 78%~105%之间,否则难以正常组装。

3. 柯斯质粒载体

柯斯质粒载体(cosmid vector)即黏粒载体,是由 λ 噬菌体的黏性末端和质粒构建而成。cosmid 一词的意思是带有 cos 位点的质粒。柯斯质粒载体含有来自质粒的一个复制起点、抗药性标记、一个或多个限制酶单一位点,以及来自 λ 噬菌体黏性末端的 DNA 片段,即 cos 位点,其对于将 DNA 包装成 λ 噬菌体粒子是必需的。

柯斯质粒载体的优点:① 具有噬菌体的高效感染力,而在进入宿主细胞后不形成子代噬菌体仅以质粒形式存在;② 具有质粒 DNA 的复制方式,重组 DNA 注入宿主细胞后,两个 cos 位点连接形成环状 DNA 分子,如同质粒一样进行复制;③ 具有克隆大片段外源 DNA 的能力,柯斯质粒本身一般只有 5~7kb 左右,而它可克隆外源 DNA 片段的极限值竟高达 45kb,远远超过质粒载体及 λ 噬菌体载体的克隆能力。这是其最大优点。

4. M_{13} 噬菌体载体

M_{13} 是大肠杆菌丝状噬菌体,其基因组为环状 ssDNA,大小为 6407bp。感染雄性(F^+ 或 Hfr)大肠杆菌并进入细胞后转变成复制型(RF)dsDNA,然后以滚环方式复制出 ssDNA。每当复制出单位长度正链,即被切出和环化,并立即组装成子代噬菌体和以出芽方式(即宿主细胞不被裂解)释放至胞外。

野生型 M_{13} 不适于直接作为克隆载体,因此人们对其进行改造,构建了一系列 M_{13} 克隆载体。在 M_{13} 基因组中,除基因间隔区(IG)外,其他均为复制和组装所必需的基因。外源 DNA 插入 IG 区,可不影响 M_{13} 活动,因而野生型 M_{13} 的改造主要在 IG 区中进行。M_{13} 主要用于制备单链 DNA 和基因测序。

5. 噬菌体质粒载体

噬菌体质粒(phagemid 或 plasmid)是由丝状噬菌体和质粒载体 DNA 融合而成,兼有两者的优点,这类载体具有来自 M_{13} 或 f1 噬菌体的基因间隔区(内含 M_{13} 或 f1 噬菌体复制起点)和来自质粒的复制起点、抗药性标记、一个多克隆位点区等。例如 pUC118 噬菌体质粒载体就是将野生型 M_{13} 的基因间隔区插入质粒载体 pUC18 构建而成的。

噬菌体质粒在宿主细胞内以质粒形式存在,复制产生 dsDNA。当用辅助噬菌体 M_{13} 感染宿主细胞后,噬菌体质粒的复制就转变成如同 M_{13} 噬菌体一样的滚环复制,产生单链 DNA 并被包装成噬菌体粒子,以出芽方式释放至胞外。

噬菌体质粒载体在应用上具有许多优点:① 载体本身分子小,约为 3000 bp,便于分离和操作;② 克隆外源 DNA 容量较 M_{13} 噬菌体载体大,可克隆 10kb 外源 DNA 片段;③ 可用于制备单链或双链 DNA,克隆和表达外源基因。

上述几类大肠杆菌克隆载体的克隆能力及其主要用途比较见表 7-2。

表 7-2　几类大肠杆菌克隆载体比较

载体类型	克隆外源 DNA 片段大小	主要用途
质粒载体	<15kb	克隆和表达外源基因;DNA 测序
λ 噬菌体载体	<23kb	构建基因文库和 cDNA 文库
柯斯质粒载体	<45kb	构建基因文库
M_{13} 载体	300~400bp	制备单链 DNA;定位诱变;噬菌体展示

6.真核生物的克隆载体

真核生物载体,主要有以下几大类:

(1)酵母质粒载体

酵母质粒载体都是利用酵母的 $2\mu m$ 质粒和其染色体组分与细菌质粒 pBR322 构建而成的,能分别在细菌和酵母菌中进行复制,所以又称为穿梭载体。主要有以下三种:

1)附加体质粒(epislmal plasmid)。该质粒载体含有来自细菌质粒 pBR322 的复制起点并携带作为大肠杆菌选择标记的氨苄青霉素抗性基因(Amp^r)。此外还有来自酵母 $2\mu m$ 质粒的复制起点以及一个作为酵母选择标记的 URA3 基因(尿嘧啶核苷酸合成酶基因 3),这种质粒既可在大肠杆菌中也可在酵母细胞中复制。当重组质粒导入酵母细胞中可进行自主复制,且具有较高拷贝数。

2)复制质粒(replicating plasmid)。该质粒含有来自细菌质粒 pBR322 的复制起点和作为大肠杆菌选择标记的氨苄青霉素抗性基因(Amp^r)和四环素抗性基因(Tet^r),来自酵母染色体的自主复制序列(ARS),V 区以及作为酵母重组质粒导入酵母细胞中可获得中等拷贝数的质粒。

3)整合质粒(integrating plasmid)。该质粒含有来自大肠杆菌质粒 pBR322 的复制起点和作为大肠杆菌选择标记的氨苄青霉素抗性基因(Amp^r)和四环素抗性基因(Tet^r),以及来自酵母的 URA3 基因,它既可以作为酵母细胞的选择标记,也可与酵母染色体 DNA 进行同源重组。这种质粒可在大肠杆菌中复制,但不能在酵母细胞中进行自主复制。一旦导入酵母细胞,可整合至酵母染色体上,成为染色体 DNA 的一个片段。

(2)真核生物病毒载体

1)哺乳动物病毒载体。这类病毒载体具有许多突出优点。例如,动物病毒能够有效识别宿主细胞,某些动物病毒载体能高效整合到宿主基因组中,以及高拷贝和强启动子等,有利于真核外源基因的克隆与表达。许多哺乳动物病毒如 SV40、腺病毒、牛痘病毒、逆转录病毒等改造后的衍生物可作为基因载体。

2)昆虫病毒载体。昆虫杆状病毒的衍生物作为载体具有的优点主要有高克隆容量,克隆外源 DNA 片段大小可高达 100kb;具有高表达效率,外源 DNA 的表达量达到细胞蛋白质总量的 25% 左右,甚至更多;此外,它具有安全性,仅感染无脊椎动物,并不引起人和哺乳动物疾病。

3)植物病毒载体。一些 RNA 病毒和 DNA 病毒已被改造为植物基因工程载体。目前植物基因工程操作较多使用双链 DNA 病毒载体,如花椰菜花叶病毒载体。

7.人工染色体

酵母人工染色体(yeast artificial chromosome, YAC)是一类目前能容纳最大外源 DNA 片段人工构建的载体。酵母染色体的控制系统主要包括三部分:① 着丝粒(centromere,

CEN),它的作用是使染色体的附着粒与有丝分裂的纺锤丝相连,保证染色体在细胞分裂过程中正确分配到子代细胞;② 端粒(telomere,TEL),位于染色体两个末端,功能是保护染色体两端,保证染色体的正常复制,防止染色体 DNA 复制过程中两端序列的丢失;③ 酵母自主复制序列(autonomously replicating sequence,ARS),其功能与酵母细胞复制有关。

YAC 克隆外源 DNA 能力非常大,一个 YAC 可插入长达 10^6 碱基以上 DNA 片段。因此 YAC 既保证所插入外源基因结构的完整性,又大大减少基因库所要求克隆的数目。目前 YAC 已成为构建高等真核生物基因库的重要载体,并在人类基因组的研究中起着重要作用。除酵母人工染色体外,现已构建的细菌人工染色体(BAC)更便于基因工程操作,在人类基因组研究中正被广泛应用。

三、微生物作为克隆载体的宿主

为了保证外源基因在细胞中的大量扩增和表达,选择合适的克隆载体宿主就成为基因工程的重要问题之一。

1. 作为宿主的基本要求与特性

一个理想宿主的基本要求是:① 能够高效吸收外源 DNA;② 具有使外源 DNA 进行高效复制的酶系统;③ 不具有限制修饰系统,不会使导入宿主细胞内未经修饰的外源 DNA 发生降解;④ 一般为重组缺陷型(RecA⁻)菌株,使克隆载体 DNA 与宿主染色体 DNA 之间不发生同源重组;⑤ 便于进行基因操作和筛选;⑥ 具有安全性。宿主细胞应该对人、畜、农作物无害或无致病性等。

原核生物的大肠杆菌及真核生物的酿酒酵母,由于它们具有一些突出优点如生长迅速、极易培养、能在廉价培养基中生长,其遗传学及分子生物学背景十分清楚,因此已成为当前基因工程被广泛应用的重要克隆载体宿主。各种宿主都有着各自的优点与缺点。

2. 外源 DNA 导入宿主细胞

将外源 DNA 导入宿主细胞是分子克隆的关键步骤之一。其导入方式是多种多样的:

(1)外源 DNA 导入原核微生物细胞

外源 DNA 通过转化、转染以及感染等方式被导入原核生物细胞。

1)转化或转染。如果外源 DNA 以重组质粒载体形式存在,则可通过转化或转染方式导入原核细胞。无论转化或转染都需用 $CaCl_2$ 处理宿主细胞,使其变成易于吸收外源 DNA 的感受态细胞。大肠杆菌转化程序一般为:先用一定浓度冰冷的 $CaCl_2$ 溶液处理指数期的大肠杆菌细胞,然后加入外源 DNA 并短暂给予 42℃热休克处理约 90s,使感受态细胞有效吸收外源 DNA。一般转化效率可达到每克 DNA 转化 $10^7 \sim 10^8$ 个细胞。

2)λ 噬菌体的体外包装与感染。如果外源 DNA 被包装成 λ 噬菌体颗粒,则可通过噬菌体感染机制导入宿主细胞。体外包装是将重组 DNA 分子与 λ 噬菌体的头部、尾部以及有关包装蛋白混合,从而组装成完整且具有感染力的噬菌体粒子。体外包装的 λ 噬菌体用以感染宿主细胞,每克 DNA 可产生 10^9 的噬菌斑。而如果仅用重组 λDNA 分子通过转染进入大肠杆菌的感受态细胞,则每克 DNA 仅能产生 $10^4 \sim 10^5$ 的噬菌斑,说明感染效率比转染效率高出 $10^4 \sim 10^5$ 倍,从而大大提高基因文库的库容量。

(2)外源 DNA 导入真核微生物细胞

外源 DNA 导入真核微生物细胞,一般利用蜗牛酶除去酵母细胞壁形成原生质体,再用 $CaCl_2$ 和聚乙二醇处理,重组 DNA 以转化方式导入酵母细胞的原生质体,最后将转化后的原生质体置于再生培养基的平板中培养,使原生质体再生出细胞壁形成完整酵母细胞。

3.基因文库与 cDNA 文库的构建

利用重组 DNA 技术,可将某一原核微生物或真核微生物染色体基因组的全部遗传信息贮存在由重组体群体(如重组噬菌体群体)构成的基因文库(genomic library)或 cDNA 文库(cDNA library)之中,犹如将文献资料贮存于图书库一样,以供长期贮存和随时调取克隆基因使用。

(1)基因文库的构建

所谓基因文库是指生物染色体基因组各 DNA 片段的克隆总体。文库中的每一个克隆只含基因组中某一特定的 DNA 片段。一个理想的基因文库应包括该生物染色体基因组全部遗传信息即全部 DNA 序列。

基因文库构建的步骤可简单归为:① 从组织或细胞提取基因组 DNA;② 用限制性酶部分水解或机械剪切成适当长度的 DNA 片段,经分级分离选出一定大小合适克隆的 DNA 片段;③ 通常采用 λ 噬菌体或柯斯质粒载体等容载量较大的克隆载体,在适当位点将载体切开;④ 将基因组 DNA 片段与载体进行体外连接;⑤ 重组体 DNA 直接转化细菌或用体外包装的重组 λ 噬菌体颗粒感染敏感细菌细胞。最后得到携带重组 DNA 的细菌群体或噬菌体群体即构成基因文库。

(2)cDNA 文库的构建

所谓 cDNA 文库是指生物体全部 mRNA 的 cDNA 克隆总体。cDNA 文库中的每一个克隆只含一种 mRNA 信息。

由于真核生物基因组十分庞大,因此要求构建基因文库的库容量要足够大,才能筛选到某一目的基因。但由于细胞中的 mRNA 分子数要比基因组的基因数小得多(通常大约仅有15%左右基因被表达),因而若由 mRNA 逆转录为 cDNA,那么所构建的 cDNA 文库的库容量相应较基因文库小。

构建 cDNA 文库的主要步骤为:① 从生物体或细胞中提取 mRNA;② 利用逆转录酶以寡聚(dT)或随机寡聚核苷酸为引物合成 cDNA 的一条链;③ 利用 DNA 聚合酶 I,以 cDNA 第一条链作为模板,用适当引物合成 cDNA 第二条链,常用 RNA 酶 H 在杂交分子的 mRNA 链上造成切口和缺口,产生一系列 RNA 引物,或是除去杂交分子的 mRNA 后,加入随机引物,即可合成第二条链;④ cDNA 与载体的体外连接;⑤ 噬菌体的体外包装及感染或质粒的转化。由于 cDNA 不含基因的启动子和内含子,因而序列比基因短,其克隆载体可选用质粒或病毒载体。

cDNA 文库比克隆和表达真核微生物基因更为重要。因为真核微生物的基因含有内含子,在原核微生物细胞中不能表达,但筛选到的 cDNA 克隆只要附上原核微生物的调节和控制序列,就能在原核细胞内表达。此外,cDNA 还代表了基因组表达的遗传信息。

4.重组体的筛选与鉴定

在构建文库之后就需要从众多的克隆中,筛选出含有目的基因的重组体,并鉴定其正确性。这通常有三种鉴定方法:一是重组体表型特征的鉴定,二是重组 DNA 分子结构特征的鉴定,三是外源基因表达产物的鉴定。

(1)重组体表型特征的鉴定

1)抗生素平板法。如果外源 DNA 片段插入载体的位点位于抗生素抗性基因之外,将转化后的重组体细胞置于含有该抗生素的培养平板上进行培养,仍可长出菌落。此外,还有一些自身环化的载体和未被酶解的载体,它们的转化细胞也能在含该抗生素的平板上生长并形成菌落,而只有作为对照的受体细胞不能生长。此法的缺点是假阳性高。

2)插入失活法。因外源 DNA 的插入而导致基因失活的现象,称为插入失活(insertional inactivation),插入失活常被用于检测含有外源 DNA 的重组体(图 7-4)。

3)插入表达法。在某些载体的标记基因前面连接一段负控制序列,当外源 DNA 片段插入该负控制序列中,使负控制序列失活,因而位于下游的标记基因因解除阻遏而得到表达。例如质粒 pTR262 有一个负调控的 cI 基因,当外源 DNA 片段插入 cI 基因中的 $BcII$ 或 $Hind$ III 位点,造成 cI 基因失活,位于 cI 基因下游的 tet 基因(受 cI 基因控制)因解除阻遏而被表达,转化后的重组体细胞,在含有四环素的平板中可形成菌落;而未被酶解的质粒的转化细胞及未转化受体细胞均不能形成菌落。

4)β-半乳糖苷酶显色反应法。某些载体,如 M_{13} 噬菌体载体、pUC 质粒系列、pGEM 质粒系列等,pBSK(+/-)上带有(-半乳糖苷酶基因($lacZ$)的调控序列和 β-半乳糖苷酶 N 端 146 个氨基酸的编码序列。这个编码区中插入了一个多克隆位点,但并没有破坏 $lacZ$ 的阅读框架,不影响其正常功能。$E. coli$ DH5α 菌株带有 β-半乳糖苷酶 C 端部分序列的编码信息。在各自独立的情况下,pBSK(-)和 DH5α 融为一体的 β-半乳糖苷酶的片段都没有酶活性。但在 pBSK(-)和 DH5α 融为一体时可形成具有酶活性的蛋白质。这种 $lacZ$ 基因上缺失近操纵基因区段的突变体与带有完整的近操纵基因区段的 β-半乳糖苷酶阴性突变体之间可以实现互补的现象叫 α-互补。由 α-互补产生的 Lac^+ 细菌较易识别,它在生色底物 X-gal(5-溴-4-氯-3-吲哚-β-D-半乳糖苷)的存在下被 IPTG(异丙基硫代-β-D-半乳糖苷)诱导形成蓝色菌落。当外源片段插入到 pBSK(-)质粒的多克隆位点上后会导致读码框架改变,表达蛋白失活,产生的氨基酸片段失去 α-互补能力,因此在同样条件下含重组质粒的转化子在生色诱导培养基上只能形成白色菌落。在麦康凯培养基上,α-互补产生的 Lac^+ 细菌由于含 β-半乳糖苷酶,能分解麦康凯培养基中的乳糖,产生乳酸,使 pH 下降,因而产生红色菌落,而当外源片段插入后,失去 α-互补能力,因而不产生 β-半乳糖苷酶,无法分解培养基中的乳糖,菌落呈白色。因此可将重组质粒与自身环化的载体 DNA 分开。此为 α-互补现象筛选。

(2)重组 DNA 分子结构特征的鉴定

1)菌落(或噬菌斑)原位杂交($in\ situ$ hybridization)。将转化细胞培养在琼脂平板上,当形成菌落或噬菌斑后,再将硝酸纤维滤膜贴在平板上,使菌落或噬菌斑转印到硝酸纤维滤膜上。翻转此滤膜并置于另一不含菌的平板上培养,培养后的滤膜上可长出菌落或噬菌斑。取出滤膜,用裂解液处理使菌体裂解,释放出 DNA。再用碱处理,使 DNA 变性,经烘烤将变性 DNA 固定于滤膜上。然后用放射性同位素标记的核酸探针进行分子杂交,并经放射自显影,黑点代表杂交上的菌落,即可筛选到阳性克隆。通常影印的滤膜必须有双份,在一张滤膜上找到阳性克隆后,可在另一张滤膜的相应位置上找到活的细菌或噬菌体克隆。此法的优点是可在短时间内从成千上万克隆中筛选到阳性克隆。

2)内切酶图谱鉴定。将初步筛选的阳性克隆少量培养后,提取重组质粒或重组噬菌体 DNA,用 1~2 种内切酶酶切,然后进行凝胶电泳,检测插入 DNA 片段的大小。

3)PCR 鉴定。通过与插入片段两侧互补的引物,以重组质粒 DNA 作为模板进行 PCR 分析,可快速测出插入 DNA 片段的大小及鉴定其序列特异性。

4)DNA 序列测定。最后为了确证目的基因序列的正确性,必须对重组体的 DNA 进行序列测定。

（3）外源基因表达产物的鉴定

1）表达产物免疫活性测定。如果表达产物是一种蛋白质或蛋白质的一部分，它具有的抗原性可与其特异抗体发生免疫反应。此法实验操作相似于菌落（或噬菌斑）原位杂交。将平板上的克隆转移到滤膜上，处理滤膜使菌体裂解，释放出蛋白质，固定于滤膜上，加入标记抗体。如果用的是放射性标记抗体，则免疫反应后进行自显影；若用的是酶偶联（酶标）抗体，那么此酶就可将无色底物水解成有色产物。

2）表达产物生物活性检查。可根据表达产物不同情况采用不同方法检测其生物活性。

3）表达产物氨基酸序列测定。测定表达产物的"N"端氨基酸序列，对表达产物的鉴定具有特别重要意义。

四、表达载体的构建

基因工程的主要目的是使外源基因能在细菌、酵母或动、植物细胞中得到高效表达，以便获得大量有益的基因表达产物或改变微生物、动植物的遗传性状。

所谓表达载体（expression vector），是指宿主细胞基因表达所需调节控制序列，能使克隆的基因在宿主细胞内转录和翻译的载体。也就是说，克隆载体只是携带外源基因，使其在宿主细胞内扩增；表达载体不仅可使外源基因扩增，还可使其表达。原核生物和真核生物的表达载体有一些共同的要求，但两者的基因表达调控机制有很大不同。

当真核生物基因在原核细胞中表达时，表达产物有两种形式：一种是非融合蛋白，另一种是融合蛋白。两种形式各有利弊，在进行基因工程时可根据具体情况进行设计。

1. 表达系统的要求与主要调控元件

真核细胞基因在原核细胞中表达将遇到一系列困难：真核生物的启动子不能被原核生物的 RNA 聚合酶所识别；真核生物细胞的 mRNA 上没有 SD 序列，因此不能被原核生物细胞核糖体结合；真核生物的基因含有内含子，原核细胞缺乏将它们的转录物进行拼接加工的机制；真核细胞的基因产物，往往需要翻译后加工，原核细胞缺乏有关的加工酶；真核生物基因表达的蛋白质易被原核细胞蛋白酶所降解，等等。

因此在用原核细胞表达真核生物基因时，应注意以下三个问题：① 基因的编码区必须是连续的，因此要用切除内含子的 cDNA；② 基因必须置于原核细胞启动子、终止子和 SD 序列的控制之下，才能被宿主的转录与翻译系统有效识别；③ 产生的 mRNA 必须相对稳定并能有效进行翻译和蛋白质折叠。此外还要防止外源蛋白被宿主蛋白酶降解。

表达系统的要求与主要调控元件包括：启动子、核糖体的结合位点、转录终止信号和密码子偏爱性等。

（1）启动子（promoter）

启动子是指 RNA 聚合酶结合于 DNA 并起始合成 RNA 的一段 DNA 控制序列。原核基因启动子位于转录起点（transcription initiation）上游（左侧），它由两段彼此分开且又高度保守的核心序列组成。一个称为 −10 区，位于转录起点上游约 10bp 处；RNA 聚合酶于该处解开 DNA 双链，并决定转录起点；另一个称为 −35 区，位于转录起点上游约 35bp 处，是 RNA 聚合酶识别并结合的位点。

目前在原核表达系统中使用最普遍的强型可调控的启动子主要有以下 5 种：① lac 启动子，是乳糖操纵子的启动子，受 lac I 编码的阻遏蛋白调节控制；② trp 启动子，是色氨酸操纵子的启动子，受 *trpR* 编码的阻遏蛋白调控；③ tac 启动子，由 lac 启动子的 −10 区和 trp 启动子－35区融合而成,汇合了 lac 和 trp 两者的优点,是一个很强的启动子,同样受 LacⅠ阻遏蛋白调控 。④ P(L、R)启动子,是λ噬菌体左、右向启动子,其温度敏感的阻遏蛋白受温度调控;⑤ T7 噬菌体启动子,比大肠杆菌启动子强得多且十分专一,只被 T7 RNA 聚合酶所识别。

(2)核糖体结合位点(ribosome-binding site)

原核微生物的 mRNA 结合核糖体的序列最初是由夏英(Shine)和达尔加诺(Dalgarmo)发现的,故称为 SD 序列。在大肠杆菌中,核糖体结合点包括起始密码子(AUG)及位于起始密码子上游 3～11bp 处,长度为 3～9bp 的序列。这段序列富含嘌呤核苷酸,刚好与核糖体小亚基上 16S rRNA 3′端一段富含嘧啶的保守序列互补,从而带动核糖体与 mRNA 的结合。不仅 SD 序列对翻译效率有明显影响,而且 SD 序列与起始密码子之间的序列和距离对翻译效率也有影响。

(3)转录终止子(terminator)

转录终止子指一段位于基因或操纵子的 3′末端,具有终止转录功能的特定 DNA 序列。高效表达载体应该含有终止子,因为合成的 mRNA 过长,不仅消耗细胞内的底物和能量,且易使 mRNA 形成妨碍翻译的二级结构。

(4)密码子的偏爱性

由于密码子的简并性,一个氨基酸可有多个密码子。在原核生物细胞中,对于 tRNA 丰富的密码子称为偏爱密码子(biased codons),而对应于 tRNA 稀少的密码子称为稀有密码子(rare codons)。

不同生物对各种密码子的使用频率不同,高等动植物中使用频率高的密码子可能在原核细胞中被用得很少。因此在基因工程中必须根据宿主生物偏爱密码子改造基因的编码序列,才能得到高效表达。

2.表达载体中调节开关的作用

通常表达载体不应使外源基因始终处于转录和翻译之中。这是由于某些有价值的外源蛋白可能对宿主细胞是有毒的,外源蛋白的过量表达必将影响细胞生长;此外,某些载体的启动子是强启动子,如 T7 启动子,强启动子的表达非常强以致使正常宿主基因不能表达。基于以上事实,宿主细胞的生长和外源基因的表达应该分成两个阶段进行。第一阶段是使含有外源基因的宿主细胞迅速生长直至获得足够量的细胞。第二阶段是启动开关,使所有细胞外源基因同时高效表达,产生大量有价值的表达产物。

在原核基因表达调控中,阻遏蛋白-操纵基因系统起着重要调节开关的作用。当阻遏蛋白与操纵基因相结合时,能够阻止基因的转录。加入诱导物,使其与阻遏蛋白结合,又可解除阻遏,从而启动基因转录。

外源基因表达常采用化学物质诱导与温度诱导两种不同方法。

3.非融合蛋白的表达

所谓非融合蛋白是指外源蛋白不与宿主蛋白融合,使其自身单独表达。

(1)非融合蛋白表达载体(expression vector of unfused protein)

为了在原核细胞中表达非融合蛋白,可将带有起始密码子 AUG 的真核基因插入到合适的原核启动子和 SD 序列下游。经转录和翻译,就可在原核细胞中表达出非融合蛋白。

非融合蛋白的表达可直接产生天然的外源蛋白,但外源蛋白易被细菌细胞内的蛋白降解,造成表达产量低下。为了保护表达的真核蛋白免受降解,一般可采用胞内蛋白酶含量很低的大肠杆菌突变株作为表达外源蛋白的宿主菌;或利用胞内蛋白酶抑制剂使宿主菌蛋白酶受到抑制；此外，也可设法采用将外源蛋白分泌到胞外或形成包涵体等方法。

（2）外源蛋白的分泌表达

如果合成的外源蛋白能不断从细胞内分泌出来，不仅可免受宿主细胞中蛋白酶的降解，而且有利于提高外源蛋白的表达水平和对产物的纯化。

分泌型表达载体除具有一般表达载体的基本结构外，还需要具有编码信号肽的序列。通常信号肽与外源蛋白的 N 端连接，由于信号肽含有带正电荷的氨基酸和疏水氨酸，故能携带表达蛋白越膜分泌到周质或胞外，然后质膜上的信号肽酶将信号肽切除。

已知真核生物的分泌蛋白大多能在大肠杆菌中得到很好分泌，此外一些相对小分子的多肽也能较好分泌。对于表达的真核生物非分泌蛋白，即使装上信号肽也常不能被分泌到周质或外膜内，最多只能结合到细胞内膜上。

（3）包涵体（inclusion body）

当外源蛋白在大肠杆菌中高水平表达时，常常在细胞质内聚集而形成包涵体。利用大肠杆菌生产的非融合蛋白在多数情况下以包涵体形式存在。

形成包涵体有利于外源蛋白的高水平表达和防止蛋白酶对它的降解，也可避免外源蛋白对宿主细胞的毒害。此外也有利于表达产物的分离。但包涵体形式的表达蛋白不具化学活性，而且影响负责 N 端加工的酶对表达蛋白的加工作用。因此，在经过差速离心得到包涵体后，通常必须对其进行变性和复性处理，以便得到具有正确构象和生物活性的蛋白质产品。

4. 融合蛋白的表达

融合蛋白是指蛋白质的 N 端由宿主基因（通常只是 N 端的部分序列）编码，C 端由外源基因编码的蛋白质，换言之，融合蛋白是由一条短的原核多肽和真核蛋白结合在一起的杂合蛋白。

（1）融合蛋白的表达载体（expression vector of fused protein）

为了获得正确编码的外源蛋白，外源基因编码区在插入表达载体中原核基因编码区时，阅读框架应保持一致，翻译时才不会产生移码突变。通常，可构建一套表达载体，第一个载体有正常阅读框架，第二个载体多一对碱基，第三个载体多二对碱基。选择上述三种载体之一并与外源基因连接，以保证外源 DNA 阅读框架的正确性。

（2）表达融合蛋白的优点

融合蛋白较易获得高效表达。融合蛋白的 N 端总是选择天然的高表达的宿主蛋白质，其mRNA 具有较强的翻译能力。融合蛋白在细胞内比较稳定。外源蛋白特别是相对相对分子质量较小的蛋白，通常在宿主细胞内极易被胞内蛋白酶所清除。但是如果外源蛋白与宿主的一个蛋白构成融合蛋白，就可保护外源蛋白不受宿主细胞降解。许多融合蛋白可用作抗原。

（3）融合蛋白中目的蛋白的分离纯化

从融合蛋白中分离出目的蛋白，目前采用两种方法：① 酶法。在细菌蛋白和真核蛋白之间加入一段可被蛋白酶识别的氨基酸序列。例如，Ile-Glu-Gly-Arg 可被凝血因子 Xa 识别并在 C 端切开。② 化学法。在基因工程胰岛素生产中可在胰岛素与细菌蛋白之间加入甲硫氨酸，然后用 CNBr 切割融合蛋白，结果在甲硫氨酸处被专一切开，形成一条细菌蛋白和一条胰岛素链。

五、DNA 的合成、扩增和定位诱变

DNA 的化学合成、体外扩增和定位诱变是按照设计获得基因分子序列和对基因改造的关键技术。

1. DNA 的合成

1977 年板仓敬一首先用化学法合成了 14 肽的生长激素释放抑制因子基因,并获得克隆和表达成功。自 DNA 合成仪问世后,化学合成已可完全自动化,在半小时内可合成 30～35个碱基的寡核苷酸。目前化学合成寡核苷酸片段的长度可为 2000～3000bp,甚至更多。基因的化学合成是先合成许多寡核苷酸,彼此交错互补,然后再将它们连接起来。

合成的 DNA 分子可广泛用于不同目的的基因工程:① 作为合成基因的元件,通过寡核苷酸片段连接,构建较长的基因序列;② 作为核酸分子杂交的探针,通过核酸杂交用于检测和分离特殊的 DNA 序列;③ 合成引物,用于测序、定位诱变和 PCR 扩增等。

2. PCR 扩增技术的原理和应用

聚合酶链式反应(polymerase chain reaction, PCR),是一种在体外快速扩增特定 DNA 序列的新技术。过去为了得到某一特定 DNA 序列,按传统方法需将目的基因插入到载体中,再将此重组 DNA 导入宿主细胞中,经过筛选和鉴定等操作获得目的基因的克隆。而 PCR 技术只需数小时,就可在体外将该特定的基因扩增百万倍,免除了基因重组和分子克隆等一系列繁琐操作。

(1)PCR 扩增技术原理

如果 DNA 片段两端的序列是已知的,采用 PCR 技术就很容易将此 DNA 片段得以扩增。进行 PCR 需要合成一对寡聚核苷酸作引物,它们各自与所需扩增的靶 DNA 片段的末端互补。引物与模板 DNA 相结合并沿模板 DNA 延伸,以扩增靶 DNA 序列。PCR 由 3 个基本反应组成(图 7-5, 7-6, 7-7)。① 变性(denaturation)。加热,模板 DNA 经热变性,双链被解开,成为两条单链;② 退火(annealing)。使温度下降,寡核苷酸引物即与模板 DNA 中所要扩增序列两端的碱基配对;③ 延伸(extension)。在适宜条件下引物 3′ 端向前延伸,合成与模板碱基序列完全互补的 DNA 链。这样,变性、退火和延伸三步骤构成一个循环,新合成的 DNA 链又可作为模板进行下一个循环的复制。DNA 片段以 2 的指数增长,在 1～2h 内重复 25～30 次循环,扩增的 DNA 片段拷贝数可增至 10^6～10^7 倍。

(2)PCR 技术的应用

PCR 技术具有十分广泛的实际用途:① 可用于 DNA 的扩增和克隆,制备单链或双链DNA 探针;也可用于定位诱变和 DNA 测序。② 在临床医学上可用于检测病原体,诊断遗传病,以及对癌基因的分析确定。③ 用于微生物分离菌株的系统发育分析,以确定分类地位。当用多对引物进行 PCR 时,可得到对个体特定的条带图谱,称为指纹图谱(DNA fingerprinting)。DNA 指纹图谱能确定个体间的血缘关系。由于 PCR 技术操作简单、实用性强、灵敏度高,并可自动化,因而在分子生物学、基因工程研究,微生物分子系统学以及临床医学、法医和检疫等领域得到日益广泛的应用。

3. DNA 的定位诱变

随着分子生物学的进步,尤其是基因克隆技术的广泛应用,人们不仅能将外源基因导入生物体内,改变生物性状,而且已有可能通过体外定位诱变(site-directed mutagenesis)方法,特异性地改变克隆基因或 DNA 序列。与传统方法用诱变剂随机发生作用不同,定位诱变用全合成的 DNA 和重组 DNA 技术在精确限定的基因位点引入突变,包括删除、插入和转换特定的碱基序列。定位诱变技术具有重要应用价值,它不仅用于基因结构与功能研究,而且还能进行分子设计改造天然蛋白质,即通过有目的地改变蛋白质分子中的特异氨基酸获得有益的蛋白质突变体。几种主要的定位诱变技术介绍如下:

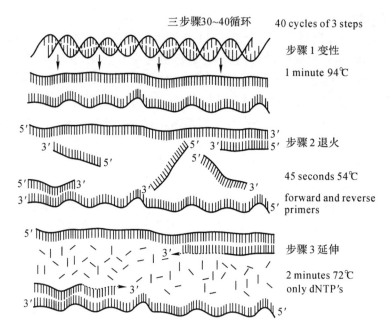

图 7-5　PCR 扩增步骤(引自 Vierstraete,2004)

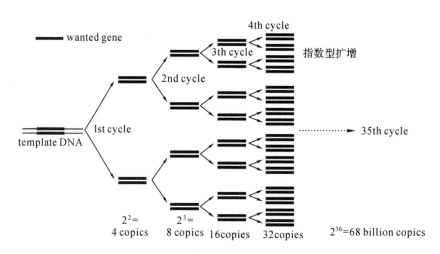

图 7-6　PCR 扩增方式(引自 Vierstraete,2004)

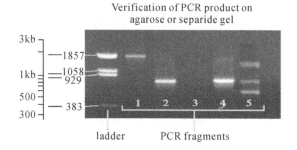

图 7-7　PCR 扩增结果(引自 Vierstraete,2004)

（1）核苷酸指导的诱变

该方法的基本原理是,合成一段寡聚脱氧核糖核苷酸作为引物,其中含有所需要改变的碱基,使其与带有目的基因的单链 DNA 配对。合成的寡核苷酸除短的错配区外,与目的基因完全互补。然后用 DNA 聚合酶使寡核苷酸引物延伸,完成单链 DNA 的复制。由此产生的双链 DNA,一条链为野生型亲代链,另一条为突变型子代链。将获得的双链分子通过转导入宿主细胞,并筛选出突变体,其中基因已被定向修改。

常用于寡核苷酸指导的定位诱变的载体是噬菌体 M_{13} DNA。在克隆外源基因时,需要已感染 M_{13} 的大肠杆菌细胞中含有 M_{13} 双链复制型 DNA,外源基因才得以插入;而在定位诱变时,则需从培养液中分离出 M_{13} 的重组噬菌体,并从中携带外源基因 M_{13} 的单链重组 DNA。然后再进行体外定位诱变,获得含有错配碱基的完整双链 M_{13} DNA,转染大肠杆菌,M_{13} 在大肠杆菌中扩增,形成噬菌斑。理论上一半是野生型,另一半则含有突变基因。用诱变的寡核苷酸引物作为探针,通过杂交即可鉴定出突变体。

(2)盒式诱变

当今的 DNA 合成技术已经能够对任意的变异基因予以全合成。但全合成耗费太大,实际上只要在变异区附近找两个限制位点,将两者之间的 DNA 序列切掉,并由一段带有变异序列的双链 DNA 所取代,就能达到诱变目的。所谓盒式诱变(cassette mutagenesis)就是用一段人工合成具有突变序列的 DNA 片段,取代野生型基因中的相应序列。这就好像用各种不同的盒式磁带插入收录机中一样,故而称合成的片段为"盒",这种诱变方式为盒式诱变。然而,并非所有变异区附近都能找到合适的限制位点,如果不存在限制位点,就要用寡核苷酸指导的定位诱变引入限制位点。

(3)PCR 诱变

在最初所建立的 PCR 方法中就可看出只要引物带有错配碱基,便可使 PCR 产物的末端引入突变(图 7-8)。例如,为了克隆 PCR 产物,常在引物 5′端设计一个限制酶位点,结果就使该限制位点引入 PCR 产物的末端。但是诱变部位并不总在 DNA 片段的末端,有时也希望对靶 DNA 的中间部分进行诱变。通过重组 PCR(recombinant PCR)进行定位诱变的方法,即可以在 DNA 片段的任意部位产生定位突变。它在需要诱变的位置合成两个带有变异基因碱基的互补引物,然后分别与 5′引物和 3′引物作 PCR,这样得到的两个 PCR 产物分别带有变异碱

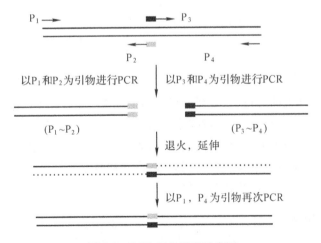

图 7-8 PCR 定位诱变示意图

P_1、P_2、P_3、P_4 为四个引物,其中 P_1、P_4 为基因两端的引物,P_2、P_3 为基因中间的两个互补引物,这两个互补引物中引入有突变位点。经一系列反应后,得到在特定部位嵌入有突变碱基的基因。

基,并且彼此重叠,在重叠部位经重组 PCR 就能得到诱变的 PCR 产物。

任何基因,只要两端及需要变异的部位的序列已知,就可用 PCR 诱变去改造基因的序列。方法简便易行,结果准确、高效,因此已成为最常用的定位诱变方法。

第二节　微生物细胞工程

细胞工程(cell engineering)是指在细胞水平上对生物进行改造的一项综合性技术。对微生物而言,由于其结构简单,为单细胞、简单多细胞、甚至无细胞结构,因此从细胞层面上对其的改造已经历了很长时间。如诱变育种,从某种意义上说就是在细胞水平上对物种进行改造的过程,但就现代微生物细胞工程来说,主要是指微生物的原生质体融合。

所谓原生质体融合(protoplast fusion)是指用人工方法将遗传性状不同的两菌株的原生质体融合在一起,使融合子携带双亲优良性状的一种新技术。它是在有性杂交的基础上发展起来的。我们知道,酿酒酵母的 a 型与 α 型菌株在自然条件下能发生融合。但不同种,不同属,甚至同种的同一结合型之间的酵母菌株却不能,如果将酵母菌的细胞壁去除,用物理、化学或生物的手段使两者结合在一起,就有可能融合成一个新细胞,这样就为微生物的育种开辟了一条新途径。目前原生质体融合技术已应用到几乎所有具细胞结构的微生物中,主要过程如图 7-9 所示(以酿酒酵母与糖化酵母的融合为例)。

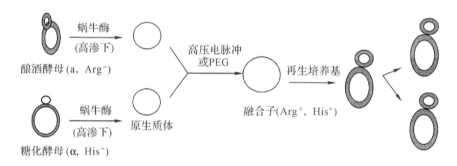

图 7-9　原生质体融合示意图

酿酒酵母不能直接利用淀粉,糖化酵母虽能利用淀粉,但发酵能力很弱,这两个不同属
的菌株融合后,有可能筛选到能利用淀粉直接发酵生产酒精的融合子。

一、双亲选择与标记

为了以后融合子筛选的方便,一般要对两亲株进行标记,如营养缺陷型标记,抗生素抗性标记等。但是在工业生产菌株的融合过程中,若用诱变育种的手段对亲株进行标记,原有的优良性状很可能会退化甚至丧失。为此,人们用灭活原生质体技术(用化学或物理手段使单亲株或双亲株不能再生,但其融合子具有再生能力)或原生质体标记技术(如用荧光素标记)来进行原生质体融合,从而避免了优良性状的退化。

二、原生质体的制备

这是去除微生物细胞细胞壁的过程。一般根据微生物细胞壁的结构和成分的不同,采用不同的方法。对 G^+ 菌,仅用溶菌酶处理就可得到所需的原生质体,如果在培养的过程中加入少许青霉素或甘氨酸,制备效果会更好;对 G^- 菌,除加溶菌酶外,还应在处理液中加 EDTA 和巯基乙醇,使外壁层也能被完全去除;对酵母菌,一般用蜗牛酶处理即可;对霉菌,应根据细胞壁成分的不同,选用蜗牛酶、几丁质酶、葡聚糖酶、纤维素酶等酶类。不论原来的细胞是杆状的、球状的还是丝状的,形成的原生质体都呈球状,凭借这一特性可用显微镜来检查原生质体的形成情况。由于原生质体对渗透压敏感,因此制备应在高渗缓冲液中进行。若将制备后的细胞放到低渗溶液中,原生质体就会破裂,根据这一点可计算出原生质体的形成率。

三、原生质体融合和再生

融合是指将两亲本原生质体通过生物、化学或物理的方法融为一体的过程。最初的原生质体融合是以仙台病毒为介导来融合的,但操作复杂,融合率低,现已很少采用。后来发展出了以 PEG(聚乙二醇)为介导的化学融合,在 Ca^{2+} 或 Mg^{2+} 等阳性离子存在下,PEG 能使原生质体紧密粘连在一起,最终达到融合。据报道,天蓝链霉菌(*Streptomyces coelicolor*)和小小链霉菌(*S. parvullus*)使用该法的融合频率可高达 20%。但由于 PEG 对细胞有一定毒性,接触时间一般不应超过 1min。近年来,高压电脉冲作为一种物理手段在原生质体融合中的作用越来越受到重视。原生质体在低电场中极化成偶极子,并沿电力线方向排列成串,加高压直流脉冲后,相邻两个原生质体的膜被瞬时击穿,从而导致融合的发生。此法对细胞无任何伤害作用,而且融合过程可在显微镜监视下进行,只要配备一套显微操作仪,即使不对亲株进行标记,也可方便地挑取融合子。

原生质体因为失去了细胞壁,虽然具有生物学活性,但不能繁殖。为了大量得到融合子,必须在再生培养基上恢复细胞壁。再生就是使原生质体重新长出细胞壁回复到完整细胞形态的过程。再生也应在高渗培养基上进行,再生率随不同菌株而异,一般为 3%~20%。

四、融合子的检出

这是从融合后的反应系统中检出那些经过遗传交换并发生重组的融合子的过程。一般根据亲株的遗传标记,在选择培养基上直接筛选,为了提高再生率,也可先在高渗完全培养基上再生,再在选择性培养基上检出重组子;若用电融合或荧光标记融合,也可在显微镜下用显微操作仪挑取。

第三节　微生物酶学工程

酶学工程(enzyme engineering)是指从细胞或分子水平上对酶进行改造和加工,使酶最大限度地发挥其效率的一项技术。虽然已发现有的酶具有核酸本质,但目前一般所指的酶工程主要研究对象仍是化学本质为蛋白质的酶类。

一、酶的分离纯化

要对酶分子进行改造和加工,首先必须对酶进行分离纯化。对胞内酶,先破碎细胞,然后用稀酸、稀碱或稀盐溶液将酶抽提出来;对胞外酶,用离心或过滤等方法去除沉淀物。这些抽提液或培养液经浓缩后,用层析、离心、凝胶过滤等方法纯化。由于酶很容易失活,操作时应尽可能温和,最好在低温(0~4℃)下进行。

二、酶的分子改造

由于酶是生物细胞产生的,因此其最适作用条件常常是常温、中性 pH 范围。但是酶在被应用时,往往会置于体外的各种环境中,而这些环境常会引起酶的不稳定。为此,人们希望通过对酶分子的改造,使其能适应多方面的需要。对酶分子的改造一般有以下两种方法:

1. 分子修饰

通过对主链的剪接切割和侧链的化学修饰来改造酶分子,如水解去除酶的部分非活性主链,利用修饰剂对酶分子上的某些侧链基团(尽可能选择非必需基团)进行共价修饰,辅助因子的置换等,以提高酶活力,改进酶的稳定性和对环境的适应性。

2. 生物酶工程

通过遗传工程手段改造编码酶分子的基因也可达到改变酶分子的目的。这一过程包括三个方面内容:① 用基因工程技术生产克隆酶;② 修饰酶基因;③ 设计出新酶基因,合成自然界中从未有过的酶。

酶的克隆是指用基因工程的方法将酶编码基因克隆至微生物受体中,使其在微生物中高效表达,并通过发酵大量生产的一种技术。目前已有凝乳酶、尿激酶等 100 多种酶克隆成功。凝乳酶是生产乳酪所必需的酶,早先从小牛胃膜中提取,现将小牛凝乳酶基因克隆至酵母菌中,表达产生的凝乳酶与天然酶的性质完全一样。克隆酶在宿主中有两种表达方式,其一是利用自身携带的起始密码子合成酶蛋白,其二是利用载体所具有的起始密码子合成融合蛋白,经水解后得到所需酶蛋白。

酶基因的修饰是通过定向诱变改变基因的某几个碱基,使其编码的酶的部分氨基酸发生变化,从而改进酶性状的一种技术。如添加于洗衣粉中的枯草杆菌蛋白酶比较容易失活,究其原因是第 222 位的甲硫氨酸在漂白剂的作用下易被氧化,用酶基因修饰技术将该氨基酸换成丝氨酸或丙氨酸后,酶的稳定性大大提高。

新酶基因的设计是酶工程的发展方向,但由于目前对蛋白质结构的研究还不深入,还不能有的放矢地去设计所需的酶。

三、酶与细胞的固定化

酶是一种生物催化剂,稳定性较差,而且催化结束后难于回收。为此发展出了固定化(immobilization)技术,即用物理或化学方法将酶(或细胞)固定于某一限制性空间,并保持其固有的催化活性,使其活性能被反复利用的技术。随着该技术的不断发展,人们发现对那些多酶反应体系来说,直接用固定化细胞可能更方便、更经济。如用葡萄糖发酵生产酒精时需要用到包括 EMP 途径酶在内的多种酶,如果直接用固定化酵母细胞来生产,比固定化多酶体系更为方便,比分批酒精发酵更经济。但是,工业上用得较多的发酵原料是淀粉质原料,而酵母细胞一般不能直接利用淀粉,为了解决这一问题,人们将淀粉酶或能分解淀粉的菌株(如黑曲霉)与酵母细胞固定在一起,这种技术称为共固定化(co-immobilization)技术。目前固定化技术已在发酵工业的某些领域得到应用,如采用固定化的大肠杆菌细胞将富马酸铵连续反应成L-天冬氨酸于 1973 年投入工业化生产。1974 年采用产氨短杆菌制成固定化细胞,使富马酸连续反应制备苹果酸获得成功。此外,应用固定化方法生产能源(如酒精、H_2、甲烷等)、医药(如甾体、抗生素等)、氨基酸、有机酸(如醋酸、乳酸等)、饮料(如啤酒等)、酶制剂(如淀粉酶 、蛋白酶等),以及用于废水处理,都已在实验室规模获得成功。

1. 固定化方法

常用的制备方法有载体结合法、交联法和包埋法等几大类。载体结合法是将酶或细胞通过物理吸附、离子吸附、螯合和共价结合等方式连接到载体上的固定化技术;交联法是通过双功能或多功能的交联剂,使酶或细胞与载体间形成共价结合的一种固定化技术;包埋法是通过高分子凝胶网格或半透膜将酶或细胞固定的技术。各种固定化技术示意图见图7-10。

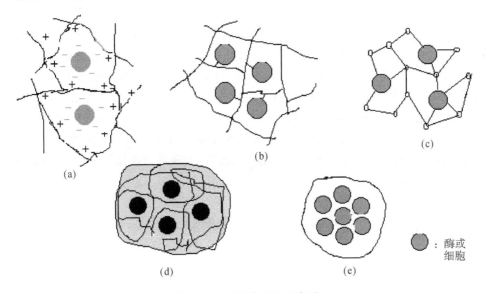

图7-10　固定化方法示意图

(a)离子结合法;(b)共价结合法;(c)交联法;(d)聚合物包埋法;(e)微胶囊法

2.固定化细胞的特点

固定化的细胞具有明显的特点:① 酶活力的稳定性增强;② 酶促效率明显升高;③ 具有多步酶反应的特点;④ 反应时不需添加辅助因子;⑤ 细胞透性增强;⑥ 热稳定性增强;⑦ 易产生副反应。

四、生物传感器

由于固定化酶或细胞具有稳定性好、能重复利用的优点,人们将它与化学或物理元件组装在一起,利用其催化特性来分析样品中的有机物质(酶的底物)。这种由生物学、医学、电化学、光学、热学等多学科相互渗透而成长起来的分析检测装置就是生物传感器,它具有选择性高、分析速度快、操作简单、价格低廉等特点,能进行连续在线分析。

将酶、细胞,甚至细胞器、组织或抗体固定于透性膜上构成生物敏感膜。待测物质经扩散作用进入生物膜层,经分子识别,发生特异性的生化反应,产生的信号继而被相应的化学或物理换能器转换成可定量、可处理的电信号,再经放大输出,就可从仪表上读取待测物的浓度。如尿素传感器就是将尿素酶固定于膜上。测量时,样品中的尿素通过扩散作用传至酶膜,被迅速分解成氨,生成的氨透过膜到达 pH 电极表面,使 pH 上升,从 pH 上升的程度可以计算出尿素的浓度。

生物传感器的关键是酶或细胞的固定化。一般用常规方法嵌入膜中的酶,其活性可维持3～4 周或50～200 次的测定;而以化学方法结合的酶,常能进行 1 000 次以上的测定。

生物传感器的研制和开发对发酵生产的自动化控制,环境和医学样品的快速测定具有极其重要的意义。

五、蛋白质工程

蛋白质工程(protein engineering)是通过修饰基因的方法,实现蛋白质分子中氨基酸的改变,从而创造出具有新特性的蛋白质的一种生物技术。因此蛋白质工程是在基因工程的基础上发展起来的,有人也称之为第二代基因工程。其基本过程与前所述的生物酶工程相同,主要是通过定位诱变的方式使蛋白质的一个或少数几个氨基酸发生变化,使之满足人类的需要。因此,蛋白质工程的关键是新蛋白质的设计。根据已经获知的大量天然蛋白质的结构和功能信息,依靠计算机模拟技术,对编码蛋白质的基因进行"分子手术",合成所需要的蛋白质。

蛋白质工程的对象除了酶外,还可以是抗体或其他蛋白质。如我国科学家一直致力于研究的胰岛素蛋白质工程就是希望通过分子结构的改变,使胰岛素能抵抗消化道蛋白酶的消化,从而生产出口服长效的药物。

第四节 微生物发酵工程

发酵工程(fermentation engineering)就是利用微生物的特定性状和功能,通过现代化工程技术和设备来生产有用物质或将微生物直接用于工业化生产的技术体系。它包括发酵和提纯两个工序。

一、发酵

发酵工序是将微生物接种到合适的培养基中,通过控制其生长和代谢环境,来使微生物发挥其独特功能的过程。其主要内容包括菌种的选育、种子的扩大培养、培养基的配制与灭菌、接种及发酵控制等。其基本过程见图7-11。

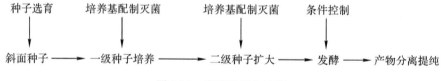

图 7-11 发酵的基本过程

从不同的角度可将发酵分成不同的类型。根据是否需要氧气可分为厌氧发酵(静置发酵)和好氧发酵(通气发酵);根据发酵培养基的性质可分为固态发酵和液态发酵;根据发酵方式的不同可分为分批发酵、补料分批发酵及连续发酵等。

1.厌氧发酵

适用于厌氧或兼性厌氧微生物的发酵称为厌氧发酵,如丙酮丁醇发酵、酵母菌的酒精发酵、乳酸发酵等。产生丙酮、丁醇的梭状芽孢杆菌(*Clostridium acetobutylicum*)是一种专性厌氧微生物,它的菌体生长和发酵应在无氧条件下进行。酵母菌是一类兼性厌氧微生物,根据其生理特点,种子制备应在搅拌通风的条件下进行以促使其生长繁殖,而酒精发酵则在缺氧条件下进行。乳酸菌大多属耐气性厌氧菌,它们的生长和代谢产物合成与氧的有无关系不大,但为了防止杂菌污染,还是以缺氧环境中发酵为宜。

2.好氧发酵

适用于好氧微生物的发酵称为好氧发酵,如链霉素、谷氨酸、柠檬酸等的发酵。生产链霉素的是一种放线菌,生产柠檬酸的是一类霉菌,都是好氧性微生物,在厌氧条件下很难生长和代谢。虽然生产谷氨酸的棒杆菌也可在厌氧下发酵,但因谷氨酸是由 TCA 循环中的 α-酮戊二酸为前体合成的,因此必须在有氧条件下才能生成。

3. 固态发酵

固态发酵是指发酵培养基的状态是固体的发酵。如大曲酒发酵及红曲发酵等。大曲酒发酵一般在窖池中进行,发酵原料经蒸煮后放入窖池,接种酒曲后覆膜发酵,起初由霉菌进行糖化,氧气用净后由酵母菌进行酒精发酵。红曲需要在有氧条件下发酵,一般在曲盘上进行。为了使红曲霉在固体培养基中生长良好,发酵过程中要经常洒酸水(含 3.5% 醋酸)及翻曲。

4. 液态发酵

液态发酵是指发酵培养基的状态为液体的发酵。绝大多数纯种发酵都为液态发酵,如青霉素发酵。早期的青霉素发酵在液体浅盘上进行,由于该法存在产量低、易污染且劳动强度大等缺点,现已被深层液体通风发酵法取代。

深层液体通风发酵在密闭通风发酵罐中进行,将种子接入灭菌的发酵培养基中,然后在适宜的温度、溶氧下发酵,发酵罐中有蛇形管或夹套可以控温,溶解氧的浓度可以通过调节搅拌机转速或通入的无菌空气的风量来控制。

5. 分批发酵

分批发酵是指在发酵过程中,除了不断进行通气(好氧发酵)和为调节发酵液的 pH 而加入酸碱溶液外,与外界没有其他物料交换的一种发酵方式。培养基的量一次性加入,产品一次性收获,是目前广泛采用的一种发酵方式。其优点是:① 对温度的要求低,工艺操作简单;② 比较容易解决杂菌污染和菌种退化等问题;③ 对营养物的利用效率较高,产物浓度也比连续发酵要高。缺点是:① 人力、物力、动力消耗较大;② 生产周期较长,由于分批发酵时菌体有一定的生长规律,都要经历延滞期、指数生长期、稳定期和衰亡期,而且每批发酵都要经菌种扩大培养、设备冲洗、灭菌等阶段;③ 生产效率低,生产上常以体积生产率(以每小时每升发酵物中代谢产物的克数来表示)来计算效率,在分批发酵过程中,必须计算全过程的生产率,即时间不仅包括发酵时间,而且也包括放料、洗罐、加料、灭菌等时间。

6. 连续发酵

连续发酵是指连续不断地向反应器(发酵罐)中流加新鲜培养基液,同时又连续不断地排出发酵液,从而使 pH、养分、溶解氧等保持恒定,使微生物的生长和代谢活动保持旺盛稳定状态的一种发酵方式。其优点是:① 设备的体积可以减小;② 操作时间短,总的操作管理方便,便于自动化控制;③ 产物稳定,人力物力节省,生产费用低。缺点是:① 对设备的合理性和加料设备的精确性要求甚高;② 营养成分的利用较分批发酵差,产物浓度比分批发酵低;③ 杂菌污染的机会较多,菌种易因变异而发生退化。在单罐连续发酵中,由于发酵液在不断搅拌,一部分刚流入的培养基将随发酵液一起流出,致使发酵效率降低用多罐串联连续发酵可改善这一情况。连续发酵可分为单罐连续发酵和多罐串联连续发酵等方式(见图 7-12)。

7. 补料分批发酵

补料分批发酵是指在微生物分批发酵过程中,以某种方式向发酵系统中补加一定物料,但并不连续地向外放出发酵液的发酵技术,是介于分批发酵和连续发酵之间的一种发酵技术。

假设物料流入发酵罐的速率为 F_{in},流出发酵罐的速率为 F_{ex},则分批发酵时 $F_{in}=F_{ex}=0$;连续发酵时 $F_{in}=F_{ex}\neq0$;而补料分批发酵时 F_{in} 与 F_{ex} 不恒定,是可变的,有时为 0,有时不为 0。通常 $F_{ex}=0$ 的单纯补料工艺是增体积操作,不断分次加入发酵基质或连续流加发酵基质,至发酵罐的体积不再适宜补料为止。所以发酵时间只是有限地延长。另一种 $F_{ex}\neq0$,即定期

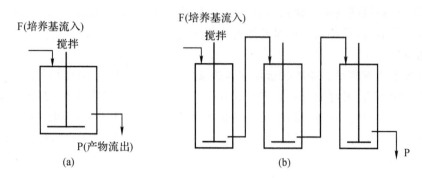

图 7-12　单罐连续发酵(a)与多罐串联连续发酵(b)示意图

从发酵罐中排出一定量的发酵液以便能进一步补加物料的补料分批发酵,称为重复循环工艺。该法具有如下优点:① 可以解除底物的抑制、产物的反馈抑制和分解代谢物阻遏作用。当代谢产物收率或其生产速率明显地受某种底物组分浓度影响(如用醋酸、甲醇、苯酚等作为发酵培养基组分而存在底物浓度的抑制)时,采用补料分批技术比分批发酵有利;② 可以减少菌体生长量,提高有用产物的转化率;③ 菌种的变异及杂菌污染问题易控制;④ 便于自动化控制。

二、提纯(purification)

将所需要的产物从发酵液中分离出来的过程,称为提纯,也称后处理。主要包括细胞破碎、分离、醪液输送、过滤除杂、离子交换电渗析、逆渗透、超滤、凝胶过滤(层析)、沉淀分离、溶媒萃取、蒸发、结晶、蒸馏、干燥包装等过程和单元操作。

1. 发酵液的固液分离

不管所需要的发酵产物是胞外代谢产物还是胞内物质,甚至是菌体本身,首先都要进行固液分离,从发酵液中将细胞或其他固形物分开。其方法主要有预处理、过滤、离心和沉降等。

预处理是通过改变发酵液的物理性质,增大固体颗粒粒度,尤其是降低黏度来絮凝蛋白质,去除高价无机离子及发酵液中的其他杂质的过程。如加入草酸盐去除钙离子,加入三聚磷酸钠去除镁离子,加入黄血盐形成沉淀去除铁离子,加热或调节发酵液 pH 去除蛋白质等。凝聚和絮凝能有效聚集细胞、菌体和蛋白质等胶体粒子。凝聚是在加入的某些无机盐作用下,由于双电层排斥电位降低,使胶体形成不稳定状态的过程。絮凝是指在某些高分子絮凝剂存在时,基于架桥作用使粒子形成较大的絮凝团的过程。

过滤是通过滤膜去除固体颗粒的过程。离心是在离心力的作用下,将悬浮液中的固相与液相加以分离的技术,多用于颗粒较细的悬浮液和乳浊液的分离。沉降常被用于初步分离和浓缩固体。这种方法简单且成本低廉,但分离能力有限。发酵液中细胞所含水分可分为自由水、絮凝水、毛细水和胞内水等四种。一般沉降法用于去除自由水分,离心及过滤去除絮凝水分,毛细水分用高速离心机去除,而胞内水分只能借助干燥法去除。

为了保证离心和过滤的顺利进行,应严格控制发酵周期。周期太长,则菌体自溶,使发酵液黏稠,分离困难,有时甚至使发酵产物变性及破坏,因此对发酵液进行预处理是必要的。

2. 有效成分的提取

(1)细胞破碎　要提取细胞内的酶、多糖和核酸等,首先必须破碎细胞。目前的基因工程产物大都积累在细胞内,要获得这些产物,也必须先把细胞破碎。细胞破碎的方法很多,按是否存在外加作用力分为机械法和非机械法。机械法中的高压匀浆法在生产上应用较多,非机械方法如酶解法、化学渗透压法目前尚处在工业应用开发阶段,而其他非机械方法仅在实验室使用,工业应用仍受许多因素限制。

(2)浓缩和沉淀 浓缩是将低浓度溶液除去一定量溶剂(包括水)变为高浓度溶液的过程,常见的有蒸发浓缩、冷冻浓缩和吸收浓缩等三种。浓缩常是发酵液提纯前的预处理过程。沉淀是工业发酵中最常用和最简单的一种提取方法,它是利用某些发酵制品能和一些酸、碱或盐类形成不溶性物质从发酵滤液或浓缩液中沉淀下来或结晶析出的一类提炼方法。同类分子或离子以有规律形式析出的过程称为结晶,而以无规则紊乱的形式析出的过程称为沉淀。目前该法广泛应用于氨基酸、酶制剂及抗生素的提取。

(3)离子交换及吸附 许多生理活性物质或发酵产物是两性物质,如四环素类抗生素、氨基酸、蛋白质、多糖、核苷酸等。它们随着溶液 pH 值的不同,可以以阳离子、阴离子和偶极离子三种形式存在。这些离子能依靠静电力可逆地结合在离子交换树脂上。离子交换树脂是具有酸性或碱性功能团的高分子化合物,因而能交换阴、阳离子。离子交换法广泛用于抗生素、氨基酸、有机酸、磷脂、长链脂肪酸以及核苷酸等极性带电小分子的分离提取,尤其在抗生素和氨基酸的生产中应用最广泛。近来离子交换也逐渐应用于蛋白质、核酸等大分子的分离提取,但所用分离介质大多是多糖类,主要应用的是层析原理,与离子交换有所不同。

在发酵工业中吸附主要用于酶、蛋白质、核苷酸、抗生素、氨基酸等产物的分离、空气的净化和除菌、脱色、去除热源等杂质。因此吸附可有两个目的,其一是将发酵产品吸附并浓缩于吸附剂上,其二是用吸附剂去除发酵液中的杂质或有害物质。

(4)蒸馏 蒸馏是分离液体混合物的一种有效方法,是基于发酵产物的沸点不同,将所需物质从液体混合物中分离出来的过程。它与蒸发不同,蒸发是去除低沸点物质和部分水蒸汽,使代谢产物保留浓缩的过程;而蒸馏要得到的恰恰是低沸点物质如酒精、白酒、丙酮、丁醇等。

(5)萃取 萃取是将某种特定溶剂加到发酵液混合物中,根据发酵液组分在水相和有机相中的溶解度不同,将所需物质分离出来的过程。此法常用于抗生素的分离工作中,如将抗生素发酵液与某一有机溶剂混合,并调节至适当的 pH,大部分抗生素即溶于有机相中。有机相分离出来后,再调节 pH,可使抗生素转至水相中,如此反复可得到较纯的抗生素。红曲发酵液中红色素的提取也可用此法。萃取法具有传质速度快、生产周期短、便于连续操作、可自动控制、分离效率高、生产能力大等优点,所以应用相当普遍。

近年来,由于技术的发展,萃取不一定在水相与有机相之间进行,发展出了双水相萃取法、反胶束萃取法和超临界流体萃取法等新技术。

(6)层析 层析是当发酵液浓缩物随流动相流经装有固定相的层析柱时,混合物中各物质因分子大小不同而被分离的技术。它是 20 世纪 60 年代才发展起来的快速、简便而高效的分离技术,应用非常广泛,如可用于脱盐、去除热源物质、浓缩高分子溶液、测定相对相对分子质量、纯化抗生素等领域。其原理是基于被分离物质分子大小的不同,大分子物质不易进入凝胶颗粒(固定相)的微孔,因此向下流动的速度快;小分子物质除了可在凝胶颗粒间扩散外,还可进入凝胶的微孔中,因此向下流动的速度慢。

近年已发展出了气相色谱、中压液相色谱、高效液相色谱等新方法来分离样品。

(7)膜分离 膜分离是指依靠特定的膜允许物质透过或被截留的过程。膜分离近似于筛分过程,依据滤膜孔径的大小而达到分离的目的。按分离粒子或分子大小的不同,膜分离分为透析、电渗析、微滤、超滤、反渗透和纳米过滤等六种。

3.发酵产品的后加工

（1）结晶　结晶是制备纯物质的一种有效方法。结晶过程因具有高度选择性，只有同类分子或离子才能形成结晶，所以析出的晶体很纯。在发酵工业中，结晶广泛用于抗生素、氨基酸、有机酸、糖、核苷酸、维生素、辅酶等小分子的生产。近来多糖、蛋白质、酶和核酸等生物大分子的结晶也日益受到重视。生物小分子由于其结构比较简单，分离至一定纯度后，绝大部分都能定向聚合成分子型或离子型晶体。至于生物大分子，由于相对分子质量大，结构复杂，不易定向聚集，因而结晶非常困难。

（2）干燥　生物产品含水易引起水解变性，影响质量，所以必须进行干燥处理。工业上干燥设备很多，但因生物制品大多为热敏性物质，易变性失活，所以用于生化产品的干燥必须快速高效，加热温度不能过高，产品与干燥介质的接触时间不能太长，而且为防止杂质混入和保持洁净，干燥过程必须在密闭条件下进行。

发酵工业中，常用的干燥工艺有沸腾干燥、冷冻干燥、喷雾干燥、真空干燥及气流干燥。干燥工艺和设备的选择要与需要干燥的物料特点相匹配。一般来说，低温干燥的设备和运行费用要远远高于中温和较高温的干燥工艺。

三、基因工程菌的发酵控制

近年来，基因工程已开始由实验室走向工业生产，一些珍稀药物如胰岛素、干扰素、人生长激素等已先后面市，但从许多研究中发现，基因重组菌的培养与发酵有其自身的特点。从培养工程的角度应考虑诸如营养源浓度的控制（碳源、氮源等）、最适生长条件的控制等因素；从生物学上应考虑诸如质粒稳定性的控制、质粒拷贝数的控制、转录效率和翻译效率的提高及代谢产物向菌体外的分泌等主要因素。

1.营养源浓度的控制

由于大多数基因重组菌不能把所需的基因产物分泌到胞外，而只能靠破碎细胞后提取，因此要获得基因产物，首先必须得到大量菌体。为此基因重组菌的发酵一般采用高浓度菌体培养的方法，如大肠杆菌培养时最高可达125g干菌体/L发酵液，酿酒酵母可达145g干菌体/L发酵液。但要得到高浓度菌体，必须要提供高浓度的营养物质，而营养源浓度过高，渗透压也就高，反过来又会抑制重组菌的生长。此外，许多基因重组菌常是维生素或氨基酸的营养缺陷型菌株，为维持菌体生长，也必须添加必需量的生长因子营养。常采用在调节pH的同时补加氨基酸混合液和葡萄糖的方法，使整个培养期间，葡萄糖和氨基酸的浓度几乎保持恒定，菌体持续以最高生长速度生长，得到高浓度菌体。

2.质粒的不稳定性及其控制

在重组菌工业化生产过程中，质粒的不稳定性是一个极为重要而独特的问题。带有质粒的细胞生长较慢，生长速率与所带质粒的大小成反比。此外，高水平克隆基因产物的生成也会导致生长缓慢或生长异常（表达越高，生长越慢）。由于质粒的不稳定性，在繁殖传代过程中还会有一部分细胞部分甚至完全丢失质粒，导致所需产物的产量下降。

质粒不稳定包括分离性不稳定和结构性不稳定两种类型。前者是细胞分裂过程中质粒没有分配到子细胞中而导致整个质粒的丢失；后者是由于重组质粒DNA发生缺失、插入或重排而引起的质粒结构变化。

为了在工业化生产时使质粒的丢失降低到最低程度，除了在构建合适的重组菌外，还应对重组菌进行一系列发酵试验，以选择最佳的发酵条件。在发酵过程中可以通过以下方法来增

加质粒的稳定性:

(1)施加选择压力

利用某些生长条件,只让那些具有一定遗传特性的细胞才能够生长。在重组菌发酵时,常采取这种方法来消除重组质粒的不稳定性,以提高菌体纯度和发酵生产率。

1)抗生素添加法。因重组菌中常含有抗药性基因,因此可添加相应的抗生素来限制非重组菌的生长。但由于抗生素的存在往往在一定程度上会影响目的产物的合成,增加产物提取的难度,而且对一些易被酶水解失活的抗生素来说,添加抗生素所造成的选择压力只能维持一定的时间。如带 Amp^r 基因的克隆株在氨苄青霉素浓度为 50、200、1000μg/mL 的培养基中培养 16h 后,含有重组质粒的细胞数占总细胞数的比例分别为 40%、60% 和 100%,再加上发酵过程中受成本的限制,所以大规模生产时此法并不可取。

2)抗生素依赖型变异法。通过诱变使受体细胞成为某抗生素的依赖型突变株,即只有在该抗生素存在时受体细胞才能生长,而重组质粒上含有该抗生素的非依赖基因,将重组质粒导入后,克隆菌能在不含抗生素的培养基中生长。此方法可节约大量抗生素,但克隆菌易发生回复突变。

3)营养缺陷型法。受体细胞是营养缺陷型的,不能在选择性培养基上生长,而质粒中含有此基因,克隆后克隆株能在选择性培养基上生长。如构建带色氨酸操纵子的重组质粒 pBR322-trp,在质粒上插入 $serB$ 基因,而受体细胞是 $serB$ 缺陷型的,因此只有重组菌才能在不含 Ser 的培养基上生长。

(2)控制基因过量表达

由于外源基因表达水平越高,重组菌往往越不稳定。因此一般采用两阶段培养法,即在发酵前期控制外源基因不过量表达,使重组质粒稳定地遗传;到后期,通过提高质粒的拷贝数或转录翻译效率,使外源基因高效表达。

1)可诱导启动子。在构建表达质粒时,可以使用可诱导的操纵子,如 lac、trp 等。在用含有这些启动子的克隆菌进行发酵生产时,可以选择培养条件使启动子受阻遏至一定时期,在此期间质粒稳定地遗传,然后通过去阻遏(诱导),使质粒高效表达,例如利用 β-吲哚乙酸可以使 trp 启动子去阻遏。

2)温度敏感型质粒。某些质粒在温度较低时,质粒拷贝数少,温度升高后,大量扩增,这种质粒称"脱缰质粒"(runaway plasmid),如 pKN402 和 pKN410 在 30℃时拷贝数为 20~50 个/大肠杆菌细胞,而 35℃时大量复制。若将 β-内酰胺酶基因接在此质粒中,经热诱导后,β-内酰胺酶活力可增强 400 倍。

(3)控制培养条件

1)培养基组成。不同的培养基能影响微生物的代谢活动,也能影响质粒的稳定性。有人认为质粒在丰富培养基中比在最低限量培养基中更加不稳定。

2)培养温度。含有重组质粒的克隆菌的比生长速率往往比受体菌要小,同样质粒导入受体菌后会使受体菌的生长温度改变。通常而言,低温有利于重组质粒稳定地遗传。

3)菌体比生长速率。调整重组菌及受体菌的比生长速率可以提高重组质粒的稳定性,但要做到这一点非常困难,因为大多数环境条件可同时提高或降低这两种菌的比生长速率。在某些情况下,可以利用分解代谢阻遏来控制菌的比生长速率,来提高重组质粒的稳定性。如在重组质粒中克隆入抗高浓度阻遏的某个基因,这样在进行高浓度底物培养时,受体菌被抑制,比生长速率下降,而重组菌仍能正常生长。

综上所述,选定一个合适的受体菌十分重要。基因工程操作中常用的受体菌是大肠杆菌,它最大的缺点是代谢产物很难分泌出胞外,让枯草芽孢杆菌把代谢产物分泌出来是可能的,但由于产芽孢,难于培养到高浓度,而不产芽孢的变易株又往往很难培养,因此应该适当考虑用其他微生物作受体。

为了高效率地生产代谢产物,还应考虑每个细胞的质粒数、质粒的稳定性及转录和翻译的效率等。质粒越多,产量越高,但增殖速度越慢,质粒脱落的速度越快;表达水平越高,重组质粒越不稳定。因此在实际生产中可考虑用两阶段培养方式,第一阶段主要考虑增殖,第二阶段主要考虑目的基因的表达。也可通过改变温度、用双罐连续培养等方式,或用添加或去除药剂的方法来提高基因产物的产量。

3.工程菌外逸的控制

由构建的工程菌所携带的转入基因对于环境的长期安全性仍具有风险性,目前有关法规都明确规定工程菌不能扩散到自然环境中,因此应采取以下措施以防菌体外逸。

(1)排气控制。排出的气中含有大量气溶胶,在剧烈起泡的培养物中,培养液呈泡沫状,它们从排气口向外排出,重组菌也容易随之外漏。

控制办法:在通用通气型培养罐上安装排气鼓泡器(见图7-13),气体通过排气管到鼓泡瓶,再通过膜滤器,瓶中可加入杀菌剂(如2mol/L NaOH),或用电热器将排气加热至200℃,杀灭工程菌。

(2)机械密封。如搅拌轴与罐身连接处的密封不好,易使菌液外漏。一般10L以下的培养装置可用磁力搅拌,大的搅拌罐可用双机械密封来解决。

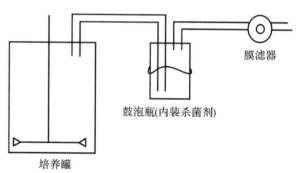

图7-13　工程菌的排气控制示意图

(3)取样控制。发酵过程中常要进行取样化验,为了不使工程菌外漏,最好用自动采样系统采样。若用手动采样,应注意采样管道的灭菌等工作。

(4)培养后灭菌。培养后,对培养液及发酵罐、管道进行灭菌,排出的废水及废液也应灭菌。

(5)接种控制。直接向发酵罐内倒入菌种进行接种的方法是不安全的。简单的方法是将种子瓶与培养罐用管道连接后,用无菌空气加压压入的方法来接种。另一种方法是先把种子液在安全柜内移至供接种用的小罐内,再将其与培养罐连接,将连接部分用蒸汽灭菌,把种子罐中的种子接入培养罐内。

(6)排液控制。在将培养液送至下一道工序时,应将排液口与下段工序相连接,残剩的菌液应进行灭菌处理。重组菌的培养罐中,凡有可能外漏重组菌的部分,都应与排污管道相连。

4.基因工程产品的提取与精制

基因工程产品与传统发酵产品在提取和精制上的不同,主要表现在以下两方面:

(1)传统发酵产品多为小分子,研究较多,因此放大比较有根据;基因工程产品多为大分子,缺乏必要数据,需要积累更多的放大经验。

(2)基因工程产品大多处于细胞内,提取前需将细胞破碎,增加了许多困难,且发酵液中产物浓度低,杂质多,一般大分子又不稳定,因此常用色谱分离法。

复习思考题

1.什么叫做基因工程? 其四大要素是什么?

2.作为微生物基因工程的工具酶有哪些要求? 现常用的有哪些?

3.作为微生物基因工程的克隆载体有哪些要求?

4.作为微生物基因工程克隆载体的宿主有什么样的要求?

5.构建微生物基因工程表达载体时应注意什么因素?

6.有哪些方法可对 DNA 进行定位诱变?

7.微生物生物工程可分为哪些不同的层次?

8、如何进行微生物细胞的原生质体融合?

9、微生物酶学工程包括哪些内容?

10、微生物发酵有哪些不同方式?

11.微生物发酵的后处理有哪些工作?

12.用基因工程菌发酵时应注意哪些安全性问题?

第八章　免疫学

【内容提要】

本章介绍了免疫与免疫学的概念,即免疫是指动物机体对微生物侵染的抵抗力和对同种微生物再感染的特异性防御能力的现象。免疫学是研究免疫系统的结构与功能,探索其对机体有益的防卫功能和有害的病理作用及其机制的科学。免疫赋予人类和动物机体以多方面的基本功能和特性。免疫最基本的是抗原和抗体及其两者的反应。抗原有抗原性和免疫原性,决定抗原特性的是抗原决定簇,即抗原物质分子表面或者其他部位的具有一定组成和结构的特殊化学基团。抗体是机体在抗原物质刺激下形成的一类能与抗原特异性结合的活性球蛋白。抗体有其基本结构,根据不同角度进行分类。抗体的生理功能有多个方面。抗原与抗体的反应有着本身的要求和特点,反应有凝集、沉淀、中和等不同的反应方式,并受多方面因素影响。现代理化技术使免疫检测技术的发展日益迅速,已有各种不同的酶标记技术、荧光标记技术、放射免疫技术等广泛应用于免疫检测。

免疫与免疫学　传统上,免疫是指动物机体免疫系统识别"自己"和"非己",对自身成分产生天然免疫耐受,而对非己异物产生排除作用的一种生理反应,即对微生物侵染的抵抗力和对同种微生物再次感染的特异性防御能力,这可维持机体体内环境的稳定,产生对机体的有益的保护作用。但后来发现,很多现象如器官移植排斥反应、过敏反应等与病原微生物感染并无关系。因此,人们把生物体能够辨认自我与非我、对非我作出反应以保持自身功能的稳定称为免疫。现代免疫的概念具有了更为广泛的意义和更为复杂的内涵。

免疫学(Immunology)即是免疫学是研究免疫系统的组成、结构与功能,免疫应答的规律和效应,免疫功能异常致病,免疫学诊断与防治,探索其对机体有益的防卫功能和有害的病理作用及其机制的一门生物科学,其可用以发展有效的免疫学措施,实现动物和人类的防病、治病。实际上免疫学理论和方法已经扩展到化学分析、分子生物学、生物传感器等诸多学科和领域。

免疫系统(immunity system)是指机体发挥免疫功能的组织系统,包括免疫器官、免疫细胞和免疫分子三部分。免疫器官包括中枢免疫器官,如骨髓(造血器官和 B 淋巴细胞发育成熟的场所)和胸腺(T 淋巴细胞发育成熟场所)和外周免疫器官如淋巴结、脾和黏膜相关的淋巴组织。免疫细胞是指具有执行非特异性免疫应答功能的固有免疫细胞和执行特异性免疫应答功能的适应性免疫细胞。免疫分子包括抗体、补体、细胞因子和表达于细胞表面参与免疫应答及发挥免疫效应的各种膜型分子,如抗原识别受体(TCR,BCR)和模式识别受体(PRR)等。

免疫应答　免疫应答(immune response)是指免疫系统识别和清除抗原的整个过程,可分为固有免疫(innate immunity)和适应性免疫(adaptive immunity)两大类。动物机体在受到外源物质或病原体侵入后,首先并迅速发挥防卫作用,这一现象称为固有免疫,又称天然免疫或非特异性免疫,即是机体在长期的种系发育和进化过程中形成的天然防御功能。这一功能由遗传而得,与生俱来。对于外源入侵的病原体和异物可迅速产生应答反应,起到非特异性的免疫作用。执行固有免疫功能的有皮肤、黏膜的物理屏障作用及局部细胞分泌的抑菌、杀菌物质的化学作用;有吞噬细胞的吞噬病原体作用;自然杀伤细胞(natural killer,NK)对靶细胞的杀伤作用,及血液和体液中存在的抗菌分子,如补体(complement)的多种活性作用。固有免疫在感染早期执行防卫功能。

适应性免疫应答也就是获得性免疫(acquired immunity),或称特异性免疫(specific immunity),其执行者主要是 T 及 B 淋巴细胞。机体受病原微生物或其他异物侵入刺激后,T 及 B 细胞识别病原体成分后被活化,活化后并不立刻表现防卫功能,而是经免疫应答过程,约 4~5 天后,才分化成效应细胞,对已被识别的病原体或异物加以杀伤和清除。适应性免疫应答是继固有性免疫应答之后发挥其特异性免疫效应的,并在最终清除病原体,促进疾病治愈。T 及 B 淋巴细胞在免疫应答过程中可产生免疫记忆,形成长寿记忆细胞,当机体再次受到同一种病原微生物或异物入侵时,可迅速长寿免疫应答,发挥免疫作用,因而在防止再感染中起主导作用。

免疫的基本功能 归纳起来,动物机体的免疫具有三项基本功能:① 免疫防御:防止外界病原体的入侵及清除已入侵病原体(如细菌、病毒、真菌、支原体、衣原体、寄生虫等)及其他有害物质。② 免疫自稳:通过自身免疫耐受和免疫调节两种主要的机制来达到免疫系统内环境的稳态。这一功能使机体对自身成分处于耐受状态,对非己抗原产生适度的免疫应答,清除新陈代谢中衰老和死亡的细胞出体内。如果这一功能有损,则可引发自身免疫性疾病和超敏反应性疾病。③ 免疫监视:发现和清除体内发现的"非己"成分。如基因突变细胞及衰老、凋亡细胞。一旦这一功能失调,则可引发肿瘤和病毒持续性感染。

免疫的基本特性 ① 可识别自身与非自身:动物的免疫系统,能够识别自身与非自身的大分子物质,是机体免疫应答的物质基础;② 免疫具有特异性:免疫系统的免疫应答和由此产生的免疫物质具有高度的特异性,即具有很强的针对性;③ 免疫具有记忆性:机体对某种外源物质(抗原)的免疫应答产生的抗体经过一段时间后会逐渐消失,但免疫系统仍然保留对该抗原的免疫记忆,若同一外源物质再次侵入机体时,机体会迅速产生较上次侵入时更多的抗体,这种现象称为免疫记忆现象。

这里仅介绍免疫反应中的抗原、抗体及其反应,对于机体如何识别和排除入侵病原体等内容不作涉及。

第一节 抗原

抗原是能与淋巴细胞抗原受体(TCR/BCR)发生特异性结合,进而诱导该淋巴细胞发生特异性免疫应答,并能与其相应的免疫应答产物(抗体或致敏淋巴细胞)在体内、外发生抗异性结合反应的一类物质。

一、抗原(antigen,Ag)的基本概念

抗原是能与淋巴细胞原受体发生特异性结合,进而诱导该淋巴细胞发生免疫应答,并能与其相应的免疫应答产物(抗体或致敏淋巴细胞)在体外发生抗异性结合反应的物质。

1.抗原性

抗原具有免疫原性和反应原性两个基本属性。免疫原性指具有刺激机体产生免疫应答能力的特性。反应原性指具有与免疫应答的产物发生相互反应的特性,此特性又称为免疫反应

性或抗原性。根据是否同时具备上述两种特性，可以把抗原分为完全抗原和不完全抗原。

（1）完全抗原　　既具有免疫原性又具有反应原性的物质称为完全抗原。大多数常见的抗原都是完全抗原，例如大多数蛋白质、细菌细胞、细菌外毒素、病原和动物血原等。

（2）不完全抗原（半抗原）　　只具有反应原性而无免疫原性的物质称为不完全抗原，亦称半抗原。如青霉素类药物、药理活性肽类的一些激素、cAMP 与 cGMP 代谢物、嘌呤嘧啶碱基、核苷、核苷酸、寡核苷酸、人工多聚核苷酸以及核酸大分子等均为不完全抗原。这些相对分子质量较小的半抗原物质与相应的载体蛋白（如甲基化牛血清蛋白，MBSA）结合为复合物后，就可各自通过实验手段诱发出高度特异的抗体，此种抗体可用于放射免疫测定或其他测定，可检出极微量的相应半抗原物质。

半抗原又可分为简单半抗原和复合半抗原。简单半抗原又称阻抑半抗原，其相对分子质量较小，既无免疫原性，也无反应原性，只有一个抗原决定簇，不能与相应的抗体发生可见的反应，但能中和相应的抗体，阻止抗体在相应的完全抗原或复合半抗原发生可见的反应（用沉淀抑制反应可证实）。如抗生素、酒石酸、苯甲酸等都属于这类抗原。复合半抗原的相对分子质量较大，有多个抗原决定簇。一般的半抗原都属于此类，能与相应的抗体发生沉淀反应。二硝基氯苯、多糖类、脂质、脂多糖等都属于复合半抗原。

2. 决定抗原免疫原性的因素

免疫原性是判断一种物质是否属于抗原的关键。影响抗原免疫原性的因素主要包括三个方面：

（1）抗原的免疫原性与理化性质直接相关。一般抗原物质相对分子质量越大、分子结构越复杂，则免疫原性越强。抗原物质相对分子质量都大于 1.0×10^4 Da，低于 4.0×10^3 Da 的物质，一般不是抗原。但也有例外，如明胶的相对分子质量高达 1.0×10^5 Da，却因其氨基酸种类简单（缺乏苯环）且易降解而使其抗原性很弱。相反，胰岛素的相对分子质量仅为 5734Da，但其氨基酸成分和结构较特殊，故具有免疫原性。

相同大小的分子，如果化学组成、分子结构和空间构象不同，其免疫原性也有差异。一般来说，分子结构和空间构象愈复杂的物质免疫原性愈强（见图 8-1）。

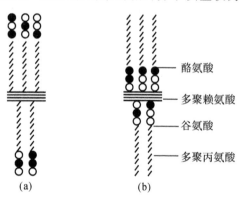

（a）强抗原　（b）弱抗原

图 8-1　谷氨酸、酪氨酸连接在多聚丙氨酸的位置与抗原性强弱的关系

（2）免疫动物的遗传因素影响抗原的免疫原性。例如免疫动物的主要组织相容复合体的 Ir 等基因在免疫应答中起着重要作用。机体与抗原的相互作用关系如免疫途径、抗原剂量等都对免疫原性有影响。

（3）异物性。异物性又称异质性，指抗原的理化性质与所刺激机体的自身物质间的差异程度。它有以下几种情况：① 非动物性抗原物质如叶绿素、微生物等对动物宿主有良好的免疫原性。② 异种动物抗原，血缘关系越远，生物种系差别越大，免疫原性越好。③ 同种异体抗原，同种动物异体间的某种物质也有免疫原性，如血型抗原、组织相容性抗原等。④ 自体抗原,正常情况下,机体的自身物质或细胞不能刺激自体的免疫系统发生免疫应答,但如果在组织蛋白结构发生改变、机体免疫识别功能紊乱或眼球蛋白、精子蛋白、甲状腺蛋白等因外因或感染而进入血液循环系统而机体视之为异物等情况下,均可引发自身免疫。

二、抗原决定簇

抗原决定簇(antigenic determinant)也称抗原表位(antigenic epitope),是位于抗原物质分子表面或者其他部位的具有一定组成和结构的特殊化学基团,它能与淋巴细胞抗原受体及相应的抗体分子特异性结合,是引起机体特异性免疫应答及与抗体特异性反应的基本构成单位。一般来讲,蛋白质抗原的 3~8 个氨基酸残基可以构成一个抗原决定簇,多糖抗原中的 3~6 个呋喃环可以构成一个抗原决定簇。抗原分子中直接由分子基团的一级结构序列决定的决定簇称为顺序决定簇(sequential determinants)或连续决定簇(continuous determinants)。抗原分子中由分子间特定的空间构象决定的决定簇称为构象决定簇(conformational determinants)或不连续决定簇(discontinuous determinants)。对蛋白质抗原而言,顺序决定簇决定于肽链的氨基酸序列即肽链的一级结构,而构象决定簇决定于由这个一级结构折叠而成的空间构象。

三、抗原的分类

自然界存在的抗原很多,可根据不同的原则进行分类。根据抗原的不同来源可分为天然抗原、人工合成抗原和合成抗原。天然抗原是指天然生物、细胞及天然产物。天然抗原又可具体分为组织抗原、细菌抗原、病毒抗原等。人工抗原是指人工化学改造后的抗原,例如半抗原经化学改造后就是人工抗原。合成抗原是化学合成的具有抗原性质的分子,如氨基酸的聚合物等。根据抗原与机体的亲缘关系又可分为异种抗原、同种异型抗原和自身抗原。根据抗原的化学性质可分为蛋白质抗原、多糖抗原、脂抗原、核酸抗原等。根据刺激机体细胞产生抗体是否需要细胞辅助又可分为胸腺依赖性抗原和非胸腺依赖性抗原,绝大多数天然抗原属于前一种。

四、微生物性抗原

细菌、病毒、立克次氏体等都是很好的抗原,由它们刺激生物机体所产生的抗微生物抗体,一般都有保护机体不再受该种微生物侵害的能力。微生物的各种化学成分如蛋白质及与蛋白质结合的各种多糖和脂类,都可能是抗原,并可产生各种相应的抗体。微生物的抗原结构是微生物分类的依据之一。

1. 菌体抗原(somatic antigen)

一个细菌细胞含有多种抗原,是由不同蛋白质、多糖和脂类组成的复合抗原。不同种或不同型的细菌各有自己特有的菌体抗原,称为特异抗原,所产生的特异抗体只能与该种或该型的细菌发生反应。有些不同种或不同型之间存在相同的抗原,称为类属抗原或共同抗原,它们所产生的抗体既能与产生这一抗体的该细菌发生反应,又能与含有相同抗原的其他种细菌发生反应,称为交叉反应。

具有鞭毛的细菌在失去鞭毛后,不能形成云雾状菌落,德语中称为 Ohne Hauch,因此把那些丢失鞭毛后的菌体抗原,称为 O—抗原。O—抗原实质上是革兰氏阴性细菌,尤其是肠道细菌科细菌细胞壁表面脂多糖的 O—侧链所构成的抗原。不同种属,甚至同一种的不同菌株,其 O—侧链的结构、组成分不同,所显示的抗原特性也会不同。如根据 O—抗原特性的不同,可将霍乱弧菌各菌株分成近百个不同的血清型。这对于治疗由不同血清型菌株所引起的疾病十分重要。

2. 鞭毛抗原(flagella antigen)

具有鞭毛的细菌可形成云雾状菌落,德语中称为 Hauch,因此将鞭毛抗原命名为 H 抗原。同样,由于不同种属,甚至不同菌株的鞭毛蛋白的组成、结构不同,其 H 抗原特性也不同。

3. 表面抗原(surface antigen)

表面抗原是指包围在细菌菌体抗原外表的抗原,它的存在可干扰菌体抗原与相应抗体的结合。如肺炎球菌的荚膜抗原,某些革兰氏阴性菌的表面抗原如大肠杆菌的 K 抗原、伤寒杆菌的 Vi 抗原等。

4. 细菌毒素抗原(toxin antigen)

细菌毒素(如外毒素)是一类抗原性很强的蛋白质,进入人体和动物后可引起宿主产生抗体。外毒素经甲醛脱毒后转变为类毒素,对于动物已无毒,但因仍具有良好免疫原性而能刺激机体产生相应的免疫应答反应。

第二节　抗体

抗体(antibody,Ab)是机体在抗原物质刺激下形成的一类能与抗原特异性结合的活性球蛋白,又称免疫球蛋白(immunoglobin,Ig),由细胞合成并分泌。抗体是机体对抗原物质产生免疫应答的重要产物,具有各种免疫功能,主要存在于动物的血清、淋巴液、组织液及其他外分泌液中,因此将抗体介导的免疫称为体液免疫。有些抗体是以亲细胞性抗体存在于体内,这种形式的抗体主要有 IgG 和 IgE,它们可结合于某些免疫细胞表面。此外,在成熟的淋巴细胞表面具有抗原受体,其本质也是免疫球蛋白,称为膜表面免疫球蛋白。

一、抗体的基本结构

虽然免疫球蛋白的种类很多,但其基本结构却相同,如图 8-2。免疫球蛋白分子是由 2 条相同的重链(heavy chain,H 链)和 2 条相同的轻链(light chain,L 链)通过链间二硫键连接而成的四肽链结构。近对称轴的一对较长的链称为重链或 H 链,重链的相对分子质量约为 50～75kDa,由 450～550 个氨基酸残基组成。远对称轴两侧较短的一对肽链称为轻链或 L 链,轻链的相对分子质量约为 25kDa,由 214 个氨基酸残基构成。IgG 分子由 3 个相同大小的节段组成,位于上端的两个臂由易弯曲的铰链区(hinge region)连接到主干上形成一个"Y"形分子,称为 Ig 分子的单体,这是构成免疫球蛋白分子的基本单位。根据肽链中氨基酸顺序是否恒定,将 H 链和 L 链分别分为恒定区域(C 区)和可变区域(V 区)。Ig 的 V 区端是肽链的氨基末端(N 端),另一端为羧基末端(C 端),H 链上的"CHO"代表它的糖基。

根据重链的血清学类型、相对分子质量大小、糖量的不同和与抗原结合方式的不同,免疫球蛋白可以分为若干类或亚类。世界卫生组织于 1968 年将在人类血清中纯化的 Ig 分成五类:IgG、IgA、IgM、IgD、IgE。还可以按重链构造上的变异将各类分为多个亚类,如人类 IgG可以分为 IgG_1、IgG_2、IgG_3、IgG_4 四个亚类,IgA 可以分为 IgA_1、IgA_2 两个亚类。IgG 是免疫球蛋白的主要组成成分,大约占血清蛋白的 15%。

1. 重链和轻链

IgM、IgD、IgG、IgA 和 IgE 相应的重链分别为 μ 链、δ 链、γ 链、α 链和 ε 链。轻链可分为两

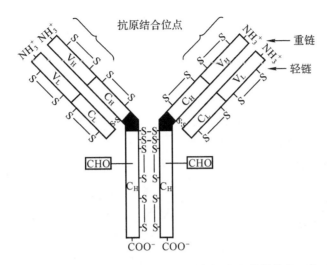

图 8-2　免疫球蛋白 IgG1d 的结构模式(引自周德庆《微生物学教程》,第 2 版,2002)

型,即 κ 型和 λ 型,不同种属中,两型轻链的比例不同,正常人血清免疫球蛋白 κ : λ 约为 2 : 1,而在小鼠则为 20 : 1。k : λ 比例的异常可能反映了免疫系统的异常。

2.可变区和恒定区

不同的免疫球蛋白重链和轻链在靠近 N 端的约 110 个氨基酸的序列变化很大,称为可变区(variable region,V 区),而靠近 C 端的其余氨基酸序列相对稳定,称为恒定区(constant region,C 区)。重链中可变区约占重链长度的 1/4,稳定区约占重链长度的 3/4;轻链中可变区和稳定区各为轻链长度的 1/2 左右。

3.铰链区

铰链区富含脯氨酸,易伸展弯曲和被蛋白酶水解。铰链区位于 CH1 与 CH2 之间,连接抗体的 Fab 段和 Fc 段,使两个 Fab 段易于移动和弯曲,从而可与不同距离的抗原部位结合。IgM、IgD、IgG、IgA、IgE 和相应亚类的铰链区存在一定的差异,如 IgA 和 IgG$_1$、IgG$_2$、IgG$_4$ 的铰链区较短,IgG$_3$ 和 IgD 的铰链区较长,IgM 和 IgE 无铰链区。

4.结构域

由免疫球蛋白的肽链折叠而成的球形结构域称为功能区(The domain of immunoglobulin),每个功能区约由 110 个氨基酸组成,其氨基酸的序列具有相似性或同源性。因此,这些功能区的功能虽然不同,但其结构却具有较大的相似性。每个功能区的二级结构是由几股多肽链折叠一起形成的两个反向平行的 β 片层(anti-parallel β sheet),两个 β 片层中心的两个半胱氨酸残基由一个链内二硫键垂直连接,形成具有稳定功能区的作用"β 桶状(β barrel)"或"β 三明治 (β sandwich)"的结构,免疫球蛋白肽链的这种独特的折叠方式称为免疫球蛋白折叠(immunoglobulin folding)。

5.免疫球蛋白的水解片段

Ig 分子上的 2 条重链和 2 条轻链是由二硫键连接的,因此它可以被巯基试剂还原成单链或双链;在 Ig 分子的铰链区,由于富含脯氨酸而易于成为蛋白酶的酶切位点。

(1)木瓜蛋白酶水解片段　木瓜蛋白酶(papain)水解 IgG 的部位是在铰链区二硫键连接的 2 条重链的近 N 端,裂解后可得到 3 个片段,其中 2 个片段相同。这 2 个相同片段称为抗原结合片段(fragment antigen binding,Fab),每个 Fab 段由一条完整的轻链和重链的 VH 和

CH1 功能区组成,相当于抗体分子的 2 个臂。Fab 段为单价抗体,即能与抗原结合但不能形成凝集反应或沉淀反应;一个可结晶片段(fragment crystallizable,Fc),无抗原结合活性,是抗体分子与效应分子和细胞相互作用的部位。Fc 能介导抗体的很多生物学功能,因此,Ig 同种型的抗原性主要存在于 Fc 段。

(2)胃蛋白酶水解片段 胃蛋白酶(pepsin)在铰链区连接重链的二硫键近 C 端水解 IgG,产生一个大片段和多条小分子多肽,见图 8-3。大片段称为 F(ab')₂ 片段,由于抗体分子的两个臂仍由二硫键连接,因此 F(ab')₂ 片段为双价,与抗原结合可发生凝集反应和沉淀反应。F(ab')₂ 片段保留了结合相应抗原的生物学活性,又避免了 Fc 段抗原性可能引起的副作用,因而作为生物制品有较大的实际应用价值;若干小分子片段是由 Fc 段裂解而来,称为 pFc',无生物学活性。

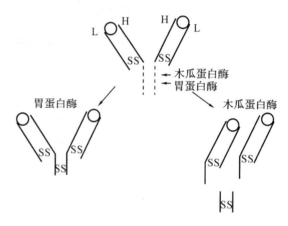

图 8-3 IgG 的水解片断

二、生物工程抗体

现代免疫学的核心是分子免疫学,而运用基因工程等现代生物技术对抗体进行定向改造而获得的抗体称为生物工程抗体(biological engineering antibody)。生物工程抗体的出现,不仅丰富了抗体资源,也可使抗体的应用向定向化和可控化的方向发展。

(1)抗体的化学修饰(antibody chemical modification)

抗体和抗原的特异性结合发生在抗体的 Fab 片段上,如果运用双功能交联剂将同位素、酶、毒素和药物等连接在抗体的 Fc 片段上,交联后的抗体与抗原的结合特异性并不改变。交联(标记)后的抗体可以作为诊断试剂或药物的定向载体,引导药物或毒素到达抗原存在部位,减少药物在肿瘤等治疗过程中的毒副作用,提高治疗效果。

(2)抗体基因文库(antibody recombination library)

随机组合不同的重链和轻链基因,克隆到表达载体中,在大肠杆菌等原核细胞中表达形成抗体文库,用不同的抗原可以从文库中筛选出相应的抗体基因。运用抗体基因文库可以快速地获得单克隆抗体,也可获得一些诸如人源单克隆抗体等不宜进行人工免疫物种的单克隆抗体。

(3)抗体基因的改造(antibody gene modification)

将不同来源的抗体基因进行重组,可获得所需要的抗体。如将鼠源抗体的 V 区基因与人源抗体的 C 区基因进行重组,可获得对人体抗原具有高度亲和性的嵌合鼠抗体。

(4)催化性抗体或抗体酶(catalytical antibody,abozyme)

抗体和酶一样具有催化活性,有人把这种具有催化活性的抗体称为抗体酶。抗体酶和酶一样具有底物和立体专一性,在反应动力学和竞争抑制等方面也与酶相似。抗体酶的发现打破了只有酶才具有分子识别和加速催化反应的传统概念,为酶工程学开创了新的领域。

三、抗体的生理功能

1.识别并特异性结合抗原

识别并特异性结合抗原是免疫球蛋白分子的主要功能,这种特异性主要是由免疫球蛋白V区的空间构型所决定的。免疫球蛋白分子有单体、二聚体和五聚体等几种体形式。只有1个Y形分子组成的Ig称为单体,如IgG、IgD、IgE等;由2个Y分子组成的Ig称为双体,如血清型IgA或分泌型IgA;由5个Y型分子组成的Ig是一个星状结构,5个单体间由二硫键结合在一起,称为五体或五聚体。不同形式的体结合抗原表位的数目不同,如Ig单体可结合2个抗原表位,为双价;分泌型IgA为4价;五聚体IgM理论上为10价,但由于立体构型的空间位阻,一般只能结合5个抗原表位,故为5价。抗体在体内与相应抗原特异结合,发挥免疫效应,清除病原微生物或导致免疫病理损伤。例如IgG和IgA可中和外毒素,保护细胞免受毒素作用;病毒的中和抗体可阻止病毒吸附和穿入细胞从而阻止感染相应的靶细胞;分泌型IgA可抑制细菌黏附到宿主细胞。B细胞膜表面的IgM和IgD是B细胞识别抗原受体,能特异性识别抗原分子。抗体在体外与抗原结合引起各种抗原抗体反应。

2.激活补体

补体是动物血清中具有类似酶活性的一组蛋白质,具有潜在的免疫活性,激活后能表现出一系列的免疫生物活性,能够协同其他免疫物质直接杀伤靶细胞和加强细胞的免疫功能。IgM、IgG与相应抗原结合后,可通过经典途径活化补体。IgA和IgG不能激活补体经典途径,但其凝聚形式可通过旁路途径活化补体,继而由补体系统发挥抗体感染功能。

3.结合细胞表面的Fc受体

Ig可以通过与多种细胞表面均有的Ig Fc受体结合并通过受体细胞发挥各种不同的作用:① IgG、IgA等抗体的Fc段与中性粒细胞、巨噬细胞上的IgG、Fc受体结合,从而增强吞噬细胞的吞噬作用。② 表达Fc受体的细胞通过识别抗体的Fc段直接杀伤被抗体包被的靶细胞。抗体的这种作用称为依赖抗体的细胞介导的细胞毒性作用(antibody-dependent cell-mediated cytotoxicity,ADCC)。③ IgE的Fc段可与肥大细胞和嗜碱性粒细胞表面的高亲和力受体结合,促使这些细胞合成和释放生物活性物质,介导Ⅰ型超敏反应。④ IgG可通过胎盘而达到胎儿的血液中,使新生儿自然被动免疫,在保护婴儿抵御感染中有重要作用。

四、机体产生抗体的一般规律——初次应答与再次应答

若初次用适量抗原免疫动物时,须经一定的潜伏期(1周以上)才能检出低效价的以IgM为主的抗体,这一现象为初次应答。此后,在抗体下降时再次注射该抗原进行免疫,则潜伏期明显缩短,抗体效价增高,而且维持时间长,此时产生的抗体以IgG为主,这就是再次应答,也称免疫记忆或回忆应答,见图8-4。

五、产生抗体的细胞

抗体的产生是由于巨噬细胞(Mφ)、

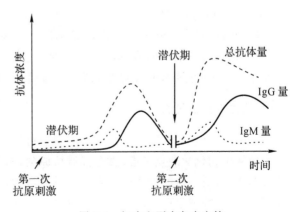

图8-4　初次和再次免疫应答

T 细胞、B 细胞联合作用的结果。在免疫细胞中,执行固有免疫功能的细胞有吞噬细胞、NK 细胞、B1 细胞等。执行适应性免疫功能的主要是 T 及 B 淋巴细胞。各种免疫细胞均源于多功能造血干细胞(multiple hematopoietic stem cells,HSC)。HSC 分化为髓系祖细胞(myeloid progenitor)、淋巴系祖细胞(lymphoid progenitor)。髓系祖细胞分化产生粒细胞(嗜中性、嗜酸性、嗜碱性)、单核-巨噬细胞、巨核细胞、树突状细胞及红细胞的母细胞;淋巴系祖细胞分化产生 T 细胞、B 细胞、NK 细胞及部分树突状细胞。

1. 吞噬细胞

具有吞噬功能的细胞称吞噬细胞(phagocytic cells),包括单核-巨噬细胞及嗜中性粒细胞。单核细胞(monocytes)存在于血液中,随血液循环迁移至组织中定位,并分化成熟为巨噬细胞(Mö)。Mö 具有强吞噬功能,胞内富含溶酶体及线粒体,能杀伤胞内病原体(细菌、真菌、寄生虫、病毒)。Mö 也能吞噬、清除体内凋亡的细胞及异物。Mö 寿命较长。嗜中性粒细胞(neutrophils)又称为多形核嗜中性粒细胞(polymorphonuclear neutrophils,PMN),胞内富含溶酶体、过氧化物酶及杀菌物质。PMN 对化脓菌有很强的吞噬及杀灭清除作用,结合其大量数目的存在,且随血流迅速动员至病原体入侵部位,在固有免疫中承担重要作用。PMN 寿命短,但生成快。

2. 淋巴细胞

淋巴细胞(lymphocytes)分为 B 细胞及 T 细胞,成熟 B 细胞来源于骨髓,成熟 T 细胞来源于胸腺。B 及 T 细胞经抗原活化后,胞体变大,进行增殖、分化,表达功能。

(1)B 淋巴细胞　B 细胞表面的 BCR 及其分泌的 Ab 均为免疫球蛋白(immunoglobulin,Ig),由同样基因编码,特异识别并结合相同的 Ag。B 细胞分泌的 Ab,可执行多种免疫功能。Ab 与 Ag 特异结合,可直接中和具有毒性的 Ag 分子,如细菌外毒素,使之失去毒性作用。Ab 结合 Ag 后形成的复合物,易被吞噬细胞吞噬清除。Ab 又可与 Ag 结合后,再结合补体,使补体活化,杀伤病原体。基于 B 细胞是经分泌 Ab 这一可溶性蛋白分子而执行免疫功能的,故由 B 细胞介导的免疫称体液免疫(humoral immunity)。

(2)T 淋巴细胞　T 细胞表达的 TCR 是双肽链分子。T 细胞按功能不同分为三类,即 ① 辅助性 T 细胞,由其分泌的细胞因子,正反馈调节各种免疫细胞功能;② 细胞毒性 T 细胞(cytotoxic T cells,CTL),其效应可对靶细胞(病毒感染细胞及肿瘤细胞)施加杀伤作用;③调节性 T 细胞(regulatory T cells),具有抑制其他免疫细胞功能,负反馈调节免疫应答。T 细胞是经其自身分化为效应细胞后直接执行功能的,故由 T 细胞介导的免疫称细胞介导免疫(cell mediated immunity,CMI)。

(3)自然杀伤细胞(natural killer cells,NK)　NK 细胞形似大淋巴细胞,经细胞表面的受体,识别病毒感染细胞表面表达的相应配体,这种配体分子表达于多种病毒感染细胞表面。NK 细胞一经识别病毒感染细胞后,即对之施加杀伤作用,因而属固有免疫。

六、抗体形成的机制

有关抗体形成机制的问题,代表性的学说有模板学说和 Burnet 的克隆选择学说。模板学说单纯地从生物化学观点考虑,过分强调抗原的作用。其中直接模板学说认为抗原决定簇具有模板功能,可由一般的球蛋白转变为特异性抗体,间接模板学说则认为抗原决定簇先影响基因,由基因再影响球蛋白。Burnet 的克隆选择学说则是由 Burnet 在自然选择学说基础上,提出的很有影响力的克隆选择学说,主要内容为:① 在能产生抗体的高等动物体内存在着大量具有不同受体的免疫细胞克隆,其产生抗体的能力决定于其固有的已有基因。② 某特定抗原一进入机体,就可与相应淋巴细胞上的受体发生特异结合,从许多克隆中选择出与其相对应的克隆,使其得到活化和分化,最后成为浆细胞和暂停分化的免疫记忆细胞。③ 某一克隆如接触相应抗原,此克隆将其消除,从而以后机体对该抗原不产生免疫应答,即产生了免疫耐受性。④ 禁忌克隆可以复活或突变,从而成为能与自身成分起反应的克隆。

第三节 抗原抗体反应

抗原和相应抗体,无论在体内或体外相遇,均可发生各种各样的反应,统称为抗原抗体反应。抗原抗体反应可发生于体内($in\ vivo$),也可发生于体外($in\ vitro$)。在体内主要表现为体液免疫应答,可介导吞噬、溶菌、杀菌、中和毒素等作用。体外反应则根据抗原的物理性状、抗体的类型及参与反应的介质不同,可出现凝集反应、沉淀反应、补体参与的反应及中和反应等各种不同的反应类型。在体外进行的抗原抗体反应,因抗体多采用血清,所以也称为血清学反应(serological reaction)。由于抗原抗体具有严格的特异性和较高的敏感性,因此可采用已知抗原或抗体中的任何一方去检测未知的另一方,用于传染病的辅助诊断、微生物的鉴定和化学分析测定等。

一、抗原抗体反应的规律和特点

抗原与抗体能够特异性结合是基于两种分子间的结构互补性与亲和性,这两种特性是由抗原与抗体分子的一级结构决定的。

1. 特异性

所谓特异性,即一种抗原只能和由它刺激产生的抗体相结合,不能跟与它无关的抗体发生反应。这种特性是由抗原的决定簇基于抗体可变的化学组成、空间立体构型所决定的。例如白喉抗毒素只能与相应的外毒素相结合,而不能与破伤风外毒素结合。但由于较大分子的蛋白质常含有多种抗原表位。如果两种不同的抗原分子上有相同的抗原表位,或抗原、抗体间构型部分相同,都可出现交叉反应。

2. 按比性

抗原一般都是多价的,而抗体(IgG)则是二价的,只有两者比例适合时,抗原抗体才能结合得最充分,形成的抗原抗体复合物最多,反应最明显,结果出现最快,此比例称为等价带(zone of equivalence)。如抗原或抗体过多,则两者结合后均不能形成大的复合物,不呈现可见反应,称为带现象(zone phenomenon),出现在抗体过量时,称为前带(prezone),出现在抗原过剩时,称为后带(postzone),见图 8-5。

3. 可逆性

抗原与抗体的结合虽具有稳定性,但由于两者之间属非共价键结合,因此又是可逆的,在一定条件下可解离,且解离后各自生物活性不变。抗原抗体复合物的解离取决于两方面的因素,一是抗体对相应抗原的亲和力,二是环境因素对复合物的影响。高亲和性抗体的抗原结合点与抗原表位在空间构型上非常适合,两者结合牢固,不容易解离。反之,则较易解离。解离后的抗原或抗体均能保持未结合前的结构、活性及特异性。

4. 分阶段反应

抗原抗体反应可分为两个阶段:第一为抗原与抗体发生特异性结合的阶段,此阶段反应快,仅需几秒至几分钟,但不出现可见反应。第二为可见反应阶段,抗原抗体复合物在环境因素(如电解质、pH、温度、补体)的影响下,进一步交联和聚集,表现为凝集、沉淀、溶解、补体结合介导的生物现象等肉眼可见的反应。此阶段反应慢,往往需要数分钟至数小时。实际上这两个阶段难以严格区分,而且两阶段的反应所需时间亦受多种因素和反应条件的影响,若反应开始时抗原抗体浓度较大且两者比例比较适合,则很快能形成可见反应。

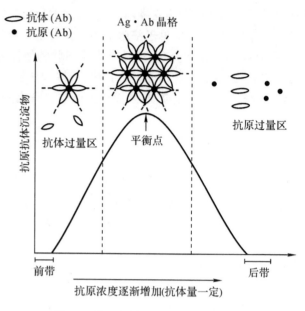

图 8-5　抗原抗体反应的按比性示意图

5. 敏感性

抗原抗体不仅有高度特异性,还具有较高敏感性,不仅可用于定性,还可用于检测极微量的抗原抗体,其灵敏程度大大超过当前应用的常规化学方法。但反应的类型不同,其敏感性有很大的差异。

二、影响抗原抗体反应的因素

1. 电解质

电解质能降低抗原抗体结合物的表面电荷,从而促使其沉淀或凝聚。最常用的是 NaCl,适宜浓度为 0.15mol/L,即生理盐水在补体结合试验或溶血反应时,在稀释液中加入少量的 Ca^{2+} 和 Mg^{2+} 能加强补体的活性。

2. pH

大多数抗原抗体反应的最适 pH 为 6～8。当反应 pH 接近蛋白质的等电点(pH5～5.5)时,往往导致抗原抗体的非特异性沉淀。pH 为 2～3 时可使抗原-抗体结合物解离。

3. 温度

反应温度与反应速度有密切关系。温度高时反应速度快,这是由于温度高时分子运动加速,从而使参加反应的分子或颗粒之间增加碰撞所致。沉淀反应在低温中进行时,反应速度虽减慢,但结合完全,因而沉淀物量也增多。补体结合反应亦在低温时结合较为敏感。反应的最适温度通常为 37℃。

4. 振荡

机械振荡能加速反应,但强烈振荡可使结合物离解。

5. 杂质

反应中如存在与反应无关的蛋白质、多糖等非特异性的结合物质,往往抑制反应进行甚至引起非特异性反应。

三、抗原抗体反应的类型

抗原抗体反应因抗原、抗体性质和反应条件的不同而表现为各种不同的形式。

1. 凝集反应

颗粒性抗原与相应抗体相遇后,在电解质参与下出现肉眼可见凝集物的现象,称为凝集反应。反应中的抗原称为凝集原,抗体称为凝集素。凝集反应又可分为直接凝集反应和间接凝集反应。直接凝集反应是指颗粒性抗原与凝集素直接结合所出现的凝集现象;间接凝集反应是指将可溶性抗原吸附于与免疫无关的小颗粒(载体)表面,此吸附抗原(或抗体)的颗粒与相应的抗体(或抗原)结合,在有电解质存在的适宜条件下而发生的凝集反应。常用载体颗粒有人(O型)和动物(绵羊、兔、鸡等)的红细胞、聚苯乙烯乳酸、活性炭等,其中以红细胞最为常用。以红细胞作为载体的凝集反应,称为间接血细胞凝集试验。如果将相应的可溶性抗原与抗体混合,隔一定时间后,再加致敏红细胞,由于抗体已被中和,故不发生红细胞凝聚,这种反应称为间接血细胞凝集抑制试验(图8-6)。

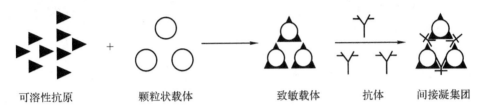

可溶性抗原　　　　　颗粒状载体　　　　　　　致敏载体　　　抗体　　　间接凝集团

图8-6　间接凝集反应示意图

亦可将抗体吸附于载体颗粒上,再与相应抗原进行凝聚反应,谓之反向间接凝集。

2.沉淀反应

可溶性抗原如蛋白质、多糖和类脂溶液、血清、细菌抽提液、组织浸出液等与相应抗体在一定条件下出现沉淀的现象称为沉淀反应(precipitation,pptn)。反应中的抗原称为沉淀原(precipitonogen),抗体称为沉淀素(precipitin)。由于沉淀原的分子小,表面的抗原决定簇又相对较多,因此一般需先稀释抗原方可获得产生沉淀反应所需的合适的抗原与抗体比例。沉淀反应可分为环状沉淀反应(ring preciptation)和絮状沉淀反应(flocculation preciptation)。

3. 中和反应

抗体使相应抗原(毒素或病毒)的毒性或传染性丧失的反应称为中和反应。广义而言,中和激素和酶活性也包括在内。该试验不仅可用于毒素或病毒种型的鉴定与抗原性分析,还可用于抗毒素或中和抗体的效价滴定。这种中和作用,不仅有严格的种、型特异性,而且还表现在量的方面,即一定量的病毒必须有相应数量的中和抗体才能被中和。

中和试验的基本过程是,先将抗血清与病毒混合,经适当时间作用,然后接种于宿主系统以检测混合液中的病毒感染力。宿主系统可以是鸡胚、动物或细胞培养物,根据病毒性质而定,目前大多采用细胞中和试验。最后根据产生的保护效果的差异,判断该病毒是否已被中和,并根据一定方法计算中和的程度,即代表中和抗体的效价。

四、补体参与的反应

补体是分散存在于体液中的具有类似酶活性的一组蛋白质,包括9种成分(其中C1又分为C1q、C1r、C1s,共有11种成分)。补体是机体非特异性免疫的重要体液因素,当被抗原抗体复合物或其他激活物质激活后,可表现出杀菌及溶菌作用,起到补助和加强吞噬细胞和抗体等防御能力的作用。抗原抗体复合物可以激活补体,被活化的补体成分可与抗原抗体复合物结合,但不能与单独的抗原或抗体结合。补体被复合物结合后即被消耗。

补体参与的检测技术的基本原理是,抗体分子(IgG、IgM)的 Fc 片段存在有补体受体,当抗体没有与抗原结合时,抗体分子的 Fab 片向后卷曲,掩盖 Fc 上的补体受体,因此不能结合补体。但当抗体与抗原结合时,两个 Fab 片向前伸展,Fc 上的补体受体暴露,补体的各种成分相继与之结合使补体活化,从而导致一系列的免疫学反应。即通过补体是否激活来证明抗原与抗体是否相应,进而对抗原抗体作出诊断。

1. 溶菌反应

某些革兰氏阳性菌,与相应抗体结合后,在有适量电解质存在条件下,形成抗原抗体复合物,如加入补体,则出现细菌溶解现象,称为溶菌反应。

2. 溶血现象

红细胞与相应抗体特异性结合后,在有足量补体存在条件下,出现红细胞溶解的现象,称为溶血反应。参与本反应的抗体称为溶血素,本反应常用于作为补体结合反应的指示系统,也用来测定血清中的补体总量。

3. 补体结合反应

补体结合反应是在补体参与下,并以绵羊红细胞和溶血素为指示系统的抗原抗体反应。整个试验包括补体、待检系统(已知抗体和未知抗原或已知抗原和未知抗体)。补体结合试验的原理是根据补体是否被结合来说明待检系统中抗原抗体是否相应,而补体是否被结合则通过指示系统是否溶血来判断。

试验时,先将抗原、抗体加至试管或微量板孔内,使它们有充分优先结合的机会。温育一定时间后,再加入指示系统。如待测系统中的抗原与抗体相应,则必然与补体结合而将补体消耗,指示系统无补体参与,就不发生溶血,此为补体反应阳性;如待测系统抗原抗体不反应,则不结合补体,游离的补体能与指示系统中的抗原抗体结合,使绵羊红细胞溶血,此为补体反应阴性。

第四节　免疫检测技术

一、免疫检测方法和技术

免疫检测技术是指利用免疫反应特异性的原理,建立各种检测与分析的技术。常规免疫检测技术主要是用于检测抗原或抗体的体外免疫血清学反应或免疫血清学技术。免疫血清学技术是建立在抗原抗体特异性反应基础上的检测技术。

(一)酶免疫分析方法

酶标记抗体技术是将抗原和抗体的特异性反应与酶的催化作用有机地结合的一种新技术。现已广泛应用于各种抗原和抗体的定性、定量测定。最初的免疫酶测定法,是使酶与抗原或抗体结合,用以检查组织中相应的抗原或抗体的存在。后来发展为将抗原或抗体吸附于固相载体,在载体上进行免疫酶染色,底物显色用肉眼或分光光度仪判定。这后一种技术就是目前应用最广的酶联免疫吸附试验,即 ELISA。

免疫酶技术就是抗原和抗体的免疫反应和酶的催化反应相结合而建立的一种新技术。酶与抗原或抗体相结合后,既不改变抗原或抗体的免疫学反应特性,也不影响酶本身的酶学活性,即在相应而合适的作用底物参与下,使基质水解而显色,或使供氢体由无色的还原型变为有色的氧化型。这种有色产物可用目测或光学显微镜和电子显微镜观察,也可用分光光度仪进行检测。显色反应显示了酶的存在,从而证明发生了相应的免疫反应。因而这是一种特异而敏感的技术,可以在细胞或亚细胞水平示踪抗原或抗体的所在部位,或在微克、甚至纳克水平上对其定量。

至今,所应用的酶大多是辣根过氧化物酶,其次有碱性磷酸酶、酸性磷酸酶、葡萄糖氧化酶等。每种酶通过与自己的特殊作用底物反应而产生典型的有色沉淀物。

1. 标记抗原

(1)全酶标记抗原 用于测定小分子化合物的酶有溶菌酶、苹果酸脱氢酶、葡萄糖-6-磷酸脱氢酶等,通过双功能交联剂 N-羟基丁二酰亚胺酯与抗原共价结合。

(2)辅基标记抗原 预先将葡萄糖氧化酶在酸性条件下水解成葡萄糖氧化酶蛋白和黄素腺嘌呤双核甘酸(FAD)两种成分,它们单独存在时无酶活性,但可组成具有酶活性的葡萄糖氧化酶。试验中,先将 FAD 标记到抗原分子上,当此标记试剂与抗体结合后,FAD 即失去重组能力。

(3)辅酶标记抗原 这是利用偶联酶系统的反复增幅放大作用能检测微量辅酶的特性而建立的一种超敏感方法。

(4)底物标记抗原 大都选用 β-半乳糖苷酶的荧光性底物——4-甲基伞形酮基-β-D 半乳糖苷(4MUG)标记抗原。

2. 标记抗体

(1)标记抗体酶抑制免疫测定法 常用磷脂酶 c 与 IgG 抗体分子经水溶性羟化和亚胺共价交联成酶标抗体,底物为 SRBC(绵羊红血细胞)壁中的磷脂物质。将待测样品、酶标抗体和 SRBC 加在一起,当抗原抗体结合后可抑制标记抗体中的酶对 SRBC 壁中磷脂的水解能力,SRBC 则不发生溶解。

(2)酶增强免疫测定法 此法需两种抗体试剂。首先在待测样品中加入少量 β-半乳糖苷酶标记的抗体,经抗体、抗原结合后,加入琥珀酰化的带过量负电荷的抗体,与抗原发生第二次结合,使其表面的负电荷大大增强。当加入带正电荷的小分子底物邻硝基半乳糖吡喃苷时,由于静电引力作用,在抗原分子周围形成大量的酶底物结合物,经比浊(355nm)测定,可确定抗原含量。

(3)配对酶双标记系统 配对酶亦称偶联酶,其中一种酶催化底物产生的物质正好是第二种酶的底物。

3. 不均相酶免疫试验

不均相酶免疫试验是目前最广泛应用的方法。酶结合物直接与样品中的抗原、半抗原或抗体进行免疫化学反应形成酶免疫复合物,它与游离的酶结合物在物质上或多或少是相同的,因此需将其分离后,再进行酶的活性测定,并计算样品中抗原、半抗原或抗体的含量。

(1)直接法 将所选择的酶通过适当的交联剂,与特异抗体球蛋白,与相应抗原温育,然后用该酶的特殊底物,显示抗原-抗体复合物的存在。

(2)间接法 抗原与相应抗体反应后,用酶标记的抗球蛋白温育,然后用该酶的特殊底物,显示抗原-抗体复合物的存在。

(3)双重抗体法 将抗原的溶液与含特异性抗体的免疫球蛋白致敏载体表面温育,洗去过剩的抗原溶液,然后加入酶标记的特异性抗体球蛋白,这种酶标记的抗体球蛋白吸附到已被致敏的载体表面所结合的抗体上。温育后,洗去过剩的酶标记抗体球蛋白,使用特殊的底物显示复合物的存在。

另外,还有专门检测抗原的标记抗原竞争法和不需要使酶与抗体或抗原交联的不标记抗体酶方法。

(二)荧光抗体技术

某些荧光物质在一定条件下,既能与抗原或抗体结合,又不影响抗原与抗体的特异性结合。用荧光抗原或荧光抗体对待检标本染色后,在荧光显微镜下观察,可看到发出荧光的抗原抗体复合物。作为蛋白质标记用的荧光物质需具备如下条件:① 有与蛋白质分子形成稳定共价键的化学基团,但不形成有害产物;② 荧光效率高,与蛋白质结合的需要量少;③ 结合物在一般条件下稳定,结合后又不影响免疫活性;④ 作为组织学标记,结合物的荧光必须与组织的自发荧光有良好的反衬;⑤ 结合程序简单,能制成直接应用的商品。满足这些要求的荧光物质有硫氰酸荧光素(FITC)、四乙基罗丹明(RB200)和四异甲基罗丹明(TMRITC)等,其中应用最广的是异硫氰酸荧光素。荧光抗体(抗原)染色法有以下几类:

1. 直接法　直接滴加2~4个单位的标记抗体于标本区,置试盒中,于37℃染色30min,然后置大量pH7.0~7.2的磷酸缓冲液(PBS)中漂洗15min,干燥,封载即可镜检。

2. 双层法　标本先滴加未标记的抗血清,置湿盒内,37℃ 30min。漂洗后,再用标记的抗抗体染色37℃ 30min,漂洗、干燥、封载。

3. 夹层法　本法主要用于检测组织中的Ig。标本先用相应的可溶性抗原处理,漂洗后再用与该检Ig有共同特异性标记抗体染色。

4. 抗补体染色法　用荧光标记抗补体抗体,即可用以示踪能进行补体结合的任何抗原抗体系统。将已灭活的抗血清与1:10稀释血清混合,滴加于标本上,37℃ 30~60min,漂洗后,再用抗补体染色37℃ 30min,漂洗、干燥、封载、镜检。

(三)放射免疫技术

放射免疫技术又称放射免疫分析、同位素免疫技术或放射免疫测定法。该法为一种将放射性同位素测量的高度灵敏性、精确性和抗原抗体反应的特异性相结合的体外测定超微量(10^{-9}~10^{-15}g)物质的新技术。广义来说,凡是应用放射性同位素标记的抗原或抗体,通过免疫反应测定的技术,都可称为放射免疫技术。经典的放射免疫技术是标记抗原与未标记抗原竞争有限量的抗体,然后通过测定标记抗原抗体复合物中放射性强度的改变,测定出未标记抗原量。此技术操作简便、迅速、准确可靠,应用范围广,可自动化或用计算机处理,但需一定设备、仪器,对抗原抗体纯度要求较严格。目前常用的放射免疫技术有放射免疫饱和分析法和放射免疫沉淀自显影法。

二、免疫检测技术的应用

免疫检测技术已广泛应用于生物科学的各个领域。

1. 免疫疾病诊断

用免疫血清学方法对人和动物传染病、寄生虫病、肿瘤、自身免疫病和变态反应疾病进行诊断,是免疫技术最突出的应用。尤其是酶标抗体技术,已成为多种传染病的常规诊断方法,它们简便、快速,又具有高度的敏感性和可重复性。

2. 动植物生理活动研究

动植物中存在激素、维生素等活性物质,它们在体内含量极微少,但在调节机体的生理活动中起重要作用,因此可通过分析测定这些生物活性物质的含量及变化来研究机体的各种生理功能(如生长、生殖等)。由于这些物质含量极低,用常规化验方法难以准确测出。目前放射免疫测定和酶标技术已能精确测出 $ng(10^{-9}g)$ 及 $pg(10^{-12}g)$ 水平的物质,它们已成为测定动物、植物、昆虫中微量激素及其他活性物质,研究动物、植物生理和生物防治的重要手段。

3.物种及微生物鉴定

各种生物之间的差异都可表现在抗原性的不同。物种种源越远,抗原性差异越大,因此可运用区分抗原性的血清学反应进行物种鉴定和分类等工作。血清学反应微生物鉴定及亚型的分析方面已得到广泛应用。但在动物种源研究、植物和昆虫的分类研究等领域仍应用较少。

4.动物、植物性状的免疫标记

通过分析动物、植物的一些优良性状(如高产、优质、抗逆性等)的特异性抗原,然后用血清学方法进行标记选择育种,是一个很有前途的方向,它比分子遗传学标记选择育种简便。

5.免疫增强药物和疫苗的研究

疫苗研究中需用血清学反应和细胞免疫技术测定免疫的效果。细胞免疫是机体抗肿瘤、抗病毒的一个重要机制,在免疫增强药物的研究中,尤其是研究抗肿瘤药物时,需用细胞免疫技术分析测定它们对机体细胞免疫功能的增强作用。

6.发病机理研究

传染病的病原从机体特定部位感染,并在特定组织细胞内增殖,引起发病。用荧光抗体标记或免疫酶组化染色,可在细胞水平上确定发病等病原微生物的感染细胞,还可用于研究自身免疫病和变态反应性疾病的发病机理,如免疫复合物的沉积部位分析。

7.分子生物学研究

在基因分离、克隆筛选、表达产物的定性定量分析及表达产物的纯化方面等均涉及免疫技术。如运用免疫沉淀方法分离 mRNA 基因,酶标抗体核酸探针(地高辛核酸探针)检测筛选克隆,免疫转印技术分析表达产物的相对分子质量、ELISA 或 RIA 分析表达量、免疫亲和层析纯化表达产物,免疫方法分析表达产物的免疫原性特性。免疫技术已成为分子生物学研究中必不可少的工具。

复习思考题

1.什么是免疫及免疫学? 免疫的生理功能有哪些?

2.简述抗原的概念。哪些物质可以作为抗原? 抗原具有什么特性?

3.简述抗体及其基本结构、特性。形成抗体的影响因素有哪些?

4.简述抗原抗体反应的类型及其影响因素。

5.现代免疫检测技术有哪些?

第九章　微生物生态

【内容提要】

本章介绍微生物在土壤、水域、空气等自然界一般环境和高温、低温、高酸、高碱、高压、高辐射等极端环境中的分布,极端环境微生物在极端环境中的适应机理,和微生物生态系中的基本规律。微生物与微生物之间存在着互利、共生、竞争、寄生、拮抗、捕食等不同的关系,这些关系影响着不同微生物种群在自然环境中的消长。微生物与植物之间发生着有益关系和有害关系,有些微生物可以为植物创造更好的营养和生存环境,抑制植物的病原微生物的生长与侵害;有些微生物却是植物的病原菌。微生物生态系统有着生态系统的多样性、生态系统中微生物种群的多样性、生态系统的稳定性,微生物生态系统具有适应性和被破坏后的修复能力。微生物生态系统中具有能量流、物质流和基因流。

微生物和地球上所有生命体一样,与客观环境相互作用,构成一个动态平衡的统一整体,并在其中有一定规律性地分布、发育和参与各种物质循环。因此在一定的生态体系中,发育着不同特征性的微生物类群和数量,并在物质转化和能量转化中,呈现出各自不同的活动过程和活动强度。这种特征不仅受环境因子的直接或间接影响,而且由微生物本身所具有的适应性所决定。

微生物生态学就是研究处于环境中的微生物,和与微生物生命活动相关的物理、化学和生物等环境条件,以及它们之间的相互关系。

微生物生态系即是在某种特定的生态环境条件下微生物的类群、数量和分布特征,以及参与整个生态系中能量流动和生物地球化学循环的过程和强度的体系。

研究微生物生态系,掌握微生物在其中的生命活动规律,可以更好地发挥它们的有益作用。

第一节　自然环境中的微生物

由于微生物本身的特性,如营养类型多、基质来源广、适应性强,又能形成芽孢、孢囊、菌核、无性孢子、有性孢子等各种各样的休眠体,可以在自然环境中长时间存活;另外,微生物个体微小,易为水流、气流或其他方式迅速而广泛地传播,因此微生物在自然环境中的分布极为广泛。从海洋深处到高山之巅,从沃土到高空,从室内到室外,除了人为的无菌区域和火山口中心外,到处可以发现有微生物存在。许多微生物种不仅是区域性的也是世界性的,也有一部分微生物因其本身的特殊生理特性而局限分布于某些特定环境或极端条件的生境中。

一、土壤中的微生物

1. 土壤是微生物生长和栖息的良好基地

土壤具有绝大多数微生物生活所需的各种条件,是自然界微生物生长繁殖的良好基地。其原因在于土壤含有丰富的动植物和微生物残体,可供微生物作为碳源、氮源和能源。土壤含有大量而全面的矿质元素,供微生物生命活动所需。土壤中的水分都可满足微生物对水分的需求。不论通气条件如何,都可适宜某些微生物类群的生长。通气条件好可为好氧性微生物创造生活条件;通气条件差,处于厌氧状态时又成了厌氧性微生物发育的理想环境。土壤中的通气状况变化时,生活其间的微生物各类群之间的相对数量也起变化。土壤的pH值范围在3.5~10.0之间,多数在5.5~8.5之间,而大多数微生物的适宜生长pH也在这一范围。即使在较酸或较碱性的土壤中,也有较耐酸、喜酸或较耐碱、喜碱的微生物发育繁殖,各得其所地生活着。土壤温度变化幅度小而缓慢,夏季比空气温度低,而冬季又比空气温度高,这一特性极有利于微生物的生长。土壤的温度范围恰是中温性和低温性微生物生长的适宜范围。

因此,土壤是微生物资源的巨大宝库。事实上,许多对人类有重大影响的微生物种大多是从土壤中分离获得的,如大多数产生抗生素的放线菌就是分离自土壤。

2. 土壤中的微生物数量与分布

土壤中微生物的类群、数量与分布,由于土壤质地发育母质、发育历史、肥力、季节、作物种植状况、土壤深度和层次等等不同而有很大差异。1g肥沃的菜园土中常可含有10^8个甚至更多的微生物,而在贫瘠土壤如生荒土中仅有10^3~10^7个微生物,甚至更低。土壤微生物中细菌最多,作用强度和影响最大,放线菌和真菌类次之,藻类和原生动物等数量较少,影响也小。

(1)细菌

土壤中细菌可占土壤微生物总量的70%~90%,其生物量可占土壤重量的1/10 000左右。但它们数量大,个体小,与土壤接触的表面积特别大,是土壤中最大的生命活动面,也是土壤中最活跃的生物因素,推动着土壤中的各种物质循环。细菌占土壤有机质的1%左右。土壤中的细菌大多为异养型细菌,少数为自养型细菌。土壤细菌有许多不同的生理类群,如固氮细菌、氨化细菌、纤维分解细菌、硝化细菌、反硝化细菌、硫酸盐还原细菌、产甲烷细菌等在土壤中都有存在。细菌在土壤中的分布方式一般是黏附于土壤团粒表面,形成菌落或菌团,也有一部分散布于土壤溶液中,且大多处于代谢活动活跃的营养体状态。但由于它们本身的特点和土壤状况不一样,其分布也很不一样。

细菌积极参与着有机物的分解、腐殖质的合成和各种矿质元素的转化。

(2)放线菌

土壤中放线菌的数量仅次于细菌,它们以分枝丝状营养体缠绕于有机物或土粒表面,并伸展于土壤孔隙中。1g土壤中的放线菌孢子可达10^7~10^8个,占土壤微生物总数的5%~30%,在有机物含量丰富和偏碱性土壤中这个比例更高。由于单个放线菌菌丝体的生物量较单个细菌大得多,因此尽管其数量上少些,但放线菌总生物量与细菌的总生物量相当。

土壤中放线菌的种类十分繁多,其中主要是链霉菌(*Streptomyces*)。目前已知的放线菌种大多是分离自土壤。放线菌主要分布于耕作层中,随土壤深度增加而数量、种类减少。

(3)真菌

真菌是土壤中第三大类微生物,广泛分布于土壤耕作层,1g土壤中可含10^4~10^5个真菌。真菌中霉菌的菌丝体像放线菌一样,发育缠绕在有机物碎片和土粒表面,向四周伸展,蔓延于土壤孔隙中,并形成有性或无性孢子。

土壤霉菌为好氧性微生物,一般分布于土壤表层,深层较少发育。真菌较耐酸,在pH5.0左右的土壤中,细菌和放线菌的发育受到限制,而土壤真菌在土壤微生物总量中占有较高的比例。

真菌菌丝比放线菌菌丝宽几倍至几十倍,因此土壤真菌的生物量并不比细菌或放线菌少。

据估计,每克土壤中真菌菌丝长度可达 40m,以平均直径 $5\mu m$ 计,则每克土壤中的真菌活重为 0.6mg 左右。土壤中酵母菌含量较少,每克土壤在 $10\sim10^3$ 个,但在果园、养蜂场土壤中含量较高,每克果园土可含 10^5 个酵母菌。

土壤中真菌有藻状菌、子囊菌、担子菌和半知菌类,其中以半知菌类最多。

(4)藻类

土壤中藻类的数量远较其他微生物类群为小,在土壤微生物总量中不足 1%。在潮湿的土壤表面和近表土层中,发育有许多大多为单细胞的硅藻或呈丝状的绿藻和裸藻,偶见有金藻和黄藻。在温暖季节的积水土面可发育有衣藻、原球藻、小球藻、丝藻、绿球藻等绿藻和黄褐色的硅藻,水田中还有水网藻和水绵等丝状绿藻。这些藻类为光合型微生物,因此易受阳光和水分的影响,但它们能将 CO_2 转化为有机物,可为土壤积累有机物质。

(5)原生动物

土壤中原生动物的数量变化很大,每克有 $10\sim10^5$ 个,在富含有机物质的土壤中含量较高。种类有纤毛虫、鞭毛虫和根足虫等单细胞能运动的原生动物。它们形态和大小差异都很大,以分裂方式进行无性繁殖。原生动物吞食有机物残片和土壤中的细菌、单细胞藻类、放线菌和真菌的孢子,因此原生动物的生存数量往往会影响土壤中其他微生物的生物量。原生动物对于土壤有机物质的分解具有显著作用。

3.土壤微生物区系

土壤微生物区系是指在某一特定环境和生态条件下的土壤中所存在的微生物种类、数量以及参与物质循环的代谢活动强度。

在研究微生物区系时,应该注意到没有一种培养基或培养条件能够同时培养出土壤中所有的微生物种类。任何一种培养基都是选择性培养基,只是各种培养基的选择范围和选择对象不同。因此必须采用各种选择性高的培养基来测定土壤中特定的生理类群数量。应用分子生物学技术研究表明,运用微生物学传统方法分离培养的种类仅仅占土壤等环境微生物种类总量的 1% 左右,而大量的仍是至今不可培养的未知种类。

对比研究不同土壤微生物区系的特征,可以反映土壤生态环境的综合特点,如土壤的熟化程度和生态环境。如圆褐固氮菌可以作为土壤熟化程度的指示微生物,在各种生荒土壤中基本分离不到,而在耕种后的土壤中就能分离到,而且耕作年限越长,每克土壤中的圆褐固氮菌数量越多。纤维分解菌的优势种在不同熟化程度的土壤中不一样。在生荒土中主要是丛霉;在有机质矿化作用强,含氮量较高的土壤中主要是毛壳霉和镰刀霉;在熟化土壤中的优势菌是堆囊粘细菌和生孢食纤维菌;而在施用有机肥和无机氮肥的土壤中,纤维弧菌和食纤维菌为优势菌。

土壤微生物区系中的微生物种类、数量以及活动强度等特点随着季节变化(包括温度、湿度和有机物质的进入等)而发生强烈的年周期变化。根据土壤微生物各类群在土壤中的发育特点,可以分为土著性区系和发酵性区系两类。

(1)土著性微生物区系。指那些对新鲜有机物质不很敏感、常年维持在某一数量水平上,即使由于有机物质的加入或温度、湿度变化而引起数量变化,其变化幅度也较小的那些微生物,如革兰氏阳性球菌类、色杆菌、芽孢杆菌、节杆菌、分枝杆菌、放线菌、青霉、曲霉、丛霉等。

(2)发酵性微生物区系。指那些对新鲜有机物质很为敏感,在有新鲜动植物残体存在时可爆发性地旺盛发育,而在新鲜残体消失后又很快消退的微生物区系。包括各类革兰氏阴性无芽孢杆菌、酵母菌以及芽孢杆菌、链霉菌、根霉、曲霉、木霉、镰刀霉等。发酵性微生物区系的数量变幅很大。因此在土壤中有新鲜有机残体时，发酵性微生物大量发育占优势；而新鲜有机残体被分解后，发酵性微生物衰退，土著性微生物重新占优势。

二、水体中的微生物

水体是人类赖以生存的重要环境。地球表面有 71% 为海洋，贮存了地球上 97% 的水。其余 2% 的水贮于冰川与两极，0.009% 存于湖泊中，0.00009% 存于河流，还有少量存于地下水。凡有水的地方都会有微生物存在。水体微生物主要来自土壤、空气、动植物残体及分泌排泄物、工业生产废物废水及市政生活污水等。许多土壤微生物在水体中也可见到。水中溶有或悬浮着各种无机和有机物质，可供微生物生命活动之需。但由于各水体中所含的有机物和无机物种类和数量以及酸碱度、渗透压、温度等的差异，各水域中发育的微生物种类和数量各不相同。

根据水体微生物的生态特点，可将水域中的微生物分为两类。一是**清水型水生微生物**。主要是那些能生长于含有机物质不丰富的清水中的化能自养型或光能自养型微生物。如硫细菌、铁细菌、衣细菌等，还有蓝细菌、绿硫细菌、紫细菌等，它们仅从水域中获取无机物质或少量有机物质作为营养。清水型微生物发育量一般不大。二是**腐生型水生微生物**。腐败的有机残体、动物和人类排泄物、生活污水和工业有机废物废水大量进入水体，随着这些废物废水进入水体的微生物利用这些有机废物废水作为营养而大量发育繁殖，引起水质腐败。随着有机物质被矿化为无机态后，水被净化变清。这类微生物以不生芽孢和革兰氏阴性杆菌为多，如变形杆菌、大肠杆菌、产气杆菌、产碱杆菌以及芽孢杆菌、弧菌和螺菌等，原生动物有纤毛虫类、鞭毛虫类和根足虫类。水域也常成为人类和动植物病原微生物的重要传播途径。

各类水体中的微生物种类、数量和分布特征很不一样。大气水和雨雪中仅为空气尘埃所携带的微生物所污染，一般微生物数量不高，尤其在长时间降雨过程的后期，菌数较少甚至可达无菌状态。高山积雪中也很少。大气水和雨雪中微生物的种类主要有各种球菌、杆菌和放线菌、真菌的孢子。在流动的江河流水中微生物区系的特点与流经接触的土壤和是否流经城市密切相关。土壤中的微生物随雨水冲刷、灌水排放和随刮风等进入河水，或悬浮于水中，或附着于水中有机物上，或沉积于江河淤泥中。河流经城市时可由于大量的城市污水废物进入河流而有大量的微生物进入河水，因此城市下游河水中的微生物无论在数量上还是在种类上都要比上游河水中的丰富得多。河水中藻类、细菌和原生动物等都有存在。池塘水一般由于靠近村舍，有机物进入量较丰富，且受人畜粪便污染，因此往往有大量腐生性细菌、藻类、原生动物生存和繁殖。在水体表层常有好氧性细菌生长和单细胞或丝状藻类繁殖，而在下层和底泥层则常有厌氧性或兼性厌氧性细菌分布。在湖泊中的微生物分布与池塘中的相类似。但在大型湖泊中，由于水体的不流动性和污染物分布的不均匀性，微生物的分布在各部分水体中有所差异。一般来说沿岸水域中的微生物要比湖泊中心水域中的微生物丰富得多，其活性也高。地下水一般有机物污染少，微生物种群数量也相对较少。

海水是地球上最大的水体，但由于海水具有含盐高、温度低、有机物含量少、在深处有很大的静压力等特点，因此海水微生物区系与其他水体中的很不一样。只有能适应于这种特殊生态环境的微生物才能生存和繁殖。包括嗜盐或耐盐的革兰氏阴性细菌、弧菌、光合细菌、鞘细菌等。这些微生物的嗜盐浓度范围不大，以海水中盐浓度为最宜，少数可在淡水中生长，但不能在高盐浓度（如 30%）生长。最适生长温度也低于其他生境中的微生物，一般为 12~25℃，超过 30℃ 就难以生长。许多深海细菌是耐压的。最适生长 pH 在 7.2~7.6。海水中微生物的分布以近海岸和海底污泥表层为最多,海洋中心部位水体中数量较少。从垂直分布来看,10～50m深处为光合作用带,浮游藻类生长旺盛,也带动了腐生细菌的繁殖,再往下则数量大为减少。

三、空气中的微生物

空气并不具备微生物生长所必需的营养物质和生存条件,因此空气并不是微生物生长繁殖的良好场所。但空气中仍存在有细菌、病毒、放线菌、真菌、藻类、原生动物等各类微生物。它们来源于被风吹起的地面尘土和水面小水滴以及人、动物体表的干燥脱落物、呼吸道分泌物和排泄物等等。霉菌有曲霉、青霉、木霉、根霉、毛霉、白地霉等,酵母有圆球酵母、红色圆球酵母等。细菌主要来自土壤,如芽孢杆菌属的许多种。

空气中微生物的地域分布差异很大,城市上空中的微生物密度大大高于农村,无植被地表上空中的微生物密度高于有植被覆盖的地表上空,陆地上空高于海洋上空。室内空气又高于室外空气(表 9-1)。微生物在空气中滞留的时间与气流流速、空气温度和附着粒子的大小密切相关。气流低速、高温和大粒子都可导致微生物下沉、跌落至地面。

表 9-1　不同地域上空空气中的细菌数

地　　　域	空气含菌数(个/m³)
畜　　　舍	1 000 000～2 000 000
宿　　　舍	20 000
城市公园	5 000
公　　　园	200
海　面　上	1～2
北　　　极	0～1

四、极端环境中的微生物

在高温环境、低温环境、高压环境、高碱环境、高酸环境、高盐环境,还有高卤环境、高辐射环境和厌氧环境,一般生物难以生存而只有某些特殊生物和特殊微生物才能生存,这些环境称为极端环境。如温泉、热泉、堆肥、火山喷发处、冷泉、酸性热泉、盐湖、碱湖、海洋深处、矿尾酸水池、某些工厂的高热和特异性废水排出口处等都是极端环境。能在这些极端环境中生存的微生物即为极端环境微生物。微生物对极端环境的适应是长期自然选择的结果,也是自然界生物进化的重要动因之一。极端环境微生物细胞内的蛋白质、核酸、脂肪等分子结构、细胞膜的结构与功能、霉的特性、代谢途径等许多方面,都有区别于其他普通环境微生物的特点。

1.高温环境中的微生物

自然界有许多高温环境,人类在工农业生产中也人为地创造了许多高温环境。在这些高温环境中存在着许多不同种类和不同温度适应性的高温微生物。一般来说,原核微生物比真核微生物、非光合细菌比光合细菌、构造简单的生物比构造复杂的生物更能在高温下生长(表9-2)。

表 9-2　各类微生物群的生长上限温度(℃)

类　　　群	上限温度	类　　　群	上限温度
真核微生物		原核微生物	
原生动物	56	蓝细菌	70～73
藻类	55～60	光合细菌	70～73
真菌	60～62	无机化能细菌	＞90
		异养细菌	＞90

高温微生物可分为三类：① 极端嗜热菌，最适生长温度为 65～70℃，最低生长温度在 40℃以上，最高生长温度在 70℃以上。如酸热硫化叶菌(*Sulfolobus acidocaldarius*)最适生长温度为 70～75℃，最高生长温度为 85～90℃。科学家已从深底热液口分离到能在 121℃生长的古细菌株 121，其最适生长温度为 106℃。② 兼性嗜热菌，最高生长温度在 50～60℃，但在室温下仍有生长与繁殖能力，只是生长缓慢。③ 耐热细菌，最高生长温度在 45～50℃，在室温中生长较中温性细菌差而较兼性嗜热菌好。对于这种分类的温度界限，各研究者认定的有所不同。

关于嗜热菌耐热的生物学机制，已在第五章第四节中阐述，这里不再涉及。

2. 高盐环境中的微生物

自然界中高盐环境主要是盐湖、死海、盐场和腌制品。盐湖、死海等环境水体的含盐量可达 1.7%～2.5%，盐场和腌制品的盐浓度更高。能在这些高盐环境中生存繁殖的微生物称为嗜盐性微生物。

根据嗜盐性微生物对盐浓度的适应性和需要性，可以将它们分为不同的嗜盐类群(表9-3)。

表 9-3　微生物的不同嗜盐性类群

嗜盐类群	最适生长盐浓度(mol/L NaCl)	例　　样
非嗜盐微生物	0.2	淡水微生物
弱嗜盐微生物	0.2～0.5	大多数海洋微生物
中等嗜盐微生物	0.5～2.5	某些细菌和藻类
极端嗜盐微生物	2.5～5.2	盐杆菌和盐球菌
耐盐微生物	0.2～2.5	金黄色葡萄球菌、耐盐酵母

常见的极端嗜盐菌有盐杆菌(*Halobacterium*)和盐球菌(*Halococcus*)，中等嗜盐菌有盐脱氮副球菌(*Paracoccus halodenitrificans*)、嗜盐动性球菌(*Planococcus halophilus*)、红皮盐杆菌等(*H. cutirbrum*)。

对于嗜盐细菌能在高盐环境中生存和嗜盐的机制大致认为有三种：① 具有对高盐浓度适应性的生理机能。如嗜盐菌细胞内具有与细胞外离子浓度相当的高离子浓度，使胞内外等渗而不使胞内脱水。细胞内有高浓度的 K^+，因而可以排斥环境中高浓度 Na^+ 的进入，同时可以稳定胞内核糖体的结构和活性。② 嗜盐菌中的许多酶必须在高盐浓度下才显示活性。如红皮盐杆菌的异柠檬酸脱氢酶、极端嗜盐菌的天门冬氨酸转氨甲酰酶等。③ 嗜盐菌具有异常的紫膜，在光合作用时紫膜具有 H^+ 泵作用，产生膜电位差，用于合成 ATP，同时 H^+ 泵可以将胞内的盐泵出体外，从而使菌体内维持一定的离子浓度而能在高盐浓度下生存。

3.高酸、高碱环境和高压环境中的微生物

高酸环境如某些含硫矿的矿尾水,酸性热泉,以及人为有机酸发酵等处,都有一些嗜酸性微生物存在,如氧化硫硫杆菌($Thiobacillus\ thiooxidans$)在氧化 S^{2-} 为 SO_4^{2-} 时可在 5% H_2SO_4 和 pH1.0～1.5 的环境中进行生命活动。高碱环境如某些碱性温泉、矿尾水等处,也有一些嗜碱的微生物生存。如环状芽孢杆菌($Bacillus\ circulans$)可在 pH 高达 11.0 的环境中生活,无论是环境中酸性或碱性,生存其中的微生物都有一整套较好的调节系统,使得胞内的 pH 值维持在正常的 6.8 左右,既不会因嗜酸而降低,也不会因嗜碱而增加。如嗜酸菌依赖质子泵从细胞中排出质子,或有一种特异的钠离子泵的作用,或靠细胞表面栅栏阻止质子渗入。尽管某些调节机能的机理还不很清楚,但分子遗传学的研究表明,嗜碱细菌的嗜碱性仅为少数基因所控制。

高压环境主要是海洋深处和深油井内等。在这些环境中,一般每深 10m 即可增加一个大气压,而且深油井环境中每深 10m 可提高温度 0.14℃。如在 10000m 深处即有 101.325MPa。一般微生物都因不能忍受高压而无法生存,但仍有少数微生物喜欢在此高压下生存,如专性嗜压菌 $Pseudomomas\ bathycetes$ 即是在 101.325MPa 处分离获得的。嗜压菌的最大特点是生长极为缓慢。3℃下培养,滞留适应期需 4 个月,倍增时间需 33 天,一年后才达到静止期,生长速率仅相当于常压微生物生长速率的 1/1000。耐高压或嗜高压微生物的耐高压机理尚不清楚。

第二节　微生物之间的相互关系

在自然界的某一生境中,总是有许多微生物类群栖息在一起,极少可能为单一或单一类群单独存在,这就构成了微生物与微生物之间的相互关系。但由于环境因子组成及影响条件不同,在各个生境中的微生物类群组成也就很不一样。而且由于各微生物类群的起始数量、代谢能力、生存和繁殖能力、抵抗外界不利环境因子的能力、适应能力等方面的不同,微生物类群之间所构成的相互关系可以各种各样,如偏利共栖、互利共栖、共生、竞争、拮抗、寄生和捕食等关系。

就是在同一群体内,也存在着以群体密度为调节杠杆的正、负两种相互作用。正作用是指增加群体生长率,负作用是指降低群体生长率。

在最适群体密度时可以具有最大生长率。在群体处于最适密度以下但不是太小时,细胞间可以相互利用各种代谢中间物,并可以共同调节生长起始时不太适宜的 pH、氧还电位等环境条件,促进生长率的提高,因而一般以正作用为主。适宜的群体密度还可以提高群体对环境的适应性,如遇到不利因子时,可由群体内的一部分细胞掩护另一部分细胞,使得以继续生存和繁衍。一旦群体密度超过最适密度时,由于处于有限的营养条件和日益积累的生长有毒物质以及恶化的环境条件,生长速率会出现降低,这就是群体内的负作用。

一、共栖关系(commensalism)

这种现象是指在一个生态系统中的两个微生物群体共栖时,双方可能有两种情况。

1.偏利共栖关系

这种情况是一个群体得益而另一个群体并无影响。如好氧性微生物和厌氧性微生物共栖时,好氧性微生物消耗环境中的氧,为厌氧性微生物的生存和发展创造厌氧的环境条件。也可以是一个微生物类群为另一个群体提供营养或生长刺激物质,促进后一群体的生长和繁育。

还可以是一个微生物群体为另一个群体提供营养基质。这种关系在自然界中是十分普遍的,对于微生物类群的演替具有重要的生态意义。

2.互利共栖关系

这种情况是指两个微生物群体共栖时互为有利的现象。共栖可使双方都能较之单独生长时更好,生活力更强。这种互利可能是由于:互相提供了营养物质;互相提供了生长素物质;改善了生长环境;或兼而有之,例如纤维分解微生物和固氮细菌的共栖,纤维分解菌分解纤维产生的糖类可为固氮细菌提供碳源和能源,而固氮细菌固定的氮素可为纤维分解微生物提供氮源,互为有利而促进了纤维分解和氮素固定。又如在乙酸、丙酸、丁酸和芳香族化合物的厌氧降解产甲烷过程中,各降解菌(产氢产乙酸细菌)分解这些物质为 H_2/CO_2 和乙酸等,为产甲烷细菌提供了生长和产甲烷基质,而这些降解菌在环境中高氢分压时便不能降解这些物质,正是由于产甲烷细菌利用消耗了环境中的氢,使环境中维持低氢分压,促使了这些降解菌的继续降解,见图 9-1。

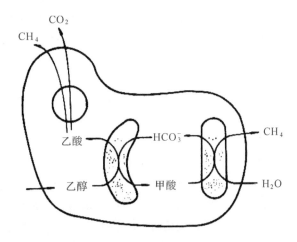

图 9-1 乳清液厌氧消化过程中的微生物各类群的互营关系

二、共生关系(symbiosis)

有些具有互利关系的两个微生物群体相互更为密切,甚至形成结构特殊的共生体物,两者绝对互利,分开后有的甚至难以单独生活,而且互相之间具有高度专一性,一般不能由其他种群取代共生体中的组成成员。

由某些藻或蓝细菌与真菌组成的地衣(lichen)是微生物之间典型的共生体(见图 9-2),形成特定的结构,能像一种生物那样繁衍生息,并发展具备了独立的分类地位和系统。地衣中的藻类或蓝细菌进行光合作用,某些藻类可以固定大气氮素,可为真菌提供有机化合物作碳源和能源、氮源以及 O_2,而真菌

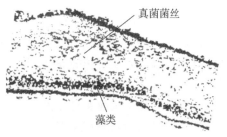

图 9-2 囊衣属地衣原植体的纵切面

丝层则为藻类或蓝细菌不仅提供栖息之处,还可提供矿质营养和水分甚至生长物质。共生体中的藻类主要是念珠藻(Nostoc),还有绿藻(Chlorophycophyta)或黄藻(Xanthophycophyta),真菌则大多数是子囊菌中的盘菌,其次为核菌,少数为担子菌。

它们之间可以分成专性共生、兼性共生和寄生三种关系。专性共生即真菌和藻类共生后,

形态发生改变,真菌已不能独立生活。兼性共生即真菌形态并不发生改变,分开后仍可独立生活。寄生则真菌寄生于藻类上,营寄生生活。地衣能抗不良环境,是土壤形成的先锋生物,对空气污染尤其是 SO_2 甚为敏感,可以作为某地域大气污染程度的指示生物。

原生动物与藻类的共生是又一种普遍存在的共生现象。许多原生动物可以与藻共生而从藻类光合作用过程中获得有机物质和 O_2,并为藻类提供 CO_2 进行光合作用。近来也发现原生动物体内有产甲烷细菌内共生。

科学家最新研究发现,一种作为寄主的生物可能需要依靠内部共生体才能生存下去。有人发现真菌微孢根霉(*Rhizopus microsporus*)和生活在其细胞内的细菌(*Burkholderia*)之间存在特殊的共生合作关系,即这两个种结合起来,才能有效地分解水稻幼苗作为营养来源,造成水稻幼苗的枯萎。这种细菌在其中起了关键作用:细菌产生了一种造成幼苗枯萎的植物毒素。另一方面,这种真菌需要生活在其细胞质内的细菌才能进行繁殖。当用抗生素杀死内生的细菌后,真菌细胞无法产生孢子,而当再次将两种生物结合起来形成共生关系后,即可恢复产生孢子。表明细菌对于真菌的繁殖是必需的,显示出这种真菌孢子的产生依赖于另一种生物的存在。反过来真菌为细菌的存在提供了空间、保护和营养来源。

三、竞争关系(competition)

竞争关系是指在一个自然环境中存在的两种或多种微生物群体共同依赖于同一营养基质或环境因素时,产生的一方或双方微生物群体在数量增殖速率和活性等方面受到限制的现象。

这种竞争现象普遍存在,结果造成了强者生存,弱者淘汰。竞争营养是常可观察到的现象,在环境中两种微生物类群都可利用的同一种营养基质十分有限时尤其明显。如厌氧生境中,硫酸盐还原细菌和产甲烷细菌都可利用 H_2/CO_2 或乙酸,但是硫酸盐还原细菌对于 H_2 或乙酸的利用亲和力较产甲烷细菌为高。因此一般情况下硫酸盐还原细菌可以相当的优势优先获得有限的 H_2、乙酸等基质而迅速生长繁殖,产甲烷细菌却只能处于生长劣势。一般来说,在营养基质有限的生境中,对此营养源具有高亲和力、固有生长速率高的群体,会以压倒优势取代那些亲和力低、固有生长速率低的群体,起到一种竞争排斥的作用。

环境条件的改变会导致微生物群体生长速率的改变,也会导致竞争结果的改变。厌氧反应器中乙酸浓度的改变会导致利用乙酸产甲烷的产甲烷细菌优势种群的改变。微生物群体对于不良环境的抗逆性,如抗干燥、抗热、抗酸、抗碱、抗辐射、抗盐、抗压等的差异,在环境因素发生变化时,都会导致双方竞争力变化,从而改变竞争的结果。如温度的改变也导致微生物优势种群的变化。在同一生境中,处于偏低温度时,那些适应偏低温度的种群可以迅速增殖,而那些需要较高温度才能生长的群体,由于温度不适宜而增殖较慢。当环境温度增高时,需要较高温度生长的群体可迅速增殖而成为优势种群,相反适宜于偏低温度生长的群体由于温度太高而难以继续高速增殖而衰落下去。

微生物之间的竞争还表现在对于生存空间的占有上,在一个空间有限的环境中,生长发育繁殖快的微生物将优先抢占生存空间,而生长速率慢的微生物的生长受到遏制和空间限制。

四、拮抗现象(antogonism)

由于一种微生物类群生长时所产生的某些代谢产物,抑制甚至毒害了同一生境中的另外微生物类群的生存,而其本身却不受影响或危害,这种现象称之为拮抗现象。拮抗现象也是自然界中普遍存在的现象。

　　这种微生物之间的拮抗现象可以分为两种：一是由于一类微生物的代谢活动改变了环境条件而使改变了的环境条件不适宜于其他微生物类群的生长和代谢。例如人们在腌制酸菜或泡菜时，创造厌氧条件，促进乳酸细菌的生长，进行乳酸发酵，产生的乳酸降低了环境的 pH 值，使得其他不耐酸的微生物不能生存而腐败酸菜或泡菜，乳酸细菌却不受影响。含硫矿尾水中，由于硫杆菌（*Thiobacillus*）的活动，使 pH 值大大降低，因而其他微生物也难以在这种环境中生存。二是一类微生物产生某些能抑制甚至杀死其他微生物类群的代谢产物。较普遍的是产抗生素的微生物在环境营养丰富时，可以产生抗生素。不同种类与结构的抗生素可以选择性地抑制各类微生物，但对其自身却毫无影响（见图 9-3）。

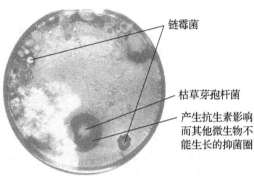

图 9-3　产生抗生素的微生物对平板上
其他微生物生长的拮抗作用

五、寄生关系（parasitism）

　　一种微生物通过直接接触或代谢接触，使另一种微生物寄主受害乃至个体死亡，而使它自己得益并赖以生存，这种关系称为寄生关系。

　　从寄生菌是否进入寄主体内来分，可以分为外寄生（ectoparasitism）和内寄生（endoparasitism）两种。外寄生指寄生菌并不进入寄主体内的寄生方式。内寄生则是寄生菌进入寄主体内的方式。

　　外寄生方式如黏细菌对于细菌的寄生，黏细菌并不直接接触细菌，而是在一定距离外，依靠其胞外酶溶解敏感菌群，使敏感菌群释放出营养物质供其生长繁殖。内寄生方式较为普遍，寄生关系可以有病毒寄生于细菌、放线菌和蛭弧菌，蛭弧菌（*Bdellovibrio*）寄生于细菌（图9-4），真菌寄生于真菌、藻类等，原生动物又可被细菌、真菌和其他原生动物所寄生。

图 9-4　蛭弧菌对细菌细胞的寄生

　　寄生菌与寄主之间的专一性很强，寄生菌都限定于特定的寄主对象。作为微生物群体，寄生现象显示了一种群体调控作用。因为寄生现象的强度依赖于寄主群体的密度，而又可造成寄主群体密度的下降。寄主群体密度的下降减少了寄生菌可利用的营养源，结果又使寄生菌减少。寄生菌的减少又为寄主群体的发展创造了条件。这样循环往复，调整着寄生群体和寄主群体之间的比例关系。

六、捕食关系（predation）

　　捕食关系是指一种微生物以另一种微生物为猎物进行吞食和消化的现象。在自然界中最典型和最大量的捕食关系是原生动物对细菌、酵母、放线菌和真菌孢子等的捕食。除此之外，还有藻类捕食其他细菌和藻类，原生动物也捕食其他原生动物，真菌捕食线虫等。由如图 9-5所示的原生动物四膜虫（*Tetrahymena*）和克氏杆菌（*Klebsiella*）之间的消长关系，可见这种捕食关系调控着捕食者与被捕食者群体的大小,使它们两者都稳定在某一范围,保持着平衡。捕食线虫的真菌主要是属于丛梗孢霉目(Moniliales)的真菌,它们捕食的方式和捕捉器很不相同,如由真菌产生黏性菌丝交织成网络;有些真菌菌丝产生侧生短分枝,分枝短菌丝的细胞组成菌丝圈,或菌丝形成由三个细胞组成的环,套住线虫,然后菌丝侵入线虫体内生长繁殖,耗尽线虫体内物质。

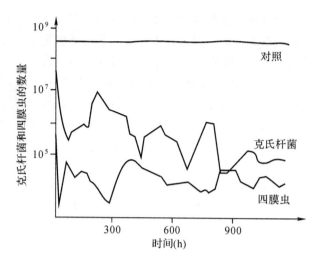

图 9-5　四膜虫与克氏杆菌共培养时的消长关系

表 9-4 表明了各微生物种群之间相互关系的不同效应。

表 9-4　微生物种群之间相互关系类型

相互作用类型	相互作用影响	
	种群 A	种群 B
中　　立	0	0
偏利共栖	0	+
互　　营	+	+
共　　生	+	+
竞　　争	—	—
拮　　抗	0 或+	—
捕　　食	+	—
寄　　生	+	—

第三节　微生物与植物之间的关系

自然界中微生物与动植物之间的关系极密切。在植物的根系、根际、体表、叶面甚至组织内部,在动物体表、口腔、呼吸系统、消化系统、泌尿系统等等,都有大量的微生物存在。根据这些微生物与动植物之间得益利害关系可以大致分为三种类型:一是微生物在动植物上得以生存的同时,也有益于动植物的互惠互利关系。例如豆科植物根系与相应根瘤菌的共生,豆科植物为根瘤菌提供碳源和能源,而根瘤菌则固定氮素输送给植物。许多动物肠胃系统中也有类似的与微生物互惠的关系。二是微生物在动植物上得以生存的同时,导致动植物病害的致病关系。动植物的众多病害是由微生物引起的,如水稻的稻瘟病、白叶枯病、小麦的赤霉病、烟草花叶病、动物的炭疽病、口蹄疫病、布鲁氏病等,这些微生物被称为病原菌或致病微生物。三是微生物与动植物之间都无明显影响的关系。

这里主要介绍微生物与植物之间的相互关系。

一、植物根系、根际与根际微生物区系

1.植物根系和根际土壤

根际土壤是在植物根系影响下的特殊生态环境。根际土壤最内层达到根面,称为根表,最外层无明确的界限,一般是指围绕根面的 1~2mm 厚受根系分泌物所影响和控制的薄层土壤。

根际土壤由于受植物根系的强烈影响而具有自己的特点:① 由于根系和微生物呼吸产生 CO_2,因此离根面越近,CO_2 浓度越高。② 根际土壤中的氧气浓度依植物不同而异。旱作物如小麦,离根面越近 O_2 浓度越低,反之则越高。水稻等水田作物,由于有较发达的输导组织,可从地上部运输 O_2 至根系,因此根面处可有相对较高浓度的 O_2,其 Eh 水平是根际外土壤为 $-30mV$,根际内土壤为 $250mV$,根面可达 $682mV$。③ 由于植物地上部的需要和蒸腾作用,根系吸收水分而在根际土壤中形成一个水势梯度。④ 植物根系大量的脱落物和分泌物进入根际土壤,因而根际土壤内的营养物质较之根外土壤大为丰富,根际土壤不仅是微生物良好的栖息环境,而且也明显地影响微生物的种群及其活性。

2. 微生物的根土比

在植物根际土壤中的微生物无论在数量还是在活性强度方面远远高于非根际土壤中的微生物。为了衡量和比较,提出了根土比用以反映某种土壤中根际环境对土壤微生物的影响,即根际效应。根土比就是单位根际土壤中的微生物(R)数量与邻近的非根际土壤中微生物(S)数量之比,即:

R/S＝每克根际土壤中的微生物数量/每克邻近的非根际土壤中的微生物数量

不同的微生物类群在同一植物根系的根土比不同。如春小麦的微生物根土比,细菌为 23,放线菌为 7,真菌为 12,原生动物为 2,藻类为 0.2。这表明根系对于各种微生物具有明显的根际效应,其中细菌对于根际效应最为敏感,其次为真菌,再为放线菌,对原生动物和藻类的影响相对较小些。不同土壤性质,不同植物或同一植物在不同生育期时也明显影响根土比。细菌的生长速度在根际和根面上都是在植物生长的最初几天最快,根际细菌快速增长到一定数量后即不再快速增长,甚至有所下降。

3. 根际微生物类群

根际微生物中细菌是数量最多的类群,可达$(10^6 \sim 10^8)/cm^3$。由于根系分泌物的选择作用,根际细菌群体中要求简单氨基酸类物质为营养的细菌占有很高的比例,而要求复杂生长因素的细菌所占的比例很低。G^- 的无芽孢杆菌占绝对优势,大多数芽孢杆菌和 G^+ 球菌受到抑制。常见的 G^- 杆菌有假单胞菌(*Pseudomonas*)、黄杆菌(*Flavobacterium*)、产碱杆菌(*Alcaligenes*)、色杆菌(*Chromobacter*)和无色杆菌(*Achromobacter*)等。根际细菌一般不能分解纤维素,少数能分解果胶,多数能分解淀粉。

根际放线菌主要是链霉菌属(*Streptomyces*),小单孢菌属(*Micromonospora*)和诺卡氏菌属(*Nocardia*),它们的存在对于根际细菌产生明显的抑制与拮抗影响。

根际真菌在不同土壤中的根土比为 3~200,在不同作物上为 10~20。植物生长早期,根际内真菌的数量很少,随着植物的生长、成熟、衰老而增多,而且不同生长阶段的真菌区系具有不同的特征。生活在健康根段上的真菌往往是由几个优势属组成的稳定群落。常见的根际真菌属有镰刀菌属(*Fusarium*)、黏帚霉属(*Gliocladium*)、青霉属(*Penicillium*)、根柱孢属(*Cylindrocarpon*)、丝核菌属(*Rhizoctonia*)、被孢霉属(*Mortierella*)、曲霉属(*Aspergillus*)、腐霉属(*Pythium*)和木霉属(*Trichoderma*)等。根际真菌大多数都能分解纤维素、果胶质和淀粉。

4. 植物根系与根际微生物共存形式

根系与微生物共存的形式有以下几种:

(1)豆科植物与相应的根瘤细菌共生,形成特殊结构的根瘤(详见第十章　微生物与各元素生物地球化学循环)。

（2）木本非豆科植物如赤杨、桤木等根系与类放线菌微生物共生，形成珊瑚状根瘤。根瘤内寄生菌有三种不同的形式：分枝或不分枝的菌丝；在菌丝顶端发育的有隔膜的泡；类似细菌的细胞。

（3）外生菌根。外生菌根的结构随植物种类以及有关菌根菌的种类不同而有不同，但它们可以形成包围支根或幼根尖的菌鞘或菌帽；菌丝进入寄主皮层内细胞间隙，从菌鞘长出伸入土壤的菌丝带和根状菌索，或在菌鞘内或菌鞘上繁殖且形成外生菌根周围的自养型微生物。这些外生菌根菌和周围的自养型微生物可以转化土壤中无效养分为有效养分提供给植物见图9-6（b）。

（4）内生菌根。与外生菌根不同，内生菌根的侵染很少引起根系外部形态的改变。其中泡囊丛枝菌根（VAM）是极为重要的一种。它们在根系表皮和皮层内的细胞内或细胞间侵占并生长繁殖。在寄主细胞内，内生菌丝产生与病原真菌吸管相似的称为丛枝的重复分枝，菌丝顶端膨大为泡囊，见图9-6（a）。

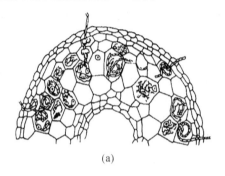
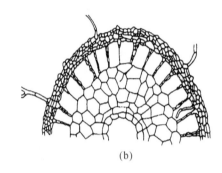

(a) (b)

图9-6 内生菌根（a）和外生菌根（b）

（5）植物根系与藻类共生。裸子植物苏铁科（Cycas，Macrozamia）内许多属的根系在受鱼腥藻属（Anabaena）和念珠藻属（Nostoc）等蓝绿藻侵染后，可形成能固氮的瘤。这些瘤的结构不同于类放线菌内生于植物根系后诱发的瘤。

（6）根际系统。根际系统可分为三个区域：①外层根际，即位于根系最近处，含有微生物群体；②根面，即根表及生活于上的微生物；③内根际，即由非病原性土著微生物侵染的寄主根皮层组织部分。

（7）形成根-病原菌复合体，即由土壤习居菌和根习居菌组成的侵占植物根并在其内组织中生长的致病土壤微生物。其中的病原菌大多为真菌，少数为细菌。

5. 根际微生物对植物的影响

根际微生物对植物的影响可分为有益和有害影响两种。有益影响可以改善植物的营养源。根际微生物在分解有机物质的过程中，可使之释放或最终形成氨、硝酸盐、硫酸盐、磷酸盐等，并随之放出CO_2，促进植物营养元素的矿化，将无效的无机磷、有机磷矿化为有效磷，固氮微生物固定氮素等。许多根际微生物可产生维生素、生长素和刺激素类物质，如固氮菌、根瘤菌和某些假单胞菌等能产生吲哚乙酸和赤霉素类生长调节物质，刺激植物生长。某些根际微生物可分泌抗生素类物质，有助于植物抗土著性病原菌的侵染。如豆科作物根际常有对小麦根腐病菌长蠕孢菌有拮抗性的细菌存在，可以抑制这种病原菌生长，减轻后茬小麦的根腐病害。某些根际细菌能产生铁载体（siderophore），铁载体是一种能与铁螯合的特殊有机化合物，能促进Fe^{3+}的溶解，运输入细胞，还原成Fe^{2+}，并被释放而用于合成其他的含铁化合物。且易旺盛发展而使不易获取铁元素的有害微生物受到抑制。改变植物根系形态学如菌根菌,某些根际微生物可使根系形成密集的根簇,扩大了营养吸收面,从而增强了植物吸收营养的能力,如水、磷等。

许多根际微生物通过侵染、寄主或其他方式对植物造成不利甚至有害的影响,这些微生物称为病原菌或致病菌。这些致病菌可通过下列途径来影响植物:一是通过干扰植物生长物质和营养的传送;二是产生一些可抑制根在土层中持续生长的物质,根毛长度和数量、根细胞的有效能量代谢受到限制;三是寄生菌导致寄主植物细胞的腐解;四是与植物竞争有效的营养物质,或固定某些重要营养元素,使植物在某一时间内无法吸收到足够的营养物质;五是某些病原菌可在相应的植物根际得到加富,助长病害的发生和严重程度。

二、植物体表和叶面微生物

植物茎秆体表、叶面和果实,由于可提供非常适宜的栖息环境和营养条件,因而有大量有机异养型或光合型的细菌、真菌尤其是酵母菌、地衣和某些藻类存在,这些称为附生性微生物。直接以叶面作栖息生境的微生物称为叶面微生物。栖息于叶面的微生物数量决定于季节和叶龄。植物上的附生性微生物直接经受气候变化、高温低温、风吹雨打、日晒夜袭等,因此成功的附生微生物是产色素且具有特异性保护细胞壁,对恶劣环境条件具有良好的适应性。附生性微生物也能产生各种孢子,以使得它们能通过风、昆虫等外力从一个植株到另一个植株之间实现迁移。

不同的植物体表、叶面对微生物的附生具有选择性。如某些松树针叶上的主要种群为包括荧光假单胞菌(*Pseudomonas fluorescens*)在内的假单胞菌属的种,且叶面附生微生物较之地上落叶中的细菌种群更能利用糖类和醇类作为碳源,而落叶中的细菌种群似乎具有更高的水解脂肪和蛋白质活性。酵母常栖息于植物叶面,如玫瑰掷孢酵母(*Sporobolomyces roseus*)、黏液红酵母(*Rhodotorula glutinis*)、*Cryptococcus laurentii*、*Torulopsis ingeniosa* 等。在叶面可常观察到产色素丰富的酵母和细菌群体。这些色素可能起着抗阳光直射的保护作用。花也可为微生物提供一个短期的栖息地,花蕊中的高浓度糖使得花适宜于酵母种群,如在花中发现生长有 *Candida reukaufii* 和 *C. pulcherrima*。

栖息于植物体表的微生物与植物之间可有相互有益或有害的关系。嗜渗酵母的生长可降低栖息处的糖浓度,使之有利于其他微生物种群的侵染,而由酵母产生的不饱和脂肪酸则可以抑制果实表面 G$^+$ 细菌的生长繁殖。生长于热带、亚热带水面的红萍(*Azolla*)叶背面的空腔包含许多鱼腥藻(*Anabaena*)、念珠藻(*Nostoc*)等,是能固定大量氮素的藻类。红萍为这些藻类提供营养和生长因子,而固氮藻类则为红萍提供氮素。

三、植物内生微生物

植物内生菌(endophyte)是指定殖于植物组织内部而又不引起植物直接和明显病症的一类微生物,是植物微生态系统中的天然组成部分。植物体如根、茎、叶鞘、叶内都可存在某些具有一定特异性的内生性微生物,细菌、真菌、放线菌都有。在目前研究过的植物中,都发现有内生菌的存在,具有分布广、种类多的特点。对于植物内生菌的来源,有三种假说:一是垂直传播,由同种植物代代相传;二是水平传播,由外界微生物破坏植物细胞壁,进入宿主植物;三是根际菌通过植物侧根裂缝进入植物,进入植物的微生物经长期协同进化,与宿主植物建立了一种和谐的内生关系。

由于植物体内是一个特殊的生理环境,内生菌在与宿主植物如药用植物长期的共进化过程中,与宿主之间极有可能发生基因重组或互扰,而使其合成更具特点的结构独特、骨架新颖的次生代谢产物和其他活性物质,也有可能合成与宿主能合成的相同或相似的具有抗病、抗虫或具有抗菌、抗肿瘤等能力的生理活性物质。次生代谢产物和活性物质的产生不仅可以增强微生物对宿主的适应性,还可以促进宿主植物的生长,提高植物的生态适应性和对环境胁迫的抗性,也是植物对病虫害入侵进行化学防御的重要武器。

而且,由于内生菌具有微生物特点,可以从植物组织中分离纯化出来,进行实验室培养与规模化发酵生产人类所需的目标生理活性物质作为药物。显然植物内生菌是巨大的药物资源宝库。利用植物内生菌,有利于药用植物资源的保护。

不同的植物可内生有不同的内生菌,同一种内生菌也可在不同的植物中分离到。如短枝红豆杉(Taxus brevifolia)树皮中含有具有独特抗癌机制的紫杉醇,而从不同的红豆杉中分离到的部分内生真菌也能合成紫杉醇或紫杉烷类化合物。椰子树内生真菌 *Pestalotiopsis photiniae* L461 的次级代谢产物 Photinides A-F 对人肿瘤细胞株 MDA-MB-2311 有选择性抑制活性。

第四节　微生物与人和动物之间的关系

众所周知,在动物体表、口腔、呼吸系统、消化系统、泌尿系统等,都生存有大量的各种微生物,构成了微生物与人类、动物的特异性生态关系。与微生物和植物之间的关系相类似,微生物对人类、动物有有益关系、有害的致病关系和既无益也无害的关系。

一、微生物在人与动物的生态分布

微生物在人和动物的体表、体内、口腔均有大量发布,而且种类多样。

人和动物体表的微生物主要来自于人体与其他物体的接触、空气微生物的沉落与黏附。皮肤上正常的微生物区系由土著性群落和流动性群落组成。流动性群落主要是由于皮肤与外界的接触而受到微生物沾污所致,这部分微生物的组成和数量由于受接触的环境因素的影响往往变化较大。土著性群落的组成和数量在不同个人之间不一样,而对于某一个人来说由于其个人的皮肤特点而往往是相对固定的,常保持一个或多或少的常数。但可以由于气候变化、人体疾病皮肤温度上升、年龄变化、个人卫生变化而引起皮肤微生物尤其是土著性微生物的组成和数量发生变化。人体皮肤土著性微生物主要包括葡萄球菌属、微球菌属、棒杆菌属在内的 G^+ 细菌,而 G^- 细菌较少见。绝大部分皮肤微生物由于皮肤的屏障作用难以进入皮肤组织内部,或人体的经常性洗涤而仅仅是短暂性停留,并不能进入皮肤而引起疾病。土著性微生物对于外来微生物具有排斥和防止入侵的作用。绝大多数病原菌只有通过皮肤伤口才能进入下皮组织致病。

人和动物的口腔由于温度稳定、水分充分、营养丰富、好氧性的大环境与厌氧性的微生境同时并存而成为微生物栖息的理想生境。唾液是影响口腔微生物的主要物质。唾液的 pH 值范围在 5.7~7.0,平均值为 6.7 左右;唾液可提供大量的无机物,如氯化物、重碳酸盐、磷酸盐、钠、钙、钾和其他微量元素;唾液中含有唾液酶、糖蛋白、某些免疫血清蛋白、少量碳水化合物、尿素、氨、氨基酸和维生素,还有抗微生物的溶菌酶和氧化物酶。口腔微生物主要分布在软组织表面、牙齿表面及其污垢物、唾液等处。好氧性和厌氧性的细菌、放线菌、酵母菌、原生动物等各种类群都有栖息,尤以细菌最为丰富。口腔微生物的种类和数量也因人而异,与个人的饮食爱好、卫生习惯有关。如高糖饮食易引起龋齿,因为口腔乳酸菌发酵糖产生乳酸使口腔 pH 下降,并使牙齿釉质脱钙,细菌蛋白酶即可将牙齿釉质蛋白质水解,细菌进一步水解牙齿基质,使牙齿损坏。

胃肠道是人和动物的一个重要组成部分,也是体内微生物栖息的重要场所。包括胃肠道在内的整个消化系统不仅为微生物提供了良好的生长繁殖环境,还提供有极为丰富的营养物质,因此在胃肠道中生存有数量庞大、种类繁多的微生物种群。据研究,一个健康人的胃肠道细菌大约有 10^{14} 个,由 30 属、500 种左右组成,包括需氧、兼性厌氧和厌氧菌。细菌总量在胃和结肠之间逐渐增多,其中空肠菌数 10^5 个,以需氧菌为主;回肠中细菌数为 $10^3 \sim 10^7$ 个,以厌氧菌为主,如拟杆菌、双歧杆菌等;结肠内菌量最多达 $10^{11} \sim 10^{12}$ 个,厌氧菌占绝对优势,占 98% 以上,细菌种类达 300 多种,干大便的重量近 1/3 是由细菌组成的。

动物,尤其是瘤胃动物,由于有多个胃腔和较长的肠道,胃肠道中厌氧部分较非瘤胃动物更多。食物经动物的反复咀嚼,有较长时间停留,然后再通过肠道排出。而且动物的食谱较广,尤其是食草动物,各种组成的有机物为微生物的生长繁殖提供了优越的条件。因此,食肉动物的胃肠道微生物相对于食草动物可能较简单些,主要是分解蛋白质和脂肪的微生物,而食草动物胃肠道中的微生物主要是分解纤维素、半纤维素、果胶、淀粉、木质素、糖类的种群,分解蛋白质和脂肪的微生物种群相对要少一些。主要有分解纤维素的拟杆菌(*Bacteroides*)等,在瘤胃动物中还有产甲烷古菌,在牛、羊呼出的气体中有较高比例的甲烷,也是大气甲烷的重要来源之一。

肠道细菌在人体肠道内具有重要的生理功能:①物质代谢作用,肠道细菌参与食物的消化吸收过程;②合成维生素,肠道正常菌群可以合成多种维生素并产生有利于维生素吸收的环境;③性激素代谢,肠道菌群参与性激素的肝肠循环代谢;④药物代谢,肠道正常菌群参与许多口服药物的代谢,这种细菌参与代谢后可使药物的活性或毒性发生改变;⑤防御病原体的侵犯,正常肠道菌群可能通过以下机制抑制病原体的侵袭,成为宿主的生物屏障:①通过产生细菌素、毒性短链脂肪酸、减低氧化还原反应、降解病原体毒素,可杀死、抑制外袭菌或降低其毒性,常住菌密集栖居于肠黏膜表面,阻碍了病原体与肠黏膜的接触;②刺激宿主产生免疫及清除机能,如加强抗体产生、刺激吞噬细胞功能和增加干扰素产生等;产生非结合胆酸,破坏某些病原菌。

人和动物的呼吸道、泌尿生殖器官也是重要的微生物栖息地。土著性微生物对外来入侵微生物具有明显的排斥作用,围堵入侵者,两者之间达到一种平衡。

二、微生物与人和动物健康

人和动物体表体内的微生物绝大多数是非致病菌,有部分与人和动物具有互惠互利关系。即人和动物为微生物提供了生存空间、环境和丰富的营养,微生物分解和利用这些营养物质得以生长繁殖,反过来,人和动物又吸收微生物生命活动过程中产生的单糖、有机酸、氨基酸、核苷酸作为营养合成大分子物用于生命活动。

在正常情况下,肠道菌群、宿主和外部环境建立起一个动态的生态平衡,而肠道菌群的种类和数量也是相对稳定的。但往往会由于各种各样的原因,如人易受饮食和生活习惯等多种因素影响,尤其是膳食中纤维含量的变化的影响,引起肠道菌群失调,出现不平衡。动物受饲料成分组成,尤其是纤维、粗纤维、蛋白质、淀粉等比例的影响。人和动物还往往受口服抗生素和其他药物的强烈影响,抗生素和药物在抑制或杀灭致病微生物的同时,不可避免地抑制和杀灭有益或无益无害的微生物种群。在肠道微生物微生态失衡下,许多常见的有益或无益无害的微生物种类由优势种群演变为弱势种群,甚至被杀灭。而某些无益有害的甚至致病的种群由弱势种群演变为优势种群,从而引发疾病或加重病情。

致病微生物引起疾病的原因一般有两个:一是致病微生物的种群数量在正常的微生物区系中大大超过了正常的比例,使正常的微生物区系不能发挥应有的功能;二是致病微生物产生有毒的代谢产物,干扰了人和动物的正常代谢途径。肠道菌群失调引发的疾病包括多种肠炎、肥胖、肠癌(结肠癌)甚至肝癌。常见的由致病细菌引起的人类疾病有十二指肠溃疡菌、肠胃炎、霍乱、腹泻、肺结核、各种化脓性皮肤溃疡等;由真菌引起的皮肤性疾病主要是各种皮肤癣;由病毒引起的疾病有各种类型的流感、肝炎等。

第五节　微生物生态系统的特点

在一个特定的生态环境条件下的微生物生态系统,不仅起着其他生态系统如植物生态系统、动物生态系统等起不到的作用,尤其在环境受到污染时,微生物生态系统可以起到有效消除污染物的净化作用,而且微生物生态系统本身也有其不同于其他生态系统的明显特点。

一、微生物生态系统的多样性

在不同环境条件下的微生物生态系统其组成成分、数量、活动强度和转化过程等,都很不一样。如陆地环境中与水域环境中的微生物生态系统不会相同。即使同是水域,由于海水环境和淡水环境中的理化因素和基质成分不一样,造成了对微生物的选择性不一样,结果组成的微生物生态系统有着各方面的差异。因此,一般来说,每一个特定的生态环境,都有一个与之相适宜而区别于其他生态环境的微生物生态系统。

在同一个生态环境中,由于其中某一因素的变化,也可能会引起微生物生态系统中组成成分或代谢强度、最终产物的改变。例如,环境受每日、每季、每年周期性变化的影响,微生物生态系统中的优势群体往往会随温度变化而产生周期性演替。

二、微生物生态系中的种群多样性

在一个微生物生态群落中,不占优势的种在很大程度上决定着在这个生态系统的营养水平和整个群落的种间多样性。一般来说,在一个群落中,当一个或少数种群达到高密度时,种间多样性即会下降。某一种群的高数量表明了这一种群的优势和成功的竞争作用。

成熟的生态系是一个复合体,高量种数即高度多样性使得形成许多种间关系。在一个群落内的种间多样性反映了一个种群的遗传多样性。如果环境受到一个单向性因子的强烈影响,群落稳定性的维持就较困难。由于微生物对于明显的物理化学胁迫的适应具有高度的选择性,因此物理化学的胁迫导致了大量具有较大适应性的种群的富集和联合。在这种情况下,种群就减少,对于群落来说则只有少数种群占优势即种间多样性变小。例如盐湖里的微生物种群多样性通常较港湾的微生物种群更为狭小。热泉中的微生物群落较之非污染河流中的群落多样性要低得多。像酸性泥沼、热泉、南极荒漠等受物理因素控制的栖息地中,种间多样性就相当低。许多生境如土壤中的微生物多样性一般比较高,但在受到胁迫或干扰的条件下,如受病原菌感染的植物或动物组织,多样性就会明显降低。

种间多样性在演替过程中会增加,而在胁迫情况下会减少。种群多样性低的受胁迫的群落对于环境的进一步变化的适应性差,而具高多样性且在生物学上适应胁迫的群落则能较好地适应环境波动。

一个微生物群落的遗传多样性指数可用整个微生物群落的 DNA 的异源性表示,从样品中获得整个微生物群落的总 DNA,代表了这个群落的总基因库。DNA 间的相似性越大(即遗传多样性低),DNA 退火的速率越快。反过来 DNA 异源性越大(遗传多样性高),DNA 退火的速率越慢。有人用此法测定了直接从土壤提取的 DNA 异源性,发现了相当于 4000 种完全不同的土壤细菌基因组,这表明此土壤微生物群落中存在 4000 种不同的种群。这个数量较之用分离方法所获得的菌株高出 200 倍,且表明大多数的遗传多样性是位于用传统技术不能分离出来的微生物群落部分。大多数可生长于琼脂平板上的种群是具有高生长速率和生长于高浓度营养的选择性种群。

三、微生物生态系统的稳定性

在一个特定环境中的微生物生态系统,如果无环境因子的强烈冲击和影响,一般总保持大体的稳定,即具有稳定性。这种稳定性常表现在以下几个方面:① 在一定的短时间内,微生物生态系统面临外界环境改变压力时能保持自身生存的能力和保持整个生态系统集体性状完整性的能力,避免被打乱和打破。② 对外界环境压力具有抵抗性和修补能力。环境压力没有超出一定范围时,微生物生态系统能够抵抗这种压力而使整个系统仍然稳定。一旦环境压力超出其可抵抗的范围,整个完整的微生物生态系统可能由于部分微生物类群的死亡或失去活性造成部分系统丧失。此时整个系统的剩留部分又可与改变环境压力之后新出现的类群组成一个完整的生态系统,即进行修补。③ 外界环境因子出现周期性循环时,微生物生态系统的特性也会出现周期性表现。如某一环境受四季气温的变化循环及营养物质利用和补充循环的影响,其中的微生物生态系统也受这两个循环的影响而呈现周期性循环。在每年的同一时间微生物生态系统的组成类群和代谢强度大致处于同一水平,而且各个类群保持一定的比例。

一般来说,一个成熟的微生物生态群落,其稳定性与高度的种多样性有密切关系。很明显,在一个具有高度多样性的群落中没有一个种群是至高无上的,即使某一个被去除,整个群落结构也不会受到破坏。但至今对于什么样的最低限度的种间多样性水平对保持群落稳定性是必需的,仍不清楚。

具有高度多样性的群落能够随环境变化而波动。但并不意味着可以接受环境多次或连续的强力干扰与冲击。如活性污泥中多样而稳定的群落可以忍耐处理液中低浓度的许多有毒化学物,但某些有毒化学物的高量进入或多次连续冲击可以引起污泥群落的腐败崩解。

四、微生物生态系统的适应与演替性

由于微生物本身结构比较简单,改变环境的能力较弱,面对环境和营养物质的不断改变,微生物生态系统往往不能抗拒,而常通过改变自己的群体结构来适应新的环境,形成新的生态系统。这种适应性表现在:一是原有的微生物类群在新的环境或新的营养源下诱导生成新的酶或酶系以适应新的环境或新的营养源;二是原有的不适应新环境或新营养源的微生物类群衰亡的同时,发育出新的能适应新环境或新营养源的微生物类群,即使原来数量很少和竞争力相当弱的类群也可能发育为新环境下的优势种群。这就是自然界中普遍的微生物种群演替现象。

微生物种群的演替现象常发生在复杂有机物的分解过程中和环境因素发生改变及环境中出现抗生素物质等情况下。当环境中进入新鲜基质时,那些能迅速利用新鲜基质中易分解部分的微生物迅速生长繁殖,成为最先的优势种类,一旦易分解部分被分解利用完后这些种类的微生物便迅速衰落,代之而起的是那些能分解利用不易被分解利用部分的微生物种群,并逐渐发育成为优势种类。而那些能分解利用基质中最不易被分解部分的微生物一般总在较后面出现。

不同优势种群的出现常有明显的顺序性。环境条件改变时也会发生微生物种群的演替。例如在甜酒酿制作过程中,前阶段糖化真菌利用容器中的空气旺盛生长把米饭中的淀粉转化为糖类,酵母菌也在有氧的条件下迅速生长繁殖,这样消耗了氧气,糖化真菌是前阶段的优势菌群。由于氧气的消耗,需氧的糖化真菌衰落,而为可不需氧的酵母菌把糖类发酵生成乙醇的生命活动创造了条件,因而在后阶段糖化真菌衰落而酵母菌成为优势菌。一类微生物被哪类微生物代替,是由它们所创造的环境条件和物质转化的产物所决定的。无论哪一种微生物,只要能适应不断变动的环境和利用较广阔的基质谱,就能以优势存在。

五、微生物群落中的遗传交流

当某种适应性特征被导入基因库时,由于微生物的高速繁殖而使得导入的基因在微生物种群中迅速、广泛地分布即发生微生物遗传基因的水平漂移。细菌对抗生素抗性的迅速传播即是自然选择作用。例如,在抗生素作为医药应用之前,仅是由于自发突变或重组引发的抗生素抗性,此时期病原微生物对于抗生素没有什么选择性抗性优势。而在使用抗生素后,尤其在经常受到大剂量抗生素污染的栖息地如医院地域的微生物日益提高和传播着对抗生素的抗性。在一个群落中决定某种群存在的关键因素是它的遗传物质。细菌的遗传物质通过接合、转导和转化等方式转移和重组导致了基因的新组合。在种群密度较高时,这些遗传基因具有相当高的转移潜力,在环境中可以相当高的频率发生。如质粒在微生物群落各种群间可以迅速转移。在医院废水、污泥、污泥流出液、淡水、海水、动物废弃物土壤中都已观察到某些细菌通过接合而进行质粒转移。在细菌种群中,特别是在选择压力下,具有抗生素抗性基因以及降解途径基因的质粒可在许多属的种间迅速转移和传播。某些特异性的质粒基因在细菌中可保存许多代,有些则很快就丢失。对于种群合理构成具有贡献的基因通常被保留在群落中,而那些无贡献的基因则常从群落中丧失。无意义的基因确实不应该保留,特别是如果在一个生态小环境中存在着明显竞争时,无意义基因的表达对于寄主细胞的相对生长速度具有明显的抑制作用,使存在无意义基因的寄主细胞在竞争中处于劣势。面对自然选择,细菌通过结合转移、转导等方式的无性繁殖和重组可以防止其在群落中的失衡。

六、微生物生态系统中的物质流和能量流

进入自然界的有机物质往往是纤维素、半纤维素、果胶、蛋白质、淀粉、核酸等大分子复合物,这些复合物的分解只能是一步一步逐级分解的过程。在好氧条件下把这些复合物彻底分解氧化为 CO_2 和水,在厌氧条件下全部转化为 CH_4、CO_2 和 NH_4^+ 等物质,这个过程必须由多种微生物相互分工协同作用,一环接一环地推动完成,这就组成了一个微生物生物链。例如,纤维素厌氧降解为甲烷的过程就是由多种微生物协同完成的。在这个过程中发生了物质与能量的流动(如图 9-7 所示)。

在微生物生态系统内,能量总是以化能的方式贮藏在食物中。因此能量流和食物链是物

质的质和量的转化,是物质由于微生物的作用而发生的本质和形式上的变化。微生物不仅选择食物丰富的环境,且也选择那些耗能少而可获得较多营养价值的食物。

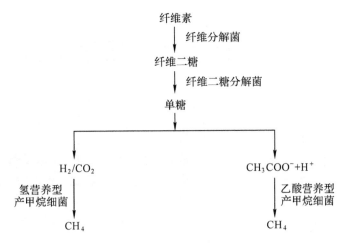

图 9-7　纤维素厌氧降解为甲烷过程中的微生物生物链

复习思考题

1. 简述微生物生态学与微生物生态系、微生物区系的定义区别。
2. 为何说土壤是微生物栖息的良好环境?
3. 简述各种极端环境微生物适应极端环境的机理。
4. 阐述微生物与微生物之间的相互关系。
5. 简述微生物与植物之间的有益关系与有害关系。
6. 简述微生物生态系统的特点。

第十章 微生物与碳、氮等元素的生物地球化学循环

【内容提要】

本章介绍各种元素的地球生物化学循环。由微生物推动的碳素的地球生物化学循环中，二氧化碳和水由植物和光合微生物、藻类等固定为有机碳化合物，异养型微生物又将各种有机物进行分解和转化。在生物物质的释放中，微生物所分解的物质种群、数量和程度都远远超过其他生物。它们是自然界物质生物循环的主要推动者。淀粉、纤维素、半纤维素、果胶、木质素等的分解转化都有赖于微生物的生命活动。氮素的地球生物化学循环由有机氮的氨化作用、氨的硝化作用（包括氨的厌氧氧化）和硝酸盐、亚硝酸盐的反硝化作用及大气氮的生物固定作用组成。氨化作用有各种不同的方式。硝化作用可分为亚硝化作用和硝化作用两个过程，相应参与的微生物也有亚硝酸细菌和硝酸细菌。反硝化作用可分为同化型反硝化作用和异化型反硝化作用。生物固氮是植物所需氮素的重要来源，可分为自生固氮、共生固氮、联合固氮等不同方式，其中根瘤菌和豆科植物的共生固氮是最重要的形式，不管何种形式，固氮的生物化学过程都是相同的。硫、磷、钾和其他元素的地球生物化学循环都有着各自的特点。

碳、氢、氧、氮、硫、磷、铁、锰、钾、钙等，都是组成生物体的必需化学元素。生物只有不断地从环境中获取这些元素才能生长、发育和繁殖。但地球上这些元素特别是能被有效利用的部分的贮存量终究是有限的，而生命的延续和发展却是无尽的。这些元素的供求矛盾只有在物质的不断循环中才能得以解决。物质生物地球化学循环，即生物所推动的物质循环，为有限的营养元素的无限循环使用创造了极其重要的条件。

物质生物循环可以归结为化学元素的生物固定（吸收至生物体内，用于组成各种细胞物质）和生物释放（生物体分解，释放各种细胞组分，其中的有机物质最终转化为无机物质）这两个相互对立的转化过程。碳素是有机物质的骨架，在物质生物循环中起着十分独特的核心作用。在自然界，化学元素的生物固定是从碳素开始的。绿色植物和无机营养型微生物（包括藻类和少数细菌）利用光能或化学能将二氧化碳和水还原为碳水化合物（含碳、氢、氧三种元素），不仅实现了无机态碳至有机态碳的转化，也实现了能量的转化和贮存。碳水化合物可在细胞内进一步转化并结合氮、磷、硫等其他元素，合成生物体的各种有机组分，并逐步积累能量。与此同时，植物和有机营养型微生物也进行着分解作用，使有机物质重新转化为二氧化碳、水和各种无机物质，并释放其贮存的能量。由于这些生物的合成作用大大超过分解作用，其生命活动的净结果是在自然界中积累生物物质，即生物固定了各种化学元素。动物和有机营养型微生物则以植物和微生物为食，从中获得生活所需的能量和组成机体的物质成分。其生命活动的净结果是导致积累于自然界中的生物物质的分解和消失，即生物释放各种化学元素。在生物物质的释放中，微生物所分解的物质种群、数量和程度都远远超过其他生物。它们是自然界物质生物循环的主要推动者。

微生物在元素的生物地球化学循环中主要推动着有机物的分解过程、无机离子的生物同化过程即生物固定过程、无机离子和化合物的氧化过程和各种氧化态元素的还原过程。

实际上各种元素的生物地球化学循环都不是独立的,而是相互伴随、交织和影响的,从而构成各种复杂关系。

第一节　微生物与含碳化合物的分解

微生物在碳素,确切地说是在碳、氢、氧三种元素组成的有机物转化中的作用见图 10-1。由碳、氢、氧组成的有机物主要有单糖、双糖、淀粉、纤维素、半纤维素、果胶、木质素等各种物质。

一、淀粉的分解

淀粉主要来自植物,它是植物的重要贮藏物质。从化学结构上看,淀粉是由葡萄糖通过糖苷键聚合而成的大分子,可细分为直链淀粉和支链淀粉。在直链淀粉中,葡萄糖单元彼此以 α-1,4-糖苷键连接。支链淀粉带有分支,其中的葡萄糖单元除了以 α-1,4-糖苷键结合外,在直链与支链的交接处以 α-1,6-糖苷键连接。在自然界,直链淀粉约占 10%～20%,支链淀粉约占 80%～90%。淀粉是易被微生物利用的有机物质。

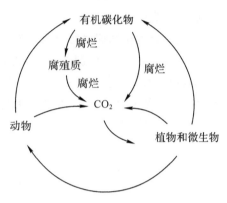

图 10-1　自然界的碳素循环

能够利用淀粉的微生物种类很多。细菌中的枯草杆菌,真菌中的曲霉、根霉和毛霉都是很强的淀粉分解菌。放线菌中的小单孢菌、诺卡氏菌和链霉菌也能分解淀粉,但能力相对较弱。微生物分解淀粉的方式是:先分泌胞外淀粉酶,将淀粉水解成双糖和单糖,然后再摄入体内利用。淀粉不能直接透过细胞膜,如没有淀粉酶,微生物就不能利用淀粉。

淀粉酶是一类水解淀粉糖苷键的酶,有如下四种:

(1)α-淀粉酶　此酶是一种内切酶,能够水解淀粉分子内部的 α-1,4-糖苷键,但不能对 α-1,6-糖苷键以及靠近 α-1,6-糖苷键的 α-1,4-糖苷键产生作用。它的水解产物是麦芽糖,以及含多个葡萄糖单元的直链寡糖和支链寡糖。由于这些产物的构型均为 α-构型,故称为 α-淀粉酶。经过该酶的作用,淀粉液的黏度下降,因而又称为液化性淀粉酶。

(2)β-淀粉酶　此酶是一种外切酶,能够从淀粉分子的非还原性末端开始,以双糖为单位,逐步水解 α-1,4-糖苷键,生成麦芽糖。但不能作用于淀粉分子中的 α-1,6-糖苷键,也不能越过 α-1,6-糖苷键去水解 α-1,4-糖苷键。在水解过程中,遇到 α-1,6-糖苷键即停止作用。它的水解产物是麦芽糖和极限糊精。由于该酶的作用部位是 β-位的糖苷键,故称为 β-淀粉酶。

(3)糖化淀粉酶　这种酶能够从淀粉的非还原性末端开始,以葡萄糖为单位,依次水解 α-1,4-糖苷键,生成葡萄糖。虽然不能作用于淀粉中的 α-1,6-糖苷键,却能越过 α-1,6-糖苷键去水解 α-1,4-糖苷键。该酶的作用产物有两种:如果被作用的底物是直链淀粉,则产物为葡萄糖(该酶由此得名);如果被水解的底物是支链淀粉,其产物是葡萄糖和带有 α-1,6-糖苷键的支链寡糖。

(4)淀粉酶　此酶作用于支链淀粉中直链和支链交接处的 α-1,6-糖苷键,故能水解淀粉经 α-淀粉酶和 β-淀粉酶作用后留下的糊精。由于只水解 α-1,6-糖苷键,异淀粉酶自身的作用产物也是糊精。两者的差别在于所含的糖苷键不同。

淀粉分解菌(糖化菌)在食品发酵上有着广泛的应用。例如,在白酒生产中,常用淀粉(如番薯干、大米等)做原料,先用糖化菌(如曲霉、毛霉、根霉)将淀粉水解,然后再加酵母菌进行酒精发酵。如果没有糖化菌的水解作用,酵母菌就不能进行酒精发酵,因为后者不能直接利用淀粉。

二、己糖的分解

各种多糖均可水解转化为单糖和双糖,并被微生物进一步分解。

(一)己糖的需氧分解

1.己糖的完全氧化

大多数好氧微生物通过呼吸可将有机营养物质氧化为 CO_2 和水。由于 CO_2 分子中的碳处于最高氧化状态,这类代谢就被称为"完全氧化"。与之相应,也有"不完全氧化"。在不完全氧化过程中,部分有机营养物质被氧化为 CO_2 和水,还有部分被转化成产物而分泌至体外。在完全氧化中,除部分基质被转化成细胞物质外,没有有机产物的分泌。条件适宜时,每利用 100 份己糖,好氧微生物约消耗 80 份用于提供能量,并以 CO_2 的形式释放其中的碳素,其余 20 份用于合成细胞组分。

2.己糖的有氧发酵

由于种种原因,如酶系统不完整、养分不平衡或供氧不足等,有些好氧微生物在代谢己糖的过程中,可进行不完全氧化,将某个中间产物积累并分泌至体外。由于不完全氧化的产物如乙酸、柠檬酸、葡萄糖酸、乳酸等类似于发酵作用产生的有机酸如丙酸、丁酸、乳酸等,而且在工业生产中,两者所用的技术和装置也相似,因此这类微生物学过程也称为发酵。但它有别于微生物生理学和生物化学意义上的"发酵",这是在有氧条件下进行的,而不是在无氧条件下进行的。醋酸发酵和柠檬酸发酵是两种具有重要经济价值的有氧发酵。

(1)醋酸发酵和广义醋酸发酵 醋酸发酵是将糖或醇类转化为醋酸(乙酸)的微生物学过程。假如把酒精含量低的黄酒和葡萄酒等饮料酒敞口放在温暖的空气中,几天后就能出现酒变酸、液面长膜等明显的醋酸发酵特征。其生物化学反应为:

$$CH_3CH_2OH + NAD^+ \longrightarrow CH_3CHO + NADH + H^+$$

$$CH_3CHO + H_2O \longrightarrow CH_3CH(OH)_2$$

$$CH_3CH(OH)_2 + NAD^+ \longrightarrow CH_3COOH + NADH + H^+$$

$$2NADH + 2H^+ + O_2 \longrightarrow 2H_2O + 2NAD^+$$

总反应: $CH_3CH_2OH + O_2 \xrightarrow{\text{乙酸细菌}} CH_3COOH + H_2O$

醋酸发酵是工业化生产食用醋和冰醋酸的重要基础。其他带有醇基和醛基的有机物,也常发生类似的这种生物氧化作用,其差别在于其他醇、醛被氧化时所积累的中间产物是相应的有机酸。例如,某些乙酸细菌能够将葡萄糖氧化成葡萄糖酸,造成水果酸败。这类与醋酸发酵相似的生物氧化作用,称为广义醋酸发酵。

乙酸细菌天然栖息于植物体表面,只要存在含糖物质,就能发现与酵母菌一起生长的乙酸细菌。乙酸细菌能够使糖或醇进行"不完全氧化"而形成有机酸,并将其作为终产物而分泌至体外。据此,可把乙酸细菌分为仅暂时积累乙酸的完全氧化菌(peroxidans)和不能进一步代谢的乙酸的不完全氧化菌(suboxidans)两种类群。能够进行醋酸发酵和广义醋酸发酵的细菌分别归入醋酸杆菌属(*Acetobacter*)和葡萄糖杆菌属(*Gluconobacter*)。前者是完全氧化菌,后者是不完全氧化菌。醋酸杆菌属的典型种是纹膜醋酸菌（*Acetobacter aceti*）。该菌是椭圆形的短杆菌，革兰氏染色反应阴性，端生鞭毛，不生芽孢，好氧性，在液面上繁殖形成菌膜，此时菌体呈长链状（图 10-2）。

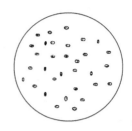

图 10-2　纹膜醋酸菌
（*Acetobacter aceti*）

（2）柠檬酸发酵　柠檬酸发酵是指在有氧条件下，己糖转化为柠檬酸并积累于环境中的微生物学过程。通常，柠檬酸仅仅是己糖好氧分解的中间产物，边产生边转化，不会在环境中积累。然而，有些霉菌却能在好氧代谢己糖时，在环境中积累柠檬酸。己糖转化为柠檬酸的生化反应为：

$$C_6H_{12}O_6 + 1.5O_2 \longrightarrow \begin{array}{l} CH_2COOH \\ | \\ COHCOOH \\ | \\ CH_2COOH \end{array} + 2H_2O$$

柠檬酸发酵中常常伴有草酸的形成。草酸是柠檬酸继续氧化的产物。

$$\begin{array}{l} CH_2COOH \\ | \\ COHCOOH \\ | \\ CH_2COOH \end{array} + 2H_2O + 3O_2 \longrightarrow 3 \begin{array}{l} COOH \\ | \\ COOH \end{array} + H_2O$$

环境的 pH 值对上述反应具有调节作用。当 pH 较低时，发酵的产物以柠檬酸为主。pH 值升高后，则以草酸为主。此外也受温度的影响，温度偏高，柠檬酸产量降低，草酸产量增加。

能够进行柠檬酸发酵的微生物有曲霉属（*Aspergillus*）、青霉属（*Penicillium*）及桔霉属（*Citromyces*）的某些种，其中以黑曲霉（*Aspergillus niger*）的产酸能力最强，是目前常用的柠檬酸发酵菌。

（二）己糖的厌氧分解

在无氧条件下，厌氧微生物和兼性厌氧微生物可对己糖进行多种发酵作用。

1. 酒精发酵

在无氧条件下酵母菌将己糖转化为酒精的过程，称为酒精发酵。发酵过程的微生物学原理详见"第十三章　微生物与人类可持续生存和发展"。

酒精发酵在工业上的应用可分为三类：① 酿制饮料酒，原料为水果或浆果，菌种为果实表面附生的天然酵母。葡萄酒、苹果酒和猕猴桃酒等的生产均属此类。② 酿制食用酒，原料为淀粉质粮食，菌种是生产菌种。酿成的酒既可直接饮用（如黄酒），也可蒸馏成烈性酒（白酒）。③ 制造工业酒精，原料为粮食，菌种是生产菌种。其生产工序与②相同，但不注重风味。

2. 乳酸发酵

在无氧条件下乳酸细菌将己糖转化成乳酸的过程，称为乳酸发酵，它可分为正型和异型乳酸发酵。正型乳酸发酵（homolactic fermentation）过程是：葡萄糖经 EMP 途径生成丙酮酸，丙酮酸在乳酸脱氢酶的作用下，丙酮酸作为受氢体被还原为乳酸，从而再生 NAD^+，因只有 2 分子乳酸为唯一终产物，故又称同型乳酸发酵。德氏乳杆菌（*Lactobacillus delbruckii*）、嗜酸乳杆菌（*L. acidophilus*）、干酪乳杆菌（*L. casei*）、植物乳杆菌（*L. plantarum*）等均进行同型乳酸发酵。正型乳酸发酵的生化反应为：

$$C_6H_{12}O_6 + 2NAD^+ \longrightarrow 2CH_3COCOOH + 2NADH + 2H^+$$

（葡萄糖）　　　　　　　　　（丙酮酸）

$$2CH_3COCOOH + 2NADH + 2H^+ \longrightarrow 2CH_3CHOHCOOH + 2NAD^+$$
（丙酮酸）　　　　　　　　　　　　　　　　　　　　　（乳酸）

总反应：$C_6H_{12}O_6 \xrightarrow{\text{乳酸细菌}} 2CH_3CHOHCOOH$

以葡萄糖为底物发酵后除乳酸外还产生乙醇、乙酸和 CO_2 等多种代谢产物的，称为异型乳酸发酵（heterolactic fermentation）。一些行异型乳酸发酵的乳酸杆菌，因缺乏 EMP 途径中的若干重要酶——醛缩酶和异构酶，其葡萄糖的降解完全以 HMP 途径为基础，进而行异型乳酸发酵。常见的有肠膜明串珠菌（*Leuconostoc mesenteroides*）、乳脂乳杆菌（*Lactobacillus cremoris*）、短乳杆菌（*L. brevis*）、发酵乳杆菌（*L. fermentum*）和两歧双歧杆菌（*Bifidobacterium bifidum*）、乳链球菌（*Streptococcus lactis*）（图 10-3）等。

不同微生物进行的异型乳酸发酵，其发酵途径和产物也有所不同。例如，肠膜明串珠菌（*Leuconostoc mesenteroides*）以葡萄糖为底物的发酵产物为乳酸、乙醇和 CO_2，并产生 1 分子 ATP 和 1 分子 H_2O。

乳酸发酵在农产品加工中有着广泛的应用。例如，利用德氏乳杆菌（*Lactobacillus delbruckii*）或嗜酸乳酸杆菌，可将鲜牛奶加工成酸奶，不仅能够降低鲜奶的含糖量，增加多种氨基酸和维生素，而且还能延长牛奶的保存期，不致腐败。又如，乳酸发酵可应用于腌制泡菜，将新鲜易烂的蔬菜加工成可长时间保存的腌制菜。泡菜的加工原理是：乳酸细菌只能利用单糖和双糖，不能分解蔬菜中的复杂有机物，通过乳酸对环境的酸化，抑制其他腐败微生物的生长，因此其本身不会引起蔬菜腐烂。乳酸细菌具有乳酸发酵能力，附生在菜叶表面的乳酸细菌可将新鲜蔬菜叶中的可溶性糖分转化成乳酸，通过乳酸对环境的酸化，抑制其他腐败微生物的生长，起到抗腐烂的作用。乳酸发酵也常用于青贮饲料的生产。

3. 丁酸发酵

丁酸发酵是丁酸发酵菌在严格厌氧条件下，将己糖转化为丁酸、乙酸、二氧化碳和氢的过程。其生化反应为：

$$2C_6H_{12}O_6 \xrightarrow{\text{丁酸梭菌}} 2CH_3CH_2CH_2COOH + CH_3COOH + 2CO_2 + 2H_2$$

丁酸梭状芽孢杆菌（*Clostridium butyricum*，图 10-4）是丁酸发酵菌的代表。梭状芽孢杆菌属革兰氏染色反应阳性细菌；有鞭毛，能运动；严格厌氧；细胞较大，宽 $0.7 \sim 1.5\,\mu m$，长度不一，通常为 $5 \sim 10\,\mu m$。生芽孢，芽孢椭圆形或圆柱形，位于细胞的一端或中央，因其直径大于菌体的宽度而使菌体呈梭形或鼓槌形。细胞内含有淀粉粒，用碘处理呈深蓝色，适宜生长的温度为 $30 \sim 40\,℃$，能利用不同的氮化物作氮源，少数能固定分子态氮。

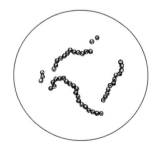　　　　　　

图 10-3　乳链球菌（*Streptococcus lactis*）　　　图 10-4　丁酸梭状芽孢杆菌（*Clostridium butyricum*）

除丁酸梭菌外，该属细菌的其他种也能产生丁酸，但产物略有不同。如丙酮丁醇梭菌(*C. acetobutylicum*)的发酵产物有二氧化碳、氢、乙醇、丁醇、乙酰甲基甲醇、乙酸、丁酸和丙酮等。丁醇梭菌(*C. butylicum*)的发酵产物则有二氧化碳、氢、异丙醇、丁醇、乙酸、丁酸等。

在自然界中，丁酸发酵菌的分布很广。土壤、堆肥、厩肥以及污水中都有为数不少的丁酸发酵菌存在。丁酸发酵菌的大量繁殖常会引起食品和饲料的腐烂。但是，丁酸发酵菌不耐酸，只要控制条件使乳酸发酵先进行，就可用乳酸来抑制丁酸发酵菌的发育，从而达到长期防腐。

三、纤维素的分解

纤维素是植物细胞壁的主要成分，约占植物总重量的一半，是自然界最丰富的有机化合物。与淀粉一样，纤维素也由葡萄糖单元聚合而成。两者的区别在于淀粉以 α-糖苷键连接，而纤维素则以 β-糖苷键连接。此外，纤维素分子比淀粉大，更难溶于水。

（一）纤维素的微生物分解过程

纤维素不能直接透过细胞质膜，只有在微生物合成的纤维素酶作用下，水解成单糖后，才能被吸收至细胞内利用。纤维素酶有细胞表面酶和胞外酶两种。细菌纤维素酶一般为细胞表面酶，位于细胞膜上，分解纤维素时，细菌必须附着在纤维素表面。真菌和放线菌的纤维素酶为胞外酶，它们可以在胞外环境中起作用，菌体无需直接与纤维素表面接触。根据对真菌的研究，纤维素酶是多种作用于纤维素的酶的总称，它包括如下三种酶：

（1）C_1 酶（内-β-葡聚糖酶）　此酶主要水解纤维素分子内的 β-糖苷键，产生带有自由末端的长链片段。一种微生物能分泌一种以上的 C_1 同工酶。

（2）C_x 酶（外-β-葡聚糖酶）　此酶作用于纤维素分子的末端，产生纤维二糖。与 C_1 酶一样，一种微生物也能分泌出多种结构不同而功能相同的 C_x 酶。

（3）β-葡萄糖苷酶　此酶能将纤维二糖、纤维三糖及低相对分子质量的寡糖水解成葡萄糖。纤维酶对纤维素的水解过程可表示为：

$$(C_6H_{10}O_5)_n \xrightarrow[C_1\text{酶},C_x\text{酶}]{+H_2O} C_{12}H_{22}O_{11} \xrightarrow[\beta\text{-葡萄糖苷酶}]{+H_2O} C_6H_{12}O_6$$

（纤维素）　　　　　　　　　　　（纤维二糖）　　　　　　　　（葡萄糖）

（二）分解纤维素的微生物

能够分解纤维素的微生物很多。既有好氧性微生物，也有厌氧性微生物；既有细菌，也有放线菌和真菌。

1. 好氧性纤维素分解微生物

（1）好氧性纤维素分解细菌　食纤维菌属(*Cytophata*)和生孢食纤维菌属(*Sporocytophata*)是土壤中常见的好氧性纤维素分解细菌。在滤纸上生长时，滤纸表面会出现淡黄色或其他颜色的菌落，并有黏液，肉眼可见。在长有菌落之处滤纸已溶解变薄。用光学显微镜检查则可发现，在各个发育阶段菌落中的细菌呈现不同的形态。幼龄时，细胞弯曲，两头尖锐；以后逐渐缩短变粗，细胞呈弧形弯曲，此为食纤维菌。有的细菌还能形成小孢囊，并产生不耐热的孢子，此类为生孢食纤维菌（图 10-5）。

好氧纤维素分解细菌还有多囊菌属(*Polyangium*)、镰状纤维菌属(*Cellfacicula*)与纤维弧菌属(*Cellvibrio*)。多囊菌属的细菌呈杆状，常由几个至几百个孢囊堆积成子实体，在滤纸上，能产生各种不同的颜色，具有很强的纤维素分解能力。镰状纤维菌属细菌革兰氏染色反应阴性。短杆菌，微弯曲，两端尖锐，端生鞭毛，在纤维素硅酸盐培养基上产生绿色、淡黄色或淡褐色黏液。纤维弧菌属的细菌革兰氏染色反应阴性,小杆状,两端圆形,单生鞭毛,大部分种能在纤维素上产生黄色或褐色色素。

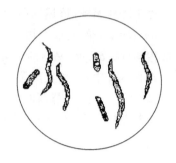

图 10-5　食纤维菌(*Cytophata*)和生孢食纤维菌(*Sporocytophata*)

(2)分解纤维素的放线菌　许多放线菌能够分解纤维素。土壤放线菌有 2.0%～4.4%能分解纤维素,其中包括白色链霉菌(*Streptomyces albus*)、灰色链霉菌(*Streptomyces griseus*)、红色链霉菌(*Streptomyces ruber*)等。放线菌的纤维素分解能力较弱,不及细菌和真菌。

(3)分解纤维素的真菌　许多真菌具有很强的纤维素分解能力。其中主要有木霉、镰刀霉、青霉、曲霉、毛霉、葡萄孢霉(*Botrytis*)等属的一些种。在森林的枯枝落叶中,占优势的纤维素分解菌是担子菌。在潮湿土壤中,真菌也是纤维素分解的优势菌群。

(二)厌氧性纤维素分解微生物

厌氧性纤维素分解微生物主要是芽孢梭菌属的一些种,如奥氏梭菌(*C. omeilianskii*),它是中温性细菌,适宜的生长温度为 33～37℃;另外还有一些与奥氏梭菌区别很小的嗜热性种,如热纤梭菌(*C. thermocellum*)、溶解梭菌(*C. dissolvens*)等。热纤梭菌可以直接分解纤维素为乙醇,莱姆德(Lamed)等发现在热纤梭菌表面存在着分散而不连续的细胞表面细胞器——纤维素体,其中含有一种高相对分子质量、连接纤维素的多个纤维素酶的蛋白质复合体,具有纤维素水解活性。细菌细胞首先通过这种纤维素体强烈黏附在纤维素上。在其他分解纤维素的厌氧微生物细胞表面也观察到不同的结构附属物,这些结构与细菌和纤维素之间的黏附、连接甚至水解有着某种直接或间接的关系。

(三)纤维素分解微生物的生活条件

各种好氧性纤维素分解细菌对纤维素有不同程度的专一性。食纤维菌和生孢食纤维菌对纤维素的专一性较强,只能利用纤维素及其水解产物(纤维二糖)作为碳源和能源。多囊菌和纤维弧菌等对纤维素的专一性较弱,不仅能利用纤维素及其水解产物,而且也能利用各种单糖、双糖和淀粉等作为碳源和能源。好氧性纤维素分解细菌能利用硝酸盐、氨盐、天冬酰胺及蛋白胨等,其中以硝酸盐最佳,但对氮源的要求不严。在 10～15℃的条件下,好氧性纤维素分解细菌即可良好生长,最适温度为 22～30℃,最适 pH 值为 7～7.5。

厌氧性纤维素分解细菌对碳源也有不同程度的专一性,且只能利用复杂的含氮有机物作为氮源。后一现象可能与其生长需要某些维生素有关。厌氧性纤维素分解细菌有嗜热性和中温性两类,适宜在中性至碱性的环境中生活,对碱性条件的适应能力较强。

不同土壤中的纤维素分解强度有明显差异。由于不同土壤特别是土壤有机质对纤维分解菌进行长期选择以及微生物对土壤条件定向适应,土壤纤维分解菌的种类和数量具有相对稳定性。因此,土壤纤维分解菌可用来指示土壤有机质的含量及其分解强度和土壤熟化程度。

四、半纤维素的分解

在植物体内,半纤维素的含量仅次于纤维素。一年生作物中,半纤维素约占 25%～40%,木材中则约占 25%～35%。半纤维素是由各种五碳糖、六碳糖及糖醛酸组成的大分子聚合物。结构上可分为仅含一种单糖如木聚糖、半乳聚糖、甘露聚糖等的同聚糖和有多种单糖或糖醛酸同时存在的异聚糖两类。但实际上许多半纤维素的结构至今尚未探明。

分解半纤维素的微生物较多,分解速度也比纤维素快。细菌、放线菌和真菌均有分解半纤维素的种。芽孢杆菌属的一些种能够分解甘露聚糖、半乳聚糖和木聚糖,链孢霉属的一些种能够利用甘露聚糖、木聚糖;木霉、镰孢霉、曲霉、青霉、交链孢霉等属的一些种可分解阿拉伯木聚糖和阿拉伯胶等。

半纤维素也不能直接透过细胞质膜,只有在胞外酶(聚糖酶)将其水解为单糖以后,才能被进一步利用。聚糖酶既有结构酶,也有诱导酶。可把半纤维素酶归纳为三种类型:① 内切酶,它能任意切割半纤维素基本结构单元之间的连接键,将大分子破碎成不同大小的片段。② 外切酶,它能从半纤维素的一端开始,依次切下一个单糖或二糖。经内切酶水解后,半纤维素可出现很多末端,有利于外切酶的进一步作用。③ 糖苷酶,它的作用是水解寡糖或二糖,产生单糖或糖醛酸。糖苷酶对底物有一定的专一性,并常以其底物命名。一种微生物可以含有多种不同的半纤维素酶,因此可以分解多种半纤维素。

五、果胶质的分解

果胶质是植物中毗邻细胞之间的胞间层组分,占植物体干重的 15% ~ 30%。果胶质由 D-半乳糖醛酸通过 α-1,4-糖苷键连接的直链构成。链上的羧基可部分或全部被甲醇酯化,也可部分或全部与阳离子结合。不含甲基酯的果胶质称为果胶酸,含甲基酯的果胶质称果胶酯,后者可进一步与钙离子结合成不溶于水的原果胶。植物体内的原果胶常与多缩戊糖结合。

1.果胶质的分解过程

微生物对果胶质的分解需借助其分泌的果胶质酶。果胶质酶主要有三类,即果胶质酯酶,果胶质水解酶和果胶质裂解酶。

(1)果胶质酯酶 这类酶的作用是水解甲基酯键,使果胶酯转化为果胶酸和甲醇。即

$$(RCOOCH_3)_n + nH_2O \longrightarrow (RCOOH)_n + nCH_3OH$$

这一反应虽不能使果胶质彻底分解,但为随后的分解创造了条件。

(2)果胶质水解酶 这类酶能水解 α-1,4-糖苷键,可分为两种:① 如果水解果胶酯的速度比果胶酸快,则称为聚甲基酯半乳糖醛酶。② 如果水解果胶酸的速度比水解果胶酯快,则称为聚半乳糖醛酸酶。水解果胶酯的产物是 D-甲基酯半乳糖醛单元及其寡聚体,水解果胶酸的产物则是 D-半乳糖醛酸单元及其寡聚体。

(3)果胶质裂解酶 这类酶将果胶质裂解为变态的半乳糖醛酸单元。也可分为两种:① 分解果胶酯比果胶酸快的称为果胶酯裂解酶。② 分解果胶酸比果胶酯快的称为果胶酸裂解酶。

果胶质酶的最终分解产物是果胶质的结构单元及其寡聚体,具体决定于微生物种类。

2.分解果胶质的微生物

细菌、放线菌、真菌中都有分解果胶质的种群。细菌中,好氧性细菌以芽孢杆菌居多,如枯草杆菌,多黏芽孢杆菌(*Bacillus polymyxa*),浸软芽孢杆菌(*Bacillus carotovora*)。厌氧性细菌主要有蚀果胶梭菌(*Clostridium pectinovorum*)和费氏梭菌(*Clostridium felsinneum*)。前一种梭菌是大杆菌,芽孢端生,菌体呈鼓槌状,菌落无色。后一种梭菌较小,芽孢近端生,使菌体呈梭状,菌落黄色或橙黄色。分解果胶质的真菌有青霉、曲霉、木霉、枝孢霉(*Cladospri-um*)、根霉、毛霉等属的一些种。在草堆和林地落叶层中,常活跃着一些放线菌,分解其中的果胶质。在麻类植物中,纤维通过果胶质与其他组织结合存在于茎秆的韧皮部内。果胶质的微生物分解实质上就是利用果胶质分解微生物去除其中的原果胶质和薄壁细胞而获得麻纤维的过程。我国民间采用的堆积脱胶法、粪堆堆积法、水池浸泡法、保温加营养法等许多脱胶制麻

方法,都是基于微生物分解果胶质的原理进行的。

六、木质素及其他芳香族化合物的分解

1. 木质素的分解

木质素是植物体的重要组分,含量仅次于纤维素和半纤维素。一般占植物干重的 15%～20%,木材的木质素含量可高达 30%左右。在植物细胞壁中,木质素与纤维素紧密结合,其含量对纤维素的生物分解有很大影响。木质素含量达 20%～30%时,纤维素的分解速度明显减慢,至 40%时,由于木质素屏蔽了纤维素,使微生物不能直接与其接触,而难于被分解。

木质素的化学结构十分复杂,至今尚未完全清楚。紫外光谱分析证明,木质素是芳香族化合物的多聚体,其基本结构单元是苯丙烷(C_6-C_3)型的结构,以醚键(-C-O-C-)和(C-C)键结合成大分子聚合物,相对分子质量可达 1 万至几万 Da。

木质素的分解速度相当缓慢。研究表明,将玉米秸秆施入土壤后,其中的可溶性有机质、纤维素和半纤维素可被逐渐分解,6 个月后总干重下降 2/3,但木质素仅下降 1/3。木质素的分解过程中,在 0～150 天内,木质素不断减少,而 150～300 天期间,木质素减少有限,但其中的甲氧基(-OCH$_3$)数量明显下降,羟基(-OH)数量直线上升。这表明在分解后期,虽然木质素在量上变化不大,但其分子结构仍在改变。在厌氧条件下,木质素的分解速度更慢,然而其甲氧基(-OCH$_3$)的消失却更快。

担子菌是分解木质素能力最强的微生物类群,其中多孔菌 *Polyporus abietinus* 和 *Polyporus subacoda* 能以木质素作为唯一碳源。在森林的枯枝败叶中,担子菌是木质素的主要分解者(表 10-1)。腐蚀木材时,担子菌不仅分解木质素,也同时分解纤维素和半纤维素等物质。木材腐蚀可分为褐腐和白腐两种类型。褐腐是指这类真菌主要降解木材中的纤维素和半纤维素组分,较少侵蚀木质素而使残留物呈褐色的腐烂。相反,白腐则是指担子菌主要侵蚀木材中的木质素,较少降解纤维素而使残留物呈白色的腐烂。

表 10-1　真菌对胶皮糖香树木质素的分解

微生物	培养天数	分解木质素(%)
金钱菌质(*Collybia*)	88	22.3
药用层孔菌(*Fomes officinalis*)	79	21.1
侧耳菌(*Pleurotus ostreatus*)	57	11.4
多孔菌(*Polyporus funojus*)	50	13.5
紫杉生卧孔菌(*Poria taxicola*)	37	9.4
异珙栓菌(*Trametes heteromorpha*)	88	21.7

除担子菌外,某些其他真菌也能分解木质素,如乳酸镰刀菌(*Fusarium lactis*)、雪腐镰刀菌(*Fusarium nirale*)、木素木霉(*Trichoderma ligorum*),以及交链孢霉、曲霉、青霉中的一些种。

毫无疑问,木质素不仅能被真菌降解,也能被细菌降解。活跃的好氧性木质素分解细菌有假单胞菌属、节杆菌属(*Arthrobacter*)、小球菌属(*Micrococcus*)以及黄单胞菌属(*Xanthomonas*)中的一些菌株。

木质素分解的生化途径尚不清楚。用纯木质素作基质时,培养液中可检出多种简单的芳香族化合物,常见的有香草酸、对羟基苯甲酸、对羟基肉桂酸、阿魏酸、4-羟基-3-甲氧基苯丙酮

酸、香草醛、愈创木酚、甘油等。

2.其他芳香族化合物的降解

土壤中存在的芳香族化合物数量不大,但种类很多。如木质素分解中即可产生如香草酸、阿魏酸、香草醛等多种芳香族化合物。稻草腐解时可释放出 p 羟基苯甲酸、香草酸、p 香豆酸、丁香酸等。植物组织中则含有黄酮类化合物、生物碱、萜烯、单宁等。此外,真菌和放线菌的黑素是以芳香环为单元的聚合物。许多农药、除草剂、石油污染物等中也含有此类化合物。

各类简单芳香族化合物均能在土壤中分解。涉及的微生物分布广泛,但专一性不强。细菌主要有假单胞菌属、分枝杆菌属(*Mycobacterium*)、不动杆菌属(*Acinetobacter*)、节杆菌属和芽孢杆菌属。放线菌有诺卡氏菌属和链霉菌属,其中前者可能起着重要作用。细菌中的苯杆菌(*Bacterium bensoli*)可氧化苯、甲苯和二甲苯。甲苯苯杆菌(*Bacterium toluolicum*)除了能分解苯、甲苯和二甲苯外,还能分解乙苯和异丙苯等。一些假单胞菌、鞘氨醇单胞菌(*Sphingomonas*)、鞘氨醇杆菌(*Sphingobacterium*)等则能分解萘、菲、蒽等多环芳香族化合物。真菌中的青霉、曲霉、链孢霉、杂色云芝(*Coriolus versicolor*)等都能分解芳香族化合物,其中包括单宁等物质。芳香族化合物的生物降解有一些共同步骤,起始阶段都是改变或去除苯环上的可置换基团,并导入羟基,常产生儿茶酚、原儿茶酚和龙胆酸等共同中间产物,这些中间产物被开环分解,最终彻底氧化为二氧化碳和水。

七、脂肪、碳氢化合物及 C_1 化合物的微生物学氧化

1.脂肪的分解

脂肪是甘油和高级脂肪酸所形成的酯。土壤中的脂肪类物质主要来自植物残体,也有一小部分来源于动物及微生物。在一般作物茎叶中,脂肪类物质含量约占干物质重量的 $0.5\%\sim2\%$,在某些含脂肪特别丰富的果实和种子中则可达 50% 以上。

分解脂肪的微生物均具有脂肪酶。在脂肪酶的作用下,脂肪被水解为甘油和高级脂肪酸。甘油可作为微生物的碳源和能源而进一步分解。脂肪酸则相对稳定,脂肪酸的分解通常按照 β-氧化的方式进行。在此过程中,高级脂肪酸被逐步分解成许多单个乙酸。在有氧条件下,乙酸被微生物氧化分解为 CO_2 和水。在无氧条件下,乙酸则可被厌氧微生物转化为 CH_4 和 CO_2。

分解脂肪的好氧性细菌有假单胞菌、色杆菌(*Chromobacterium*)、无色杆菌(*Achromobacter*)、黄杆菌(*Flavobacterium*)及芽孢杆菌。真菌有曲霉、芽枝霉和青霉。放线菌中能分解脂肪的种也为数不少。

2.脂肪族碳氢化合物的氧化

环境中碳氢化合物的来源较广,可来自植物残体,据估计,植物组织中有 0.02% 为碳氢化合物及其类似物;也可来自微生物,土壤中的细菌、藻类、真菌能合成多种碳氢化合物;此外,也可来自杀虫剂、除草剂以及油井和输油管道的渗漏物。

各种碳氢化合物均可被微生物分解。直链 n-烷烃,特别是(11~19)C 链的烷烃可被很快降解。其降解途径为:

$$CH_3(CH_2)_nCH_3 \xrightarrow[\text{NAD}^+ \quad \text{NADH}+\text{H}^+]{O_2} CH_3(CH_2)_nCH_2OH \xrightarrow[\text{NAD}^+ \quad \text{NADH}+\text{H}^+]{} CH_3(CH_2)_nCHO \xrightarrow[\text{NAD}^+ \quad \text{NADH}+\text{H}^+]{\text{脱氢酶}}$$

$$CH_3(CH_2)_nCOOH \xrightarrow{\beta\text{-氧化}} \text{用作碳源和能源}$$

在此过程中，先由单加氧酶催化 C_1 甲基形成醇，尔后通过醛形成羧酸，再按 β-氧化的方式，依次割下乙酸分子。

$C_{11} \sim C_{19}$ 的 n-烷烃可被多种细菌、酵母和丝状真菌分解。细菌有假单胞菌、小球菌、棒状杆菌和分枝杆菌。酵母菌有假丝酵母、球拟酵母、红酵母、毕氏酵母和德国巴利酵母。丝状真菌有小克银汉霉、青霉、曲霉、镰刀霉和芽枝孢霉。树脂枝孢霉（*Cladosporium resinae*）分布很广，是某些环境中分解碳氢化合物的优势菌。

在常温下 C_{20} 以上的 n-烷烃为固体，不易被生物降解，但支链烷烃和环烷烃化合物仍可分别被分枝杆菌和假单胞菌所氧化。

环境条件对碳氢化合物的降解有明显的影响。在 $0 \sim 55℃$ 的温度范围，升高温度可加快降解速率。易生物降解的基质能刺激微生物生长，从而促进碳氢化合物的分解。但许多菌株对酸敏感，在 pH5.0 的条件下几乎不生长。

分解碳氢化合物的微生物不仅是环境污染物的净化者，同时又能将碳氢化合物转化成良好的菌体蛋白，即石油蛋白，因而近年来备受关注。

3. C_1 化合物的微生物氧化

自然界存在不少还原型 C_1 化合物。有的化合物（如 $CH_3\text{-}O\text{-}CH_3$）虽包含一个以上碳原子，但因其不含—C-C—键，也归入 C_1 化合物。C_1 化合物的生物降解具有明显意义：它们种类较多，有的数量也很大，其生物降解是碳素循环的重要环节。某些 C_1 化合物具有生物毒性，生物降解是清除其毒性的有效方法。在利用 C_1 化合物的过程中，甲基营养菌可合成单细胞蛋白，它是一个价廉的饲料蛋白源，具有较大的开发价值。

（1）氧化 C_1 化合物的微生物

利用还原态 C_1 化合物的微生物属于异养菌，但它们在生化性状上有别于以多碳化合物为基质的化能异养菌。首先，将 C_1 化合物转化为 CO_2 的产能途径无需三羧酸循环；另外，将基质转化为细胞物质的途径也多种多样。根据其对营养物质要求的不同，这些甲基营养型微生物可区分为专性甲基营养菌（或甲烷氧化菌）和兼性甲基营养菌（包括光能自养和化能自养菌）等类型。

（2）甲基营养菌的生理生化特征

甲基营养菌（和某些酵母菌）能利用甲醇、甲基胺、二甲基醚、甲醛和甲酸。以甲烷作为唯一碳源和能源可富集甲基单胞菌（*Methylomonas*）、甲基球菌（*Methylococcus*）和甲基弯曲菌（*Methylosinus*）。专性甲基营养菌只有以甲烷、甲醇或二甲基醚作基质才能生长，不能利用糖、有机酸或其他醇类。

甲烷氧化菌从甲烷的氧化中获取生活所需的能量。在生物氧化中，甲烷经过甲醇、甲醛和甲酸，最终被转化为二氧化碳。其中，甲烷至甲醇的氧化是在甲烷单加氧酶的催化下进行的。

$$CH_4 \xrightarrow[H_2O+X]{O_2+X} CH_3OH \xrightarrow[2\text{〔OH〕}]{} HCHO \xrightarrow[2\text{〔H〕}]{H_2O} HCOOH \xrightarrow[2\text{〔H〕}]{} CO_2$$

细胞组分的合成通常从甲烷氧化的中间产物甲醛开始。其合成方式有多种，最常见的是固定甲醛的单磷酸核酮糖循环和丝氨酸途径。

自养型甲基营养菌可将生长基质氧化成二氧化碳，从中取得能量，并以卡尔文（Calvin）循环同化细胞碳。

八、厌氧环境中的有机物转化

沼泽、湿地、池塘、海洋的底部和水田土壤、牛羊等动物的瘤胃等，都是厌氧环境。厌氧环境中的有机物转化与好氧环境中的有机物分解不仅生物化学过程、产物,而且参与的微生物都有着明显的不同。厌氧环境中的有机物转化实际上即是沼气发酵过程,即厌氧环境中的有机物转化的最终产物是甲烷和二氧化碳,另外还有少量的氨和硫化氢。参与厌氧环境有机物转化的微生物之间最大的特点是发生种间分子氢转移和营养上、环境条件上的相互协同作用。产甲烷古菌是参与厌氧环境有机物转化的微生物生物链上的最后一个成员,也是这个过程的核心成员。由于其所形成的甲烷在水中的溶解度很低、易逸出环境而使厌氧环境的有机物转化得以连续不断进行。

关于沼气发酵过程的微生物学原理、生物化学和应用技术等将在"第十三章第二节清洁能源的微生物生产"中阐述。

第二节　微生物与氮素地球生物化学循环

氮素是生物有机体的重要组成元素之一。氮在大气中所占比例约为 79% 多,在地球上的最大储库为火成岩,达 14×10^{21} g,在沉积物和沉积岩中储量为 4×10^{21} g,海洋中和陆地上的无机氮贮量仅为有机氮贮量的 1/10 左右,而有机氮贮量则大约仅为大气氮数量的 1‰。

氮在自然界中以多种形态存在,这些形态处于不断的循环转化之中。这些不同形态之间的转化,除了物理的和化学的一些因素之外,微生物起着重要的促进和推动作用。

大气中的 N_2 通过某些原核微生物的固氮作用合成为化合态氮;化合态氮可进一步被植物和微生物的同化作用转化为有机氮;有机氮经微生物的氨化作用释放出氨;氨在有氧条件下经微生物的硝化作用氧化为硝酸,在厌氧条件下厌氧氧化为 N_2;硝酸和亚硝酸又可在无氧条件下经微生物的反硝化作用,最终变成 N_2 或 N_2O,返回至大气中,如此构成氮素的生物地球化学循环,见图 10-6。

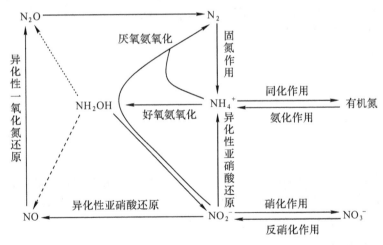

图 10-6　由微生物推动的氮素循环

一、氨化作用

所谓氨化作用(amonification),是指含氮有机物经微生物分解产生氨的过程。这个过程又称为有机氮的矿化作用(mineralization of organic nitrogen)。来自动物、植物、微生物的蛋白质、氨基酸、尿素、几丁质,以及核酸中的嘌呤和嘧啶等含氮有机物,均可通过氨化作用而释放氨,供植物和微生物利用。

（一）蛋白质的氨化作用

1.蛋白质的分解过程

蛋白质是由约20种氨基酸构成的大分子化合物,不能直接透过细胞膜而进入微生物体内。蛋白质的分解通常分为二个阶段:首先,在微生物所分泌的蛋白酶作用下,蛋白质水解成各种氨基酸;然后,在体内脱氨基酶的作用下氨基酸被分解释放出氨。

（1）蛋白质的水解

蛋白质水解过程是在蛋白酶和肽酶的联合催化下完成的。蛋白酶又称内肽酶,能够水解蛋白质分子内部的肽键,形成蛋白胨及各种短肽。蛋白酶有一定的专一性,不同蛋白质的水解需要相应蛋白酶的催化。肽酶又称外肽酶,只能从肽链的一端水解,每次水解释放一个氨基酸。不同的肽酶也有一定的专一性。有的要求在肽链的一端存在自由氨基,有的则要求存在自由羧基。前者称为氨肽酶,后者称为羧肽酶。

（2）氨基酸的脱氨基作用

蛋白质水解形成的氨基酸可吸收至微生物细胞内,并进行各种脱氨基作用。脱氨基作用有下列各种形式:

A. 水解脱氨基作用

$$RCHNH_2COOH + H_2O \longrightarrow RCHOHCOOH + NH_3$$

B. 水解脱氨基并脱羧基作用

$$RCHNH_2COOH + H_2O \longrightarrow RCH_2OH + NH_3 + CO_2$$

C. 还原脱氨基作用

$$RCHNH_2COOH + H_2 \longrightarrow RCH_2COOH + NH_3$$

D. 还原脱氨基并脱羧基作用

$$RCHNH_2COOH + H_2 \longrightarrow RCH_3 + CO_2 + NH_3$$

E. 氧化脱氨并脱羧基作用

$$RCHNH_2COOH + O_2 \longrightarrow RCOOH + CO_2 + NH_3$$

F. 脱氨基并形成双键作用

$$RCHNH_2COOH \longrightarrow RCH=CHCOOH + NH_3$$

G. 两种氨基酸之间进行氧化还原作用（Stickland 反应）并脱氨

$$CH_3CHNH_2COOH + CH_2NH_2COOH + H_2O \longrightarrow CH_3COCOOH + CH_3COOH + 2NH_3$$

各种氨基酸脱氨基作用的共同产物是氨,同时也产生有机酸、醇、碳氢化合物和二氧化碳等。如果是含硫氨基酸,则在脱氨作用的同时,脱硫形成硫化氢或硫醇,产生恶臭。具体的脱氨基途径取决于底物、作用的微生物及环境条件。

2.蛋白质氨化微生物

能够分解蛋白质的微生物很多,但分解速度各不相同。分解蛋白质能力强并释放出氨的微生物称为氨化微生物。氨化细菌可以下列各菌为代表:

（1）兼性厌氧的无芽孢杆菌

荧光假单胞菌（*Pseudomonas fluorescens*）,黏质赛氏杆菌（*Serratia marcescens*）和普通变形杆菌（*Proteus vulgaris*）是不生芽孢的革兰氏阴性杆菌,兼性厌氧,在有氧和无氧条件下都能进行强烈的氨化作用。荧光假单胞菌细胞单生或端生鞭毛,能运动,产生淡绿色可溶性荧光色素,在厌氧条件下能够以硝酸盐作最终受氢体,其形态见图 10-7 所示。黏质赛氏杆菌细胞单生,周生鞭毛能运动,能够产生不具溶性的红色素,使菌落成为鲜红色。

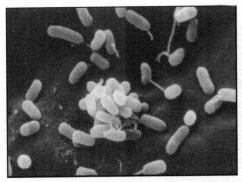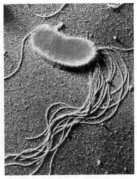

图 10-7 荧光假单胞菌(*Pseudomonas fluorescens*)菌体形态

(2)好氧性芽孢杆菌

能够进行氨化作用的好氧芽孢杆菌有巨大芽孢杆菌(*Bacillus megaterium*)、蜡质芽孢杆菌霉状变种和枯草杆菌等(图 10-8a,b)。巨大芽孢杆菌和蜡质芽孢杆菌霉状变种的细胞宽度一般在 $1.2\sim2.0\mu m$ 以下,后者的菌落形成丝状,有点像霉菌菌落。

(3)厌氧芽孢杆菌

腐败梭菌(*Clostridium putrificum*)是一种分解蛋白质能力很强的厌氧细菌,芽孢端生、膨大,菌体呈鼓槌状(图 10-8c),分解蛋白质时产生恶臭。能够进行 Stickland 反应脱氨的细菌均是专性厌氧的梭状芽孢杆菌,但并不是所有的梭状芽孢杆菌都能进行 Stickland 反应,见表 10-2。

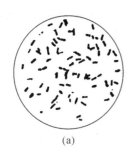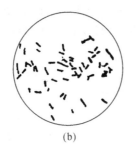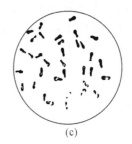

图 10-8 芽孢杆菌

(a)霉状芽孢杆菌(*Bacillus cereus* var. *mycoides*);

(b)枯草芽孢杆菌(*B. subtilis*); (c)腐败梭菌(*Clostridium putrificum*)

真菌在蛋白质的分解中也占有重要地位。交链胞霉属(*Alternaria*)、曲霉属(*Aspergillus*)、毛霉属(*Mucor*)、青霉属(*Penicillium*)、根霉属(*Rhizopus*)及木霉属(*Trichoderma*)等属的真菌研究得较为深入。真菌在某些土壤特别是酸性土壤的蛋白质分解中起着主要作用。

许多放线菌能分泌胞外蛋白酶,从土壤中分离到的放线菌有 15%～17%能产蛋白酶。嗜热性放线菌在堆肥高温阶段的蛋白质分解中是十分活跃的类群。

表 10-2　　以能否进行 Stickland 反应分类的梭状芽孢杆菌

A. 能进行 Stickland 反应分类的梭状芽孢杆菌	
丙酮丁醇梭菌(C. acetobutylicum)	戈氏梭菌(C. ghonii)
臭气梭菌(C. aerofoetidum)	缓腐梭菌(C. lentoputresin)
双酶梭菌(C. bifermentans)	肉毒梭菌(C. botulinum)
丁酸梭菌(C. butyricum)	己酸梭菌(C. caproicum)
肉臭梭菌(C. carnofoetidum)	溶组织梭菌(C. histolyticum)
吲哚梭菌(C. indolicus)	病毒梭菌(C. saprotoaicum)
索氏梭菌(C. sordelii)	生孢梭菌(C. sporogenes)
斯氏梭菌(C. sticklandii)	某种梭菌(C. mitelmanii)
嗜戊酸梭菌(C. valerianicum)	
B. 不能进行 Stickland 反应分类的梭状芽孢杆菌	
嗜碘梭菌(C. iodophilum)	破伤风梭菌(C. tetani)
丙酸梭菌(C. propionicum)	韦氏梭菌(C. welchii)
假破伤风梭菌(C. tetanomorphum)	某种梭菌(C. teras)
糖丁酸梭菌(C. saccharobutyricum)	

（二）核酸的氨化作用

核酸是动植物及微生物尸体的主要成分之一，可以被微生物所分解。核酸分解时，先由胞外核糖核酸酶或胞外脱氧核糖核酸酶将大分子降解，形成单核苷酸。单核苷酸脱磷酸成为核苷，然后将嘌呤或嘧啶与糖分开。嘌呤和嘧啶可被多种微生物如诺卡氏菌（$Nocardia$）、假单胞菌、小球菌（$Micrococcus$）和梭状芽孢杆菌等进一步分解，形成含氮产物氨基酸、尿素及氨。

（三）尿素和尿酸的氨化作用

每个成年人一昼夜排出尿素约 30g，全年计约 11kg，动物排出的尿素则更多。地球上人和动物每年所排出的尿达数千万吨。此外，尿素是化学肥料的一个重要品种，也是核酸分解的产物。在适宜的温度下，尿素可被迅速分解。

分解尿素的微生物广泛分布在土壤和污水池中，特别在粪尿池及堆粪场上。大多数细菌、放线菌、真菌都有尿酶，能分解尿素产生氨：

$$CO(NH_2)_2 + H_2O \longrightarrow H_2NCOONH_4 \longrightarrow 2NH_3 + CO_2$$

常见的分解尿素的微生物有：芽孢杆菌、小球菌、假单胞菌、克氏杆菌（$Klebsiella$）、棒状杆菌（$Corynebacterium$）、梭状芽孢杆菌。某些真菌和放线菌也能分解尿素。有一小群细菌特别被称为尿细菌，它们不但能够耐高浓度尿素，而且还能够耐高浓度尿素水解时产生的强碱性。如巴斯德尿素芽孢杆菌（$Urobacillus\ pasteurii$），在 1L 溶液中培养时，能分解 140g 尿素。土壤施用尿素肥料时，尿素颗粒附近的 pH 值可超过 8.0，有时达 9.0。在此碱性条件下，产生的氨气极易挥发损失。

人和动物尿中的尿酸和马尿酸，在微生物作用下可被分解，生成的氨基酸按脱氨的规律转化。马尿酸的分解如下：

$$C_6H_5\text{-}CONHCH_2COOH + 2H_2O \longrightarrow C_6H_5COOH + CH_2NH_2COOH$$
　　马尿酸　　　　　　　　　　　　　　苯甲酸　　　　甘氨酸

（四）几丁质的氨化作用

几丁质广泛存在于自然界。昆虫翅膀、许多真菌细胞壁，特别是很多担子菌中含有这种物质。几丁质是一种含氮多聚糖，其基本结构单位是 N-乙酰葡萄糖胺，连成长链。几丁质与纤维素结构类似,只是纤维素中每个葡萄糖单位中的一个羟基被乙酰胺所取代。纯几丁质含氮6.9%,被微生物分解时既可作为碳源,也可作为氮源。几丁质不溶于水和有机酸,也不溶于浓碱及稀酸,只能溶于浓酸或被微生物分解。几丁质在土壤中分解的速度和纤维素差不多,但比蛋白质和核酸慢。

能够分解几丁质的微生物很多,其中以放线菌为主。在土壤中,放线菌占几丁质分解菌的90%~99%,包括链霉菌属、诺卡氏菌属(*Nocardia*)、小单孢菌属(*Micromonospora*)、游动放线菌属(*Actinoplanes*)及孢囊链霉属(*Streptosporangium*)等。由于利用几丁质的放线菌种类广泛,因而可用几丁质作为放线菌的选择性培养基。真菌及细菌中也有很多属分解几丁质的能力较强,真菌如被孢霉属(*Montierella*)、木霉属(*Trichoderma*)、轮枝孢霉属(*Verticillium*)及拟青霉属(*Paecilomyces*)、黏鞭霉属(*Gliomastix*)等;细菌如芽孢杆菌属、假单胞菌属、梭状芽孢杆菌属等。

分解几丁质的微生物能分泌几丁质酶,将长链切割成几个单位的短链寡糖胺,有时也能每次切下两个单位的葡萄糖胺(即几丁二糖);然后经几丁二糖酶作用产生 N-乙酰葡萄糖胺,脱酰基产生葡萄糖胺及乙酸;葡萄糖胺最后脱氨基成为葡萄糖和氨。

微生物对几丁质的分解,不仅可为植物提供有效态氮,而且还有利于消灭植物病原真菌。土壤中加入几丁质后,土生镰刀菌引起的病害明显降低。

(五)碳氮比与有机氮的可利用性

有机物质中所含的氮素经微生物作用而以无机氮释放的过程,称为氮素的矿化作用。在有机物质分解的过程中释放的无机氮素可被微生物吸收,并合成微生物的细胞物质,从而使无机态氮素重新转化为有机态氮,这一过程称为氮素的固定作用。

矿化作用和固定作用的相对强弱与有机物质的碳氮比例密切相关。微生物对各个营养成分的要求有一定比例。当有机物质的碳氮比小(即含氮较多)时,微生物的氮素固定作用就小于矿化作用,多余的部分氮素即可释放积累于环境中,供植物利用。反之,如果有机物的碳氮比大(即含氮较少),则微生物的氮素固定作用不仅耗尽矿化作用所释放的无机态氮,而且还要从周围环境中吸收无机态氮以弥补不足。有机物 C/N 与矿质氮释放的关系为:C/N<20 时,净释放矿质氮;C/N 为 20~30 时,则不吸收也不释放;C/N>30 时,则微生物从环境中吸收无机氮。

二、氨的好氧氧化(硝化作用)与厌氧氧化

(一)氨的好氧氧化(硝化作用)

1. 硝化作用过程

硝化作用(nitrification)是指氨在有氧条件下,氧化形成硝酸的微生物学过程。硝化作用分为两个阶段:第一阶段为铵氧化成亚硝酸;第二个阶段为亚硝酸氧化成硝酸。

(1)亚硝酸的形成

硝化作用的第一阶段是由亚硝酸细菌催化进行的,作用的底物是铵。研究证明:1 分子铵氧化为 1 分子亚硝酸,正好消耗 1 分子氧。在这个反应中,氧分子一方面直接结合于底物,另一方面作为电子受体。

$$NH_4^+ \xrightarrow[\text{氧化酶}]{2e^-} NH_2OH \xrightarrow[\text{羟胺氧化还原酶}]{2e^-} (NOH) \xrightarrow{2e^-} NO_2^-$$
$$\downarrow \text{化学歧化作用}$$
$$N_2O$$

$$\Delta G^{o'} = -65kCal$$

硝化作用第一个阶段的产物为亚硝酸,其迁移性较强,对植物和微生物有较大的毒性。淋洗渗入地下水,可污染地下水源。在各种环境中与胺作用形成亚硝胺,有致癌作用。

(2)硝酸的形成

通常亚硝酸不会在环境中积累,因为亚硝酸细菌与硝酸细菌多相互伴生,且后者的活性较强。铵被亚硝酸细菌氧化成亚硝酸后,硝酸细菌马上可将亚硝酸氧化为硝酸。在此反应中,氧分子只作为电子受体。

$$NO_2^- + 1/2O_2 \xrightarrow{2e^-} NO_3^- \qquad \Delta G^{o'} = -17.8kCal$$

2.参与硝化作用的微生物

(1)化能自养硝化细菌

硝化作用分为两个阶段。相应地,也将铵氧化为亚硝酸的细菌称为亚硝酸细菌,或铵氧化菌(ammonia oxidizer);将亚硝酸氧化为硝酸的细菌称为硝酸细菌,或亚硝酸氧化菌(nitrite oxidizer)。两者统称为硝化细菌。

最早分离的亚硝酸细菌为亚硝化单胞菌(*Nitrosomonas*),是土壤中普遍存在的铵氧化菌,其标准菌种为欧洲亚硝化单胞菌(*N. europaea*),细胞杆状,单个存在,很少成链状,大小为$(0.8\sim0.9)\mu m \times (1.0\sim2.0)\mu m$,具两根极生鞭毛(图10-9),严格化能无机营养,能将铵和羟胺氧化成亚硝酸,最适生长温度为$25\sim30℃$,最适 pH 值为$7.5\sim8.0$。最早定名的硝酸细菌为硝化杆菌属(*Nitrobacter*),标准菌种维氏硝化杆菌(*N. winogradskyi*),细胞杆状,在液体中生长时,细胞单个或成堆,外围有黏质呈契形或梨形,大小为$(0.6\sim0.8)\mu m \times (1.0\sim1.2)\mu m$,通常不运动,运动时有偏极生单鞭毛。

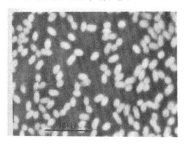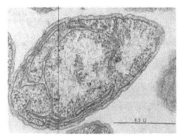

图 10-9　欧洲亚硝化单胞菌(*Nitrosomonas europaea*)

(引自 http://biosol. esitpa. org/liens/filtre_2005/bactetrie. htm)

硝酸细菌生长缓慢,在实验室纯培养条件下,亚硝酸细菌的代时为$12\sim20h$,硝酸细菌的代时为$8\sim16h$。在土壤中的代时则更长。无论是亚硝酸细菌还是硝酸细菌,均从无机氮化合物的氧化中取得能量,经 Calvin 循环二磷酸戊糖途径同化CO_2合成全部细胞结构物质,不具备完整的三羧酸循环系统。它们不需要生长因子,具有营养单一性。硝化细菌利用氧化无机物取得能量同化CO_2,如用 N/C 表示其化学计量关系,亚硝酸细菌 N/C 为$(14\sim70):1$,硝酸细菌 N/C 为$(76\sim135):1$,表明它们需氧化大量无机氮,才能满足生长的需要。

(2)化能异养型硝化菌

自然界中除了化能自养菌为硝化作用的主要推动者外,还有化能异养菌参与硝化作用。现已证明包括细菌和真菌如黄曲霉等部分化能异养菌也具有将氨氧化为亚硝酸和硝酸的能力。异养硝化菌纯培养硝化作用的特征是:很高且范围狭窄的 pH,底物浓度保持在 C/H<5,

生物量与产物之比极高,且完成细胞合成之后才进行硝化作用。可能是这些特别的生理特性限制了异养菌在自然条件下的硝化作用。而在自养硝化菌不能生长的环境中,硝化作用可能是由异养菌进行的。

3.硝化作用与土壤肥力及环境污染

大量施用铵盐或硝酸盐肥料,所产生的硝酸除了被植物吸收和微生物固定外,尚有相当部分随水流失。流失的硝酸不但造成氮素损失,也引起环境污染。若硝酸盐进入地下水或流入水井,则会导致饮用水中硝酸盐浓度升高。人畜饮用污染水后,硝酸将在肠胃里还原成亚硝酸。后者进入血液并与其中的血红蛋白作用而形成氧化态血红蛋白,损害机体内氧的运输,使人类患氧化血红蛋白病。3个月以下的婴儿对硝酸的毒害极为敏感。反刍动物也可因饮入过量硝酸盐而死亡。

硝酸盐流入水体,使水体营养成分增加,导致浮游生物和藻类旺盛生长,这种现象称作富营养化(eutrophication)。硝化过程也产生相当数量的N_2O,是一种温室效应气体,可导致臭氧层的破坏。

(二)氨的厌氧氧化(anammox)

20世纪90年代初期,荷兰Delft工业大学Mulder等人在处理含氮废水时发现,氨在厌氧条件下也可被氧化为N_2而脱氮,因而提出了氨厌氧氧化(anaerobic ammonia oxidation,简为anmmox)这一概念。继后不少研究者对此进行了深入研究,提出了氨厌氧氧化过程中,氨作为电子供体,而亚硝酸、硝酸盐则可作为电子受体,并认为N_2O也可作为电子受体,N_2为末端产物外,以NO_2^-为电子受体时还有少量硝酸盐生成,但无其他中间产物可检测到(见图10-10)。其途径是厌氧氨氧化菌首先将NO_2^-转化成NH_2OH,再以NH_2OH为电子受体将NH_4^+氧化成N_2H_4,N_2H_4进一步转化成N_2,并为NO_2^-还原成NH_2OH提供电子。其反应式如下:

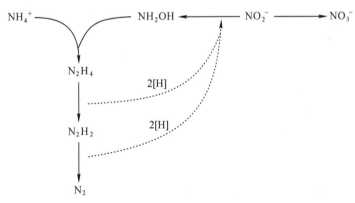

图10-10　氨厌氧氧化代谢的可能途径

$$NH_4^+ + NO_2^- \longrightarrow N_2 + 2H_2O \qquad \Delta G^{o'} = -357kJ$$

现已阐明厌氧氨氧化菌形态多样,呈球形、卵形等,直径$0.8\sim1.1\ \mu m$,G^-。细胞外无荚膜。细胞壁表面有火山口状结构,少数有菌毛。细胞内分隔成三部分:厌氧氨氧化体(anammoxsome)、核糖细胞质(riboplasm)及外室细胞质(paryphoplasm)。核糖细胞质中含有核糖体和拟核,大部分DNA存在于此。出芽生殖。现已分离获得9个种,分属于5个属。如厌氧氨氧化布罗卡德氏菌(*Brocadia anammoxidans*)是一个能厌氧氧化氨、在系统发育上归属于细菌的浮霉状菌目(Planctomycetales)成员,缺乏肽聚糖,细胞内含有由膜构成的密闭间隔结

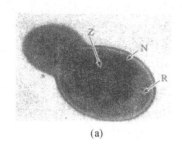
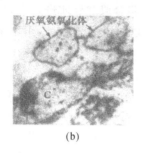
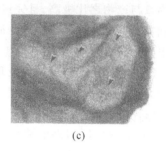

(a)　　　　　　　　　(b)　　　　　　　　　(c)

图 10-11 *Brocadia anammoxidans* 的细胞结构

(a) 有膜包围的细胞器(Z);纤维状拟核(N);类似核糖体的颗粒(R)　(b) 箭头所指为 2 个厌氧氨氧化体,
C 为部分水解的细胞　(c) 箭头所指的小黑点为负染后细胞表面的火山口样结构。

(引自郑平等,2004)

构,其中存在进行厌氧氨氧化反应的厌氧氨氧化体(anammoxosome)(图10-11所示,此菌为自养型细菌,可以 CO_2 为唯一碳源、NO_2^- 为电子供体进行生长:

$$CO_2 + 2NO_2^- + H_2O \longrightarrow CH_2O + 2NO_3^-。$$

富含厌氧氨氧化菌的污泥呈红色,富含细胞色素 C。

典型的厌氧氨氧化菌生长十分缓慢,活性较低,只有在细胞浓度达到 10^8 或 10^{10} /mL 以上才具有明显的厌氧氨氧化活性。目前在运用分子生物学技术鉴定这一特异性微生物方面已有进展,但有待进一步深入研究。

人们陆续在海洋、河流、湖泊底泥等自然环境中检测出厌氧氨氧化反应。厌氧氨氧化在氮素生物地球化学循环中起着举足轻重的作用。据估计,其氮气产量占海洋氮气释放量的30%～50%。厌氧氨氧化反应已成功地应用于废水生物脱氮处理工程。

三、反硝化作用

吸收至生物体内的硝酸盐经历着两种途径的变化:其一是植物和微生物将硝酸盐吸收至体内后,将它们还原成铵,然后参与合成细胞的含氮组分,这个过程称为同化型硝酸盐还原作用(assimilatory nitrate reduction)。其二是某些微生物在无氧或微氧条件下将 NO_3^- 或 NO_2^- 作为最终电子受体进行厌氧呼吸代谢,从中取得能量,硝酸盐还原生成 N_2O,最终生成 N_2 的过程称为反硝化作用或脱氮作用。这个过程叫做异化型硝酸盐还原作用(dissimilatory nitrate reduction)。

1. 反硝化作用

反硝化作用需要具有反硝化微生物,适合的电子供体如含碳化合物、还原型硫化物和氢等,无氧环境条件以及含氮氧化物。

在反硝化过程中,电子从"还原性"的电子供体物质通过一系列电子载体传递给一个氧化性更高的氮氧化物。当电子传递给某几个氮氧化物时,能量被电子转移磷酸化作用形成ATP。其终产物则因不同的作用菌而有所不同。

$$NO_3^- \longrightarrow NO_2^- \longrightarrow NO \longrightarrow N_2O \longrightarrow N_2$$

硝酸盐还可异化还原生成铵。在富含 NO_3^- 而贫碳的培养基中,反硝化作用占优势;而在富 NO_3^- 富碳的培养基中,则以生成 NH_4^+ 作用居主导。NO_3^- 还原成 NH_4^+ 对土壤的保氮具有重要意义。

2. 参与反硝化作用的微生物

能参与反硝化作用的微生物在自然界普遍存在。Ingraham(1981)指出有 71 个属菌能进行反硝化作用，它们在土壤中很丰富，占细菌群落的 $40\%\sim65\%$，细菌数高达 10^8 个/g 土。到目前为止，尚未发现细菌以外的其他生命形式能够进行反硝化作用。

一般反硝化作用均以 NO_3^- 为最终电子受体，但产碱杆菌(*Alcaligenes*)和黄杆菌(*Flavobacterium*)以及奈氏菌(*Neisseria*)的一些种不能还原 NO_3^-，而却可从 NO_2^- 开始还原。

3. 反硝化作用中的还原酶

(1)硝酸还原酶(NaR)

硝酸还原酶是催化 NO_3^- 还原为 NO_2^- 的专性酶。同化性和异化性的硝酸还原酶是由不同基因编码的不同蛋白质。异化性硝酸还原酶结合于膜的内表面。硝酸还原酶含有铁、硫和钼等元素。

(2)亚硝酸还原酶(NiR)

亚硝酸还原酶催化 NO_2^- 还原为气态氮氧化物。亚硝酸是一个支点，从这一点可转向同化性反硝化形成羟胺，再还原为氨。因此，亚硝酸还原酶的存在可阻止同化性反硝化的出现。纯化的亚硝酸还原酶可分为两种：一种为具有细胞色素 cd 型的血红素蛋白，呈现细胞色素氧化酶活性，存在于粪产碱菌(*Alcaligenes faecalis*)等中。另一种是含铜的金属黄素蛋白，存在于裂环无色杆菌(*Achromobacter cyclolastes*)等中。

(3)氧化亚氮还原酶(N_2OR)

氧化亚氮还原酶定位于细菌细胞膜。在电子转移过程中有细胞色素 b 和 c 参与。酶相对分子质量为 85 kDa，不含有 Mo 和 Fe，但含有 Cu。Cu 是反硝化细菌产碱菌在 N_2O 下厌氧生长合成氧化亚氮还原酶的制约因子。乙炔、一氧化碳、叠氮、氰化物、氧和普通盐类都可抑制氧化亚氮还原酶的活性。

4. 影响反硝化作用的一些因素

环境中的氧可以抑制氮氧化物还原酶的活性。关于氧的临界浓度，由于各研究者采用的方法、菌种等不同而不同。在还原酶中，各种酶对 O_2 的抑制作用反应敏感性不一样。在硝酸还原过程中越在后面的还原酶，对氧越敏感，在同一 O_2 浓度时，受抑制越严重。

厌氧环境中的反硝化活性与环境中的有机碳含量密切相关。加入外源性有机碳常可刺激反硝化作用，不同的有机碳化合物对反硝化过程中不同还原酶的影响不一样。在有机碳极为丰富的环境中加入外源碳对反硝化作用无多大影响，而且在这种环境中反硝化过程的终产物不是气态产物而是 NH_4^+。

气态氮氧化物(NO,N_2)不影响离子型氮氧化物(NO_3^-,NO_2^-)的还原，但离子型氮氧化物的还原常优先于气态氮氧化物的还原，并造成反硝化中间产物的明显积累。如脱氮假单胞菌中，NO_2^- 不影响 NO_3^- 的还原速率，但可部分抑制 N_2O 的还原。

反硝化作用最适宜的 pH 是在 $7.0\sim8.0$ 之间，而且反硝化速率与 pH 成正相关。在低 pH 值时，氮氧化物还原酶，尤其是还原 N_2O 的氧化亚氮还原酶受到明显抑制，而使整个反硝化速率降低，N_2O 在产物中的比例增加，pH 为 4 时 N_2O 可能为主要产物。因此要降低整个反硝化速率可降低环境 pH 值或增加氧浓度。

反硝化作用在一定范围内随温度升高而速率提高，在 $10\sim35^{\circ}C$ 之间的 Q_{10} 值为 $1.5\sim3.0$，在 $60\sim75^{\circ}C$ 时速率达到最大值。超过这一范围，Q_{10} 值呈负值，速率急剧下降，而且此时产物中的 N_2O 比例极高，可能是氧化亚氮还原酶较其他还原酶对高温更敏感。低温时反硝化作用显著降低,但即使在 $0\sim5℃$ 时仍可检测到土壤中的反硝化产物。

5. 反硝化作用的利用与控制

利用硝化作用和反硝化作用去除有机废水和高含量硝酸盐废水中的氮,来减少排入河流的氮污染和富营养化问题,已是环境学家的共识。利用各种反应器处理城市的或其他废水时,有机废水中的碳源可支持反硝化作用,进行有效的生物脱氮。

反硝化作用能造成氮肥的巨大损失。从全球估计,反硝化作用所损失的氮大约相当于生物和工业所固定的氮量。施用硝化抑制剂可收到良好的效果。

四、分子态氮的生物固定

空气中含有约 80% 的氮气,但植物、动物、人类和大多数微生物都不能直接利用这种气态氮作为氮素营养。自然界中只有极少一部分微生物可以将氮气逐步还原为氨而作为氮源。这种分子态氮的生物还原作用称为生物固氮作用。就世界范围来说,由生物固氮作用固定的氮素量要远比由工业固定的氮素量高。

(一)生物固氮机理

1. 固氮反应及其基本条件

尽管能固氮的微生物多种多样,但它们固氮的基本反应都是相同的。

$$N_2+8e+8H^++n ATP+Nase(固氮酶)\longrightarrow 2NH_3+H_2+n ADP+n Pi$$

此反应很清楚地表明,要进行固氮必须满足以下基本条件:① 必须有具固氮活性的固氮酶。② 必须有电子和质子供体,每还原 1 分子 N_2 需要 6 个电子和 6 个质子,另有 2 个质子和电子用于生成 H_2。为了传递电子和质子,还需有相应的电子传递链。③ 必须有能量供给,由于 N_2 分子具有键能很高的三价键($N\equiv N$),打开它需要很大的能量。④ 有严格的无氧环境或保护固氮酶的免氧失活机制,因为固氮酶对氧具有高度敏感性,遇氧即失活。⑤ 形成的氨必须及时转运或转化排除,否则会产生氨的反馈阻抑效应。

2. 固氮酶的结构组成和催化特征

(1)结构组成

尽管自然界中固氮微生物多种多样,但固氮微生物所含固氮酶的组成大致相似,都是由 2 个亚单位即组分Ⅰ MoFe 蛋白、组分Ⅱ Fe 蛋白和一个辅因子(FeMoco)组成。目前已知自然界中存在有 3 套含有不同金属的固氮酶,即在环境中无 Mo 时可被 V 代替,如环境中 Mo 和 V 都不存在时可由 Fe 代替,这些含不同金属的固氮酶的氨基酸序列同源性也有明显差异,特别是 FeFe 蛋白固氮酶与 MoFe 蛋白固氮酶的氨基酸序列同源性差异更大。但是大多数固氮微生物所含的是 MoFe 蛋白固氮酶,而且以 MoFe 蛋白固氮酶的固氮效率为最高(见表 10-3)。

来自不同固氮微生物固氮酶的 2 个亚基之间可以进行互补,组成的固氮酶仍然具有固氮活性,但这种活性比各自原始的固氮酶活性要低。

(2)催化特征

固氮酶除了能催化 N_2 还原为 NH_3 外,还可催化还原下列物质:催化 C_2H_2 还原为 C_2H_4,$2H^+$ 还原为 H_2,催化 N_3 还原为 NH_3 和 N_2,催化 N_2O 还原为 N_2 和 H_2O,催化 HCN 还原为 CH_4、NH_3、CH_3NH_2、$[C_2H_4,C_2H_6]$,催化 CH_3CN 还原为 CH_4,CH_3NH_2、$[C_2H_4,C_2H_6$,$C_3H_6,C_3H_8]$。可见固氮酶是一个十分活跃、基质谱相当广的酶。但在所有能催化的基质中,以催化 N_2 还原为 NH_3 的反应效率最高。

表 10-3　不同固氮酶的特性比较

比较特征	MoFe 蛋白	VFe 蛋白	FeFe 蛋白
相对分子质量(kDa)	230	210	216
亚基	$\alpha_2\beta_2$	$\alpha_2\beta_2 d_2$	$\alpha_2\beta_2(d_2)$
金属-Mo	2.0	<0.1	<0.1
V	—	2.0	<0.1
Fe	30	21	24
比活性	2000	1400	250
电子流			
N_2	70% NH_3	40% NH_3	20% NH_3
	30% H_2	60% H_2	80% H_2
C_2H_2	90% C_2H_4	40% C_2H_4	15% C_2H_4
	10% H_2	60% H_2	85% H_2
C_2H_6	—	+	+

（3）固氮酶的固氮催化机理

固氮酶催化的生物化学机理如图 10-12 所示。由图可见，固氮过程中，由呼吸作用、发酵、光合作用过程中产生的电子和质子首先还原 NAD 或 NADP 成为 NADH 或 NADPH，由还原态的 NADH 或 NADPH 还原 Fd 或 Fld，再还原固氮酶组分 II 即 Fe 蛋白，由还原态的 Fe 蛋白还原固氮酶组分 I 即 MoFe 蛋白，还原态的 MoFe 蛋白还原 N_2 和其他各种底物。

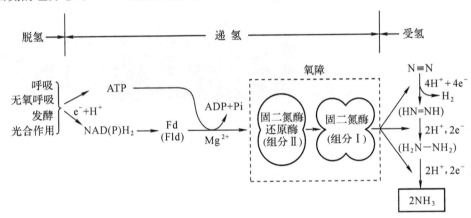

图 10-12　固氮酶的催化机制(引自周德庆,2002)

固氮酶合成、催化和酶活性调控的分子生物学研究已经相当深入，并已取得了丰硕的成果。固氮酶合成的各个基因结构及其功能已大多清楚。固氮酶 *nif* 基因簇表达在有氧和高浓度有效氮素因素下的调控机理也已阐明。

（二）固氮微生物与固氮体系

1. 固氮微生物与固氮体系

生物固氮作用是固氮微生物的一种特殊生理功能。具有生物固氮能力的微生物生理类群称统为固氮微生物。共生固氮微生物指只有与高等植物或其他生物共生时才能固氮或有效固氮的微生物。自生固氮微生物指在土壤中或培养基上独立生活时而不与植物共生即能固氮的微生物。

根据固氮微生物是否与其他生物一起构成固氮体系，可分为自生固氮体系和共生固氮体系两大类型。依据固氮微生物与不同生物构成的共生固氮体系,可将它们分为豆科植物与根瘤菌共生固氮体系、联合共生固氮体系、蓝细菌与红萍共生固氮体系、蓝细菌与某些真菌形成地衣的共生固氮体系和非豆科木本植物与放线菌等的共生固氮体系。自生固氮体系又可分为光能自生固氮和化能自生固氮两种类型。

研究者们运用化学分析法、同位素 N^{15} 标记法和乙炔还原法等,发现和肯定了自然界中许多微生物的固氮能力。至今已确定的固氮微生物(包括细菌、放线菌和蓝细菌)已近 50 个属。与固氮微生物可共生固氮的豆科植物约有 700 个属,非豆科植物有 13 个属。而且已经证明尽管固氮微生物多种多样,但都是原核微生物,至今尚未发现任何自然的真核生物具有固氮能力。固氮微生物在好氧性、厌氧性和兼性厌氧性,化能营养型、光能营养型、异养型、自养型等各个微生物生理类群中都有广泛分布。

2. 自生固氮微生物

自生固氮微生物的种类很多,它们除了能固氮这一共同特性外,形态和生理特性各不相同。

好氧性化能异养型固氮微生物在自然界中最为普遍,其主要代表是固氮菌群。

固氮菌属(*Azotobacter*)细胞个体较大,幼年细胞为杆状,随着生长可变为球状,单个或成对,有时许多细胞不规则地聚集在一起。革兰氏染色负反应,多数能运动,有周生鞭毛,不形成芽孢,但能形成厚壁的孢囊。固氮菌可分泌大量黏液形成荚膜。能形成色素,有些种类产生非水溶性黄、棕、褐或黑色素,有些种可产生水溶性黄绿色荧光色素。固氮菌的细胞形态见图10-13。

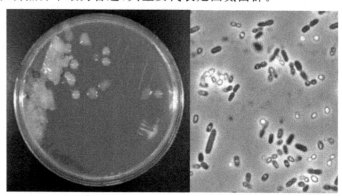

图 10-13　固氮菌在平板上的菌落和细胞形态
(引自 http://inst. bact. wisc. edu/inst/i...id%3D274)

固氮菌的营养条件与一般腐生性细菌相似,可利用许多简单碳水化合物、醇和有机酸作为良好碳源。一般每消耗 1g 碳水化合物可固氮 10mg。固氮菌除能利用分子态氮外,还能利用铵盐和硝酸盐等无机氮化物。在含有化合态氮的培养基中生长时不固定分子态氮。生长时还需要磷、钾、钙、硫、镁等矿质养分。各种微量元素尤其是钼对于固氮菌的生长和固氮都具有促进作用。固氮菌自身可合成必需的维生素类物质。但在培养基中加入吲哚乙酸、维生素 B_1 和维生素 C 等时,可促进固氮菌的生长并提高固氮效率。

固氮菌为好氧性微生物,生长的氧化还原电位最适范围在 Eh240~300mV 之间。它们利用极高的呼吸率氧化有机物,对固氮酶进行防氧保护。固氮菌生长的适宜温度为 25~30℃,高于 45℃即会死亡。对湿度要求较高。对酸性环境很敏感,最适宜 pH 为 7.0~7.5,生长范围为 5.8~8.5。固氮菌能合成多种对植物生长有一定的刺激作用的维生素类物质,如生物素、环己六醇、烟碱酸、泛酸、吡醇素和硫胺素等。

其他的自生固氮菌有固氮单胞菌(*Azomonas*)、拜氏固氮菌(*Beijerinckia*)和德氏固氮菌(*Derxia*)等。另外还有节杆菌(*Arthrobacter*)和黄杆菌(*Xanthobacter*)等。

专性厌氧固氮微生物主要是一些发酵型的梭状芽孢杆菌(*Clostridium*),如最早分离的巴斯德梭菌(*C. pasteurianum*)。巴斯德梭菌是较大的杆菌,单生或成对,周生鞭毛。芽孢位于细胞中部或偏端,形成芽孢后细胞膨大呈梭状。最适生长温度为 25～30℃,生长 pH 范围为 5.0～8.5。此菌的固氮效率较固氮菌低,每消耗 1g 葡萄糖可固定 1.5～7mg 氮素。

专性厌氧的硫酸盐还原细菌群中,有些属的种具有固氮作用。如脱硫脱硫弧菌(*Desulfovibrio desulfuricans*)、普通脱硫弧菌(*D. vulgaris*)和巨大脱硫弧菌(*D. gigas*),瘤胃脱硫肠状菌(*Desulfotomaculum ruminis*)和东方脱硫肠状菌(*D. orientis*)等。近年来,已证明严格厌氧的产甲烷细菌中有一些种如巴氏甲烷八叠球菌(*Methanosacrina barkeri*)227 菌株等具有固氮活性。

兼性厌氧固氮微生物主要包括肠道杆菌科和芽孢杆菌科的一些属种,如欧文氏菌(*Erwinia*)、埃希氏菌(*Escherichia*)、克氏杆菌(*Klebsiella*)、柠檬酸细菌(*Citrobacter*)、肠杆菌(*Enterobacter*)、芽孢杆菌(*Bacillus*)等。芽孢杆菌中的多粘芽孢杆菌(*B. polymyxa*)、浸麻芽孢杆菌(*B. macerans*)和环状芽孢杆菌(*B. circulans*)都能进行兼厌氧性生长和固氮。

化能无机营养型类固氮微生物至今发现和证实的仅有一种,即硫杆菌属(*Thiobacillus*)中的氧化亚铁硫杆菌(*Thio. ferroxidans*)。这是一种能固氮的独特的营养类型。

光合型固氮微生物可以分为光合细菌和蓝细菌两大类群。光合细菌群广泛存在于海域和淡水环境,又可分为紫细菌、紫色非硫细菌和绿细菌等非产氧光合细菌。它们都是原核微生物的 G⁻ 细菌,具有特征性的细菌叶绿素 a,只含一个光系统,营不放氧光合作用。蓝细菌群即蓝绿藻中的许多属种能进行固氮作用,现已证明 24 个属的 120 多个种具有固氮能力,其中大多属于念珠藻科,少数属于胶须藻科和蓝珠藻科。从形态上可分为有异形胞的蓝细菌和无异形胞的固氮丝状蓝细菌如鱼腥藻属(*Anabaena*)、念珠藻属(*Nostoc*)、柱孢藻属(*Cylindrospormum*)、单歧藻属(*Tolypothrix*),它们在自然界中有广泛分布。

固氮蓝细菌固氮量仅次于豆科植物与根瘤菌的共生固氮系统,且生理过程与放氧型光合作用相偶联,进化上有特殊地位,在固氮的同时也放氢,是一个有希望利用的太阳能生物转换系统。

3. 根瘤菌和豆科植物的共生固氮

根瘤菌和豆科植物的共生固氮作用是一种最具有实际经济意义的生物固氮类型。共生生物固氮机理、根瘤菌的形态生理、遗传进化、生态学和分子生物学等都得到了深入研究。

(1)根瘤菌的形态和生理特征

实验室条件下根瘤菌为 (0.5～0.9)μm×(1.2～3.0)μm 大小的杆菌,革兰氏染色阴性,与其他土壤杆菌相似。细胞单个或成对,常可见成群排列。幼龄时能运动,快生型根瘤菌具周生鞭毛,而慢生型根瘤菌具单生鞭毛。无芽孢。幼龄细胞染色均匀,但老龄菌体细胞由于积聚有不染色且折光性强的聚 β-羟基丁酸颗粒而导致染色不均匀或呈环节状。细胞外可形成大量黏液物质。

与豆科植物营共生时,根瘤菌形态经历不同变化。在从土壤进入根内时为很小的杆菌。随着根瘤发育,进入根瘤细胞内的菌体逐渐膨大或分叉,成为梨形,棒槌形,T 形或 Y 形,这些特殊形态的根瘤菌称为类菌体。在类菌体形成之前,即可能开始固氮,在类菌体充分成熟阶段,即进行旺盛的固氮过程。快生型根瘤菌的大类菌体具有固氮功能而失去繁殖能力,而含菌组织中另一类正常的小杆菌仍保持有繁殖能力,从根瘤中分离培养的根瘤菌实际上是这种小杆菌的后代。

在糖类-酵母膏平板培养基上的根瘤菌单菌落为圆形,直径 0.1～0.5cm,边缘整齐,无色、白色或乳脂色,有光泽。在培养基上各种根瘤菌的生长速度不同,豌豆,三叶草和菜豆等快生型根瘤菌,接种 2 天后即可出现菌落,4～5 天后已较大。而大豆、豇豆等慢生型根瘤菌,接种3～4 天后才有生长,1 周后菌落生长充分。

根瘤菌营化能异养型生活,利用有机物作为碳源和能源。快生型根瘤菌可利用的碳源很多,如葡萄糖、果糖、甘露醇、蔗糖、阿拉伯糖等多种糖类、多元醇和有机酸。但慢生型种类对于碳源的要求比较严格,仅利用少数糖类如葡萄糖、戊糖等。根瘤菌分解糖类不产气,有些种类可产生微量的酸。

根瘤菌可利用铵盐或硝酸盐为氮源,但仅有无机氮源时生长不良,大多数根瘤菌需植物性氮素物质如酵母汁、豆芽汁等才生长良好。非共生条件下根瘤菌的氮源以化合态氮为主,分子态氮不能作为主要氮源。很多氨基酸可促进根瘤菌生长。根瘤菌生长需要各种矿质营养,尤其对磷的要求较高,其他如镁、钙、铁、钼、钴等元素也是必不可少的。根瘤菌生长还需要有丰富的 B 族维生素。

根瘤菌严格好氧,但对氧的要求不高。根瘤菌生长的 Eh 在 150～450mV。大多数根瘤菌的最适生长温度在 25～30℃ 之间。生长的适宜 pH 值在 6.5～7.5之间。

根瘤菌一般对广谱性抗生素敏感。农业上广泛使用的杀虫剂、杀菌剂和除草剂对于根瘤菌的存活、结瘤和固氮效应的影响比较复杂,反应不一。

(2)根瘤菌与豆科植物的共生结构——根瘤

根瘤形成过程可以分为根瘤菌感染、根瘤发生和根瘤发育三个阶段,见图 10-14。豆科植物根系在土壤中发育,分泌类黄酮化合物,刺激相应的根瘤菌在其根际大量繁殖。根瘤菌通过对豆科植物特定的识别作用,吸附在根表。在根瘤菌的作用下,根毛细胞壁变软,发生卷曲,根瘤菌从变软的植物根尖细胞壁处进入根毛,逐渐形成一条明显的套状侵入线。根瘤菌在侵入线内不断繁殖,并使侵入线不断伸长。当侵入线推进到皮层的3～6 层细胞时,处在前方靠近内皮层的细胞受到刺激,分裂成为根瘤的分生组织。随着分生组织的不断分裂,根瘤不断长大,不断长大的根瘤又分化为不同组织,同时形成维管束并与根的维管束相连,以保证营养物质的输送。

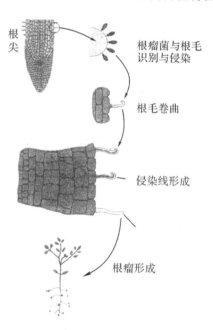

根尖

根瘤菌与根毛识别与侵染

根毛卷曲

侵染线形成

根瘤形成

图 10-14 根瘤菌和豆科植物
共生时的根瘤形成

根瘤菌在侵入线壁逐渐解体时释放到细胞中,先聚集在寄主细胞的细胞质外围,并开始迅速大量繁殖,充满细胞,形成含菌细胞组织。随后含菌细胞形成泡囊,每个泡囊初含一个细菌,随着细菌的几次分裂,每个泡囊中可含有 8 个细胞。此时的根瘤菌细胞形态变异为多形态的类菌体。此时一般不再分裂,类菌体充满寄主细胞。随着含菌细胞的形成,类菌体的泡膜里出现红色的豆血红蛋白。这是根瘤成熟的显著特征,标志着此时开始固氮。

根瘤是豆科植物和根瘤菌共生形成的特殊形态,是根瘤菌固氮的场所。因此豆科植物和根瘤菌之间的共生固氮量与四个因子相关。① 根瘤的数目;② 每个根瘤中含菌组织的容积和类菌体数量;③ 含菌组织所持续的时间;④ 根瘤菌各个种的比固氮活性等。一个有效的根瘤应含有丰富的豆血红蛋白,能保证供给固氮所需的能量,能及时地同化和转运固氮产物,避免产物的反馈抑制。

豆血红蛋白(leghaemoglobin, Lb)在根瘤中起着调节氧的缓冲剂作用,它向类菌体提供低浓度高流量的氧气,这样既保证固氮酶不因高氧压而失活,又能充分保证类菌体进行氧化磷酸化所需的氧气供给,使固氮酶呈现较高的固氮活性。豆血红蛋白的合成是由不同的基因编码的,其血红素部分是由根瘤菌携带的基因决定的,而蛋白质部分是由寄主豆科植物的基因编码的。两部分由各自的基因表达合成后再行装配为有效的豆血红蛋白。

根瘤中根瘤菌的生存、代谢活动和固氮作用都需要有足够的能量供给。类菌体所需的能源物质由豆科植物的光合产物输送到根瘤的含菌组织,然后通过氧化磷酸化合成 ATP。在豌豆植株中每同化 100 单位的碳有 32 单位的碳被转运到根瘤中。

氨是固氮作用的最初产物,它一形成就从类菌体中分泌出来,这些氨必须立即被同化并转运,否则会对固氮酶造成反馈抑制。同化氨的第一步是由谷氨酰胺合成酶作用合成谷氨酰胺:

$$NH_3 + 谷氨酸 + ATP \xrightarrow{\text{谷氨酰胺合成酶,Mg}^{2+}} 谷氨酰胺 + ADP + Pi$$

谷氨酰胺合成酶可在氨很低浓度时起作用,因而可有效地同化和转运氨。在有 $NAD(P)H_2$ 提供电子时,谷氨酰胺与 α-酮戊二酸反应成 2 个谷氨酸:

$$\alpha\text{-酮戊二酸} + 谷氨酰胺 + NAD(P)H_2 \longrightarrow 2\ 谷氨酸 + NAD(P)^+$$

在有高浓度氨并有 $NAD(P)H_2$ 提供电子时,可在谷氨酸脱氢酶(GDH)催化下,氨直接与 α-酮戊二酸反应生成谷氨酸:

$$\alpha\text{-酮戊二酸} + NH_3 + NAD(P)H_2 \xrightarrow{\text{GDH}} 谷氨酸 + H_2O + NAD(P)^+$$

类菌体中每固定 100 单位的氨,只保留 6 单位的氨在根瘤中,绝大部分(91 单位)转运给植株地上部分,而极小部分(3 单位)转运给根系。

4. 其他微生物的共生固氮

除豆科植物与根瘤菌之间的共生固氮作用外,还有内生菌和非豆科植物、蓝细菌和植物、蓝细菌和真菌之间的共生固氮以及细菌和水稻、玉米等禾本科植物的联合固氮作用。

(1)内生菌和非豆科植物的共生固氮

已知双子叶植物中能形成根瘤的有 13 个属的 138 个种,它们都是木本植物,如桤木(*Alnus*)、杨梅(*Mgrica*)、木麻黄(*Casuarina*)、马桑(*Coricuria*)和沙棘(*Hippophae*)等,其中 54 个种已被证明结的根瘤具有固氮作用。它们根瘤的形成和结构与豆科植物根瘤不一样。在刚开始时,在根上出现小的突起,一两周后许多小突起簇生在一起,形成可达几厘米的根瘤簇,并可在根瘤簇的小球上又长出根来(图 10-15)。根瘤内部结构与根的结构相类似,内生菌生存于皮层细胞中。

非豆科木本植物根瘤的共生菌是 *Frankia* 属放线菌(图 10-15)。在形态上为纤细稀疏的菌丝体,菌丝分枝具横隔,发育后在菌丝顶端或菌丝间形成孢子囊。孢子囊为菌丝多向分裂形成的孢子堆构成,形态多样,大小不一。孢子囊内含有圆形或带角状、无鞭毛、不运动的孢子。*Frankia* 放线菌能形成具有固氮功能的顶囊(vesicle),顶囊着生于顶囊柄上,再与菌丝相连。*Frankia* 放线菌为微好气菌,有些种可产生黄、棕、褐等各种水溶性色素。利用 *Frankia* 放线菌接种试验表明,结瘤植物明显要比对照植株生长好,含氮量也高。

(2)蓝细菌和植物的共生固氮

红萍是热带和亚热带地区分布非常广泛、生长迅速、极为繁茂的水面蕨类植物。红萍是蓝细菌和蕨类植物的共生体。能固氮的红萍鱼腥藻(*Anabaena azolla*)生活于小叶鳞片腹部充

图 10-15　*Frankia* 的菌丝(a)、顶囊(b)与形成的一种根瘤(c)
(引自 web. uconn. edu/mcbstaff/.../Frankia/FrankiaHome. htm)

满黏质的腹腔中,见图 10-16。红萍提供光合作用产物作红萍鱼腥藻生活和固氮的碳源和能源,而红萍鱼腥藻则提供固氮产物。这种共生体的固氮效率很高,而且红萍含有很高量的易降解有机物,在我国南方是稻田中一种很有价值的水田绿肥。

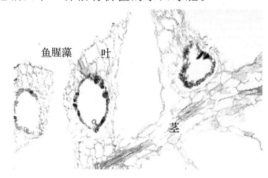

图 10-16　红萍与鱼腥藻的共生体剖面
(引自 Francisco Carrapiço, SPIE Astrobiology Conference "Instruments, Methods, and Missions for Astrobiology Ⅳ". San Diego, July 29—30, 2001. Proceedings of SPIE, 4495: 261—265, 2002. ISBN 0—8194—4209—7)

　　蓝细菌念珠藻(*Nostoc*)或鱼腥藻(*Anabaena*)可以与裸子植物苏铁共生,使根形成反复二歧分枝形或珊瑚状,与正常根系完全不一样。用 N^{15} 可证明这种珊瑚状根具有固氮作用。

　　在根乃拉草属(*Gunnera*)的植物叶片基部腺体中发现有念珠藻生存,并已用 N^{15} 和乙炔还原法证明这些腺体中的念珠藻具有固氮活性。

　　(3)蓝细菌和真菌的共生

　　地衣是蓝细菌和真菌的共生体,在自然界中广泛分布于岩石、树皮、土壤,对于土壤的形成具有重要作用。在地衣中常见念珠藻、眉藻等,并已用 N^{15} 和乙炔还原法证明具有固氮作用。固定的氮素可提供给真菌。

　　(4)联合固氮作用

　　联合固氮作用是指某些固氮微生物在植物根系中生活,并具有比在土壤中单独生活时高得多的固氮能力,但这种在植物根系中的生活方式又不同于根瘤菌和豆科植物根系之间的共生,两者既不形成共生体又较"松散"。在点状雀稗（*Paspalum notaton*）根的黏质鞘套内生存有一种固氮菌,定名为雀稗固氮菌（*Azotobacter paspali*）,后又发现在热带牧草俯仰马唐（*Digitaria decumbens*）根系生活有固氮作用很强的含脂固氮螺菌（*Azospirillum lipoferum*）（图 10-17）。随后在甘蔗、玉米、水稻等作物根际都测定到联合固氮活性。常见的联合固氮细菌有拜叶林克氏菌属（*Beijerinckia*）、雀稗固氮菌、固氮螺菌、

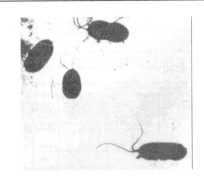

图 10-17　*Azospirillum lipoferum* 的细胞
（引自 http://www.monografias.com/traba...iz.shtml）

粪产碱菌（*Alcaligenes faecalis*）、假单胞菌（*Pseudomonas*）和阴沟肠杆菌（*Enterobacter cloacae*）等。它们生活在根表的黏液区内,甚至进入根内细胞。

（三）影响固氮效率的因素

1. 氧对固氮酶的影响

固氮酶的一个重要特征是对氧具有高度敏感性,其催化固氮反应必须在无氧条件下进行。高浓度氧可对固氮酶的合成产生完全阻遏作用。分子生物学研究表明,随着氧浓度的变化,固氮酶的合成可被"启动"或"关闭"。氧对已合成的固氮酶两种组分可造成不可逆的损伤,使固氮酶丧失活性。而且氧可氧化固氮过程中的电子载体而使电子无法到达固氮酶。

好氧性固氮微生物的生长和固氮对氧的要求完全相反,这就要求具备保护固氮酶的防氧机制。实际上好氧性固氮微生物在长期进化过程中发展形成了多种防氧机制。这些机制中主要有加强呼吸强度的呼吸保护、利用构象改变来防止氧对固氮酶伤害的构象保护、具有较厚的荚膜或黏液层阻拦氧的渗入、固氮蓝细菌形成许多厚壁固氮异形胞和在根瘤含菌细胞中形成豆血红蛋白有效地为根瘤菌提供高流速低流量的氧用于氧化磷酸化,等等。

现已分离到一株其固氮酶对氧不敏感的嗜热自养链霉菌（*Streptomyces thermoautotrophicus*）,并发现该固氮酶的组成及其基因结构和固氮过程的电子传递都不同于原先的各种固氮微生物。

2. 固氮作用中的氨效应

氨是固氮作用的产物,但氨的数量超过了固氮微生物机体本身的需要和迅速转换为氨基酸的能力时,积累的氨可阻遏体内固氮酶的生物合成。在缺乏 NH_4^+ 的环境里,谷氨酰胺合成酶处于非腺苷化状态,具有催化功能和调节作用,能与固氮启动基因结合,推动 RNA 聚合酶催化转录 mRNA,合成固氮酶。但在有丰富 NH_4^+ 的环境中,谷氨酰胺合成酶被腺苷化,构象发生变化,失去与固氮酶启动基因区结合的能力,导致固氮酶不能合成。因此在培养固氮菌时如加入铵盐,则固氮菌不进行固氮而依赖铵盐生长。

3. ADP/ATP 比率对固氮酶活性的调节

固氮酶催化 N_2 为 NH_3,需要 Mg^{2+} 和 ATP 参与,是固氮酶活性不可缺少的成分和正效应剂。Mg·ADP 是 Mg·ATP 的水解产物,但其作用与 Mg·ATP 完全相反,是固氮酶的负效应剂,对固氮酶的底物还原活性部位起负的别构调节作用。它可以抑制从铁蛋白到钼铁蛋白的电子转移,并控制进入铁蛋白的电子总量,因而能有效地抑制固氮酶活性。因此细胞内 ADP/ATP 的比率可以调节固氮酶活性。有人认为 ADP/ATP 为 1/2 时,固氮酶活性可完全

受到抑制。这种调节特性不仅与生物体的种类和生长条件有关,而且依赖于细胞内的 Mg^{2+} 浓度。

4.环境中的 C/N 的影响

土壤中的 C/N 是影响固氮作用的最重要的因素之一。化能异养型固氮微生物只有在环境中有丰富的有机碳化合物而同时又缺少化合态氮时才能进行有效固氮。如果环境中化合态氮十分丰富,固氮微生物利用现成的氮化物作氮源,则固氮酶受到化合态氮的抑制,不显示固氮活性。另外,非固氮微生物由于氮源丰富而易于发展,与固氮微生物竞争碳源。因此只有在 C/N 比很高的环境中,这类化能异养型固氮微生物才会发挥固氮作用。

第三节　硫、磷、钾等元素的转化循环

一、微生物与硫的生物地球化学循环

硫是自然界中最丰富的元素之一,硫元素以有机硫化物 R-SH 和无机硫化合物 H_2S、S 和 SO_4^{2-} 等存在。硫是一种重要的生物营养元素,是一些必需氨基酸、维生素和辅酶的组成成分。不同硫形式之间可以相互转化,而且这些相互转化都有微生物参与,构成了硫的生物地球化学循环(图 10-18)。微生物在硫素循环过程中发挥了重要作用,主要包括脱硫作用、硫化作用和反硫化作用。

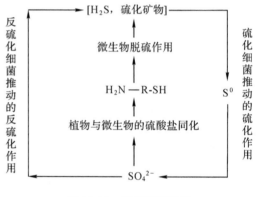

图 10-18　硫素循环简图

(一)含硫有机物的脱硫作用

自然界的含硫有机物主要是蛋白质,蛋白质中含有许多含硫氨基酸,如胱氨酸、半胱氨酸和甲硫氨酸等。因此一般蛋白质的氨化过程伴随有脱硫过程。含硫有机物经微生物分解形成硫化氢的过程即脱硫作用。凡能将含氮有机物分解产氨的氨化微生物都具有脱硫作用,相应的氨化微生物也可称为脱硫微生物。

其分解的一般过程为:

含硫蛋白质——含硫氨基酸——→NH_3＋H_2S＋有机酸

含硫蛋白质经微生物的脱硫作用形成的硫化氢,在好氧条件下通过硫化作用氧化为硫酸盐后,作为硫营养被植物和微生物利用。在无氧条件下,硫化氢可积累于环境中,一旦超过某种浓度可危害植物和其他生物。

(二)硫化作用

某些微生物可将 S、H_2S、FeS_2、$S_2O_3^{2-}$ 和 $S_4O_6^{2-}$ 等还原态无机硫化物氧化生成硫酸,这一过程称为硫化作用。

凡能将还原态硫化物氧化为氧化态硫化合物的细菌称为硫化细菌。具有硫化作用的细菌种类较多,主要有化能自养型细菌类、厌氧光合自养细菌类和极端嗜酸嗜热的古菌类三类。

化能自养型细菌类的典型代表是硫杆菌属(*Thiobacillus*)的细菌,大多营严格化能自养型生活。各个种的主要能源和特征列于表 10-4。它们在有氧条件下推动下列反应将硫化物氧化为元素硫或将元素硫氧化为硫酸,并从中获得能源。

① $H_2S + 0.5O_2 \longrightarrow S^0 + H_2O$

② $S^0 + 1.5O_2 + H_2O \longrightarrow H_2SO_4$

表 10-4　部分硫杆菌属种的特征

种	能　源	生长 pH	DNA 中 (G+C)mol %
氧化硫硫杆菌（Thiobacillus thiooxidans）	S^0	0.5~6.0	52
排硫硫杆菌（Thio. thioparus）	$H_2S, S^0, S_2O_3^{2-}$	4.0~7.5	62~66
氧化亚铁硫杆菌（Thio. ferrooxidans）	硫化物，S^0，Fe^{2+}	1.6~4.0	57
新型硫杆菌（Thio. novellas）	$S_2O_3^{2-}$，谷氨酸	5.0~9.2	66~68
中间硫杆菌（Thio. intermedius）	$S_2O_3^{2-}$，谷氨酸，葡萄糖	2.0~7.0	66~68

引自李阜棣,胡正嘉. 微生物学. 北京:中国农业出版社,2000。

　　这是一群 G^-、无芽孢、极生鞭毛的小杆菌,细胞内不积累硫滴;广泛分布于各种含硫矿环境中,尤其是含硫矿的矿尾水中。由于它们的生命活动,可使矿尾水 pH 降得很低。

　　第二类是厌氧性光合自养型的紫硫细菌和绿硫细菌。这类细菌在还原 CO_2 时,以 H_2S、S、$S_2O_3^{2-}$ 等还原态无机硫化物作为电子供体,生成较为氧化态的元素硫,生成的元素硫硫滴或积累于细胞内或排出胞外。而着色菌属（Chromatium）在以光为能源,以 H_2S 或 H_2 为电子供体时氧化生成的是硫酸而不是元素硫,因此也就没有硫滴形成:

$$2CO_2 + H_2S + 2H_2O \longrightarrow 2[CH_2O] + H_2SO_4$$

　　其实着色菌属并不是严格的自养型,也能利用乙酸等低碳有机物进行光能异养代谢。而绿菌属（Chlorobium）是严格的厌氧光能自养型,利用还原态硫或 H_2 为电子供体。

　　第三类是极端嗜酸嗜热的氧化元素硫的古菌,它们分布于含硫热泉、陆地和海洋火山爆发区、泥沼地、土壤等一些极端环境中,推动着这些环境中还原态硫的氧化。某些种具有很强的氧化能力,如硫化叶菌（Sulfolobus）能氧化元素 S 和 FeS,酸菌（Acidianus）能氧化元素 S。

　　（三）反硫化作用

　　在厌氧条件下元素硫和硫酸盐等含氧硫化合物可被某些厌氧细菌还原生成为 H_2S,这一过程称为异化型元素硫还原作用和硫酸盐还原作用,也称反硫化作用,这类细菌称为硫酸盐还原细菌或反硫化细菌。

　　硫酸盐还原细菌是一类严格厌氧的具有各种形态特征的细菌,也有少数古菌。现已发现 27 个属细菌中的一些种具有还原硫酸盐的能力。典型代表如脱硫弧菌属（Desulfovibrio）、脱硫肠状菌属（Desulfotomaculum）等。它们的共同生理特征是能将元素硫或硫酸盐还原生成 H_2S。可以各种有机物或 H_2 作为电子供体,以元素硫或硫酸盐作电子受体。大多数营有机营养型,有机酸特别是乳酸、丙酮酸等及糖类、芳香族化合物等都可被用作碳源和能源。少数营无机营养型,可以 H_2 为电子供体。脱硫作用的化学反应式如下:

$$4H_2 + 2H^+ + SO_4^{2-} \longrightarrow S^{2-} + 4H_2O + 2H^+$$

$$C_6H_{12}O_6 + 3H_2SO_4 \longrightarrow 6CO_2 + 6H_2O + 3H_2S$$

　　硫酸盐还原细菌主要分布于富含有机质和硫酸盐的厌氧生境和某些极端环境中,如海洋沉积物、淹水稻田土壤、河流和湖泊沉积物、沼泥等。土壤中 H_2S 累积过多时,可对植物根系产生毒害。尤其在早春低温时,形成的 H_2S 使水稻秧苗久栽不发。水域中 H_2S 过多时可毒死鱼类等需氧生物,且水质发出恶臭,弥漫于空气中,令人极不愉快,甚至出现中毒症状。因此,含硫有机废水不宜直接排放进入水域、土壤等环境,否则极易造成严重污染。

二、微生物与磷元素的转化

磷在生命活动中具有极为重要的作用,它是生物遗传物质核酸和细胞膜磷脂的重要组成成分,是生物细胞能量代谢的载体物质 ATP 的结构元素,不可或缺。

(一)自然界的磷素循环

自然界中磷只是在可溶性磷和不溶性磷(包括无机磷化合物和有机磷化合物)之间的转化和循环。自然界中可溶性磷的量是很少的,大多数磷以不溶性的无机磷存在于矿物、土壤、岩石中,也有少量的以有机磷的形式存在于有机残体中。因此,磷的生物地球化学循环包括三个基本过程:① 有机磷分解,即有机磷转化成可溶性的无机磷;② 无机磷的有效化,即不溶性无机磷转变成可溶性无机磷;③ 磷的同化,即可溶性无机磷变成有机磷的生物固磷。微生物参与了可溶性磷和不溶性磷的相互转化。

(二)有机磷的微生物分解

含磷有机物主要是核酸、卵磷脂和植酸。许多微生物能产生核酸酶、核苷酸酶和核苷酶,将核酸水解成磷酸、核糖、嘌呤或嘧啶。

卵磷脂是含胆碱的磷酸脂类化合物。氨化细菌,特别是一些芽孢杆菌分解卵磷脂的能力较强,如蜡质芽孢杆菌(*Bacillus cereus*)、星胞芽孢杆菌(*B. asterosprus*)和解磷巨大芽孢杆菌(*B. megaterium* var. *phosphaticum*)等。它们产生卵磷脂酶将卵磷脂水解成磷酸、甘油、脂肪酸和胆碱。

植酸磷是植物有机磷的主要形式。植酸酶(phytase)是催化植酸及其盐类水解成肌醇与磷酸或磷酸盐的一类酶的总称。该酶由 *phy*A 和 *phy*B 基因编码,目前已构建许多基因工程菌并得到高效表达,在提高饲料中有机磷的利用率方面已发挥了重要作用。真菌产植酸酶的能力较强,如曲霉、青霉、根霉等,其次是某些芽孢杆菌,如枯草芽孢杆菌(*B. subtilis*)、地衣芽孢杆菌(*B. licheniformis*)、解淀粉芽孢杆菌(*B. amyloliquefaciens*)等。

(三)无机磷的微生物转化

可溶性无机磷可直接被植物、微生物利用于生命活动而固定为有机磷。这一部分的数量是很有限的。自然界大多数的无机磷是存在于岩石中的难溶性和不溶性磷。这些无机磷不能被植物和大多数的微生物所利用。自然界中,只有少数微生物如芽孢杆菌属和假单胞菌属的一些种可以通过它们的生命活动将难溶性无机磷转化为可溶性状态,然后为植物和其他微生物所利用,即可提高土壤中磷的有效性。对于微生物的溶磷机制,提出了不同的假说,主要有以下几种:①认为微生物通过呼吸作用产生的二氧化碳溶于水后形成碳酸,和形成的其他有机酸都可溶解难溶性的无机磷;②微生物吸收阳离子时将质子交换出来,有利于不溶性磷的溶解。但这些假说都不能单一地很好解释各种现象。

国内外都有人分离筛选到这种能将难溶性无机磷转化为可溶性磷的细菌种,并制作成菌肥后施用于田间,但效果不一。

三、微生物与钾的转化

钾不是生物细胞的结构成分,但具有维持细胞结构、保持细胞的渗透压、吸收养分和构成酶的辅基等生理功能。可溶性钾大多存在于一些盐湖中,土壤中的可溶性钾含量并不高,而且由于钾易被以植物秸秆、果实、籽粒等形式带走,因此必须不断补充。土壤中不溶性的钾主要存在于硅铝酸盐矿物中,不能被植物吸收利用。国内外研究表明,某些微生物如芽孢杆菌、假单胞菌、曲霉、毛霉和青霉等具有释放矿物中钾的能力,使无效钾转化为植物有效钾。胶质芽孢杆菌(*B. mucilaginosus*)俗称为"硅酸盐细菌",是能以硅铝酸钾或长石粉为唯一钾源良好生长的细菌,同时具有微弱固定氮素的能力,在其生长过程中可转化其中的无效钾为有效钾。从微生物释放钾的机制来说,相似于不溶性磷的释放机制解说,但都没有定论。田间的施用效果同样呈现不稳定性。

复习思考题

1. 简述有微生物参与的碳素地球生物化学循环。
2. 简述微生物分解淀粉的不同方式。
3. 简述分解纤维素的主要微生物类群。
4. 简述芳香族化合物的分解途径。
5. 简述甲基营养型微生物利用 C1 化合物的生物化学过程。
6. 氮素循环由哪些环节组成?
7. 说说氨的硝化作用的不同阶段及其相关的微生物。
8. 反硝化作用的各个阶段中有哪些酶参与?
9. 阐明生物固氮的基本条件和生物化学过程。
10. 硫的循环和磷的循环各有何特点?

第十一章　微生物与环境保护

【内容提要】

本章介绍微生物本身作为病原菌和其代谢产物甲烷、硫化氢、氧化亚氮等对大气、水域和土壤的污染和富营养化等的问题及其控制方法；介绍利用微生物来监测各种环境的污染的方法，如沙门氏菌/Ames 法检测污染物的致突变性、发光细菌检测水域的污染程度；介绍利用微生物对污染环境的治理与生物修复。利用好氧和厌氧微生物的各种方法生物处理有机废水和城市生活垃圾。

环境是人和一切生物赖以生存和发展的物质基础。保护环境是我们国家的一项基本国策，也是每个公民义不容辞的神圣职责。在自然界中，微生物扮演着污染者和净化者的双重角色。了解和掌握微生物与环境的相互关系，对防污治污、改善环境具有极为重要的意义。

第一节　微生物与环境污染

环境污染主要是指人类活动所引起的环境质量下降而有害于人类及其他生物的正常生存和发展的现象。在导致环境质量恶化的诸因子中，微生物是一个不容忽视的污染因子。

一、微生物对大气的污染及其防治

大气是由多种气体组成的混合物，营养物质贫乏，理化条件多变，并非是微生物的天然生境。存在于大气中的微生物主要来自各种污染源。例如，寄生在人和动物体内的微生物，可以从呼吸道排出直接污染大气，也可以随排泄物（唾液、痰液、脓汁、粪便等）排至地面，然后随飞扬的灰尘进入大气；人、动物和植物表面的微生物可直接进入大气；土壤里的微生物，可附着在细小的土壤颗粒上，并被风悬浮于大气中；水体内的微生物，则可被水面吹起的小水滴和气溶胶携带至大气。污染大气的微生物种类较多。其中，八叠球菌、细球菌、枯草杆菌以及霉菌的孢子等对外界环境有很强的适应能力，可在大气中长期停留。

室外空气中的微生物数量与许多因素（人口密度、植物数量、土壤和地面的铺垫情况，以及气流、气温、湿度、日照等）有关。一般的垂直分布规律为：近地面空气中的微生物含量较大，随高度上升逐渐减少，至大气上层完全消失。室内空气中的微生物数量通常高于室外。在通风不良、人员拥挤时，菌体密度更高。在未经消毒的医院病房里，甚至可能出现大量的病原微生物，如结核杆菌、白喉杆菌、葡萄球菌、溶血链球菌、麻疹病毒、流行性感冒病毒等。空气的传播能力很强，一旦病原菌进入其中，便有可能使空气成为传播媒介，造成这些传染病流行。2003年春 SARS 病毒就是主要通过空气飞沫近距离传播的。

某些微生物代谢产物，尤其是某些气态产物如甲烷、硫化氢和氮氧化物等，也可污染大气。由分布于沼泽、水稻田、江河海洋湖泊沉积物等厌氧生境中的产甲烷细菌产生的甲烷，硝化作用和反硝化作用过程中形成的氧化亚氮，都是对全球气候变暖有重要贡献的温室效应气体。

甲烷是仅次于二氧化碳的第二个重要的温室效应气体,且就单个分子而言,对于温室效应的贡献甲烷要比二氧化碳大好多倍。在富含硫氧化物的厌氧生境中,由硫酸盐还原细菌生命活动形成的硫化氢散发入大气,造成局部大气环境的污染,产生令人不愉快的恶臭气味,甚至可引起人类和动物的窒息和中毒。

防治大气微生物污染的措施主要有:① 室内通风,借助气流来稀释和排除室内的微生物。影剧院、礼堂、会议室等人员拥挤的场所,均应采取这一措施。这也是防治"非典"类疾病的一个有效方法。② 空气过滤,对空气清洁程度要求高的场所,如手术室、无菌实验室等,可采用过滤器过滤空气,以除去带菌尘埃。③ 空气消毒,用物理法或化学法杀灭空气中的微生物。物理法主要是用紫外线照射。化学法主要是喷洒或熏氯甲醛、乙酸、次氯酸钠(或漂白粉)、三乙烯乙二醇、过氧乙酸、丙二醇等化学药剂。

二、微生物对水体的污染

水是一种良好的溶剂。水中往往溶解着一定量的无机和有机物质,可供微生物生长繁殖。然而,清洁水体的微生物含量并不高,通常每毫升水中只有几十至几百个细菌。清洁水体的微生物以自养菌为主,对人类无害。常见的化能自养型细菌有硫细菌、铁细菌、鞘细菌。光能自养型细菌有绿细菌、紫细菌和蓝细菌。另外还有无色杆菌属、色杆菌属和微球菌属等腐生性细菌。

然而,清洁水体经常受到土壤、垃圾、人畜粪便以及各种污水的污染。一旦这些污染物中的病原菌进入水体,或这些污染物引起某些藻类大量繁殖,就可使水质严重恶化,危害人类。

(一)可检出的病原菌及其危害

很多疾病是通过水源传播的,许多病原菌适宜于水中生存和繁殖。

1.病原性细菌

(1)沙门氏菌属(*Salmonella*)　在病人粪便、畜栏粪污和屠宰场污水中,均可携带沙门氏菌。将这些废物排入水体,便可能引起沙门氏菌污染。如果排至水产养殖场,还可能污染水产品。沙门氏菌属中的伤寒沙门氏菌(*Salmonella typhi*)和副伤寒沙门氏菌(*S. paratyphi*)分别是伤寒和副伤寒疾病的病原菌。有些沙门氏菌则可引起急性肠胃炎,造成食用者的集体中毒。

(2)志贺氏菌属(*Shigella*)　存在于菌痢患者和短时带菌者的粪便中。水体遭受菌痢患者的粪便污染时,从中捕得的鱼体内可检测到该属细菌。志贺氏菌病主要通过食物或接触传染,假如饮用水源受到污染,极有可能导致水型痢疾的暴发流行。

(3)霍乱弧菌(*Vibrio cholerae*)　可引起霍乱病,它是一种通过饮用水传播的烈性传染病。

(4)致病性大肠杆菌　粪便中的某些大肠杆菌能引起水泻、呕吐等病症,称为致病性大肠杆菌。其中,有的大肠杆菌能产生肠毒素而导致强烈腹泻,称为产肠毒素大肠杆菌。因此,携带致病性大肠杆菌的粪便污染水体时,可产生严重的恶果。

2.钩端螺旋体

存在于已受感染的动物(如猪、马、牛、狗、鼠等)的尿液内,能以水为媒介,通过破损的皮肤或黏膜侵入人体,引起出血性钩端螺旋体病。

3.病毒

存在于人的肠道里并能通过粪便污染水体。在水传播型暴发的病毒性传染病中,研究较多的是传染性肝炎,尤其是甲型肝炎。1990年以上海为主的华东地区由于食用受污染的毛蚶而致使几十万人感染甲肝。流行病学调查证明,在世界各地传播的传染性肝炎主要由水体污染所致。

4.寄生虫

溶组织阿米巴是阿米巴痢疾的病原体,又称痢疾变形虫。阿米巴痢疾主要通过粪便污染食物和饮用水而传播。

防治水体病原微生物污染的主要措施是:① 加强对污水的处理。对于医院、畜牧场、屠宰场和禽蛋厂等部门的污水,必须处理达标,否则不许排放。② 加强对饮用水的处理。饮用水必须符合水质标准。对于农村的分散式给水应采用煮沸或加漂白粉等方式消毒,以杀死水中可能存在的病原体。在发生洪水灾害后更易发生水传型病原菌的传播与感染,应做好病原菌传染源的控制和消除。

（二）水体富营养化及其危害

所谓富营养化是指含有氮、磷等营养物质的废水或水域周围农田使用的大量氮、磷肥料随灌溉排水大量进入湖泊、河口、海湾等缓流水体,促使藻类以及其他浮游生物迅猛增殖,从而引起水质恶化,导致鱼类及其他生物大量死亡的现象。其指标为:氮含量超过 $0.2\sim0.3\mathrm{mg/L}$,生化需氧量超过 $10\mathrm{mg/L}$,水中的细菌总数超过 10^5 个/L,表征藻类数量的叶绿素 a 含量大于 $10\mu\mathrm{g/L}$。

在一般情况下,受氮、磷,特别是磷含量的限制,水体中藻类和浮游生物不至于过度增殖而出现富营养化。然而,当水体受废水污染时,营养物质的增加可导致自养型生物,尤其是藻类的剧增,生物种群也因此而改变。例如,水体中的藻类本来以硅藻为主,受污染后可变为以蓝藻为主。蓝藻的大量出现是水体富营养化的明显征兆。一旦水体达到富营养化指标,即可显示出富营养化带来的危害。

富营养化的危害有:① 造成水体透明度下降,影响水生植物的光合作用。② 某些浮游生物可产生生物毒素(如石房蛤毒素),伤害鱼类。③ 藻类及其他水生生物死亡后,其残体被好氧微生物降解而消耗水中的溶解氧。其残体被厌氧微生物降解则可产生硫化氢等有害气体,它们均可危及水生生物(主要是鱼类)的生存。④ 经过微生物的转化,在富营养化的水中,常常出现亚硝酸盐和硝酸盐,长期饮用这种水,人、畜会中毒致病。⑤ 如果水体原是具有观光旅游价值的,则富营养化后将降低甚至失去观光旅游价值。

防治水体富营养化的措施为:① 严格控制营养物质(主要是氮和磷)进入水体。② 疏浚底泥,除去水草和藻类。③ 引入低营养水稀释。④ 饲养草食性或杂食性鱼类。

三、微生物对土壤的污染

在自然界,土壤是微生物栖息生长的最适环境。土壤中存在着种类繁多、数量巨大的各种微生物,它们构成了一个相对稳定的生态群落。一个或多个有害的微生物种群,从外界侵入土壤并在其中大量繁衍,可以破坏原来的动态平衡,对人类或生态系统产生不良影响。未经处理的粪便、垃圾、城市生活污水以及饲养场和屠宰场的污物等,均可带入有害的微生物种群,造成土壤污染。其中,以传染病医院未经消毒处理的污水和污物危害最烈。

污染土壤的病原微生物类同于污染水体的微生物,它们不仅危害人类健康,也严重地危害植物,造成农业减产。例如某些植物致病细菌侵入土壤后,能够引起番茄、茄子、辣椒、马铃薯、烟草、颠茄等百余种茄科植物和茄科以外植物的青枯病,也能够引起果树的细菌性溃疡和根癌病。某些致病真菌则能够引起大白菜、油菜、芥菜、萝卜、甘蓝、荠菜等一百余种栽培和野生十字花科蔬菜的根肿病,也能诱发茄子、棉花、黄瓜、西瓜等多种植物的枯萎病,菜豆、豇豆等的根腐病,以及小麦、大麦、燕麦、高粱、玉米、谷子的黑穗病等。

要防治土壤的微生物污染,必须对污染源进行无害处理。并通过研究污染微生物在土壤以及生态系统中的迁移、分布和消长规律,采取相应的控制措施。

四、微生物对食品的污染

病毒、细菌、真菌和寄生虫等可通过各种途径污染食品,造成极大的危害,详见"第十二章微生物与食品"。

第二节　微生物与环境监测

环境监测是了解环境现状的重要手段,包括环境化学分析、物理测定和生物监测三个部分。生物监测是一个利用生物对环境污染所发出的各种信息来判断环境污染状况的过程。生物长期生活于自然环境中,不仅能够对多种污染作出综合反映,也能对污染的历史状况做出反映。因此,生物监测取得的结果具有重要的参考价值。微生物监测是生物监测的重要组成部分,具有其独特的作用。

一、水体污染的微生物监测

(一)粪便污染指示菌

人畜粪便中携带有大量致病性微生物。如果将这类污染物排入水体,就可能引起各种肠道疾病和某些传染病的暴发流行。因此,对水体的粪便污染状况进行监测具有重要意义。

直接检测各种病原菌十分烦琐,且耗时耗资。此外,由于水中的致病菌少,直接检测也很困难,即使检测结果阴性,也不能保证水中不含致病微生物。因此,在水质卫生学检查中,通常采用易检出的肠道细菌作为指示菌,取代对病原菌的直接检测。若水样中检出这类指示菌,即认为水体曾受粪便污染,有可能存在致病菌。检测到的指示菌越多,污染越严重。

肠道细菌中的大肠菌群是普遍采用的粪便指示菌。在水质卫生学检查的结果中,常用"大肠菌群指数"和"大肠菌群值"作指标。大肠菌群指数是指每升水中所含的大肠菌群细菌的个数。大肠菌群值则是指检出一个大肠菌群细菌的最少水样量(毫升数)。两者间的关系可表示为:

大肠菌群值＝1000/大肠菌群指数

我国饮用水的质量标准规定,大肠菌群指数不得大于3,大肠菌群值不得小于333mL。

(二)有机污染指示菌

自然水体中的腐生细菌数与有机物浓度成正比。因此,测得腐生细菌数或腐生细菌数与细菌总数的比值,即可推断水体的有机污染状况。研究证明,这种推断与实测结果十分吻合。根据水体中腐生细菌的数量,可以将水体划分为多污带、中污带和寡污带(表11-1)。按照腐生细菌数与细菌总数的比值,则可以把水体分为 α-腐生带、β-腐生带和多-腐生带(表11-2)。

表 11-1　污水带的划分及其特征

污水带、特征	多污带	甲型中污带	乙型中污带	寡污带
腐生细菌数（个/mL）	10^5 至 10^6	10^5	10^4	10 至 10^4
有机物	含大量有机物,主要是蛋白质和碳水化合物	主要是氨和氨基酸有机物含量少	有机物含量极微	有机物含量极微
溶解氧 BOD₅	极低或几乎没有,厌氧性非常高	少量,半厌氧性较高	较多,需氧性较低	很多,需氧性很低

表 11-2　细菌数与腐生带的划分

样点号	细菌总数（10^6 个/mL） 波动范围	平均	腐生细菌数（10^3 个/mL） 波动范围	平均	腐生菌数/总菌数（%）	腐生带
1	1.7～3.3	2.5	0.2～1.9	1.1	0.04	β-腐生带
2	1.6～3.4	2.4	0.9～3.0	2.0	0.08	β-腐生带
3	1.9～3.0	2.5	0.2～6.0	2.9	0.11	β-腐生带
4	4.3～5.0	4.6	9.7～16.5	13.3	0.30	α-腐生带
5	1.8～3.6	2.6	1.4～6.2	3.0	0.11	β-腐生带
6	3.5～6.8	4.8	59.2～175.2	116.0	2.42	多-腐生带
7	3.1～4.4	3.7	19.2～20.5	20.0	0.54	α-腐生带
8	2.0～2.7	2.3	10.3～36.2	20.2	0.84	α-腐生带
9	2.3～6.9	4.0	10.8～147.6	64.9	1.62	多-腐生带

二、污染物毒性的微生物检测

（一）致突变物与致癌物的微生物检测

关于人类癌症的起因众说纷纭,一般认为化学物质是主要诱导因素。目前,世界上已有 7 万多种化学物质,而且还在不断迅速增加。对数量如此之大的化学物质逐一进行致癌性检测,采用传统的动物实验法极难做到。为此,一些快速准确的微生物检测法应运而生。沙门氏菌/阿姆斯(Ames)试验法就是其中应用最广的一种。

沙门氏菌/阿姆斯(Ames)试验法是由美国阿姆斯(Ames)等创立的一种致突变测定法。在该测定方法的设计中,利用组氨酸营养缺陷型鼠伤寒沙门氏菌(*Salmonella typhimurium*)可发生回复突变的性能。常用的有 5 个菌株。在没有受到致突变物作用时,它们不能在无组氨酸的培养基上生长。受到致突变物作用后,由于细菌 DNA 被损伤,它们可通过基因突变而回复为野生型菌株,从而可在不含组氨酸的培养基上正常生长。野生型与组氨酸营养缺陷型沙门氏菌间的关系如下:

$$野生型\ his^+ \underset{回复突变}{\overset{正向突变}{\rightleftharpoons}} 营养缺陷型\ his^-$$

阿姆斯(Ames)试验法的准确性很高。有人曾将烷化剂、亚硝胺类、多环芳烃、芳香胺、硝基呋喃类、联苯胺、黄曲霉毒素、氯乙烯、4-氨基联苯、抗癌药物等 175 种已知致癌物进行阿姆斯(Ames)试验,结果发现其中 157 种呈阳性反应,吻合率达 90%。将 108 种已知非致癌物进行测定,结果其中 94 种呈阴性反应,吻合率为 87%。

（二）发光细菌检测

发光细菌的发光强度是菌体健康状况的一种反映。在正常情况下,这类细菌在指数生长期的发光能力很强。然而,在环境不良或存在有毒物质时,其发光能力减弱,衰减程度与毒物的毒性和浓度成一定的比例关系。通过灵敏的光电测定装置,检查发光细菌受毒物作用时的发光强度变化,可以评价待测物的毒性大小。这种采用发光细菌检测污染物毒性的方法,称为发光细菌检测法。目前研究和应用最多的发光细菌是明亮发光杆菌(*Photobacterium phosphoreum*)。

美国贝克曼(Beckman)公司制造的微量毒性分析仪就是一种发光细菌检测仪,操作极为方便,测定一个样品不到半小时,所得结果与鱼类毒性试验一致。

第三节 污染环境的微生物治理与修复

环境污染是由于进入环境的某种物质的数量超过了环境所能接受的容量或进入的速度在某一时间内超过了环境中物理、化学和生物因素对进入物所能进行的沉淀、吸附、结合、分解、利用的速度而使其积累,导致环境降低甚至失去使用价值的现象。如果污染物进入环境的速度和数量都在环境可接受的容量范围内或污染物只是瞬时性地进入环境,环境可通过自己的自净能力逐步消除污染物,不需人为地进行污染环境治理。如果污染物进入环境的速度和数量都大大超出了环境可接受的容量范围且污染物源源不断地进入环境,环境则难以通过自己的自净能力逐步消除污染物,必须人为地进行污染环境的治理。

一、污染环境的自净

环境自净是指环境受到污染后,在物理、化学和生物特别是微生物的作用下,污染物被逐步降解、消除并达到自然净化的过程。在环境自净中,微生物具有十分突出的作用。微生物的一大特点是其代谢类型多种多样。自然界中的各种物质,特别是有机化合物,几乎都可被微生物降解或转化。就是许多污染环境的人工合成物,也有微生物"正学着"如何分解。

(一)水体微生物的净化作用

水体微生物的净化作用,也即水体自净作用,是指水体中的微生物氧化分解(包括需氧分解和厌氧分解)有机污染物而使水质得到净化的过程。需氧微生物可将有机污染物氧化分解成简单、稳定的无机物如二氧化碳、水、硝酸盐和磷酸盐等,同时消耗一定量的溶解氧。耗去的溶解氧可通过水体表面的空气扩散和水生植物的产氧型光合作用得以复氧。耗氧和复氧是同时进行的。溶解氧的动态变化反映了水体中有机污染物净化的进程,因而可作为水体自净的标志。溶解氧的动态变化

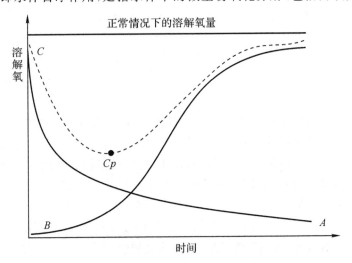

图 11-1 水域的氧垂曲线

常用氧垂曲线表示。如图 11-1 所示,A 为有机物分解的耗氧曲线,B 为水体复氧曲线,C 为氧

垂曲线,最低点 Cp 为最大缺氧点。若 Cp 点的溶解氧含量大于有关规定的指标值,说明从溶解氧的角度看,污水的排放没有超过水体的自净能力。若排入有机物过多,超过水体的自净能力,则 Cp 点的溶解氧含量就会低于有关规定的下限值,甚至在排放点下游出现无氧区,使氧垂曲线中断,水体失去自净能力。在无氧条件下,有机污染物可被厌氧微生物分解,产生硫化氢、甲烷等,使水质恶化变黑发臭。

水体中的生物群也可反映水体自净过程。水体被污染时,由于增加了大量营养物质,可导致耐污性微生物特别是异养型细菌的大量增殖,对污染敏感的蜉蝣稚虫、鲭鱼、硅藻等则会消失。经过一段时间净化后,以吞食细菌为主的原生动物可在水体中发展。以无机营养物为食的藻类,如某些蓝、绿藻,则只有在污染物被彻底降解并释放出足量氮、磷后,才能大量增殖,并占优势。通过上述作用,水质恢复洁净,水中的生物群落结构也随之恢复正常。

根据不同水体的自净规律,充分利用水体的自净能力,在保证水体不受污染的前提下,合理安排生产布局,可以减轻有机污染物人工处理的负担,以最经济的方法控制污染。

(二)土壤微生物的净化作用

天然土壤具有纯自然属性。人类最初开垦土地,主要是从中索取更多的生物量。在所开垦的土地逐渐变得贫瘠时,人们就向农田补充一些物质——肥料。在获得新肥力的同时,实际上农田也受到了污染。譬如,施用人畜粪尿作肥料,可保持农田良好的生产性能,但病人的病原菌也可引起土壤的微生物污染。随着现代工农业生产的飞跃发展,施入农田的农药和化肥不断增加,土壤的污染程度日趋严重。目前,有杀虫效果的化合物已超过 6 万种,大量使用的农药也有 50 余种。农药对土壤的污染已引起土壤生产力和农产品质量及其安全性明显下降。

残留于土壤内的农药,经过生物主要是微生物的作用,经历种种复杂的转化、分解,最后将农药分解为二氧化碳和水。如果将土壤进行高压灭菌或采用抑菌剂处理,农药在土壤中的降解速度就会降低,甚至完全停止。研究表明,在未经消毒的土壤中,除草剂"敌草隆"的降解速度明显高于用氯化苦熏蒸消毒的土壤。前者,6 周内敌草隆降解近半;而后者仅降解 1/10。

微生物降解许多结构复杂的农药是借助共代谢作用进行的。所谓共代谢是指微生物在其他因子的协同作用下降解某些污染物的现象。其具体表现为:① 依靠环境提供营养物质。例如,只有在蛋白脂类物质存在时,直肠梭菌(*Clostridium rectum*)才能降解丙体 666。② 依靠其他微生物协同作用。例如,链霉菌(*Streptomyces*)和节杆菌(*Arthrobacter*)可协作降解农药二嗪农的嘧啶环,两菌单独存在则均不能作用。③ 需有诱导物存在。例如,只有经正庚烷诱导后,铜绿假单胞菌(*Pseudomonas aeruginosa*)才能产生羟基化酶,使链烷羟基化为相应的醇。

微生物对有机氯农药 2,4-D 的降解,已有较多的研究报道。2,4-D 是农业上广泛应用的具有高度选择性的内吸性除草剂。在高浓度下,2,4-D 具有良好的除草效果,常用于杀除阔叶的双子叶植物;但低浓度(1mg/L)时则对植物有刺激生长作用,常用于促进早熟和生根,防治落花落果和倒伏等。已分离的 2,4-D 降解菌多属于假单胞菌属和产碱杆菌属(*Alcaligenes*)如真养产碱菌(*A. eutrophus*)等。降解基因位于其质粒 pJP4 上。2,4-D 的降解途径在各种降解菌中似乎相同,微生物降解过程如图 11-2 所示。由于初期的微生物数量不多,降解十分缓慢,经过延缓期后,降解速度加快。至一个月左右,2,4-D 完全消失。

对硫磷是一类有机磷杀虫剂。微生物对这类杀虫剂降解明显快于有机氯农药。常见的反应机制是酯酶水解。对硫磷的降解途径为:

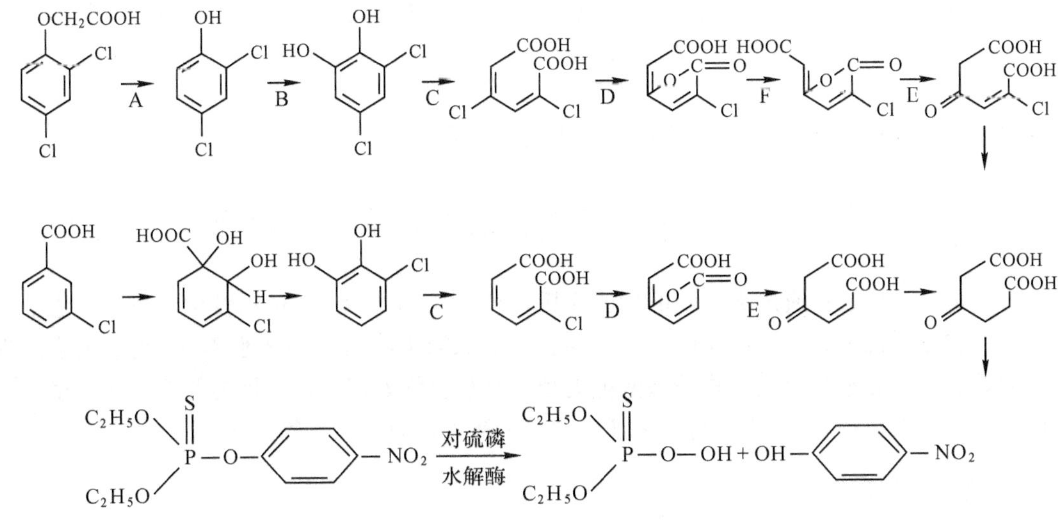

图 11-2 2,4-D 的微生物降解过程

二、污染环境的微生物修复

污染环境的生物修复(bioremediation)早在上一世纪 80 年代就开始了。生物修复也曾称生物恢复(biorestoration)、生物清除(bioelimination)、生物再生(bioreclamation)和生物净化(biopurification)等。它是指人为地利用和加强生物的代谢活动和其代谢产物降解并富集有毒有害污染物,从而恢复被污染环境的生产价值或景观价值的一个受控或自发进行的生物学过程。可利用于污染环境生物修复的生物可以有植物、动物和微生物。如利用芦苇发达的根系分解芳香族化合物,利用某些能富集重金属的植物来处理重金属污染土壤,利用蚯蚓分解农药污染土壤等。但微生物是污染环境自净和生物修复的主要参与者和贡献者。

污染环境生物修复可用原位(in situ)和异位(ex situ)或离位(off situ)两种不同方式进行。原位方式是在污染环境原地进行技术性生物治理,不需将污染的土壤或水体转移,而异位方式是将污染土壤或水体转移至指定地点进行集中处理。生物修复的基本方法:一是进行生物扩增,即种植或接种具有降解和富集功能的植物或微生物;二是进行生物性刺激,即施加生物活性物质或改善环境条件,刺激和促进土著微生物的生长和增殖,发挥其分解作用。

上述第一种方法是针对污染环境的主要污染物,选择具有降解这种污染物的微生物,通过发酵工程获得大量活性微生物,直接投加入污染土壤和水体,使污染环境中能降解这种污染物的微生物种群在数量上有极大的人为增强,促使污染物在较短时间内能得到有效降解乃至完全消除。第二种方法是有针对性地添加营养物、电子受体和表面活性剂等物质,给污染环境中的有关微生物种群创造增加种群数量和提高生物活性的条件,有利于微生物对污染物的降解和转化。在某些污染环境中由于污染物的不同,可能缺乏氮源物质,如原油污染环境;或者缺乏碳源物质和能源物质,如高氮施用环境;也有可能污染环境中缺乏微生物所需要的电子供体,如在厌氧环境中缺乏氧气,或 NO_3^-,SO_4^{2-},CO_2,Fe^{3+} 等;许多污染物是非水溶性物质如石油、PCBs、PABs 等,微生物难以接触污染物因而难以快速降解这些污染物。在生物修复过程中,针对性地加入营养物或电子供体或表面活性剂,有利于微生物的生长与降解污染物能力的提高。在大面积污染情况下,一般利用原位修复方法进行生物修复。如可投加活菌,投加各种有效物质刺激微生物大量增殖,改善污染水体的通气条件,促进相关微生物的大量增殖与快速降解。若污染原位环境为土壤,可进行翻耕,增加通气量,改善通气状况,提高好氧性微生物的生长与增殖速率,提高其生物活性。在污染环境是一种少量可转移的情况时,可利用异位修复方式进行生物修复。异位修复可用生物反应器法、预制床法、堆制法等不同方法将污染土壤在异地再结合施加营养液、接种微生物制剂等进行修复。

第四节　微生物与有机废水好氧生物处理

废水生物处理是指通过微生物的代谢作用,使废水中呈溶液、胶体以及微细悬浮状态的有机污染物转化为稳定无害的物质的废水处理法。根据微生物对氧的要求不同,废水生物处理可分为好氧生物处理和厌氧生物处理两种类型。好氧生物处理的使用极为普遍。按照微生物在反应器中的生长状态,好氧生物处理又可细分为活性污泥法和生物膜法。

一、活性污泥法

活性污泥法又称曝气法,是以废水中的有机污染物作为培养基(底物),在人工曝气充氧的条件下,对各种微生物群体进行混合连续培养,使之形成活性污泥,并利用活性污泥在水中的凝聚、吸附、氧化、分解和沉淀等作用,去除废水中的有机污染物的废水处理方法。活性污泥法是人们所常用的废水生物处理法。

1.活性污泥法的基本流程

活性污泥法的基本流程如图 11-3 所示。它是由英国最初采用的传统活性污泥法流程。流程中,活性污泥通过回流,与废水一起进入曝气池,彼此相互混合和接触,有机物质由活性污泥内的微生物去除。

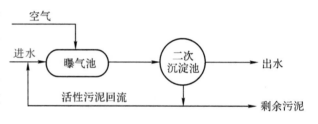

图 11-3　活性污泥法的基本流程

2.活性污泥及其生物相

活性污泥是栖息着具有生命活力的微生物群体的絮绒状污泥。它是活性污泥法系统去除有机污染物的主体。活性污泥中的生物相十分丰富,有细菌、真菌、原生动物和后生动物等。细菌是使活性污泥具有净化功能的主要微生物,其数量约 $10^8 \sim 10^9$ 个/mL。活性污泥中常见的细菌有动胶杆菌、假单胞菌、芽孢杆菌、小球菌、黄杆菌、产碱杆菌、无色杆菌、产气杆菌等。至于哪些细菌占优势,取决于有机污染物的种类。这些细菌多以菌胶团的形式存在,呈游离状态的较少。菌胶团是由细菌分泌的蛋白质、多糖和核酸等胞外聚合物包埋胶结而成的细菌团块。它赋予细菌抵御外界不利因素的能力,并使活性污泥自身具有良好的凝聚沉淀性能。菌胶团的形状各异,有分枝状、片状、垂丝状和蘑菇状等。

在活性污泥中,经常出现丝状菌,如球衣菌、白硫菌和丝硫菌等。球衣菌对有机物有较强的分解能力,但如果繁殖过多会诱发“污泥膨胀”,影响污泥沉淀,降低处理效果。

活性污泥中的原生动物有鞭毛虫、根足虫、纤毛虫和吸管虫等,总数可达 5×10^4 个/mL。它们多以游离细菌为食。如水质和运行条件发生变化,它们的种属也会随之改变。在一定程度上,出现的原生动物反映了水质状况或处理效果,因此称为指示生物。例如,初期往往鞭毛虫类占优势,然后,纤毛虫类取而代之,渐居优势。当活性污泥成熟,且处理效果良好时,匍匐型或附着型的红毛虫将成为优势种群。

　　活性污泥中有时也出现以轮虫为主的多细胞后生动物。轮虫一般生活于有机质含量很低的水中,因此,轮虫的出现说明污水处理效果良好。而轮虫数量过多则是活性污泥老化的反映。

二、生物膜法

　　生物膜法又称生物过滤法,是指使废水流过生长在固定支承物表面上的生物膜,并通过生物氧化和各相间的物质交换作用,去除废水中有机污染物的废水处理法。生物膜法是人们模拟土壤自净过程而创造的。现生物膜法得到了很大发展,已成为颇受欢迎的废水处理方法。

　　(一)生物膜法的基本流程

　　生物膜法处理有机废水的基本流程如图 11-4 所示。废水先流入初沉池,以除去废水中可能出现的悬浮固体,保证生物膜法的反应器——生物滤池不受堵塞,并减轻其处理负荷。

图 11-4　生物膜法处理有机废水的基本流程

　　(二)生物膜及生物相

　　1.生物膜的形成、脱落和更新

　　生物膜是指附着在滤料表面的一层充满微生物的黏膜(图 11-5)。废水有机物的降解和去除主要依靠生物膜。在生物滤池的运行中,废水经布水器均匀地洒到滤料表面,并呈涓滴状向下流动。此时,一部分废水被吸附于滤料四周,成为滤料的附着水层(薄膜),另一部分废水则可在附着水层表面滑过。滤料间隙内持有空气,可溶入水层而供作溶解氧。由于条件适宜,附着水层中的需氧微生物即利用废水中的有机物质而大量繁殖。此外,滤料表面也可吸附胶体物质

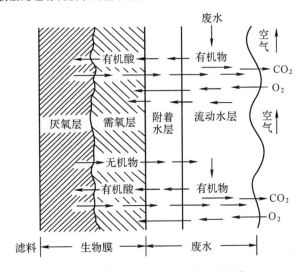

图 11-5　生物膜及其对有机物的去除作用

和截留悬浮物质,从而在滤料表面逐渐形成一层充满微生物的"生物膜"。

　　由于可以源源不断地从废水中获得营养,生物膜上的微生物不断增殖,膜逐步增厚。当生物膜超过一定厚度时,膜内层就难以得到足够的氧,并由此使需氧分解转变为厌氧分解,导致需氧微生物逐渐衰老死亡,最终使生物膜从滤料表面脱落,随水流至二沉池。脱膜的滤料表面又可重新形成生物膜,并如此不断更新。

　　2.生物膜的生物相

　　生物膜的生物相十分丰富,所包含的微生物种类很多,有细菌、真菌、藻类、原生动物、后生动物以及肉眼可见的微型动物。

　　细菌和真菌　细菌是生物膜的主要微生物,有假单胞菌属、芽孢杆菌属、产碱杆菌属、动胶杆菌属和球衣菌属。其中球衣菌属是一种丝状菌,对有机物具有很强的降解能力。在生物滤

池纵向的各层生物膜中,细菌的种类和数量均有差异。滤池顶层,生物膜内的菌数一般较多,底层则较少。顶层多为异养菌,底层则多为自养菌。真菌也普遍存在于生物膜中,主要有镰刀霉属、地霉属和浆霉属等。真菌对某些人工合成的有机物(如腈)有一定的降解能力。

原生动物和后生动物　原生动物和后生动物都属微型动物,栖息于滤池底部生物膜的好氧表层。出现微型动物表明生物膜已经培养成熟。在生物滤池运行初期,多出现豆形虫一类的游泳型纤毛虫。运行良好时,则以钟虫、独缩虫、等枝虫、盖纤虫等固着型纤毛虫为主。原生动物能吞食细菌,特别是游离细菌,对改善生物滤器的出水水质具有积极而重要的作用。当溶解氧十分充足时生物滤器内常见有后生动物线虫,它们以细菌、原生动物为食料。

生物滤器中的微生物生态分布是:从顶部到底部,微生物种类由少到多,微生物系统由低级到高级。顶部生物膜以细菌为主,多为菌胶团,不见或少见原生动物。中部生物膜除大量细菌外,豆形虫、滴虫、变形虫等原生动物的数量逐渐增多。底部生物膜中原生动物数量更多,种类有钟虫、芽枝虫、盖纤虫等,细菌数量则少。

第五节　微生物与有机废水厌氧生物处理

废水厌氧生物处理是利用厌氧微生物降解废水中的有机污染物,使之得到净化的废水处理法。由于它有运行能耗低、剩余污泥量少,且可回收沼气等显著优点,现已逐步在有机废水,特别是高浓度有机废水处理中推广应用。

一、废水厌氧生物处理的微生物学原理

废水厌氧生物处理实际上是利用沼气发酵的微生物学原理和特定装置,将废水中的有机物质转化为甲烷的过程。在厌氧生物处理中,产甲烷古菌位于食物链的末端,非产甲烷细菌只能将复杂有机物降解转化为乙酸,而乙酸依然溶解于水中,不能脱离水体,不能达到净化废水的目的。只有产甲烷古菌参与作用,将累积在废水中的中间代谢产物转化为甲烷,并利用甲烷极难溶于水的特性而离开水体,废水才能得以净化。因此产甲烷古菌对有机污染物最终从水中除去起着关键作用。

二、两种代表性的厌氧生物处理工艺

与好氧生物处理一样,厌氧生物处理也可区分为厌氧活性污泥法和厌氧生物膜法两类。上流式厌氧污泥床工艺和厌氧滤池工艺分别是它们的典型代表。

(一)上流式厌氧污泥床工艺

上流式厌氧污泥床工艺是由荷兰莱丁格(G. Lettinga)于1974—1978年首创的高效厌氧生物处理工艺。目前,已在许多国家的废水生物处理中得到实际应用。现规模最大的装置容积高达几千甚至上万立方米。

1.上流式厌氧污泥床工艺的基本流程

上流式厌氧污泥床工艺的基本流程如图11-6所示。废水先进入初沉池中,沉降除去砂和大部分悬浮固体。经初沉池预处理的废水引入厌氧污泥床反应器,并通过其中厌氧颗粒活性污泥的作用,降解转化为沼气。然后再经上部三相分离器的作用,使气、液、固三相分离。气体接入贮气柜,上清液排至二沉池,经沉淀处理后排出处理系统。污泥回流至反应器内,重新使用。

2. 上流式厌氧污泥床反应器的结构和性能

小型上流式厌氧污泥床反应器的关键结构是装置上部的三相分离器。三相分离器的工作原理是：让附有气泡而上升的颗粒污泥重新返回装置中。其工作过程如图 11-7 所示。反应器中含有沼气、活性污泥及废水的混合液上流至三相分离器时，通过与分

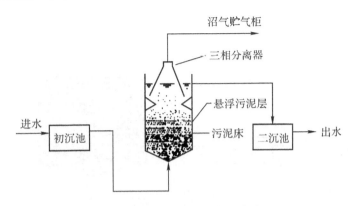

图 11-6　厌氧污泥床工艺的基本流程

离器外部结构的撞击，部分附着至颗粒污泥上的气泡可被分离，未被分离的混合液则继续流进三相分离器。在分离器内，来自各个方向的混合液因相互撞击至液-气界面时，颗粒上残留的沼气因膨胀而释放。此时，污泥大部分返回反应器，仅小部随水流进沉淀室，由于该部位水流平缓，这些污泥也会在重力作用下沉淀而与出水分离，最后经浓缩回到反应器中。通过三相分离器的有效分离，厌氧污泥床反应器底部可出现一个浓度高于 80g/L 的污泥层，其上部的悬浮污泥层浓度也可高达 20～40g/L。这样就为厌氧污泥床工艺的高效运行奠定了基础。

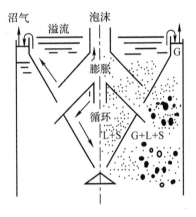

图 11-7　三相分离器的结构和工作原理

厌氧污泥床底部的高浓度污泥层，具有很强的吸附能力。当废水从反应器底部进入污泥床且与其混合后，废水中的有机物可迅速被厌氧颗粒污泥吸附。尔后摄入微生物体内，经各种细菌生理群的协同代谢，最终转化为沼气。沼气以微小气泡的形式不断上逸，并在此过程中相互合并，逐渐形成较大的气泡，最后经集气室而引出反应器。废水得到净化。

（二）厌氧生物滤池工艺

厌氧生物滤池工艺是世界上最早使用的废水生物处理方法之一。

1. 厌氧生物滤池工艺的基本流程

厌氧生物滤池工艺的基本流程如图 11-8 所示。由于厌氧滤池内充有填料，对废水中的悬浮物反应敏感，因此在废水进入滤池前，应通过初沉池将其大部分沉淀去除。废水流入厌氧生物滤池后，逐层上流，并被附着在滤料表面的厌氧生物膜降解转化为沼气，使废水得以净化。滤池出水中会夹带一些生物膜，为保证出水质量，应通过二沉池分离去除。

2. 厌氧生物滤池的结构和性能

厌氧滤池常设计成圆柱形。下部设有布水器，使进水均匀地分布在整个滤池截面。上部设有集气室，有机物转化产生的沼气可在此收集。中间大部分空间充以填料。填料的种类很多，碎石、煤渣、塑料制品均可采用。所应用的填料应有较大的比表面积，以便为厌氧微生物提供较大的附着生长场所。

在厌氧生物滤池中，关键结构是填料。为了使厌氧生物滤池取得运行的高效，填料表面必须生长起足够数量的生物膜。填料还有机械截留作用，可将游离于发酵液中的微生物持留在

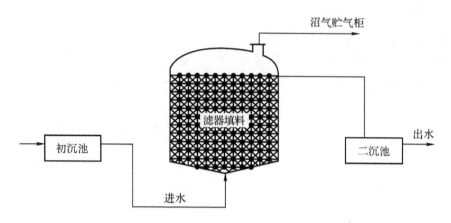

图 11-8　厌氧生物滤池工艺的基本流程

填料缝隙中,以增加整个厌氧生物滤池中的微生物总量。填料的有效作用,可使滤池获得很高的污泥浓度,从而保证其高效运行。

3.厌氧生物滤池对有机污染物的去除过程与效率

附着在厌氧滤池料上的生物膜,具有很强的吸附和代谢能力。当废水经布水器均匀地分布在整个滤池断面,并由下向上流动时,一部分被滤料四周的厌氧生物膜吸附成为附着水层,另一部分则可在附着水层表面流过。生物膜中的厌氧微生物能够协同代谢,优先将附着水层中的有机物降解、转化成甲烷、二氧化碳、水等。经过传递,这些产物可以离开附着水层。在此情况下,附着水层内的有机物浓度迅速下降。当流动水经过附着水层表面时,由于彼此间存在浓度差,流动水中的有机物就可扩散传递给附着水层,并由此维持废水净化过程的不断进行。

第六节　微生物与城市垃圾生物处理

一、我国城市生活垃圾的现状与特点

我国的城市生活垃圾来源广泛,成分复杂。生活垃圾的无机成分有煤灰渣、玻璃、金属、陶瓷、砖瓦等,它们占垃圾总量的 2/3 左右,其中煤灰渣占无机物的 95% 左右,但近年来随着城市居民生活水平的提高和城市建设的发展,煤灰渣的比例已急剧减少。生活垃圾的有机成分有厨渣、纸片、果皮、纺纤、皮革、杂草、木屑、塑料、橡胶物等,它们占垃圾总量的 1/3 左右,其中厨渣一项约占有机物的 60%～70%。而且有机垃圾和有回收价值的比例明显上升。如食品、纸张分别从 1990 年的 24.89% 和 4.56% 上升到 1998 年的 36.12% 和 17.89%,而灰土和砖瓦分别从 1990 年的 53.22% 和 4.11% 下降到 1998 年的 5.64% 和 1.11%。这种城市生活垃圾有机物含量明显上升的趋势在经济发达地区更为明显。但总体来说,我国城市生活垃圾有机质成分少,生物降解比较困难。

城市生活垃圾的日产量很大,而且正在以 10% 左右的增长速率增加。为了保证城市的正常运行,垃圾只能运往城市周边集中处理。因此,数量如此巨大的垃圾需要大量的运输工具,占用大片土地,耗费大量人力,而且已经造成了垃圾包围城市的趋势。

由于垃圾污染环境,破坏环境景观,干扰和破坏环境功能,引发孳生各种害虫蚊子、蟑螂、苍蝇、鼠类等,继而引发各种传染病,对环境的污染已危及了人类的生活质量和工农业生产。

垃圾的生物处理结合资源回收势在必行,而生物处理是最为经济的处理方法。

二、垃圾的生物处理

1.垃圾好氧生物处理

固体废物堆肥法是综合处理和利用垃圾的有效方法之一。在堆制过程中,垃圾中的有机物可被好氧微生物降解成一种类似土壤腐殖质的物质,可供作肥料并用来改良土壤。堆肥作为有机废弃物的处理方法已得到广泛重视。其微生物学原理和处理方法详见"第十三章第三节"。城市生活垃圾经生物处理后可用作肥料。但由于城市生活垃圾的含氮量相对较低,需加入有效氮调配成一定含氮量的有机肥方可使用。同时由于肥料的施用具有季节性,必须有足够的场地储存。收集的垃圾有相当部分不能用作堆肥材料,也必须有场地处置。

2.垃圾厌氧生物处理

从理论上说,采用厌氧生物处理法处理垃圾,既可消除污染,又可回收沼气,是处理生活垃圾的理想途径。但在实际过程中往往遇到投资大、产气小、收益低等困境。

从实践上,可利用天然大片洼地或坡下谷地作为厌氧生物处理生活垃圾的场所。其步骤为:先将处理场所的底层夯实,铺上细沙、卵石、沥青和防渗等材料,以防止垃圾降解中产生的沥滤污水渗漏入地下水。垃圾铺成层,层层压紧,每层上面覆盖泥土,以免污染周围环境。在铺垃圾层的过程中,埋进集气管,以回收沼气(所得沼气经去除硫化氢后,可用于燃烧和发电),并可防止填埋堆中下部应沼气的积累过度而发生爆炸。停止使用的垃圾场,用厚土封盖并在其上培植草皮、种植树木等以恢复植被。

第七节　微生物脱氮和除磷

污水中含有大量的含氮和含磷化合物,即使是经处理的二级处理出水仍含有较高浓度的无机氮、磷化合物。如这种废水不经处理直接排入水域,则会导致水体富营养化;而这种含有大量氮、磷化合物的水源作为饮用水源,也会影响人体健康。

一、微生物脱氮

微生物脱氮技术(biological denitrification)就是在人为控制下利用微生物将污水中的 NO_3^- 还原为 N_2 清除废水中硝态氮的过程。如果废水中存在的含氮化合物是氨态氮,则先将氨态氮氧化为硝态氮即先进行硝化作用,然后再在厌氧条件下反硝化作用,进行脱氮,形成"硝化-反硝化"的脱氮过程与工艺。关于硝化作用与反硝化作用的微生物学与生物化学原理已在"第十章第二节"中阐述,这里不再重复。

微生物脱氮的工艺流程有多种。传统的流程为三级活性污泥法工艺,即污水进入一级反应器进行氨化作用,使有机物中的含氮物质脱氨;出水沉淀进入二级反应器进行硝化作用,使氨在有氧条件下氧化为硝态氮;出水沉淀进入三级反应器,使硝态氮在无氧条件下反硝化形成气态氮 N_2,逸入大气,完成脱氮过程。每一级出水沉淀都进行污泥回流以提高反应器工作效率。目前应用较多的是 A/O(anoxic/oxic)脱氮工艺,见图 11-9。现在也已开发出利用将氨的氧化控制在形成 NO_2^- 为止,即只到亚硝化阶段,然后即进入反硝化阶段,以节省用于进一步硝化的通气(约 25%)和碳源(约 40%),减少成本支出。这一工艺称为短程脱氮工艺或简捷硝化-反硝化脱氮工艺。利用氨厌氧氧化脱氮的工艺也正日趋成熟,氨在有少量 NO_3^- 存在并作

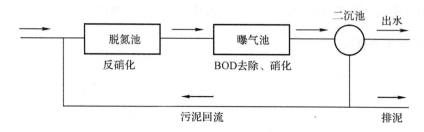

图 11-9 A/O脱氮工艺流程

为电子受体的条件下厌氧氧化为 N_2。

二、微生物除磷

高含磷废水的活性污泥中存在一类"聚磷菌"(polyphosphate accumulation microorganisms),这类聚磷菌在好氧条件下能够吸收超过自己本身生理所需的过量磷,含磷量可达细胞干重的 6%～8%,甚至更高,但在厌氧条件下又可释放出这部分过量吸收的磷。微生物除磷处理的微生物学原理和技术就是利用聚磷菌能在好氧和厌氧条件下吸收磷和释放磷的特点,人为控制好氧和厌氧条件去除废水中磷的过程。这一生化过程见图 11-10。

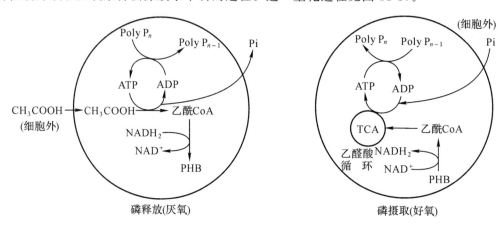

图 11-10 聚磷菌在厌氧和好氧条件下的磷释放与磷吸收
(引自王家铃著,2004)

具有聚磷和放磷功能的微生物有不动杆菌属(*Acinetobacter*)、假单胞菌属、气单胞菌属(*Aeromonas*)、深红红螺菌(*Rhodospirillum ruber*)、色杆菌属(*Chromobacterium*)等。由于聚磷菌在释放磷的过程中能将伴随释放的能量用于合成聚-β-羟基丁酸(PHB),因此在这些聚磷菌细胞内往往有明显的聚-β-羟基丁酸颗粒存在。

微生物除磷的工艺与生物脱氮的工艺大致相似,同样需要将流程分隔为厌氧反应器和好氧反应器,使聚磷菌在厌氧条件下释放磷,再使聚磷菌在好氧条件下最大程度地吸收磷,形成大量的活性污泥,然后排除活性污泥,达到除磷的目的。但是在脱氮工艺中的缺氧反应器内有 NO_3^- 等含结合态氧的化合物,氧化还原电位在 -100 mV 以上,而除磷工艺中的厌氧反应器内氧化还原电位相对较低,在 -200～-300 mV 之间,没有溶解氧,也没有含氮化合物。

复习思考题

1. 阐述微生物及其产物对大气的污染。
2. 引起水域富营养化的原因通常是什么？富营养化后的水域微生物如何变化与判断？
3. 简述利用沙门氏菌/Ames 法检测污染物致突变性的原理和过程。
4. 微生物生物修复污染环境的方法有哪些？
5. 有机废水生物处理的方法及其主要原理是什么？
6. 简述生物脱氮的微生物学原理和主要工艺。
7. 简述生物除磷的微生物学原理和主要工艺。

第十二章　微生物与食品

【内容提要】

本章介绍微生物作为食品加以利用的各种方式,如食用菌、单细胞蛋白、某些微生态保健品等;微生物的食品加工前后的消长变化,微生物引起食品腐败变质的不同方式,微生物可通过病原菌或其有毒的代谢产物引起食物中毒,微生物引起各种不同食品腐败变质的过程;在食品保藏过程中可以通过加热加工、低温保存、干燥、辐射灭菌、糖盐腌制、加入化学防腐剂等方法来延长食品的保藏时间。

食品是人类赖以生存的营养来源和能量来源。几千年的人类生活积累了极为丰富的利用微生物制造食品或提高食品风味和防止微生物腐败食品的经验,至今理论上也已有很大的发展。微生物与食品之间的相互关系、与食品有关的微生物特性及其生态和条件等已逐渐发展成为一门独特的新兴学科——食品微生物学。

第一节　微生物与食品生产

在食品生产中微生物的应用十分广泛,但不外乎三种方式:一是应用微生物菌体,二是应用微生物的代谢产物,三是应用微生物的酶。随着科学技术的进步微生物应用于食品生产的领域和范围必将越来越广泛。

一、微生物菌体的应用

(一)食用菌及其生产

1. 食用菌的营养和医药价值

食品中应用微生物菌体最广泛和直接的是食用菌。食用菌是可以食用的一类大型真菌(主要是担子菌),一般直接作为人类食品,现也有通过各种精细加工,制成更精美的饮料、滋补保健品和医疗药品。

新鲜食用菌除去约 90% 左右的水分外,在其干物质中,有 $90\%\sim97\%$ 是有机物。曾有报道在 112 种食用菌的干物质中,平均粗蛋白含量为 25%,脂肪 8%,碳水化合物 60%(其中糖 52%,纤维素 8%),灰分 7%。各种成分的含量也依栽培条件不同而稍有差异,见表 12-1。食用菌菇类的蛋白质含量是评价其食用价值的重要指标之一。其蛋白质和氨基酸含量较一般水果和蔬菜高,在鲜蘑菇中蛋白质含量为 3.5%,而白萝卜仅 0.6%,大白菜 1.1%。食用菌中氨基酸种类较全,有十七八种之多,含有人体所必需的 8 种必需氨基酸。许多种类的氨基酸含量可以与牛乳、肉和鱼粉相当。食用菌中的脂类主要是脂肪、磷脂、蜡和固醇等脂溶性化合物,这些脂类可与蛋白质结合成脂蛋白质。食用菌脂类似于植物脂肪,含有较高的不饱和脂肪酸如油酸、亚油酸,其中亚油酸可占中性脂肪部分脂肪食量的 70%,占极性类脂部分脂肪酸量的 90%,因此具有降低血脂的作用。食用菌碳水化合物中海藻糖和糖醇含量可达 3% 左右,或糖胶在3%以下,有丰富的肝糖,并含有平均干重含量达12%的食物纤维素和含有非蛋白氮的几丁质。食用菌的灰分中含有人体必需的多种矿物元素,尤以钾和磷的含量最高,钾可高达灰分的58%,磷达20%,钠2%左右,再是钙和铁。而且许多食用菌含有丰富的维生素。如双孢蘑菇中含有 VB$_1$、VB$_2$、VC、VK、泛酸、烟酸、叶酸等。鸡油菌中含有较多的维生素 C 和胡萝卜素。在鲜草菇中含有的维生素 C 高达 206.27mg/100g,远高于苹果中的含量,见表 12-2。

表 12-1　常见食用菌的主要成分[*]　　（单位：g/100g 干物质）

种类	样品	粗蛋白 ($n \times 4.38$)	脂肪	碳水化合物			灰分
				总含量	无氮	纤维	
双孢蘑菇	鲜	26.3	1.8	59.9	49.5	10.4	12.0
香　菇	鲜	17.5	8.0	67.5	59.5	8.0	7.0
草　菇	鲜	30.1	6.4	50.9	39.0	11.9	12.9
金 针 菇	鲜	17.1	1.9	73.1	69.4	3.7	7.4
滑　菇	鲜	20.8	4.2	66.7	60.4	6.3	8.3
平　菇	鲜	30.4	2.2	57.6	48.98	8.7	9.8
口　蘑	鲜	16.7	3.1	71.9	59.4	12.5	8.3
鸡 油 菌	鲜	21.5	5.0	64.9	53.7	11.2	8.6
鸡　拟	鲜	20.6	4.0	67.5	59.4	8.1	7.0
毛头鬼伞	鲜	25.4	3.0	58.8	51.5	7.3	12.5
松 乳 菇	鲜	18.8	7.1	67.8	未测	未测	6.3
美味牛肝菌	鲜	29.7	3.1	59.7	51.7	8.0	7.5
黑 木 耳	干	8.1	1.5	81.0	74.1	6.9	9.4
毛 木 耳	干	7.9	1.2	84.2	75.1	9.1	6.7
银　耳	干	4.6	0.2	94.8	93.4	1.4	0.4
羊 肚 菌	鲜(幼)	23.4	7.5	55.5	46.0	9.5	13.6

[*] 引自吴淑珍、沈国华资料。

表 12-2　18 种食用菌的维生素含量　　（单位：mg/100g 干物质）

菌类 ＼ 维生素	硫胺素 (B$_1$)	核黄素 (B$_2$)	烟酸 (B$_3$)	抗坏血酸 (C)	麦角固醇 (D 原)
双孢蘑菇	0.16	0.07	4.8	13.19	124
香　菇	0.07	0.12	2.4	10.97	246
草　菇	1.20	3.30	91.9	206.27	—[*]
金 针 菇	0.31	0.05	8.1	10.93	204
滑　菇	0.08	0.05	3.3	8.83	223
平　菇	0.40	0.14	10.7	9.30	120
黑 木 耳	0.19	1.20	4.1	25.40	35
银　耳	0.12	0.01	2.2	4.57	41
灰 树 花	0.25	0.08	9.1	14.84	225
元蘑（亚侧耳）	—	0.03	—	15.07	58
松 口 蘑	—	0.15	—	15.62	221
蜜 环 菌	—	0.06	—	10.96	130
橙 盖 伞	—	0.35	—	11.88	158
丛生离褶伞	0.08	0.06	9.0	10.97	202
金 号 角	—	0.11	—	67.02	51
日本美味松乳菇	—	0.44	—	7.37	126
乳牛肝菌	—	0.07	—	9.07	104
竹　荪	—	0.05	—	4.01	37

"—"表示此项未测定。

2.食用菌的分类地位

食用菌是属于真菌门(Eumycota)中的子囊菌亚门(Ascomycotina)和担子菌亚门(Basidiomycotina)的大型真菌。

目前世界上已有记载的食用菌已超过 2 000 多种。据卯晓岚 1988 年统计,我国已知的食用菌有 657 种,分属于 41 个科,132 个属,其中子囊菌 37 种,占 5.6%,担子菌 620 种,占 94.9%。但目前进行人工栽培的有 40 余种,作为商品生产的仅 20 多种,见表 12-3。

表 12-3　目前进行商品生产的食用菌

中　名	学　名	别　名
双孢蘑菇	*Agaricus bisporus*(Lange)Sing.	蘑菇、洋蘑、白蘑
大 肥 菇	*A. bitorquis*(Quel.)Sace.	双环蘑菇
香　菇	*Lentinus edodes*(Berk.)Sing.	香信、香菌、冬菇
银　耳	*Tremella fuciformis* Berk.	白木耳
金　耳	*T. auranlia Schw. Ex Fr.*	黄金银耳
黑 木 耳	*Auricularia auricula*(L. ex Hook.)Underw.	木耳、房耳、云耳、川耳
毛 木 耳	*A. polytricha*(Mont.)Sace.	构耳、黄背木耳
草　菇	*Volvariella volvascea*(Bull. Ex Fr.)Sing.	南华(花)菇、杆菇
金 针 菇	*Flammulina velutipes*(Fr.)Sing.	毛柄金钱菌、朴菇、构菌、冬菇
糙皮侧耳	*Pleurotus ostreatrs*(Jacg ex Fr.)Quel.	平菇、北风菌
凤 尾 菇	*P. sajorcaju*(Fr.)Sing.	环柄斗菇、环柄侧耳
鲍 鱼 菇	*P. cystidiosus* Han *et al*	亚栎平菇
裂皮侧耳	*P. corticatus*(Fr.)Quel.	栎平菇
金顶侧耳	*Pholiota nameko*(Ito)Ito et Imai.	
滑　菇	*Pholiota nameko*(Ito)(Bull ex. Fr.)Pers.	猴头
茯　苓	*Poria cocos*(Schw.)Wolf	
灰 树 花	*Polyporus frondosus* Dicks ex Fr.	具叶多孔菌
长裙竹荪	*Dictyophora indusiata*(Vent. Ex Pers.)Fisch.	竹荪
短裙竹荪	*D. duplicata*(Bosc.)Fisch.	竹荪
灵　芝	*Ganoderma lucidum*(Leyss ex Fr.)Karst.	灵芝草、红芝、万年蕈、青芝

3.食用菌的营养生理

食用菌的营养方式可分为腐生菌类、共生菌类、兼性寄生菌类和弱寄生菌类四大类型。食用菌能利用的碳源只能是纤维素、半纤维素、木质素、淀粉、有机酸和醇类等有机物,不利用无机碳。食用菌对氮素的要求在不同生长期各不一样,菌丝生长时氮素要求相对高一些,C/N以(15～20):1 为好,而子实体形成时则以(30～40):1 为好。氮源可以是氨基酸、尿素、氨和硝酸钾等小分子氮化合物。食用菌生长发育需磷、钾、镁、钙、铁、锌、锰等多种元素,尤以磷、钾、镁最为重要,同时需要生长因子参与新陈代谢活动。

4.食用菌的栽培生产

食用菌的生产分为液体深层发酵培养和固体基质栽培两种方式。前种方式可在较短时间内获得大量菌丝体和代谢产物。工艺过程为：斜面种子──→摇瓶种子──→种子罐繁殖──→发酵罐发酵──→过滤──→菌丝体。这是一个液体培养逐级扩大的过程。另一种方式可以获得子实体，工艺过程为：母种培养──→原种培养──→栽培种──→栽培──→收摘。这是固体培养基上逐级扩大的过程。液体发酵主要是通过发酵获得食用菌的菌丝体和代谢产物，可用于保健食品和药品生产。固体发酵主要是获得可食用的子实体。食用菌固体发酵栽培方法简易，原料广泛易得。固体栽培方法（以蘑菇为例）大致如下：先将腐熟成酱色的培养料去除各种砖石块、昆虫、明显长有霉菌和未腐熟透的原料，施入少量磷肥，拌匀平整稍压，然后每隔20cm左右挖一浅穴，播入菌种块。保温22～26℃培养。2周后可见菌株在培养料上生长蔓延，上再盖一层相对含水量在60％～70％的细土层；并降温至15～18℃，2周后可见菌丝体缠结成团并形成子实体。

5.食用菌的保鲜加工

新鲜的食用菌子实体收获后，除马上直接销售和食用外，必须加以保鲜、保藏和加工。保鲜方法可用塑料食品袋（盒）简易保鲜，或包装后置于0～8℃冷藏保鲜、低温气调（即调节空气组分）保鲜、以100～60krad剂量辐射保鲜，也可利用0.6％食盐水或0.001％～0.07％焦亚硫酸钠溶液浸泡等化学药物保鲜，等等。干制加工可用日晒干制或烘烤等脱水方法。食用菌也可进行加工罐藏或食用菌罐头，或盐渍成盐水蘑菇、盐水平菇等，或糖渍成食用菌蜜。食用菌深加工可制成健肝片、蘑菇酱油、香菇松、复方银耳糖浆、食用菌饮料或口服液等。不仅可方便服用，而且可以大幅度地增加加工附加值，提高经济效益。

（二）单细胞蛋白的生产与应用

单细胞蛋白（single cell protein，SCP）的生产即是利用某些含有丰富营养源的废水废液或其他低氮或无氮原料培养某些细菌或酵母菌（有时为丝状霉菌）生产获得蛋白质的方式。微生物菌体细胞含有极为丰富而全面的营养成分，高量的蛋白质和较多种类的氨基酸以及维生素等，如表12-4所示的产朊圆酵母（*Torulopsis utilis*）菌体的成分。另外微生物菌体可以工业化生产而不受环境条件影响，且微生物生长远较动植物生长快得多，微生物合成同等数量的蛋白质比植物快500倍，比动物快2 000倍。还有一个特点是可以利用廉价原料进行工厂化规模化生产。

表 12-4　产朊圆酵母菌体的成分（以细胞干重计）

一般成分（％）		维生素（μg/g）		氨基酸（％）	
水分	5.8	硫胺素	5.3	精氨酸	3.6
灰分	9.1	核黄素	4.5	胱氨酸	0.7
磷	1.9	吡哆醇	33.4	甘氨酸	0.2
钙	0.85	泛酸	37.2	组氨酸	1.3
粗蛋白	47.4	生物素	2.3	异亮氨酸	3.7
粗脂肪	4.8	烟酸	417.3	亮氨酸	3.6
粗纤维	0.8	叶酸	21.5	赖氨酸	4.1
				蛋氨酸	0.8
				苯丙氨酸	2.4
				苏氨酸	2.6
				色氨酸	0.7
				缬氨酸	2.9
				谷氨酸	6.9

可用于单细胞蛋白生产的原料可分为碳水化合物类、碳氢化合物类、石油产品废弃物类、无机气类、有机工业废水类、城市废弃物类、农畜牧业废弃物类、海产废弃物类、泥炭类等,来源十分广泛,尤其是利用城市、工农业生产有机废水废弃物如柠檬酸生产废水、味精废水、酒精废水、豆制品废水、淀粉厂生产废水、糖蜜废水等进行单细胞蛋白生产,不仅可获得有价值的蛋白质,且可以清除有机污染物,变废物为资源,保护环境。国内都已有成功的规模化生产。进行单细胞蛋白生产所利用的各种原料及其涉及的微生物列于表 12-5。

表 12-5　各类生产单细胞蛋白的原料及涉及的微生物

类　别	原　料	主要微生物
碳水化合物	淀粉、糖、纤维素水解物等	酵母菌(*Saccharomyces*)
碳氢类化合物	石油馏分物	假丝酵母(*Candida*)
	石蜡	圆酵母(*Torulopsis*)
	天然气、甲烷、乙烷、丙烷	假丝酵母
		甲烷假单胞菌(*Pseudomonas methanica*)
石油产品物	甲醇、乙醇、乙酸	假丝酵母
		酿酒酵母
		毕赤氏酵母(*Pichia*)
		曲霉属(*Aspergillus*)
无机气体	CO_2,CO,H_2,其他	水球藻(*Chlorella*)
		螺旋藻(*Spirullina*)
		颤藻(*Diatoma*)
		氢单胞菌(*Hydrogenomonas*)
有机工业废水	淀粉废水,糖蜜废水、酒精废水、豆制品废水、味精废水等	以上各类微生物
农畜有机废弃物	各种牲畜粪尿,果汁加工废液,各种秸秆、木屑、蔗渣等发酵水解液	以上各类微生物

单细胞蛋白的生产流程大致为:原材料前处理——水解——调节 pH ——澄清配液——发酵——分离压榨——干燥——成型——包装。在培养后应尽快将菌体细胞分离,尤其是酵母菌体。如发酵后不及时分离,则可使酵母菌发生自溶,不仅影响产量,也影响产品质量。

单细胞蛋白,尤其是酵母菌体,可直接食用,可用作制作各式面包和馒头的发酵剂、各种饲料的蛋白质添加剂,也可用作医疗药品。如直接食用酵母菌体可帮助消化。酵母菌体的提取物含凝血物质,可用于止血;麦角固醇可用作生产 VD_2 原料;辅酶 A 可治疗动脉硬化、血小板减少症、肝炎等;细胞色素 C 可用作细胞呼吸剂;酵母菌体裂解物可用作生物化学、微生物学研究的生物试剂。

(三)微生态调节剂的生产

微生态调节剂(microecological modulator)就是以微生态学理论为基础,用于调整微生态平衡,防止微生态失调,以达到提高动物、植物和人的健康水平或增进健康佳态的有益微生物及其代谢产物的微生物制品。

微生态调节剂包括益生菌(probiotics)、益生元(prebiotics)和合生元(synbiotics)三类。益生菌是指能通过改善微生态平衡,发挥有益作用而帮助寄主提高健康水平或改善健康状态的微生物及其代谢产物。目前对于人类应用较多的有双歧杆菌（*Bifidobacterium*）、乳杆菌（*Lactobacterium*）、肠球菌（*Enterococcus*）、大肠杆菌（*Escherichia coli*）、枯草芽孢杆菌（*Bacillus subtilis*）、蜡样芽孢杆菌（*B. cereus*）、地衣芽孢杆菌（*B. licheniformis*）和酵母菌等。益生元是指能够促进益生菌生长繁殖的物质，如双歧因子（bifidus factor）、各种只能为有益菌利用却不能为大部分肠细菌分解和利用的寡聚糖以及某些中草药，等等。益生元能够扶植正常菌群生长，调整菌群结构，提高有益菌的定殖能力。合生元是指益生菌和益生元同时并存的制剂。微生态调节剂可从不同角度进行分类，如按剂型，可分为液体剂型、固体剂型、半固体剂型和气体制剂型四类；按成分，可分为菌体（包括活菌体、死菌体），代谢产物和生长促进物质三类；按用途分，有以保健和疾病防治两类；按宿主分，则为人类、动物、植物和微生物四类。

微生态调节剂制品的研究、开发近年来得到了很大的发展，很多已成为商品。其生产过程如同其他发酵物一样。固体剂型是在液体发酵后干燥，再加入填充料灌装成的胶囊。质量是保证微生态调节剂有效的关键。活菌体制剂应使含菌量在（$10^7 \sim 10^8$）个/mL(g)。

微生态调节剂的作用主要是：① 调整失调的微生态系统，使之保持平衡。② 对非自然的微生物产生拮抗，抑制有害微生物。③ 利用其代谢产物改善环境，有利于保持生态平衡。④ 促进动植物生长。⑤ 预防和治疗某些动植物和人类的疾病，有利于健康。人类利用微生态调节剂预防和治疗或辅助治疗许多疾病已有众多报导，如对胃肠道疾病、肝脏疾病、高血脂症、某些医源性疾病、婴幼儿保健、某些妇科疾病等等都有较好的预防或辅助治疗作用。

二、微生物代谢产物的应用

利用微生物的代谢产物可以生产十分丰富的食品。

1. 发酵生产食醋

食醋是人们日常生活所必需的调味品，也是最古老的利用微生物生产的食品之一。食醋生产是利用醋酸菌在充分供氧的条件下将乙醇氧化为醋酸。反应式为：

$$C_2H_5OH + O_2 \longrightarrow CH_3COOH + H_2O$$

能用于食醋生产的醋酸菌有纹膜醋酸菌（*Acetobacter aceti*）、许氏醋酸菌（*A. schutzenbachii*）、恶臭醋酸菌（*A. rancens*）和巴氏醋酸菌（*A. pasteurianus*）等。不同原料还需加入不同的微生物。以淀粉为原料时加入霉菌和酵母菌，糖类为原料时加入酵母菌，获得风味迥异的食醋品种。我国名优食醋有镇江香醋、山西陈醋、江浙玫瑰醋、四川麸醋等。

2. 酒类

酒类的发酵生产主要是利用酵母菌在厌氧条件下将葡萄糖发酵为酒精的过程。不同酒类的发酵工艺不同。

(1)白酒类：原料粉碎——→配料——→蒸煮——→加曲和酵母拌匀——→入池发酵——→蒸馏——→白酒。

(2)啤酒类：大麦——→浸泡——→发芽——→烘焙——→去根,贮存——→粉碎——→糖化——→加酒花麦芽汁——→接种酵母——→主发酵——→后发酵——→过滤或离心——→灌装——→成品。

(3)葡萄酒：破碎与去梗——→压榨与澄清——→二氧化硫处理——→调整果汁成分——→接种酵母——→主发酵——→后发酵——→陈酿——→成品调配——→装瓶。

(4)黄酒：生产黄酒的微生物是根霉（*Rhizopus*）、曲霉（*Aspergillus*）和绍兴酵母的混合物，原料为糯米。流程为：糯米——→清水浸泡——→蒸煮——→冷却——→落缸——→并加入清水、麦曲和酵母——→糖化发酵——→后发酵——→压榨——→澄清——→煎酒——→灌装——→成品。

不同的酒类酿造所选用的酵母菌不同，所选用的原料、水质甚至环境都会影响酒类的品质和风味。纯净的矿泉水往往较河水和自来水好。有人发现，贵州茅台酒之所以具有其独特的芬芳风味，与其酿酒厂环境中存在的微生物区系有关。

3. 发酵生产乳制品

利用乳酸细菌进行发酵，使成为具有独特风味的食品很多。如酸制奶油、干酪、酸牛乳、嗜酸菌乳（活性乳）、马奶酒、面包格瓦斯以及酸泡菜、乳黄瓜等。这些乳制品不仅具有良好而独特的风味，而且由于易于吸收而提高了其营养价值。有些乳制品还能抑制肠胃内异常发酵和其他肠道病原菌的生长，因而具有疗效作用，受到人们的喜爱。

发酵乳制品的主要乳酸菌有干酪乳杆菌（*Lactobacillus casei*）、保加利亚乳杆菌（*L. bulgaricus*）、嗜酸乳杆菌（*L. acidophilus*）、植物乳杆菌（*L. plantraum*）、瑞士乳杆菌（*L. heltyieus*）、乳酸乳杆菌（*L. lactis*）、乳链球菌（*Streptococcus lactis*）、乳脂链球菌（*S. cremoris*）、嗜热链球菌（*S. thermophilus*）、噬柠檬酸链球菌（*S. citrovorus*）、副柠檬酸链球菌（*S. paracitrovorus*）等许多种。嗜柠檬酸链球菌还可以把柠檬酸代谢为具有香味的丁二酮等，使乳制品具有芳香味。

不同的乳制品往往需要由不同的乳酸菌发酵，以保证不同的口味和质量。而且常由两种或两种以上的菌种配合发酵，既可使风味独特多样，又可防止噬菌体的危害。

4. 发酵生产酱油

酱油是包括霉菌、酵母菌和细菌等多种微生物参与原料物质转化的混合作用的结果。对发酵速度、成品色泽、味道鲜美程度影响最大的是米曲霉（*Aspergillus oryzae*）和酱油曲霉（*A. sojae*），而影响其风味的是酵母菌和乳酸菌。米曲霉含有丰富的蛋白酶、淀粉酶、谷氨酸胺酶和果胶酶、半纤维素酶、酯酶等。涉及酱油发酵的酵母菌有 7 个属的 23 个种，其中影响最大的是鲁氏酵母（*Saccharomyces rouxii*），易变圆酵母（*Torulopsis versatilis*）等。而乳酸菌则以酱油四联球菌（*Tetrcoccus soyae*）、嗜盐片球菌（*Pediococcus halophilus*）和酱油片球菌（*P. soyae*）等与酱油风味的形成关系最为密切。因为它们利用糖形成乳酸，再与乙醇反应形成特异香味的乳酸乙酯。也已发现某些芽孢杆菌是影响酱油风味的主要微生物。

生产酱油的工艺流程为：原料（豆粕、麸皮、麦片）──→浸泡──→蒸煮──→冷却──→接种种曲──→通风制曲──→成曲拌入盐水──→入池发酵──→浸出淋油──→生酱油──→加热──→调配──→澄清──→质检──→成品。

在酱油生产过程中必须防止霉菌，尤其是那些能产生黄曲霉毒素和其他毒素的曲霉、青霉、镰刀霉（*Fusarium*）的污染，还有其他致病细菌和耐盐性产膜酵母如盐生接合酵母（*Zygosaccharomyces alsus*）、粉状毕赤氏酵母（*Pichia farinosa*）等的污染。一旦受到这些霉菌或酵母菌的污染，产品中易积累毒素，致害食用者，或破坏原有风味。

5. 腐乳的发酵生产

腐乳是大豆制品经多种微生物及其产生的酶，将蛋白质分解为胨、多肽和氨基酸类物质以及一些有机酸、有机醇和酯类而制成的具有特殊色香味的豆制品。涉及的微生物主要是毛霉（*Mucor*）中的腐乳毛霉（*M. sufu*）、鲁氏毛霉（*M. rouxianus*）、五通桥毛霉（*M. wutungkial*）、总状毛霉（*M. recemosus*）、华根霉（*Rhizopus chinensis*）等，另外也有利用微球菌（*Micrococcus*）或枯草芽孢杆菌（*Bacillus subtilis*）酿造的。

生产腐乳的工艺流程为：大豆──→豆腐──→切坯──→豆腐坯──→人工接种──→毛坯──→加入辅料──→装坛──→后发酵──→3～6 个月后即成品。

6. 面包的发酵生产

面包和馒头都是由面粉经酵母菌发酵后制成的。在30℃左右时,酵母菌利用经淀粉酶水解的产物麦芽糖、葡萄糖、果糖、蔗糖等,发酵生成二氧化碳、醇、醛、有机酸等。二氧化碳使面团膨胀发孔。在高温下烘烤时使面包成为多孔的海绵状结构,质地松软可口。发酵过程中产生的有机酸、醇、醛等给予特有的风味。再添加各种辅料使面包增添花色。

面包的生产工艺较简单:面粉加水和酵母──→发酵──→面团──→揉搓──→成型──→烘烤──→成品。

7. 氨基酸和维生素 C 等的发酵生产

氨基酸不仅是人体所必需,而且是众多食品工业不可缺少的鲜味剂、甜味剂和添加剂,能使食品提高营养价值和蛋白质利用率,增加风味。如谷氨酸钠即是人们日常生活中菜肴的调味剂,赖氨酸作为大米或饲料的添加剂,则有利于蛋白质的合理和高效利用。

用于发酵生产谷氨酸的微生物有谷氨酸棒杆菌($Corynebacterium\ glutaraicum$)、黄色短杆菌($Brevibacterium\ flavum$)等。它们都是球形、短杆至棒状,无鞭毛,不运动,不形成芽孢,G^+,需 O_2 和需生物素的细菌。合成途径是在形成丙酮酸后,进一步生成乙酰-CoA,进入三羧酸循环,生成 α-酮戊二酸。在有 NH_4^+ 存在时由谷氨酸脱氨酶催化生成 L-谷氨酸。

维生素 C 的合成发酵系由两步完成。首先由弱氧化醋杆菌($A.\ subaxydans$)、黑色醋杆菌($A.\ melanogenum$)、胶醋杆菌($A.\ xylinum$)等将山梨醇转化成山梨糖,然后山梨糖由双黄假单胞菌氧化为 α-酮基-L-古龙酸,古龙酸再在碱性溶液中转化为烯醇化合物,加入酸后即转化成为 L-抗坏血酸。

8. 有机酸的发酵

食品工业和其他工业中都需要大量的有机酸。许多厌氧细菌和兼性厌氧细菌可发酵生产乙酸、乳酸、丙酸、丁酸、甲酸以及丙酮等,这在前面已有阐述。而霉菌也能生产多种有机酸,见表 12-6 所示。如柠檬酸就是由黑曲霉($Aspergillus\ niger$)或温特曲霉($Asp.\ wentii$)所发酵生产。

表 12-6　一些霉菌产生的有机酸

有 机 酸	产 生 菌	发酵基质
D-阿拉伯抗坏血酸	点青霉	葡萄糖
异柠檬酸	产紫青霉	葡萄糖
康酸	衣康酸曲霉、土曲霉	葡萄糖
酒石酸	土曲霉、衣康酸曲霉	蔗糖
柠檬酸	黑曲霉、泡盛曲霉	葡萄糖
	微紫青霉	$(C_{10} \sim C_{18})$烷烃
葡萄糖酸	黑曲霉	葡萄糖
曲酸	黑曲霉	葡萄糖
吡啶二羧酸	桔青霉	葡萄糖
	青霉	$(C_{12} \sim C_{18})$烷烃
L-乳酸	米根霉	葡萄糖
丙酮酸	鲁氏毛霉	蔗糖
	东北毛霉	糖
反丁烯二酸	黑根霉	淀粉
苹果酸	黄曲霉	葡萄糖

三、利用微生物酶生产食品

利用微生物产生的酶来生产食品十分普遍。如利用根霉（*Rhizopus*）、曲霉、毛霉（*Mucor*）、红曲霉（*Monascus*）等产生的淀粉酶来水解淀粉用于酿酒、制醋、生产味精等。利用曲霉产生的蛋白酶水解大豆蛋白质生产酱油、酱类。利用淀粉酶、蛋白酶生产豆腐乳等。由微生物产生的酶有：淀粉酶、蛋白酶、脂肪酶、纤维素酶、半纤维素酶、果胶酶、过氧化氢酶、葡萄糖氧化酶、橙皮苷酶、蔗糖酶、木聚糖酶、菊粉酶、柚苷酶、胺氧化酶、蜜二糖酶、转化酶、凝乳酶、葡萄糖异构酶、花青素酶和乳糖酶等。这些酶可以由细菌、酵母菌、霉菌等微生物的各个类群产生。不同类群的微生物所生产的同一种酶其用途也可能不一样。如由细菌产生的蛋白酶可用于制造鱼油或改善苏打饼干及酥饼质量，而霉菌生产的蛋白酶可用于改善面包口味和蛋品加工等。

第二节　微生物与食品腐败变质

作为食品，应该含有人体所需的热量和各种营养物质，易于消化吸收；且必须具有符合人们习惯和易于接受的色、香、味、型和组织状态，对人类无害。但食品往往由于受物理、化学和生物各种因素的作用，在原有的色、香、味和营养等方面发生量变，甚至质变，从而使食品质量降低甚至不能食用，这就是食品的腐败变质。

然而不同食品的腐败变质，所涉及的微生物、过程和产物不一样，因而习惯上的称谓也不一样。以蛋白质为主的食物在分解蛋白质的微生物作用下产生氨基酸、胺、氨、硫化氢等物和特殊臭味，这种变质通常称为腐败（spoilage）。以碳水化合物为主的食品在分解糖类的微生物作用下，产生有机酸、乙醇和 CO_2 等气体，其特征是食品酸度升高，这种由微生物引起的糖类物质的变质，习惯上称为发酵（fermentation）或酸败。以脂肪为主的食物在解脂微生物的作用下，产生脂肪酸、甘油及其他产物，其特征是产生酸和刺鼻的气味。这种脂肪变质称为酸败（rancidity）。

受微生物污染是引起食品腐败变质的重要原因之一。食品在加工前、加工过程中以及加工后，都可能受到外源性和内源性微生物的污染。污染食品的微生物有细菌、酵母菌和霉菌以及由它们产生的毒素。污染途径也比较多，可以通过原料生长地土壤、加工用水、环境空气、工作人员、加工用具、杂物、包装、运输设备、贮藏环境，以及昆虫、动物等，直接或间接地污染食品加工的原料、半成品或成品。因此很可能许多食品的腐败变质在加工过程中或在刚包装完毕就已发生，已经成为不符合食品卫生质量标准的食品。

一、食品中微生物的消长及其条件

(一)食品中微生物的消长

食品原料在加工前，不论是动物性还是植物性来源的，都会受到一定程度的微生物污染。运输和贮藏都会进一步增加微生物污染的机会。如果无抑制或杀灭微生物的措施，甚至有可能导致微生物的迅速繁殖，在加工前即发生原料的腐败变质。

食品加工过程中的清洗、消毒和灭菌以及烘烤、油炸等过程都可以使食品中的微生物种类和数量明显下降，甚至完全杀灭。但由于食品原料的理化状态、食品加工的工艺方式、原料受微生物污染的程度等的差异，都会影响加工后食品中的微生物残存率。而且加工运输和贮藏过程中也有可能受到微生物的再次污染。加工后食品中残存的微生物和再次污染的微生物，在条件适宜时仍然可能暴发繁殖,引起加工食品的腐败变质。如果加工后的食品没有受到再次污染,或者加工后残存的微生物和再次污染的微生物,在食品贮藏过程中没有适宜的条件,随着贮藏时间的延长,数量会不断下降。

这是一般性的食品加工前后微生物消长规律。具体情况由于食品种类、贮藏运输以及加工工艺的差异可能有所不同。

(二)微生物引起食品腐败变质的条件

1.食品本身的组成成分和理化状态

一般来说食品总是含有丰富的营养成分,各种蛋白质、脂肪、碳水化合物、维生素和无机盐等都有存在,只是比例上的不同而已。若环境中有一定的水分和温度,就十分适宜微生物的生长繁殖。

但有些食品以某些成分为主,如油脂以脂肪为主,蛋品类以蛋白质为主。微生物分解各种营养物质的能力也不同。因此只有当微生物所具有的酶所需的底物与食品营养成分相一致时,微生物才可以引起食品的迅速腐败变质。当然,微生物在食品上的生长繁殖还受其他因素的影响。

食品本身所具有的pH值影响微生物在其上面的生长和繁殖。一般食品的pH值都在7.0以下,有的甚至仅为2~3,见表12-7。pH值在4.5以上者为非酸性食品,主要包括肉类、乳类和蔬菜等。pH值在4.5以下者称为酸性食品,主要包括水果和乳酸发酵制品等。因此,根据微生物生长对pH值的要求来看,非酸性食品较适宜于细菌生长,而酸性食品则较适宜于真菌的生长。但是食品被微生物分解会引起食品pH值的改变,如食品中以糖类等为主,细菌分解后往往由于产生有机酸而使pH值下降。如以蛋白质为主,则可能产氨而使pH值升高。在混合型食品中,由于微生物利用基质成分的顺序性差异,pH值会出现先降后升或先升后降的波动情况。

表 12-7　不同食品原料的 pH 值

动物食品	pH	蔬菜食品	pH	水果	pH
牛肉	5.1~6.2	卷心菜	5.4~6.0	苹果	2.9~3.3
羊肉	5.4~6.7	花椰菜	5.6	香蕉	4.5~5.7
猪肉	5.3~6.9	芹菜	5.7~6.0	柿子	4.6
鸡肉	6.2~6.4	茄子	4.5	葡萄	3.4~4.5
鱼肉	6.6~6.8	莴苣	6.0	柠檬	1.8~2.0
蟹肉	7.0	洋葱	5.3~5.8	橘子	3.6~4.3
小虾肉	6.8~7.0	番茄	4.2~4.3	西瓜	5.2~5.6
牛乳	6.5~6.7	萝卜	5.2~5.5		

食品本身所具的水分含量影响微生物的生长繁殖。食品总含有一定的水分。这种水分包括结合态水和游离态水两种。决定微生物是否能在食品上生长繁殖的水分因素是食品中所含的游离态水,也即所含水的活性或称水的活度。由于食品中所含物质的不同,即使含有同样的水分,但水的活度可能不一样。因此各种食品防止微生物生长的含水量标准就很不相同。

食品的渗透压同样是影响微生物生长繁殖的一个重要因素。各种微生物对于渗透压的适应性很不相同。大多数微生物都只能在低渗环境中生活。也有少数微生物嗜好在高渗环境中生长繁殖,这些微生物主要包括霉菌、酵母菌和少数种类的细菌。根据它们对高渗透压的适应性不同,可以分为以下几类:① 高度嗜盐细菌,最适宜于在含 20％～30％NaCl 的食品中生长,菌落产生色素,如盐杆菌(*Halobacterium*)。② 中等嗜盐细菌,适宜于在含 5％～10％NaCl 的食品中生长,如腌肉弧菌(*Vibrio costicolus*)。③ 低等嗜盐细菌,最适宜于在含 2％～5％NaCl 的食品中生长,如假单胞菌属(*Pseudomonas*)、弧菌属(*Vibrio*)中的一些菌种。④ 耐糖细菌,能在高糖食品中生长,如肠膜状明串珠菌(*Leuctonostoc mesenteroides*)。还有能在高渗食品上生长的酵母菌,如蜂蜜酵母,异常汉逊氏酵母。霉菌有曲霉、青霉、卵孢霉(*Oospora*)、串孢霉(*Catenularia*)等,常可在糖腌制品如蜜饯上生长。

2.食品环境

食品所处的环境如温度、气体、湿度等与食品上微生物的生长繁殖关系极为密切,因此这些环境因素也直接地影响食品腐败变质的速度和程度。

(1)食品所处环境的温度。当环境为低温时,会明显抑制微生物的生长和代谢速率,因而会减缓由微生物引起的腐败变质。人们利用冰箱低温保藏食品即是利用这一原理。但低温下微生物一般不死亡,只是代谢活性较低而已,因此食品在低温下长期保存,仍有缓慢腐败变质的可能。食品处于高温环境时,如果温度超出微生物可忍耐的高限,则微生物很快死亡。如果温度在适宜生长温度以下时,则微生物的生长会随着温度的提高而加快,食品的腐败变质随之会加快。如果温度超出适宜范围但未超过其忍耐限度时,微生物生长速率反而会减慢,食品的腐败变质速率也会减慢。但如有嗜热性细菌污染食品,则引起食品腐败的速度要比中温性细菌快 7～14 倍。

(2)食品环境中的气体。食品环境中如有充足的氧时,有利于好氧性微生物的生长,而厌氧性微生物只能生长在食品内部缺氧之处。由于好氧性微生物的生长速率较厌氧性微生物快得多,因此引起的食品腐败变质也较厌氧性微生物快得多。因此利用真空包装除净空气,有利于延长食品的保藏时间,但如果有厌氧性细菌污染时,真空包装反而有利于厌氧性细菌的生长。如在环境中含有较高浓度(如 10％)的 CO_2,则可明显抑制好氧性细菌和霉菌的生长,从而防止食品尤其是水果和蔬菜的腐败变质。O_3、N_2 等都有相类似的作用而可延长食品的保存期。

(3)食品所处环境的湿度。高湿度一方面可增加食品的含水量,提高水的活度,有利于微生物的生长与繁殖,另一方面有利于微生物的生命活动,不会因湿度太小而使细胞体失水干缩。因此降低食品所处环境和食品本身的湿度是防止食品腐败,尤其是霉变的一个重要措施。

二、各种食品的腐败变质

1.新鲜果蔬和果汁的腐败变质

引起新鲜水果变质的微生物主要是酵母菌和霉菌。引起蔬菜变质的主要是酵母菌、霉菌和少数细菌。起初霉菌在果蔬表皮或其污染物上生长,然后霉菌侵入果蔬组织,首先分解细胞壁中的纤维素,进一步分解其中的果胶、蛋白质、有机酸、淀粉、糖类等,使其变成简单物质。在外观上出现深色斑点,组织变松、变软、凹陷,渐成液浆状,并出现酸味、芳香味或酒味等。

果汁中主要发生乳酸菌以果汁中糖分、柠檬酸、苹果酸等有机酸为发酵基质的乳酸发酵和最常见的酵母菌引起的酒精发酵。在浓缩果汁中,一般细菌难以忍受高浓度的糖分。果汁中常见的霉菌是青霉,其次是曲霉。果汁变质后会呈现浑浊,产生酒精和有机酸变化,结果原有风味被破坏或产生一些令人不愉快的异味。

2.乳及乳制品的腐败变质

乳及乳制品的营养成分比较完全,都含有丰富的蛋白质、极易吸收的钙和完全的维生素等,因此极易为微生物所腐败变质。

鲜乳中污染微生物主要来源于乳房内的污染微生物和环境中的微生物,主要有乳酸细菌、胨化细菌、脂肪分解细菌、酪酸细菌、产气细菌、产碱细菌以及酵母和霉菌。它们在鲜乳中的生长有一定的顺序性,可以分为抑制期、乳酸链球菌期、乳酸杆菌期、真菌期和胨化细菌期,pH值也是先下降再逐步回升,见图 12-1。

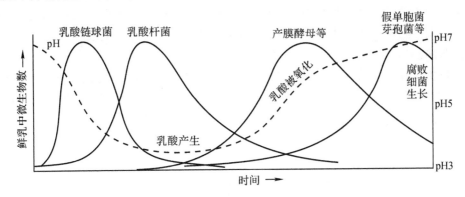

图 12-1　鲜乳变质过程中的微生物种群变化

含水量合格的奶粉不适宜微生物生长。但原料奶污染严重,加工又不当的奶粉中可能污染有沙门氏菌(Salmonella)和金黄色葡萄球菌(Staphylococcus aureus)等病原菌。这些病原菌可能产生毒素而易引起中毒。微生物引起淡炼乳变质,一是产生凝乳,即使炼乳凝固成块。由于作用的微生物不同,凝乳又可为甜性凝乳和酸凝乳;二是产气乳,即使炼乳产气,使罐膨胀爆裂;三是由一些分解酪蛋白的芽孢杆菌作用,使炼乳产生苦味,成为苦味乳。

微生物引起甜炼乳变质也有三种结果:一是由于微生物分解甜炼乳中蔗糖产生大量气体而发生胀罐;二是许多微生物产生的凝乳酶使炼乳变稠;三是霉菌污染时会形成各种颜色的纽扣状干酪样凝块,使甜炼乳呈现金属味和干酪味等。

3.肉、鱼、蛋类的腐败变质

禽畜肉类的微生物污染,一是来自在宰杀过程中各个环节上的污染,二是来自病畜、病禽肉类所带有的各种病原菌,如沙门氏菌、金黄色葡萄球菌、结核杆菌、布鲁氏菌(Brucella)等。腐生性微生物污染肉类后,在高温高湿条件下很快使肉类腐败变质。肉类腐败变质,先是由于乳酸菌、酵母菌和其他一些革兰氏阴性细菌在肉类表面上的生长,形成菌苔而发黏。然后分解蛋白质产生的 H_2S 与血红蛋白形成硫化氢血红蛋白而变成暗绿色,也由于各种微生物生长而产生不同色素,霉菌生长形成各种霉斑。同时可产生各种异味,如哈喇味、酸味、泥土味和恶臭味等。

鱼类极易为水生微生物污染引起腐败变质。假单胞菌、无色杆菌(Achromobacter)、黄杆菌(Flavobacterium)、产碱杆菌(Alcaligenes)、气单胞菌(Aeromonas)等,是新鲜鱼类的主要腐败菌。新鲜鱼类变质后组织疏松,无光泽,由于组织分解产生的吲哚、硫醇、氨、硫化氢、粪臭素等,而常有难闻恶臭。腌鱼由于嗜盐细菌的生长而有橙色菌苔出现。

鲜蛋由于卵巢内污染、产蛋时污染和蛋壳污染而发生微生物性腐败变质。污染鲜蛋的微生物有禽病病原菌、其他腐生性细菌和霉菌等。它们使鲜蛋成为散黄蛋,并进一步分解产生硫化氢、氨、粪臭素等，蛋液成灰绿色，恶臭或黏附于蛋壳、蛋膜上，导致不能食用。

4.罐藏食品的腐败变质

罐藏食品也会发生腐败变质，其原因在于杀菌不彻底，罐内仍残留有一定量的微生物，或者罐头密封不良而漏罐，外界进入微生物。

由于灭菌不彻底而残留的微生物，一般以嗜热性芽孢杆菌为主。它们所引起的罐头腐败变质有三种：一是罐头外观正常，但内部 pH 值可下降 $0.1\sim0.3$，称为平酸变质；二是 TA (thermo-anaerobes)嗜热性厌氧菌腐败，产气、产酸并可使罐头胀裂；三是产生硫化物腐败食品。如罐头中未杀灭的是厌氧性梭状芽孢杆菌，则可能会进行丁酸发酵，并产生氢气和 CO_2，不产芽孢细菌的污染主要是由于罐头漏罐所引的，它们使罐头内食品发生浑浊、沉淀、风味改变和产气胀罐。

对于发生腐败变质的罐头食品，必须根据腐败变质的现象作微生物学分析，如是否产气胀罐、是否浑浊沉淀、是否变酸或 pH 上升等，以便作出正确判断，避免腐败变质的进一步发生。

三、食品腐败变质的危害

(一)食物中毒

人们食用已腐败变质的食品后极易发生食物中毒。由微生物引起的食物中毒可以分为各种类型。

1.细菌性食物中毒

(1)沙门氏菌类群食物中毒 引起食物中毒最多的主要种有鼠伤寒沙门氏菌(*S. typhiumurium*)、猪霍乱沙门氏菌(*S. choleraesuis*)和肠炎沙门氏菌(*S. enteritidis*)。这些细菌为无芽孢无荚膜的革兰氏阳性细菌，主要污染鱼肉、禽蛋和乳品等食物，在食品中繁殖并释放毒素。一般需要食进大量菌体，致病力较弱者需达到 10^8 个/mL 或 g，才引发中毒。

(2)金黄色葡萄球菌食物中毒 金黄色葡萄球菌可产生外毒素和肠毒素，因而食用受其污染的食品后易中毒。此菌在适宜温度时可产生一种具有 6 种不同抗原性的 A、B、C、D、E 和 F 型的可溶性蛋白肠毒素。此种肠毒素抗热性特强，只有在 $218\sim248℃$、30min 条件下才能将其破坏，消除毒性。乳及乳制品、腌肉、鸡蛋和含有淀粉的食品易受此菌污染。引起食物中毒需要一定的细菌数量和毒素。

(3)条件性致病菌食物中毒 大肠杆菌(*Escherichia coli*)是肠道的重要正常菌群，条件性致病菌是指大肠杆菌中那些具有特异抗原性的血清型菌株。大肠杆菌具有菌体抗原(O)、鞭毛抗原(H)和荚膜抗原(K 抗原)三种抗原，具有 K 抗原者较无 K 抗原者具有更强的毒力。在 K 抗原中又可分为 A、B、L 三类。可引起食物中毒的条件性致病菌有 $O_{111}:B_4$、$O_{55}:B_5O$、26：B_6、O_{157} 等血清型菌株。其引起食物中毒的机制尚不很清楚。

(4)副溶血性弧菌食物中毒 副溶血弧菌(*Vibrio parahaemolyticus*)是一种嗜盐的不产芽孢的革兰氏阴性多形态球杆菌，以污染海产品和肉类食品较为多见，其他食品也可因与海产品接触而受到污染。此菌致病力不强，但繁殖速度很快，一旦污染，在短时间内即可达到引起中毒的菌量。其引起食物中毒的原因尚存不同争议，有的认为此菌产生耐热性溶血毒素，有的认为产生类似霍乱毒素的肠毒素，也有人认为是毒素型和感染型的混合型中毒。

(5)肉毒梭状芽孢杆菌食物中毒 肉毒梭菌(*Clostridium botulinum*)是可形成芽孢、无荚膜、有鞭毛的革兰氏阳性杆菌，可产生对人和动物具有强大毒性的外毒素肉毒毒素。可分为 A、B、C(α,β)、D、E、F 和 G 7 个血清型，对人具有不同程度的致病力。肉毒毒素受高温、碱性条件、日光直射时均可被破坏而不稳定,但在酸性条件下较稳定。引起的中毒是毒素型中毒,毒素作用于中枢神经系统的颅神经核,抑制乙酸胆碱的释放,引起肌肉麻痹。在厌氧的土壤、江河湖海的淤泥沉积物、尘土和动物粪便中有广泛存在,易污染蔬菜、鱼类、肉类、豆类等蛋白质丰富的食品。

(6)蜡状芽孢杆菌食物中毒　蜡状芽孢杆菌(*Bacillus cereus*)为产芽孢的革兰氏阳性杆菌,其引起中毒是由于食物中带有大量活菌体及其产生的肠毒素,活菌数量达到$(13\sim36)\times10^6$ 个/g(mL)时即可引发致病。常将含菌量达到(1.8×10^7)个/mL(g)作为食物中毒指标之一。肠毒素可分为耐热性和不耐热性两种。此菌在土壤、空气、腐草、灰尘等都有存在,且各肉类制品、奶类制品、蔬菜、水果等带菌率也高。在加工、运输、贮藏、销售等各环节中也易污染此菌。

除上述各种食物中毒外,还有其他各种细菌可引起食物中毒。

另外,致病性细菌还可引发消化道传染病,如志贺氏菌引发细菌性痢疾,伤寒沙门氏菌(*S. typhi*)和副伤寒沙门氏菌引起发的伤寒和副伤寒疾病,霍乱弧菌和副霍乱弧菌引发的霍乱和副霍乱以及其他肠道传染病微生物如炭疽杆菌(*B. anthracis*)、布鲁氏菌和结核杆菌引起的传染病。

2.霉菌性食物中毒

霉菌性食物中毒主要由少数产毒霉菌产生的毒素所引起的。一种菌种或菌株可产生几种不同的毒素,同一毒素也可由不同的霉菌所产生。对污染霉菌的检测结果表明,污染食品的主要是曲霉和青霉,污染肉类的主要是美丽枝霉(*Thamnidium elegans*)和毛霉(*Mucor*)等,而污染饲料的主要是曲霉、青霉和枝孢霉(*Ephelis*)等。

常见的霉菌毒素食物中毒有:

(1)黄曲霉毒素中毒(aflatoxicosis)　黄曲霉毒素是黄曲霉(*A. flavus*)和寄生曲霉(*A. parasiticus*)产生的一类结构类似的混合代谢产物,有 17 种之多。其基本结构都是二呋喃环和香豆素,前者为基本毒性结构,后者为致癌物。黄曲霉毒素非常稳定,耐热,在熔点(200～300℃)之下不会分解,且其毒性非常强,主要损伤肝脏,使肝细胞坏死、出血及胆管增生,有明显的致癌作用。产生黄曲霉毒素的霉菌主要污染粮食及其制品,花生、花生油、大米、玉米、棉籽等,奶、咸鱼等也有污染。

(2)赤霉病麦中毒(trichothecene toxicosis)　赤霉病麦中毒是食用了受赤霉病害的麦类食物后发生的中毒现象。引起麦类赤霉病的病原菌主要是镰刀菌(*Fusarium*)中的禾谷镰刀菌(*F. graminearum*)、串珠镰刀菌(*F. moniliforme*)、尖孢镰刀菌(*F. axysporum*)、燕麦镰刀菌(*F. avenaceum*)等。它们可产生能引起呕吐的赤霉病麦毒素和具有雌性激素作用的玉米赤霉烯酮两类霉菌毒素。

(3)黄变米中毒(yellow rice toxicosis)　受霉菌代谢产物污染后米粒变黄,称为黄变米。根据污染霉菌的不同,黄变米可分为三种。第一种是黄绿青霉黄变米,大米受黄绿青霉(*P. citeoviride*)产生的黄绿青霉素(citreoviridin)污染,这种毒素毒性强烈,侵害神经,可导致死亡。第二种为桔青霉黄变米,大米受桔青霉(*P. citrinum*)的毒素桔青毒素(citrinin)污染,此毒素主要损害肾脏,引起实质性病变。第三种是岛青霉黄变米,大米受岛青霉(*P. islandicum*)产生的黄天精(luteoskyrin)和岛青霉毒素(islanditoxin)两毒素所污染,此毒素严重毒害肝脏。黄变米的发生主要是在江南地区水稻成熟收割时遇到高温多雨,未能将稻谷及时晒干又堆放于通风不良之处所致。防止黄变米的发生应将稻谷和大米的含水率降低至13%以下。

（4）麦角中毒（ergotism）　此类中毒是由于食用了带有麦角的麦类或麦制品所引起。其病原菌为麦角菌（*Claviceps purpurea*），此菌能形成麦角胺、麦角类碱和麦角新碱三类生物碱，其中麦角胺可引起食物中毒，急性为恶心、呕吐、腹痛、腹泻，心力衰竭、昏迷等症状，慢性有不同症状。

另外，还有甘蔗的霉变中毒等由霉菌有毒代谢物引起的食物中毒。

当人们误食了污染有致病性细菌，或细菌、霉菌产生的毒素的食品后，就会发生中毒症状，如呕吐、腹泻、头痛、体温升高，甚至血便、吞咽困难、语言障碍、呼吸困难和死亡等。

（二）传播人畜共患病

误食了人畜共患病原菌，如吃了患炭疽病死亡的动物肉类后，炭疽病原菌进入体内，便可引起炭疽病，引起腹痛、呕吐、血便。如病原菌进入血液，则易形成全身败血症。牛、猪的布鲁氏杆菌也会引起人患病。如人误食了含有布鲁氏杆菌的内脏器官、乳汁可得病，全身关节疼痛无力，呈现波浪热。结核杆菌是又一种人畜共患病病原菌，牛易患此结核病，在病牛乳中往往有结核杆菌，消毒不彻底时，人食用后极易感染。朊病毒可使许多动物和人类发生类似的疾病。近年发生的禽流感不仅使大量的家禽和飞鸟致病死亡，也可使接触感染禽流感家禽的人员感染，甚至死亡。

第三节　食品贮藏中的微生物控制

食品贮藏是食品生产和食品消费之间的重要中间环节，涉及到生产、运输、销售和消费的各个步骤。食品贮藏除了应采取措施避免食品受物理性、化学性污染，机械性损害和鼠类、昆虫危害外，最重要的还是预防和控制微生物对食品的污染和腐败。我国每年因微生物污染、腐败而损失的粮食、水果、水产、蔬菜、禽蛋、粮食制品以及其他副食品，数量十分惊人。因此，做好食品贮藏，减少损失，无异于增加生产。

一、食品贮藏中微生物污染的预防与控制

在食品贮藏工作中，应该采取各种措施，对于可能出现的微生物污染进行预防。一旦出现微生物污染，应采取措施控制。

1. 食品微生物污染的预防

许多食品，如水果、蔬菜、鱼、肉、禽蛋等，内部一般不常含有微生物，但其外表往往带有各种各样的微生物，在某些条件下，其数量相当巨大。这些微生物的存在，由于它们已适应于这些食品的环境条件，因而极易大量而迅速繁殖。

作为预防措施，首先是对某些食品原料所带有的泥土和污物进行清洗，以减少或去除大部分所带的微生物。干燥、降温，使环境不适于微生物的生长繁殖，也是一项有效的措施。在加工、运输、贮藏过程中的环境、设备、辅料和工作人员，都应注意防止微生物对食品的污染。无菌密封包装是食品加工后防止微生物再次污染的有效方法。

2. 减少和去除食品中已有的微生物

食品及其原料，都不可避免地带有某些微生物，包括病原菌和腐败菌。减少和去除食品中已有微生物的方法很多，如过滤、离心、沉淀、洗涤、加热、灭菌、干燥、加入防腐剂、辐射等。这些方法可以根据食品的不同性质，加以选择应用。但应注意选择的方法应以不损害食品的营养、风味、表观性状、内在质地和食用价值为原则。

3.控制食品中残留微生物的生长繁殖

经过加工处理的食品,仍有可能残留一些微生物。控制食品中残留微生物的生长繁殖,就可以延长食品的贮藏日期,并保证食品的食用安全。控制的方法有低温法、干燥法、厌氧法、防腐剂法,等等。基本原理就是创造一个不利于微生物生长繁殖的环境条件,或加入某些化学药剂以抑制微生物的生长。同时应将食品储藏于洁净之处,避免鼠类或昆虫等动物的侵害和携带微生物的污染。

二、防止和减少食品微生物污染腐败的主要保藏方法

1.冷藏

食品贮藏于低温时可以大大延长食品的保质期,还可以由于降低新鲜食品如水果、蔬菜中本身的酶活性,而保持食品的新鲜度。

但各类食品对于冷藏的温度要求不一样。对于马铃薯、苹果、大白菜等一般只需在低于15℃的低温保藏,并应保持一定湿度以免脱水干枯。水产、肉类、禽蛋、奶制品、某些蔬菜等,如需保藏的时间较短,则置于冰冻温度以上(如在4~8℃)进行保藏。如需保藏较长时间,则应置于冰冻温度(-10℃以下)进行保藏。但应注意,在低温保藏环境中仍有低温微生物生长,因此低温保藏的食品仍有可能发生腐败变质。

2.加热加工后保藏

这种方法就是将食品经过热加工杀灭大部分微生物后,再进行贮藏。这是日常常用的有效方法。如煮沸、烘烤、油炸等,还有将牛乳、饮料等进行消毒的巴斯德消毒法,罐头工业生产中的高温灭菌法等,都属这一类。这类方法不一定能杀死全部微生物,但可以杀死绝大部分不产芽孢的微生物,尤其是不产芽孢的致病菌。

利用加热方法杀灭食品中微生物的效率,不仅与食品本身的形态大小、组成成分、氢离子浓度、含糖量高低、质地结构等有关,也与污染的微生物数量和特性有关。因此,应根据食品和微生物污染的具体情况选用加热方法、时间和温度。

3.干燥贮藏

微生物生长需要适宜的水分,如许多细菌实际上生存于表面水膜之中。因此将食品进行干燥,减小食品中水的可供性,提高食品渗透压,使微生物难以生长繁殖,是古今都使用的有效方法。

干燥方法可以利用太阳、风、自然干燥和冷冻干燥等自然手段,也可以利用常压热风、喷雾、薄膜、冰冻、微波和添加干燥剂等,以及利用真空干燥、真空冰冻干燥等人为手段。尤其在现代技术日益发展、干燥要求越来越高的情况下,人为手段日趋重要,使用也越来越广泛。表12-8为一些食品的防霉含水量。

表 12-8　不同食品的防霉含水量　　　(%)

食品种类	水分(%)	食品种类	水分(%)
全脂奶粉	8	豆类	15
全蛋粉	10~11	脱水蔬菜	14~20
小麦粉	13~15	脱脂奶粉	15
米	13~15	淀粉	18
去油肉干	15	脱水水果	18~25

４.辐射后贮藏

将食品经过 X 射线、γ 射线、电子射线照射后再贮藏。食品上所附生的微生物在这些射线照射后,其新陈代谢、生长繁殖等生命活动受到抑制或破坏,导致死亡。

辐射灭菌保藏食品具有较多的优点。射线穿透力强,不仅可杀死表面的微生物和昆虫等其他生物,而且可以杀死内部的各种有害生物。射线不产生热,因而不破坏食品的营养成分以及色、香、味等。无需添加剂,无残留物。甚至可以改善和提高食品品质,经济有效,可以大批量连续进行。当然辐射处理后的保藏效果也与食品本身的初始质量、成熟度、所附带的微生物数量、种类等有关。

５.加入化学防腐剂保藏

在食品贮藏前,加入某些一定剂量的可抑制或杀死微生物的化学药剂,可使食品的保藏期延长。这是当今常用的方法,在食品贮藏中具有重要意义。这些化学药剂常称为化学防腐剂。但在使用这些化学防腐剂时必须注意剂量问题,不能过量,因过量的防腐剂对人体有害。随着对生活质量要求的提高和科学知识的普及,对食品中添加化学防腐剂的问题正日益引起人们关注。

常用的防腐剂:用于抑制酸性果汁饮料等食品中酵母菌和霉菌的有苯甲酸及其钠盐。用于抑制糕点、干果、果酱、果汁等食品中酵母菌和霉菌的有山梨酸及其钾盐和钠盐,丙酸及其钙盐或钠盐,脱氢乙酸及其钠盐等。防腐剂的使用量各不相同。

６.利用发酵或腌渍贮藏食品

许多微生物的生长与繁殖在酸性条件下受到严重抑制,甚至被杀死。因此将新鲜蔬菜和牛乳等食品进行乳酸发酵,不仅可产生特异的食品风味,还可明显延长贮存期。这在我国已有几千年的历史,而且现今正在用来开发新的风味食品和饮料。如四川、湖南、湖北、江西、贵州等地的泡菜,内蒙古、西藏等牧区的干酪、酸奶、酸酪乳,近年开始的活性乳、酸牛奶等饮料,都是利用乳酸发酵生产的风味食品。

利用盐、糖、蜜等腌渍新鲜食品,大大提高食品和环境的渗透压,使微生物难以生存,甚至死亡,这是常用而十分有效的方法。新鲜鱼、肉、禽类、蛋品、某些水果、蔬菜等都可利用此法制成腌制品和蜜饯、酱菜等。腌制品可以保藏相当长的时间而不变质。但某些耐高渗的酵母、霉菌和嗜盐细菌仍可生长,因此,仍需注意这些微生物对腌制品造成的腐败变质。

复习思考题

1. 作为食品的微生物有哪些?如何利用?
2. 食品的微生物腐败变质有哪些方式?
3. 说说微生物在食品中消长的一般规律。
4. 由微生物引起的食物中毒有哪些类型?
5. 如何在食品储存过程中控制微生物的发展?

第十三章　微生物与人类可持续生存和发展

【内容提要】

本章介绍利用微生物来保护和改善人类生存的环境,使人类得以可持续发展。利用微生物的丰富资源,寻找人类抗病、治病的新药和保健品,为人类的健康长寿服务。利用微生物以有机废弃物为原料生产乙醇、甲烷和氢气等清洁能源来代替和部分代替一次性化学能源如石油、煤炭和天然气等,减少燃烧过程中废气的排放。利用微生物肥料和农药来代替和部分代替化学肥料和农药,减少污染。

由于人类本身过度而不恰当地开发利用,已经给人类赖以生存的地球环境带来明显的恶化,灾难频发,资源枯竭,物种濒危,气候反常,导致人类和动植物的疾病屡屡大规模暴发,并危及人类本身的生存和繁衍。已有证据表明,环境污染物尤其是可干扰或替代人类荷尔蒙的环境激素的存在,已使男性精子含量在几十年内下降了 1/3 左右,其活性质量也明显下降,女性生殖系统疾病发病比例明显上升,新的疾病不断出现,本已基本消灭的旧的疾病现又卷土重来。面对人类生存危机,保护和改善环境,使人类有一个安全的、具有高度生物多样性的、充满生机活力的生存环境,具有极为重要的意义。微生物有着无穷无尽的功能与潜力,在保护和提高人类生存的环境质量方面可以作出其特有的贡献。

第一节　微生物药物与保健品

药物和保健品是人类战胜疾病和提高生活质量的重要物质资源。随着人类人口的急剧增长、环境恶化和人类无知地滥用药物,病原微生物的抗药性空前提高,人类面对的疾病威胁、疾病种类都在日益增多,对许多疾病甚至一无所知,且无药可治。原有效的药物急剧变得低效甚至无效,也无药可替。另一些原已基本消灭的疾病近年又卷土重来。因此利用微生物及其产物提高人类的生存质量,减少疾病,和开发微生物药物资源,用于各种疾病的治疗,对于推动人类社会的文明进步具有重大意义。目前,国内外都在利用现代生物技术尤其是微生物技术,或对已知的各种药物进行改造,以提高疗效或适应更为广泛的疾病治疗,或开发新的药物和保健品,扩大药物资源,为人类防病治病服务。

一、抗生素

(一)抗生素的特点

1.抗生素作用的特点

抗生素是微生物的次生代谢产物,既不参与细胞结构,也不是细胞内的贮存性养料,对产生菌本身无害,但对某些微生物有拮抗作用,是微生物在种间竞争中战胜其他微生物保存自己的一种防卫机制。抗生素具有不同于化学药物的特点:

(1)抗生素能选择性地作用于菌体细胞 DNA、RNA 和蛋白质合成系统的特定环节,干扰细胞的代谢作用,妨碍生命活动或使其停止生长,甚至死亡。在这一点上明显不同于无选择性的普通消毒剂或杀菌剂。抗生素的抗菌活性主要表现为抑菌、杀菌和溶菌三种现象。这三种作用之间并没有截然的界限。抗生素抗菌作用的表现与使用浓度、作用时间、敏感微生物种类以及周围环境条件都有关系。

(2)抗生素的作用具有选择性,不同抗生素对不同病原菌的作用不一样。对某种抗生素敏感的病原菌种类称为该抗生素的抗生谱(抗菌谱)。例如淡紫灰链霉菌(*Streptomyces lavadulae*)产生的厄立霉素只对少数病毒有医疗作用,对细菌、真菌和其他多数病毒都没有作用。广谱抗生素对多种病原菌有抗生作用,例如青霉素对多种革兰氏阳性细菌都有良好药效,链霉素对多种革兰氏阳性和阴性细菌都有杀灭作用,对结核杆菌有特殊的疗效。

(3)有效作用浓度。抗生素是一种生理活性物质。各种抗生素一般都在很低浓度下对病原菌就发生作用,这是抗生素区别于其他化学杀菌剂的又一主要特点。各种抗生素对不同微生物的有效浓度各异,通常以抑制微生物生长的最低浓度作为抗生素的抗菌强度,简称有效浓度。有效浓度越低,表明抗菌作用越强。

有效浓度在 100mg/L 以上的属作用强度较低的抗生素,有效浓度在 1mg/L 以下是作用强度高的抗生素。

2.抗生素作用机制

据研究抗生素的作用机制大致有以下几种:抑制细胞壁的形成;影响细胞膜的功能;干扰蛋白质的合成;阻碍核酸的合成;等等。

(1)抑制细胞壁的合成　有些抗生素如青霉素、杆菌肽、环丝氨酸等能抑制细胞壁肽聚糖的合成。细胞壁肽聚糖的 N-乙酰胞壁酸上的短肽链带有四个氨基酸(即 L-丙氨酸-D-谷氨酸-L-赖氨酸-D-丙氨酸)的一条四肽链。而青霉素的内酰胺环结构与 D-丙氨酸末端结构很相似,从而能够占据 D-丙氨酸的位置与转肽酶结合,并将酶灭活,肽链彼此之间无法连接,因而抑制了细胞壁的合成。又如多氧霉素(polyoxin)是一种效果很好的杀真菌剂,其作用是阻碍细胞壁中几丁质的合成,因此对细胞壁主要由纤维素组成的藻类就没有什么作用。

(2)影响细胞膜的功能　某些抗生素,尤其是多肽类抗生素如多黏菌素、短杆菌素等,主要引起细胞膜损伤,导致细胞物质泄漏。如在多黏菌素分子内含有极性基团和非极性部分,极性基团与膜中磷脂起作用,而非极性部分则插入膜的疏水区,在静电引力作用下,膜结构解体,菌体内的重要成分如氨基酸、核苷酸和钾离子等漏出,造成细菌细胞死亡。作用于真菌细胞膜的大部分是多烯类抗生素,如制霉菌素、两性霉素等。它们主要与膜中的固醇类结合,从而破坏膜的结构引起细胞内物质泄漏,表现出抗真菌作用。

(3)干扰蛋白质合成　能干扰蛋白质合成的抗生素种类较多,它们都能通过抑制蛋白质生物合成来抑制微生物的生长,而并非杀死微生物。不同的抗生素抑制蛋白质合成的机制不同,有的作用于核糖体 30S 亚基,有的则作用于 50S 亚基,以抑制其活性。

(4)阻碍核酸的合成　这类抗生素主要是通过抑制 DNA 或 RNA 的合成而抑制微生物细胞的正常生长繁殖。如丝裂霉素通过与核酸上的碱基结合,形成交叉联结的复合体以阻碍双链 DNA 的解链,影响 DNA 的复制。博莱霉素可切断 DNA 的核苷酸链,降低 DNA 相对分子质量,干扰 DNA 的复制。利福霉素能与 RNA 合成酶结合,抑制 RNA 合成酶反应的起始过程。放线菌素 D 能阻止依赖于 DNA 的 RNA 合成。

3.抗生素的分类

目前已知的抗生素种类很多,根据其化学结构可把抗生素分为以下九大类:① β-内酰胺类抗生素,其分子中含 β-内酰胺环,如青霉素、头孢菌素 C。② 氨基糖苷类抗生素,以氨基环醇为中心的衍生物,与氨基糖或戊糖组成聚三糖或聚四糖,如链霉素、卡那霉素、春雷霉素、井岗霉素。③ 大环内酯类抗生素,分子中含有一个大环内酯作为配糖体,以糖苷键和 1～3 个分子的糖相连,如红霉素、夹竹桃霉素、麦迪霉素、稻瘟霉素。④ 多肽类抗生素,由多种氨基酸经肽键缩合而成,如多黏菌素、杆菌肽。⑤ 多烯大环内酯类抗生素,分子中含 3～7 个双键的大环内酯,有的含糖,有的不含糖,如制霉菌素、两性霉素。⑥ 芳香族类抗生素,分子中含有苯环衍生物,如氯霉素、灰黄霉素。⑦ 蒽环类抗生素,这类抗生素是以蒽环酮为配基,在 7 或 10 位与一种或多种不同糖相连的糖苷类化合物。⑧ 四环素类抗生素,其分子中含四环结构,酸碱两性物质,这类抗生素是四环素、土霉素、金霉素等抗生素的总称。⑨ 其他抗生素,如放线菌酮、庆丰霉素、磷霉素等。

(二)耐药性菌株及其产生

一种抗生素对它的敏感对象是通过一定的抗菌机制起作用的,但由于长期使用某一种抗菌药物,会使微生物产生对药物的适应性或称抗性。例如葡萄球菌的有些菌株能抗青霉素就是由于细菌的遗传变异,产生了能形成青霉素酶的突变株,青霉素可被青霉素酶(β-内酰胺酶)降解而失效。在青霉素 G 开始应用于医疗实践时,绝大多数葡萄球菌对它是敏感的,但现在几乎所有的医院里都能分离到抗青霉素的葡萄球菌。青霉素的用药剂量也从几个单位剧增到现在的 80 万甚至 100 万单位。

很多抗性菌株是由于带有特定抗性基因的质粒(R 质粒)通过交配转移即基因的水平漂移而产生的,有的菌株可以接受多种 R 质粒而成为多抗性菌株,它们不仅会使抗生素医疗带来困难,而且有可能继而成为一种新的威胁即无药可治。

(三)抗生素产生菌的筛选

抗生素产生菌的筛选方法可以分为两种,即生态学的和遗传学的。

1.生态学筛选方法

目前筛选新抗生素的产生菌,更多的是从"稀有"菌寻找,分离新的菌种。在英国和意大利,从真菌和稀有放线菌中筛选出的抗生素的产生率分别高达 60％和 40％。

自然界尤其是土壤中栖息着繁多的抗生菌,许多种有价值的抗生素产生菌都是从土壤中筛选出来的。

筛选的一般程序:① 初选,将土壤悬液稀释接种于洋菜平面培养基上,培养基中同时接种大量特定病原菌菌体或孢子。具有对特定病原菌有抗生作用的抗生菌长成菌落,分泌出抗生素,抑制周围病原菌的生长,产生透明的抑菌圈,分离出来作为初选对象。② 复选,考查初选菌株对防治特定疾病病原微生物的效果和对于人类、动植物有无药害副作用。③ 抗生素鉴定,进行抗生素化学鉴定。④ 抗菌谱测定,以求能达到一药多用。

2.遗传学方法

利用遗传学方法,使新抗生素的来源不仅从天然微生物获得,而且可以扩大到利用分子生物学技术获得的基因工程菌、细胞融合子等新的"人为创造"的微生物。

这些遗传学方法有:获得适合于前体添加的生物合成突变株(突变合成);制备杂种菌株,使产生杂种抗生素;采用基因克隆,改变生物合成途径;通过结合、转基因、原生质体融合、真菌的有性和无性周期进行重组;采用原生质体促进转化和转导,特定基因的定向克隆;基因文库的随机克隆,建立一个基因库等。

尽管目前有上千种抗生素药物用于治疗各种疾病,但是面对层出不穷的人类和动植物的新疾病以及许多致病菌日益增高的抗药性，人类对于新抗生素的寻找未敢丝毫放松，微生物仍然是拯救人类药物的巨大资源宝库。

二、微生物多糖

微生物多糖可由许多细菌和真菌产生。根据多糖在微生物细胞中的位置，可分为胞内多糖、胞壁多糖和胞外多糖。其中胞外多糖由于产生量大且易与菌体分离而得到广泛关注。微生物多糖有着独特的药物疗效和独特的理化特性，使其成为新药物的重要来源，并被作为稳定剂、胶凝剂、增稠剂、成膜剂、乳化剂、悬浮剂和润滑剂等广泛应用于石油、化工、食品和制药等各个行业。

真菌特别是担子菌类真菌，如灵芝、香菇、黑木耳、白木耳、茯苓、冬虫夏草等食用菌和药用菌，不仅具有相当高的营养价值，是美味佳肴，而且是我国人民长期用以滋补和调节身体健康的药物和保健品，有许多有效的医疗价值。有人分析了 117 种具有各种药用或食疗作用的真菌，将其功效分类为解表类、利尿渗湿类、消导类、止血活血类、祛痛类、止咳化痰类、健胃类、清热类、通便类、安神类、补益类、驱虫类、祛风湿类、平肝息风类、降血压类、调节机体代谢类、抗肿瘤类，外用消炎类等 17 类。如香菇含有的香菇素能降低血液胆固醇。白木耳有提神生津、滋补强身的功用，是珍贵的滋补品。黑木耳具有润肺和消化纤维素的功用。猴头菌制剂对胃及十二指肠溃疡具有良好疗效，并可缓解消化系统癌症。灵芝菌具有治疗神经衰弱和延缓衰老的作用。真菌尤其是担子菌历来都是中药的重要组成部分。

这些真菌主要的功能性成分即是真菌多糖和各种氨基酸。真菌多糖对于人体具有免疫调节和激活巨噬细胞的功能，从而可以提高人体抵御各种感染和抗肿瘤等方面的能力。如试验表明香菇多糖能增加小鼠腹腔巨噬细胞的绝对数量。从灵芝、银耳、黑木耳、猴头菌、黑柄炭角菌、冬虫夏草等真菌中分离提取的多糖都能显著增强腹腔巨噬细胞的吞噬功能。

真菌多糖能够激活淋巴细胞，加强免疫功能，可作为免疫增强剂。香菇多糖（lentinan）就是一个典型的 T 细胞激活剂，它在体内和体外均能促进特异性细胞毒 T 淋巴细胞（CTL）的产生，并提高 CTL 的杀伤活性。冬虫夏草多糖（CP）、蜜环菌多糖 AP、树舌灵芝多糖（G-Z）、银耳多糖（TP）、猴头多糖（HEPS）、块菌多糖（PST）、裂褶菌多糖（SPG）等都能在体外显著增强半刀豆球蛋白 A（Con A）诱导的淋巴细胞增殖。

真菌多糖已经成为重要的天然药物。

三、微生物免疫制剂

针对人类和动植物疾病的致病菌，制作免疫制剂来预防疾病是几千年来我国人们常用的方法。免疫防治是通过免疫方法使动物具有针对某种传染病的特异性抵抗力。机体获得特异性免疫力有多种途径，主要分为天然获得性免疫和人工获得性免疫两大类型。人工获得性免疫又可分为人工自动免疫和人工被动免疫两种。

（一）人工自动免疫制剂

人工自动免疫制剂是专用于免疫预防的制剂，主要指各种疫苗。

目前已知的疫苗可分为活苗、死苗、代谢产物和亚单位疫苗以及生物技术疫苗等。

1. 活苗

有强毒苗、弱毒苗和异源苗三种。强毒苗是应用最早的疫苗种类，由于其免疫过程也是散毒的过程，因此使用该种疫苗进行免疫有较大的危险，应以摒弃。但在某些特殊情况下，使用强毒疫苗也能取得较好的防治效果,使用时必须慎重。弱毒苗是目前使用最广泛的疫苗种类,虽然弱毒苗的毒力已经减弱,但仍保持原有的抗原性,并能在体内繁殖,因而较少的剂量即可诱导产生较强的免疫力。异源苗是具有共同保护性抗原的不同种病毒制备成的疫苗。例如用火鸡疱疹病毒接种预防鸡马立克白病,用鸽痘病毒预防鸡痘等。

在活疫苗使用中活苗具有引发感染的危险,并经接种途径人为地传播疾病,这应得到应有的重视。

2.死苗

病原微生物经理化方法灭活后,保留免疫原性,接种后使动物产生特异性抵抗力,这种疫苗称为死苗或灭活苗,其优点是研制周期短,使用安全和易于保存,缺点是使用接种剂量较大,免疫期较短,需加入适当的佐剂以增强免疫效果。目前使用的死苗有组织灭活苗、油佐剂灭活苗和氢氧化铝胶灭活苗等。

3.代谢产物和亚单位疫苗

细菌的代谢产物如毒素、酶等都可制成疫苗,破伤风毒素、白喉毒素、肉毒毒素经甲醛灭活后制成的类毒素有很好的免疫原性,可做成主动免疫制剂。

亚单位疫苗是将病毒的衣壳蛋白与核酸分开,除去核酸,用提纯的蛋白质衣壳制成的疫苗。此类疫苗只含有病毒的抗原成分,无核酸,因而无不良反应,使用安全,效果较好。已成功的有猪口蹄疫、伪狂犬病、狂犬病、水泡性口炎,流感等亚单位疫苗。

4.生物技术疫苗

主要有以下几种:

(1)基因工程亚单位疫苗。用重组技术将编码原微生物的保护性抗原基因转入到受体菌或细胞,使其在受体细胞中高效表达,分泌保护性抗原肽链后,提取保护性抗原肽链,加入佐剂制成基因工程亚单位疫苗。

(2)合成肽疫苗。指用人工合成的肽抗原与适当载体合作及配合而成的疫苗。如乙型肝炎表面抗原的各种合成类似物即可制成该种疫苗。

(3)基因工程疫苗。包括基因缺失疫苗和活载体疫苗两类。基因缺失疫苗是指用基因工程技术将弱毒株毒力相关基因构建的活疫苗。该苗安全性好,免疫力坚实,免疫期长,诱导产生黏膜免疫力,是较理想的疫苗。活载体疫苗是用基因工程技术将保护性抗原基因目的基因转移到载体中使之表达的活疫苗。

(二)人工被动免疫制剂

将免疫血清或自然发病康复后的动物血清人工输入未免疫的动物,使其获得对某种病原的抵抗力,这种免疫接种方法成为人工被动免疫。人工被动免疫制剂是专用于免疫治疗的免疫制剂,可分为特异性与非特异性免疫治疗剂两大类。

1.特异性免疫治疗剂

(1)抗毒素。用类毒素多次注射实验动物,待其产生大量特异性抗体后,采血,分离血清浓缩纯化后的制品即为抗毒素。常用的有肉毒抗毒素、白喉精制抗毒素等主要因细菌外毒素引起的疾病。

(2)抗病毒血清。取免疫过的动物的血清制成的产品称为抗病毒血清。如抗狂犬病毒血清、抗乙型脑膜炎病毒血清等,主要用于某些病毒感染的早期或潜伏期。

(3)免疫球蛋白制品。主要指血浆丙种球蛋白、胎盘球蛋白、单克隆抗体、免疫核糖核酸等。

2.非特异性免疫治疗剂——免疫调节剂

能增强、促进和调节免疫功能的非特异性生物制品,称为免疫调节剂。它在治疗免疫功能低下、某些继发性免疫缺陷症和某些恶性肿瘤等疾病中,具有一定的作用,而对免疫功能正常的人一般不起作用。主要有转移因子、干扰素、胸腺素、卡介苗、小棒杆菌、杀伤性 T 细胞等。根据免疫调节物的作用可分免疫增强剂和免疫抑制剂两类。免疫增强剂有 BCG(*Bacillus Calmette-Guerin*)菌体、溶链菌 OK-432(picibanil)(*Streptococcus pyogenes*)菌体、N-CWS (*Nocardia rubra*)细胞骨架、香菇(*Leninus edodes*)多糖(lentinan)、云芝(*Coriolus versicolor*)多糖 K(krestin)、含有蛋白质的多糖等。免疫抑制剂有环孢菌素 A(cyclosporin A)、藤霉素 (tacrolimus,FK-506)、雷帕霉素(rapamycin, RPM)、都那霉素(dunamycin)、脱氧精胍菌素 (15-deoxyspergualin)、灵菌红素 25C (prodigiosin 25C)等。在临床上应用已取得良好效果。

四、微生物生产的酶抑制剂

一切生物生命活动过程实质上都是由酶催化的生物化学反应过程。因此一旦某种酶的基因表达或其催化活性发生变化,机体无疑会显示出某种病变症状。利用微生物生产各种酶抑制剂来调整酶的表达量或酶的活性,有的已在临床上得到应用。

(1)与蛋白质代谢相关的酶抑制剂,包括内肽酶抑制剂,如由玫瑰链霉菌(*Streptomyces roseus*)产生的以纤维蛋白酶为靶酶的亮肽素(leupeptin)、由蜡状芽孢杆菌(*Bacillus cereus*)产生的以硫醇蛋白酶为靶酶的硫醇蛋白酶抑素(thiolstatin) 和外肽酶抑制剂,如由放线菌 MF-931-A2生产的以氨肽酶 B 为靶酶的 α-aminoacyl arginines 等。

(2)与糖代谢相关的酶抑制剂,如由灰孢链霉菌(*S. griseosporeus*)生产的以 α-淀粉酶为靶酶的 haim Ⅰ 和 haim Ⅱ。

(3)与脂质代谢相关的酶抑制剂,如由柠檬酸青霉(*Penicillum citrinum*)生产的以 HMG-CoA 还原酶为靶酶的 compactin 等。

(4)其他酶抑制剂,如由棍孢链霉菌(*S. staurosporeus*)生产的以蛋白激酶 C 为靶酶的棍孢素(staurosporine)等。

在临床上已有 8 种酶抑制剂用于治疗非淋巴性白血病、抑制牙垢形成、高脂血症、糖尿病和成人 T 细胞白血病等。

五、微生物毒素的药物应用

许多细菌和真菌可以产生毒素。细菌毒素有葡萄球菌毒素、链球菌外毒素、肺炎链球菌毒素、肉毒毒素、霍乱弧菌毒素、志贺氏菌毒素、大肠杆菌毒素、白喉杆菌毒素、炭疽杆菌毒素、梭菌毒素、蓝细菌毒素等。真菌毒素有黄曲霉毒素、棕曲霉毒素、麦角、杂色曲霉素、烟曲霉震颤素、玉米赤霉烯酮、交链孢毒素、毒蘑菇毒素等。根据微生物毒素的化学成分,可分为蛋白质类毒素、多肽类毒素、糖蛋白类毒素和生物碱类毒素。根据毒素的作用机理,有溶细胞毒素、抑制蛋白质合成毒素、神经毒素、作用于离子通道的毒素、作用于突触的毒素、凝血和抗凝血的毒素,等等。根据导致的疾病,可分为引起光敏和过敏反应的毒素、引起精神和神经系统病变的毒素、引起胃肠道和肝脏病变的毒素、致畸致癌的毒素和引起呼吸系统病变的毒素。人类和动物一旦误食、误用这些微生物毒素,轻则引起各种疾病,重则引起致畸、致癌,甚至死亡,有的可在极短时间内致人死亡,难以抢救。

然而,正如任何事物都有两面性一样,这些微生物毒素同样是人类的重要医药宝库,尤其是寻找新药的资源库。这些毒素可有如下作用：

（1）可直接用作药物。如肉毒毒素可用于治疗重症肌无力和功能性失明的眼睑及内斜视，并作美容品。利用白喉毒素的 A 链与多种癌症细胞抗体连接研制出导向抗癌药物。

（2）以微生物毒素为模板，改造和设计抗病抗癌和治疗的新药。

（3）作为外毒素菌苗使用。大多数外毒素是蛋白质，注射进入人体和动物体后能产生相应的抗体，这些抗体可与毒素有效地结合，干扰毒素与其靶细胞的结合，抑制其转运，如肉毒毒素、白喉类毒素、炭疽毒素、金黄色葡萄球菌毒素、破伤风毒素等。

（4）作为超抗原（SAg）使用。许多微生物毒素本身就是超抗原，是多克隆有丝分裂原，激活淋巴细胞增殖的能力远比植物凝集素高 10～100 倍，具有刺激频率高等特点，可用于治疗自身免疫性疾病。

（5）从毒蘑菇毒素中寻找抗癌新药。毒蘑菇广泛生长于自然界，每年由于误食而死亡的人数相当多。但毒蘑菇毒素已显示出抗癌和延缓癌变进程的良好前景。

六、微生物保健制品

利用微生物制作的保健品，经过市场的大浪淘沙，正日渐稳定。微生物保健制品的保健作用无疑应该肯定，但并不是万能的和包治百病的。根据微生物保健制品中微生物的利用状况，可将其分为微生物产物制品和微生物菌体制品两大类。前一类主要是利用微生物产生的多糖、蛋白质、多肽、氨基酸、维生素等产物制成的产品，如猴头菇口服液、灵芝口服液、香菇口服液等。后一类制品含有活的菌体，如昂立 1 号、丽珠肠乐、整肠生等，也有的是死菌体制品，如冬虫夏草、灵芝孢子等，实际上在这一类制品中也存在微生物的部分代谢产物。因此，在以活菌体为主的微生物保健制品中，存在着三类组分：一是微生物活菌体，二是微生物代谢产物，三是有助于活菌体存活的物质。微生物保健制品是否有效有赖于制品的质量即单位制剂中所含的活菌体数量及其生物活性，一般活菌体含量应在 10^8 个/mL（或 g）以上。生物活性主要是指能起到某种生物调节功能或微环境调节功能，能促进肠道微环境恢复或维持在正常状态，或者使有益微生物区系占有优势，抑制致病菌或其他有害微生物的增殖，使其处于劣势。

第二节　　微生物生产清洁能源

能源问题正随着一次性能源（如石油、天然气、煤）的加速耗竭而日益突出，为能源问题的国际纷争屡屡发生。化学性燃料的燃烧也给环境带来前所未有的污染问题，二氧化碳、二氧化硫、煤灰等燃烧后的废气和固体废物大量进入环境，使人类生存的环境质量下降。而甲烷、乙醇和氢气等不仅是可再生的燃料，而且在燃烧过程中不产生严重危害环境的污染问题。尤其是氢气，燃烧后仅形成水，具有清洁、高效、可再生等突出特点。另一方面，这些燃料可由微生物利用有机废弃物生产，从而在获得清洁燃料的同时，处理了有机废物废水，保护和改善了环境，使废弃资源得到再利用或循环利用。除了利用微生物生产甲烷、乙醇和氢气等可再生燃料外，近期有报道表明直接利用某种基因工程菌发酵糖类合成类似于柴油或汽油的碳氢化合物，这种碳氢化合物可以驱动汽车发动机。利用生物技术将可利用的廉价有机物甚至有机废弃物转化为清洁燃料替代石油等矿物燃料，将是世界性的实施环境可持续发展的长期战略。但现有的实验室成果离真正的实际应用还有相当长的路要走。

一、甲烷的微生物学产生

在自然界各种厌氧生境中,如沼泽、池塘、海洋和水田的底部,常可见到有气泡冒出水面。若将这些气体收集起来,可以点燃,称之为沼气。沼气的主要成分为甲烷(约占 60%～70%)和 CO_2(约占 30%～35%)。沼气是厌氧环境中有机物微生物学转化的产物。所谓沼气发酵,是指在厌氧条件下将有机物转化为沼气的微生物学过程。

(一)沼气发酵的微生物学过程

沼气发酵的微生物学过程比较复杂。根据现有的研究,可将沼气发酵分为四个阶段,依次由四大类群的微生物参与作用。

第一阶段:水解发酵性细菌将复杂有机物水解成相应的单体,并对水解产物进行发酵。

第二阶段:产氢产乙酸细菌利用第一阶段的发酵产物,形成乙酸和氢气。

第三阶段:产甲烷古菌把前几个阶段中产生的乙酸裂解成甲烷和二氧化碳,或将氢和二氧化碳还原为甲烷和水。

第四阶段:某些同型产乙酸细菌可将氢和二氧化碳还原成乙酸,乙酸再由产甲烷古菌裂解为甲烷和二氧化碳。

参与沼气发酵的一些微生物是相互依存的,这种依存关系本质上是氢的种间转移。水解发酵性细菌和产氢产乙酸细菌均能产生氢气并释放至环境中,但它们的代谢活动又可被各自所产生的氢所反馈抑制。氢营养型产甲烷古菌则需要氢作基质。这样,后者利用氢还原二氧化碳形成甲烷,不仅满足了自身的需要,也为前者解除了氢的反馈抑制。两类菌相互依存,相互促进,见图 13-1。

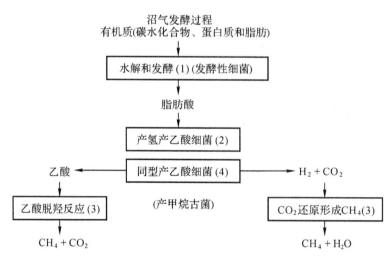

图 13-1　甲烷形成过程中各微生物类群之间的作用关系

产甲烷古菌在整个沼气发酵微生物中起着核心作用,也是厌氧环境中有机物分解生物链上的最后一个成员。它们是一个特殊的生理类群,具有独特的产能代谢方式。

现已分离到的产甲烷古菌可分为 5 个目 10 个科和 31 个属,分别为:甲烷八叠球菌目(Methanosarcinales)、甲烷微菌目(Methanomicrobiales)、甲烷杆菌目(Methanobacteriales)、甲烷球菌目(Methanococcales)和甲烷火菌目(Methanopyrales)。其中,甲烷微菌目、甲烷球菌目和甲烷火菌目均为氢营养型的产甲烷古菌;甲烷杆菌目中除了 *Methanospaea* 属外,均为氢营养型产甲烷古菌;甲烷八叠球菌目则包括了所有乙酸营养型产甲烷古菌和其他一些甲基营养型产甲烷古菌。

(二)产甲烷古菌产甲烷的生物化学特性

1.产甲烷古菌代谢中的特异性辅酶

产甲烷古菌具有其他任何微生物所没有的独特辅酶 F_{420}、F_{430}、辅酶 M、因子 B、CDR 因子(CO_2 还原因子)等生物化学成分。它们在甲烷形成中具有极为重要的作用。

(1)F_{420}(辅酶 420、Co_{420},$Factor_{420}$,420 因子)

F_{420} 为一种相对分子质量仅为 630Da 的荧光化合物,化学结构为 7,8-二脱甲基-8-羟基-5′-脱氮核黄素-5′-磷酸盐(7,8-didemethyl-8-hydroxy-5′-deazariboflavin)。氧化态时在 420nm 处呈现蓝绿色荧光,并出现一个明显的吸收峰,还原态时则在 420nm 失去其吸收峰和荧光,因此产甲烷古菌在 420nm 紫外光激发下可自发荧光,长时间照射时荧光可消失,但在黑暗情况下又可得以恢复。

F_{420} 是一种产甲烷过程中低电位的最初电子载体,电位可能接近 $-300mV$ 或更低。F_{420} 被氢化酶分解产生的电子所还原,然后把电子交给电子转移链。

(2)辅酶 M(CoM,CoM-SH)

CoM 是所有已知辅酶中最小的具有渗透性、含量最高、对酸和热稳定的辅助因子。在 260nm 处呈现最大吸收峰。在空气中很易氧化为 $(SCoM)_2$,极为耐热,低于 425℃ 时分解非常缓慢。CoM 在产甲烷古菌细胞内的含量很高,平均浓度可达 $0.2\sim2mmol/L$。是一种甲基转移酶的辅酶,即为活性甲基的载体。在产甲烷过程中起着极为重要的作用,反应如下:

$$CO_2 + HS\text{-}CoM \xrightarrow[H_2O]{} HOOC\text{-}S\text{-}CoM \xrightarrow{2e \; 2e \; 2e} CH_3\text{-}S\text{-}CoM \xrightarrow[\text{甲基还原酶}]{2e,Mg^{2+},ATP} HS\text{-}CoM + CH_4$$

另外还有参与 C1 的还原反应的甲基喋呤(methanopterin,MPT),其结构与叶酸相似,作用功能也与其相同。在产甲烷和产乙酸过程中起甲基载体作用的是 CO_2 还原因子(carbon dioxide reducing factor,CDR)也即甲烷呋喃(methanofuran,MFR)。另一个 F_{430},是存在于嗜热自养甲烷杆菌中含 Ni 的四吡咯结构,是甲基辅酶 M 还原酶组分 C 的弥补基,参与甲烷形成的末端反应。

2.从不同基质形成甲烷的生物化学反应

产甲烷古菌能利用的基质范围很窄,就单个种来说就更少,有些种仅能利用一种基质。产甲烷古菌所能利用的基质大多为最简单的一碳或二碳化合物,如 CO_2、CH_3OH、HCOOH、CH_3COOH、甲胺类等,极个别种可利用三碳异丙醇。这些基质形成甲烷的反应如下:

$$4H_2 + HCO_3^- + H^+ \longrightarrow CH_4 + 3H_2O$$

$$4HCOO^- + 4H^+ \longrightarrow CH_4 + 3CO_2 + 2H_2O$$

$$4CH_3OH \longrightarrow 3CH_4 + CO_2 + 2H_2O$$

$$CH_3COO^- + H^+ \longrightarrow CH_4 + CO_2$$

$$4CH_3NH_3^+ \longrightarrow 3CH_4 + H_2CO_3 + 4NH_4^+$$

$$4CO + 2H_2O \longrightarrow CH_4 + 3CO_2$$

$$4CH_3CHOHCH_3 + HCO_3^- + H^+ \longrightarrow 4CH_3COCH_3 + CH_4 + 3H_2O$$

大量的研究一致指出,在自然界中,乙酸是形成甲烷的关键性底物,约有 70% 的甲烷来源于乙酸。

不管何种基质,形成甲烷的最后一步反应总是如下:

$$CH_3\text{-}S\text{-}CoM + H_2 \xrightarrow[B, F_{430}, FAD, Mg, ATP, B_{12}]{A_1, A_2, A_3, C} CH_4 + HS\text{-}CoM$$

这一反应由包括多种组分的 $CH_3\text{-}S\text{-}CoM$ 还原酶系统催化,各种组分有着不同功能。

(三)产甲烷古菌的生长

产甲烷古菌是严格厌氧菌,要求环境中绝对无氧。绝大部分产甲烷古菌能利用氢和二氧化碳作基质,从氢的氧化反应中获得能量去还原二氧化碳,供其生长,其中部分产甲烷古菌能利用甲酸。甲烷八叠球菌既能以二氧化碳和氢为生长基质,也能利用乙酸、甲酸、甲胺、二甲胺、乙酰二甲胺生长,少数产甲烷古菌甚至能以一氧化碳为生长基质。铵盐是产甲烷古菌适宜的氮源。某些种的生长甚至需要生长因子,如甲烷短杆菌(*Methanobrevibacter*)的生长需要加入瘤胃动物的瘤胃液。产甲烷古菌的最适生长温度为30℃左右,嗜热产甲烷古菌的最适温度达 65~70℃。

(四)沼气发酵的应用

沼气发酵主要有两种应用方式。一种方式目标在于沼气发酵的产物——沼气,另一种方式目标在于沼气发酵的过程——对废弃有机物转化分解,清除环境污染。

在农村,在各类牲畜和禽类养殖场应用和推广沼气发酵,既能充分利用生物质能,节约薪材,又能保肥,提高有机肥的肥效;同时还能改善环境卫生,防止疾病传染,意义深远。

1.沼气发酵装置

现有的沼气发酵装置形式多样,结构各异。选用时,应结合当地条件因地制宜。总的要求为:① 效率高,可以减少基建投资。② 管理方便,有利于用户接受。③ 运行费用省,无需复杂的预处理和后处理以免去不必要的开支。④ 制造、安装容易,见图13-2。

2.沼气发酵技术要点

(1)严格维持厌氧条件。如前所述,沼气发酵中的产甲

图 13-2　一个猪养殖场的沼气发酵装置(a,b为发酵罐,c为储气罐)

烷古菌为严格厌氧菌,适宜生活于低氧化还原电位的环境。因此,要求沼气发酵装置密封程度高,不漏水,不漏气。

(2)原料。可就地取材,各种有机废弃物皆宜。但应注意避免收入有毒物质,注意原料中各营养成分的比例,注意投料浓度,尤其是易分解的糖类物料,避免造成冲击负荷使反应器酸败。

(3)pH值。沼气发酵的适宜pH为6.8~7.2,高于8.0和低于6.0均会抑制发酵,尤其是低pH值易使发酵失败。

(4)温度。中温发酵的适宜温度为32~38℃,高温发酵的适宜温度为50~55℃。

(5)搅拌。发酵装置中的料液易于分层,影响微生物与原料的充分接触和沼气外逸,它们均限制效率发挥,需经常搅拌。

二、乙醇的发酵生产

1. 有机物糖化及其微生物

由于能将葡萄糖转化为乙醇的酵母菌不能利用淀粉、纤维素等大分子有机物,因此必须有其他微生物将这些大分子有机物降解为葡萄糖提供给酵母菌。这一将淀粉、纤维素等大分子有机物转化为葡萄糖的过程称为糖化作用。糖化过程可利用酸水解或酶解或某些微生物将大分子有机物水解为葡萄糖。能将这些大分子有机物转化为葡萄糖的微生物称为糖化菌。根霉(*Rhizopus*)、毛霉(*Mucor*)、曲霉(*Aspergillus*)的许多种都具有很高的糖化能力。在生产中主要用的糖化菌是曲霉和根霉。曲霉有黑曲霉(*A. niger*)、白曲霉和米曲霉(*A. oryzae*)等。根霉是淀粉发酵法的主要糖化菌,其中以东京根霉(又称河内根霉)、黑根霉(*R. nigricans*)等应用最广。

$$(C_6H_{12}O_6)_n \xrightarrow{\text{酸解或酶解}} n(C_6H_{12}O_6)$$

2. 乙醇发酵及其微生物

酵母菌在厌氧条件下利用大分子有机物糖化后的葡萄糖时,先形成丙酮酸,丙酮酸脱羧形成乙醛,乙醛再在乙醇脱氢酶作用下形成酒精。其反应的过程如下:

$$C_6H_{12}O_6 + 2NAD^+ \longrightarrow 2CH_3COCOOH + 2NADH + 2H^+$$

$$2CH_3COCOOH \xrightarrow{\text{丙酮酸脱羧酶}} 2CH_3CHO + CO_2$$

$$CH_3CHO + NADH^+ + H^+ \xrightarrow{\text{乙醇脱氢酶}} CH_3CH_2OH + NADH^+$$

总反应式为:

$$C_6H_{12}O_6 \longrightarrow 2CH_3CH_2OH + CO_2 + Q$$

从反应式看,1mol 葡萄糖可产生 2mol 乙醇,即 180g 葡萄糖可产生 92g 乙醇,转化率为 51.5%。但由于约有 2% 的碳水化合物用于酵母菌细胞增殖,约 2% 的碳水化合物用于形成甘油,0.5% 的碳水化合物用于形成以琥珀酸为主的有机酸和 0.2% 的碳水化合物用于形成杂醇油,因此实际上只有 47% 的葡萄糖转化为乙醇。

乙醇发酵能力最强的酵母菌是子囊菌纲酵母菌属的啤酒酵母(*Saccharomyces cerevisiae*)(图 13-3)。细菌中能进行乙醇发酵的种不多,仅有发酵单胞菌(*Zymomonas*)、胃八叠球菌(*Sarcina ventriculi*)和解淀粉欧文氏菌(*Erwinia amylovora*)等少数种。它们在形成乙醇时的途径与酵母菌不同。运动发酵单胞菌(*Z. mobilis*)可以通过 ED 途径发酵葡萄糖产生酒精。但细菌性发酵葡萄糖产生酒精的效率较低,因而难以规模化应用于工业,尚难以与酵母菌相竞争。

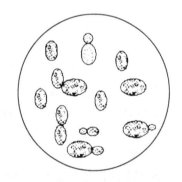

图 13-3　啤酒酵母(*Saccharomyces cerevisiae*)

3. 利用纤维质有机废弃物直接发酵产生乙醇

纤维素类物质是地球上最丰富、廉价的可再生资源,全世界每年由植物合成的纤维素、半纤维素的总量达 8.5×10^{10} t,但被利用的仅有 2% 左右,其余的大多以农业废弃物的形式残留于环境。面临世界性能源枯竭和环境污染的日益威胁,通过微生物将以纤维素、半纤维素为主要成分的农业废弃物直接转化生产乙醇已成为研究热点。

厌氧性的热纤梭菌(*Clostridium themocellum*)、嗜热氢硫梭菌、布氏嗜热厌氧菌和乙酸乙基嗜热拟杆菌(*Thermobacteroides acetoethylicus*)等能直接利用除葡萄糖等己糖外较为广泛的有机物质转化为乙醇。但已知和研究较深入的能直接将纤维素转化为乙醇的细菌只有热纤梭菌(图 13-4a)。热纤梭菌细胞壁表面分布有不连续的包含有纤维素酶系的纤维素体(Cellulosome)。这些纤维素体与纤维素相粘附(图 13-4b),然后纤维素酶系逐步将纤维素分解为可溶性糖类,吸收入细胞进一步利用,转化为乙醇。然而,由于木质素、半纤维素对纤维素的保护作用以及纤维素本身的结晶结构,天然木质纤维素直接进行酶水解时,其纤维素水解成糖的比率一般仅有 10%～20%。因此由热纤梭菌直接转化为乙醇的效率较低。这表明尽管在理论上是可行的,但在实际工业化过程中如何提高乙醇的转化效率仍有许多问题有待解决。

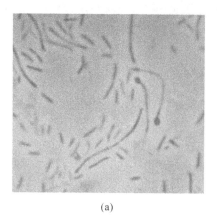
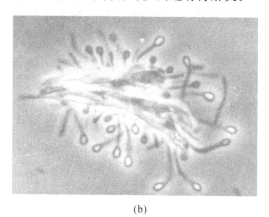

(a)　　　　　　　　　　　　　　　　(b)

图 13-4　热纤梭菌(a)及其对纤维素的黏附(b)

三、微生物制氢

氢气由于燃烧的产物为水而不产生任何环境污染物,而且能量密度和热转换效率高,因而是一种十分理想的"绿色"载能体。制氢方法可分为理化性的和生物性的两类。理化性的方法如将水电解为氢和氧,这必须消耗大量的电能,若将如此获得的氢气作为能源,在经济成本上难以接受。其他化学性方法也要消耗大量矿物资源,而且生产过程中产生大量污染物。生物性方法利用微生物生产氢气具有其他方法所不可比拟的优点。

在生命活动中能形成分子氢的微生物有两个主要类群:一是固氮微生物尤其是具有固氮作用的光合微生物,包括藻类和光合细菌在内。目前研究较多的主要有颤藻属、深红红螺菌、球形红假单胞菌、深红红假单胞菌、球形红微菌、液泡外硫红螺菌等。二是严格厌氧和兼性厌氧的发酵性产氢细菌。如丁酸梭状芽孢杆菌、拜氏梭状芽孢杆菌、大肠埃希氏杆菌、产气肠杆菌、褐球固氮菌等。

1. 固氮微生物和光合微生物的产氢

在具有固氮作用的微生物中,有 N_2 等底物存在时,固氮酶进行 N_2 的还原反应:

$$N_2 + 12ATP + 8e^- + 8H^+ \longrightarrow 2NH_3 + 12(ADP + Pi) + H_2。$$

众所周知,固氮酶在固氮过程中,有 25% 甚至更多的电子流向质子形成氢,如果固氮酶并不是由 MoFe 蛋白而是由 VFe 蛋白或 FeFe 蛋白构成的,那流向质子的电子比例分别可达 60% 和 80%,也即有更多的氢气生成。在无 N_2 等合适底物时,固氮酶将电子全部流向放氢反应:

$$2H^+ + 4ATP + 2e^- \longrightarrow H_2 + 4(ADP + Pi)。$$

具有固氮作用的光合微生物的产氢实际上是光合微生物将光合作用过程中获取的光能转换为 ATP 后,ATP 支持固氮酶的放氢,由 ATP 将光合作用与固氮酶的放氢两个过程相连接。利用固氮微生物产氢需要控制电子流向 N_2 而使其更多地流向质子。

2. 发酵性细菌的产氢

发酵性细菌是另一类在代谢过程中可以产生分子氢的微生物。如糖解梭菌(*Clostridium saccharolyticum*)、巴斯德梭菌(*C. pasteurianum*)等,缺乏典型的色素系统和氧化磷酸化机制。在发酵单糖时可形成 H_2,一处是在葡萄糖酵解为丙酮酸过程中形成 NADH,NADH 在 NADH:Fd 氧化还原酶作用下,用电子还原氧化态的 Fd,还原态的 Fd 在氢酶作用下形成 H_2。另一处是丙酮酸在丙酮酸:Fd 氧化还原酶作用下脱羧过程中形成还原态的 Fd,还原态的 Fd 与 H^+ 在氢酶作用下生成 H_2。前一条途径,是由于生物体必须保持一定的 NAD^+ 与 NADH 的比例和 NAD^+ 浓度来维持其正常的生命代谢。因此,细胞内如果 NADH 浓度达到了一定水平,必须将电子转移给质子,使细胞内保持一定浓度的 NAD^+,尽管这个过程是一个需能反应,但当环境中氢气释放到足够低浓度时,反应可向右进行。同时伴随这个过程的有氢释放。反应过程可表示如下:

$$NADH + H^+ \xrightarrow{\text{NADH:Fd 氧化还原酶,氢酶}} NAD^+ + H_2 \qquad G^{0'} = +18.0 kJ/mol$$

许多肠道细菌如大肠杆菌(*E. coli*)等在代谢过程中也可产生氢气。当其厌氧性生长于发酵性基质上时,氢酶起着氢阀的作用,通过氧化在发酵过程中的过剩还原力(NADH 或 NADPH)形成 H_2 来保证电子载体的循环和保持氧化还原平衡。酵解形成的丙酮酸在丙酮酸:甲酸裂解酶作用下,形成乙酰-CoA 和甲酸,甲酸在厌氧和缺乏合适电子受体条件下,由甲酸氢解酶复合物裂解生成 CO_2 和 H_2。

现在也发现发酵性细菌的其他产氢途径。利用发酵性细菌产氢应该将发酵产氢与有机废弃物的清除、资源化结合起来,使有机废弃物转化为清洁燃料氢。

第三节 微生物肥料与微生物修复剂

化学肥料的施用为农作物产量的提高无疑作出了巨大贡献,但众所周知,化学肥料的施用不断地显现出对土壤生产力和对环境生态的破坏,已经成为人类可持续发展的一个阻碍。微生物肥料无疑可以,至少部分可以替代化学肥料的应用,减少化学肥料的污染和提高作物产品质量。

一、微生物肥料

1. 微生物肥料的功能

微生物肥料是指一类含有活的微生物并在使用后能获得特定肥料效应,能增加植物产量或提高产品质量的微生物制剂。微生物肥料的主要功能有:一是增加土壤肥力,微生物可通过增加肥料元素含量,如固氮菌肥料中的固氮菌、根瘤菌固定大气中的氮素为植物可利用的氨态氮。也可以通过转化存于土壤中的各种无效态肥料元素为活化态元素,如解磷、解钾细菌肥料中的细菌可转化矿石无效态磷或钾为有效态磷或钾,为植物所利用。二是微生物产生植物激素类物质,刺激植物生长,使植物生长健壮,改善营养利用状况,如自生固氮微生物可产生某些吲哚类物质。三是产生某些拮抗性物质,抑制甚至杀死植物病原菌。四是可通过在植物根际大量生长繁殖成为作物根际的优势菌,与病原微生物争夺营养物质,在空间上限制其他病原微生物的繁殖机会,对病原微生物起到挤压、抑制作用,从而减轻病害。这类微生物也叫做根圈促生细菌(plant growth-promoting rhizobacteria,PGPR)。

2. 微生物肥料的分类

微生物肥料的种类很多,按其内含的微生物种类分可分为细菌肥料(如根瘤菌肥、固氮菌肥)、放线菌肥(如 5406 菌肥)、真菌类肥料(如菌根真菌)等;按其作用机理又可分为根瘤菌肥料、固氮菌肥料、解磷菌类肥料、解钾菌类肥料等;按其制品中微生物的种类数量可分为单一的微生物肥料和复合微生物肥料。

根瘤菌肥是指利用能够与某种豆科作物共生形成根瘤并固氮的根瘤菌,进行培养扩大后生产的生物肥料,用于对豆科植物播种时拌种或以其他方式使用,使豆科植物能够提早结瘤、增加结瘤量,从而提高固氮量,促进豆科植物生长和提高产量。

"5406"放线菌肥是指利用"5406"放线菌即细黄链霉菌(*Streptomyces microflavus*)生产制成的微生物肥料,具有抗植物细菌性病原菌的作用,并能产生某些生长刺激因子促进植物生长。

固氮菌肥是指利用能固定大气氮素为氨态氮并产生某些生长因子的细菌生产的微生物肥料。

磷细菌肥是指利用某些能转化矿石中的无效态无机磷或有机物中的有机磷为有效磷的微生物生产的微生物肥料。

钾细菌肥是指利用能将矿石中的无效钾转化为有效钾的微生物生产的微生物肥料。

微生物生长刺激剂是指许多微生物在其生长过程中可产生许多不同的生长因子,如维生素、吲哚类、赤霉素等生长刺激物质,利用这些微生物进行培养扩大生产的以利用微生物的生长刺激物质为主要目标的微生物制剂。

3. 微生物肥料生产的一般流程

微生物肥料的生产流程一般是:斜面菌种──→液体菌种扩大──→液体发酵扩大或固体培养扩大──→固体吸附──→成品检验──→成品使用或储存。

4. 微生物肥料使用效果及其影响因素

经过众多的微生物肥料施用研究,对于微生物肥料的效果无疑是应该肯定的,尤其是在那些肥力比较低下或初次使用的土壤上微生物肥料的效果尤为显著。如在新开垦的贫瘠红壤上种植紫云英时,接种相应根瘤菌的紫云英产量明显要高于、甚至几倍于不接种根瘤菌的紫云英产量。然而,微生物肥料效果的不稳定性也是一个不争的事实。其主要原因在于使用微生物肥料时,其作用的最佳发挥有赖于多种因素,一是内含的微生物数量及其活性即微生物肥料的质量,二是使用地的土壤肥力及其理化性状,三是微生物肥料的使用方法、数量、时间和条件等都可显著影响使用效果,四是被使用的植物的种类甚至品种的不同,如根瘤菌肥必须与相应的豆科植物种甚至品种接种才明显有效。因此,使用微生物肥料时必须选择高质量制剂和最佳使用方法、条件,以保证微生物肥料的显著效果。

二、好氧性微生物堆肥

农业中每年有大量的作物残体,如秸秆、枯枝落叶、杂草等,经过微生物的作用,可制成优质的有机肥料。

（一）堆肥的堆制

植物秸秆类原料应先切碎并压裂。玉米秸秆可切成 2～3cm 的小段，以有利于吸收水分和控制适宜的通风状况，使微生物能够利用的养料容易渗出，促进微生物的迅速发展。

禾本科秸秆的碳氮比（C/N）较大，加入人粪尿可提高原料的含氮量和微生物数量起点。充足的氮素养分不仅可促使微生物旺盛生长和繁殖，从而加快腐熟，而且制成的堆肥质量也较高。添加一些磷肥、石灰或草木灰也有利于促进微生物作用，加速堆肥腐熟。

水分和通气是影响堆肥腐熟的主要因素。水分充足可促进微生物的有效活动。铺堆肥材料前，最好先用水将其浸透，浇匀浇透。同时必须保证适宜的通气状况，以促进微生物的好氧性分解。

材料堆好后，用湿土或河泥密封（10～12cm 厚）有利于保水、保温、保肥，既能防止雨水淋洗引起的养分流失，也能防止氨挥发造成的氮素损失。

在堆肥堆制过程中，应及时进行翻堆。翻堆一般在堆温越过高峰开始降温时进行，它可以使内层、外层分解程度不同的物料重新混合均匀。如果湿度不够，可补加一些水分，并再次泥封，堆料可再次进入高温期，从而促进堆肥的均匀腐熟。

（二）堆肥的微生物学过程

1. 发热阶段

堆制初期，在这一阶段中，堆料的主要变化是易被微生物分解的有机物质（如单糖、淀粉、蛋白质等）被迅速分解，同时产生大量热能，使堆料温度大幅度上升。一般在几天之内就可达 50℃ 以上，称之为发热阶段。堆料中的微生物以中温性好氧菌为主，常见的有无芽孢杆菌、芽孢杆菌和霉菌。随着温度的升高，嗜热性微生物逐渐代替中温性微生物而起主导作用。

2. 高温阶段

在高温阶段，堆肥材料中的复杂有机物质如纤维素、半纤维素、果胶质等也逐渐被微生物分解，并开始腐殖质的形成。在该阶段中，以嗜热性微生物占优势。常见的嗜热性真菌有嗜热真菌属（*Thermomyces*）。常见的嗜热性放线菌有褐色嗜热链霉菌（*Streptomyces thermofucus*），普通嗜热放线菌（*Thermoactinomyces vulgaris*）等。温度升到 60℃ 后，嗜热性真菌的活动几乎完全停止，放线菌、嗜热性芽孢杆菌和梭菌的活动渐占优势。普通嗜热放线菌是放线菌的主要优势种之一。

由于微生物的旺盛活动，堆料的温度可升到 70℃ 以上。这时，嗜热性微生物大量死亡或进入休眠状态。但各种酶对有机质的分解仍在进行。随着酶活性的迅速衰退，产热量减少，堆肥温度开始下降。当温度下降到 70℃ 以下时，处于休眠状态的嗜热性微生物重新恢复其分解活动，产热量再度增加。因此，堆料有一个自然调节且延续持久的高温期。它对堆料的快速腐熟起着重要作用。堆制得法的堆料有相当长的高温期（维持在 50℃ 以上），可在几星期或 2～3 个月内达到适于施用的腐熟状态。

3. 降温阶段

高温阶段后，堆料中的纤维素、半纤维素、果胶质大部分已被分解，仅剩下难以分解的复杂成分（木质素）和新形成的腐殖质。微生物的活动强度减弱，产热量减少，温度也随之逐渐下降。当温度下降到 40℃ 以下时，中温性微生物代替嗜热性微生物而重新成为优势种。

4. 腐熟保肥阶段

经过上述三个阶段的分解，堆料中可生物降解的成分已被完全转化，堆料温度仅稍高于气温，此时进入腐熟保肥阶段。在这一阶段，堆料继续缓慢腐解，最终成为与土壤腐殖质十分相近的物质。为了保存肥效,最好将堆肥压紧,造成厌氧状态。

在城市生活垃圾生物处理过程中,由于城市生活垃圾中的有机物含量相对不高,但含水量较高,依靠自然的微生物发酵过程释放的热量不足以提高垃圾的发酵温度,因此可利用人为加热促使垃圾在短时间内迅速升温,给微生物的生命活动创造适宜的环境条件,加速垃圾的减量和腐熟。

三、厌氧性微生物沤肥

沤肥是指在田旁或田中挖一个大坑(或塘),将坑底和四周夯实,分层加入沤制材料,灌水踏紧,排除空气,在厌氧微生物作用下,制成腐熟有机肥料的过程。沤肥对氮素养分的保存率较高,转化成速效性氮的比例也较大。沤肥的效果明显优于露天堆放,前者的氮素损失只有 5%,速效性氮的比例高达全氮量的 35%。

与堆肥不同,沤肥实质上是以厌氧和兼性厌氧菌为主的微生物对有机物的分解过程,好氧性细菌、放线菌和真菌的作用很弱。由于浸水,温度变化不明显,起主要作用的是中温性细菌。沤肥的主要规律有:① 沤肥材料中的可溶性简单有机物、糖、淀粉等先被厌氧性细菌利用,其中的碳素除用于合成细胞物质和释放二氧化碳外,还产生一些厌氧呼吸的有机产物,如甲烷、甲醇、乙酸、乙醇、乳酸、丁酸、丁醇、丙酮等,同时释放 NH_3、H_2S 和 H_2 等无机气体产物。② 纤维素、半纤维素、果胶质等复杂有机质的分解开始较晚,持续时间较长。经厌氧微生物分解后,也生成乙酸、乳酸、丁酸、甲醇、乙醇、丁醇、丙酮等厌氧呼吸终产物,以及 CO_2、NH_3、H_2S、H_2 和 CH_4 等气体。

沤肥也可以把制肥和生物能利用(制造沼气)结合起来。将植物性沤制材料和粪尿投置于特定的沼气池中,在制取沼气的同时,生产优质沼肥。研究表明沼肥和沼气发酵液对于防治某些植物病害有一定效果。

对污染环境进行微生物修复作为一种辅助手段,在国外已有成功应用,如在海洋运输过程中,油轮遇险原油泄漏污染海水、海滩后,通过物理方法如围栏、抽吸后施用降解原油的微生物修复剂,促使污染海滩尽快消除原油污染,恢复海滩生态,取得明显成功。但国内大多仍停留于实验室研究阶段,仅有少数对污染土壤成功修复的报道。如在春笋、芦笋、韭菜等根部施用防治害虫的农药后,间隔一段时间施用降解目标农药的微生物修复剂,可使这些蔬菜的农药残留量符合国家有关食用标准。这种针对蔬菜农药污染的微生物修复剂的施用时间十分关键,既必须使农药在施用后充分发挥其杀虫的作用,又必须不使农药进入蔬菜体内,即必须兼顾农药与修复剂双方的功能发挥。

第四节　微生物农药

微生物是人类和动植物病害的主要病原菌。但是病原微生物也受其他微生物的拮抗抑制或毒害。因此,可以应用微生物间的拮抗关系,防治农作物的病害,达到以菌治菌的目的。微生物也可引起昆虫的病害,利用昆虫的病原微生物防治害虫,可以达到以菌防虫治虫、以菌防病治病。

利用微生物防治植物病虫害,可以避免或减轻化学农药对人畜和害虫天敌的毒害,而且也不易产生抗药性,并可以解决或缓和由于大量施用化学农药而造成的环境污染。

一、农用抗生素

应用微生物的拮抗作用防治植物病害的研究已有较长的历史了。早在 1934 年,魏德林(Weidling)就首先发现绿色木霉能杀死多种引起植物病害的真菌。

农用抗生素除要求对某种植物病原菌有特异性的抑制作用外,还要求能够吸入植物体内,吸入后仍具有抗菌活性,并对植物细胞无毒性,不产生药害,植物能正常代谢生长。

（一）农用抗生素的特性

1. 内吸和运转

抗生素经浸种、沾根或喷洒在植物茎秆、叶面、花果等表面上,被吸收进入植物组织,在植物体内运转,并保持其对病菌的抗菌作用,这种特性总称为内吸性。具有内吸性的抗生素称为内吸性抗生素。井岗霉素、灰黄霉素、放线菌酮、内疗素等都属于这一类。

抗生素在植物体内的吸收和运转的强度和速度决定于能否进入筛管或导管系统。如放线菌酮或灰黄霉素吸入后,由筛管或导管输送到植株的各部分而产生全身的抗菌作用。

2. 稳定性和有效期

农用抗生素应具有较高的稳定性,即有较高的抗热、光、酸、碱以及酶解能力,不致很快失活无效。

稳定性较强的抗生素在植物体内的活性期较长。可以用抗生素在植物体内降解的半衰期（即损失一半效价所需的时间）来估计实际有效期。

抗生素的有效期关系到施药时间和次数。有效期长,则在作物病害发生的一段时期内都能起到防治效果,如井岗霉素防治水稻纹枯病的有效期达 25～30 天,是一种比较理想的农用抗生素。

3. 药害问题

选用抗生素抑制病原菌的有效浓度比使植物发生药害的浓度要低很多倍,使其在寄主体内对组织细胞无毒害,但仍能发挥抗菌作用。产生药害的浓度如果比抑制病原菌有效浓度高 3 倍以上（如有效浓度为 30mg/L,药害浓度为 100mg/L）,使用这种抗生素才比较安全。

抗生素对植物的药害常表现为叶片失绿、叶尖干枯、叶面出现坏死斑点、落叶、根系发育受阻、植物生长缓慢甚至畸形等。

4. 对人、畜的安全性和残毒问题

农用抗生素应对人畜和各种水生生物安全无毒。一般要求在常用浓度 20 倍以上对人畜无毒害,200 倍以上对鱼、虾、贝、蚧等也无毒害为标准。常用农用抗生素应是无毒或低毒的。

大多数抗生素较易被其他微生物分解而失去活性,不致在环境中累积,因此它们的残留毒性不大,属于无公害农药之列。但近年的研究表明,大量使用抗生素的养殖业废弃物残留有相当高浓度的抗生素,这些废弃物进入土壤可明显影响土壤微生物的种群结构,甚至有关的酶活性。

（二）农用抗生素在植病防治中的应用

我国目前试验推广的农用抗生素多数是链霉菌属（*Streptomyces*）中的一些放线菌产物,农用抗生素的主要种类、应用范围、使用浓度和药理特性见表 13-1。

应用抗生素防治作物病害主要有两种方式。一种是用抗生素防治种子、果实、苗木、块茎和块根等,防止植物在生长期间或贮藏期间发病,一般可采用浸种、浸根、浸苗和喷洒等方法。另一种应用方式是在作物生长期中,通过测报,及时喷洒抗生素以防止病的发展和蔓延。

表 13-1　我国应用和在试验应用中的农用抗生素

名称	主要应用对象	使用浓度	药理	备注
链霉素	果树和蔬菜的细菌病害	100～200mg/L		
农霉素-100（Agrimycin-100）	桃树的细菌性穿孔病和柑橘溃疡病等细菌性病害	10～15mg/L	①内吸并转运；②能和多种农药混合使用；③对人畜毒性低，无残毒	含链霉素 15％和土霉素 10％ 的混合制剂
灭瘟素-S（Blasticidin-S）	稻瘟病（苗瘟、叶瘟、穗颈瘟）	10～20mg/L	①不内吸，从损伤或感病处渗入并转运；②40mg/L 开始引起药害；③对皮肤、黏膜、肺有接触毒性，需注意防护；④不污染环境和食物	
春雷霉素（Kasugamycin）	稻瘟病（苗瘟、叶瘟、穗颈瘟）	40mg/L	①内吸性强，并转运；②对人、畜、鱼无药害；③遇碱失效，不能与碱性农药混用；④易产生抗性菌株	日本称春日霉素
庆丰霉素（Qingfengmycin）	稻瘟病　小麦、瓜类白粉病	60～80mg/L	①无药害；②对人、畜、鱼无毒	
井冈霉素（Validomycin）	稻纹枯病	50mg/L	①药效可保持三周；②无药害；③对人、畜、鱼无毒	井冈霉素与日本的有效霉素（Validomycin）和国内的农抗 S102-1 抗生素有效成分相同
多抗霉素（Polyoxins）	烟草赤星病　甜菜褐斑病　人参黑斑病	100～200单位/mL	①无药害；②对人畜无毒；③不易与碱性农药混用；④易产生抗性	与日本的多氧霉素-B有效成分相同
放线酮（Actidione）	茶叶云枯病　红薯黑斑病	20～30mg/L	①内吸性；②对植物能引起不同程度的药害；③对人畜有一定的毒性，不可入口；④不易与碱性农药混用	公主岭霉素、内疗素等抗生素的有效组分与放线酮近似

农用抗生素的应用还不只局限在对植物病害的直接防治上，有的抗生素能杀死害虫，起间接的防治作用。杀螨素（大环内酯类）对一些螨类的成虫和卵有杀害活性，对苹果红蜘蛛特别有效。抗生素对不同植物也表现有选择性，对有些杂草是毁灭性的，例如茴香霉素是一种选择性除草剂，在低浓度下（如 12.5mg/L）对稗草幼根的生长有选择性的抑制作用。

（三）农用抗生菌的直接应用

在植物病害的生物防治中也可直接应用抗生菌的培养物。其特点是：① 生产工艺简便。② 有些确有防效，又无药害，但还未知它们的主要有效成分的抗生菌可及早直接应用。③ 抗生菌在应用环境中还可能较长时间地生长、繁殖，持续地起防治作用。这对于防治土生病害有独特的优点。例如用玉米叶子粉培养伏革菌（*Corticium* sp.）混合在根腐病严重的甜菜土壤中,可有效地防治终极腐霉（*Pythium ultinum*）引起的甜菜根癌病。我国多年研究的"5406"和"878"制成饼土制剂,对减轻棉花植株枯萎病和炭疽病的发病率有良好的防治效果。当接种"5406"后,"5406"放线菌在根际旺盛繁殖,成为占优势的种类。

二、杀虫微生物

利用微生物防治害虫至少已有近百年的历史,近年来"以菌治虫"的研究更受世人重视。已知的杀虫微生物近 1 600 种,包括细菌、真菌、病毒、立克次氏体和原生动物,其中主要的是细菌、真菌和病毒。但至今,真正实用的杀虫微生物种类并不多,还有一些正在发掘和研究中。

（一）微生物杀虫剂的特点与分类

微生物杀虫剂选择性强,可以避免对人、畜和害虫天敌的毒害,害虫对微生物杀虫剂的抗药性也不易发生,可以解决和缓和由于大量施用化学农药而造成的多种不良后果。但利用微生物杀虫剂也有它不利的一面,由于它选择性较强,这对同时发生几种害虫的防治具有局限性。微生物杀虫剂的杀虫效果往往受环境条件的明显制约,如真菌制剂在干旱条件下很难发挥作用。另外,微生物杀虫剂作用的发挥需要一个时间过程,即有个害虫受侵染发病的过程,所以效果迟缓,必须选择适宜的防治时间才能获得有效防治效果。

按杀虫微生物的主要特点,可分为两类,一类是能杀死害虫的生物毒素,如苏云金杆菌等,它们被敏感害虫吞食,或由其他途径侵入虫体后,敏感害虫中毒死亡。另一类是敏感害虫的传染性病原体,敏感害虫被感染后发病,并成为传染源扩散,使敏感害虫流行病害。例如白僵菌、金龟子乳状病杆菌和各种昆虫病毒等。

（二）苏云金杆菌及其他杀虫细菌

苏云金杆菌（*Bacillus thringiensis* Berliner）是以分离地德国的苏云金（Thuringen）命名的。1909 年德国苏云金地方的一个面粉厂,发现一批染病的地中海粉螟（*Anagasta kuhniella*）幼虫,由柏林纳（Berliner）首先分离出这种细菌,1915 年命名为苏云金杆菌。1930 年以后,开始用于防治农业害虫。我国于 1950 年引进苏云金杆菌,以后又相继分离出杀螟杆菌、青虫菌、松毛虫杆菌和 140 杆菌等。

苏云金杆菌是 G^+ 的好氧性芽孢杆菌,营养体大小$(1.0\sim1.2)\mu m \times (3.0\sim5.0)\mu m$,两端钝圆,周生鞭毛能运动,少数无鞭毛,单个或 $2\sim5$ 个细胞成链状。营养体长到一定阶段,细胞内含物出现浓缩凝聚现象,随后在细胞的一端逐渐形成椭圆形或圆形的芽孢,在另一端则出现一个、两个或多个菱形或正方形等不同形态的晶体,称为伴孢晶体,大小约 $0.6\mu m \times 2.0\mu m$。苏云金杆菌对营养条件要求不高,能利用多种碳源、氮源。生长最适温度 $28\sim30℃$,适宜酸碱度中性。培养时要求通气。

苏云金杆菌在蛋白胨、牛肉膏、琼脂培养基上形成的菌落呈圆盘状、直径 1mm 左右,颜色灰白而湿润,边缘不整齐,表面无光泽,有较粗糙且均匀的放射状皱纹。不同变种菌落形态有差异,如青虫菌、杀螟杆菌、松毛虫杆菌菌落则表面光滑。

根据不同菌株的鞭毛抗原（H 抗原）、酯酶图形及生化特性的差别,可将苏云金杆菌区分为若干亚种。

苏云金杆菌产生的毒素主要是伴孢晶体,又称 δ-内毒素。它是一种蛋白质晶体,完整的伴孢晶体并无毒性,当它被敏感昆虫的幼虫吞食后,在肠道碱性条件和酶的作用下,伴孢晶体能水解成毒性肽,毒性肽相对分子质量大小依变种的不同而不同。

对伴孢晶体毒素敏感的昆虫种类主要有鳞翅目、双翅目和鞘翅目的幼虫,但并不是这三目中的所有种都敏感。当敏感幼虫吞食含伴孢晶体和芽孢的混合制剂后,在肠道中被水解产生的毒性肽很快发生毒性,幼虫停止取食,麻痹,进一步作用使中肠的上皮细胞遭受破坏,芽孢侵入血腔,并在那里萌发和繁殖,使幼虫患败血症,同时肠液也进入血腔使血液 pH 值上升(6.8~8.0),幼虫全身瘫痪,虫体软化、腐烂、发黑,最终死亡。

一些苏云金杆菌的变种还可分泌一种水溶性的苏云金素,又称 β-外毒素,由于它能忍耐 121℃(15min)的高温和对家蝇幼虫有毒性,故又称热稳定外毒素或蝇毒素。苏云金素是广谱毒素,对较多目的昆虫有毒性。此外苏云金杆菌还能产生卵磷脂酸 C、几丁质酶、叶蜂毒素等多种有毒效的成分。

苏云金杆菌类的生产,我国主要采用液体发酵工业化生产的方法。工业产品每 mL 活孢子数应达到 100 亿以上,晶体和孢子的比例越大表示晶体毒素含量高,质量好。活芽孢数和毒力不一定相关。

苏云金杆菌制剂的使用,可以喷雾、喷粉、泼浇,也可制成毒土或颗粒剂。一般常用浓度为每 mL 菌液含 500 万~5000 万活孢子。在农林、贮粮和环卫害虫中,应用苏云金杆菌制剂防治菜青虫、小菜蛾、稻苞虫、稻纵卷叶螟、棉造桥虫、玉米螟、茶毛虫、烟青虫、松毛虫、避债蛾、银度谷螟、米蛾、蚊等,已取得显著效果。

三、杀虫真菌和白僵菌的应用

现在已知有 500 多种真菌能寄生于昆虫和螨类,导致发病和死亡,约占昆虫病原微生物种类的 60% 以上。杀虫真菌的主要类群是虫霉属(Entomophthora)和团孢霉属(Massopora)、曲霉属、白僵菌属(Beauveria)、绿僵菌属(Metarrhizium)、穗霉属(Spicaria)、拟青霉属(Paecilomyces)等中的种类。杀虫真菌种类虽多,但至今已成为商品的并不多。

1. 白僵菌的生物学性状

白僵菌属属于半知菌的链孢霉目、链孢霉科。白僵菌属有球孢白僵菌(B. bassiana)、卵孢白僵菌(B. tenella)和小球孢白僵菌(B. globulifera)3 个种。球孢白僵菌的菌丝细长,无色透明,直径为 1.5~2.0μm,有隔膜。菌落平坦,绒毛状,形成孢子后呈粉状,表面白色至淡黄色。分生孢子梗多次分叉,聚集成团。分生孢子着生于小梗的顶端,孢子呈球形,直径为 2.0~2.5μm。液体振荡培养或通气培养时,形成圆柱形节孢子。

白僵菌对营养要求不严,可利用多种碳源,其中以葡萄糖、蔗糖、麦芽糖、淀粉为好,对木糖、乳糖、菊糖利用较差,利用纤维素能力微弱。能利用有机氮和无机氮,硝态氮较铵态氮更好。锰和铁对白僵菌孢子的产生有促进作用。白僵菌的生长温度范围在 5~35℃,22~26℃时菌株生长最适宜。30℃和相对湿度 25%~50% 有利于孢子的成熟。孢子萌发要求相对湿度在 95% 以上。白僵菌对高温的抵抗力很弱,50℃时死亡。白僵菌生长需足够的空气。

2. 杀虫原理和菌剂的施用方法

在适宜条件下,白僵菌的分生孢子接触虫体后便萌发长出芽管,芽管在毒素和机械力量作用下穿透体壁进入体腔。以体液为营养,芽管伸长为菌丝,菌丝分枝,顶端形成筒形孢子,筒形孢子可直接形成新生菌丝,如此往复,虫体内充满菌丝,虫体僵死。菌丝从气门和节间伸出体外,形成气生菌丝和分生孢子梗,并在其顶端形成分生孢子,借孢子飞扬造成昆虫的流行病(图 13-5)。

白僵菌剂的生产主要采用以糠麸为原料的固体发酵法。

施用方法有喷雾、喷粉或制成颗粒剂使用等。主要用以防治松毛虫、玉米螟。白僵菌可持续多年控制松毛虫的危害。也有用于防治马铃薯甲虫。白僵菌易引起蚕的僵病流行,在养蚕区应控制使用。

四、昆虫病毒

病毒治虫的一个显著优点是可以对害虫有长期控制作用,同时病毒专一性很强,对人、畜无害。如美国的棉铃虫病毒,日本的赤松毛虫病毒,已成为正式农药。我国曾开展斜纹夜蛾核型多用体病毒、桑毛虫核型多角体病毒、棉铃虫核型多角体病毒治虫,并取得了良好效果。三种主要昆虫病毒及病毒病的特征见表 13-2。

图 13-5　白僵菌感染致死的昆虫尸体

表 13-2　三种主要昆虫病毒及病毒病的特征

病毒名称	寄主	核酸	病毒粒子形态、大小、每个包含体中的数目	包含体寄主部位、形态、大小	主要病症
核型多角体病毒	鳞翅目 膜翅目 双翅目 脉翅目	DNA	杆状 $(20 \sim 70)$ nm $\times (200 \sim 700)$ nm 多个	血球、脂肪组织、真皮、气管、皮膜等细胞膜中;三角形、四角形、六角形、不规则形;直径 $0.5 \sim 15 \mu m$	食欲减退,发育缓慢,体节肿胀,组织液化,死后皮肤脆弱,触之即破,流出汁液
质型多角体病毒	鳞翅目 等翅目	DNA	$60 \sim 80$ nm 多个	中肠圆筒状细胞的细胞质中;三角形、四角形、六角形等;直径 $0.5 \sim 15 \mu m$	食欲不振,吐液,下痢,脱肛,中肠肿大呈乳白色,血淋巴,皮肤不破坏,体躯萎缩
颗粒体病毒	鳞翅目	DNA	杆状 $(30 \sim 100)$ nm $\times (200 \sim 400)$ nm 1个,偶尔2个	真皮、脂肪组织、气管、中肠等细胞核或细胞质中,或两者同时都形成;椭圆形、卵形、立方形等;直径 $1 \mu m$ 以下	体色不变,体节膨胀,体液乳化,死虫与核多角体病相似,倒挂,体软,流出脓汁

病毒不能在人工培养基上生长,只能用养虫法增殖病毒,做成制剂。使用方法有喷雾、喷粉、直接施于土壤和释放带病毒昆虫到害虫中去等。

复习思考题

1.为何可以利用微生物来促进人类的可持续发展?

2.如何利用和可以从哪些方面利用微生物为人类的健康长寿服务?

3.阐述由各类微生物生产清洁能源的机理。

4.应用微生物肥料有哪些功能?有哪些种类?各自的作用是什么?

5.微生物农药有哪些种类?利用微生物农药时应注意哪些问题?

第十四章 原核微生物的分类、
鉴定和菌种保藏

【内容提要】

本章的核心内容是微生物的分类单元、微生物的命名法则；目前国内外最权威的原核微生物分类系统；用于分离菌株分类鉴定的方法和技术；微生物菌种的保藏。

微生物的分类单元有界、门、纲、目、科、属、种；微生物的命名依林奈氏双名法法则进行；《伯杰氏细菌学鉴定手册》《伯杰氏系统细菌学手册》是当今进行原核微生物鉴定的最权威的手册；微生物分离菌株的分类鉴定有经典分类鉴定法、数值分类鉴定法、化学分类鉴定法、遗传学分类鉴定法，DNA 中 GC mol％分析、DNA-DNA 杂交、DNA-rRNA 杂交、16S rRNA 寡核苷酸的序列分析，微生物系统发育地位分析等不同层次的技术方法。微生物菌种的保藏对于微生物研究和应用都具有不可忽视的意义。实践中可依不同条件选择不同的保藏方法。

第一节 微生物的分类单元和命名

分类是人类认识微生物，进而利用和改造微生物的一种手段，微生物工作者只有在掌握了分类学知识的基础上，才能对纷繁的微生物类群有一清晰的轮廓，了解其亲缘关系与演化关系，为人类开发利用微生物资源提供依据。

微生物分类学(microbial taxonomy)是一门按微生物的亲缘关系把它们安排成条理清楚的各种分类单元或分类群(taxon)的科学，它的具体任务有三，即分类(classification)、命名(nomenclature)和鉴定(identification)。分类指的是根据相似性或亲缘关系，将一个有机体放在一个单元中。命名是按照国际命名法规给有机体一个科学名称。鉴定则是确定一个新的分离物是否归属于已经命名的分类单元的过程。因此，概括来说，微生物分类学是对各个微生物进行鉴定，按分类学准则排列成分类系统，并对已确定的分类单元进行科学命名的科学。

一、微生物的分类单元

微生物的主要分类单位，依次为界(kingdom)、门(phylum 或 division)、纲(class)、目(order)、科(family)、属(genus)、种(species)。其中种是最基本的分类单位。具有完全或极多相同特点的有机体构成同种。性质相似、相互有关的各种组成属。相近似的属合并为科。近似的科合并为目。近似的目归纳为纲。综合各纲成为门。由此构成一个完整的分类系统。以下以柠檬浮霉状菌为例加以说明。

界：原核生物界(Procaryotae)

 门：缺壁菌门(Wall-less Forms)

  纲：浮霉菌纲(Planctomycetacia)

   目：浮霉状菌目(Planctomycetales)

　　　　　科：浮霉状菌科（Planctomycetaceae）
　　　　　　属：浮霉状菌属（*Planctomyces*）
　　　　　　　种：柠檬浮霉状菌（*Planctomyces citreus*）

　　另外，每个分类单位都有亚级，即在两个主要分类单位之间，可添加"亚门"、"亚纲"、"亚目"、"亚科"等次要分类单位。在种以下还可以分为亚种、变种、型、菌株等。

　　属是科与种之间的分类单元，通常包含具有某些共同特征和关系密切的种。Goodfellow 和 O'Donnell（1993）提出 DNA 的（G+C）mol%差异≤10%～12%及 16S rRNA 的序列同源性≥95%的种可归为同一属。

　　种（species）　关于微生物"种"的概念，各个分类学家的看法不一，例如伯杰氏（Bergey）给种的定义是："凡是与典型培养菌密切相同的其他培养菌统一起来，区分成为细菌的一个种。"因此，它是以某个"标准菌株"为代表的十分类似的菌株的总体。种是以群体形式存在的。种有着不同的定义，在微生物学中较常见的有生物学种（biological species，BS），进化种（evolutionary species，ES）和系统发育种（phylogenetic species，PS）等不同的物种概念。

　　1986 年斯坦尔（Stanier）给种下了定义："一个种是由一群具有高度表型相似性的个体组成，并与其他具有相似特征的类群存在明显的差异。"但这个定义仍无量化标准。1987 年，国际细菌分类委员会颁布，DNA 同源性≥70%，而且其 $\Delta T_m \leq 5$℃的菌群为一个种，并且其表型特征应与这个定义相一致。1994 年 Embley 和 Stackebrandt 认为当 16S rRNA 的序列同源性≥97%时可认为是一个种。

　　实际上，种有着不同的定义，在微生物学中较常见有生物学种（biological species，BS）、进化种（evolutionary species，ES）和系统发育种（phylogenetic species，PS）等不同的物种概念。

　　亚种（subspecies）　在种内，有些菌株如果在遗传特性上关系密切，而且在表型上存在较小的某些差异，一个种可分为两个或两个以上小的分类单位，称为亚种。它们是细菌分类中具有正式分类地位的最低等级。根据 ΔT_m 值在 DNA 杂交中的频率分布，有些证据表明，亚种的概念在系统发育上是有效的，而且能与亚种以下的变种概念相区别。后者仅是依据所选择的"实用"属性而决定，并不被 DNA 组成所证明。

　　亚种以下的分类等级通常表示能用某些特殊的特征加以区别的菌株类群。例如，在细菌分类中，以生物变型（biovar）表示特殊的生化或生理特征，血清变型（serovar）表示抗原结构的不同，致病变型（pathovar）表示某些寄主的专一致病性，噬菌变型（phagovar）表示对噬菌体的特异性反应，形态变型（morphovar）表示特殊的形态特征。

　　菌株或品系（strain）这是微生物学中常碰到的一个名词，它主要是指同种微生物不同来源的纯培养物。从自然界分离纯化所得到的纯培养的后代，经过鉴定属于某个种，但由于来自不同的地区、土壤和其他生活环境，它们总会出现一些细微的差异。这些单个分离物的纯培养的后代称为菌株。菌株常以数目、字母、人名或地名表示。那些得到分离纯化而未经鉴定的纯培养的后代则称为分离物。

　　微生物学中还常常用到"群"这个词，这只是为了科研或鉴定工作方便，首先按其形态或结合少量的生理生化、生态学特征，将近似的种和介于种间的菌株归纳为若干个类群。如为了筛选抗生素工作的方便，中国科学院微生物研究所根据形态和培养特征，把放线菌中的链霉菌属归纳为 12 个类群。

　　微生物分类各级单元所用的后缀见表 14-1。

表 14-1　微生物分类各级单元拉丁学名后缀

分类单位	藻　类	细　菌	真　菌	原生动物
门	-phyta			
亚门	-phytina		-mycotina	
纲	-phyceae		-mycetes	
亚纲	-phycidae		-mycetidae	
目	-ales	-ales	-ales	
亚目	-ineae	-ineae	-ineae	
超科				-oidea
科	-aceae	-aceae	-aceae	-idae
亚科	-oideae	-oideae	-oideae	-inae
族	-eae	-eae	-eae	-ini
亚族	-inae	-inae	-inae	

二、微生物的命名

微生物的命名和其他生物一样,都按国际命名法命名,即采用林奈氏(Linnaeus)所创立的"双名法"。每一种微生物的学名都依属与种而命名,由两个拉丁字或希腊字或者拉丁化了的其他文字组成。属名在前,规定用拉丁字名词表示,词首字母要大写,由微生物的构造、形状,或由著名的科学家名字而来,用以描述微生物的主要特征。种名在后,用拉丁形容词表示,词首字母小写,为微生物的色素、形状、来源、病名或著名的科学家姓名等,用以描述微生物的次要特征。此外,由于自然界的生物种类太多了,大家都在命名,为了更明确,避免误解,故在正式的拉丁名称后面附着命名者的姓。例如。金黄色葡萄球菌的学名为:

Staphylococcus　aureus　　Rosenbach　1884
属名:葡萄球菌　种名:金黄色　命名人的姓　命名年份

又如:

Peptostreptococcus　foetidus　　(Veillon)　Smith
属名:消化链球菌　种名:恶臭　原命名者　改名者

恶臭消化链球菌是由 Veillon 首先发现和定名的,后 Smith 重新定为现名。由此可以看出,种名后括弧内的姓,是表示这个种首先由 Veillon 定的名,在括弧后再附加改定此菌学名人的姓。如果发表新种,则在学名之后加 n. sp(即 novo species 的缩写,意为新种)。有时只泛指某一属的微生物,而不是指定某一个具体的种,或没有种名,只有属名时,可在属名后加 sp. 或 spp.(species 的缩写,sp. 表示单数,spp. 表示复数),如 *Micrococcus* sp.,表示微球菌属的一个种,*Micrococcus* spp. 表示微球菌属的一些种。变种的学名,是在种名后加变种名称,并在变种名称之前加 var。如枯草芽孢杆菌黑色变种应写成 *Bacillus subtilis* var. *niger*。属以上的名称必须是阴性复数形容词,与 prokaryotae(原核生物界)相一致。

三、微生物系统发育分析

由于现代分子生物学技术的迅速发展,正在形成一套与传统的分类鉴定方法完全不同的分类鉴定技术与方法,从基因水平上分析各微生物种之间的亲缘关系,即系统发育地位。众所周知,原核生物细胞中的 16S rRNA 和真核生物细胞中的 18S rRNA 的碱基序列都是十分保守的,不受微生物所处环境条件的变化以及营养物质的丰缺的影响而有所变化,都可以看作为生物进化的时间标尺,记录着生物进化的真实痕迹。因此,分析原核生物细胞中的 16S rRNA 和真核生物细胞中的 18S rRNA 的碱基序列,比较所分析的微生物与其他微生物种之间 16S rRNA 和 18S rRNA 序列的同源性,可以真实地揭示它们亲缘关系的距离和系统发育地位。在现实研究中,除了选择 16S rRNA 和 18S rRNA 作序列分析进行系统发育比较外,还可利用间隔序列(ITS)、某些发育较为古老而序列又较稳定的特异性酶的基因作序列分析,进行系统发育分析。如在环境微生物研究中,对于谷胱甘肽转移酶(GST)的基因序列分析所获得的系统发育鉴定结果与用其他方法所获得的结果具有十分吻合的一致性。随着研究技术和理论的日趋成熟,现在有人提出了分子系统学(molecular systematics)这一理论概念。

系统学(systematics)是研究生物多样性及其分类和演化关系的科学。分子系统学是检测、描述并揭示生物在分子水平上的多样性及其演化规律的科学。研究内容包括了群体遗传结构、分类学、系统发育和分子进化等领域。群体遗传结构(population genetic structure)是指一个种内总的遗传变异程度及其在群体间的分布模式,是一个种最基础的遗传信息。分类学(taxonomy)是研究物种的界定和序级确定。系统发育关系(phylogenetic relationship)和分子进化(molecular evolution)是两个密切相关的过程。在利用现代分子生物学技术在分子和基因水平上获得大量的分类单元尤其是种的遗传信息后,来推断和重建微生物类群的演化历史和演化关系,即建立系统发育树,如第一章中图 1-1 表示细菌、古菌和真核生物的无根系统发育树。根据分离菌株的 16S rRNA 或 18S rRNA 序列与相关微生物种之间的同源性,将分离获得的菌株放置于系统发育树的恰当分支位置,以显示其在系统发育中的地位和与其他种间的亲缘关系。原核微生物中的细菌和古菌的系统发育树分别如图 14-1 和 14-2 所示。

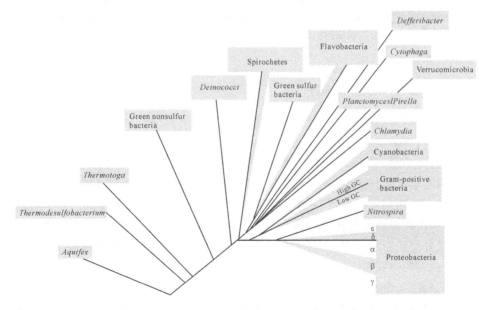

图 14-1 细菌域的系统发育树

(引自 Madigan et al.,2003)

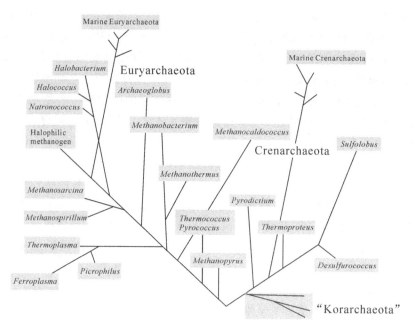

图 14-2 古菌域的系统发育树

（引自 Madigan *et al.*，2003）

第二节 原核微生物分类系统

1968 年，Murray 提出原核生物界（Procaryotae）和真核生物界（Eucaryotae）两界，1978 年，Gibbens 和 Murray 根据细胞壁的有无与细胞壁的特性提出将原核生物分为 4 个门：薄壁菌门（gracilicutes），包括各种革兰氏阴性细菌；厚壁菌门（tenericutes），包括各种革兰氏阳性细菌；疵壁菌门（mendosicutes），包括无肽聚糖组分细胞壁的细菌；柔膜菌门（mollicutes），包括无细胞壁的支原体类细菌。

一、原核微生物伯杰氏分类系统

细菌、放线菌等原核微生物的分类系统很多，目前较有代表性和最有影响的分类系统是美国的《伯杰氏细菌学鉴定手册》（Bergey's Manual of Determinative Bacteriology，以下简称《鉴定手册》）。《鉴定手册》自 1923 年第一版以来，相继于 1925，1930，1934，1939，1948 和 1957 年出版了第二版至第七版，几乎每一版均吸取了许多分类学家的经验，其内容不断扩充和修改。《鉴定手册》第七版包括从纲到种、亚种的全面分类大纲和相应的检索表以及各分类单位的描述，将细菌列于植物界原生植物门的第二纲——裂殖菌纲。《鉴定手册》第七版的分类方法基本上处于经典分类法阶段，即以形态特征为主结合生理生化特性为分类依据。第八版（1974年）没有从纲到种的分类系统，而着重于属、种的描述和比较，它也没有分类大纲，而是根据形态、营养型等分成 19 个部分，把细菌、放线菌、黏细菌、螺旋体、支原体和立克次氏体等 2 000 多种微生物归于原核生物界细菌门。《鉴定手册》第八版的分类方法也有了改进，除采用经典分类法外，还增加了细胞化学、遗传学和分子生物学等方面的新鉴定方法，对某些属、种应用了数值分类法。

1994 年，《鉴定手册》第九版出版。该《鉴定手册》根据表型特征把细菌分为四个类别（见

表 14-2),35 群。《鉴定手册》第九版与过去的版本相比较,具有以下特点:① 该书的目的只是为了鉴别那些已被描述和培养的细菌,并不把系统分类和鉴定信息结合起来;② 其内容的编排严格按照表型特征,所选择的排列是实用的,为了有利于细菌的鉴定,并不试图提供一个自然分类系统;③ 手册抽取了《伯杰氏系统细菌学手册》四卷的表型信息,并包括了尽可能多的新的分类单元,其有效发表的截止日期是 1991 年 1 月。

表 14-2　细菌的高级分类单位

原核生物界(Procaryotae)
　薄壁菌门(Gracilicutes)
　　暗细菌纲(Scotobacteria)
　　无氧光细菌纲(Anoxyphotobacteria)
　　产氧光细菌纲(Oxyphotobacteria)
　厚壁菌门(Fimicutes)
　　厚壁菌纲(Fimibacteria)
　　放线菌纲(Thallobacteria)
　软壁菌门(Tenericutes)
　　柔膜菌纲(Mollicutes)
　疣壁菌门(Mendosicutes)
　　古细菌纲(Archaebacteria)

在 1984—1989 年间,《鉴定手册》的出版者出版了《伯杰氏系统细菌学手册》(*Bergey's Manual of Systematic Bacteriology*,简称《系统细菌学手册》)。该手册与《伯杰氏细菌学鉴定手册》有很大不同,首先是在各级分类单元中广泛采用细胞化学分析、数值分类方法和核酸技术,尤其是 16S rRNA 寡核苷酸序列分析技术,以阐明细菌的亲缘关系,并对第八版手册的分类作了必要的调整。例如,《系统细菌学手册》根据细胞化学、比较细胞学和 16S rRNA 寡核苷酸序列分析的研究结果,将原核生物界分为四个门。由于这个手册的内容包括了较多的细菌系统分类资料,定名《伯杰氏系统细菌学手册》,反映了细菌分类从人为的分类体系向自然的分类体系所发生的变化。为使发表的材料及时反映新进展,并考虑使用者的方便,该手册分四卷出版。第一卷(1984 年)内容为一般、医学或工业的革兰氏阴性细菌。第二卷(1986 年)为放线菌以外的革兰氏阳性细菌。第三卷(1989 年)为古细菌和其他的革兰氏阴性细菌。第四卷(1989 年)为放线菌。2000 年,*Bergey's Manual of Systematic Bacteriology* 第二版编辑完成并分成 5 卷陆续出版。在此第二版中,细菌域分为 16 门,26 组,27 纲,62 目,163 科,814 属,收集了 4727 个种。古菌域分为 2 门,5 组,8 纲,11 目,17 科,63 属,收集了 208 个种。

二、关于变形细菌(Proteobacteria)纲

运用 DNA/RNA 杂交、16S rRNA 编目法和 16S rRNA 序列分析方法对革兰氏阴性细菌系统发育研究的结果相当一致。在研究过程中,发现"紫细菌和相关细菌"尽管在表型和基因型方面很不一样却相当异源,但在系统发育树状图谱上具有连续现象,相互之间的进化关系甚为密切。1988 年,Stackebrandt 等将这类革兰氏阴性细菌命名为"变形细菌"(Proteobacteria),其下又分为 α-亚纲、β-亚纲、γ-亚纲、δ-亚纲和 ε-亚纲,见图 14-3。α-亚纲包括一大群形态、生理和营养类型(光能自养型、化能无机营养型和化能有机营养型)等表型特征十分不同的细菌,如土壤杆菌(*Agrobacterium*)、根瘤菌(*Rhizobium*)、红假单胞菌(*Rhodopseudomonas*)、发酵单胞菌(*Zymomonas*)、副球菌等(*Paracoccus*)、立克次氏体(*Rickettsia*)等。β-亚纲由 Woese 于 1984 年提出,包括的菌群有色杆菌属(*Chromobacterium*),水螺菌属(*Aquaspirillum*),紫色杆菌(*Janthinobacterium*),德克斯氏菌(*Derxia*),丛毛单胞菌(*Comamonas*),嗜木杆菌(*Xylophilus*)等。γ-亚纲由 Weose1985 年提出,包括了肠杆菌科(Enterobacteriaceae),气单胞菌科(Aeromonadaceae),弧菌科(Vibrionaceae),巴斯德菌科(Pasteurellaceae),假单胞菌属(*Pseudomonas*),海洋螺菌属(*Oceanospirillum*),黄单胞菌属(*Xanthomonas*),溶杆菌属(*Lysobacter*)等。δ-亚纲由分解代谢的硫酸盐还原细菌、元素硫还原细菌,蛭弧菌(*Bdellovibrio*)和黏细菌目(Myxococcales)的 6 个代表。ε-亚纲仅有弯曲杆菌(*Campylobacter*)和螺杆菌(*Heliobacter*)2 属。人们研究和常见的细菌大多属于这一类"变形细菌"纲的细菌。

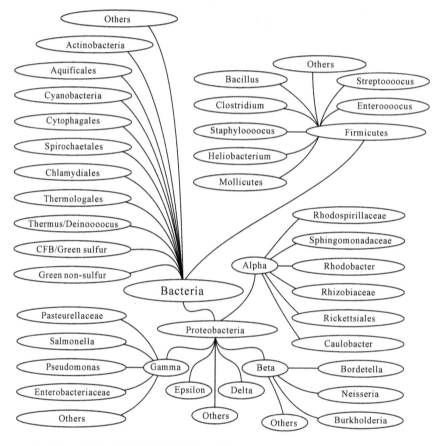

图 14-3　细菌中的变形菌纲类细菌(下载自 http://www.ncbi.nlm.nih.gov)

三、关于放线菌的系统分类地位

由于放线菌不仅具有不同于一般细菌的丝状形态和繁殖特征,而且可产生与人类、动物疾病治疗密切相关的抗生素,人们对其分类地位甚为关注。放线菌是具有细胞壁的革兰氏阳性细菌,在《伯杰氏系统细菌学手册》中被系统分类于原核生物界,厚壁菌门,分枝菌纲(Thallobacteria),放线菌目(Actinomycetales)。放线菌作为含有高(G+C)mol% 、革兰氏阳性特征的细菌的一个分支,与其他革兰氏阳性细菌如芽孢杆菌属(*Bacillus*)、乳杆菌属(*Lactobacillus*)、链球菌属(*Streptococcus*)、梭状芽孢杆菌属(*Clostridium*)构成的梭状菌分支有着共同的起源。

根据对 16S rRNA 的序列分析,Stackerbrandt 等提出了放线杆菌纲(Actinobacteria)这一新的分类单位,将所有放线菌划分为 5 个亚纲。后来有系统学家根据各种证据又将放线杆菌纲提升为放线菌门,在细菌域中列于第 14 门,与其他 16 门相并列。但放线菌门下仅有放线菌纲(Class I Actinobacteria)一个纲,纲下设 5 个亚纲,分别为:放线菌亚纲(Subclass Actinobacteridae)、醋微菌亚纲(Subclass II Acidimicrobidae)、红细菌亚纲(Subclass III Rubrobacteridae)、红蝽菌亚纲(Subclass IV Coriobacteridae)和球杆菌亚纲(Subclass V Sphaerobacteridae)。放线菌亚纲下设有放线菌目(Order I Actinomycetales)和双歧杆菌目(Order II Bifidobacteriales)2 个目。放线菌目下有划分为 10 个亚目 40 个科 170 多个属。国内中国科学院微生物研究所曾根据生理特性将最大的链霉菌属放线菌分为 14 个生理类群。可见放线菌极为丰富的属种多样性和生理特征多样性,也是人们寻找各种新的药物和活性物质的资源宝库。

第三节　微生物的分类鉴定方法

一、微生物鉴定的依据

获得纯化的微生物分离菌株后,首先需判定是原核微生物还是真核微生物。实际上在分离过程中所使用的方法和选择性培养基已经决定了分离菌株的大类的归属,从平板菌落的特征和液体培养的性状都可加以判定。然后,如是原核微生物,便可根据表 14-3 所示的经典分类鉴定指标进行鉴定,如条件允许,可做碳源利用的 BIOLOG-GN 分析和 16S rRNA 序列分析、DNA-DNA 杂交等多项结果结合起来可确定分离菌株的属和种,这一过程也称为多相分析。

表 14-3　微生物经典分类鉴定方法的指标依据

经典分类法	个体:细胞形态、大小、排列方式,染色反应,有无运动,各种特殊构造特征等
	形态特征:菌落形态,在固体、半固体或液体培养基中的生长状态等
	营养要求:碳源、氮源、矿质元素、生长因子等
	生理生化特征:代谢产物种类、产量、显色反应等
	酶:产酶种类和反应特征等
	生态学特性:生长温度,对氧的需要,酸碱度要求,宿主种类,生态分布等
	血清学反应
	噬菌体的敏感性
	其他

二、微生物鉴定的技术与方法

根据目前微生物分类学中使用的技术和方法,可把它们分成四个不同的水平:①细胞形态和行为水平;②细胞组分水平;③蛋白质水平;④基因组水平。

在微生物分类学发展的早期,主要的分类鉴定指标是以细胞形态和习性为主,可称为经典的分类鉴定法。其他三种实验技术主要是 20 世纪 60 年代以后采用的,称为化学分类和遗传学分类法,这些方法再加上数值分类鉴定法,可称为现代的分类鉴定方法。

（一）经典分类鉴定法

经典分类法是一百多年来进行微生物分类的传统方法。其特点是人为地选择几种形态生理生化特征进行分类,并在分类中将表型特征分为主、次。一般在科以上分类单位以形态特征、科以下分类单位以形态结合生理生化特征加以区分。最后,采用双歧法整理实验结果,排列一个个的分类单元,形成双歧检索表(图 14-4)。

A. 能在 60℃ 以上生长

  B. 细胞大,宽度 1.3～1.8μm ·················· 1. 热微菌属(*Thermomicrobium*)

  BB. 细胞小,宽度 0.4～0.8μm

    C. 能以葡萄糖为碳源生长

      D. 能在 pH4.5 生长 ·················· 2. 热酸菌属(*Acidothermus*)

      DD. 不能在 pH4.5 生长 ·················· 3. 栖热菌属(*Thermus*)

    CC. 不能以葡萄糖为唯一碳源生长 ······ 4. 栖热嗜油菌属(栖热嗜狮菌属 *Thermoleophilum*)

AA. 不能在 60℃ 以上生长

图 14-4 双歧法检索表例样

应用 BIOLOG 仪检测分离菌株对众多碳源的利用情况判断分离菌株的分类地位,近年来也时有应用。在 BIOLOG 仪上有 96 个小孔,其中 95 孔内分装有 95 种不同碳源的缓冲液,1 孔为无碳源的缓冲液对照,各孔接入适宜菌浓度和液量的分离菌株培养物,定温培养,每日定时读取 BIOLOG 仪计算机上各碳源利用情况,一般为时 1 周,BIOLOG 仪可显示出该鉴定菌株的最可能归属。

（二）数值分类法

数值分类法又称阿德逊氏分类法(Adansonian classification)。它的特点是根据较多的特征进行分类,一般为 50～60 个,多者可达 100 个以上,在分类上,每一个特性的地位都是均等重要。通常是以形态、生理生化特征,对环境的反应和忍受性以及生态特性为依据。最后,将所测菌株两两进行比较,并借用计算机计算出菌株间的总相似值,列出相似值矩阵(图 14-5)。

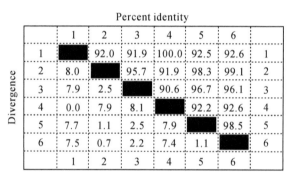

Percent identity							
	1	2	3	4	5	6	
1		92.0	91.9	100.0	92.5	92.6	1
2	8.0		95.7	91.9	98.3	99.1	2
3	7.9	2.5		90.6	96.7	96.1	3
4	0.0	7.9	8.1		92.2	92.6	4
5	7.7	1.1	2.5	7.9		98.5	5
6	7.5	0.7	2.2	7.4	1.1		6
	1	2	3	4	5	6	

图 14-5 显示 6 个细菌菌株的遗传相似矩阵图

为便于观察,应将矩阵重新安排,使相似度高的菌株列在一起,然后将矩阵图转换成树状谱(dendrogram)(图 14-6),再结合主观上的判断(如划分类似程度大于 85% 者为同种,大于 65% 者为同属等),排列出一个个分类群。

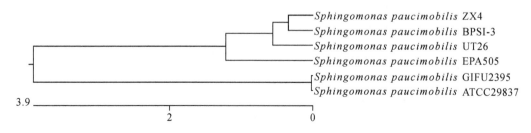

图 14-6 根据相似矩阵图转换的相似关系树状谱

数值分类法的优越性在于它是以分析大量分类特征为基础,对于类群的划分比较客观和稳定;而且促进对细菌类群的全面考查和观察,为细菌的分类鉴定积累大量资料。但在使用数值分类法对细菌菌株分群归类定种或定属时,还应做有关菌株的 DNA 碱基的(G＋C)mol％和 DNA 杂交,以进一步加以确证。

（三）化学分类法

微生物分类中,根据微生物细胞的特征性化学组分对微生物进行分类的方法称化学分类法(chemotaxonomy)。在近 20 多年中,采用化学和物理技术研究细菌细胞的化学组成,已获得很有价值的分类和鉴定资料,各种化学组分在原核微生物分类中的意义见表 14-4。

表 14-4　细菌的化学组分分析及其在分类水平上的应用

细胞成分	分析内容	在分类水平上的作用
细胞壁	肽聚糖结构	
	多糖	种和属
	胞壁酸	
	脂肪酸	
膜	极性类脂	种和属
	霉菌酸	
	类异戊二烯苯醌	
蛋白质	氨基酸序列分析	
	血清学比较	属和属以上单位
	电泳图	
	酶谱	
代谢产物	脂肪酸	种和属
全细胞成分分析	热解-气液色谱分析	种和亚种
	热解-质谱分析	

随着分子生物学的发展,细胞化学组分分析用于微生物分类日趋显示出重要性。细胞壁的脂肪酸、氨基酸种类和数量现已被接受为细菌属水平的重要分类学标准。在放线菌分类中,细胞壁成分和细胞特征性糖的分析作为分属的依据,已被广泛应用。脂质是区别细菌还是古菌的标准之一,细菌具有酰基脂(脂键),而古菌具有醚键脂,因此醚键脂的存在可用以确定古菌。霉菌酸的分析测定已成为诺卡氏菌形放线菌分类鉴定中的常规方法之一。鞘氨醇单胞菌和鞘氨醇杆菌等细胞膜都含有鞘氨醇,因此鞘氨醇的有无可作为此类细菌的一个重要标志。此外某些细菌原生质膜中的异戊间二烯醌、细胞色素,以及红外光谱等分析对于细菌、放线菌中某些科、属、种的鉴定也都十分有价值。

（四）遗传学分类法

分子遗传学分类法是以微生物的遗传型(基因型)特征为依据,判断微生物间的亲缘关系,排列出一个个的分类群。目前较常使用的方法有:

1. DNA 中(G＋C) mol％分析

每一个微生物种的 DNA 中(G＋C) mol％的数值是恒定的,不会随着环境条件、培养条件等的变化而变化,而且在同一个属不同种之间,DNA 中(G＋C)mol％的数值不会差异太大,可以某个数值为中心成簇分布,显示同属微生物种的(G＋C)mol％范围。DNA 中(G＋C)mol％分析主要用于区分细菌的属和种,因为细菌 DNA 中(G＋C)含量的变化范围一般在 25％～75％;而放线菌 DNA 中的(G＋C)mol 比例范围非常窄(37％～51％)。一般认为任何两种微生物在(G+C)含量上的差别超过了 10%,这两种微生物就肯定不是同一个种。因此可利用 (G+C)mol% 来鉴别各种微生物种属间的亲缘关系及其远近程度。值得注意的是,亲缘关系相近的菌,其(G+C)mol% 含量相同或者近似,但(G+C)mol% 相同或近似的细菌,其亲缘关系并不一定相近,这是因为这一数据还不能反映出碱基对的排列序列,而且如放线菌的 DNA 的(G+C)mol% 在 37~51 之间,企图在这么小的范围内区分放线菌的几十个属显然是不现实的。要比较两种细菌的 DNA 碱基对排列序列是否相同,以及相同的程度如何,就需做核酸杂交试验。

2. DNA-DNA 杂交

DNA 杂交法的基本原理是用 DNA 解链的可逆性和碱基配对的专一性,将不同来源的 DNA 在体外加热解链,并在合适的条件下,使互补的碱基重新配对结合成双链 DNA,然后根据能生成双链的情况,检测杂合百分数。如果两条单链 DNA 的碱基顺序全部相同,则它们能生成完整的双链,即杂合率为 100%。如果两条单链 DNA 的碱基序列只有部分相同,则它们能生成的"双链"仅含有局部单链,其杂合率小于 100%。由此,杂合率越高,表示两个 DNA 之间碱基序列的相似性越高,它们之间的亲缘关系也就越近。如两株大肠埃希氏菌的 DNA 杂合率可高达 100%,而大肠埃希氏菌与沙门氏菌的 DNA 杂合率较低,约为 70%。(G+C) mol% 的测定和 DNA 杂交实验为细菌种和属的分类研究开辟了新的途径,解决了以表观特征为依据所无法解决的一些疑难问题,但对于许多属以上分类单元间的亲缘关系及细菌的进化问题仍不能解决。

3. DNA-rRNA 杂交

目前研究 RNA 碱基序列的方法有两种。一是 DNA 与 rRNA 杂交,二是 16S rRNA 寡核苷酸的序列分析。DNA 与 rRNA 杂交的基本原理、实验方法同 DNA 杂交一样,不同的是: ① DNA 杂交中同位素标记的部分是 DNA,而 DNA 与 rRNA 杂交中同位素标记的部分是 rRNA;② DNA 杂交结果用同源性百分数表示,而 DNA 与 rRNA 杂交结果用 $T_m(e)$ 和 RNA 结合数表示。$T_m(e)$ 值是 DNA 与 rRNA 杂交物解链一半时所需要的温度。RNA 结合数是 $100\mu g$ DNA 所结合的 rRNA 的 μg 数。根据这个参数可以作出 RNA 相似性图。在 rRNA 相似性图上,关系较近的菌就集中到一起。关系较远的菌在图上占据不同的位置。用 rRNA 同性试验和 16Sr RNA 寡核苷酸编目的相似性比较 rRNA 顺反子的实验数据可得到属以上细菌分类单元的较一致的系统发育概念,并导致了古细菌的建立。

4. 16S rRNA(16S rDNA)寡核苷酸的序列分析

首先,16S rRNA 普遍存在于原核生物(真核生物中其同源分子是 18S rRNA)中。rRNA 参与生物蛋白质的合成过程,其功能是任何生物都必不可少的,而且在生物进化的漫长历程中保持不变,可看作为生物演变的时间钟。其次,在 16S rRNA 分子中,既含有高度保守的序列区域,又有中度保守和高度变化的序列区域,因而它适用于进化距离不同的各类生物亲缘关系的研究。第三,16S rRNA 的相对分子质量大小适中,约 1540 个核苷酸,便于序列分析。因此,它可以作为测量各类生物进化和亲缘关系的良好工具。

分离菌株 16S rRNA 基因的分离较为简单。从平板中直接挑取一环分离菌株细胞,加入 $100\mu L$ 无菌重蒸 H_2O 中,旋涡混匀后,沸水浴 2min,12 000r/min 离心 5min,上清液中即含 16S rRNA 基因,可直接用于 PCR 扩增。分离菌株 16S rRNA 基因的 PCR 扩增和序列测定的一般步骤为:16S rRNA 基因的 PCR 引物:5'-AGAGT TTGAT CCTGG CTCAG-3';5'-AAGGA GGTGA TCCAG CCGCA-3'。扩增反应体积 $50\mu L$,反应条件为:95℃预变性 5min,

94℃变性1min,55℃退火1min,72℃延伸2min,共进行29个循环,PCR反应在PTC-200型热循环仪上进行。取5μL反应液在10g·L⁻¹的琼脂糖凝胶上进行电泳检测。PCR产物测序可由专门技术公司完成。

测序得到分离菌株16S rRNA部分序列,此序列一般以 ＊.f.seq形式保存,可以用写字板或Editsequence软件打开,将所得序列通过Blast程序与GenBank中核酸数据进行比对分析(http://www.ncbi.nlm.nih.gov/blast),具体步骤如下:点击网站中Nucleotide BLAST下Nucleotide-nucleotide BLAST［blastn］选项,将测序所得序列粘贴在"search"网页空白处,或输入测序结果所在文件夹目录,点击核酸比对选项,即"blast",然后点击"format",计算机自动开始搜索核苷酸数据库中序列并进行序列比较,根据同源性高低列出相近序列及其所属种或属,以及菌株相关信息,从而初步判断分离菌株16S rRNA与其他相关菌株16S rRNA之间的相似性,获得鉴定结果。

遗传距离矩阵与系统发育树构建,可采用DNAStar软件包中的MegAlign程序计算样本间的遗传距离。由GenBank中得到相关菌株的序列,与本研究分离菌株所测得序列一起输入Clustalx1.8程序进行DNA同源序列排列,并经人工仔细核查。在此基础上,序列输入Phylip3.6软件包,以简约法构建系统发育树。使用Kimura 2-parameter法,系统树各分枝的置信度经重抽样法(Bootstrap)1000次重复检测,DNA序列变异中的转换和颠换赋予相同的加权值。

第四节　微生物菌种的保藏

微生物菌种是实验室乃至国家十分宝贵的生物资源,是微生物教学和研究的基础,是保证研究、教学和生产工作顺利开展的重要因素。

一、微生物菌种的保藏要求

微生物菌种保藏的要求与工作内容:① 广泛收集各种研究、教学和生产性菌种,满足各方面需求;② 高质量保藏,即要求保藏的菌种不死亡,高纯不污染,活性不衰老,特性不变异,分类不紊乱;③ 随时可提供保持有原始特性的菌种用于交换和使用。

菌种保藏的基本原理是将微生物菌种保存在不利于微生物活跃生长和代谢的不良环境中,如干燥、低温、缺氧、黑暗、营养饥饿等等,使微生物代谢速率极为缓慢或处于休眠状态。而一旦恢复所保存菌种生长的正常环境和营养条件,即可获得具有高生理活性和保持原种优良性状的菌种培养物。

二、微生物菌种保藏的常用方法

菌种保藏的方法有多种多样,常用方法简介如下:

1. 培养物传代保藏法

这种方法指将微生物菌种不断地在新鲜培养基上(中)转接传代或专性寄生微生物不断地在新的寄主组织中转接传代。这种方法十分简便,但由于不断地转接传代,易造成污染和菌种本身的变异,如活性衰退、生产力下降等。

2. 低温保藏法

低温保藏即将已培养生长良好的固体斜面培养物或液体培养物置于低温环境下保存。一般用 4℃ 冰箱即可,也可置于液氮(－196℃)或其他低温环境。如果在培养物上面覆盖一层灭菌冷却的石蜡油则效果更好。置冰箱(4℃)保藏的菌种宜 3 个月左右转接一次,并经常检查是否安全。

3.干燥保藏法

对于那些产生芽孢的细菌、形成孢子的放线菌和霉菌等都可用此法保藏。待细菌培养物形成大量芽孢、放线菌和霉菌形成孢子后接入经酸洗、灭菌、干燥的砂土混合物中,真空干燥后,石蜡密封。砂土也可用其他材料如硅胶、瓷球、滤纸片、明胶小片、曲料、麦粒等代替。或直接转接入灭菌试管或安瓿小瓶中再干燥后封口。制作后置冷凉干燥处或低温处。此法菌种保存时间较长,可达几个月、几年甚至更长。

几种常用的菌种保藏方法比较见表 14-5。

表 14-5　常用菌种保藏方法的比较

方法	原理	适宜菌种	保藏时间	特点
冰箱低温(4℃)	低温	各大类微生物	3～6 个月	简便
石蜡油封藏	低温、缺氧	各大类微生物	1～2 年	简便
砂土保藏	干燥、无营养	产芽孢细菌、产孢子的放线菌、霉菌	1～10 年	简便有效
冷冻干燥保藏	干燥、低温、无氧	各大类微生物	5～15 年以上	繁琐但高效

引自(沈萍,2000)。

三、保藏菌种的活化

保藏菌种的活化是使用保藏菌种的第一步。活化的要求是使保藏菌种恢复旺盛的生命活动和显示其原有的代谢和生产性能。因此,保藏菌种的活化必须使用保藏菌种时使用的相同培养基和培养条件,或以保藏菌种生长和代谢最佳的培养基和培养条件,以使保藏菌种能迅速恢复其原有的代谢速率和生理特性。

复习思考题

1.微生物分类学的研究任务包括哪些?

2.微生物命名的法则是什么?

3.微生物学名的书写规则是什么?

4.阐述微生物的各个分类单元。

5.原核微生物最权威的分类系统是什么?该系统是如何对原核微生物进行分类的?

6.微生物分类鉴定的依据有哪些?

7.微生物分类鉴定的技术和方法有哪些不同的层次?

8、保藏微生物菌种有哪些方法?

参 考 文 献

［1］　The national health musenm，1999. http://www. accessexcellence. org/AB/GG/ （*EcoR*Ⅰ的作用及将 DNA 插入质粒载体中）

［2］　http://www. fermentas. com/techinfo/nucleicacids/mappbr322. htm(pBR322 图谱)

［3］　Vierstraete，2004. http://allserv. rug. ac. be/～avierstr/index. html(PCR 扩增)

［4］　Alcamo I. Edward. Fundamentals of Microbiology. 6th ed. Jones and Bartlett Publishers，2001.

［5］　Barry L Batzing. Microbiology—an Introduction. Brooks/Cole Thomson Learning，2002

［6］　Brown T A . Gene Cloning—an Introduction. 3rd ed. Staney Thornes（Publishers）Ltd，1999

［7］　Boyd R F. General Microbiology 2nd ed. Times Mirror/Mosby College Publishers，1988

［8］　Lewin B. Genes Ⅷ，Oxford University Press，2000

［9］　Madigan M T，Martinko J M，Parker J. Brock Biology of Microorganisms. 8th，9th，10th ed. Prentice-Hall，1997，2000，2003，2006，2009

［10］　Prescott L M，Harley J P and Klein D A. Microbilogy. 5th ed，international edition. McGraw Hill，2002

［11］　沈　萍主编. 微生物学. 北京：高等教育出版社，2006

［12］　李阜棣，胡正嘉主编. 微生物学. 第 5 版. 北京：中国农业出版社，2000

［13］　王家铃主编. 环境微生物学. 第 2 版. 北京：高等教育出版社，2004

［14］　周德庆主编. 微生物学教程. 第 2 版. 北京：高等教育出版社，2002

［15］　岑沛霖，蔡谨编著. 工业微生物学. 北京：化学工业出版社，2001

［16］　蔡信之，黄君红主编. 微生物学. 第 2 版. 北京：高等教育出版社，2002

［17］　黄秀梨主编. 微生物学. 北京：高等教育出版社，2002

［18］　闵　航等编著. 厌氧微生物学. 杭州：浙江大学出版社，1993

［19］　闵　航，赵宇华主编. 微生物学. 杭州：浙江大学出版社，1999

［20］　I. E. 阿喀莫著. 微生物学. 林稚兰等译. 北京：科学出版社，2002

［21］　李顺鹏主编. 环境微生物学. 北京：中国农业出版社，2002

［22］　刑来君，李明春编著. 普通真菌学. 北京：高等教育出版社，1999

［23］　和致中等编著. 高温菌生物学. 北京：科学出版社，2001

［24］　贾盘兴等编著. 噬菌体分子生物学. 北京：科学出版社，2001

［25］　徐建国主编. 分子医学细菌学. 北京：科学出版社，2000

［26］　东秀珠，蔡妙英等编著. 常见细菌系统鉴定手册. 北京：科学出版社，2001

［27］　农业部厌氧微生物重点开放实验室. 产甲烷古菌及研究方法. 成都：成都科技大学出版社，1997

［28］　储　炬，李友荣编著. 现代工业发酵调控学. 北京：化学工业出版社，2002

［29］　胡福泉. 微生物基因组学. 北京：人民军医出版社，2002

［30］　郑　平，徐向阳. 胡宝兰编著. 新型生物脱氮理论与技术. 北京：科学出版社，2004